高等数学

（第二版）（下册）

主　编　李　伟

副主编　夏国坤　刘寅立

中国教育出版传媒集团

高等教育出版社·北京

内容提要

　　本书依据最新的"工科类本科数学基础课程教学基本要求"编写而成。本书注重培养学生用"已知"认识、研究并解决"未知"的能力；注重给学生营造一个启发式、互动式的学习氛围与环境，使学生在"边框"提出的问题的启发、引导、驱动下边思考、边读书、边总结；内容力求简明，引出尽可能直观，注重避免新的概念、结论、方法"从天而降"。同时注意为青年教师实施启发式、互动式教学提供一定的借鉴。

　　本版在第一版的基础上，增添了部分章节内容；对数学软件与数学建模的实例进行了修改，数学软件改为 Python 语言；更加注重文化育人，对"历史的回顾"及"历史人物简介"部分做了修改；对"边框"做了修改；增添了注记，扩大学生知识面，并将知识点加以总结，方便学生掌握。

　　本书分为上、下两册，下册内容包括向量代数与空间解析几何、多元函数微分学、重积分、曲线积分与曲面积分、无穷级数等。

　　本书可供高等学校非数学类专业学生使用，也可供科技工作者学习参考。

图书在版编目（CIP）数据

　　高等数学.下册／李伟主编. --2 版. --北京 ：
高等教育出版社,2022.9
　　ISBN 978-7-04-058793-7

　　Ⅰ.①高… Ⅱ.①李… Ⅲ.①高等数学-高等学校-
教材 Ⅳ.①O13

　　中国版本图书馆 CIP 数据核字(2022)第 106069 号

Gaodeng Shuxue

| 策划编辑　贾翠萍 | 责任编辑　贾翠萍 | 特约编辑　师钦贤 | 封面设计　李卫青 |
| 责任绘图　杜晓丹 | 版式设计　王艳红 | 责任校对　刘娟娟 | 责任印制　耿 轩 |

出版发行　高等教育出版社	网　　址　http://www.hep.edu.cn
社　　址　北京市西城区德外大街 4 号	http://www.hep.com.cn
邮政编码　100120	网上订购　http://www.hepmall.com.cn
印　　刷　河北信瑞彩印刷有限公司	http://www.hepmall.com
开　　本　787mm ×1092mm　1/16	http://www.hepmall.cn
印　　张　22.75	版　　次　2011 年 11 月第 1 版
字　　数　560 千字	2022 年 9 月第 2 版
购书热线　010-58581118	印　　次　2022 年 9 月第 1 次印刷
咨询电话　400-810-0598	定　　价　46.00 元

本书编委会

主　编　李　伟
编　委（按姓氏笔画排序）
　　于加尚　王爱平　刘寅立　李　伟
　　李　鹤　郭永江　夏国坤　廖　嘉

目 录

第七章　向量代数与空间解析几何

　　在平面解析几何中,通过建立平面直角坐标系,将平面上的点与二元有序数组建立起一一对应关系,从而有了点的坐标,使得平面中的曲线与二元方程建立起对应关系,实现了平面曲线的"数字化",因而才能用解析的方法研究几何问题;同时也将抽象的函数关系直观化、形象化.下面我们要学习多元函数的微积分,其研究的基本对象是依赖于两个或两个以上自变量的多元函数,我们自然期盼:将平面解析几何中建立图形的方程的思想及方法移植到空间中,通过建立空间直角坐标系将空间中的点与三元有序数组建立起一一对应关系,从而给出空间中点的坐标,以实现空间图形的数字化、多元函数的直观化.事实上,这个想法是正确的,这个期盼是可行的.在第二节我们将建立空间直角坐标系,以实现上面的愿望,为下面学习多元函数的微积分建立必要的"已知".

第一节　向量的概念及其运算

　　本节与下一节来讨论向量.向量在几何、物理中扮演着重要的角色.特别地,它是研究空间图形所不可或缺的"已知",同时也是第八章研究多元向量值函数的基础.

1. 向量的概念

1.1　向量的基本概念

　　在日常生活以及数学、物理中,我们遇到的量可以分为如下的两类:一类像刻画长度、面积、体积、温度等的量.其特点是,它们只有大小或多少的意义,称为**数量**.比如,一条线段长 18 cm,某房间的面积为 24 m^2,教室里有 136 个学生,室外的温度为 10℃ 等.同时还有一类,像速度、位移、力等,它们的特点是,既有大小,同时又有方向.相对于数量,我们称这类既有大小、又有方向的量为**向量**(或矢量).

　　通常用有向线段来表示向量.有向线段的长度表示向量的大小、其方向表示向量的方向.一般说来,一个向量既有起点也有终点,以 A 为起点、B 为终点的有向线段所表示的向量记作 $\overrightarrow{AB}$.也可以用一个黑体字母来表示向量,例如向量 $\boldsymbol{a}$(图 7-1),平时书写时往往写为 $\vec{a}$,即在一小写字母的上面冠以箭头.向量 $\overrightarrow{AB}$ 的大小称为该向量的**模**,记作 $|\overrightarrow{AB}|$,同样,向量 $\boldsymbol{a}$ 的模记作 $|\boldsymbol{a}|$.

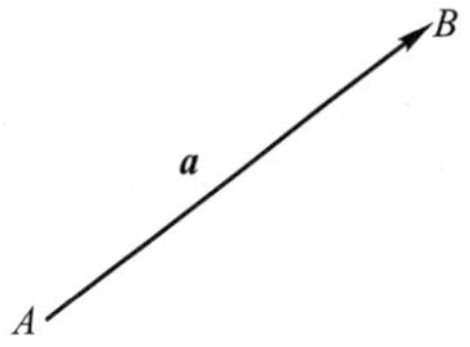

图 7-1

　　模为零的向量称为**零向量**,记为 $\boldsymbol{0}$.与通常的向量不同,零向量是起点与终点为同一点的向量,其方向可以是任意的,可以根据需要随意确定,它是唯一方向不确定的向量.模为 1 的向量称为**单位向量**.与 a 有相同方向的单位向量称作 a 的单位向量，记作 e_a.

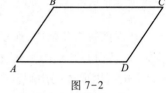

"单位向量"与"向量 a 的单位向量"之间有什么异同？

1.2　两向量之间的关系

在实际问题中，所涉及的向量有些与其起点有关，有些与起点无关.由于"方向"与"大小"是所有向量所具有的共性，因此，我们关心的是只与模和方向有关、而与其起点无关的向量，称为**自由向量**.自由向量是可以自由地平行移动的向量.除特别说明外，本书所研究的向量均为自由向量.

若向量 a 与向量 b 的模相等并且方向相同，则称它们是**相等**的，记作 $a=b$.两个相等的向量可以通过平行移动重合在一起.对自由向量来说，相等的向量可以看作是同一个向量.与向量 a 方向相反、模相等的向量称为 a 的**负向量**，记作 $-a$.

图 7-2

例如，设平面平行四边形 $ABCD$（图 7-2）的各边都是有向线段，那么向量 $\overrightarrow{AB}=\overrightarrow{DC}$, $\overrightarrow{AD}=\overrightarrow{BC}$；$\overrightarrow{AD}=-\overrightarrow{CB}$, $\overrightarrow{AB}=-\overrightarrow{CD}$.

称两个方向相同或相反的非零向量 a 与 b 为**互相平行**的向量，记作 $a//b$.并且约定，零向量与任何向量平行.如图 7-2 中，若把各边都看作向量，则 $\overrightarrow{AB}//\overrightarrow{DC}$, $\overrightarrow{AD}//\overrightarrow{CB}$.

由约定"零向量与任何向量平行"，你理解零向量"方向可以随意确定"的含义了吗？

若两个向量互相平行，通过平行移动使它们具有共同的起点.这时它们的终点都与（公共的）起点必落在同一条直线上.因此，彼此平行的向量也称为是**共线**的.

类似地，若有 $n(n\geqslant 3)$ 个向量，通过平移使得它们有共同的起点，如果这时它们的终点与（公共的）起点在同一平面内，则称这 n 个**向量共面**.

利用向量可以平移，我们给出如下的两向量夹角的概念：

若向量 a 与 b 是非零向量，将其中一个（或两个）作平移，使它们有共同的起点 O，记 $\overrightarrow{OA}=a$, $\overrightarrow{OB}=b$（图 7-3）.称不超过 π 的 $\angle AOB$ 为 a 与 b 的夹角，记作 $(\widehat{a,b})$.则有

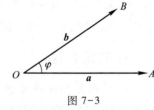

图 7-3

$$(\widehat{a,b})\in[0,\pi].$$

按照这样的规定，两互相平行（共线）的向量的夹角要么为 0（同向时）要么为 π（反向时）.若 a 与 b 中至少有一个是零向量，规定其夹角可以在 $[0,\pi]$ 上随意取值.

两向量共能形成几个角？它们有何关系？两向量的夹角有几个？

有了两向量夹角的概念作"已知"，就可以定义两向量的垂直.

若两向量 a 与 b 的夹角为 $\dfrac{\pi}{2}$，则称它们**互相垂直**，记作 $a\perp b$.根据零向量与向量的夹角之规定，可以认为零向量与任意向量都垂直.显然，当两向量所在的直线互相垂直时，这两个向量互相垂直.

2. 向量的线性运算

2.1 加、减运算

向量是既有大小又有方向的量,由此可以想象,两个向量的加法就不能像数的加法那样简单.那么,应该怎么定义两向量的加法? 这使我们想到力.力是向量,在中学物理课中学习了求两个力的合力的平行四边形法则.将这一"特殊"推广为"一般",就有下面的向量的加法法则:

设 a 与 b 是两个不平行的非零向量.如图 7-4(1)所示,以 A 为起点,作向量 $\overrightarrow{AB}=a$,$\overrightarrow{AD}=b$.以 AB,AD 为邻边作平行四边形 $ABCD$,连接 AC,称向量 $\overrightarrow{AC}$ 为向量 a 与 b 的**和向量**,记作 $a+b$. 这种求和向量的方法称作向量相加的**平行四边形法则**.

注意到和向量 $\overrightarrow{AC}$ 也可以看作是以向量 $\overrightarrow{AB}$ 的起点为起点、以与 $\overrightarrow{AD}$ 相等的向量 $\overrightarrow{BC}$ 的终点为终点的向量(图 7-4(1)),因此,对任意的两向量 a 与 b,也可按照如图 7-4(2)所示的**三角形法则**来求它们的和向量:作向量 $\overrightarrow{AB}=a$,再以 B 为起点,作 $\overrightarrow{BC}=b$,连接 AC,向量 $\overrightarrow{AC}$ 就是 a 与 b 的和向量 $a+b$.利用向量的三角形法则可以比较方便地求出多个向量的和向量(图 7-4(3)).

我们规定,零向量与任何向量 a 的和向量还是向量 a.

显然,这样定义的加法运算满足交换律与结合律:

$$a+b=b+a,$$
$$(a+b)+c=a+(b+c).$$

> 若两向量平行,应该用什么样的方法作它们的和向量?

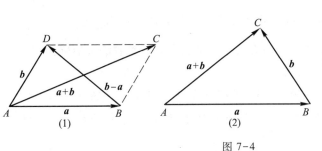
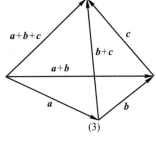

图 7-4

利用负向量及向量的加法运算法则作"已知",就可以定义两向量的差向量:

称向量 a 与向量 b 的负向量 $-b$ 的和向量为向量 a 与 b 的**差向量**,记作 $a-b$,即 $a-b=a+(-b)$.例如,图 7-5 中向量 $\overrightarrow{OC}=a+(-b)$ 就是向量 a 与 b 的差向量 $a-b$. 而图 7-4(1)中的向量 $\overrightarrow{BD}=b-a$.特别地,当 $b=a$ 时,有 $a-a=a+(-a)=\mathbf{0}$.

由于三角形的两边之和大于第三边,因此由图 7-4(1)易得

$$|a+b| \leqslant |a|+|b|, \quad |a-b| \leqslant |a|+|b|,$$

上面的两个不等式统称为**三角不等式**,其中等号分别仅在 a 与 b 同向或反向时成立.

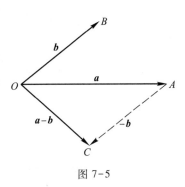

图 7-5

2.2 数乘运算

经过几次大提速,火车的速度提升到原来的 3 倍.由于速度是向量,因此这句朴素的语言实则蕴含着向量与数的相乘,称作向量的**数乘运算**.注意到提速后速度的方向没变,而大小成为原来的 3 倍,将这个"特殊"推广为"一般",就有向量的数乘运算的定义:

设有向量 a 与实数 λ,定义向量 a 与 λ 的乘积是一个向量,记作 λa.

(1) λa 的模:$|\lambda a| = |\lambda| \cdot |a|$.

(2) λa 与 a 平行,其方向规定如下:

当 $\lambda > 0$ 时,与向量 a 有相同的方向;当 $\lambda < 0$ 时,与向量 a 有相反的方向;当 $\lambda = 0$ 时,由上述(1)的规定,不论 a 是否为零向量,λa 都为零向量,因此其方向是任意的.

有了向量的数乘运算,可以将一个向量的负向量理解为该向量与数 -1 的乘积.即

$$-a = (-1) \cdot a.$$

向量的加法运算与数乘运算统称为向量的线性运算,它可以一般地表示为

$$c = \lambda a + \mu b,$$

称 c 为向量 a, b 的线性组合,其中 λ, μ 为实数.显然,若 $\lambda\mu \neq 0$,并且 a, b 不平行,则 c 是以向量 $\lambda a, \mu b$ 为邻边的平行四边形的对角线向量,它在 a, b 所确定的平面内.

设 $a \neq 0$,根据上面(1)的规定,向量 $\dfrac{a}{|a|}$ 的模 $\left|\dfrac{a}{|a|}\right| = \dfrac{1}{|a|} \cdot |a| = 1$.由此,$\dfrac{a}{|a|}$ 是单位向量,并且由于 $\dfrac{1}{|a|} > 0$,因而 $\dfrac{a}{|a|}$ 与 a 有相同的方向,这就是说,$\dfrac{a}{|a|}$ 是 a 的单位向量 e_a.

由此得到求一个非零向量的单位向量的方法——**将这个向量乘它的模的倒数**.

易证,向量的数乘运算满足下列规则:

$$(\lambda\mu)a = \lambda(\mu a) = \mu(\lambda a), \quad \lambda(a+b) = \lambda a + \lambda b, \quad (\lambda+\mu)a = \lambda a + \mu a.$$

例 1.1 设有平行四边形 $ABCD$,M 是其对角线的交点(图 7-6),并设 $\overrightarrow{AB} = a, \overrightarrow{AD} = b$.试用 a 与 b 表示向量 $\overrightarrow{MC}, \overrightarrow{MA}, \overrightarrow{MB}$ 和 $\overrightarrow{MD}$.

解 由于平行四边形的对角线互相平分,所以

$$a+b = \overrightarrow{AC} = 2\overrightarrow{AM} = 2\overrightarrow{MC},$$

因此

$$\overrightarrow{MC} = \overrightarrow{AM} = \frac{1}{2}\overrightarrow{AC} = \frac{1}{2}(a+b),$$

于是

$$\overrightarrow{MA} = -\overrightarrow{AM} = -\frac{1}{2}(a+b).$$

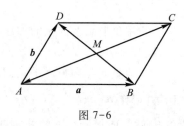

图 7-6

由 $-a+b = \overrightarrow{BD} = 2\overrightarrow{MD}$,故 $\overrightarrow{MD} = \frac{1}{2}(b-a)$.再由 $\overrightarrow{MB} = -\overrightarrow{MD}$,所以 $\overrightarrow{MB} = \frac{1}{2}(a-b)$.

由向量的数乘运算的定义,不难得到下面的判定两向量平行的充要条件:

设向量 $a \neq 0$,向量 $b /\!/ a \Leftrightarrow$ 存在唯一的实数 λ,使得 $b = \lambda a$.

若写 $a - a = 0$ 可以吗?为什么?由图 7-4(1),向量 $a - b$ 的起、终点分别对应 a, b 的起、终点中的哪一个?

事实上,根据向量的数乘运算的定义,不论 λ 是怎样的实数,λa 与 a 都是平行的,即充分性成立.下证必要性:

设 $b /\!/ a$,若 $b = 0$,取 $\lambda = 0$,则有 $b = \lambda a$;若 $b \neq 0$,假设它们同向.取 $\lambda = \dfrac{|b|}{|a|}$,由 $\lambda > 0$,因此 λa 与 a 同向,又 b 与 a 同向,于是 λa 与 b 也同向;并且

$$|\lambda a| = |\lambda||a| = \frac{|b|}{|a|} \cdot |a| = |b|,$$

因此 $b = \lambda a$.当 b 与 a 异向时,取 $\lambda = -\dfrac{|b|}{|a|}$,仿照上面的证明,这时仍有 $b = \lambda a$.

同时这样的 λ 还是唯一的.否则,设有 λ, μ 使得 $b = \lambda a, b = \mu a$ 都成立.两式相减,得 $(\lambda - \mu)a = 0$,于是 $|\lambda - \mu||a| = 0$,由 $a \neq 0$,因此 $|a| \neq 0$,所以必有 $\lambda = \mu$.证毕.

> 欲证必要性,即证存在 λ,使得 $b = \lambda a$,你认为需证几个方面?

3. 向量的投影

有了两向量之间的夹角作"已知",下面来讨论一向量在另一向量上的**投影**.

假设向量 a 与 b 是夹角为 θ($\theta \neq \dfrac{\pi}{2}$,即两向量不互相垂直)的两非零向量.将两向量其中一个作平移,使它们有相同的起点 O(图 7-7),过向量 b 的终点 B 作向量 a 所在直线的垂直平面,设垂足为 B'.称点 B' 为**点 B 在向量 a 上的投影**,并称有向线段 OB' 的值 $|b|\cos\theta$ 为**向量 b 在向量 a 上的投影**,记为 $(b)_a$,或 $\mathrm{Prj}_a b$.即

$$\mathrm{Prj}_a b = (b)_a = |b|\cos\theta.$$

显然,当 $0 \leqslant \theta < \dfrac{\pi}{2}$ 时,该投影为正数;当 $\dfrac{\pi}{2} < \theta \leqslant \pi$ 时,该投影为负数.同样的可以定义向量 a 在 b 上的投影

$$\mathrm{Prj}_b a = (a)_b = |a|\cos\theta.$$

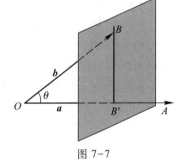

图 7-7

上述定义是在两向量互不垂直时给出的,当向量 a 与 b 互相垂直时,规定:不论是 b 在 a 上的投影还是 a 在 b 上的投影,它们都为零.

> 你看,一向量在另一向量上的投影是向量还是数量?

设 k 为一常数,利用上述定义可以得到向量投影的下述两条性质:

$$(kb)_a = k(b)_a, \quad (b+c)_a = (b)_a + (c)_a.$$

第一个式子的正确性由定义易得.由图 7-8,第二个式子也容易证明,留给读者练习.

4. 向量的数量积与向量积

有了两向量的加减运算及向量与数的相乘,从数学的角度来看,下面应该讨论两向量的积.是的,这不仅是数学本身的需要,而且也是实际问题的需要.下面我们从实际问题出发,讨论向量的两种乘积.

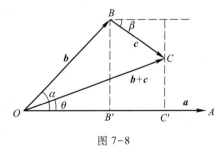

图 7-8

4.1　向量的数量积

在物理学中我们知道,力 $\boldsymbol{F}$ 沿位移 $\boldsymbol{s}$ 所做的功为

$$W=|\boldsymbol{F}|\cdot|\boldsymbol{s}|\cos(\widehat{\boldsymbol{F},\boldsymbol{s}}),$$

在数学中,称它为两向量 $\boldsymbol{F}$ 与 $\boldsymbol{s}$ 的数量积.将这个"特殊"推广为"一般",就有任意两向量的数量积.

（1）数量积的定义

下面给出两向量的**数量积**(也称内积、点积)的定义.

定义 1.1　设有两个非零向量 $\boldsymbol{a}$ 与 $\boldsymbol{b}$,它们的夹角为 $(\widehat{\boldsymbol{a},\boldsymbol{b}})$,称实数

$$|\boldsymbol{a}||\boldsymbol{b}|\cos(\widehat{\boldsymbol{a},\boldsymbol{b}})$$

为向量 $\boldsymbol{a}$ 与 $\boldsymbol{b}$ 的数量积,记作 $\boldsymbol{a}\cdot\boldsymbol{b}$,即有

$$\boldsymbol{a}\cdot\boldsymbol{b}=|\boldsymbol{a}||\boldsymbol{b}|\cos(\widehat{\boldsymbol{a},\boldsymbol{b}}).$$

> 将向量的数量积与向量的加减运算及数乘运算相比较,其结果有什么最明显的不同?

若 $\boldsymbol{a}$ 与 $\boldsymbol{b}$ 中至少有一个为零向量,则定义其数量积为零.

由上述定义易得

$$\boldsymbol{a}\cdot\boldsymbol{a}=|\boldsymbol{a}|\cdot|\boldsymbol{a}|\cos 0=|\boldsymbol{a}|^{2}.$$

利用向量的投影,$\boldsymbol{a}$ 与 $\boldsymbol{b}$ 的数量积可以表示为

$$\boldsymbol{a}\cdot\boldsymbol{b}=|\boldsymbol{a}||\boldsymbol{b}|\cos(\widehat{\boldsymbol{a},\boldsymbol{b}})=|\boldsymbol{a}|(\boldsymbol{b})_{a}\ (\boldsymbol{a}\neq\boldsymbol{0}),\ \text{或}\ \boldsymbol{a}\cdot\boldsymbol{b}=|\boldsymbol{b}|(\boldsymbol{a})_{b}\ (\boldsymbol{b}\neq\boldsymbol{0}).$$

例 1.2　流体流过平面 π 上面积为 A 的一个区域.若流体在该区域各点处的流速均为向量 $\boldsymbol{v}$,向量 $\boldsymbol{n}$ 所在的直线垂直于平面 π,并且 $\boldsymbol{n}$ 为单位向量(图 7-9(1)).设 $\boldsymbol{n}$ 与 $\boldsymbol{v}$ 的夹角为锐角 θ,计算单位时间内流体沿 $\boldsymbol{n}$ 所指方向流经该区域的流体的体积.

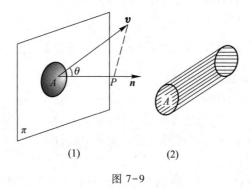

(1)　　　　　　　　(2)

图 7-9

解　由于流体流经的方向 $\boldsymbol{v}$ 与 $\boldsymbol{n}$ 的夹角 θ 为锐角,因此,单位时间内流经该区域的流体形成一个底面积为 A,斜高为 $|\boldsymbol{v}|$ 的斜柱体(图 7-9(2)).该斜柱体的高为速度 $\boldsymbol{v}$ 在向量 $\boldsymbol{n}$ 上的投影 $(\boldsymbol{v})_{n}$,因此要求的体积 V 等于底面积 A 与 $(\boldsymbol{v})_{n}$ 的乘积.即有

$$V=A\cdot(\boldsymbol{v})_{n}.$$

由于 $\boldsymbol{n}$ 为单位向量,因此有

$$(\boldsymbol{v})_{n}=|\boldsymbol{v}|\cos\theta=|\boldsymbol{n}||\boldsymbol{v}|\cos\theta=\boldsymbol{n}\cdot\boldsymbol{v},$$

于是

$$V=A\cdot(\boldsymbol{v})_{n}=A\boldsymbol{n}\cdot\boldsymbol{v}.$$

也称 $V=A\boldsymbol{n}\cdot\boldsymbol{v}$ 为单位时间内流体沿 $\boldsymbol{n}$ 所指方向流过区域 A 的流量.在第十章第五节还将讨论这类问题的更一般的情况,这里不做过多的论述.

（2）数量积的运算规律

利用向量的数量积的定义,容易验证向量的数量积满足下面的运算规律：

$$\boldsymbol{a}\cdot\boldsymbol{b}=\boldsymbol{b}\cdot\boldsymbol{a} \qquad (交换律),$$
$$(\lambda\boldsymbol{a})\cdot\boldsymbol{b}=\lambda(\boldsymbol{a}\cdot\boldsymbol{b})(与数乘的结合律),$$

及分配律

$$(\boldsymbol{a}+\boldsymbol{b})\cdot\boldsymbol{c}=\boldsymbol{a}\cdot\boldsymbol{c}+\boldsymbol{b}\cdot\boldsymbol{c}.$$

用数量积的定义及向量的数乘运算容易证明交换律与结合律是成立的.分配律的证明也容易利用向量的投影作"已知"证明之.

事实上,当 $\boldsymbol{c}=\boldsymbol{0}$ 时,由数量积的定义,两边都为零,因此它们是相等的.当 $\boldsymbol{c}\neq\boldsymbol{0}$ 时,依照数量积的投影表示,有

$$(\boldsymbol{a}+\boldsymbol{b})\cdot\boldsymbol{c}=|\boldsymbol{c}|(\boldsymbol{a}+\boldsymbol{b})_c=|\boldsymbol{c}|(\boldsymbol{a})_c+|\boldsymbol{c}|(\boldsymbol{b})_c=\boldsymbol{a}\cdot\boldsymbol{c}+\boldsymbol{b}\cdot\boldsymbol{c}.$$

在规定零向量与任何向量都垂直的前提下,容易证明

向量 $\boldsymbol{a}$ 与向量 $\boldsymbol{b}$ 垂直 $\Leftrightarrow\boldsymbol{a}\cdot\boldsymbol{b}=0.$

> 上面的推导中第二个等号成立的根据是什么？

事实上,若 $\boldsymbol{a},\boldsymbol{b}$ 中至少有一个零向量,依照零向量与任意向量都垂直的规定及数量积的定义,结论显然成立.

若 $\boldsymbol{a},\boldsymbol{b}$ 都不是零向量,则有 $|\boldsymbol{a}|\neq0$，$|\boldsymbol{b}|\neq0$，因此,当 $\boldsymbol{a}\cdot\boldsymbol{b}=0$ 时,由

$$\boldsymbol{a}\cdot\boldsymbol{b}=|\boldsymbol{a}||\boldsymbol{b}|\cos(\widehat{\boldsymbol{a},\boldsymbol{b}}),$$

必有 $\cos(\widehat{\boldsymbol{a},\boldsymbol{b}})=0$，也就是 $(\widehat{\boldsymbol{a},\boldsymbol{b}})=\dfrac{\pi}{2}$，所以 $\boldsymbol{a}\perp\boldsymbol{b}$.

反过来,若两非零向量 $\boldsymbol{a},\boldsymbol{b}$ 互相垂直,那么 $(\widehat{\boldsymbol{a},\boldsymbol{b}})=\dfrac{\pi}{2}$，因此

$$\boldsymbol{a}\cdot\boldsymbol{b}=|\boldsymbol{a}||\boldsymbol{b}|\cos(\widehat{\boldsymbol{a},\boldsymbol{b}})=0.$$

互相垂直的两向量也称它们正交.

例 1.3 试用向量证明三角形的余弦定理.

证 如图 7-10,在 $\triangle ABC$ 中,$\angle BCA=\theta$，$|CB|=a$，$|CA|=b$，$|AB|=c$，即是要证

$$c^2=a^2+b^2-2ab\cos\theta.$$

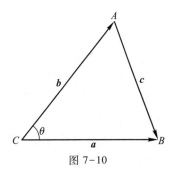

图 7-10

记 $\overrightarrow{CB}=\boldsymbol{a},\overrightarrow{CA}=\boldsymbol{b},\overrightarrow{AB}=\boldsymbol{c}$，则有 $\boldsymbol{c}=\boldsymbol{a}-\boldsymbol{b}$，从而

$$|\boldsymbol{c}|^2=\boldsymbol{c}\cdot\boldsymbol{c}=(\boldsymbol{a}-\boldsymbol{b})\cdot(\boldsymbol{a}-\boldsymbol{b})=\boldsymbol{a}\cdot\boldsymbol{a}+(-\boldsymbol{b})\cdot(-\boldsymbol{b})+2\boldsymbol{a}\cdot(-\boldsymbol{b})$$
$$=|\boldsymbol{a}|^2+|\boldsymbol{b}|^2+2|\boldsymbol{a}||\boldsymbol{b}|\cos(\boldsymbol{a},\widehat{(-\boldsymbol{b})})=|\boldsymbol{a}|^2+|\boldsymbol{b}|^2-2|\boldsymbol{a}||\boldsymbol{b}|\cos(\widehat{\boldsymbol{a},\boldsymbol{b}}).$$

由于 $|\boldsymbol{a}|=a$，$|\boldsymbol{b}|=b$，$|\boldsymbol{c}|=c$ 及 $(\widehat{\boldsymbol{a},\boldsymbol{b}})=\theta$，即得

$$c^2=a^2+b^2-2ab\cos\theta.$$

> 第三个等号成立的根据是什么？两个夹角 $(\widehat{\boldsymbol{a},\boldsymbol{b}})$ 与 $(\boldsymbol{a},\widehat{-\boldsymbol{b}})$ 之间有何关系？

4.2 两向量的向量积

实际问题还需要讨论两向量的另外一种乘积,称为两向量的向量积.先看下面的问题.

在如图 7-11 所示的杠杆中, O 为杠杆 L 的支点, $\boldsymbol{F}$ 为作用在杠杆上的 P 点处与 $\overrightarrow{OP}$ 成 θ 角的一个力. 在 $\boldsymbol{F}$ 的作用下杠杆绕支点 O 发生转动. 这是由于力 $\boldsymbol{F}$ 产生了一个力矩所造成的. 力矩是一个向量, 它与力 $\boldsymbol{F}$ 及力臂 $\overrightarrow{OQ}$ 有关. 若将其记为 $\boldsymbol{M}$, 其大小为

$$|\boldsymbol{M}| = |\boldsymbol{F}| |\overrightarrow{OQ}| = |\boldsymbol{F}| |\overrightarrow{OP}| \sin \theta,$$

方向: $\boldsymbol{M}$ 所在的直线垂直于向量 $\overrightarrow{OP}$ 与 $\boldsymbol{F}$ 所确定的平面, 其指向按右手(系)法则, 即右手除拇指外的四指从 $\overrightarrow{OP}$ 以不超过 π 的角转到 $\boldsymbol{F}$ 时大拇指的指向(图 7-12).

称力矩 $\boldsymbol{M}$ 为向量 $\overrightarrow{OP}$ 与向量 $\boldsymbol{F}$ 的**向量积**.

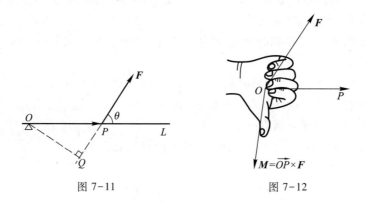

图 7-11   图 7-12

将这个具体问题加以抽象, 就有两向量的向量积的一般定义.

定义 1.2 设 a 与 b 是两不共线的非零向量, 若存在向量 c, 满足

(1) c 的模: $|c| = |a| |b| \sin(\widehat{a,b})$;

(2) c 的方向: 垂直于 a 与 b 所确定的平面, 并与 a,b 遵守右手系法则——右手的四指从 a 以不超过 π 的角转向 b 时, 大拇指的指向就是 c 的方向(图 7-13). 则称向量 c 为两向量 a,b 的**向量积**(也称为外积、叉积), 记作 $c = a \times b$.

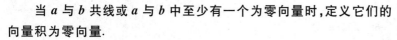

图 7-13

当 a 与 b 共线或 a 与 b 中至少有一个为零向量时, 定义它们的向量积为零向量.

从上述定义容易得到:

(1) $a \times a = \mathbf{0}$.

(2) 结合该定义及平行四边形的面积公式, 两向量 a 与 b 的向量积的模, 等于以 a,b 为邻边的平行四边形的面积, 或说是以 a,b 为两边的三角形面积的 2 倍.

(3) a 与 b 共线 $(a /\!/ b) \Leftrightarrow a \times b = \mathbf{0}$.

事实上, 若 a 与 b 中有一个是零向量, 根据零向量与任何向量共线及零向量与任意向量的向量积为零向量的规定, 这时等式成立是显然的.

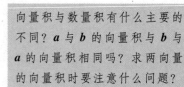

向量积与数量积有什么主要的不同? a 与 b 的向量积与 b 与 a 的向量积相同吗? 求两向量的向量积时要注意什么问题?

若 a 与 b 都是非零向量,其夹角为 $\theta(0 \leqslant \theta \leqslant \pi)$.由 $a \times b = 0$,则有 $|a \times b| = |a| \cdot |b| \sin \theta = 0$,而 $|a| \neq 0$,$|b| \neq 0$,故必有 $\sin \theta = 0$,于是 $\theta = 0$ 或 $\theta = \pi$,因此 $a /\!/ b$.

反过来,若 $a /\!/ b$,那么 $\theta = 0$ 或 $\theta = \pi$,于是 $\sin \theta = 0$,因此 $|a \times b| = 0$,所以 $a \times b = 0$.

两向量的向量积满足以下规律:

(1) $a \times b = -b \times a$　　(反交换律),

关于向量的
数量积及向
量积运算的
注记

由向量积的定义,该式成立是显然的.事实上,依照定义中所规定的右手法则,$a \times b$ 的方向为右手四指从 a 以不超过 π 的角度转向 b 时拇指的指向,而 $b \times a$ 的方向为右手四指从 b 以不超过 π 的角度转向 a 时拇指的指向,两种不同的情况下拇指的指向相反,而模相等,因此 $a \times b = -b \times a$.

(2) $\lambda(a \times b) = (\lambda a) \times b = a \times (\lambda b)$　(与数乘的结合律),

(3) $(a + b) \times c = a \times c + b \times c$（分配律）.

对(2)与(3),我们不予证明.

习题 7-1(A)

1. 判断下列论述是否正确,并说明理由:

(1) 向量由模和方向两个因素所确定;

(2) 单位向量是指模为 1 的向量,而 a 的单位向量不仅要求模为 1,而且还要与 a 共线,它可以通过 a 乘 a 的模的倒数而得到;

(3) 本节讨论的向量运算包括加减、数乘、数量积及向量积等运算,这些运算中除了数量积得到的结果是一个数外,其他运算所得到的结果都仍然是向量;

(4) 由向量的数乘运算得到了判定两向量平行的充要条件,由两向量的数量积得到了判定两向量垂直的充要条件,两向量的向量积等于以这两向量为邻边的平行四边形的面积;

(5) 一个向量在另一个向量上的投影是一个数值,它等于一个相应线段的长度.

2. 设向量 $u = a + 2b - c$,$v = 3a - 2b + 2c$,求 $u + v$,$u - v$,$3u - 2v$.

3. 在 $\triangle ABC$ 中,D,E 是 BC 边的三等分点,若 $\overrightarrow{AB} = c$,$\overrightarrow{AC} = b$,求 $\overrightarrow{AD}$ 及 $\overrightarrow{AE}$.

4. 在四边形 $ABCD$ 中,$\overrightarrow{AB} = a + 2b$,$\overrightarrow{BC} = -4a - b$,$\overrightarrow{CD} = -5a - 3b$,证明:四边形 $ABCD$ 为梯形.

5. 用向量证明:连接三角形两边中点的线段平行于第三边且等于第三边的一半.

6. 设 a,b 是两个非零向量,求下列各式成立的条件:

(1) $|a + b| = |a| + |b|$;　　　　　(2) $|a - b| = |a| + |b|$;

(3) $|b| \cdot a = |a| \cdot b$;　　　　　(4) $|a + b| = |a - b|$.

7. 已知 $|a| = 3$,$|b| = 4$,且 $(\widehat{a,b}) = \dfrac{2\pi}{3}$,求 $a \cdot b$,$|a \times b|$.

习题 7-1(B)

1. 证明向量 $(b \cdot c)a - (a \cdot c)b$ 与向量 c 垂直.

2. 用向量证明:对角线互相平分的四边形是平行四边形.

3. 设 $\triangle ABC$ 三边分别为 $\overrightarrow{BC} = a$,$\overrightarrow{CA} = b$,$\overrightarrow{AB} = c$,三边的中点分别是 D,E,F.试用 a,b,c 表示 $\overrightarrow{AD}$,$\overrightarrow{BE}$,$\overrightarrow{CF}$,并证明

$\overrightarrow{AD}+\overrightarrow{BE}+\overrightarrow{CF}=\mathbf{0}$.

4. 设点 M,N 分别是四边形 $ABCD$ 两对角线 AC 与 BD 之中点,若 $\overrightarrow{AB}=a-2c$, $\overrightarrow{CD}=5a+6b-8c$,求 $\overrightarrow{MN}$.

5. 若 $|a|=2$, $|b|=1$,且向量 a 与 b 的夹角为 $\dfrac{\pi}{3}$,求 $(2a)\cdot(-5b)$ 和 $(a-b)\cdot(a+2b)$.

6. 已知 $|a|=1$, $|b|=5$, $a\cdot b=3$,求 $|a\times b|$ 和 $|(a+b)\times(a-b)|$.

第二节　向量的坐标及用坐标研究向量

　　为将上节对向量讨论的有关结果实现"数字化",本节将首先建立空间坐标系,从而给出空间中点的坐标与向量的坐标,以将第一节中对向量的有关讨论转为利用向量的坐标来研究.它们是后面研究空间图形的方程所不可或缺的"已知".

1. 空间直角坐标系　点与向量的坐标

1.1　空间直角坐标系

　　在下面的讨论中,我们认为对读者来说,数轴及平面直角坐标系的有关知识都是"已知"的,在此基础上建立空间直角坐标系.

　　在空间中任意取定一点 O,过点 O 作两两相互垂直的三条直线.在这三条直线上分别以点 O 为坐标原点,以相同的长度单位并遵循右手法则依次建立 x 轴、y 轴和 z 轴.所谓遵循右手法则建立三条数轴,是指三条数轴的正向符合下列规则:如图 7-13,将向量 a,b,c 分别看作 x,y,z 轴,若用右手握住 z 轴,当右手除拇指之外的四个手指从 x 轴正向旋转 $\dfrac{\pi}{2}$ 后恰与 y 轴正向重合,这时大拇指的指向恰好是 z 轴的正向.这样的三条数轴就构成了如图 7-14 所示的**空间直角坐标系 $Oxyz$**. x 轴、y 轴和 z 轴分别称为**横轴**、**纵轴**和**竖轴**,统称为**坐标轴**;每两条坐标轴确定了一个平面,称为**坐标平面**,它们分别是由 x 轴和 y 轴确定的平面 xOy,由 y 轴和 z 轴确定的平面 yOz 与由 z 轴和 x 轴确定的平面 zOx.这三个坐标平面把空间分成八个部分,每一部分称为一个卦限.含有 x,y,z 轴的正半轴的卦限称为第 I 卦限,其他在 xOy 平面上方的依逆时针方向排列依次为第 II、III、IV 卦限;位于 xOy 平面下方且分别与第 I,II,III,IV 卦限关于平面 xOy 对称的四个卦限依次为第 V,VI,VII,VIII 卦限(图 7-14).

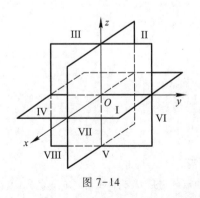

图 7-14

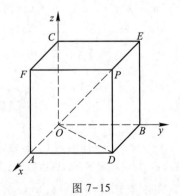

图 7-15

1.2　空间中的点的坐标

有了空间直角坐标系,就可以把空间中的点与由三个实数组成的有序数组之间建立起一一对应关系.

首先规定坐标原点 O 与数组 $(0,0,0)$ 对应.

(1)假设点 P 为空间中异于原点的任意一点,过点 P 分别作与 x 轴、y 轴和 z 轴垂直的平面,它们与三个坐标轴的交点分别为 A,B 和 C(图 7-15),这三点分别称为点 P 在 x 轴、y 轴和 z 轴上的**投影**.依数轴上点的坐标之规定,依次记点 A,B,C 在各自所在坐标轴上的坐标为 x,y,z,因此点 P 唯一地确定了有序数组 (x,y,z).

> 还记得数轴上的有向线段的值是如何定义的吗?

(2)反过来,对于任意给定的一个有序数组 (x,y,z)(x,y,z 不全为零).在 x 轴、y 轴和 z 轴上分别找三点 A,B 和 C,它们在各自所在的坐标轴上分别以 x,y,z 为其坐标.

过 A,B,C 三点分别作垂直于各自所在坐标轴的平面,这三个平面交于一点,记为点 P,点 P 就是空间中由有序数组 (x,y,z) 唯一确定的点.

> 若点 P 在 x 轴上,过 P 所作另外两个坐标轴的垂直平面有何特点?说说 A,B,C 在各自坐标轴上的坐标为 x,y,z 所依据的"已知"是什么?

特别地,坐标平面 xOy,yOz 与 zOx 上的点分别对应具有形如 $(x,y,0),(0,y,z)$ 和 $(x,0,z)$ 的三元有序数组;x 轴、y 轴、z 轴上的点分别对应形如 $(x,0,0),(0,y,0),(0,0,z)$ 的三元有序数组.

综合上面的讨论我们看到,在空间直角坐标系中,空间中的点与由三个实数组成的有序数组之间是一一对应的.

把由三个实数构成的三元有序数组的全体记作 $\mathbf{R}^3$,也即

$$\mathbf{R}^3 = \{(x,y,z) \,|\, x,y,z \in \mathbf{R}\}.$$

上面的讨论说明,空间中的全体点的集合与 $\mathbf{R}^3$ 之间存在一一对应关系.称与点 P 对应的有序数组 x,y 和 z 为点 P 的**坐标**,并依次称 x,y 和 z 为点 P 的**横坐标**,**纵坐标**和**竖坐标**.并将点 P 记作 $P(x,y,z)$.

易知,八个卦限内的点的坐标的正负号分别为:

$$\text{I}(+,+,+), \text{II}(-,+,+), \text{III}(-,-,+), \text{IV}(+,-,+);$$
$$\text{V}(+,+,-), \text{VI}(-,+,-), \text{VII}(-,-,-), \text{VIII}(+,-,-).$$

1.3　向量的坐标

(1)向径及其坐标

有了空间中点的坐标作"已知",就可以建立空间向量的坐标.首先给出点的向径的定义与向径的坐标.

设点 P 为空间中异于坐标原点的任意一点.以原点 O 为起点、点 P 为终点的非零向量 $\overrightarrow{OP}$ 称为点 P(关于原点 O)的**向径**(图 7-16).与自由向量可以随意平行移动不同,向径是起点固定在原点的特殊的向量.并约定原点 O 的向径为零向量.这样一来,向径与其终点之间就建立了一一对应关系,将向径终点的坐标定义为**该向径的坐标**.因此,若有点 $P(x,y,z)$,那么向径 $\overrightarrow{OP}$ 的坐标为 x,

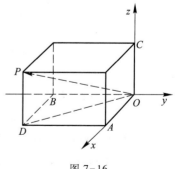

图 7-16

y,z,记作 $\overrightarrow{OP}=(x,y,z)$ 或 $\overrightarrow{OP}(x,y,z)$.

若向径 $\overrightarrow{OP}$ 的终点 P 在 x 轴、y 轴和 z 轴上的投影分别为 A,B 和 C,则称有向线段 OA,OB 和 OC 的值分别为 $\overrightarrow{OP}$ 在 x 轴、y 轴和 z 轴上的投影(图 7-16).

由上面的讨论易知,向径 $\overrightarrow{OP}=(x,y,z)$ 的坐标 x,y,z 分别正是 $\overrightarrow{OP}$ 在 x 轴、y 轴和 z 轴上的投影,反之若 $\overrightarrow{OP}$ 在 x 轴、y 轴和 z 轴上的投影分别为 x,y,z,那么该向径为 $\overrightarrow{OP}(x,y,z)$.

(2) 向量的坐标

有了向径的坐标,用它作"已知"就可以建立一般向量的坐标.

设 a 为空间中的任意一非零向量.由向量的自由性,可以将它平行移动使其以坐标原点 O 为起点,那么这时它就唯一对应一个向径 $\overrightarrow{OP}$.称向径 $\overrightarrow{OP}$ 的坐标 x,y,z 为**向量 a 的坐标**,记为 $a=(x,y,z)$ 或 $a(x,y,z)$.

分别称与 x 轴、y 轴和 z 轴的正向具有相同方向的单位向量 i,j 和 k 为 x 轴、y 轴和 z 轴的单位向量.

显然,单位向量 i,j,k 分别对应以点 $(1,0,0),(0,1,0),(0,0,1)$ 为终点的向径,因此有
$$i=(1,0,0),\quad j=(0,1,0),\quad k=(0,0,1).$$

与向量 a 对应的向径在坐标轴上的投影称为向量 a 在坐标轴上的投影.向量的坐标 x,y,z 分别是该向量在 x 轴、y 轴和 z 轴上的投影.

(3) 向量的坐标分解式

为了用解析的方法来研究向量,下面讨论如何用三坐标轴的单位向量 i,j 和 k 来表示空间中的任意向量.首先来研究如何用它们来表示坐标轴上的向量.

以上讨论了点、向径、向量的坐标,它们分别是如何用"已知"来研究"未知"的? 若一向量垂直于某坐标轴,它在该坐标轴上的投影是什么? 坐标是多少?

设 x 轴上有一点 A(A 异于 O,下边的 B,C 同样).显然,向量 $\overrightarrow{OA}/\!/i$.利用两向量平行的充要条件,必有唯一的实数 x,使得 $\overrightarrow{OA}=xi$.事实上,x 即是点 A 在 x 轴上的坐标,即有 $A(x,0,0)$.同样,对 y 轴上的一点 $B(0,y,0)$,有 $\overrightarrow{OB}=yj$,对 z 轴上的一点 $C(0,0,z)$,有 $\overrightarrow{OC}=zk$.

设点 $P(x,y,z)$ 为空间中任意一点,如图 7-16,由向量加法的三角形法则,有
$$\overrightarrow{OP}=\overrightarrow{OA}+\overrightarrow{AD}+\overrightarrow{DP}=\overrightarrow{OA}+\overrightarrow{OB}+\overrightarrow{OC}.$$

根据上面的讨论,$\overrightarrow{OA}=xi,\overrightarrow{OB}=yj,\overrightarrow{OC}=zk$,因此,有
$$\overrightarrow{OP}=xi+yj+zk. \tag{2.1}$$

称 (2.1) 为向径 $\overrightarrow{OP}$ 的**坐标分解式**.对任意一非零向量 a,称与它对应的向径 $\overrightarrow{OP}$ 的坐标分解式 (2.1) 为 a 的坐标分解式.xi,yj 和 zk 分别称为 a 沿 x 轴、y 轴和 z 轴方向的**分向量**.

由上面的讨论易知,若向量 a 的坐标为 (x,y,z),就立即得到其坐标分解式 $xi+yj+zk$;同样,若向量的坐标分解式为 $xi+yj+zk$,也可得其坐标 (x,y,z).今后我们把向量与其坐标、坐标分解式不加区别.

向量沿坐标轴的分向量是用什么作"已知"定义的? 向量的分向量与其在坐标轴上的投影之间有何差异与联系?

2. 向量的运算以及与向量有关量的坐标表示

2.1 加减运算

有了向量的坐标及坐标分解式,下面用它作"已知"来讨论向量的运算及与向量有关的量.

设有向量 $a=(x_1,y_1,z_1)$ 及 $b=(x_2,y_2,z_2)$,则有

$$a\pm b=(x_1\pm x_2,y_1\pm y_2,z_1\pm z_2).$$

事实上,有 $a=x_1i+y_1j+z_1k$,$b=x_2i+y_2j+z_2k$,利用向量的运算规律,有

$$a\pm b=(x_1i+y_1j+z_1k)\pm(x_2i+y_2j+z_2k)$$
$$=(x_1\pm x_2)i+(y_1\pm y_2)j+(z_1\pm z_2)k.$$

> 左边的各步分别以什么作"已知"?

因此

$$a\pm b=(x_1\pm x_2,y_1\pm y_2,z_1\pm z_2).$$

2.2 向量的数乘运算、向量平行的坐标表示

若 $a=(x,y,z)$,λ 为实数,则 $\lambda a=(\lambda x,\lambda y,\lambda z)$.事实上,

$$\lambda a=\lambda(xi+yj+zk)=\lambda xi+\lambda yj+\lambda zk=(\lambda x,\lambda y,\lambda z).$$

由上一节我们得到,向量 $a=(a_x,a_y,a_z)$ 与 $b=(b_x,b_y,b_z)$ $(b\neq 0)$ 平行的充要条件为存在常数 λ,使得 $a=\lambda b$,也即有 $(a_x,a_y,a_z)=(\lambda b_x,\lambda b_y,\lambda b_z)$.显然,两向量相等当且仅当它们的对应坐标相等,于是

$$a_x=\lambda b_x,a_y=\lambda b_y,a_z=\lambda b_z,$$

因此

$$a=(a_x,a_y,a_z)//b=(b_x,b_y,b_z)\Leftrightarrow\frac{a_x}{b_x}=\frac{a_y}{b_y}=\frac{a_z}{b_z}. \tag{2.2}①$$

2.3 向量的数量积

首先,由于 i,j,k 的模均为 1,因此依照两向量数量积的定义,有

$$i\cdot i=|i|\cdot|i|\cos 0=1\times 1\times 1=1,$$

同样有 $j\cdot j=k\cdot k=1$.类似地,由于 i,j,k 之中的任意两个的夹角都为 $\frac{\pi}{2}$,因此有

$$i\cdot j=j\cdot k=k\cdot i=0,\ j\cdot i=k\cdot j=i\cdot k=0.$$

若有两向量 $a=x_1i+y_1j+z_1k$,$b=x_2i+y_2j+z_2k$,则有

$$a\cdot b=x_1x_2+y_1y_2+z_1z_2. \tag{2.3}$$

事实上,利用向量的运算规律,有

$$a\cdot b=(x_1i+y_1j+z_1k)\cdot(x_2i+y_2j+z_2k)$$

---

① 在连比式(2.2)中,若某一个分母为零,比如 $b_y=0$,该比式应理解为

$$\begin{cases}\dfrac{a_x}{b_x}=\dfrac{a_z}{b_z},\\ a_y=0;\end{cases}$$

若有两个分母同时为零,比如 $b_y=0,b_z=0$,这时式(2.2)应理解为 $\begin{cases}a_y=0,\\ a_z=0.\end{cases}$ 以后我们还会遇到类似的比式,它们也有与上述相同的意义,不再赘述.

$$= x_1 \boldsymbol{i} \cdot (x_2\boldsymbol{i}+y_2\boldsymbol{j}+z_2\boldsymbol{k}) + y_1\boldsymbol{j} \cdot (x_2\boldsymbol{i}+y_2\boldsymbol{j}+z_2\boldsymbol{k}) + z_1\boldsymbol{k} \cdot (x_2\boldsymbol{i}+y_2\boldsymbol{j}+z_2\boldsymbol{k})$$

$$= x_1x_2\boldsymbol{i} \cdot \boldsymbol{i} + x_1y_2\boldsymbol{i} \cdot \boldsymbol{j} + x_1z_2\boldsymbol{i} \cdot \boldsymbol{k} + y_1x_2\boldsymbol{j} \cdot \boldsymbol{i} + y_1y_2\boldsymbol{j} \cdot \boldsymbol{j} + y_1z_2\boldsymbol{j} \cdot \boldsymbol{k} + z_1x_2\boldsymbol{k} \cdot \boldsymbol{i} + z_1y_2\boldsymbol{k} \cdot \boldsymbol{j} + z_1z_2\boldsymbol{k} \cdot \boldsymbol{k},$$

再利用上面关于 $\boldsymbol{i},\boldsymbol{j}$ 和 $\boldsymbol{k}$ 两两之间数量积的结果,即得式(2.3).

例 2.1　设有向量 $\boldsymbol{a}=2\boldsymbol{i}-\boldsymbol{j}+3\boldsymbol{k}$, $\boldsymbol{b}=\boldsymbol{i}+5\boldsymbol{j}-2\boldsymbol{k}$,求 $\boldsymbol{a} \cdot \boldsymbol{b}$.

解　由式(2.3),有

$$\boldsymbol{a} \cdot \boldsymbol{b}=(2\boldsymbol{i}-\boldsymbol{j}+3\boldsymbol{k}) \cdot (\boldsymbol{i}+5\boldsymbol{j}-2\boldsymbol{k})=2\times1+(-1)\times5+3\times(-2)=-9.$$

2.4　向量的模、单位向量、两点间距离公式、两向量夹角的余弦及方向余弦

(1) 向量的模、单位向量

设有向量 $\boldsymbol{a}=x\boldsymbol{i}+y\boldsymbol{j}+z\boldsymbol{k}$,由式(2.3),得

$$\boldsymbol{a} \cdot \boldsymbol{a}=x^2+y^2+z^2.$$

又 $\boldsymbol{a} \cdot \boldsymbol{a}=|\boldsymbol{a}| \cdot |\boldsymbol{a}|\cos(\widehat{\boldsymbol{a},\boldsymbol{a}})=|\boldsymbol{a}|^2$,因此,$|\boldsymbol{a}|^2=x^2+y^2+z^2$,于是

$$|\boldsymbol{a}|=\sqrt{x^2+y^2+z^2}. \tag{2.4}$$

根据上一节关于单位向量的有关结论,可得 $\boldsymbol{a}=x\boldsymbol{i}+y\boldsymbol{j}+z\boldsymbol{k}$ 的单位向量

$$\boldsymbol{e}_a=\frac{\boldsymbol{a}}{|\boldsymbol{a}|}=\frac{x\boldsymbol{i}+y\boldsymbol{j}+z\boldsymbol{k}}{\sqrt{x^2+y^2+z^2}}=\frac{1}{\sqrt{x^2+y^2+z^2}}(x,y,z). \tag{2.5}$$

(2) 向量坐标的计算、两点间距离公式及中点坐标

设有点 $P_1(x_1,y_1,z_1)$ 及 $P_2(x_2,y_2,z_2)$(图 7-17),由于 $\overrightarrow{P_1P_2}=\overrightarrow{OP_2}-\overrightarrow{OP_1}$,因此

$$\overrightarrow{P_1P_2}=\overrightarrow{OP_2}-\overrightarrow{OP_1}=(x_2-x_1,y_2-y_1,z_2-z_1).$$

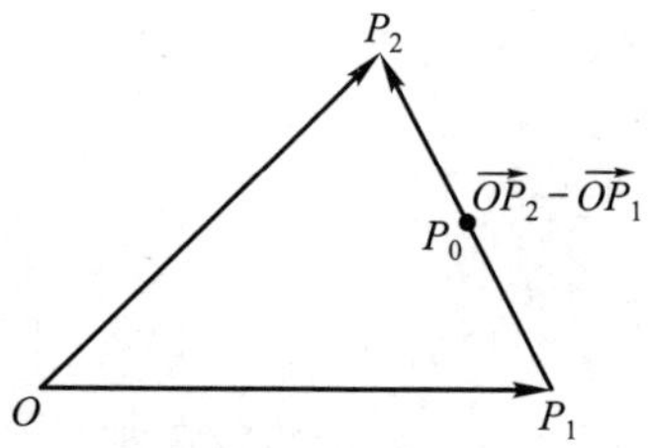

再由式(2.4),$\overrightarrow{P_1P_2}$ 的模也即点 P_1 与 P_2 之间的距离为

$$|P_1P_2|=\sqrt{(x_2-x_1)^2+(y_2-y_1)^2+(z_2-z_1)^2}.$$

图 7-17

设 P_1P_2 的中点为 $P_0(x_0,y_0,z_0)$,显然

$$\overrightarrow{P_1P_0}=(x_0-x_1,y_0-y_1,z_0-z_1),$$

$$\overrightarrow{P_0P_2}=(x_2-x_0,y_2-y_0,z_2-z_0).$$

由 $\overrightarrow{P_1P_0}=\overrightarrow{P_0P_2}$,于是有

$$x_0-x_1=x_2-x_0,\ y_0-y_1=y_2-y_0,\ z_0-z_1=z_2-z_0,$$

由此得 P_0 的三个坐标分量依次为

$$x_0=\frac{x_1+x_2}{2},\ y_0=\frac{y_1+y_2}{2},\ z_0=\frac{z_1+z_2}{2}.$$

> 这里给出了三个重要计算公式,看看是哪三个?

例 2.2　写出以点 $A(2,-1,3)$ 为起点、点 $B(1,-2,-2)$ 为终点的向量 $\overrightarrow{AB}$ 的坐标及线段 $\overline{AB}$ 的中点的坐标,并求 z 轴上与 A,B 两点等距离的点.

解　根据上面得到的向量的坐标计算方法,有

$$\overrightarrow{AB}=(1-2,-2-(-1),(-2)-3)=(-1,-1,-5).$$

记线段 $\overline{AB}$ 的中点为 $P_0(x_0,y_0,z_0)$,依中点坐标公式,得

$$x_0 = \frac{2+1}{2} = \frac{3}{2}, \quad y_0 = \frac{(-1)+(-2)}{2} = -\frac{3}{2}, \quad z_0 = \frac{3+(-2)}{2} = \frac{1}{2}.$$

即线段 $\overline{AB}$ 的中点为 $P_0\left(\frac{3}{2}, -\frac{3}{2}, \frac{1}{2}\right)$.

设 z 轴上与 A, B 两点等距离的点为 $M(0,0,z)$，依题意有

$$|MA| = |MB|,$$

即

$$\sqrt{(0-2)^2 + (0+1)^2 + (z-3)^2} = \sqrt{(0-1)^2 + (0+2)^2 + (z+2)^2}.$$

两端去根号解方程得 $z = \frac{1}{2}$，因此 z 轴上到 A, B 等距离的点为 $M\left(0,0,\frac{1}{2}\right)$.

（3）两向量的夹角公式、向量的方向余弦

设有非零向量 $\boldsymbol{a} = (x_1, y_1, z_1)$ 及 $\boldsymbol{b} = (x_2, y_2, z_2)$，由 $\boldsymbol{a} \cdot \boldsymbol{b} = |\boldsymbol{a}| \cdot |\boldsymbol{b}| \cos(\widehat{\boldsymbol{a}, \boldsymbol{b}})$，利用向量的数量积及模的计算公式，易得**两向量之间的夹角的余弦**

$$\cos(\widehat{\boldsymbol{a}, \boldsymbol{b}}) = \frac{\boldsymbol{a} \cdot \boldsymbol{b}}{|\boldsymbol{a}| \cdot |\boldsymbol{b}|} = \frac{x_1 x_2 + y_1 y_2 + z_1 z_2}{\sqrt{x_1^2 + y_1^2 + z_1^2} \sqrt{x_2^2 + y_2^2 + z_2^2}}. \tag{2.6}$$

由 $\boldsymbol{a} \perp \boldsymbol{b}$ 的充要条件为 $\boldsymbol{a} \cdot \boldsymbol{b} = 0$，得

$$\boldsymbol{a} \text{ 与 } \boldsymbol{b} \text{ 垂直} \Leftrightarrow x_1 x_2 + y_1 y_2 + z_1 z_2 = 0. \tag{2.7}$$

> 式 (2.6) 需要条件"两向量皆为非零向量"，有必要吗？

定义非零向量 $\boldsymbol{a}$ 与 $\boldsymbol{i}, \boldsymbol{j}$ 和 $\boldsymbol{k}$ 的夹角 α, β 和 γ 分别为 $\boldsymbol{a}$ 与 x 轴、y 轴和 z 轴的夹角，通常称为 $\boldsymbol{a}$ 的方向角. 因此三个方向角的余弦分别为

$$\cos\alpha = \frac{x \cdot 1 + y \cdot 0 + z \cdot 0}{\sqrt{x^2+y^2+z^2} \cdot |\boldsymbol{i}|} = \frac{x}{\sqrt{x^2+y^2+z^2}} = \frac{x}{|\boldsymbol{a}|},$$

$$\cos\beta = \frac{y}{\sqrt{x^2+y^2+z^2}} = \frac{y}{|\boldsymbol{a}|}, \quad \cos\gamma = \frac{z}{\sqrt{x^2+y^2+z^2}} = \frac{z}{|\boldsymbol{a}|}. \tag{2.8}$$

称 $\cos\alpha, \cos\beta, \cos\gamma$ 为向量 $\boldsymbol{a}$ 的**方向余弦**.

易知，向量 $(\cos\alpha, \cos\beta, \cos\gamma) = \left(\frac{x}{|\boldsymbol{a}|}, \frac{y}{|\boldsymbol{a}|}, \frac{z}{|\boldsymbol{a}|}\right) = \frac{1}{|\boldsymbol{a}|}(x, y, z)$ 与向量 $\boldsymbol{a} = (x, y, z)$ 平行，并由 $\frac{1}{|\boldsymbol{a}|} > 0$ 知，二者具有相同的方向；容易验证，$\cos^2\alpha + \cos^2\beta + \cos^2\gamma = 1$. 因此向量 $(\cos\alpha, \cos\beta, \cos\gamma)$ 是向量 $\boldsymbol{a}$ 的单位向量，即有

$$\boldsymbol{e}_a = (\cos\alpha, \cos\beta, \cos\gamma). \tag{2.9}$$

> 总结一下，截止到目前，可以用几种方法求一向量的单位向量？

例 2.3　已知两点 $M_1(2, 1, \sqrt{2})$ 和 $M_2(1, 2, 0)$，求向量 $\overrightarrow{M_1M_2}$ 的模、方向余弦、方向角及两向量 $\overrightarrow{OM_1}, \overrightarrow{OM_2}$ 的夹角.

解　$\overrightarrow{M_1M_2} = (1-2, 2-1, 0-\sqrt{2}) = (-1, 1, -\sqrt{2})$，所以

$$|\overrightarrow{M_1M_2}| = \sqrt{(-1)^2 + 1^2 + (-\sqrt{2})^2} = \sqrt{4} = 2.$$

利用方向余弦的计算公式，得向量 $\overrightarrow{M_1M_2}$ 的方向余弦分别为

$$\cos\alpha = -\frac{1}{2}, \ \cos\beta = \frac{1}{2}, \ \cos\gamma = -\frac{\sqrt{2}}{2},$$

因此

$$\alpha = \frac{2\pi}{3}, \ \beta = \frac{\pi}{3}, \ \gamma = \frac{3\pi}{4}.$$

又向量 $\overrightarrow{OM_1}$, $\overrightarrow{OM_2}$ 的坐标分别为 $(2,1,\sqrt{2})$, $(1,2,0)$, 因此它们夹角的余弦为

$$\cos\angle M_1OM_2 = \frac{2\times1+1\times2+\sqrt{2}\times0}{\sqrt{2^2+1^2+(\sqrt{2})^2}\sqrt{1^2+2^2+0^2}} = \frac{4}{\sqrt{7}\cdot\sqrt{5}} = \frac{4}{\sqrt{35}},$$

所以,夹角

$$\angle M_1OM_2 = \arccos\frac{4}{\sqrt{35}}.$$

(4) 向量在另一向量上的投影

设有向量 $\boldsymbol{a} = (x_1,y_1,z_1)$ 与 $\boldsymbol{b} = (x_2,y_2,z_2)$, 利用第一节得到的向量的数量积与向量的投影之间的关系

$$\boldsymbol{a}\cdot\boldsymbol{b} = |\boldsymbol{a}||\boldsymbol{b}|\cos(\widehat{\boldsymbol{a},\boldsymbol{b}}) = |\boldsymbol{a}|(\boldsymbol{b})_{\boldsymbol{a}}(\boldsymbol{a}\neq\boldsymbol{0}),$$

因此

$$(\boldsymbol{b})_{\boldsymbol{a}} = \frac{\boldsymbol{a}\cdot\boldsymbol{b}}{|\boldsymbol{a}|}.$$

再由式(2.3)与式(2.4),得

$$(\boldsymbol{b})_{\boldsymbol{a}} = \frac{\boldsymbol{a}\cdot\boldsymbol{b}}{|\boldsymbol{a}|} = \frac{x_1x_2+y_1y_2+z_1z_2}{\sqrt{x_1^2+y_1^2+z_1^2}}.$$

若 $\boldsymbol{a}$ 为单位向量,则有

$$(\boldsymbol{b})_{\boldsymbol{a}} = \boldsymbol{a}\cdot\boldsymbol{b}.$$

上面得到的关于 $(\boldsymbol{b})_{\boldsymbol{a}}$ 的坐标表示也可根据

$$\text{Prj}_{\boldsymbol{a}}\boldsymbol{b} = (\boldsymbol{b})_{\boldsymbol{a}} = |\boldsymbol{b}|\cos\theta,$$

而由向量的模、两向量夹角的坐标表示而得出,留给读者练习.

例 2.4 已知一向量 $\boldsymbol{a}$ 的模为 $|\boldsymbol{a}| = \sqrt{14}$, 它与 z 轴的夹角为钝角, 关于 x 轴、y 轴的方向角依次为

$$\alpha = \arccos\frac{3}{\sqrt{14}}, \beta = \arccos\frac{2}{\sqrt{14}},$$

求该向量在三个坐标轴上的投影,并写出向量 $\boldsymbol{a}$ 的坐标.

解 易知 $\cos\alpha = \frac{3}{\sqrt{14}}$, $\cos\beta = \frac{2}{\sqrt{14}}$, 注意到 $\boldsymbol{a}$ 与 z 轴的夹角 γ 为钝角,因此

$$\cos\gamma = -\sqrt{1-\cos^2\alpha-\cos^2\beta} = -\frac{1}{\sqrt{14}},$$

由

还记得向量的坐标与向量在坐标轴上的投影之间有何关系吗?

$$x = (\boldsymbol{a})_i = |\boldsymbol{a}| \cos \alpha, \ y = (\boldsymbol{a})_j = |\boldsymbol{a}| \cos \beta, \ z = (\boldsymbol{a})_k = |\boldsymbol{a}| \cos \gamma,$$

因此, $\boldsymbol{a}$ 在三个坐标轴上的投影分别为

$$x = |\boldsymbol{a}| \cos \alpha = \sqrt{14} \cdot \left(\frac{3}{\sqrt{14}}\right) = 3, \ y = |\boldsymbol{a}| \cos \beta = \sqrt{14} \cdot \left(\frac{2}{\sqrt{14}}\right) = 2,$$

$$z = |\boldsymbol{a}| \cos \gamma = \sqrt{14} \cdot \left(\frac{-1}{\sqrt{14}}\right) = -1.$$

于是向量 $\boldsymbol{a}$ 的坐标为 $(3,2,-1)$.

2.5　向量的向量积

下边来讨论两向量向量积的坐标表示.

由两向量的向量积的定义, 易得三坐标轴的单位向量的向量积分别为

$$\boldsymbol{i} \times \boldsymbol{i} = \boldsymbol{j} \times \boldsymbol{j} = \boldsymbol{k} \times \boldsymbol{k} = \boldsymbol{0}, \ \boldsymbol{i} \times \boldsymbol{j} = \boldsymbol{k}, \ \boldsymbol{j} \times \boldsymbol{k} = \boldsymbol{i}, \ \boldsymbol{k} \times \boldsymbol{i} = \boldsymbol{j},$$

$$\boldsymbol{j} \times \boldsymbol{i} = -\boldsymbol{k}, \ \boldsymbol{k} \times \boldsymbol{j} = -\boldsymbol{i}, \ \boldsymbol{i} \times \boldsymbol{k} = -\boldsymbol{j}.$$

> 请对这里的结果给出详细的推导.

设有向量 $\boldsymbol{a}(x_1,y_1,z_1)$ 及 $\boldsymbol{b}(x_2,y_2,z_2)$, 利用向量积的运算规律及 $\boldsymbol{i},\boldsymbol{j}$ 和 $\boldsymbol{k}$ 两两之间的向量积作"已知", 则有

$$\begin{aligned}
\boldsymbol{a} \times \boldsymbol{b} &= (x_1\boldsymbol{i}+y_1\boldsymbol{j}+z_1\boldsymbol{k}) \times (x_2\boldsymbol{i}+y_2\boldsymbol{j}+z_2\boldsymbol{k}) \\
&= x_1\boldsymbol{i} \times (x_2\boldsymbol{i}+y_2\boldsymbol{j}+z_2\boldsymbol{k}) + y_1\boldsymbol{j} \times (x_2\boldsymbol{i}+y_2\boldsymbol{j}+z_2\boldsymbol{k}) + z_1\boldsymbol{k} \times (x_2\boldsymbol{i}+y_2\boldsymbol{j}+z_2\boldsymbol{k}) \\
&= x_1 x_2(\boldsymbol{i} \times \boldsymbol{i}) + x_1 y_2 \boldsymbol{i} \times \boldsymbol{j} + x_1 z_2 \boldsymbol{i} \times \boldsymbol{k} + y_1 x_2 \boldsymbol{j} \times \boldsymbol{i} + y_1 y_2 \boldsymbol{j} \times \boldsymbol{j} + y_1 z_2 \boldsymbol{j} \times \boldsymbol{k} + z_1 x_2 \boldsymbol{k} \times \boldsymbol{i} + z_1 y_2 \boldsymbol{k} \times \boldsymbol{j} + z_1 z_2 \boldsymbol{k} \times \boldsymbol{k} \\
&= x_1 x_2(\boldsymbol{i} \times \boldsymbol{i}) + x_1 y_2(\boldsymbol{i} \times \boldsymbol{j}) + x_1 z_2(\boldsymbol{i} \times \boldsymbol{k}) + y_1 x_2(\boldsymbol{j} \times \boldsymbol{i}) + y_1 y_2(\boldsymbol{j} \times \boldsymbol{j}) + y_1 z_2(\boldsymbol{j} \times \boldsymbol{k}) + \\
&\quad z_1 x_2(\boldsymbol{k} \times \boldsymbol{i}) + z_1 y_2(\boldsymbol{k} \times \boldsymbol{j}) + z_1 z_2(\boldsymbol{k} \times \boldsymbol{k}) \\
&= (y_1 z_2 - y_2 z_1)\boldsymbol{i} + (z_1 x_2 - x_1 z_2)\boldsymbol{j} + (x_1 y_2 - x_2 y_1)\boldsymbol{k}.
\end{aligned}$$

> 在这个证明过程中, 各步的根据分别是什么?

为便于记忆, 我们把它写成如下行列式的形式:

$$\boldsymbol{a} \times \boldsymbol{b} = \begin{vmatrix} \boldsymbol{i} & \boldsymbol{j} & \boldsymbol{k} \\ x_1 & y_1 & z_1 \\ x_2 & y_2 & z_2 \end{vmatrix}. \tag{2.10}$$

例 2.5　设 $\boldsymbol{a} = (2,1,-1), \boldsymbol{b} = (1,-1,2)$, 计算 $\boldsymbol{a} \times \boldsymbol{b}$.

解　$\boldsymbol{a} \times \boldsymbol{b} = \begin{vmatrix} \boldsymbol{i} & \boldsymbol{j} & \boldsymbol{k} \\ 2 & 1 & -1 \\ 1 & -1 & 2 \end{vmatrix} = \boldsymbol{i} \begin{vmatrix} 1 & -1 \\ -1 & 2 \end{vmatrix} + (-1)\boldsymbol{j} \begin{vmatrix} 2 & -1 \\ 1 & 2 \end{vmatrix} + \boldsymbol{k} \begin{vmatrix} 2 & 1 \\ 1 & -1 \end{vmatrix}$

$$= \boldsymbol{i} - 5\boldsymbol{j} - 3\boldsymbol{k}.$$

例 2.6　设有三点 $A(1,2,3),B(2,5,1)$ 和 $C(2,4,3)$, 求三角形 ABC 的面积.

解　由题目所给的点 A,B,C 的坐标, 有向量 $\overrightarrow{AB} = (1,3,-2)$, $\overrightarrow{AC} = (1,2,0)$, 因此

$$\overrightarrow{AB} \times \overrightarrow{AC} = \begin{vmatrix} \boldsymbol{i} & \boldsymbol{j} & \boldsymbol{k} \\ 1 & 3 & -2 \\ 1 & 2 & 0 \end{vmatrix} = 4\boldsymbol{i} - 2\boldsymbol{j} - \boldsymbol{k},$$

由此求得三角形 ABC 的面积

$$S = \frac{1}{2}|\overrightarrow{AB} \times \overrightarrow{AC}| = \frac{1}{2}\sqrt{4^2+(-2)^2+(-1)^2} = \frac{1}{2}\sqrt{21}.$$

*3. 向量的混合积

3.1 向量的混合积的定义

设有三个向量,利用两向量的数量积及向量积作"已知",还可以讨论它们的**混合积**,混合积也有着实际的意义.

设有三个向量 a,b 和 c,先作两向量 a,b 的向量积 $a \times b$,再求所得到的新的向量 $a \times b$ 与向量 c 的数量积 $(a \times b) \cdot c$,把这样所得到的数 $(a \times b) \cdot c$ 称作三向量 a,b 和 c 的混合积,记作 $[a\ b\ c]$.

3.2 混合积的坐标表示

设有向量 $a = (x_1, y_1, z_1), b = (x_2, y_2, z_2), c = (x_3, y_3, z_3)$,我们来推导出这三个向量的混合积的坐标表示.

由

$$a \times b = \begin{vmatrix} i & j & k \\ x_1 & y_1 & z_1 \\ x_2 & y_2 & z_2 \end{vmatrix} = \begin{vmatrix} y_1 & z_1 \\ y_2 & z_2 \end{vmatrix} i - \begin{vmatrix} x_1 & z_1 \\ x_2 & z_2 \end{vmatrix} j + \begin{vmatrix} x_1 & y_1 \\ x_2 & y_2 \end{vmatrix} k,$$

因此再由数量积的坐标表示法,得

$$\begin{aligned}
[a\ b\ c] &= (a \times b) \cdot c \\
&= \left(\begin{vmatrix} y_1 & z_1 \\ y_2 & z_2 \end{vmatrix}, -\begin{vmatrix} x_1 & z_1 \\ x_2 & z_2 \end{vmatrix}, \begin{vmatrix} x_1 & y_1 \\ x_2 & y_2 \end{vmatrix} \right) \cdot (x_3, y_3, z_3) \\
&= x_3 \begin{vmatrix} y_1 & z_1 \\ y_2 & z_2 \end{vmatrix} - y_3 \begin{vmatrix} x_1 & z_1 \\ x_2 & z_2 \end{vmatrix} + z_3 \begin{vmatrix} x_1 & y_1 \\ x_2 & y_2 \end{vmatrix} \\
&= \begin{vmatrix} x_1 & y_1 & z_1 \\ x_2 & y_2 & z_2 \\ x_3 & y_3 & z_3 \end{vmatrix}.
\end{aligned}$$

3.3 混合积的几何意义

混合积有着明显的几何意义.

设三个向量 a,b,c 不共面,现在来考察以 a,b 所构成的平行四边形为底面、c 为另外一条棱的平行六面体的体积.记向量 a 与 b 的向量积为 f,即有 $f = a \times b$.

若向量 f 和 c 之间的夹角 θ 为锐角(图 7-18(1)),由于

$$(a \times b) \cdot c = |a \times b| |c| \cos \theta,$$

而 $|a \times b|$ 为该平行六面体底面的面积,数 $|c| \cos \theta$ 为平行六面体的高,因此,数 $(a \times b) \cdot c = |a \times b| |c| \cos \theta$ 等于以 a,b,c 为棱的平行六面体的体积 V.即有 $V = [a\ b\ c]$.

若向量 f 和 c 之间的夹角 θ 为钝角(图 7-18(2)),这时虽然该平行六面体的底的面积仍为 $|a \times b|$,但由于 f 和 c 之间的夹角 θ 为钝角,因此其高为 c 在向量 f 上投影的绝对值,即 $||c| \cos \theta| = |c| |\cos \theta|$.这时其体积 $V = |a \times b| |c| |\cos \theta|$,即是 $[a\ b\ c]$ 的绝对值 $|[a\ b\ c]|$.

由于当 θ 为锐角时,也有 $[a\ b\ c] = |[a\ b\ c]|$.因此,综合上述讨论我们有:以三个向量 a,b 与 c 为棱所构成的平行六面体的体积等于这三个向量的混合积 $[a\ b\ c]$ 的绝对值

$$||a \times b| |c| \cos \theta| = |[a\ b\ c]|.$$

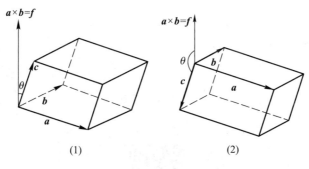

图 7-18

利用向量的混合积的几何意义,可以得到三向量 a,b,c 共面的充要条件:

向量 $a=(x_1,y_1,z_1)$,$b=(x_2,y_2,z_2)$,$c=(x_3,y_3,z_3)$ 共面的充要条件为 $[a\ b\ c]=0$,即

$$\begin{vmatrix} x_1 & y_1 & z_1 \\ x_2 & y_2 & z_2 \\ x_3 & y_3 & z_3 \end{vmatrix}=0.$$

事实上,由向量的混合积的几何意义,若 $[a\ b\ c]\neq0$,则以三向量 a,b,c(或 $-c$)为棱就构成一个平行六面体,从而这些向量不共面;反之,若三向量 a,b,c 不共面,则以向量 a,b,c 为棱可以构成平行六面体,显然其体积不为零,因此 $[a\ b\ c]\neq0$.

例 2.7 (1)求由四点 $A(3,1,1)$,$B(2,3,1)$,$C(4,2,2)$,$D(1,2,-2)$ 为顶点的四面体的体积;

(2)已知点 $A(3,1,1)$,$B(2,3,1)$,$C(4,2,2)$,$M(1,2,z)$ 共面,写出 M 的坐标.

解 (1)由立体几何知,由 A,B,C,D 四点为顶点的四面体的体积等于以向量 $\overrightarrow{AB},\overrightarrow{AC},\overrightarrow{AD}$ 为棱的平行六面体的体积的 $\dfrac{1}{6}$.由 A,B,C,D 的坐标可求得

$$\overrightarrow{AB}=(-1,2,0),\overrightarrow{AC}=(1,1,1),\overrightarrow{AD}=(-2,1,-3),$$

因此,这三个向量的混合积为

$$\begin{vmatrix} -1 & 2 & 0 \\ 1 & 1 & 1 \\ -2 & 1 & -3 \end{vmatrix}=(-1)\times\begin{vmatrix} 1 & 1 \\ 1 & -3 \end{vmatrix}-2\times\begin{vmatrix} 1 & 1 \\ -2 & -3 \end{vmatrix}+0\times\begin{vmatrix} 1 & 1 \\ -2 & 1 \end{vmatrix}=(-1)(-4)-2\times(-1)=6.$$

因而,以 $\overrightarrow{AB},\overrightarrow{AC},\overrightarrow{AD}$ 为棱的平行六面体的体积为 6,所以要求的四面体的体积为 $\dfrac{6}{6}=1$.

(2)由 $A(3,1,1)$,$B(2,3,1)$,$C(4,2,2)$,$M(1,2,z)$ 四点,可得三个向量的坐标

$$\overrightarrow{AB}=(-1,2,0),\overrightarrow{AC}=(1,1,1),\overrightarrow{AM}=(-2,1,z-1).$$

A,B,C,M 四点共面,相当于三个向量 $\overrightarrow{AB},\overrightarrow{AC},\overrightarrow{AM}$ 共面.由三个向量共面的充要条件,可得

$$\begin{vmatrix} -1 & 2 & 0 \\ 1 & 1 & 1 \\ -2 & 1 & z-1 \end{vmatrix}=0.$$

解之得

$$z = 0.$$

所以,点 M 的坐标为 $(1,2,0)$.

历史的回顾

历史人物简介

笛卡儿

习题 7-2(A)

1. 判断下列论述是否正确,并说明理由:

(1) 为建立向量的坐标,首先建立空间 $Oxyz$ 中点的坐标,再由向径与其终点的一一对应,从而定义了向径的坐标,然后通过向量可以自由平移,定义与向量对应的向径的坐标为向量的坐标;

(2) 由向量的数乘运算的坐标表示,得到了任意两向量平行的充要条件式(2.2)——对应坐标成比例;

(3) 为得到两向量垂直的充要条件的坐标表示,可以利用"两向量垂直等价于它们的数量积为零"来证明;

(4) 有了两向量的夹角的定义之后,为定义向量 a 与 x 轴、y 轴和 z 轴的夹角这一"未知",课本中是利用向量 a 与三坐标轴的方向向量 i,j 和 k 的夹角这一"已知"来定义的;

(5) 若一向量与 x 轴垂直,那么它在 x 轴上的投影是零,因此它的横坐标为零.

2. 指出下列各点所在的坐标轴、坐标面或卦限.

$$A(2,-3,-5); B(0,5,4); C(0,-3,0); D(2,3,-5).$$

3. 自点 $M(1,-3,4)$ 到各个坐标平面和各坐标轴作垂线,写出各垂足的坐标.

4. 过点 $P(x_0,y_0,z_0)$ 分别作平行于 z 轴的直线和平行于 xOy 面的平面,问它们上面的点的坐标各有什么特点?

5. 设 $A(-1,x,0)$ 与 $B(2,4,-2)$ 两点的距离为 $\sqrt{29}$,求 x.

6. 证明以点 $A(4,1,9), B(10,-1,6), C(2,4,3)$ 为顶点的三角形是等腰直角三角形.

7. 已知向量 $a=(1,-2,3), b=(-2,-1,1)$,求 $a \cdot b, a \times b$ 及 $(b)_a$.

8. 向量 $\overrightarrow{AB}$ 的终点为 $B(3,-1,0)$,它在坐标轴上的投影依次为 $2,-3,4$,求始点 A 的坐标.

9. 已知两点 $M_1 = (4, \sqrt{2}, 1)$ 和 $M_2 = (3, 0, 2)$，求向量 $\overrightarrow{M_1 M_2}$ 的模、方向余弦与方向角.

10. 已知 $A = (1, -1, 2)$，$B = (5, -6, 2)$，$C = (1, 3, -1)$，求：

(1) 同时与 $\overrightarrow{AB}$ 及 $\overrightarrow{AC}$ 垂直的单位向量；

(2) 同时与 $\overrightarrow{AB}$ 及 $\overrightarrow{AC}$ 垂直的所有非零向量.

11. 已知三点 $A = (1, 0, 0)$，$B = (3, 1, 1)$，$C = (2, 0, 1)$，求：(1) $\overrightarrow{BC}$ 与 $\overrightarrow{CA}$ 的夹角；(2) $\overrightarrow{BC}$ 在 $\overrightarrow{AB}$ 上的投影.

12. 设向量 $\boldsymbol{a} = (3k, 9, 2)$，$\boldsymbol{b} = (-k, -3, 9k)$，分别求满足下列条件的 k 值：

(1) $\boldsymbol{a} /\!/ \boldsymbol{b}$；　　　(2) $\boldsymbol{a} \perp \boldsymbol{b}$；　　　(3) $\boldsymbol{a} \cdot \boldsymbol{b} = -12$.

13. 设 $\boldsymbol{a} = (3, 5, -2)$，$\boldsymbol{b} = (2, 1, 4)$，问当 λ 与 μ 满足什么关系时，向量 $\lambda \boldsymbol{a} + \mu \boldsymbol{b}$ 与 z 轴垂直？

14. 已知三点 $A(1, 2, 3)$，$B(2, -1, 5)$，$C(3, 2, -5)$，求：(1) $\triangle ABC$ 的面积；(2) $\triangle ABC$ 的 AB 边上的高.

15. 已知 $\boldsymbol{a} = (2, -3, 1)$，$\boldsymbol{b} = (1, -2, 3)$，$\boldsymbol{c} = (2, 1, -7)$，求与 $\boldsymbol{a}, \boldsymbol{b}$ 都垂直，且满足 $\boldsymbol{c} \cdot \boldsymbol{d} = 10$ 的向量 $\boldsymbol{d}$.

习题 7-2(B)

1. 设质量为 1 000 g 的物体从点 $A(1, -1, 2)$ 沿直线移动到点 $B(3, -1, 4)$（单位：m），计算重力所做的功.

2. 求点 $M(1, -3, -2)$ 关于点 $P(-1, 2, 1)$ 的对称点.

3. 求在 z 轴上与两点 $A(1, -3, 3)$ 及 $B(2, 3, 2)$ 距离相等的点.

4. 设有两点 $M_1(x_1, y_1, z_1)$，$M_2(x_2, y_2, z_2)$，M 是直线 $M_1 M_2$ 上一点，且满足 $\overrightarrow{M_1 M} = \lambda \overrightarrow{MM_2}$（$\lambda \neq -1$ 是已给实数），求 M 点的坐标.

5. 已知三点 A, B, C 的向径分别为 $\boldsymbol{\gamma}_1 = 2\boldsymbol{i} + 4\boldsymbol{j} + \boldsymbol{k}$，$\boldsymbol{\gamma}_2 = 3\boldsymbol{i} + 7\boldsymbol{j} + 5\boldsymbol{k}$，$\boldsymbol{\gamma}_3 = 4\boldsymbol{i} + 10\boldsymbol{j} + 9\boldsymbol{k}$，证明三点 A, B, C 共线.

*6. 证明 $\boldsymbol{a} = (-1, 3, 2)$，$\boldsymbol{b} = (2, -3, -4)$，$\boldsymbol{c} = (-3, 12, 6)$ 共面，并将 $\boldsymbol{c}$ 用 $\boldsymbol{a}, \boldsymbol{b}$ 线性运算表示.

7. 已知向量 $\boldsymbol{a} = (-1, 3, 0)$，$\boldsymbol{b} = (3, 1, 0)$，求满足关系式 $\boldsymbol{a} = \boldsymbol{b} \times \boldsymbol{c}$ 且使 $|\boldsymbol{c}|$ 最小的向量 $\boldsymbol{c}$.

8. 已知向量 $\boldsymbol{a} = (2, -3, 1)$，$\boldsymbol{b} = (1, -1, 3)$，$\boldsymbol{c} = (1, -2, 0)$，求：

(1) $(\boldsymbol{a} \times \boldsymbol{b}) \cdot \boldsymbol{c}$；　　　(2) $(\boldsymbol{a} \times \boldsymbol{b}) \times \boldsymbol{c}$；

(3) $(\boldsymbol{a} \cdot \boldsymbol{b}) \boldsymbol{c} - (\boldsymbol{a} \cdot \boldsymbol{c}) \boldsymbol{b}$；　　(4) $(\boldsymbol{a} + \boldsymbol{b}) \times \boldsymbol{c}$.

第三节　平　　面

有了空间中点的坐标以及向量的有关知识作"已知"，下面来讨论空间中图形的方程，从而利用方程研究图形及与其有关的问题.

1. 图形与方程

本章中所研究的图形，主要指空间中的平面、曲面、直线与曲线.并且我们把平面看作特殊的曲面，直线看作特殊的曲线.下面以曲面为例来讨论何谓图形的方程.

设空间直角坐标系 $Oxyz$ 中有一曲面 Σ，怎样的方程才能称为 Σ 的方程呢？回答这个问题，自然使我们猜想，应该用平面 xOy 中的曲线与二元方程之间的关系作"已知"，来研究这一"未知".

让我们先来看一个例子.

设曲线 C 为平面 xOy 中以原点为圆心、半径为 r($r > 0$)的上半圆周，显然 C 上点的坐标都满

足方程 $x^2+y^2=r^2$.但,如果说该方程就是 C 的方程显然是无法认可的,因为满足这个方程的点并不都在 C 上,比如点 $(0,-r)$ 满足这个方程,但它却不在 C 上.也就是说,虽然曲线 C 上的点的坐标都满足这个方程,但坐标满足这个方程的点并不都在 C 上.

事实上,平面中以坐标原点为圆心、半径为 r 的上半圆周的方程为 $y=\sqrt{r^2-x^2}$,而不是 $x^2+y^2=r^2$.

因此,对平面曲线来说,称二元方程 $F(x,y)=0$ 是平面曲线 C 的方程,不仅 C 上的点的坐标都要满足 $F(x,y)=0$(简称"在而合"——曲线上点的坐标都符合或说满足该方程);同时坐标满足方程 $F(x,y)=0$ 的点都在 C 上("合而在"——坐标符合方程的点都在该曲线上),或者满足它的逆否命题——不在曲线 C 上的点,其坐标都不满足方程 $F(x,y)=0$("不在者不合"——不在曲线上的点,其坐标都不满足该方程).

曲面是空间中满足某条件的点 $P(x,y,z)$ 的集合.因此不难想象,曲面的方程应为三元方程.将上面关于平面曲线与其方程之间所满足的关系平移到曲面与其方程,有:

称三元方程 $F(x,y,z)=0$ 是曲面 Σ 的方程,需要满足:

(1) Σ 上任一点的坐标都满足该方程;

(2) 坐标满足 $F(x,y,z)=0$ 的点都在 Σ 上(或不在 Σ 上的点的坐标都不满足该方程).

这虽然是对曲面(平面)而言,但它同样适用于空间中的直线与曲线.

下面通过一个例子来说明如何建立空间图形的方程.

例 3.1　写出与两点 $P_1(1,0,2)$,$P_2(3,2,4)$ 等距离的点所形成的图形的方程.

解　设 $M(x,y,z)$ 是到 P_1,P_2 等距离的任意一点,那么
$$|MP_1|=|MP_2|, \tag{3.1}$$
由两点间距离公式得
$$\sqrt{(x-1)^2+y^2+(z-2)^2}=\sqrt{(x-3)^2+(y-2)^2+(z-4)^2}, \tag{3.2}$$
整理得
$$x+y+z=6. \tag{3.3}$$

另一方面,如果点 $M(x,y,z)$ 到 P_1,P_2 的距离不相等,或说点 $M(x,y,z)$ 不在该图形上,于是式(3.1)不成立,从而式(3.2)、式(3.3)也不成立.

上边两方面的论述说明,要求的图形的方程为式(3.3).下面将看到,该图形是一个平面,它是连接 P_1,P_2 两点所得线段的垂直平分面.

关于命题、逆命题、否命题与逆否命题的注记

2. 平面的方程

下面将根据确定平面的几何条件来建立平面的方程并研究某些与平面有关的问题.

2.1　平面的点法式方程

我们知道,过空间中一点并且与已知直线垂直的平面是唯一确定的.既然这样的平面唯一确定,因此就应该能写出它的方程.下面就来讨论这个问题.

中学里学习了直线与平面的垂直,利用它作"已知"就可以定义平面的法向量.

若一非零向量所在的直线与平面 π 垂直,就称该向量与平面 π 垂直,并称它为平面 π 的**法向量**.利用直线与平面垂直的性质——平面的垂线垂直于平面内的任何直线——易知,平面的法向量垂直于该平面中的任意一个向量.

一个平面能有多少条法向量? 能将它们分成几类? 与一确定的向量 **n** 垂直的平面唯一吗?

设平面 π 过点 $M_0(x_0, y_0, z_0)$ 并以非零向量 **n**(A, B, C) 为其法向量.下面用向量的有关知识作"已知"来建立 π 的方程.

设 $M(x, y, z)$ 为平面 π 内的任意一点(图 7-19),则向量 $\overrightarrow{M_0 M}$ 与 **n** 垂直,因此有

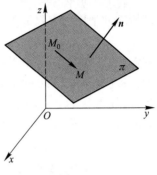

图 7-19

$$\boldsymbol{n} \cdot \overrightarrow{M_0 M} = 0,$$

而 $\overrightarrow{M_0 M}$ 的坐标为 $(x-x_0, y-y_0, z-z_0)$,故有

$$A(x-x_0) + B(y-y_0) + C(z-z_0) = 0. \tag{3.4}$$

反过来,若点 $M(x, y, z)$ 不在平面 π 上,那么向量 $\overrightarrow{M_0 M}$ 与 **n** 就不垂直,因而就不满足 $\boldsymbol{n} \cdot \overrightarrow{M_0 M} = 0$,也就不满足方程(3.4).即不在平面上的点就不满足方程.

综上所述,方程(3.4)就是平面 π 的方程.该方程是由平面内的一点 (x_0, y_0, z_0) 与平面的一条法向量 $\boldsymbol{n} = (A, B, C)$ 所确定的,称它为**平面的点法式方程**.

例 3.2 若平面以 **n**$(2, 1, -5)$ 为其一法向量,并且过点 $(1, -1, 3)$,写出该平面的方程.

解 由式(3.4),该平面的方程为

$$2 \cdot (x-1) + 1 \cdot [y-(-1)] + (-5) \cdot (z-3) = 0,$$

化简得

$$2x + y - 5z + 14 = 0.$$

例 3.3 求过三点 $A(1,1,1)$,$B(2,0,1)$ 与 $C(1,2,3)$ 的平面的方程.

解 这三点所确定的向量 $\overrightarrow{AB} = (1, -1, 0)$,$\overrightarrow{AC} = (0, 1, 2)$ 都在所讨论的平面内,因此,该平面的法向量 **n** 与这两个向量都垂直,故取这两个向量的向量积作为要求平面的法向量.于是

$$\boldsymbol{n} = \begin{vmatrix} \boldsymbol{i} & \boldsymbol{j} & \boldsymbol{k} \\ 1 & -1 & 0 \\ 0 & 1 & 2 \end{vmatrix} = (-2, -2, 1).$$

再从 A, B, C 中任取一点,比如 $C(1, 2, 3)$,利用平面的点法式方程得

$$(-2)(x-1) + (-2)(y-2) + (z-3) = 0,$$

整理得

$$2x + 2y - z - 3 = 0.$$

例 3.4 一平面过点 $(0, 1, -1)$ 且平行于向量 $\boldsymbol{n}_1(2, 1, 1)$ 和 $\boldsymbol{n}_2(1, -1, 0)$,试求该平面的方程.

解 显然,该平面的法向量 **n** 与向量 $\boldsymbol{n}_1, \boldsymbol{n}_2$ 都垂直,为此取 $\boldsymbol{n}_1$ 与 $\boldsymbol{n}_2$ 的向量积作为该平面的法向量.于是

$$\boldsymbol{n} = \begin{vmatrix} \boldsymbol{i} & \boldsymbol{j} & \boldsymbol{k} \\ 2 & 1 & 1 \\ 1 & -1 & 0 \end{vmatrix} = \boldsymbol{i} + \boldsymbol{j} - 3\boldsymbol{k}.$$

该平面又过点 $(0,1,-1)$, 因此, 由平面的点法式方程得, 该平面方程为

$$1 \cdot (x-0)+1 \cdot (y-1)+(-3)[z-(-1)]=0,$$

也即

$$x+y-3z-4=0.$$

2.2 平面的一般方程

在上面的例 3.2、例 3.3、例 3.4 的解法中, 经过整理最后把所求的平面的方程都化成了三元一次方程

$$Ax+By+Cz+D=0(A,B,C \text{ 不全为零}) \tag{3.5}$$

的形式. 显然, 任何一个平面的点法式方程 (3.4) 也都可以化为方程 (3.5) 的形式, 这只需令 $D=-Ax_0-By_0-Cz_0$ 即可. 这就是说, 任何一个平面的方程都可以写为方程 (3.5) 的形式. 我们自然要问, 该结论反过来成立吗? 即任意一个形如方程 (3.5) 的方程是否都是某平面的方程呢?

下面来讨论这个问题.

我们知道, 任何一个形如方程 (3.4) 的方程都是某平面方程, 因此, 如果方程 (3.5) 能写成方程 (3.4) 的形式, 就说明方程 (3.5) 也是平面的方程.

任何一个三元一次方程都有无穷多组解. 设 $x=x_1,y=y_1,z=z_1$ 是方程 (3.5) 的一组解, 即有

$$Ax_1+By_1+Cz_1+D=0,$$

因此

$$D=-Ax_1-By_1-Cz_1.$$

将 $D=-Ax_1-By_1-Cz_1$ 代入方程 (3.5), 得

$$Ax+By+Cz-(Ax_1+By_1+Cz_1)=0,$$

整理, 得

$$A(x-x_1)+B(y-y_1)+C(z-z_1)=0,$$

与方程 (3.4) 相比较知, 它是过点 (x_1,y_1,z_1) 且以 (A,B,C) 为法向量的平面方程. 因此, 任何一个形如方程 (3.5) 的方程都是某平面的方程.

称三元一次方程 (3.5) 为**平面的一般式方程**.

例 3.5 求过三点 $M_1(a,0,0),M_2(0,b,0),M_3(0,0,c)$ 的平面方程, 其中 $abc \neq 0$.

解 设该平面的方程为方程 (3.5) 的形式, 由于它过 M_1,M_2,M_3 三点, 因此这三个点的坐标必都使方程 (3.5) 成立. 将这三个点的坐标分别代入方程 (3.5) 之中, 得

$$aA+D=0, \ bB+D=0, \ cC+D=0,$$

于是

$$A=-\frac{D}{a},B=-\frac{D}{b},C=-\frac{D}{c}.$$

所求的平面方程为

$$\left(-\frac{D}{a}\right)x+\left(-\frac{D}{b}\right)y+\left(-\frac{D}{c}\right)z+D=0,$$

例 3.3 与例 3.4 的解法都利用了平面的点法式方程, 为此首先做了什么工作? 通过这两个题目你有何体会?

到现在为止, 你所知道的平面的方程是什么样的形式? 欲说明式 (3.5) 是平面的方程, 需要做什么工作?

给定平面的一般式方程 (3.5), 你能从中获得怎样的信息? 你能写出平面

$$2x+5y-9z+12=0$$

的一个法向量吗?

整理得

$$\frac{x}{a}+\frac{y}{b}+\frac{z}{c}=1. \tag{3.6}$$

方程(3.6)称为平面的**截距式方程**.而 a,b,c 依次称为该平面在 x,y,z 轴上的截距.

2.3　几种特殊平面的方程

下面讨论一些特殊平面的方程.既然它们是特殊平面,其方程也必有特殊之处.

（1）**过原点的平面方程**

设平面过原点（图 7-20）,因此 $x=y=z=0$ 必满足方程(3.5),将它们代入方程(3.5)得 $D=0$,也就是方程(3.5)成为

$$Ax+By+Cz=0$$

的形式,即过原点的平面的方程不含常数项.

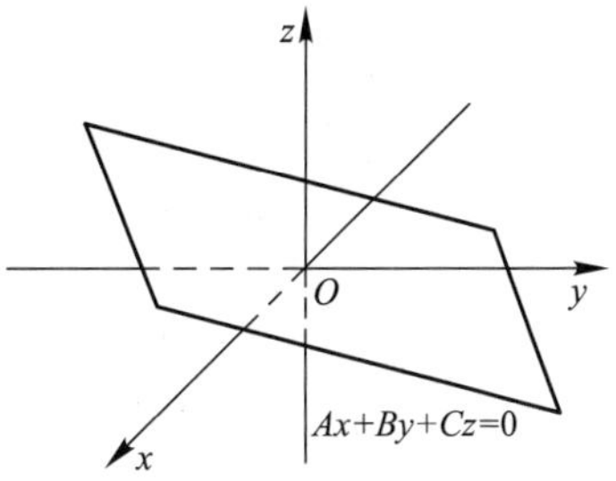

（2）**平行于坐标轴的平面方程**

设平面平行于 x 轴,则它的法向量 $\boldsymbol{n}(A,B,C)$ 垂直于 x 轴,因而该法向量在 x 轴上的投影为零,因此,它的横坐标 $A=0$.由方程(3.5),该平面的方程为 $By+Cz+D=0$ 的形式.

图 7-20

类似地,平行于 y 轴、z 轴的平面方程分别为 $Ax+Cz+D=0,Ax+By+D=0$ 的形式,或说它们的方程中分别有 $B=0$ 或 $C=0$（图 7-21）.

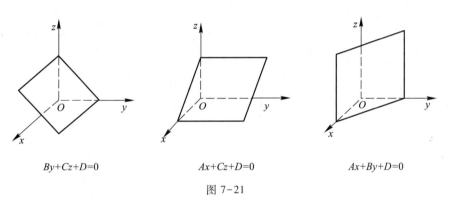

$By+Cz+D=0$　　　　$Ax+Cz+D=0$　　　　$Ax+By+D=0$

图 7-21

（3）**平行于坐标平面的平面方程**

设平面平行于坐标平面 xOy,因此它既平行于 x 轴,也平行于 y 轴.根据上面的讨论,该方程中既有 $A=0$,同时也有 $B=0$,因此方程为

$$Cz+D=0$$

的形式,或写成 $z=-\dfrac{D}{C}$.

类似地,平行于 zOy,xOz 坐标面的平面方程分别具有

$$Ax+D=0,\quad By+D=0$$

的形式,或分别写成 $x=-\dfrac{D}{A},y=-\dfrac{D}{B}$（图 7-22）.

特别地,坐标面 xOy,zOy,xOz 的方程分别是 $z=0,x=0,y=0$.

> 从图 7-21 你发现了什么规律?

> 二元一次方程与一元一次方程都是三元一次方程的特殊形式,在空间中都为平面方程.你看平面的特征与方程的特点之间有何关联?

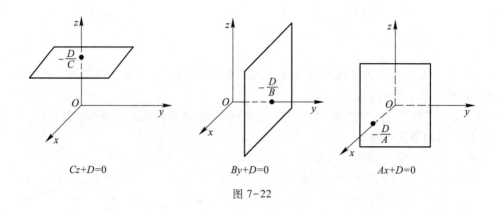

图 7-22

例 3.6　求过 x 轴及点 $(3,1,2)$ 的平面的方程.

解　平面过 x 轴,由此知平面必过原点,因此有 $D=0$;又 x 轴在该平面内,因此可看作该平面平行于 x 轴,故 $A=0$.所以该平面的方程为

$$By+Cz=0$$

的形式.又该平面过点 $(3,1,2)$,将 $y=1$,$z=2$ 代入方程 $By+Cz=0$ 得

$$B+2C=0,$$

也就是 $B=-2C$,将它代入方程 $By+Cz=0$ 之中,得

$$2y-z=0.$$

> 你还能利用另外的方法解这个题吗?

3. 两平面之间的位置关系

前面讨论了两向量的互相垂直、平行及其夹角.下面就利用它们作"已知"来研究两平面的互相垂直、平行及其夹角等"未知".为此,需要借助于平面的法向量来实现这一转化.

3.1　两平面垂直与平行的充要条件

设平面 π_1 和 π_2 分别以 $\boldsymbol{n}_1(A_1,B_1,C_1)$ 和 $\boldsymbol{n}_2(A_2,B_2,C_2)$ 为其法向量,由于两平面互相垂直或平行等价于其法向量互相垂直或平行,因此

$$\pi_1 \text{ 和 } \pi_2 \text{ 垂直} \Leftrightarrow A_1A_2+B_1B_2+C_1C_2=0,$$

$$\pi_1 \text{ 和 } \pi_2 \text{ 平行} \Leftrightarrow \frac{A_1}{A_2}=\frac{B_1}{B_2}=\frac{C_1}{C_2}.$$

3.2　两平面的夹角

下面来讨论两平面的夹角及其计算方法.

如图 7-23,设平面 π_1 和 π_2 不平行,并分别以 $\boldsymbol{n}_1(A_1,B_1,C_1)$ 和 $\boldsymbol{n}_2(A_2,B_2,C_2)$ 为其法向量.我们看到,随着选取的法向量的方向不同,两平面的法向量会形成两个角.称两平面的法向量之间不超过 $\frac{\pi}{2}$ 的夹角(锐角或直角)为**两平面的夹角**.

> 两平面的法向量形成的两个角之间有何关系?

根据上述规定,若平面 π_1 和 π_2 垂直,则它们的夹角 θ 等于它们的法向量 $\boldsymbol{n}_1$ 与 $\boldsymbol{n}_2$ 之间的夹

角,为直角;若二者不垂直,其夹角 θ 应是 $(\widehat{\boldsymbol{n}_1,\boldsymbol{n}_2})$ 或 $(-\widehat{\boldsymbol{n}_1,\boldsymbol{n}_2})=\pi-(\widehat{\boldsymbol{n}_1,\boldsymbol{n}_2})$ 中之较小的一个角(图 7-23).因此不论是哪种情况,总有

$$\cos\theta=\left|\cos(\widehat{\boldsymbol{n}_1,\boldsymbol{n}_2})\right|.$$

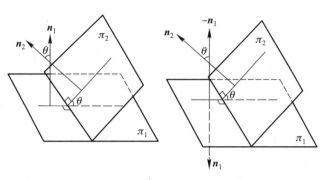

图 7-23

由两向量夹角余弦的计算公式(2.6),我们有

$$\cos\theta=\frac{\left|A_1A_2+B_1B_2+C_1C_2\right|}{\sqrt{A_1^2+B_1^2+C_1^2}\cdot\sqrt{A_2^2+B_2^2+C_2^2}}. \tag{3.7}$$

例 3.7　求平面 $x-2y+2z+5=0$ 与各坐标平面夹角的余弦.

解　平面 xOy 的法向量可以取作 $\boldsymbol{k}(0,0,1)$,取平面 $x-2y+2z+5=0$ 的法向量为 $(1,-2,2)$.利用式(3.7),平面 $x-2y+2z+5=0$ 与坐标面 xOy 的夹角 γ 的余弦为

$$\cos\gamma=\frac{\left|1\times0-2\times0+2\times1\right|}{\sqrt{1^2+(-2)^2+2^2}\cdot\sqrt{0^2+0^2+1^2}}=\frac{2}{3}.$$

同样的方法可以求得该平面与坐标面 yOz 的夹角余弦为

$$\cos\alpha=\frac{\left|1\times1-2\times0+2\times0\right|}{\sqrt{1^2+(-2)^2+2^2}\cdot\sqrt{1^2+0^2+0^2}}=\frac{1}{3},$$

与坐标面 zOx 的夹角余弦为

$$\cos\beta=\frac{\left|1\times0-2\times1+2\times0\right|}{\sqrt{1^2+(-2)^2+2^2}\cdot\sqrt{0^2+1^2+0^2}}=\frac{2}{3}.$$

例 3.8　求分别满足下列条件的平面 π 的方程:

(1) 过点 $M(1,-2,3)$ 并平行于平面 $x-y+3z=2$;

(2) 过点 $M_1(1,1,1)$,$M_2(0,1,-1)$ 且垂直于平面 $x+y+z=0$.

解　(1) 平面 π 平行于平面 $x-y+3z=2$,因此,这两个平面的法向量也平行,特别地,其中一个平面的法向量可以作为另一平面的法向量.于是,将平面 $x-y+3z=2$ 的法向量 $\boldsymbol{n}=(1,-1,3)$ 作为平面 π 的法向量.由平面的点法式方程得平面 π 的方程为

$$(x-1)+(-1)\left[y-(-2)\right]+3(z-3)=0,$$

也就是

$$x-y+3z-12=0.$$

（2）根据题目所给条件，平面 π 的法向量 $\boldsymbol{n}=(A,B,C)$ 既垂直于向量 $\overrightarrow{M_1M_2}$，又垂直于平面 $x+y+z=0$ 的法向量 $(1,1,1)$.而 $\overrightarrow{M_1M_2}=(-1,0,-2)$，因此利用两向量垂直的充要条件，有

$$-A-2C=0,\quad A+B+C=0.$$

由这两个方程得

$$A=-2C,\quad B=C.$$

再由平面的点法式方程，得

$$-2C(x-1)+C(y-1)+C(z-1)=0,$$

整理得

$$2x-y-z=0.$$

例 3.9 设点 $P_0(x_0,y_0,z_0)$ 为平面 $\pi:Ax+By+Cz+D=0$ 外的一点，求 $P_0(x_0,y_0,z_0)$ 到平面 π 的距离.

解 过 $P_0(x_0,y_0,z_0)$ 作平面 π 的一条法向量 $\boldsymbol{n}$，在平面 π 内任取一点 $P_1(x_1,y_1,z_1)$，由图 7-24 可以看出，所求距离 d 为向量 $\overrightarrow{P_1P_0}$ 在向量 $\boldsymbol{n}$ 上投影的绝对值.即有

$$d=\left|(\overrightarrow{P_1P_0})_n\right|=\left|\frac{\overrightarrow{P_1P_0}\cdot\boldsymbol{n}}{|\boldsymbol{n}|}\right|=\frac{|\overrightarrow{P_1P_0}\cdot\boldsymbol{n}|}{|\boldsymbol{n}|}.$$

取 $\boldsymbol{n}=(A,B,C)$，由于 $\overrightarrow{P_1P_0}=(x_0-x_1,y_0-y_1,z_0-z_1)$，因此有

$$d=\frac{|\overrightarrow{P_1P_0}\cdot\boldsymbol{n}|}{|\boldsymbol{n}|}=\frac{|A(x_0-x_1)+B(y_0-y_1)+C(z_0-z_1)|}{\sqrt{A^2+B^2+C^2}}.$$

由于 $P_1(x_1,y_1,z_1)$ 在该平面内，因此有

$$Ax_1+By_1+Cz_1+D=0,$$

即 $Ax_1+By_1+Cz_1=-D$，将

$$d=\frac{|A(x_0-x_1)+B(y_0-y_1)+C(z_0-z_1)|}{\sqrt{A^2+B^2+C^2}}$$

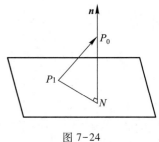

图 7-24

整理，并将 $Ax_1+By_1+Cz_1=-D$ 代入之中，可得

$$d=\frac{|Ax_0+By_0+Cz_0+D|}{\sqrt{A^2+B^2+C^2}}.$$

这就是平面 $\pi:Ax+By+Cz+D=0$ 外的点 $P_0(x_0,y_0,z_0)$ 到平面 π 的距离.

例如，点 $(2,1,2)$ 到平面 $x+y-z-2=0$ 的距离为

$$d=\frac{|1\times2+1\times1+(-1)\times2-2|}{\sqrt{1^2+1^2+(-1)^2}}=\frac{1}{\sqrt{3}}.$$

习题 7-3(A)

1. 判断下列叙述是否正确，并说明理由：

（1）一个曲面上的点都满足方程 $F(x,y,z)=0$，这个方程就称作该曲面的方程；

（2）给定一个三元一次方程，我们不仅知道该方程是平面方程，而且还能立即写出它的一个法向量，比如由

平面的截距式方程 $\dfrac{x}{a}+\dfrac{y}{b}+\dfrac{z}{c}=1$ 知,该平面以 (a,b,c) 为其一条法向量;

(3) 两平面夹角的余弦计算公式即是这两个平面的法向量夹角的余弦计算公式;

(4) 两平面互相垂直,那么它们的法向量也互相垂直;两平面互相平行,它们的法向量不仅平行也可以认为是共有的,即其中一个平面的法向量可以看作是另一平面的法向量.

2. 分别求满足下列各条件的平面方程:

(1) 过点 $A(2,-1,3)$ 且垂直于向径 $\overrightarrow{OA}$;

(2) 过点 $M(1,0,-1)$ 且平行于平面 $2x+y-7z+10=0$;

(3) 线段 AB 的垂直平分面,其中 $A(-3,1,2)$,$B(5,1,6)$;

(4) 过点 $M(1,2,3)$,平行于两向量 $\boldsymbol{a}=(2,0,3)$,$\boldsymbol{b}=(1,-3,5)$;

(5) 过三点 $A(-2,-2,2)$,$B(1,1,-1)$,$C(1,-1,2)$;

(6) 过 y 轴和点 $M(4,-3,-1)$;

(7) 过 z 轴,且垂直于平面 $2x-y-z=0$;

(8) 平行于平面 $x-y+z=1$,且在 x 轴上截距为 3.

3. 将平面 $2x-y+3z-12=0$ 化为截距式方程并作图.

4. 判断下列各对平面的位置关系.

(1) $x+2y-4z+1=0$ 与 $\dfrac{x}{4}+\dfrac{y}{2}-z-3=0$;

(2) $2x-y-2z-5=0$ 与 $x+3y-z-1=0$.

5. 求平面 $x+y-11=0$ 与平面 $3x+8=0$ 的夹角.

6. 求点 $M(-2,4,3)$ 到平面 $2x-y+2z+3=0$ 的距离.

7. 求参数 k,使平面 $x+3y-kz=14$ 分别适合下列各条件:

(1) 与平面 $x+y+z=5$ 垂直;　　(2) 过点 $(1,2,1)$;

(3) 与原点距离为 $\sqrt{14}$;　　(4) 与 xOy 面夹角为 $\dfrac{\pi}{4}$.

习题 7-3(B)

1. 分别求满足下列各条件的平面方程:

(1) 过点 $M(1,2,-1)$ 且垂直于两平面 $x-2y+z-3=0$ 及 $x+y-z+2=0$;

(2) 过 x 轴且与点 $M(2,0,5)$ 的距离为 $\sqrt{5}$;

(3) 平行于平面 $x+2y+2z=0$,且与该平面的距离为 2;

(4) 过点 $M_1(1,-5,1)$ 和 $M_2(3,2,-2)$,且垂直于 xOy 面;

(5) 与平面 $x+3y+2z=0$ 平行,且与三坐标平面围成的四面体体积为 6.

2. 在 z 轴上求与两平面 $12x+9y+20z=19$ 及 $16x-12y+15z=9$ 等距的点.

3. 一动点 $M(x,y,z)$ 与平面 $x+y=1$ 的距离是它到原点距离的 2 倍,求动点轨迹.

4. 求两平行平面 $3x+6y-2z-7=0$,$3x+6y-2z+14=0$ 之间的距离.

第四节　空间直线

直线在我们身边随处可见:建筑物的两个墙面的交、课桌的边沿、书本的边沿等都是直线

（段）的例子.本节将建立空间直线的方程并研究它的有关性质.

在平面解析几何中,直线的方程是一个二元一次方程.如果期望将其平移到空间中,将二元一次方程更改为三元一次方程就可得到空间直线的方程却是行不通的.因为在上一节看到,三元一次方程是平面方程.那么空间直线的方程应该是怎样的形式? 应该利用什么作"已知"来研究这一"未知"? 这将是下面要讨论的.

1. 空间直线的点向式方程与参数方程

在平面解析几何中,平面直线有点斜式方程.事实上,有了直线的斜率就意味着确定了直线的方向,如果再给定直线上的一点,这两个条件就能唯一确定一条直线,因而也就能写出该直线的方程.下面就利用建立平面直线的点斜式方程的思想来探讨建立空间直线的方程.

首先给出刻画空间直线的方向的有关概念.

设有空间直线 l,若非零向量 $s=(m,n,p)$ 所在的直线与 l 平行,则称 s 为 l 的**方向向量**,通常将 m,n,p 称为 l 的一组**方向数**;向量 s 的方向余弦称为该**直线的方向余弦**.

> 由空间直线的方向向量的定义,您认为一条直线的方向向量有多少条? 它们有何特点?

我们知道,过已知直线外一点并与该直线平行的直线存在且唯一.因此不难猜想,利用直线上的一点及其方向向量就可以确定一条直线,因而就能写出它的方程.若空间直线 l 过点 $P_0(x_0,y_0,z_0)$ 并以非零向量 $s=(m,n,p)$ 为其方向向量（图 7-25）,下面来写出它的方程.

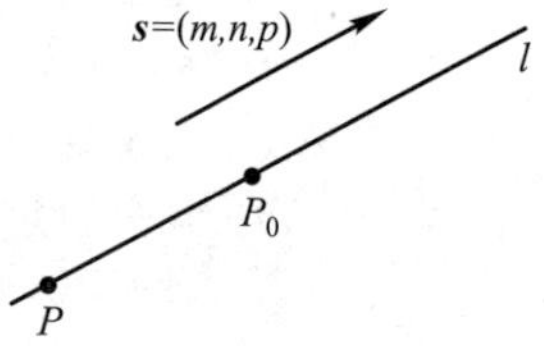

图 7-25

在 l 上任取一点 $P(x,y,z)$ $(P \neq P_0)$, P_0,P 确定一向量 $\overrightarrow{P_0P}=(x-x_0,y-y_0,z-z_0)$,显然 $\overrightarrow{P_0P}//s$,于是有

$$\frac{x-x_0}{m}=\frac{y-y_0}{n}=\frac{z-z_0}{p}. \tag{4.1}$$

若另有点 $M(x,y,z)$ 不在直线 l 上,那么 $\overrightarrow{P_0M}$ 就一定与 $s=(m,n,p)$ 不平行,因此 M 的坐标就不满足方程组（4.1）.

> 由式（4.1）,你能立即得到该直线的哪些信息?

这就是说,式（4.1）是直线 l 的方程.

式（4.1）称为空间直线的**点向式方程**,也称为直线的**对称式方程**.

在直线的点向式方程中,如果设

$$\frac{x-x_0}{m}=\frac{y-y_0}{n}=\frac{z-z_0}{p}=t,$$

那么,有

$$\begin{cases} x=x_0+mt, \\ y=y_0+nt, \\ z=z_0+pt. \end{cases} \tag{4.2}$$

式（4.2）称为直线的参数方程, t 称为参数.

> 由式（4.2）,你能立即得到相应直线的哪些信息?

例 4.1　一直线过点 $(2,-1,4)$ 且与平面 $x-3y+4z-5=0$ 垂直,求该直线的方程.

解　由于该直线垂直于平面 $x-3y+4z-5=0$,因此,它平行于该平面的法向量 $(1,-3,4)$,于是

可取该法向量作为直线的方向向量.又直线过点$(2,-1,4)$,由直线的点向式方程得

$$\frac{x-2}{1}=\frac{y+1}{-3}=\frac{z-4}{4}.$$

由此易得其参数方程为

$$\begin{cases}x=2+t,\\y=-1-3t,\\z=4+4t.\end{cases}$$

通过例 4.1,你有何体会与收获?

例 4.2 求过点 $P_1(x_1,y_1,z_1)$ 与 $P_2(x_2,y_2,z_2)$ 的直线的方程.

解 由于点 $P_1(x_1,y_1,z_1)$ 与 $P_2(x_2,y_2,z_2)$ 在直线上,因此向量 $\overrightarrow{P_1P_2}=(x_2-x_1,y_2-y_1,z_2-z_1)$ 可以作为直线的方向向量.由直线的点向式方程,该直线的方程为

$$\frac{x-x_1}{x_2-x_1}=\frac{y-y_1}{y_2-y_1}=\frac{z-z_1}{z_2-z_1}.$$

称它为直线的**两点式方程**.

称例 4.2 所得到的方程为直线的两点式方程.与平面直线的两点式方程相对比,二者有何异同?

2. 空间直线的一般式方程

直线的点向式方程(4.1)实际是一个三元一次方程组,而三元一次方程为平面的方程,这启示我们利用平面的方程来给出直线的方程.

事实上,两平面的交是直线,因此这一设想是可行的.

若两平面 $\pi_1:A_1x+B_1y+C_1z+D_1=0$ 与 $\pi_2:A_2x+B_2y+C_2z+D_2=0$ 相交,其交为直线 l(图 7-26).因此 l 上的点必既在平面 π_1 上同时也在平面 π_2 上,于是它的坐标必同时满足 π_1 和 π_2 的方程所组成的方程组

$$\begin{cases}A_1x+B_1y+C_1z+D_1=0,\\A_2x+B_2y+C_2z+D_2=0.\end{cases}\quad(4.3)$$

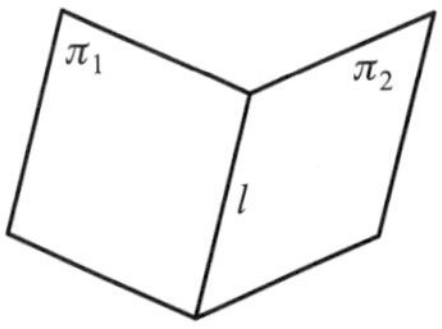

图 7-26

另一方面,若一点的坐标满足方程组(4.3),那么它必同时满足 π_1 和 π_2 的方程,即这样的点既在平面 π_1 上同时也在 π_2 上,因此必在二者的交线 l 上.

若两方程的对应变量的系数成比例,又将怎样?

综上所述,平面 π_1 和 π_2 的交线 l 的方程为方程组(4.3).

方程组(4.3)称为空间直线的**一般式方程**.显然,为保证两个平面相交(不平行),方程组(4.3)中两方程的对应变量的系数不成比例.

例 4.3 将直线

$$l:\begin{cases}x+y+z+3=0,\\2x-y+3z+5=0\end{cases}$$

分别用点向式方程及参数方程来表示.

解 首先在直线 l 上任找一点.为此任取 x 的一个值,比如令 $x=0$,这时原方程组变为

$$\begin{cases}y+z+3=0,\\-y+3z+5=0.\end{cases}$$

解这个方程组,得 $y=-1,z=-2$,也就是说,点$(0,-1,-2)$是直线 l 上的一点.

下面来确定直线 l 的方向向量.

由于 l 既在平面 $\pi_1: x+y+z+3=0$ 上同时也在 $\pi_2: 2x-y+3z+5=0$ 上,因此,l 既与 π_1 的法向量 $(1,1,1)$ 垂直也与 π_2 的法向量 $(2,-1,3)$ 垂直.于是可取两向量 $(1,1,1)$,$(2,-1,3)$ 的向量积作为直线 l 的方向向量

$$s = \begin{vmatrix} \boldsymbol{i} & \boldsymbol{j} & \boldsymbol{k} \\ 1 & 1 & 1 \\ 2 & -1 & 3 \end{vmatrix} = 4\boldsymbol{i} - \boldsymbol{j} - 3\boldsymbol{k}.$$

> 为何说该直线的方向向量与 $\boldsymbol{n}_1$ $(1,1,1)$,$\boldsymbol{n}_2(2,-1,3)$ 都垂直? 通过本题有何体会?

于是,该直线的点向式方程为

$$\frac{x-0}{4} = \frac{y-(-1)}{-1} = \frac{z-(-2)}{-3},$$

或

$$\frac{x}{4} = \frac{y+1}{-1} = \frac{z+2}{-3}.$$

参数方程为

$$\begin{cases} x = 4t, \\ y = -1-t, \\ z = -2-3t. \end{cases}$$

另解 方程组 $\begin{cases} x+y+z+3=0, \\ 2x-y+3z+5=0 \end{cases}$ 等价于 $\begin{cases} x+z=-y-3, \\ 2x+3z=y-5. \end{cases}$ 解关于 x,z 的二元方程组

$$\begin{cases} x+z=-y-3, \\ 2x+3z=y-5, \end{cases}$$

> 还能得到分别以 x,z 为参数的参数方程吗? 从这个参数方程你能得到哪些信息?

得

$$\begin{cases} x=-4y-4, \\ z=3y+1. \end{cases}$$

因此得直线的以 y 为参数的参数方程为

$$\begin{cases} x=-4y-4, \\ y=y, \\ z=3y+1. \end{cases}$$

由该参数方程看到,该直线以向量 $(-4,1,3)$ 为方向向量,并且过点 $(-4,0,1)$,由此可写出该直线的点向式方程为

$$\frac{x+4}{-4} = \frac{y}{1} = \frac{z-1}{3}.$$

> 左边的直线的点向式方程与最初解法所得的点向式方程有何不同? 如何理解这些差异? 通过"另解"有何收获?

例 4.4 设有两平面 $x-4z+7=0, 2x-y-5z-3=0$,

(1) 求与这两平面的交线平行,且过点 $(2,-3,4)$ 的直线方程;

(2) 求这两平面的交线与平面 $2x+y+z-5=0$ 的交点.

解 (1) 首先求出两平面交线的方向向量 s,为此,先写出交线的参数方程,该交线的一般式方程为

$$\begin{cases} x-4z+7=0, \\ 2x-y-5z-3=0. \end{cases}$$

由该方程组解出 x,y（用 z 表示），得交线的参数方程为

$$\begin{cases} x=-7+4z, \\ y=-17+3z, \\ z=z. \end{cases}$$

从所得的交线的参数方程知，向量 $(4,3,1)$ 为该交线的方向向量，因此所求的直线的方向向量可取为 $(4,3,1)$. 又它过点 $(2,-3,4)$，因此所求的直线方程为

$$\frac{x-2}{4}=\frac{y+3}{3}=\frac{z-4}{1}.$$

（2）将交线的参数方程代入到 $2x+y+z-5=0$ 中，得

$$2(-7+4z)+(-17+3z)+z-5=0,$$

解这个方程，得 $z=3$，再利用交线的参数方程可求得 $x=5,y=-8$，于是所求交点为 $(5,-8,3)$.

> 为求直线与平面的交点，这里用的是直线的什么方程？通过本题你有何收获？

3. 两直线的夹角

联想到两平面夹角的定义，我们猜想，也可利用两向量的夹角作"已知"来研究两直线的夹角.

定义两直线的方向向量所成的取值范围为 $\left[0,\dfrac{\pi}{2}\right]$ 的角为**两直线的夹角**（图 7-27）.

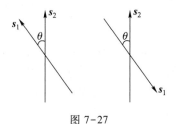

图 7-27

设直线 l_1 和 l_2 不平行，它们的方向向量分别为 $s_1(m_1,n_1,p_1)$ 和 $s_2(m_2,n_2,p_2)$，依定义并由图 7-27 可以看出，l_1 和 l_2 的夹角 θ 应是 $(\widehat{s_1,s_2})$ 和 $(\widehat{-s_1,s_2})=\pi-(\widehat{s_1,s_2})$ 中的一个（较小者），因此，有 $\cos\theta=|\cos(\widehat{s_1,s_2})|$. 利用两向量夹角的余弦计算公式，得

$$\cos\theta=\frac{|m_1m_2+n_1n_2+p_1p_2|}{\sqrt{m_1^2+n_1^2+p_1^2}\cdot\sqrt{m_2^2+n_2^2+p_2^2}}. \qquad (4.4)$$

> 在式（4.4）中如果不对分子取绝对值又将怎样？

例 4.5　求两直线 $l_1:\dfrac{x+3}{1}=\dfrac{y-2}{-4}=\dfrac{z-7}{1}$ 和 $l_2:\dfrac{x+1}{2}=\dfrac{y-6}{-2}=\dfrac{z+2}{-1}$ 的夹角.

解　取 l_1 与 l_2 的方向向量分别为 $s_1(1,-4,1)$ 与 $s_2(2,-2,-1)$，因此 l_1 和 l_2 之间夹角 θ 的余弦

$$\cos\theta = \frac{|1\times2+(-4)\times(-2)+1\times(-1)|}{\sqrt{1^2+(-4)^2+1^2}\cdot\sqrt{2^2+(-2)^2+(-1)^2}} = \frac{1}{\sqrt{2}},$$

因此,

$$\theta = \frac{\pi}{4}.$$

两直线之间垂直或平行等价于其方向向量的垂直或平行.因此,若直线 l_1 与 l_2 的方向向量分别为 $s_1(m_1,n_1,p_1)$ 与 $s_2(m_2,n_2,p_2)$,由两向量垂直、平行的充要条件,有

$$l_1 \text{ 和 } l_2 \text{ 垂直} \Leftrightarrow m_1m_2+n_1n_2+p_1p_2=0;$$

$$l_1 \text{ 和 } l_2 \text{ 平行} \Leftrightarrow \frac{m_1}{m_2}=\frac{n_1}{n_2}=\frac{p_1}{p_2}.$$

4. 直线与平面的夹角

一根斜立在地面上的木桩(图 7-28(1)),它与地面成多大的角? 直观告诉我们,回答这个问题应考察它与它在阳光垂直照射地面时的影子之间的夹角.

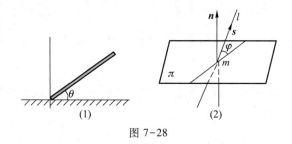

图 7-28

一般地,设直线 l 与平面 π 斜交(相交但不垂直),从图 7-28(2)直观地看出,直线 l 与平面 π 的夹角应取作直线 l 与直线 m 的夹角,其中直线 m 为 l 在平面 π 上的"投影".因此为讨论直线与平面的夹角,应先给出直线在平面上的投影的概念.

设直线 l 与平面 π 不垂直,过 l 作与 π 垂直的平面,该平面与平面 π 的交线称为直线 l 在平面 π 上的**投影**(直线).若直线与平面垂直,规定直线在平面上的投影是一个点(垂足).

有了直线在平面上的投影作"已知",就可以定义直线与平面的夹角.

当直线与平面不垂直时,直线与它在平面上的投影之间的夹角 $\varphi\left(0\leqslant\varphi<\dfrac{\pi}{2}\right)$ 为**直线与平面的**

夹角(图 7-28(2));当直线与平面垂直时,规定它们之间的夹角为 $\dfrac{\pi}{2}$.

下面来推导直线与平面之间夹角的计算公式.

设直线 l 的方向向量为 $s=(m,n,p)$,平面 π 的法向量为 $\boldsymbol{n}=(A,B,C)$,那么它们之间的夹角 $\varphi=\left|\dfrac{\pi}{2}-(\widehat{s,\boldsymbol{n}})\right|$,因此 $\sin\varphi=|\cos(\widehat{s,\boldsymbol{n}})|$.于是

$$\sin\varphi = \frac{|mA+nB+pC|}{\sqrt{m^2+n^2+p^2}\cdot\sqrt{A^2+B^2+C^2}}. \quad (4.5)$$

> 结合图 7-28(2),能说明左边的 φ 与 $\sin\varphi$ 中,为什么要取绝对值吗?

显然,直线与平面垂直相当于直线的方向向量与平面的法向量平行;直线与平面平行相当于直线的方向向量与平面的法向量垂直,因此

当直线与平面垂直时,可以取平面的法向量作为直线的方向向量吗?

$$\textbf{直线 } l \textbf{ 与平面 } \pi \textbf{ 垂直} \Leftrightarrow \frac{A}{m} = \frac{B}{n} = \frac{C}{p};$$

$$\textbf{直线 } l \textbf{ 与平面 } \pi \textbf{ 平行} \Leftrightarrow Am + Bn + Cp = 0.$$

例 4.6　求直线 $l : \dfrac{x+7}{1} = \dfrac{y-3}{-4} = \dfrac{z-5}{1}$ 与平面 $\pi : 2x - 2y - z + 5 = 0$ 之间的夹角.

解　设直线 l 与平面 π 间的夹角为 φ,那么

$$\sin\varphi = \frac{|1\times 2 + (-4)\times(-2) + 1\times(-1)|}{\sqrt{1^2 + (-4)^2 + 1^2} \cdot \sqrt{2^2 + (-2)^2 + (-1)^2}} = \frac{1}{\sqrt{2}},$$

所以,所要求的夹角为 $\dfrac{\pi}{4}$.

5. 平面束方程

虽然两个相交平面唯一地确定一条直线,但是,过一条直线的平面却有无穷多.这自然使我们想到:既然这些平面都过同一条直线,那么它们的方程之间应该有一定的共性.下面来探讨这个问题,这就引出了所谓"平面束"的问题,它有着重要的应用.

称过同一直线的所有平面组成的平面簇为过该直线的**平面束**.下面来探讨过同一条直线的平面束方程有怎样的特点.

设有直线 l

$$\begin{cases} A_1 x + B_1 y + C_1 z + D_1 = 0, \\ A_2 x + B_2 y + C_2 z + D_2 = 0, \end{cases} \tag{4.6}$$

其中系数 A_1, B_1, C_1 与 A_2, B_2, C_2 不成比例,因而式(4.6)所包含的两个平面必然相交.并且方程

$$A_1 x + B_1 y + C_1 z + D_1 + \lambda(A_2 x + B_2 y + C_2 z + D_2) = 0 \tag{4.7}$$

中 x, y, z 的系数 $A_1 + \lambda A_2, B_1 + \lambda B_2, C_1 + \lambda C_2$ 不全为零(留给读者验证),也就是说,方程(4.7)是平面方程.事实上,方程(4.7)是过直线 l 的平面方程.

这是因为,既然方程(4.6)是直线 l 的方程,因此 l 上的任意一点的坐标必然满足方程(4.6)中的每一个方程,也就必然使方程(4.7)成立.所以方程(4.7)所表示的平面一定过 l,并且对不同的 λ,它表示过直线 l 的不同的平面.

该平面束方程(4.7)是过直线 l 的"平面簇"的方程吗?

还可以证明除平面 $\pi_2 : A_2 x + B_2 y + C_2 z + D_2 = 0$ 外,任意过直线 l 的平面,其方程 $Ax + By + Cz + D = 0$ 都能写成形如方程(4.7)的形式.

通常称方程(4.7)为过直线 l 的平面束方程(虽然它不包括 π_2).

利用平面束方程,可以比较方便地求解一些实际中的问题.

关于平面束方程证明的注记

例 4.7　求直线 $l : \begin{cases} x + y - z - 3 = 0, \\ x - y + z + 4 = 0 \end{cases}$ 在平面 $\pi : x + y + z = 2$ 上的投影直线的方程.

解　根据关于直线在平面内投影的规定,首先需要找到过直线 l 且与平面 π

垂直的平面.显然,它是过直线 l 的平面束中的一个平面.

过直线 l 的平面束方程为

$$x+y-z-3+\lambda(x-y+z+4)=0,$$

也即

$$(1+\lambda)x+(1-\lambda)y+(-1+\lambda)z+(-3+4\lambda)=0.$$

由于要求的平面与平面 π 垂直,因此根据两平面垂直的条件,得

$$(1+\lambda)\cdot1+(1-\lambda)\cdot1+(-1+\lambda)\cdot1=0,$$

解这个方程,得 $\lambda=-1$.代入方程 $(1+\lambda)x+(1-\lambda)y+(-1+\lambda)z+(-3+4\lambda)=0$ 得,

$$2y-2z-7=0,$$

它就是过直线 l 且与平面 π 垂直的平面方程.因此,所要求的投影直线的方程为

$$\begin{cases}2y-2z-7=0,\\ x+y+z=2.\end{cases}$$

> 分析例 4.7 的解题过程,总结利用平面束方程解题一般应分哪几步?

习题 7-4(A)

1. 判断下列论述是否正确,并说明理由:

(1) 给定直线的点向式方程、参数方程之后可以立即得到该直线的一个方向向量以及直线上的一个点,而由直线的一般式方程要找其方向向量时,需要利用两向量的向量积;

(2) 任意两个三元一次方程组成的方程组都表示直线,而在直线的参数方程中,参数必须是 $t=\dfrac{x-x_0}{m}$;

(3) 当一直线垂直于一平面时,该直线的方向向量可以作为这个平面的法向量;

(4) 像两平面的夹角公式那样,两直线、一条直线与一个平面的夹角公式实际都是通过计算两个相关向量的夹角余弦公式而得到的.

2. 分别求满足下列各条件的直线方程:

(1) 过两点 $A(-3,0,1)$ 与 $B(2,-5,1)$;

(2) 过点 $M(2,-3,-5)$,且与平面 $6x-3y-5z+2=0$ 垂直;

(3) 过点 $M(0,2,4)$,且平行于直线 $\begin{cases}x+2z=1,\\ y-3z=2;\end{cases}$

(4) 过点 $M(1,-1,5)$,且垂直于 xOy 面;

(5) 过点 $M(1,-5,3)$ 且与 x,y,z 三坐标轴夹角分别为 $60°,45°,120°$;

(6) 求过 $M(1,2,3)$,及平面 $x+2y-3z=3$ 与 z 轴的交点.

3. 将直线方程 $\begin{cases}x-y+z+5=0,\\ 3x-8y+4z+36=0\end{cases}$ 改写为点向式方程及参数方程.

4. 求直线 $\begin{cases}x+2y+z-1=0,\\ x-2y+z+1=0\end{cases}$ 与直线 $\begin{cases}x-y-z-1=0,\\ x-y+2z+1=0\end{cases}$ 的夹角.

5. 求直线 $\dfrac{x}{-1}=\dfrac{y-1}{1}=\dfrac{z-1}{2}$ 与平面 $2x+y-z-3=0$ 的夹角及交点.

6. 求过点 $M(2,0,-1)$ 及直线 $\dfrac{x+1}{2}=\dfrac{y}{-1}=\dfrac{z-2}{3}$ 的平面方程.

7. 求过两平行直线 $\dfrac{x-1}{1}=\dfrac{y}{-1}=\dfrac{z-1}{2}$ 与 $\dfrac{x-3}{1}=\dfrac{y-1}{-1}=\dfrac{z-1}{2}$ 的平面方程.

8. 试确定下列各组中的直线与平面的位置关系:

(1) $\dfrac{x-3}{-2}=\dfrac{y+4}{-7}=\dfrac{z}{3}$ 和 $4x-2y-2z=3$;

(2) $\dfrac{x}{3}=\dfrac{y}{-2}=\dfrac{z}{7}$ 和 $3x-2y+7z=8$;

(3) $\begin{cases}5x-3y+2z-5=0,\\2x-y-z-1=0\end{cases}$ 和 $4x-3y+7z=7$.

9. 求下列投影点的坐标:

(1) 点 $(2,-1,1)$ 在平面 $x+y+2z-9=0$ 上的投影点;

(2) 点 $(2,3,1)$ 在直线 $\dfrac{x+7}{1}=\dfrac{y+2}{2}=\dfrac{z+2}{3}$ 上的投影点.

习题 7-4(B)

1. 求过点 $M(3,-1,2)$,且与直线 $\dfrac{x}{2}=\dfrac{y}{3}=\dfrac{z}{4}$ 与 $\begin{cases}x-2z+1=0,\\y-z-3=0\end{cases}$ 都垂直的直线方程.

2. 求过点 $M(2,1,3)$,且与直线 $\dfrac{x+1}{3}=\dfrac{y-1}{2}=\dfrac{z}{-1}$ 垂直相交的直线方程.

3. 求过直线 $\begin{cases}2x-y+z-7=0,\\x+y+2z-11=0\end{cases}$ 且与平面 $2x-y+z-7=0$ 和 $x+y+2z-11=0$ 的夹角相等的平面方程.

4. 在过直线 $\dfrac{x-1}{0}=y-1=\dfrac{z+3}{-1}$ 的所有平面中求与原点距离最远的平面的方程.

5. 已知直线 $l_1:\dfrac{x-1}{1}=\dfrac{y+1}{2}=\dfrac{z-1}{k}$ 与 $l_2:\dfrac{x+1}{1}=\dfrac{y-1}{1}=\dfrac{z}{1}$,

(1) 当 k 为何值时,l_1,l_2 垂直? (2) 当 k 为何值时,l_1,l_2 相交?

6. 求直线 $\begin{cases}x-2y+z-1=0,\\x+2y-z+3=0\end{cases}$ 在平面 $2x+z+4=0$ 上的投影直线方程.

7. 设 M_0 是直线 l 外一点,M 是直线 l 上一点,s 是 l 的方向向量,证明 M_0 到直线 l 的距离为

$$d=\frac{|\overrightarrow{MM_0}\times s|}{|s|},$$

由此求点 $M_0(1,1,-1)$ 到直线 $\dfrac{x}{1}=\dfrac{y-1}{-1}=\dfrac{z-1}{0}$ 的距离.

第五节　曲　面

自然界中曲面随处可见.本节来讨论曲面的方程,正像第三节所说,曲面的方程可以写成三元方程 $F(x,y,z)=0$ 的形式.例如,可以证明(留给读者练习)以点 (x_0,y_0,z_0) 为球心、半径为 r 的球面的方程为

$$(x-x_0)^2+(y-y_0)^2+(z-z_0)^2=r^2.$$

下面来讨论一些常见的曲面的方程.

1. 柱面

柱面是一类比较普遍的曲面,是研究多元函数不可或缺的"已知".下面来建立柱面的方程.遵循从"特殊"到"一般"的思想,我们先来考察一个具体例子,从中观察柱面的特点,然后上升为一般.

例 5.1　设平面曲线 C 是平面 xOy 中的圆周 $x^2+y^2=R^2(R>0)$.如图 7-29,平行于 z 轴(或说垂直于平面 xOy)的动直线 l 沿 C 移动一周,所形成的轨迹就是我们熟悉的**圆柱面**.

下面来考察该曲面的方程.

设 M 是该圆柱面上的任意一点.由上面所给的圆柱面的定义知,在圆柱面上必有一平行于 z 轴的直线 l_0(动直线 l 沿 C 移动的某一瞬间所处的位置),使得点 M 在 l_0 上. l_0 垂直于平面 xOy,其垂足记为 $P(x,y,0)$. P 在圆周 C 上,因此,其坐标 x,y 必满足方程 $x^2+y^2=R^2$.注意到 P 是 M 在平面 xOy 中的投影,因此 P 的坐标 x 与 y 分别是 M 的横坐标与纵坐标,也就是说 M 的坐标 x,y,z 满足二元方程 $x^2+y^2=R^2$,而不论其竖坐标 z 取何值.

另一方面,若点 $M'(x_1,y_1,z_1)$ 不在圆柱面上,那么 M' 在平面 xOy 中的投影 $P'(x_1,y_1,0)$ 就不在圆周 $x^2+y^2=R^2$ 上,也就是说, x_1,y_1 不满足方程 $x^2+y^2=R^2$,因此点 M' 的坐标不满足方程 $x^2+y^2=R^2$.

综合以上两方面的讨论,该圆柱面的方程就是 $x^2+y^2=R^2$.

一般地,称沿某确定的曲线 C 平行移动的直线 l 所形成的轨迹为**柱面**,曲线 C 称作柱面的**准线**,动直线 l 称为柱面的**母线**(图 7-30).

> 柱面的定义中,说"沿某确定的曲线 C 平行移动……",这里的曲线 C 是坐标平面内的平面曲线吗?你有何感想?

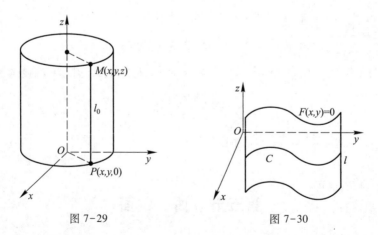

图 7-29　　　　　　图 7-30

因此,上面讨论的圆柱面可以看作以平面 xOy 中的圆周 $x^2+y^2=R^2$ 为准线,母线平行于 z 轴的柱面.

由上面所讨论的圆柱面这一"特殊"不难发现"一般"：在空间直角坐标系中，任何一个二元方程都表示一个柱面．比如，方程 $F(x,y)=0$ 可以看作以坐标平面 xOy 上的曲线 C：$F(x,y)=0$ 为准线，母线平行于 z 轴的柱面．

"任何一个二元方程都表示一个柱面"，反过来成立吗？如果回答是否定的，那么怎样的柱面方程一定是二元方程？一个柱面的准线唯一吗？

例如，方程 $\dfrac{x^2}{a^2}-\dfrac{y^2}{b^2}=1$ 为**双曲柱面**（图 7-31（1））的方程，其母线平行于 z 轴，准线为平面 xOy 中的双曲线 $\dfrac{x^2}{a^2}-\dfrac{y^2}{b^2}=1$；

而方程 $y=\dfrac{x^2}{a^2}$ 是母线平行于 z 轴，准线为平面 xOy 中的抛物线 $y=\dfrac{x^2}{a^2}$ 的**抛物柱面**的方程（图 7-31（2））；方程 $x-y=0$ 是母线平行于 z 轴、准线为平面 xOy 中的直线 $x-y=0$ 的柱面方程，事实上它就是平面方程（图 7-32）．

柱面的准线一定是平面曲线吗？母线一定平行于坐标轴吗？

给定一个二元方程，你能说出它所表示的柱面的母线与哪个坐标轴平行、其准线是哪条曲线吗？

一般地，只含 x,y 的二元方程 $F(x,y)=0$ 在空间坐标系中表示母线平行于 z 轴、准线为平面 xOy 中的曲线 $F(x,y)=0$ 的柱面方程．类似地，方程 $G(x,z)=0$ 和 $H(z,y)=0$ 在空间坐标系中分别是母线平行于 y 轴和 x 轴、准线分别是平面 zOx 中的曲线 $G(x,z)=0$ 及平面 yOz 中的曲线 $H(z,y)=0$ 的柱面方程．

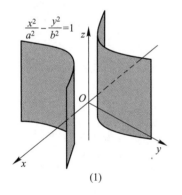 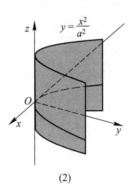

（1）　　　　　　（2）

图 7-31

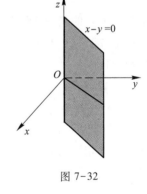

图 7-32

2. 旋转曲面

能用较简练的语言总结出这些说法的规律吗？

圆柱面 $x^2+y^2=R^2$ 也可以看作由平面 yOz 中的直线 $y=R$ 绕 z 轴旋转一周而形成的，因此也称它为旋转曲面．旋转曲面是日常中随处可见的一类曲面．一般地，称一条平面曲线绕与其在同一平面内的定直线旋转一周而得到的曲面为**旋转曲面**（图 7-33），这条曲线称为旋转曲面的**母线**，该定直线称为旋转曲面的**轴**．

下面来建立旋转曲面的方程．

关于柱面方程的注记

设坐标平面 yOz 内有一条曲线 $C:f(y,z)=0$.下面来建立曲线 C 绕 z 轴旋转一周所得旋转曲面的方程.

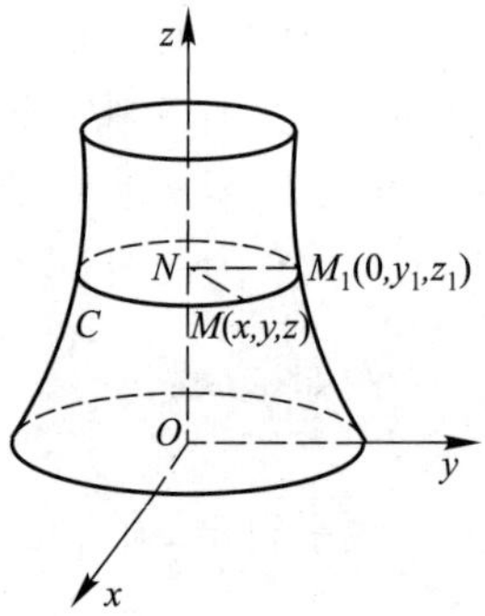

设 $M(x,y,z)$ 是旋转曲面上任意一点,显然它必是由曲线 C 上的某一点 $M_1(0,y_1,z_1)$ 绕 z 轴旋转而得的(图 7-33).由于 M_1 在曲线 C 上,因此 M_1 的坐标必满足曲线 C 的方程.即有

$$f(y_1,z_1)=0.$$

为求点 M 的坐标 x,y,z 所满足的方程,我们来寻找 x,y,z 与 y_1,z_1 之间的关系.注意到在 $M_1(0,y_1,z_1)$ 绕 z 轴旋转而成为 $M(x,y,z)$ 的过程中有两个"不变":

（1）与坐标平面 xOy 的相对位置不变——竖坐标不变;

（2）到 z 轴的距离不变.

由（1）得 $z_1=z$;

由于 $M_1(0,y_1,z_1)$ 到 z 轴的距离为 $|y_1|$,$M(x,y,z)$ 到 z 轴的距离为 $\sqrt{x^2+y^2}$,由（2）,有

$$|y_1|=\sqrt{x^2+y^2}.$$

于是,有

$$z_1=z,\ y_1=\pm\sqrt{x^2+y^2}.$$

将 $z_1=z$,$y_1=\pm\sqrt{x^2+y^2}$ 替换方程 $f(y_1,z_1)=0$ 中的 y_1,z_1,得

$$f(\pm\sqrt{x^2+y^2},z)=0, \tag{5.1}$$

这就是曲面上点的坐标所满足的方程.

反过来,如果点 $M(x,y,z)$ 不在旋转曲面上,那么它就不是由曲线 C 上的某点旋转而得到的,因此它的坐标至少不能使

$$z_1=z,\ y_1=\pm\sqrt{x^2+y^2}$$

同时成立.因此,其坐标 x,y,z 就不满足方程(5.1).

综合以上两方面讨论,要求的旋转曲面的方程为方程(5.1).

利用完全相同的方法可以得到,该曲线 C 绕 y 轴旋转一周所得的旋转曲面的方程为

$$f(y,\pm\sqrt{x^2+z^2})=0. \tag{5.2}$$

例 5.2　直线 L 绕与 L 相交的另一直线旋转一周所得到的旋转曲面称为**圆锥面**.写出平面 yOz 内的直线 $L:z=y\cot\alpha\left(0<\alpha<\dfrac{\pi}{2}\right)$ 绕 z 轴旋转一周所得圆锥面(图 7-34)的方程.

解　由于该旋转面是由直线 $z=y\cot\alpha$ 绕 z 轴旋转一周得到的,因此用 $\pm\sqrt{x^2+y^2}$ 替换方程 $z=y\cot\alpha$ 中的 y 而 z 保持不变,得

$$z=\pm\sqrt{x^2+y^2}\cot\alpha.$$

整理得

为什么(1)说点"与坐标面的相对位置"而不说该点"到坐标平面的距离"?

请写出空间中任意一点 $P(x,y,z)$ 到各坐标平面、各坐标轴的距离.

为建立旋转曲面的方程,书中做了哪些工作?"反过来……"这一段有何意义?

图 7-33

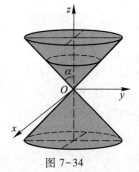

图 7-34

$$z^2 = a^2(x^2+y^2) \ (其中 \ a = \cot \alpha),$$

这就是要求的圆锥面的方程.

例 5.3 （1）求坐标面 yOz 中的椭圆 $\dfrac{y^2}{a^2}+\dfrac{z^2}{b^2}=1$ 分别绕 z,y 轴旋转所得旋转曲面的方程；

（2）求坐标面 zOx 上的双曲线 $\dfrac{x^2}{a^2}-\dfrac{z^2}{c^2}=1$ 分别绕 x,z 轴旋转所得旋转曲面的方程.

解 （1）通过方程(5.1)、方程(5.2)我们看到,坐标平面内的曲线绕该平面内的某坐标轴旋转所生成的旋转曲面的方程可以由原来的平面曲线的二元方程作变量代换得到.其特点是:绕 z 轴旋转时,方程中变量 z 保持不变,而变量 y 用 $\pm\sqrt{x^2+y^2}$ 或 y^2 用 x^2+y^2 去代换.于是上述椭圆 $\dfrac{y^2}{a^2}+\dfrac{z^2}{b^2}=1$（图 7-35(2)）绕 z 轴旋转一周所生成的旋转曲面（图 7-35(3)）的方程为

$$\frac{x^2+y^2}{a^2}+\frac{z^2}{b^2}=1.$$

绕 y 轴旋转一周所生成的旋转曲面（图 7-35(1)）的方程为

$$\frac{y^2}{a^2}+\frac{x^2+z^2}{b^2}=1.$$

通常称它们为**旋转椭球面**.

当 $a=b$ 时,上述旋转椭球面方程可以写成

$$x^2+z^2+y^2=a^2,$$

它就是以坐标原点 $(0,0,0)$ 为中心,半径为 $a(a>0)$ 的**球面方程**.因此,球面可以看作旋转椭球面的特例,旋转椭球面可以看作是球面的推广.

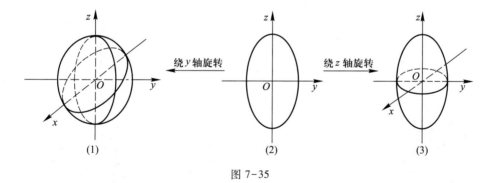

图 7-35

（2）依(1)的讨论得到,平面 zOx 上的双曲线 $\dfrac{x^2}{a^2}-\dfrac{z^2}{c^2}=1$（图 7-36(1)）绕 x 轴旋转一周所生成的旋转曲面（双叶旋转双曲面,图 7-36(2)）的方程为

$$\frac{x^2}{a^2}-\frac{y^2+z^2}{c^2}=1.$$

绕 z 轴旋转所得旋转面（单叶旋转双曲面,图 7-36(3)）的方程为

41

$$\frac{x^2+y^2}{a^2}-\frac{z^2}{c^2}=1.$$

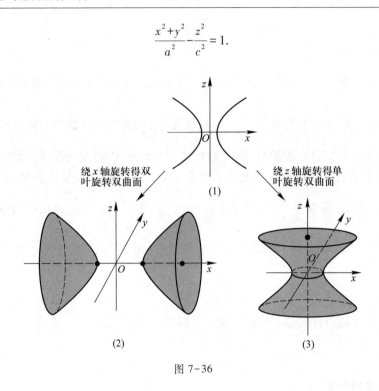

图 7-36

例 5.4　求坐标面 yOz 中的抛物线 $z=ay^2$ 分别绕 z 轴、y 轴旋转所得旋转曲面的方程.

解　将曲线 $z=ay^2$（图 7-37(2)）绕 z 轴旋转时,将方程中的 y^2 用 x^2+y^2 作代换,而其他不变,就得到所要求的旋转曲面（旋转抛物面,图 7-37(1)）的方程为

$$z=a(x^2+y^2).$$

绕 y 轴旋转所得到的旋转曲面（图 7-37(3)）的方程为

$$\pm\sqrt{x^2+z^2}=ay^2,$$

或

$$x^2+z^2=a^2y^4.$$

不仅要对给定的图形写出它的方程,同时利用已有图形的方程作"已知"来判断一个给定方程的图形是解析几何所研究的另一重要问题.

42

例 5.5　试判断方程 $\dfrac{x^2}{2}+\dfrac{y^2}{2}+\dfrac{z^2}{5}=1$ 表示怎样的一个曲面.

你看出旋转曲面的方程的特点了吗？这里做法的根据是什么？

解　方程 $\dfrac{x^2}{2}+\dfrac{y^2}{2}+\dfrac{z^2}{5}=1$ 可以看作是平面 xOz 中的曲线 $\dfrac{x^2}{2}+$

$\dfrac{z^2}{5}=1$ 绕 z 轴旋转一周所得的旋转椭球面的方程,也可以看作是由平面 yOz 中的曲线 $\dfrac{y^2}{2}+\dfrac{z^2}{5}=1$ 绕

z 轴旋转一周所得的旋转椭球面的方程.

3. 常见的一般二次曲面

关于旋转曲面方程的注记

像在平面解析几何中称二元二次方程所表示的曲线为二次曲线那样,我们把三元二次方程 $F(x,y,z)=0$ 所表示的曲面称为**二次曲面**.因此,上面所讨论的柱面、旋转曲面都是二次曲面.它们可以看作特殊的二次曲面.将它们一般化,就可以得到一般的二次曲面.

比如,将上面介绍的旋转曲面的方程中"一定至少有某两项,其变量的系数与幂指数都完全相同"这一"特殊"加以推广:允许它们的系数可以不同,就得到更为一般的三元二次方程,这样的方程所表示的曲面都为一般二次曲面.下面将简单介绍六类一般的二次曲面.

（1）**椭圆锥面** $\dfrac{x^2}{a^2}+\dfrac{y^2}{b^2}=z^2\,(a>0,b>0)$.

它可以看作是将圆锥面方程 $z^2=\dfrac{x^2+y^2}{a^2}$ 中 y^2 的系数用 $\dfrac{1}{b^2}$ 替换而得到,称它所表示的曲面为椭圆锥面.因此椭圆锥面可以看作是圆锥面的推广,而圆锥面可以看作是椭圆锥面的特例(图 7-38).

下面,我们采用"**截痕法**"来研究椭圆锥面的形状.

设有平面 $z=t\,(t\neq0)$,它与该椭圆锥面相交,其交为平面 $z=t$ 内的曲线

$$\frac{x^2}{a^2}+\frac{y^2}{b^2}=t^2,$$

称它为平面 $z=t$ 截椭圆锥面所得的**截痕**.我们通过分析截痕的特点来认识椭圆锥面.

该截痕可写为

$$\frac{x^2}{(at)^2}+\frac{y^2}{(bt)^2}=1.$$

由平面解析几何知,它为平面 $z=t$ 内的椭圆的方程.随着 $|t|$ 由大逐渐变小,该椭圆的横、纵轴也由大变小,但它们的比始终保持 $a:b$.当 t 逐渐变为零时,椭圆 $\dfrac{x^2}{a^2}+\dfrac{y^2}{b^2}=t^2$ 逐渐收缩为坐标原点 $(0,0)$.

也可以采用下面的所谓"伸缩法"来讨论.

椭圆 $\dfrac{x^2}{a^2}+\dfrac{y^2}{b^2}=1$ 可以看作是由圆周 $x^2+y^2=a^2$ 将横轴保持不变,将纵轴伸缩由 a 变为 b 而得到的.或说椭圆 $\dfrac{x^2}{a^2}+\dfrac{y^2}{b^2}=1$ 是由圆周 $x^2+y^2=a^2$ 横的方向保持不变、沿纵的方向(y 轴方向)伸缩 $\dfrac{b}{a}$ 倍

而得到.类似地,这里的椭圆锥面也可以看作由圆锥面 $\dfrac{x^2+y^2}{a^2}=z^2$ 沿 y 轴方向伸缩 $\dfrac{b}{a}$ 倍而沿横、竖

轴方向保持不变而得到的. 即, 将圆锥面 $\dfrac{x^2+y^2}{a^2}=z^2$ 上的点 $M(x,y,z)$ 的横坐标 x 与竖坐标 z 保持不变, 而将纵坐标 y 用 $\left(\dfrac{1}{b/a}\right)y=\dfrac{a}{b}y$ 替代, 就得到椭圆锥面 $\dfrac{x^2}{a^2}+\dfrac{y^2}{b^2}=z^2$.

一般地, 若将曲面 $\Sigma:F(x,y,z)=0$ 保持横、竖轴的方向不变、而沿 y 轴方向伸缩 λ 倍, 就将 Σ 上的点 $M(x,y,z)$ 变换为点 $M'(x',y',z')=M'(x,\lambda y,z)$. 为求 M' 的坐标 x',y',z' 所满足的方程, 显然应将 Σ 上的点 $M(x,y,z)$ 所满足的方程 $F(x,y,z)=0$ 中的 x,y,z 分别用 x',y',z' 替代.

由

$$x'=x, y'=\lambda y, z'=z \text{ 得 } x=x', y=\frac{1}{\lambda}y', z=z',$$

将 $x=x', y=\dfrac{1}{\lambda}y', z=z'$ 代换曲面 Σ 的方程 $F(x,y,z)=0$ 中的同名坐标, 得

$$F\left(x', \frac{1}{\lambda}y', z'\right)=0,$$

因此, 动点 M' 的轨迹——将曲面 Σ 保持横、竖轴的方向不变, 沿 y 轴方向伸缩 λ 倍而得到的曲面 Σ' 的方程为

$$F\left(x, \frac{1}{\lambda}y, z\right)=0.$$

（2）**椭球面**　$\dfrac{x^2}{a^2}+\dfrac{y^2}{b^2}+\dfrac{z^2}{c^2}=1(a>0,b>0,c>0)$.

该方程可以看作将旋转椭球面方程 $\dfrac{x^2+y^2}{a^2}+\dfrac{z^2}{c^2}=1$ 中 y^2 的系数 $\dfrac{1}{a^2}$ 用 $\dfrac{1}{b^2}$ 替换而得到的. 因此该椭球面可以看作是由旋转椭球面 $\dfrac{x^2+y^2}{a^2}+\dfrac{z^2}{c^2}=1$ 沿 y 轴方向伸缩 $\dfrac{b}{a}$ 倍而得到的（图 7-39）.

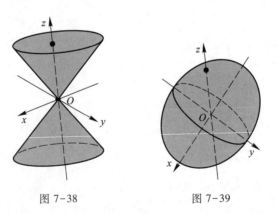

图 7-38　　　　　　　　图 7-39

（3）**单叶双曲面**　$\dfrac{x^2}{a^2}+\dfrac{y^2}{b^2}-\dfrac{z^2}{c^2}=1(a>0,b>0,c>0)$.

该方程可以看作用 $\dfrac{1}{b^2}$ 替换单叶旋转双曲面 $\dfrac{x^2+y^2}{a^2}-\dfrac{z^2}{c^2}=1$ 中 y^2 的系数 $\dfrac{1}{a^2}$ 而得到的（图 7-40）,

因此单叶双曲面 $\dfrac{x^2}{a^2}+\dfrac{y^2}{b^2}-\dfrac{z^2}{c^2}=1$ 可以看作由单叶旋转双曲面 $\dfrac{x^2+y^2}{a^2}-\dfrac{z^2}{c^2}=1$ 沿 y 轴方向伸缩 $\dfrac{b}{a}$ 倍而得到的.

（4）**双叶双曲面**　　$\dfrac{x^2}{a^2}-\dfrac{y^2}{b^2}-\dfrac{z^2}{c^2}=1(a>0,b>0,c>0).$

该方程可以看作用 $-\dfrac{1}{b^2}$ 替换双叶旋转双曲面 $\dfrac{x^2}{a^2}-\dfrac{y^2+z^2}{c^2}=1$ 中 y^2 的系数中的 $-\dfrac{1}{c^2}$ 而得到的,因此,双叶双曲面 $\dfrac{x^2}{a^2}-\dfrac{y^2}{b^2}-\dfrac{z^2}{c^2}=1$ 可以看作由双叶旋转双曲面 $\dfrac{x^2}{a^2}-\dfrac{y^2+z^2}{c^2}=1$ 沿 y 轴方向伸缩 $\dfrac{b}{c}$ 倍而得到的（图 7-41）.

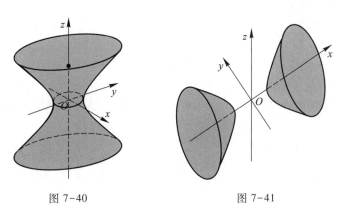

图 7-40　　　　　　　　　　图 7-41

（5）**椭圆抛物面**　　$\dfrac{x^2}{a^2}+\dfrac{y^2}{b^2}=z(a>0,b>0).$

该方程可以看作由 $\dfrac{1}{b^2}$ 替换旋转抛物面的方程 $z=\dfrac{x^2+y^2}{a^2}$ 中 y^2 的系数 $\dfrac{1}{a^2}$ 而得到的.因此,椭圆抛物面 $z=\dfrac{x^2}{a^2}+\dfrac{y^2}{b^2}$ 看作由旋转抛物面 $z=\dfrac{x^2+y^2}{a^2}$ 沿 y 轴方向伸缩 $\dfrac{b}{a}$ 倍而得到的（图 7-42）.

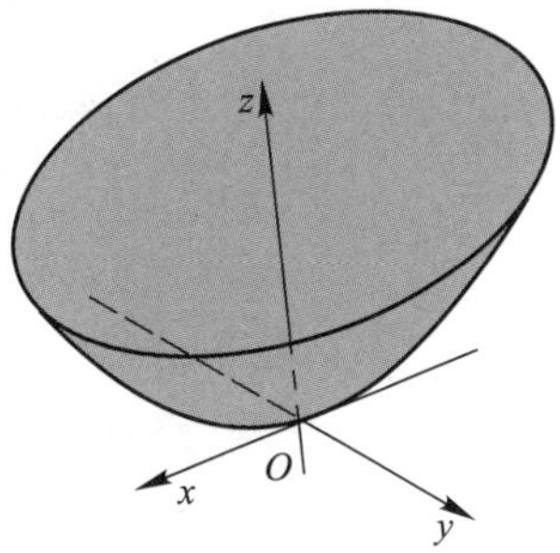

图 7-42

（6）**双曲抛物面**　　$\dfrac{x^2}{a^2}-\dfrac{y^2}{b^2}=z(a>0,b>0).$

也称马鞍面,其图形见图 7-43.从方程看到,它与椭圆抛物面的方程仅在系数的符号上略有差异.但,正是这一似乎稍微的不同,造成了图形的很大差异.

下面我们来讨论其图形的特点.

首先,在 $\dfrac{x^2}{a^2}-\dfrac{y^2}{b^2}=z$ 中以 $-x$ 代 x 方程不变,因此,该曲面关于坐标面 yOz 对称;同时,以 $-y$ 代 y 方程不变,因此,该曲面也关于坐标面 zOx 对称.

下面采用"截痕法"来继续认识该二次曲面.为此,分别用平行于坐标面的平面去截上述曲

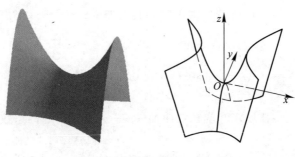

图 7-43

面,通过分析所得的截痕来了解该图形的特点.

对任意的 $z_0 \neq 0$,平面 $z = z_0$ 截该曲面所得的截痕(图 7-44)都是平面 $z = z_0$ 内的双曲线

$$\frac{x^2}{\left(a\sqrt{|z_0|}\right)^2} - \frac{y^2}{\left(b\sqrt{|z_0|}\right)^2} = \pm 1.$$

并且当 $z_0 > 0$ 时,截痕方程为 $\dfrac{x^2}{\left(a\sqrt{z_0}\right)^2} - \dfrac{y^2}{\left(b\sqrt{z_0}\right)^2} = 1$,它是平面 $z = z_0$ 上的以平行于 y 轴的直线为虚

轴的双曲线;当 $z_0 < 0$ 时,截痕方程为 $\dfrac{x^2}{\left(a\sqrt{|z_0|}\right)^2} - \dfrac{y^2}{\left(b\sqrt{|z_0|}\right)^2} = -1$,它是平面 $z = z_0$ 上的以平行于

x 轴的直线为虚轴的双曲线.

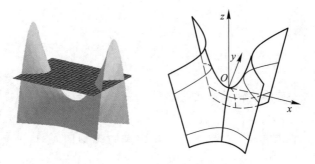

图 7-44

平面 $z = 0$ 截该曲面所得的截痕为两条相交直线 $\dfrac{x}{a} \pm \dfrac{y}{b} = 0$.因此,它与平面 xOy 交于过原点的

两垂直直线.

平面 $y = t$ 截该曲面所得的截痕的方程为

$$z = \frac{x^2}{a^2} - \frac{t^2}{b^2}.$$

由该方程不难看到,它是平面 $y = t$ 内顶点为 $\left(0, t, -\dfrac{t^2}{b^2}\right)$、开口向上、以与 z 轴平行的直线为对称轴

的抛物线(图 7-45).当 t 变化时,该抛物线沿 y 轴平移,但形状不变.

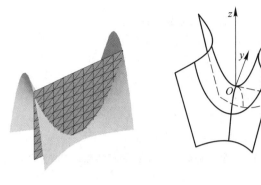

图 7-45

类似地,平面 $x=t$ 截该马鞍面所得截痕为平面 $x=t$ 内顶点为 $\left(t,0,\dfrac{t^2}{a^2}\right)$、开口向下、以与 z 轴平行的直线为对称轴的抛物线(图 7-46)

$$z=-\frac{y^2}{b^2}+\frac{t^2}{a^2}.$$

同样,当 t 变化时,该抛物线沿 x 轴作平移,但形状不变.

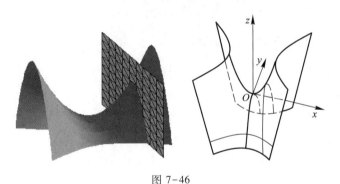

图 7-46

习题 7-5(A)

1. 判断下列论述是否正确,并说明理由:

(1) 球面方程一定具有(或能化为)$x^2+y^2+z^2+Ax+By+Cz+D=0$ 的形式,且具有这种形式的方程一定是球面方程;

(2) 由坐标平面内的一条曲线绕该坐标面上的某一坐标轴旋转得到的旋转曲面方程中,一定有两项的系数完全相同;

(3) 柱面方程都是二元或一元方程,且其准线一定是坐标面内的平面曲线,母线一定平行于某坐标轴.

2. 分别写出满足下列各条件的曲面方程:

(1) 以点 $M_0(2,-1,3)$ 为球心,$R=6$ 为半径的球面方程;

(2) 球心在原点,并且过点 $(6,-2,3)$ 的球面方程;

（3）与 z 轴的距离为 4 的动点轨迹；

（4）与两定点 $A(3,2,1)$，$B(5,0,3)$ 等距的动点轨迹；

（5）到 x 轴的距离等于到 yOz 平面距离的二倍的动点轨迹.

3. 写出满足下列条件的旋转曲面方程，指出曲面的名称并作曲面的草图：

（1）yOz 面上椭圆 $y^2+2z^2=2$ 分别绕 y 轴、z 轴旋转一周；

（2）xOz 面上抛物线 $z^2=5x$ 绕 x 轴旋转一周；

（3）xOy 面上双曲线 $3x^2-4y^2=12$ 分别绕 x 轴、y 轴旋转一周；

（4）xOy 面上直线 $y=x(y\geqslant 0)$ 分别绕 x 轴、y 轴旋转一周.

4. 在下列方程中，哪些方程的图形是旋转曲面？ 如果是，请指出它是怎样产生的；

（1）$x^2+y^2=3-2z$；　　　　　　　（2）$3x^2+4z^2=4y^2$；

（3）$x^2-\dfrac{y^2}{4}+z^2=1$；　　　　　　（4）$x^2-y^2=4z$.

5. 指出下列方程在平面解析几何中和在空间解析几何中分别表示什么图形：

（1）$x=3$；　　　　　　　　　　（2）$-\dfrac{x^2}{3}+\dfrac{y^2}{4}=1$；

（3）$4x^2+9y^2=9$；　　　　　　　（4）$y^2=1-x$；

（5）$x^2-4y^2=0$；　　　　　　　（6）$x^2+y^2=x+y$.

习题 7-5（B）

1. 指出下列方程所代表的曲面名称，并作曲面的草图：

（1）$z=\sqrt{1-x^2-y^2}$；　　　　　　（2）$\dfrac{x^2}{4}+\dfrac{z^2}{9}=\dfrac{y}{3}$；

（3）$2x^2-y+2z^2=0$；　　　　　　（4）$x^2-2y^2+9z^2=0$；

（5）$x=y^2-z^2$；　　　　　　　　（6）$x^2+4y^2+9z^2=9$；

（7）$x^2+z^2=2(x+z)$；　　　　　　（8）$y^2=4z$.

2. 方程 $x^2+y^2+z^2-4x+6y-2z-b=0$ 表示什么图形？ 图形具有什么特点？

3. 一个平面过直线 $\begin{cases}3x-y-z=1,\\x+3y-2z=7,\end{cases}$ 并且与球面 $x^2+y^2+z^2=3$ 相切，求该平面方程.

第六节　空 间 曲 线

　　像曲面那样，曲线在我们身边也是随处可见.有了上节对曲面的讨论作"已知"，本节来讨论空间曲线的方程以及空间曲线在坐标面上的投影.后者在下面学习多元函数积分学时是不可或缺的.

1. 空间曲线的一般式方程

　　空间直线可以看作空间曲线的特例，因此我们利用研究空间直线的思想、方法作"已知"来研究空间曲线.像两个平面的交线是空间直线那样，两个曲面的交线是空间中的曲线.

设两曲面：

$$S_1 : F(x,y,z) = 0, \quad S_2 : G(x,y,z) = 0$$

相交且交线为 C（图 7-47）.曲线 C 必同时在两个曲面中,因此其上的点的坐标同时满足这两个方程,也就满足方程组

$$\begin{cases} F(x,y,z) = 0, \\ G(x,y,z) = 0. \end{cases} \tag{6.1}$$

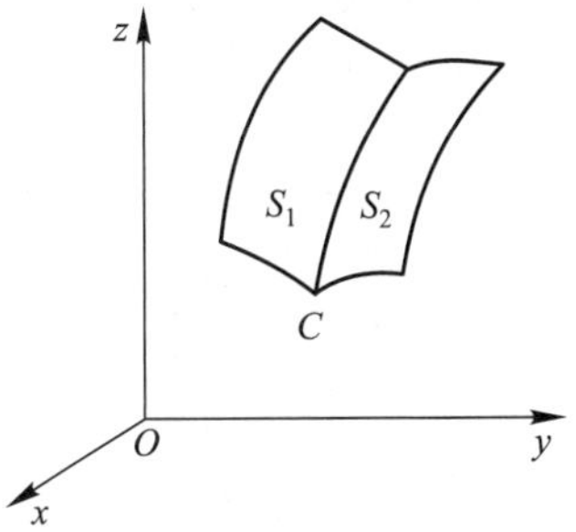

另一方面,如果点 M 不在曲线 C 上,那么它必不同时在曲面 S_1, S_2 上,于是它的坐标至少不能同时满足方程组(6.1)中的两个方程,因此不满足方程组(6.1).所以,方程组(6.1)是曲线 C 的方程,称为空间曲线的**一般式方程**.

例 6.1 方程组 $\begin{cases} z^2 = x^2 + y^2, \\ 3x + 2y = 6 \end{cases}$ 表示怎样的曲线？

图 7-47

解 $z^2 = x^2 + y^2$ 的图形是圆锥面,$3x + 2y = 6$ 的图形是一个平行于 z 轴的平面.所给方程组为圆锥面与平面的交线（图 7-48）的方程.

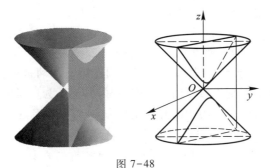

图 7-48

例 6.2 方程组 $\begin{cases} z = \sqrt{4 - x^2 - y^2}, \\ (x-1)^2 + y^2 = 1 \end{cases}$ 表示什么样的曲线？

解 方程 $z = \sqrt{4 - x^2 - y^2}$ 表示球心在坐标原点,半径为 2 的上半球面；$(x-1)^2 + y^2 = 1$ 为母线平行于 z 轴、以平面 xOy 上的圆周 $(x-1)^2 + y^2 = 1$ 为准线的圆柱面.该方程组表示二者的交线的方程（图7-49）,也称维维安尼曲线.

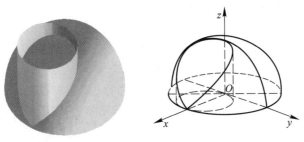

图 7-49

2. 空间曲线的参数方程

在研究空间直线时,把空间中动点的三个坐标都分别看作同一个变量的函数,就有了空间直线的参数方程.根据这一"已知"不难猜想,空间曲线同样也应有类似的参数方程.例如,利用坐标面 xOy 上的圆周 $(x-1)^2+y^2=1$ 的参数方程

$$\begin{cases} x=1+\cos\theta, \\ y=\sin\theta, \end{cases} \quad 0\le\theta\le2\pi$$

可以将例6.2中的曲线写成

$$\begin{cases} x=1+\cos\theta, \\ y=\sin\theta, \\ z=\sqrt{2-2\cos\theta}, \end{cases} \quad 0\le\theta\le2\pi$$

的形式,该方程组称作该曲线的参数方程.

一般地,若空间曲线 C 上任意一点的坐标 x,y,z 都是变量 t 的函数:

$$\begin{cases} x=x(t), \\ y=y(t), \quad a\le t\le b, \\ z=z(t), \end{cases} \tag{6.2}$$

称方程组(6.2)为空间曲线 C 的参数方程,t 称为参数.

例6.3　设动点 P 在一平面内沿半径为 R 的圆周做匀速运动,角速度为 ω,同时该圆周所在的平面又在空间中沿与此平面垂直的方向匀速向上移动,速度为 v.写出该质点的运动轨迹方程.

解　取质点开始运动时所在圆周的圆心为坐标原点,该圆周所在的平面为 xOy 坐标面,平面运动的方向为 z 轴的正向,建立右手系的空间直角坐标系 $Oxyz$.

设该质点从 x 轴上的点 $(R,0,0)$ 开始运动(这时的时间记为 $t=0$),注意到该质点既以 ω 为角速度作匀速圆周运动,又沿 z 轴正向以速度为 v 做匀速直线运动,因此经过 t 秒后,动点沿圆周转动了一个角度 ωt,并沿 z 轴正向上升了一段距离 vt.经过 t 秒后动点到达 $M(x,y,z)$ 处,其中

$$\begin{cases} x=R\cos\omega t, \\ y=R\sin\omega t, \quad 0\le t<+\infty. \\ z=vt, \end{cases}$$

如果空间中的一点不在该轨迹上,那么它的坐标要么不满足圆的方程 $\begin{cases} x=R\cos\omega t, \\ y=R\sin\omega t, \end{cases}$ 要么不满足方程 $z=vt$,因此就一定不满足方程组

$$\begin{cases} x=R\cos\omega t, \\ y=R\sin\omega t, \\ z=vt. \end{cases}$$

因此,该方程组就是动点 P 的轨迹曲线的方程.它的三个坐标都是时间 t 的函数,称该方程是以时间 t 为参数的参数方程.其运动轨迹如图 7-50 所示,它就是我们熟悉的**螺旋线**.

如果令 $\theta=\omega t$,就可以得到该螺旋线的以 θ 为参数的参数方程

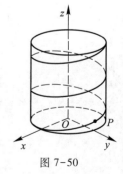

图 7-50

$$\begin{cases} x = R\cos\theta, \\ y = R\sin\theta, \\ z = b\theta, \end{cases}$$

其中 $b = \dfrac{v}{\omega}$. 由该参数方程容易看到,当 θ 增加一个角度 α 时,z 上升一个高度 $b\alpha$. 若 θ 增加 2π,动点 P 围绕螺旋线转动一周,这时竖坐标 z 上升了 $2\pi b$,称 $2\pi b$ 为该螺旋线的**螺距**.

以后更多研究的曲线是光滑曲线.

将平面光滑曲线的定义平移到空间曲线,就有如下的空间光滑曲线的定义:

设有曲线 C

$$\begin{cases} x = x(t), \\ y = y(t), \quad a \leqslant t \leqslant b, \\ z = z(t), \end{cases}$$

若 $x'(t)$,$y'(t)$,$z'(t)$ 都存在且连续,并有 $x'^2(t) + y'^2(t) + z'^2(t) \neq 0$,称曲线 C 是**光滑曲线**.

*3. 曲面的参数方程

以空间曲线的参数方程作"已知",我们来讨论旋转曲面的参数方程.

若空间曲线

$$\Gamma: \begin{cases} x = x(t), \\ y = y(t), \quad \alpha \leqslant t \leqslant \beta \\ z = z(t), \end{cases}$$

绕 z 轴旋转,设 Γ 上对应某一确定的参数 t 的点为 M,则有 $M(x(t), y(t), z(t))$. 当 Γ 绕 z 轴旋转一周时,M 的轨迹就是平面 $z = z(t)$ 上的一个圆周,其圆心为点 $(0, 0, z(t))$、半径为 M 到 z 轴的距离 $\sqrt{x^2(t) + y^2(t)}$. 由平面上圆的参数方程,得这个平面圆的参数方程为

$$\begin{cases} x = \sqrt{x^2(t) + y^2(t)} \cos\theta, \\ y = \sqrt{x^2(t) + y^2(t)} \sin\theta, \end{cases} \quad 0 \leqslant \theta \leqslant 2\pi.$$

因此,曲线 Γ 绕 z 轴旋转得到的旋转曲面的方程为

$$\begin{cases} x = \sqrt{x^2(t) + y^2(t)} \cos\theta, \\ y = \sqrt{x^2(t) + y^2(t)} \sin\theta, \alpha \leqslant t \leqslant \beta, 0 \leqslant \theta \leqslant 2\pi. \\ z = z(t), \end{cases}$$

例如,若将球面 $x^2(t) + y^2(t) + z^2(t) = R^2$ 看作坐标面 zOx 上的半圆周

$$\begin{cases} x = R\sin\varphi, \\ y = 0, \quad\quad 0 \leqslant \varphi \leqslant \pi \\ z = R\cos\varphi, \end{cases}$$

绕 z 轴旋转一周而得到的.那么,该球面的参数方程为

$$\begin{cases} x = R\sin\varphi\cos\theta, \\ y = R\sin\varphi\sin\theta, \quad 0 \leqslant \varphi \leqslant \pi, 0 \leqslant \theta \leqslant 2\pi. \\ z = R\cos\varphi, \end{cases}$$

它的具体意义在第九章三重积分中将会看到.

一般曲面的参数方程为含有两个参数的方程组

$$\begin{cases} x = x(s,t), \\ y = y(s,t), \\ z = z(s,t). \end{cases}$$

4. 空间曲线在坐标面上的投影

在多元函数积分学中,需要求空间曲面在坐标面上的投影区域,投影区域也简称投影.

设在空间直角坐标系 $Oxyz$ 中的坐标平面 xOy 上方有一有界曲面 S(图 7-51),其边界为空间曲线 C.如何求它在平面 xOy 上的投影呢?

既然求 S 的"投影",顾名思义,就应该有一束光线照射到 S 上.如图 7-52,我们设想,用来自 S 上方的一束平行于 z 轴的光线去照射曲面 S,这时坐标平面 xOy 上出现一片阴影,该阴影就是曲面 S 在坐标平面 xOy 上的投影.显然,这片阴影由其边界所界定,而该边界正是 S 的边界曲线 C 在坐标平面 xOy 上的投影曲线.由此看到,要找曲面 S 在坐标平面 xOy 上的"投影",关键是找曲面 S 的边界曲线 C 在坐标平面 xOy 上的投影曲线(以下简称投影).如何找曲线 C 在坐标平面 xOy 上的投影呢? 从图 7-52 看到,它是以 C 为准线、母线平行于 z 轴的柱面与坐标平面 xOy 的交线.因此,我们找到了解决问题的关键:

找以 S 的边界曲线 C 为准线、母线平行于 z 轴的柱面.

称以曲线 C 为准线、母线平行于 z 轴的柱面为曲线 C 关于坐标平面 xOy 的**投影柱面**.类似地,有曲线 C 关于其他坐标面的投影柱面.

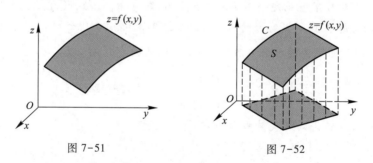

图 7-51　　　　　　　　　　图 7-52

下面来讨论如何求空间曲线关于坐标面的投影柱面.

设空间曲线 C 的一般方程为

$$\begin{cases} F(x,y,z) = 0, \\ G(x,y,z) = 0. \end{cases} \tag{6.3}$$

下面来讨论如何得到以 C 为准线、母线平行于 z 轴的柱面.由第五节对柱面的讨论知,该柱面的方程一定不含有变量 z.注意到 C 既在曲面 $F(x,y,z) = 0$ 上,同时也在曲面 $G(x,y,z) = 0$ 上.因此,如果将方程组(6.3)通过同解变形(比如通过代入消元法或加减消元法等方法)能消去 z,得到一个二元方程

$$H(x,y) = 0 \tag{6.4}$$

则满足方程组(6.3)的 x,y 必满足方程(6.4).则称这个母线平行于 z 轴的柱面 $H(x,y)=0$ 为曲线 C 关于坐标平面 xOy 的**投影柱面**;曲线

$$\begin{cases} H(x,y)=0, \\ z=0 \end{cases}$$

则为曲线 C 在坐标平面 xOy 上的**投影**(曲线).

　　类似地,可以讨论交线 C 在坐标平面 yOz 或 zOx 上的投影:将方程组(6.3)分别通过同解变形消去变量 x 或 y,得到二元方程 $R(y,z)=0$ 或 $T(z,x)=0$.分别称柱面 $R(y,z)=0$ 或 $T(z,x)=0$ 为曲线 C 关于坐标平面 yOz 或 zOx 的投影柱面;曲线

$$\begin{cases} R(y,z)=0, \\ x=0 \end{cases} \quad 或 \quad \begin{cases} T(z,x)=0, \\ y=0 \end{cases}$$

分别是曲线 C 在坐标平面 yOz 或 zOx 上的投影.

　　例 6.4　求旋转抛物面 $z=2-x^2-y^2$ 被圆锥面 $z=\sqrt{x^2+y^2}$ 所截得的部分曲面(图 7-53)在坐标平面 xOy 上的投影.

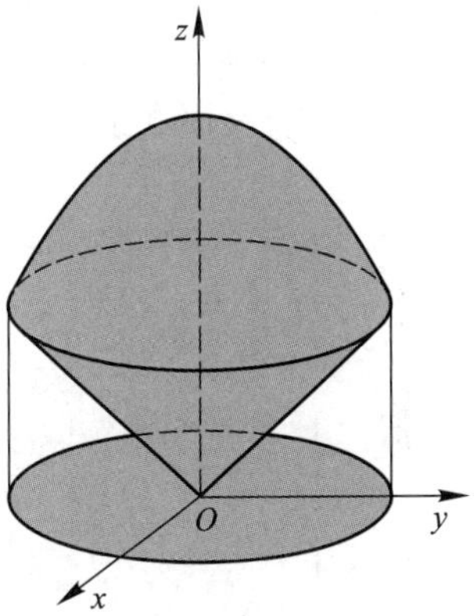

　　解　旋转抛物面 $z=2-x^2-y^2$ 被圆锥面 $z=\sqrt{x^2+y^2}$ 截得的部分曲面的边界曲线为

$$\begin{cases} z=2-x^2-y^2, \\ z=\sqrt{x^2+y^2}. \end{cases}$$

因此,问题转化为求该曲线关于坐标平面 xOy 的投影,由该方程组消去 z 得到该投影柱面的方程

$$x^2+y^2=1.$$

再将它与 xOy 平面的方程联立,得

$$\begin{cases} x^2+y^2=1, \\ z=0. \end{cases}$$

它就是空间曲线 $\begin{cases} z=2-x^2-y^2, \\ z=\sqrt{x^2+y^2} \end{cases}$ 在坐标平面 xOy 上的投影曲线方

程.这条投影曲线是平面 xOy 上的以原点为圆心、1 为半径的圆周,包围在它内部的平面区域就是要求的投影区域.

　　例 6.5　求球面 $z=\sqrt{4-x^2-y^2}$ 被圆柱面 $(x-1)^2+y^2=1$ 所截得的部分曲面在坐标平面 xOy 上的投影区域(图 7-54).

　　解　球面 $z=\sqrt{4-x^2-y^2}$ 被圆柱面 $(x-1)^2+y^2=1$ 所截得的曲面的边界为这两个曲面的交线,即曲线

$$l:\begin{cases} z=\sqrt{4-x^2-y^2}, \\ (x-1)^2+y^2=1. \end{cases}$$

l 是两曲面的交线,它必定在两曲面上,因此必定在圆柱面上.由图 7-54 看到,它在圆柱面 $(x-1)^2+y^2=1$ 上环绕该圆柱面一周.因此该

图 7-53

你看出该曲面在其他两个坐标平面上的投影边界曲线的特点了吗?能求出来吗?

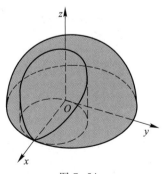

图 7-54

53

圆柱面就是曲线 l 关于坐标平面 xOy 的投影柱面. l 在平面 xOy 上的投影为该柱面与坐标平面 $z=0$ 的交线,即

$$\begin{cases}(x-1)^2+y^2=1,\\ z=0.\end{cases}$$

该平面曲线所包围的圆形区域就是要求的投影区域.

关于投影柱
面的注记

习题 7-6(A)

1. 判断下列论述是否正确,并说明理由:

(1) 空间曲线的一般式方程是过该曲线的两个不同曲面的方程联立所得的方程组,如果能将一般曲线方程中的变量 x,y,z 都分别写为另一变量的函数,就可以将曲线的一般式方程化为参数方程;

(2) 空间曲线 C 关于某坐标面的投影柱面方程与曲线 C 在该坐标面上的投影方程是同一个方程.

(3) 求以空间闭曲线 C 为边界的有界闭曲面 Σ 在坐标面上的投影区域,关键是求出该曲线在该坐标面上的投影.

2. 指出下列方程所表示的曲线,并作曲线的草图:

(1) $\begin{cases}x+2y+3z-2=0,\\ y=0;\end{cases}$　(2) $\begin{cases}x^2+y^2=4,\\ z=1;\end{cases}$

(3) $\begin{cases}y^2+2z^2=2x,\\ x=2;\end{cases}$　(4) $\begin{cases}x=1-y^2,\\ z=0;\end{cases}$

(5) $\begin{cases}x^2-4y^2+z^2=25,\\ x=3;\end{cases}$　(6) $\begin{cases}z=\sqrt{2-x^2-y^2},\\ z=x^2+y^2.\end{cases}$

3. 分别在平面直角坐标系和空间直角坐标系下,指出下列方程所表示的图形名称:

(1) $\begin{cases}y=5x+1,\\ y=2x-2;\end{cases}$　(2) $\begin{cases}x^2+y^2=25,\\ y=4.\end{cases}$

4. 将下列曲线的一般式方程化为参数方程:

(1) $\begin{cases}x^2+y^2+z^2=4,\\ x=y;\end{cases}$　(2) $\begin{cases}(x-1)^2+y^2+(z+1)^2=4,\\ z=0.\end{cases}$

5. 写出下列各曲线关于指定坐标面的投影柱面及在该坐标面上的投影:

(1) $\begin{cases}z=2-x^2,\\ z=x^2+2y^2;\end{cases}$关于 xOy 面;　(2) $\begin{cases}x^2+y^2+z^2=9,\\ x+z=0,\end{cases}$关于 xOy 面;

(3) $\begin{cases}x+2y+6z=5,\\ 3x-2y-10z=7,\end{cases}$关于 xOz 面;　(4) $\begin{cases}x^2+y^2+z^2=1,\\ x^2+(y-1)^2+(z-1)^2=1,\end{cases}$关于 xOy 面.

6. 求椭圆柱体 $x^2+2y^2\leqslant2,-1\leqslant z\leqslant1$ 在三个坐标面上的投影区域.

习题 7-6(B)

1. 写出空间曲线 $\begin{cases}2y^2+z^2+4x-4z=0,\\ y^2+3z^2-8x-12z=0\end{cases}$ 在三个坐标面上的投影曲线的方程.

2. 设直线 L 在 yOz 平面以及 xOz 平面上的投影曲线的方程分别为 $\begin{cases}2y-3z=1,\\ x=0\end{cases}$ 和 $\begin{cases}x+z=2,\\ y=0,\end{cases}$ 求直线 L 在 xOy 平

面上的投影曲线的方程.

3. 将曲线方程 $\begin{cases} z=x^2+2y^2, \\ z=12-2x^2-y^2 \end{cases}$ 改写为参数方程.

4. 求上半球体 $0 \leqslant z \leqslant \sqrt{a^2-x^2-y^2}$ 与圆柱体 $x^2+y^2 \leqslant ax(a>0)$ 的公共部分在 xOy 面和 xOz 面上的投影.

第七节　利用软件进行向量运算和画图

1. 向量的运算

NumPy(Numerical Python) 是 Python 语言的一个扩展程序库,支持数组与矩阵运算,提供大量的相关函数.与本章中向量计算有关的,是其中的 dot(数量积)命令和 cross(向量积)命令.使用时,首先定义两个三维向量 vector1 和 vector2,并通过 dot(vector1,vector2)计算数量积,或通过 cross(vector1,vector2)计算向量积(要注意计算向量积时两个向量的先后顺序).下面通过几个实例来说明一下如何使用这个命令(以下所用命令均为 Python 3.7.1 版本,并在集成环境 spyder 3.3.2 中正常运行).

```
In [1]: from numpy import *    #从 numpy 库中引入所有函数及变量

In [2]: vector1 = array([1,2,3]) #利用 array 定义向量 vector1

In [3]: vector2 = array([1,3,5]) #利用 array 定义向量 vector2

In [4]: dot(vector1,vector2)    #计算数量积
Out[4]: 22

In [5]: cross(vector1,vector2) #计算向量积
Out[5]: array([ 1, -2,  1])

In [6]: cross(vector2,vector1) #计算向量积
Out[6]: array([-1,  2, -1])
```

由输出结果可知对于向量 $v_1=i+2j+3k$, $v_2=i+3j+5k$,有
$$v_1 \cdot v_2 = 22, \quad v_1 \times v_2 = i-2j+k, \quad v_2 \times v_1 = -i+2j-k.$$
练习(试用 Python 软件计算下列各组向量的数量积与向量积)

1. $(2,3,-1),(0,1,4)$.

2. $(232,354,-321),(120,176,445)$.

2. 曲面的图形演示

Python 可以绘制空间的曲线图、散点图、线框图、表面图、三角表面图、等高线等,在数据可视化等方面均有着非常强大的功能.与本章有关的软件包有 Matplotlib 库和 mpl_toolkits.mplot3d,其中 Matplotlib 库包含了三维绘图工具,而 mpl_toolkits.mplot3d 库中的 Axes3D 用于将所绘制的图像显示在三维坐标中.下面以螺旋线 $\begin{cases} x=\cos\theta, \\ y=\sin\theta, \\ z=\theta \end{cases}$ 和曲面 $z=\sin(x^2+y^2)$ 的表面图为例说明,其他图形及详细画图功能请参考相关资料.

```
In [7]: import matplotlib as mpl
#引入 matplotlib 包并以 mpl 为别名
    ...: from mpl_toolkits.mplot3d import Axes3D
#从 mpl_toolkits.mplot3d 引入 Axes3D 用于绘制三维坐标系
    ...: import numpy as np
#引入 numpy 包并以 np 为别名
    ...: import matplotlib.pyplot as plt
#引入 matplotlib.pyplot 包并以 plt 为别名
    ...: mpl.rcParams['legend.fontsize'] = 10
#设置显示图形中的字体大小
    ...: fig = plt.figure()
#创建绘图对象
    ...: ax = fig.gca(projection='3d')
#设置绘图属性为三维图像
    ...: theta = np.linspace(-4 * np.pi, 4 * np.pi, 100)
#由参数方程确定的曲线参数 θ∈[-4π,4π],中间共取 100 个点
    ...: x = np.cos(theta)      #x=cos θ
    ...: y = np.sin(theta)      #y=sin θ
    ...: z = theta    # z=θ
    ...: ax.plot(x, y, z, label='parametric curve')
#绘图,并通过 label 设置标题
    ...: ax.legend() #显示图例
    ...: plt.show()   #绘制图形并显示(见图7-55)
In [8]: from mpl_toolkits.mplot3d import Axes3D
    ...: import matplotlib.pyplot as plt
    ...: from matplotlib import cm
    ...: from matplotlib.ticker import LinearLocator,
```

FormatStrFormatter

```
...: import numpy as np
...: fig = plt.figure()
...: ax = fig.gca(projection='3d')
...:
...: X = np.arange(-1, 1, 0.01) # ,x∈[-1,1]间隔0.01取点
...: Y = np.arange(-1, 1, 0.01) # ,y∈[-1,1]间隔0.01取点
...: X, Y = np.meshgrid(X, Y) #由(x,y)形成网格点
...: Z = np.sin(X ** 2 + Y ** 2) #z=sin(x²+y²)
...: surf = ax.plot_surface(X, Y, Z, cmap=cm.coolwarm,
...: linewidth=0, antialiased=False)
```

#设置图像的各种属性

```
...: ax.set_zlim(0, 1)
```

#z 轴的显示范围

```
...: ax.zaxis.set_major_locator(LinearLocator(11))
```

#z 轴刻度显示数量,从 0 到 1 共显示 11 个刻度

```
...: ax.zaxis.set_major_formatter(FormatStrFormatter('%.02f'))
```

#z 轴刻度显示精度,保留小数点后两位

```
...: fig.colorbar(surf, shrink=0.5, aspect=5)
```

#图像旁边显示颜色条,用于刻画不同位置的高度值

```
...: plt.show() #画图并显示(见图7-56)
```

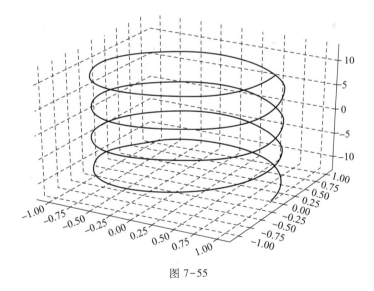

图 7-55

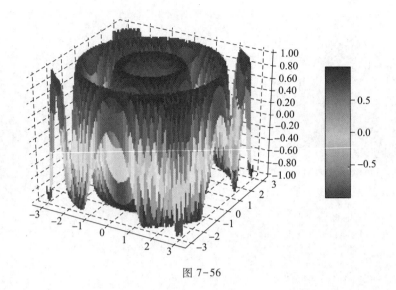

图 7-56

总 习 题 七

1. 判断下列论述是否正确:

(1) 若非零向量 a,b,c 满足 $a\times b=a\times c$,则必有 $b=c$;

(2) 与 x,y,z 三个坐标轴的正向夹角相等的向量,其方向角为 $\left(\dfrac{\pi}{3},\dfrac{\pi}{3},\dfrac{\pi}{3}\right)$;

(3) 平面 $x-2y-2z=9$ 与原点的距离为 3 且与平面 $2x+4y-3z=3$ 垂直;

(4) 旋转面 $x^2+2y^2+z^2=4y$ 由 yOz 面上椭圆 $z^2+2(y-1)^2=2$ 绕 z 轴旋转得到;

(5) 直线 $x=y=\dfrac{z}{2}$ 与直线 $\begin{cases}x-y=0,\\x+z=3\end{cases}$ 垂直且相交;

(6) 以点 (x_0,y_0,z_0) 为球心,过原点的球面方程是 $x^2+y^2+z^2=x_0^2+y_0^2+z_0^2$;

(7) $x^2+y^2-(z-1)^2=0$ 表示圆锥面.

2. 计算下列各题:

(1) 若 a,b,c 都是单位向量,且满足 $a+b+c=0$,计算 $a\cdot b+b\cdot c+c\cdot a$;

(2) 若 $|a|=3,|b|=4$,且 $a\perp b$,计算 $|(3a-b)\times(a-2b)|$;

(3) 设向量 $a=m+n,b=m-2n$,且 $|m|=2,|n|=1,m$ 与 n 的夹角 $\theta=\dfrac{\pi}{3}$,计算 $a\cdot b$.

(4) 若 $|a|=3,|b|=26$,且 $|a\times b|=72$,计算 $a\cdot b$.

3. 设向量 $a=2i-j+2k$ 与向量 b 共线,且满足 $a\cdot b=-18$,求向量 b.

4. 已知点 $A(-1,0,0),B(0,3,2)$,在 z 轴上求一点 C 使 $\triangle ABC$ 的面积最小.

5. 设 $a=(2,-3,1),b=(1,-2,3),c=(2,1,2)$,若 r 满足 $r\perp a,r\perp b$,且 $(r)_c=14$,求向量 r.

6. 用向量法证明直径所对的圆周角是直角.

7. 设 $a=(3,5,-2)$，$b=(2,1,9)$，试求 λ 的值，使得

（1）$\lambda a+b$ 与 z 轴垂直；（2）$|\lambda a+b|$ 最小.

8. 求满足下列各条件的平面方程：

（1）点 $M(1,0,-1)$ 在平面上的投影为 $N(2,3,-2)$；

（2）过原点及点 $(6,-3,2)$，且垂直于平面 $4x-y+2z-8=0$；

（3）过球面 $(x-3)^2+(y+1)^2+(z+4)^2=9$ 上一点 $(1,0,-2)$，与球面相切；

（4）平行于 z 轴，且与 x 轴、y 轴分别交于点 $P(2,0,0)$，$Q(0,-3,0)$；

（5）过 z 轴，且平行于直线 $\dfrac{x+3}{4}=\dfrac{y-1}{-1}=\dfrac{z-1}{-3}$；

（6）与原点距离为 6，在 x 轴，y 轴，z 轴上的截距之比是 $1:2:3$；

（7）过直线 $\begin{cases}3x+2y-z-1=0,\\2x-3y+2z+2=0,\end{cases}$ 且与平面 $x+2y+3z-5=0$ 垂直；

（8）平面 $x-2y+2z+21=0$ 与平面 $7x+24z-5=0$ 之间的两面角的平分面.

9. 求满足下列各条件的直线方程：

（1）过点 $M(0,2,4)$，平行于平面 $x+2z-1=0$ 和平面 $y-3z-1=0$；

（2）过点 $M(1,2,3)$ 和 z 轴相交，且垂直于直线 $x=y=z$；

（3）垂直于平面 $3x-4y+7z-33=0$，且过该平面与直线 $\begin{cases}y=-2x+9,\\z=9x-43\end{cases}$ 的交点；

（4）在平面 $x+y+z=1$ 上，垂直于直线 $\begin{cases}y=1,\\z=-1\end{cases}$ 且过此平面与直线的交点.

10. 已知直线 $l:\begin{cases}x-2y+z-9=0,\\3x+By+z-D=0\end{cases}$ 在 xOy 面上，求 B,D 的值.

11. 在平面 $y+z=2$ 上求一点 M，使得 M 点的向径与 y 轴、z 轴的夹角都为 $\dfrac{\pi}{3}$.

12. 过直线 $\begin{cases}x+y-z=0,\\x+2y+z=0\end{cases}$ 作两个互相垂直的平面，且其中一个过已知点 $M(0,1,-1)$，求这两个平面方程.

13. 求两平行直线 $\begin{cases}x=t+1,\\y=2t-1,\\z=t,\end{cases}$ $\begin{cases}x=t+12,\\y=2t-1,\\z=t+1\end{cases}$ 之间的距离.

14. 证明直线 $\dfrac{x-1}{1}=\dfrac{y-8}{3}=\dfrac{z-6}{-2}$ 与直线 $\dfrac{x+1}{2}=\dfrac{y-3}{5}=\dfrac{z-2}{4}$ 相交，并求过这两条直线的平面方程.

15. 求点 $(1,-1,0)$ 关于平面 $x+y-z=3$ 的对称点.

16. 求点 $M(3,0,-1)$ 关于直线 $\dfrac{x+1}{1}=\dfrac{y}{2}=\dfrac{z-1}{-1}$ 的对称点.

17. 分别写出满足下列各条件的曲面方程：

（1）过原点和 $A(4,0,0)$，$B(1,3,0)$ 和 $C(0,0,-4)$ 的球面；

（2）以线段 AB 为一条直径的球面方程，其中点 $A(2,1,4)$，$B(4,3,10)$；

（3）与定点 $A(1,0,0)$ 的距离的 2 倍等于它到平面 $x=4$ 的距离的动点轨迹；

（4）过曲线 $\begin{cases} x^2+2y^2-4z^2=8, \\ y-z=1 \end{cases}$，且母线平行于 z 轴的柱面；

（5）xOy 面上的曲线 $y=\mathrm{e}^x$ 绕 x 轴旋转的旋转曲面.

18. 写出曲面 $x^2-2y^2-2z^2=4$ 在下列各平面上的截痕，并指出截痕的名称：

（1）$x=3$；　　（2）$x=-2$；　　（3）$y=0$；　　（4）$z=1$.

19. 求直线 $\begin{cases} 2x-4y+z=0, \\ 3x-y-2z-9=0 \end{cases}$ 在三个坐标面上的投影直线.

20. 求球面 $x^2+y^2+z^2=2z$ 与圆锥面 $z^2=x^2+y^2\,(z>0)$ 的交线在三个坐标面上的投影曲线.

21. 将下列曲线的一般式方程化为参数方程：

（1）$\begin{cases} x^2+2(y-1)^2+z^2=5, \\ z=1; \end{cases}$　　　　（2）$\begin{cases} x-y+z=1, \\ 2x+y+z=4. \end{cases}$

22. 画出下列空间区域 Ω 的草图，并作出 Ω 在三个坐标面上的投影区域的图形：

（1）Ω 由两平面 $z=x+y, z=1$ 及 xOz, yOz 坐标面围成；

（2）Ω 由不等式 $0\leqslant z\leqslant\sqrt{x^2+y^2}\leqslant 1, x\geqslant 0, y\geqslant 0$ 确定；

（3）Ω 由圆锥面 $z=\sqrt{x^2+y^2}$ 及旋转抛物面 $z=2-x^2-y^2$ 所围成.

第八章　多元函数微分学

一元函数微积分研究的对象是仅依赖于一个自变量的一元函数.但大量的实际问题所反映出来的变量之间的依赖关系并不是仅由一元函数所能表述的.例如矩形的面积等于长乘宽,长方体的体积取决于其长、宽和高,买蔬菜所支付的人民币依赖于蔬菜的价格和所买菜的重(质)量等.这些例子说明,仅有一元函数不足以表述实际问题中变量与变量之间的依赖关系.为此还需要研究依赖于多个自变量的函数——多元函数.

本章要讨论多元函数的微分学.下面将看到,多元函数微分学与一元函数微分学之间有许多类似之处,一元函数的一些概念与结论可以通过类比的思想直接平移或推广到多元函数.但是,正是由于"多"元与"一"元中的一字之差,使得它们在某些方面也存在很大差异.可是,对二元函数所得到的结果对三元及三元以上的函数一般都适用,因此下面的讨论主要以二元函数为主.

第一节　多元函数及其连续性

不难想象,讨论多元函数这一"未知",自然要用讨论一元函数的思想与方法作"已知".

一元函数的定义域与值域都是数轴上的点集.因此在第一章讨论一元函数之前,首先讨论了数轴上点集(比如区间、邻域、开集等).由于多元函数依赖于多个自变量,因此仅有数轴上的点集不能满足讨论多元函数的需要,所以必须将第一章在数轴上所讨论的点集加以推广.下面首先将其推广到平面中,然后再将其引进更高维空间.

1. 二维空间　二维空间中的点集

1.1　二维空间

设 x,y 为实数,像将全体实数集合记作 $\mathbf{R}^1 = \mathbf{R}$ 那样,将全体二元有序数组 (x,y) 组成的集合 $\{(x,y) \,|\, x,y \in \mathbf{R}\}$ 记作 $\mathbf{R}^2$,也记为 $\mathbf{R} \times \mathbf{R}$.显然 $\mathbf{R}^2$ 中的元素与平面 xOy 中的点是一一对应的,因此将 $\mathbf{R}^2$ 与坐标平面不加区别,并将有序数组 (x,y) 称作 $\mathbf{R}^2$ 中的一个点.

设 $(x_1,y_1),(x_2,y_2)$ 是 $\mathbf{R}^2$ 中的任意两点,λ 为实数,注意到坐标平面中的点与向量之间的对应关系以及向量的线性运算法则,因此我们定义

(1) $(x_1,y_1)+(x_2,y_2)=(x_1+x_2,y_1+y_2)$;

(2) $\lambda(x_1,y_1)=(\lambda x_1,\lambda y_1)$.

定义了这样的线性运算的点集 $\mathbf{R}^2$ 称为二维空间.

1.2　$\mathbf{R}^2$ 中的点集

在二维空间 $\mathbf{R}^2$ 中,将具有某性质 P 的所有点的集合称为 $\mathbf{R}^2$ 中的点集,记为

$$E = \{(x,y) \mid (x,y)\ \text{具有性质}\ P\}.$$

在讨论一元函数的有关问题时需要利用"邻域"的概念,在下面的研究中,"邻域"也是必不可缺的基本概念.像数轴上的邻域是建立在距离之上那样,要在 $\mathbf{R}^2$ 中建立邻域也要利用两点间的距离作"已知".为此首先给出 $\mathbf{R}^2$ 中两点之间距离的定义.

设 $P_1(x_1,y_1)$,$P_2(x_2,y_2)$ 是 $\mathbf{R}^2$ 中的任意两点,定义它们之间的距离 $|P_1P_2|$ 为

> 你明白点集与空间之间的差异了吗?结合前面点集的定义,在邻域的表达式中,性质 P 是什么?

$$|P_1P_2| = \sqrt{(x_2-x_1)^2+(y_2-y_1)^2}.$$

定义了这样的距离的二维空间 $\mathbf{R}^2$ 称为二维欧几里得空间,简称二维欧氏空间或二维空间.下面讨论中所涉及的 $\mathbf{R}^2$ 都是指这样的二维欧氏空间.以后也把它与坐标平面 xOy 不加区别,这时坐标平面 xOy 不再是普通的点集,而是在其上定义了线性运算与欧氏距离的二维空间.

设 $P_0(x_0,y_0)$ 为 $\mathbf{R}^2$ 中一点,$\delta>0$ 为一实数,称点集

$$U(P_0,\delta) = \left\{(x,y) \mid \sqrt{(x-x_0)^2+(y-y_0)^2}<\delta\right\}$$

为点 $P_0(x_0,y_0)$ 的 δ 邻域,而称点集

$$\overset{\circ}{U}(P_0,\delta) = \left\{(x,y) \mid 0<\sqrt{(x-x_0)^2+(y-y_0)^2}<\delta\right\}$$

为点 $P_0(x_0,y_0)$ 的去心 δ 邻域,其中 δ 称为该邻域(或去心邻域)的半径.如果不需要特别强调邻域的半径,也把 $U(P_0,\delta)$ 和 $\overset{\circ}{U}(P_0,\delta)$ 分别简记为 $U(P_0)$ 和 $\overset{\circ}{U}(P_0)$.

从几何上来看,邻域 $U(P_0,\delta)$ 是以 $P_0(x_0,y_0)$ 为中心,δ 为半径的不包括边界的开圆盘(图 8-1),而去心邻域 $\overset{\circ}{U}(P_0,\delta)$ 是上述开圆盘挖去中心 P_0 之后的去心圆盘(图 8-2).

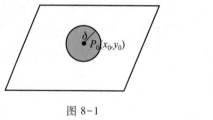

图 8-1

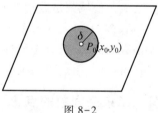

图 8-2

利用"邻域"作"已知",下面给出内点、外点、边界点与聚点的定义.

定义 1.1 设 P 是 $\mathbf{R}^2$ 中的一点,E 为 $\mathbf{R}^2$ 中的任意一个点集.

若存在点 P 的某邻域 $U(P)$,使得 $U(P) \subset E$,则称 P 是 E 的**内点**;

若存在点 P 的某邻域 $U(P)$,有 $U(P) \cap E = \varnothing$,称 P 是 E 的**外点**;

若在点 P 的任何一个邻域中既含有 E 中的点,也含有不属于 E 的点,则称 P 为 E 的**边界点**;E 的边界点的全体组成 E 的

> 内点、外点的定义中,都是存在 P 的"某邻域",而对边界点及聚点却变为"任意邻域",对此应如何理解?上述四类点中,谁一定属于 E、谁一定不属于 E,谁可能属于也可能不属于 E?从定义看边界点与聚点之间有何差异?

边界,记作∂E;如果对于任意给定的$\delta>0$,点P的去心邻域$\mathring{U}(P,\delta)$内总含有E中的点,则称点P为E的**聚点**.E的全体聚点的集合称为E的**导集**.

图 8-3 中的点P_1及其一个邻域都属于D,因此P_1是D的内点;P_2的任意一个邻域中都有属于D的点也有不属于D的点,因此P_2是D的边界点;并且P_1及P_2都是D的聚点.

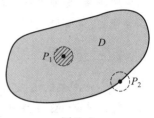

图 8-3

有了"内点"作"已知",就可以给出开集的定义.

定义 1.2 如果集合E中的点都是其内点,则称E为**开集**;如果E的边界$\partial E\subset E$,则称E为**闭集**;若E中的任意两点,都能用位于E中的折线来连接,则称E为**连通集**.

利用开集及连通集作"已知",下面给出区域的定义.

定义 1.3 称既是开集又是连通集的点集为**区域**.

由定义 1.3,区域是开集,因此有时也把区域称为**开区域**.(开)区域连同它的边界一起组成的点集称为**闭区域**.

> 一集合若不是开集就一定是闭集吗?如果是,说明理由,否则举出反例.

显然,任意一点P的邻域$U(P)$或去心邻域$\mathring{U}(P)$都是区域,而闭圆盘

$$B=\{(x,y)\mid\sqrt{(x-x_0)^2+(y-y_0)^2}\leqslant\delta\}$$

就是一个闭区域;并集$\{(x,y)\mid\sqrt{x^2+(y-1)^2}<0.7\}\cup$ $\{(x,y)\mid\sqrt{(x-3)^2+(y-1)^2}<0.7\}$既不是区域也不是闭区域(图 8-4).

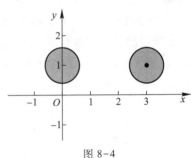

图 8-4

设E是一平面点集,如果存在数$r>0$,使得$E\subset U(O,r)$,其中O为坐标原点,则称E为**有界集**;否则,称它为**无界集**.

我们所常见的线段、圆、多边形等都是有界集的例子;而任意一条直线、坐标平面中的任意一个象限都是无界集.

*1.3 n 维空间

上面对$\mathbf{R}^2$的讨论可以推广到由n个实数组成的n元有序数组所组成的集合

$$\mathbf{R}^n=\mathbf{R}\times\mathbf{R}\times\cdots\times\mathbf{R}=\{(x_1,x_2,\cdots,x_n)\mid x_i\in\mathbf{R},i=1,2,\cdots,n\},$$

$(x_1,x_2,\cdots,x_n)$称为$\mathbf{R}^n$中的一个点.

若$\boldsymbol{x}=(x_1,x_2,\cdots,x_n),\boldsymbol{y}=(y_1,y_2,\cdots,y_n)$为$\mathbf{R}^n$中的两个点,将在$\mathbf{R}^2$中定义的线性运算法则平移到$\mathbf{R}^n$,就有

$$\boldsymbol{x}+\boldsymbol{y}=(x_1+y_1,x_2+y_2,\cdots,x_n+y_n),$$
$$\lambda\boldsymbol{x}=(\lambda x_1,\lambda x_2,\cdots,\lambda x_n),\lambda\in\mathbf{R}.$$

称定义了上述线性运算的点集$\mathbf{R}^n$为n**维空间**,仍记为$\mathbf{R}^n$.要将在$\mathbf{R}^2$中讨论的邻域、开集、闭集等概念推广到$\mathbf{R}^n$中,也需要首先定义$\mathbf{R}^n$中任意两点间的距离.

设$P_1(x_1,x_2,\cdots,x_n),P_2(y_1,y_2,\cdots,y_n)$是$\mathbf{R}^n$中的任意两点,定义它们之间的距离$|P_1P_2|$为

关于点集与空间的注记

$$|P_1P_2| = \sqrt{(x_1-y_1)^2+(x_2-y_2)^2+\cdots+(x_n-y_n)^2}.$$

定义了这样的距离的 n 维空间 $\mathbf{R}^n$ 称为 n 维欧几里得空间,也简称 n 维欧氏空间.利用这样定义的距离,就可以将上面在 $\mathbf{R}^2$ 中讨论的有关结果平移到 $\mathbf{R}^n$ 中,得到相应的概念与结论,这里不再赘述,留给读者自己完成.

2. 二元函数

将一元函数的定义加以推广,有下面的二元函数的定义.

定义 1.4　设 D 是 $\mathbf{R}^2$ 中的非空集合,如果对于 D 中的任意一点 (x,y),按照一定的对应法则 f,都有唯一的实数 z 与之对应,则称 f 是定义在 D 上的二元函数.记作

$$z=f(x,y),\ (x,y)\in D.$$

其中点集 D 称为 f 的定义域,x,y 称为自变量,z 称为因变量,$z=f(x,y)$ 表示在点 (x,y) 处的函数值.全体函数值的集合

$$f(D) = \{f(x,y) \mid (x,y)\in D\}$$

称为 f 的值域.

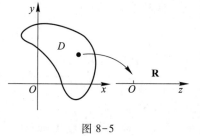

> 比较该定义与一元函数的定义有何异同? 二者之间有无本质的差异?

由定义 1.4 知,二元函数是 $\mathbf{R}^2$ 中的非空子集与实数集 $\mathbf{R}$ 之间的映射(图 8-5).习惯上也常将二元函数说成"z 是 x,y 的函数"或说"函数 $z=f(x,y)$".

二元函数 $z=f(x,y)$ 的定义域是 $\mathbf{R}^2$ 的一个非空子集.确定一个给定的二元函数的定义域也要像确定一元函数的定义域那样,如果对应关系是由解析式给出的,就要考虑使解析式有意义的自变量的取值,对于有实际意义的函数,还要从实际问题出发进行考虑.

图 8-5

例如,函数 $z = \dfrac{\ln(x+y-2)}{\sqrt{9-x^2-y^2}}$ 的定义域为集合 $D = D_1 \cap D_2$(图 8-6),其中

$$D_1 = \{(x,y) \mid x+y>2\},$$
$$D_2 = \{(x,y) \mid x^2+y^2<9\}.$$

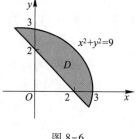

图 8-6

函数 $A=xy$ 是一个二元函数,如果仅把它作为一个二元函数,其自变量 x,y 可以取任意实数,其定义域为 $\mathbf{R}^2$;但如果把 x,y 与 A 分别作为矩形的长、宽与面积,这时其定义域 D 就是平面 xOy 中的第一象限:

$$D = \{(x,y) \mid x>0, y>0\}.$$

含两个或两个以上自变量的函数统称为多元函数,含 $n(n\geqslant 2)$ 个自变量的多元函数称为 n 元函数. n 元函数 $f(x_1,x_2,\cdots,x_n)$ 可以看作是 $\mathbf{R}^n$ 中的点集 D(D 为该函数的定义域)到实数集 $\mathbf{R}$ 的一个**映射**.上述关于二元函数的定义及对定义域的讨论不难推广到含三个或三个以上自变量的多元函数的情形,这里不再赘述.

我们知道,一般说来一元连续函数的图像是平面 xOy 中的一条连续曲线.但对多元函数来说就发生了很大的差异.

称 $\mathbf{R}^3$ 中的点集 $\{(x,y,z) \mid z=f(x,y), (x,y)\in D\}$ 为二元函数 $z=f(x,y), (x,y)\in D$ 的图形

（图 8-7）.一般说来,二元函数的图形是一张曲面.例如由上一章,
函数 $z=x^2+y^2$ 的图形是旋转抛物面,$z=x+2y+3$ 的图形是一张平
面.但对三元及三元以上的函数,却无法画出它的图形.

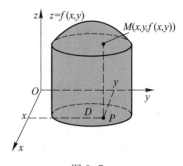

图 8-7

3. 多元函数的极限

像一元函数的极限是讨论一元函数微积分的基本工具那样,
对多元函数,研究因变量随自变量无限变化时的变化趋势——极
限,同样是讨论多元函数微积分所必不可缺的基本工具.

下面用定义一元函数极限的思想、方法作"已知"来讨论多元
函数的极限,主要对二元函数进行讨论,类似的讨论可推广到三
元及三元以上的函数.将一元函数极限的描述性定义中的"**当动点 x 无限趋近于 x_0 时,相应的函
数值无限接近于常数 A**"做相应修改后移植到二元函数,就有多元函数极限的描述性定义:

对二元函数 $z=f(x,y)$.**若当动点 (x,y) 无限趋近于定点 (x_0,y_0) 时,相应的函数值 $z=f(x,y)$
无限接近于常数 A,就称当 $(x,y)\to(x_0,y_0)$ 时函数 $z=f(x,y)$ 以 A 为极限.**

显然,$(x,y)\to(x_0,y_0)$ 等价于二者的距离 $\sqrt{(x-x_0)^2+(y-y_0)^2}\to 0$.因此,把该描述性定义改
用"ε-δ"语言来叙述,就有下面的定义 1.5.

> 为什么这里要强调 P_0 为 D 的
> 聚点?它属于 D 吗?

定义 1.5　设 D 是 $\mathbf{R}^2$ 中的非空子集,函数 $z=f(x,y)$ 在 D
内有定义,点 $P_0(x_0,y_0)$ 为 D 的一聚点,A 为确定的实数.若对
于任意给定的正数 ε,总存在正数 δ,使得对任意的点 $P(x,y)\in D$,当

$$0<\sqrt{(x-x_0)^2+(y-y_0)^2}<\delta$$

时,恒有 $|f(x,y)-A|<\varepsilon$,则称当 $P(x,y)\to P_0(x_0,y_0)$ 时,函数 $z=f(x,y)$ 以 A 为极
限,记作

$$\lim_{(x,y)\to(x_0,y_0)}f(x,y)=A,\text{或}\lim_{\substack{x\to x_0\\y\to y_0}}f(x,y)=A,\text{也记为}\lim_{P\to P_0}f(P)=A.$$

关于多元函数
极限的注记

例 1.1　设有函数 $f(x,y)=(x^2+y^2)\sin\sqrt{x^2+y^2}$,证明 $\displaystyle\lim_{(x,y)\to(0,0)}f(x,y)=0.$

证　由于 $|f(x,y)-0|=\left|(x^2+y^2)\sin\sqrt{x^2+y^2}\right|\leqslant|x^2+y^2|=x^2+y^2$,因此,对任给的 $\varepsilon>0$,取 $\delta=$
$\sqrt{\varepsilon}$,当 $0<\sqrt{(x-0)^2+(y-0)^2}=\sqrt{x^2+y^2}<\delta$ 时,恒有

$$|f(x,y)-0|\leqslant x^2+y^2<\delta^2=\varepsilon$$

成立,因此

$$\lim_{(x,y)\to(0,0)}f(x,y)=0.$$

一元函数极限的有关结论,如关于极限的四则运算、不等式、夹挤准则等都可以平移到多元
函数.

例 1.2　求极限 $\displaystyle\lim_{(x,y)\to(0,1)}\frac{e^x+xy-5}{x^2+2xy-y^3}.$

解　$\displaystyle\lim_{(x,y)\to(0,1)}\frac{e^x+xy-5}{x^2+2xy-y^3}=\frac{\displaystyle\lim_{(x,y)\to(0,1)}(e^x+xy-5)}{\displaystyle\lim_{(x,y)\to(0,1)}(x^2+2xy-y^3)}=\frac{1+0\times1-5}{0^2+2\times0\times1-1^3}=4.$

例 1.3 求 $\lim\limits_{(x,y)\to(1,0)}\dfrac{\sin(xy)}{y}$.

解 $\lim\limits_{(x,y)\to(1,0)}\dfrac{\sin(xy)}{y}=\lim\limits_{(x,y)\to(1,0)}\left[\dfrac{\sin(xy)}{xy}\cdot x\right]$

$\qquad\qquad\qquad\quad=\lim\limits_{(x,y)\to(1,0)}\dfrac{\sin(xy)}{xy}\cdot\lim\limits_{(x,y)\to(1,0)}x$

$\qquad\qquad\qquad\quad=1\times1=1.$

> 你怎么理解二元函数的极限
> $$\lim\limits_{(x,y)\to(1,0)}\dfrac{\sin(xy)}{xy}=1?$$

虽然二元函数的极限与一元函数的极限从定义的叙述上看并无多大差异,但事实上二元函数的极限要比一元函数的极限复杂得多.在一元函数的极限 $\lim\limits_{x\to x_0}f(x)$ 中,$x\to x_0$ 表示 x 从 x_0 的左、右两侧趋近于 x_0;但对 $\lim\limits_{P\to P_0}f(P)$,由定义可看出动点 P 在函数 f 的定义域内可以依任意不同的方式趋近于定点 P_0,既可以沿直线,也可以沿任意曲线.称 $\lim\limits_{P\to P_0}f(P)=A$,是指不论 P 以何种方式趋近于 P_0,$f(P)$ 都趋于同一个常数 A,否则 $\lim\limits_{P\to P_0}f(P)$ 不存在.因此,如果 P 以某种方式趋近于 P_0 时 $\lim\limits_{P\to P_0}f(P)$ 不存在;或者当 P 以不同的方式趋近于 P_0 时,$f(P)$ 趋于不同的常数,都可断定 $\lim\limits_{P\to P_0}f(P)$ 不存在.

例 1.4 证明:极限 $\lim\limits_{(x,y)\to(0,0)}\dfrac{2xy}{x^2+3y^2}$ 不存在.

解 该函数的定义域为全平面去掉坐标原点,因此在平面 xOy 内,点 $P(x,y)$ 可以以各种各样的方式趋近于 $O(0,0)$.当 P 沿直线 $y=kx(k$ 为常数)趋近于 $(0,0)$ 时,有

> 根据这里的论述,要证一个二元函数在自变量的某种变化方式下的极限不存在,可怎么考虑?

$$\lim\limits_{\substack{y=kx\\x\to0}}\dfrac{2xy}{x^2+3y^2}=\lim\limits_{x\to0}\dfrac{2x\cdot kx}{x^2+3(kx)^2}=\lim\limits_{x\to0}\dfrac{2k}{1+3k^2}=\dfrac{2k}{1+3k^2},$$

我们看到,该极限值依赖于直线 $y=kx$ 的斜率 k,或说当 $P(x,y)$ 沿不同斜率的直线 $y=kx$ 趋近于点 O 时所得的极限不同,因此 $\lim\limits_{(x,y)\to(0,0)}\dfrac{2xy}{x^2+3y^2}$ 不存在.

上述对二元函数的讨论可以推广到三元或三元以上的多元函数.

4. 多元函数的连续性

有了多元函数极限的概念,就可以将一元函数连续的定义平移到多元函数,给出多元函数连续的定义.下面仅以二元函数为例,它可以推广到一般多元函数,对此不再赘述.

定义 1.6 设二元函数 $z=f(x,y)$ 在点集 $D\subset\mathbf{R}^2$ 上有定义,点 $P_0(x_0,y_0)$ 是 D 的聚点,且 $P_0\in D$.如果

$$\lim\limits_{(x,y)\to(x_0,y_0)}f(x,y)=f(x_0,y_0),$$

或

$$\lim\limits_{\substack{\Delta x\to0\\\Delta y\to0}}\Delta z=\lim\limits_{\substack{\Delta x\to0\\\Delta y\to0}}\left[f(x_0+\Delta x,y_0+\Delta y)-f(x_0,y_0)\right]$$

$$=0((x_0+\Delta x,y_0+\Delta y)\in D),$$

则称函数 $f(x,y)$ 在点 $P_0(x_0,y_0)$ 连续.

> 将该定义与定义 1.5 相比较,二者有何联系与最明显的差别?

若函数 $f(x,y)$ 在 D 的每一点处皆连续,称它在区域 D 上连续.

由例 1.2, $\lim\limits_{(x,y)\to(0,1)}\dfrac{e^x+xy-5}{x^2+2xy-y^3}=4$, 又 $\dfrac{e^x+xy-5}{x^2+2xy-y^3}\bigg|_{\substack{x=0\\y=1}}=4$, 因此函数 $\dfrac{e^x+xy-5}{x^2+2xy-y^3}$ 在点 $(0,1)$ 处连

续;由例 1.4 知,函数 $\dfrac{2xy}{x^2+3y^2}$ 在点 $(0,0)$ 处极限不存在,因此函数 $f(x,y)=\begin{cases}\dfrac{2xy}{x^2+3y^2}, & x^2+y^2\neq 0,\\ 0, & x^2+y^2=0\end{cases}$ 在

点 $(0,0)$ 处不连续,称 $(0,0)$ 为该函数的间断点.一般地,有

设二元函数 $z=f(x,y)$ 在区域 D 内有定义, $P_0(x_0,y_0)$ 为 D 的一个聚点,如果 $f(x,y)$ 在点 $P_0(x_0,y_0)$ **不连续**,则称函数 $f(x,y)$ 在 $P_0(x_0,y_0)$ 处**间断**, $P_0(x_0,y_0)$ 称为该函数的**间断点**.

因此点 $(0,0)$ 是函数 $f(x,y)=\begin{cases}\dfrac{2xy}{x^2+3y^2}, & x^2+y^2\neq 0,\\ 0, & x^2+y^2=0\end{cases}$ 的间断点;函数 $\dfrac{\sin(xy)}{y}$ 在点 $(1,0)$ 无定

义,因此点 $(1,0)$ 是它的间断点.

需要注意的是,二元函数的间断点可能形成平面中的一条曲线.例如, x 轴上的点都是函数 $\dfrac{\sin(xy)}{y}$ 的间断点;圆周 $C=\{(x,y)\mid x^2+y^2=2\}$ 上的点都是函数

> 三元函数的间断点可以组成什么样的点集?

$z=\dfrac{1}{\sqrt{2-x^2-y^2}}$ 的间断点.

由多元函数极限的运算性质及连续的定义可以证明,多元连续函数的和、差、积、商(除去分母为零的点)仍然是连续函数;连续函数的复合函数也是连续函数.

与一元初等函数相类似,多元初等函数也是指由一个解析式表示的,并且该解析式是由常数及具有不同自变量的一元基本初等函数经过有限次的四则运算或复合构成的函数.例如,函数 $\sin\dfrac{1}{2-x^2-y^2}, 2x+3y^2, \sqrt{x^2+y^2}$ 等.由一元初等函数的连续性并根据连续函数的四则运算及其复合运算可知:**多元初等函数在它有定义的区域**(含闭区域)**内都是连续的.**

由连续的定义,求多元初等函数在连续点处的极限就归结为计算函数在该点处的值.

> 这里所强调的函数"有定义的区域"与函数的"定义域"有何差别?

例 1.5 求 $\lim\limits_{(x,y)\to(0,1)}\dfrac{2xy}{x^2+y^2}$.

解 函数 $\dfrac{2xy}{x^2+y^2}$ 在除点 $(0,0)$ 之外的点处皆有定义,因此该函数在除点 $(0,0)$ 外皆连续,于是

要求的极限等于该函数在点 $(0,1)$ 处的函数值,而 $\dfrac{2xy}{x^2+y^2}\bigg|_{\substack{x=0\\y=1}}=\dfrac{2\times 0\times 1}{0^2+1^2}=0$,因此

$$\lim_{(x,y)\to(0,1)}\frac{2xy}{x^2+y^2}=\frac{2xy}{x^2+y^2}\bigg|_{\substack{x=0\\y=1}}=0.$$

将一元函数的"可去"间断点的定义移植到多元函数,就有多元函数的"可去"间断点的定义.像求一元函数在"可去"间断点处的极限那样,求二元函数在"可去"间断点处的极限时,如果能通过初等变形"去掉"间断点,就可以将问题转化为求变形后的函数在连续点处的极限,从而

把求极限的问题转化为求函数值的问题.

例 1.6　求 $\lim\limits_{(x,y)\to(0,0)}\dfrac{1-\sqrt{xy+1}}{xy}$.

例 1.6 的解法主要可分为两步,你认为是哪两步? 各步的意义是什么?

解
$$\lim\limits_{(x,y)\to(0,0)}\dfrac{1-\sqrt{xy+1}}{xy}=\lim\limits_{(x,y)\to(0,0)}\dfrac{1-(xy+1)}{xy(1+\sqrt{xy+1})}$$

$$=\lim\limits_{(x,y)\to(0,0)}\dfrac{-1}{1+\sqrt{xy+1}}=\dfrac{-1}{1+\sqrt{xy+1}}\bigg|_{\substack{x=0\\y=0}}=-\dfrac{1}{2}.$$

像闭区间上的一元连续函数那样,在有界闭区域上连续的二元函数有如下的性质:

性质 1　有界闭区域 D 上连续的二元函数 $z=f(x,y)$,在该区域上一定有界.

即,一定存在常数 $M>0$,使得对一切 $P\in D$,有 $|f(P)|\leqslant M$.

性质 2　有界闭区域 D 上的连续的二元函数 $z=f(x,y)$,在 D 上取得其最大值与最小值.

即,一定存在点 $P_1,P_2\in D$,使得

P_1,P_2 是 D 的内点吗? 如果回答是否定的,那么它可能是 D 的哪种类型的点?

$$f(P_1)=\max\{f(P)\,|\,P\in D\},$$
$$f(P_2)=\min\{f(P)\,|\,P\in D\}.$$

性质 3(介值定理)　有界闭区域上连续的二元函数,在该区域上一定取得介于最大值与最小值之间的任何一个值.

即,若 $z=f(x,y)$ 在有界闭区域 D 上的最大值、最小值分别为 M,m,数 c 满足 $m<c<M$,则必有点 $P_0\in D$,满足

$$f(P_0)=c.$$

*性质 4(一致连续性)　有界闭区域 D 上连续的函数 $f(P)$.在 D 上一致连续.

你能通过例子说明后两条性质中的条件是不可缺的吗?

即,对于任意给定的 $\varepsilon>0$,总存在 $\delta>0$,使得对于 D 上任意的两点 P_1,P_2,只要当 $|P_1P_2|<\delta$ 时,就有

$$|f(P_1)-f(P_2)|<\varepsilon$$

成立. 这里 D 可以是有界平面闭区域或空间闭区域,相应的 $f(P)$ 为二元或三元连续函数.

以上结论对任意 n 元函数都成立.

习题 8-1(A)

1. 判断下列论述是否正确,并说明理由:

(1) 一个点集 E 的内点一定属于 E,其外点一定不属于 E,其边界点一定不属于 E,其聚点一定属于 E;

(2) 开集的所有点都是其内点,开集也称为开区域;

(3) 一个有界集一定能包含在以坐标原点为圆心,适当长的线段为半径的圆内;

(4) 考察用解析式表达的二元函数的定义域时,应从两方面去考虑:要考虑使该解析式有意义的 x,y 所对应的点 (x,y) 的集合(自然定义域);对有实际意义的函数还应该从自然定义域中找出使实际问题有意义的点集;

(5) 当 (x,y) 沿某一条曲线趋于 (x_0,y_0) 时,函数 $z=f(x,y)$ 的极限存在,并不能说明极限 $\lim\limits_{(x,y)\to(x_0,y_0)}f(x,y)$ 存在,但如果当 (x,y) 沿某一条使函数有定义的曲线趋于 (x_0,y_0) 时,函数 $z=f(x,y)$ 的极限不存在,则 $\lim\limits_{(x,y)\to(x_0,y_0)}f(x,y)$ 一定不存在;

（6）为说明极限 $\lim\limits_{(x,y)\to(x_0,y_0)}f(x,y)$ 不存在,通常也采取当 (x,y) 沿两条不同曲线趋于 (x_0,y_0) 时,函数 $z=f(x,y)$ 的极限不相等的方法;

（7）如果函数 $z=f(x,y)$ 在点 (x_0,y_0) 连续,点 (x_0,y_0) 必须是函数 $z=f(x,y)$ 定义域的内点;

（8）若 P_0 是二元函数 $z=f(x,y)$ 的间断点,那么 $\lim\limits_{P\to P_0}f(x,y)$ 一定不存在.

2. 判定下列平面点集中哪些是开集、闭集、区域、有界集、无界集,并分别指出它们的边界 ∂E:

（1）$E=\{(x,y)\mid|x|+|y|\leqslant1\}$;

（2）$E=\{(x,y)\mid2<x^2+y^2\leqslant4\}$;

（3）$E=\{(x,y)\mid y-x^2>0\}$;

（4）$E=\{(x,y)\mid x^2+y^2<1\}\cap\{(x,y)\mid(x-1)^2+y^2<1\}$.

3. 设函数 $f(x,y)=\dfrac{x^2-y^2}{2xy}$,求 $f(1,-2),f(-y,x)$ 及 $f\left(\dfrac{1}{x},\dfrac{1}{y}\right)$.

4. 设函数 $z=\sqrt{y}+f(\sqrt{x}-1)$,已知当 $y=1$ 时,$z=x$,求 $f(x)$ 及 z 的表达式.

5. 设函数 $f\left(x+y,\dfrac{y}{x}\right)=x^2-y^2$,求 $f(x,y)$ 的表达式.

6. 求下列各函数的定义域,并作定义域的草图:

（1）$z=\ln(1-x^2)+\sqrt{y-x^2}$;　　　　（2）$z=\sqrt{\ln(xy)}$;

（3）$z=\dfrac{1}{\sqrt{x^2-1}}+\sqrt{1-y^2}$;　　　　（4）$z=\sqrt{x-\sqrt{y}}$;

（5）$u=\arcsin\dfrac{z}{\sqrt{x^2+y^2}}$.

7. 求下列各函数的极限:

（1）$\lim\limits_{(x,y)\to(1,1)}\dfrac{(x+y)^2}{2xy}$;　　　　（2）$\lim\limits_{(x,y)\to(0,0)}\dfrac{x+\cos y}{e^{x^2+y^2}}$;

（3）$\lim\limits_{(x,y)\to(0,1)}\dfrac{1-\cos(xy)}{2x^2y^2}$;　　　　（4）$\lim\limits_{(x,y)\to(0,0)}(x^2+y^2)\sin\dfrac{1}{xy}$;

（5）$\lim\limits_{(x,y)\to(0,0)}\dfrac{x^2+y^2}{1-\sqrt{x^2+y^2+1}}$;　　　　（6）$\lim\limits_{(x,y)\to(0,0)}\dfrac{x^3+y^3}{x^2+y^2}$.

8. 证明下列极限不存在:

（1）$\lim\limits_{(x,y)\to(0,0)}\dfrac{x^2-y^2}{x^2+y^2}$;　　　　（2）$\lim\limits_{(x,y)\to(0,0)}\dfrac{x^2y}{x^4+y^2}$.

9. 找出下列函数的间断点的集合 E:

（1）$z=\ln\sqrt{x^2+y^2}$;　　（2）$z=\dfrac{x^2+y}{y^2-x}$;　　（3）$z=\dfrac{\sqrt{x+y}}{e^x(1-x^2-y^2)}$.

习题 8-1（B）

1. 设函数 $f(x,y)=\begin{cases}\dfrac{x^4+2x^2y^2+y^4}{1-x^2-y^2},&x^2+y^2\neq1\\0,&x^2+y^2=1,\end{cases}$ 求函数值 $f(x,y)\big|_{x^2+y^2=R^2}$.

2. 求函数 $f(x,y)=\dfrac{\sqrt{4x-y^2}}{\ln(1-x^2-y^2)}$ 的定义域,并求 $\lim\limits_{(x,y)\to\left(\frac{1}{2},0\right)}f(x,y)$.

3. 求下列极限：

（1）$\lim\limits_{(x,y)\to(0,0)}\dfrac{e^{2x^2y^2}-1}{x^2+y^2}$；

（2）$\lim\limits_{(x,y)\to(0,0)}(x^2+y^2)^{x^2y^2}$；

（3）$\lim\limits_{(x,y)\to(0,0)}\dfrac{\sin(x^2y+y^4)}{x^2+y^2}$；

（4）$\lim\limits_{(x,y)\to(\infty,\infty)}\dfrac{x^2+y^2}{x^4+y^4}$.

4. 证明下列极限不存在：

（1）$\lim\limits_{(x,y)\to(0,0)}\dfrac{x^2y^2}{x^2y^2+(x-y)^2}$；

（2）$\lim\limits_{(x,y)\to(0,0)}\dfrac{xy}{x+y}$.

5. 讨论函数 $f(x,y)=\begin{cases}\sqrt{1-x^2-y^2},&x^2+y^2\le1\\0,&x^2+y^2>1\end{cases}$ 的连续性.

6. 设函数 $F(x,y)=f(x)$，$f(x)$ 在 x_0 处连续，试证明对任意的 $y_0\in\mathbf{R}$，$F(x,y)$ 在 (x_0,y_0) 处连续.

第二节　偏　导　数

第二章讨论了一元函数的因变量随自变量变化的变化率——一元函数的导数.对多元函数来说,由于它的自变量不止一个,因此不能简单地把一元函数的导数不加改变地平移到多元函数.一般说来,多元函数的自变量只要有一个发生变化,它的因变量就会相应地随之变化.比如,某种数码相机的销售量 Q_A 与它本身的销售价格 P_A 及彩色喷墨打印机的价格 P_B 之间存在着下述关系：

$$Q_A=120+\frac{250}{P_A}-10P_B-P_B^2,$$

当 P_A 不变而 P_B 变化时,应该怎么计算 Q_A 随 P_B 变化的变化率？

因此,研究多元函数的因变量仅随其一个自变量变化（其他的自变量不变）时的变化率有着非常重要的理论意义与实际意义.它实际就是下面要讨论的多元函数的**偏导数**.

注意到多元函数在只有一个自变量变化而其他自变量不变时,该函数实际就成了一元函数,因此要考察多元函数在只随某一个自变量变化时的变化率,自然应该借助研究一元函数的导数的思想方法作"已知".事实上,将一元函数导数的定义略加修改,就可以平移到多元函数中,得到多元函数的偏导数的定义.

1. 一阶偏导数

1.1 偏导数的定义

定义 2.1　设函数 $z=f(x,y)$ 在点 $P_0(x_0,y_0)$ 的某一邻域内有定义,令 $y=y_0$,如果极限

$$\lim\limits_{\Delta x\to0}\frac{f(x_0+\Delta x,y_0)-f(x_0,y_0)}{\Delta x}$$

存在,则称该极限值为函数 $z=f(x,y)$ 在点 $P_0(x_0,y_0)$ 处对变量 x 的偏导数,记作 $\dfrac{\partial z}{\partial x}\Big|_{\substack{x=x_0\\y=y_0}}$，$\dfrac{\partial f}{\partial x}\Big|_{\substack{x=x_0\\y=y_0}}$，$z_x\Big|_{\substack{x=x_0\\y=y_0}}$ 或 $f_x(x_0,y_0)$.于是,有

$$f_x(x_0,y_0)=\lim_{\Delta x\to 0}\frac{f(x_0+\Delta x,y_0)-f(x_0,y_0)}{\Delta x}.$$

类似地,如果极限

$$\lim_{\Delta y\to 0}\frac{f(x_0,y_0+\Delta y)-f(x_0,y_0)}{\Delta y}$$

存在,**称它为函数 $z=f(x,y)$ 在点 $P_0(x_0,y_0)$ 处对变量 y 的偏导数**,记作

$$\left.\frac{\partial z}{\partial y}\right|_{\substack{x=x_0\\y=y_0}},\left.\frac{\partial f}{\partial y}\right|_{\substack{x=x_0\\y=y_0}},\left.z_y\right|_{\substack{x=x_0\\y=y_0}}\textbf{或}f_y(x_0,y_0).$$

> 由定义 2.1 来看,研究多元函数的偏导数所借助的"已知"是什么? 偏导数与一元函数的导数有何关联?

由偏导数的定义,求多元函数 $z=f(x,y)$ 的偏导数 $f_x(x_0,y_0)$ 实际是求关于 x 的一元函数 $f(x,y_0)$ 在 x_0 处的导数,同样求 $f_y(x_0,y_0)$ 就是求关于 y 的一元函数 $f(x_0,y)$ 在 y_0 处的导数.

例 2.1 设 $f(x,y)=x+2xy+y^2-7$,求在点 $(4,-5)$ 处 $f_x(x,y)$ 与 $f_y(x,y)$ 的值.

解 由 $f(x,y)=x+2xy+y^2-7$ 得 $f(x,-5)=-9x+18$,因此

$$f_x(4,-5)=f_x(x,-5)\big|_{x=4}=(-9x+18)'\big|_{x=4}=(-9)\big|_{x=4}=-9;$$

同理,由于 $f(4,y)=8y+y^2-3$,因此

$$f_y(4,-5)=(8y+y^2-3)'\Big|_{y=-5}$$

$$=(8+2y)\Big|_{y=-5}=-2.$$

> 这里求函数在一点处的偏导数包含哪几步? 根据是什么?

像一元函数在某区间具有导函数那样,多元函数在某区域内也有偏导函数的概念:

若函数 $z=f(x,y)$ 在区域 D 内的每一点 (x,y) 处对 x 的偏导数都存在,那么这个偏导数就是 x,y 的函数,称它为函数 $f(x,y)$ 关于自变量 x 的偏导函数(简称偏导数),记作

$$\frac{\partial z}{\partial x},\ \frac{\partial f}{\partial x},\ z_x\ \text{或}\ f_x(x,y).$$

类似地有 $z=f(x,y)$ 对 y 的偏导函数 $\dfrac{\partial z}{\partial y}$$\left(\text{或记为}\ \dfrac{\partial f}{\partial y},\ z_y,f_y(x,y)\right)$ 的定义.

函数在一点处的偏导数 $f_x(x_0,y_0)$ 是其偏导函数 $f_x(x,y)$ 在点 (x_0,y_0) 处的值,因此通常采用下面的方法求函数在一点处的偏导数.

另解 先求偏导函数 $f_x(x,y)$,为此在 $f(x,y)=x+2xy+y^2-7$ 中把 y 看作常量,而对 x 求导,得

$$f_x(x,y)=(x+2xy+y^2-7)'_x=1+2y,$$

因此

$$f_x(4,-5)=(1+2y)\ \bigg|_{\substack{x=4\\y=-5}}=1-10=-9.$$

类似地,由于 $f_y(x,y)=(x+2xy+y^2-7)'_y=2(x+y)$,因此

$$f_y(4,-5)=2(x+y)\ \bigg|_{\substack{x=4\\y=-5}}=2\times(-1)=-2.$$

例 2.2 求函数 $f(x,y)=\dfrac{2x}{y-\sin x}$ 的偏导数 $f_x(x,y)$ 与 $f_y(x,y)$.

解 把 y 看作常量,按照 x 的一元函数的求导法则,得

$$f_x(x,y) = \left(\frac{2x}{y-\sin x}\right)_x' = \frac{2(y-\sin x) - 2x(y-\sin x)_x'}{(y-\sin x)^2}$$

$$= \frac{2(y-\sin x) - 2x(-\cos x)}{(y-\sin x)^2} = \frac{2(y-\sin x + x\cos x)}{(y-\sin x)^2}.$$

类似地,有

$$f_y(x,y) = \left(\frac{2x}{y-\sin x}\right)_y' = -\frac{2x(y-\sin x)_y'}{(y-\sin x)^2} = -\frac{2x\cdot 1}{(y-\sin x)^2} = -\frac{2x}{(y-\sin x)^2}.$$

例 2.3　已知理想气体的状态方程 $pV = RT$(R 为常数).证明

$$\frac{\partial p}{\partial V} \cdot \frac{\partial V}{\partial T} \cdot \frac{\partial T}{\partial p} = -1.$$

证　由 $p = \dfrac{RT}{V}$,所以 $\dfrac{\partial p}{\partial V} = -\dfrac{RT}{V^2}$,类似地可以得到

$$\frac{\partial V}{\partial T} = \frac{R}{p}, \quad \frac{\partial T}{\partial p} = \frac{V}{R}.$$

因此

$$\frac{\partial p}{\partial V} \cdot \frac{\partial V}{\partial T} \cdot \frac{\partial T}{\partial p} = -\frac{RT}{V^2} \cdot \frac{R}{p} \cdot \frac{V}{R} = -\frac{RT}{pV} = -1.$$

这个例子表明,偏导数的记号$\left(\text{比如}\dfrac{\partial p}{\partial V}, \dfrac{\partial V}{\partial T} \text{与} \dfrac{\partial T}{\partial p} \text{等}\right)$应当看作是一个整体记号,不能像一元函数导数的记号$\dfrac{\mathrm{d}y}{\mathrm{d}x}$那样可以看作微分 $\mathrm{d}y, \mathrm{d}x$ 之比.

1.2　偏导数的几何意义

为求二元函数 $z = f(x,y)$ 在点 (x_0, y_0) 处对 x 的偏导数 $f_x(x_0, y_0)$,依照定义,首先需要求出一元函数 $y = f(x, y_0)$,然后再求它在点 x_0 处的导数.从几何上来看,就需要首先作平面 $y = y_0$,它与曲面 $z = f(x,y)$ 交于一条曲线

$$l: \begin{cases} z = f(x,y), \\ y = y_0. \end{cases}$$

在平面 $y = y_0$ 中,该曲线的方程就是 x 的一元函数 $z = f(x, y_0)$,该一元函数在 x_0 处的导数 $\dfrac{\mathrm{d}f(x, y_0)}{\mathrm{d}x}\bigg|_{x=x_0}$ 就是二元函数 $z = f(x,y)$ 的偏导数 $f_x(x_0, y_0)$,根据一元函数导数的几何意义,它就是曲线 l 在点 $(x_0, y_0, f(x_0, y_0))$ 处的切线关于 x 轴(正向)的斜率(图 8-8).

同样,$f_y(x_0, y_0)$ 的几何意义为曲线 $C: \begin{cases} z = f(x,y), \\ x = x_0 \end{cases}$ 在点 $(x_0, y_0, f(x_0, y_0))$ 处的切线关于 y 轴(正向)的斜率.

怎么理解这里所表述的意思?如果偏导数的记号也可以作为比式,本题的三个偏导数之积应为多少?

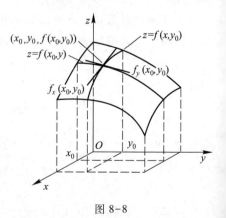

图 8-8

1.3　偏导数存在与连续之间的关系

由定义 2.1,二元函数 $f(x,y)$ 的偏导数 $f_x(x_0,y_0)$ 实际是一元函数 $f(x,y_0)$ 在点 x_0 处的导数,因此由一元函数"可导必连续"知,如果偏导数 $f_x(x_0,y_0)$ 存在,那么一元函数 $f(x,y_0)$ 在点 x_0 处连续;同样,如果 $f_y(x_0,y_0)$ 存在,一元函数 $f(x_0,y)$ 在点 y_0 处连续.

我们自然会问:如果函数 $f(x,y)$ 在点 (x_0,y_0) 处的两个偏导数都存在,能否保证该二元函数在 (x_0,y_0) 处连续呢? 回答是否定的.即,**当两偏导数都存在时并不能保证函数 $f(x,y)$ 在点 (x_0,y_0) 处连续**.

事实上函数 $f(x,y)$ 在点 (x_0,y_0) 处连续要求当动点 (x,y) 沿任意路径趋于 (x_0,y_0) 时,都有 $f(x,y)\to f(x_0,y_0)$,而两偏导数存在仅能说明 (x,y) 沿两特殊路径: $y=y_0$ 或 $x=x_0$ 趋于 (x_0,y_0) 时 $f(x,y)\to f(x_0,y_0)$,而不能保证动点沿任意路径趋于 (x_0,y_0) 时都有 $f(x,y)\to f(x_0,y_0)$.因此在一点仅仅偏导数存在并不能保证点 (x,y) 沿任意路径趋于 (x_0,y_0) 时都有 $f(x,y)\to f(x_0,y_0)$.

下面的例子也说明这个问题.

例 2.4　函数 $f(x,y)=\begin{cases}\dfrac{2xy}{x^2+3y^2}, & x^2+y^2\neq 0,\\ 0, & x^2+y^2=0\end{cases}$ 在 $(0,0)$ 的偏导数都存在,但它在这点并不连续.

证　依照二元函数在一点处偏导数的定义,有

$$f_x(0,0)=\lim_{\Delta x\to 0}\frac{f(\Delta x,0)-f(0,0)}{\Delta x}=\lim_{\Delta x\to 0}\frac{0-0}{\Delta x}=0,$$

同样的方法可以得到 $f_y(0,0)=0$.

而该函数在点 $(0,0)$ 不连续是显然的.事实上,由上一节例 1.4,它在点 $(0,0)$ 的极限不存在,因此它在这点处不连续.

另外,像一元函数那样,**二元函数在一点连续也不能保证它在这点的偏导数存在**.

例 2.5　证明:函数 $f(x,y)=\sqrt{x^2+y^2}$ 在原点连续,但在该点偏导数不存在.

解　$\lim\limits_{(x,y)\to(0,0)}f(x,y)=\lim\limits_{(x,y)\to(0,0)}\sqrt{x^2+y^2}=0=f(0,0)$,因此该函数在原点是连续的.但

$$\lim_{\Delta x\to 0}\frac{f(\Delta x,0)-f(0,0)}{\Delta x}=\lim_{\Delta x\to 0}\frac{\sqrt{(\Delta x)^2+0^2}-\sqrt{0^2+0^2}}{\Delta x}=\lim_{\Delta x\to 0}\frac{|\Delta x|}{\Delta x},$$

当 $\Delta x>0$ 时,上述极限为 1,而当 $\Delta x<0$ 时,上述极限为 -1,因此 $f_x(0,0)$ 不存在.同样的方法可以验证 $f_y(0,0)$ 也不存在.

> 二元函数在一点偏导数存在、在该点连续、在该点有极限三者之间有何关系?

虽然在一点两偏导数都存在并不能保证函数在该点连续,但在第三节我们将看到,如果将"偏导数都存在"加强为"偏导数都存在且连续",就可以保证函数在这点是连续的.

上述结论可以推广到三元或三元以上的多元函数.

2. 高阶偏导数

2.1　高阶偏导数的概念

根据一元函数的高阶导数这一"已知"不难猜想,对多元函数也可讨论高阶偏导数.

事实上,若函数 $z=f(x,y)$ 在区域 D 内有偏导数 $f_x(x,y)$ 及 $f_y(x,y)$,因此它们都是区域 D 内

的二元函数,于是对它们仍然可以继续讨论其偏导数是否存在的问题.这就是说,像一元函数可以有高阶导数那样,对多元函数也可以讨论高阶偏导数.

如果 $f_x(x,y)$ 及 $f_y(x,y)$ 在区域 D 内也都有偏导数:

$$\frac{\partial}{\partial x}\left(\frac{\partial f}{\partial x}\right),\ \frac{\partial}{\partial y}\left(\frac{\partial f}{\partial x}\right),\ \frac{\partial}{\partial x}\left(\frac{\partial f}{\partial y}\right),\ \frac{\partial}{\partial y}\left(\frac{\partial f}{\partial y}\right),$$

> 二元函数与三元函数的二阶偏导数最多分别能有几个?三阶呢?有规律吗?

则称它们为函数 $z=f(x,y)$ 的二阶偏导数.依照上面的顺序,将它们分别记作

$$f_{xx}(x,y),f_{xy}(x,y),f_{yx}(x,y),f_{yy}(x,y),\quad \text{或}\quad \frac{\partial^2 f}{\partial x^2},\frac{\partial^2 f}{\partial x\partial y},\frac{\partial^2 f}{\partial y\partial x},\frac{\partial^2 f}{\partial y^2}.$$

其中 $\dfrac{\partial^2 f}{\partial x\partial y}$ 与 $\dfrac{\partial^2 f}{\partial y\partial x}$ 称为混合偏导数.本书约定,$\dfrac{\partial^2 f}{\partial x\partial y}$ 为函数 $z=$

> 从定义看,两个混合偏导数有区别吗?

$f(x,y)$ 先对 x 求偏导,然后再对一阶偏导数 $\dfrac{\partial f}{\partial x}$ 关于 y 求偏导

所得到的二阶偏导数.

同样还可以讨论它的三阶、四阶以及更高阶的偏导数.二阶以上的偏导数统称为高阶偏导数.

例 2.6 求二元函数 $f(x,y)=y\sin x+xe^y$ 的所有二阶偏导数.

解 显然,必须首先求出该函数的所有一阶偏导数.

$$\frac{\partial f}{\partial x}=(y\sin x+xe^y)'_x=y\cos x+e^y,\frac{\partial f}{\partial y}=(y\sin x+xe^y)'_y=\sin x+xe^y.$$

因此

$$\frac{\partial^2 f}{\partial x^2}=(y\cos x+e^y)'_x=-y\sin x,\qquad \frac{\partial^2 f}{\partial x\partial y}=(y\cos x+e^y)'_y=\cos x+e^y,$$

$$\frac{\partial^2 f}{\partial y^2}=(\sin x+xe^y)'_y=xe^y,\qquad \frac{\partial^2 f}{\partial y\partial x}=(\sin x+xe^y)'_x=\cos x+e^y.$$

2.2 混合偏导数相等的条件

从高阶偏导数的定义我们看到,$\dfrac{\partial^2 f}{\partial x\partial y}$ 与 $\dfrac{\partial^2 f}{\partial y\partial x}$ 是不同的.$\dfrac{\partial^2 f}{\partial x\partial y}$ 是函数 $\dfrac{\partial f}{\partial x}$ 对 y 的偏导数,而 $\dfrac{\partial^2 f}{\partial y\partial x}$ 是

函数 $\dfrac{\partial f}{\partial y}$ 对 x 的偏导数. 二者有着不同的意义,因此一般说来它们应该是不相等的.但是例 2.6 中函数 $f(x,y)$ 的两个二阶混合偏导数却是相等的,显然这不应具有一般性.事实上,只有满足一定的条件时二者才会相等.下面的定理 2.1 就给出了这样的条件.

定理 2.1 若函数 $z=f(x,y)$ 的两个二阶混合偏导数 $\dfrac{\partial^2 f}{\partial x\partial y}$ 及 $\dfrac{\partial^2 f}{\partial y\partial x}$ 在区域 D 内连续,那么在 D 内必有

$$\frac{\partial^2 f}{\partial x\partial y}=\frac{\partial^2 f}{\partial y\partial x}.$$

也就是说,在满足定理 2.1 的条件下,二阶混合偏导数与求导的顺序无关.证明略.

同样,对三元或三元以上的函数也可以定义高阶偏导数,并且定理 2.1 对它们也适用.

例 2.7　设有函数 $u = \dfrac{1}{r}$,其中 $r = \sqrt{x^2 + y^2 + z^2}$,证明 $\dfrac{\partial^2 u}{\partial x^2} + \dfrac{\partial^2 u}{\partial y^2} + \dfrac{\partial^2 u}{\partial z^2} = 0$.

证　$\dfrac{\partial u}{\partial x} = -\dfrac{1}{r^2} \cdot \dfrac{\partial r}{\partial x} = -\dfrac{1}{r^2} \cdot \dfrac{x}{\sqrt{x^2 + y^2 + z^2}} = \left(-\dfrac{1}{r^2}\right)\dfrac{x}{r} = -\dfrac{x}{r^3}$,因此可求得

$$\frac{\partial^2 u}{\partial x^2} = \left(-\frac{x}{r^3}\right)'_x = -\frac{r^3 - x \cdot 3r^2 \dfrac{\partial r}{\partial x}}{r^6} = -\frac{r^3 - x \cdot 3r^2 \dfrac{x}{r}}{r^6} = -\frac{1}{r^3} + \frac{3x^2}{r^5}.$$

由函数关于自变量的对称性,易得

$$\frac{\partial^2 u}{\partial y^2} = -\frac{1}{r^3} + \frac{3y^2}{r^5}, \quad \frac{\partial^2 u}{\partial z^2} = -\frac{1}{r^3} + \frac{3z^2}{r^5}.$$

因此

$$\frac{\partial^2 u}{\partial x^2} + \frac{\partial^2 u}{\partial y^2} + \frac{\partial^2 u}{\partial z^2} = \left(-\frac{1}{r^3} + \frac{3x^2}{r^5}\right) + \left(-\frac{1}{r^3} + \frac{3y^2}{r^5}\right) + \left(-\frac{1}{r^3} + \frac{3z^2}{r^5}\right)$$

$$= -\frac{3}{r^3} + \frac{3(x^2 + y^2 + z^2)}{r^5} = -\frac{3}{r^3} + \frac{3r^2}{r^5} = 0.$$

3. 数学建模实例

在一元函数的导数在经济学中的应用中,给出了边际和弹性的概念,用以表示变量的变化率及相对变化率.而在实际的经济活动中,各种变量的变化也有很大的关联,因此,仅考虑单一变量的变化是远远不够的,还要考虑其他各种因素的影响,例如,某产品的市场营销人员在开拓市场时,除了关心本品牌产品的价格变化,还要考虑到其他品牌产品的价格,以决定自己的营销策略.

某品牌 A 的销量 Q_A 除了与本身的价格 P_A 直接相关外,还直接或间接地受品牌 B 的价格 P_B 影响,即 Q_A 是 P_A 与 P_B 的函数

$$Q_A = f(P_A, P_B).$$

Q_A 对 P_A 及 P_B 的边际函数 $\dfrac{\partial Q_A}{\partial P_A}$ 和 $\dfrac{\partial Q_A}{\partial P_B}$ 反映的是 Q_A 相对于 P_A 及 P_B 的变化率,进一步定义其弹性

$$\frac{\dfrac{\partial Q_A}{\partial P_A}}{\dfrac{Q_A}{P_A}} = \frac{\partial Q_A}{\partial P_A} \cdot \frac{P_A}{Q_A} \quad \text{和} \quad \frac{\dfrac{\partial Q_A}{\partial P_B}}{\dfrac{Q_A}{P_B}} = \frac{\partial Q_A}{\partial P_B} \cdot \frac{P_B}{Q_A}$$

用以反映这种变化的灵敏度.上式中,前者称为 Q_A 对 P_A 的弹性,记为 $\dfrac{EQ_A}{EP_A}$;后者称为 Q_A 对 P_B 的弹性,也称为 Q_A 对 P_B 的**交叉弹性**,记为 $\dfrac{EQ_A}{EP_B}$,不同交叉弹性的值,能反映两种品牌的相关性,进一步分析可知当交叉弹性大于零时,两商品为**互代商品**,当交叉弹性小于零时,两商品为**互补商**

品,当交叉弹性等于零时,两商品为**相互独立**的商品.

　　例 2.8　某种数码相机的销售量 Q_A 除与自身价格 P_A 有关外,还与某彩色喷墨打印机的价格 P_B 有关,经长时间的市场调查研究得到它们的关系为

$$Q_A = 120 + \frac{250}{P_A} - 10P_B - P_B^2.$$

于是 Q_A 对 P_A 的弹性

$$\frac{EQ_A}{EP_A} = \frac{\partial Q_A}{\partial P_A} \cdot \frac{P_A}{Q_A} = -\frac{250}{P_A^2} \cdot \frac{P_A}{120 + \dfrac{250}{P_A} - 10P_B - P_B^2},$$

Q_A 对 P_B 的交叉弹性

$$\frac{EQ_A}{EP_B} = \frac{\partial Q_A}{\partial P_B} \cdot \frac{P_B}{Q_A} = -(10 + 2P_B) \cdot \frac{P_B}{120 + \dfrac{250}{P_A} - 10P_B - P_B^2}.$$

当 $P_A = 50, P_B = 5$ 时,$\dfrac{EQ_A}{EP_A} = -\dfrac{1}{10}, \dfrac{EQ_A}{EP_B} = -2.$ 由交叉弹性小于零可知数码相机与彩色喷墨打印机为互补商品.

　　一般地,如果函数 $z = f(x, y)$ 的偏导数存在,因变量 z 对自变量 x 的相对改变量 $\dfrac{\Delta_x z}{z}$ 与自变量 x 的相对改变量 $\dfrac{\Delta x}{x}$ 之比

$$\frac{\dfrac{\Delta_x z}{z}}{\dfrac{\Delta x}{x}} = \frac{\dfrac{f(x+\Delta x, y) - f(x, y)}{f(x, y)}}{\dfrac{\Delta x}{x}}$$

称为函数 $f(x, y)$ 对 x 从 x 到 $x+\Delta x$ 的弹性.$\Delta x \to 0$ 时的极限称为 $f(x, y)$ 在 (x, y) 处对 x 的弹性,记为 η_x 或 $\dfrac{Ez}{Ex}$,即

$$\eta_x = \frac{Ez}{Ex} = \lim_{\Delta x \to 0} \frac{\dfrac{\Delta_x z}{z}}{\dfrac{\Delta x}{x}} = \frac{\partial z}{\partial x} \cdot \frac{x}{z}.$$

类似可定义 $f(x, y)$ 在 (x, y) 处对 y 的弹性

$$\eta_y = \frac{Ez}{Ey} = \lim_{\Delta y \to 0} \cdot \frac{\dfrac{\Delta_y z}{z}}{\dfrac{\Delta y}{y}} = \frac{\partial z}{\partial y} \cdot \frac{y}{z}.$$

特别地,如果 z 表示需求量,x 表示价格,y 表示消费者收入,则 η_x 表示需求对价格的弹性,η_y 表示需求对收入的弹性.

习题 8-2（A）

1. 判断下列论述是否正确,并说明理由:

（1）极限 $\lim\limits_{\Delta x \to 0} \dfrac{f(x_0+\Delta x, y_0)-f(x_0, y_0)}{\Delta x}$ 既是 x 的一元函数 $z=f(x, y_0)$ 在点 x_0 处的导数,也是二元函数 $z=f(x, y)$

在点 (x_0, y_0) 处对变量 x 的偏导数;

（2）二元函数在某一点处连续是在这点偏导数存在的必要条件;

（3）二元函数的两个二阶混合偏导数 $\dfrac{\partial^2 f}{\partial x \partial y}$ 与 $\dfrac{\partial^2 f}{\partial y \partial x}$ 只要存在就一定相等.

2. 求下列函数对各个自变量的一阶偏导数:

（1）$z=e^{xy}\ln x+\tan(3x-y)$;

（2）$s=\dfrac{u+v}{u-v}$;

（3）$z=\arcsin(2x-3y)$;

（4）$z=\ln(x+\sqrt{x^2+y^2})$;

（5）$z=\ln\left(\sin\dfrac{x+2}{\sqrt{y}}\right)$;

（6）$z=\arctan\sqrt{xy-1}$;

（7）$z=(1+2x)^{3y}$;

（8）$z=\dfrac{x}{\sqrt{x^2+y^2}}$;

（9）$u=\sin\dfrac{x}{y}\cos\dfrac{y}{x}+z$;

（10）$u=\left(xy+\dfrac{x}{y}\right)^z$.

3. 求下列函数在指定点的偏导数:

（1）$f(x, y)=x^2\sin y$,求 $\dfrac{\partial f}{\partial x}\bigg|_{\left(2, \frac{\pi}{6}\right)}$,$\dfrac{\partial f}{\partial y}\bigg|_{\left(2, \frac{\pi}{6}\right)}$;

（2）设 $z=y\sin(xy)-(1-x)\arctan y+e^{x-2y}$,求 $z_x(1,0)$ 及 $z_y(1,0)$.

4. 求曲线 $\begin{cases} z=xy, \\ y=1 \end{cases}$ 在点 $(2,1,2)$ 处的切线与 x 轴正向的夹角.

5. 设 $f(x, y)=\ln\left(x+\dfrac{y}{2x}\right)+(x-1)\arctan\sqrt{\dfrac{y}{x}}$,求 $f_y(1, y)$.

6. 求下列函数的高阶偏导数:

（1）设 $z=xy^3-2x^3y^2+x+y+1$,求 $\dfrac{\partial^2 z}{\partial x^2}$,$\dfrac{\partial^3 z}{\partial x \partial y^2}$ 和 $\dfrac{\partial^4 z}{\partial y^4}$;

（2）设 $z=x^{2y}$,求 $\dfrac{\partial^2 z}{\partial x^2}$,$\dfrac{\partial^2 z}{\partial x \partial y}$ 和 $\dfrac{\partial^2 z}{\partial y^2}$;

（3）设 $z=\sqrt{2xy+y^2}$,求 $\dfrac{\partial^2 z}{\partial x^2}\bigg|_{(0,1)}$ 和 $\dfrac{\partial^2 z}{\partial x \partial y}\bigg|_{(1,2)}$;

（4）设 $f(x, y, z)=\ln(xy+z)$,求 $f_{xx}(1,2,0)$ 和 $f_{zyx}(1,2,0)$.

7. 验证:

（1）$z=xy+xe^{\frac{y}{x}}$ 满足 $x\dfrac{\partial z}{\partial x}+y\dfrac{\partial z}{\partial y}=xy+z$;

（2）$z = \ln(e^x + e^y)$ 满足 $\dfrac{\partial^2 z}{\partial x^2} \cdot \dfrac{\partial^2 z}{\partial y^2} - \left(\dfrac{\partial^2 z}{\partial x \partial y}\right)^2 = 0$；

（3）$z = 2\cos^2\left(x - \dfrac{y}{2}\right)$ 满足 $2\dfrac{\partial^2 z}{\partial y^2} + \dfrac{\partial^2 z}{\partial x \partial y} = 0$.

8. 若函数 $f(x), g(y)$ 都可导，设 $z = f(x)g(y)$，证明 $\dfrac{\partial z}{\partial x} \cdot \dfrac{\partial z}{\partial y} = z\dfrac{\partial^2 z}{\partial x \partial y}$.

习题 8-2(B)

1. 设 $u = (x-y)(y-z)(z-x)$，求 $\dfrac{\partial u}{\partial x} + \dfrac{\partial u}{\partial y} + \dfrac{\partial u}{\partial z}$.

2. 已知 x, y, z 满足 $z = xy^3$，证明 $\dfrac{\partial z}{\partial y} \cdot \dfrac{\partial y}{\partial x} \cdot \dfrac{\partial x}{\partial z} = -1$.

3. 设 $f(x,y) = \begin{cases} \dfrac{\sin(x^2 y)}{xy}, & xy \neq 0, \\ 0, & xy = 0, \end{cases}$ 求 $f_x(0,1)$.

4. 设函数 $f(x,y) = \sqrt{|xy|}$，求 $f_x(0,0)$ 及 $f_y(0,0)$.

5. 设函数 $f(x,y) = \begin{cases} \dfrac{x+y}{x-y}, & y \neq x, \\ 0, & y = x, \end{cases}$ 证明在点 $(0,0)$ 处 $f(x,y)$ 的两个偏导数都不存在.

6. 求下列函数的高阶偏导数：

（1）设 $z = y^x \ln(xy)$，求 $\dfrac{\partial^2 z}{\partial x^2}, \dfrac{\partial^2 z}{\partial x \partial y}$；

（2）设 $u = xyze^{x+y+z}$，求 $\dfrac{\partial^{p+q+r} u}{\partial x^p \partial y^q \partial z^r}$.

7. 设函数 $r = \sqrt{x^2 + y^2 + z^2}$，证明 $\left(\dfrac{\partial r}{\partial x}\right)^2 + \left(\dfrac{\partial r}{\partial y}\right)^2 + \left(\dfrac{\partial r}{\partial z}\right)^2 = 1$ 及 $\dfrac{\partial^2 r}{\partial x^2} + \dfrac{\partial^2 r}{\partial y^2} + \dfrac{\partial^2 r}{\partial z^2} = \dfrac{2}{r}$.

第三节　全　微　分

在第二章讨论了一元函数的微分.我们知道,一元函数的微分充分体现了"**局部以线性函数（均匀变化）替代非线性函数**（非均匀变化）"的微积分的基本思想.本节将把它推广到多元函数,它同样在理论与实际中都有着重要的意义.

1. 多元函数全微分的定义

像讨论多元函数的偏导数要借助讨论一元函数的导数的思想与方法那样,不难想象,**讨论多元函数的微分需要借用研究一元函数微分的思想与方法作"已知"**.

为此,先来讨论多元函数的增量.

设二元函数 $z = f(x,y)$ 在点 $P(x,y)$ 的某邻域有定义,分

> 还记得为什么要讨论一元函数的微分以及它是如何定义的吗?

别给自变量 x,y 以增量 $\Delta x,\Delta y$,使得点 $P_1(x+\Delta x,y+\Delta y)$ 仍在 $P(x,y)$ 的该邻域内,称

$$\Delta z=f(x+\Delta x,y+\Delta y)-f(x,y) \qquad (3.1)$$

为该函数在点 P 对应于自变量增量 $\Delta x,\Delta y$ 的**全增量**,通常也简称增量.如果只考虑某一个自变量获得增量而另一个保持不变,这时相应的函数有**偏增量**,分别记为 $\Delta z_x,\Delta z_y$.即有

$$\Delta z_x=f(x+\Delta x,y)-f(x,y),$$
$$\Delta z_y=f(x,y+\Delta y)-f(x,y).$$

通常也把偏增量简称增量.

从形式上看式(3.1)似乎是非常简单的,但事实上对于一般的具体函数,计算 Δz 往往会比较复杂,有些甚至是不可能的.比如,函数 $z=x^3y$ 是一个比较简单的二元函数.在自变量 x,y 分别获得增量 $\Delta x,\Delta y$ 之后,因变量 z 的增量为

$$\Delta z=x^3\Delta y+3x^2y\Delta x+3x^2\Delta y\Delta x+3xy(\Delta x)^2+3x(\Delta x)^2\Delta y+(\Delta x)^3y+(\Delta x)^3\Delta y.$$

我们看到,要计算这个增量是相当麻烦的,对大多数一般初等函数来说,甚至是不可能的.

在一元函数微分学中,我们用 Δx 的线性函数 $A\Delta x$ 来近似表示因变量(满足一定的近似要求)的增量,从而得到了一元函数的微分.利用这一"已知",并注意到二元函数的全增量是由两个自变量分别获得增量后而得到的,我们猜想,应该考虑能否用 $\Delta x,\Delta y$ 的线性组合 $A\Delta x+B\Delta y$ 来近似表示 Δz 并且满足一定的近似要求.事实上这个猜想是正确的,研究这个问题就引出了下面的定义 3.1.

定义 3.1　设函数 $z=f(x,y)$ 在点 (x_0,y_0) 的某邻域内有定义,如果它在 (x_0,y_0) 处的(全)增量

$$\Delta z=f(x_0+\Delta x,y_0+\Delta y)-f(x_0,y_0)$$

可表示为

$$\Delta z=A\Delta x+B\Delta y+o(\rho), \qquad (3.2)$$

其中 A,B 是与 $\Delta x,\Delta y$ 无关的常数(但一般与点 (x_0,y_0) 有关),$\rho=\sqrt{(\Delta x)^2+(\Delta y)^2}$.则称函数 $z=f(x,y)$ 在点 (x_0,y_0) 处可微(分),并称 $A\Delta x+B\Delta y$ 为函数 $z=f(x,y)$ 在点 (x_0,y_0) 处的全微分,记作 $\mathrm{d}z$,即

$$\mathrm{d}z=A\Delta x+B\Delta y.$$

多元函数的全微分与一元函数的微分之间有何异同?从定义看,全微分与哪些因素有关?怎么理解定义 3.1 中增量与微分都冠以一"全"字?若只考虑偏增量及相应的微分(称为偏微分),它们将分别为怎样的形式?

若函数在区域内处处都可微分,则称函数 $z=f(x,y)$ 在该区域内可微(分).

我们看到,二元函数的全微分与其相应的增量之间仅相差一个关于 ρ 的高阶无穷小量.

我们知道,一元函数在一点可微则在这点必连续.对于二元函数相同的结论也成立,即,

若函数 $z=f(x,y)$ 在点 (x,y) 处可微分,那么它在这点必定连续.

事实上,当 $(\Delta x,\Delta y)\to(0,0)$ 时,对式(3.2)取极限,立即得到

$$\lim_{(\Delta x,\Delta y)\to(0,0)}\Delta z=0.$$

2. 可微与偏导数之间的关系

对一元函数来说,函数在一点可微与可导是等价的.这一关系能否传承到多元函数? 或说,对多元函数来说,在一点处可微与偏导数存在是否等价? 下面来讨论这个问题.

2.1　可微的必要条件

对一元函数来说,在一点可微则在这点函数的导数必存在.对于多元函数,有

定理 3.1　若函数 $z=f(x,y)$ 在点 (x_0,y_0) 处可微,那么在点 (x_0,y_0) 处,函数的偏导数 $f_x(x_0,y_0)$ 与 $f_y(x_0,y_0)$ 都存在,并且有

$$f_x(x_0,y_0)=A,f_y(x_0,y_0)=B.$$

其中 A,B 为定义 3.1 中所述.

证　设 $(x_0+\Delta x,y_0+\Delta y)$ 为点 (x_0,y_0) 的某邻域内的任意一点,由函数 $z=f(x,y)$ 在点 (x_0,y_0) 处可微分,有

$$\Delta z=A\Delta x+B\Delta y+o(\rho),$$

其中 $\rho=\sqrt{(\Delta x)^2+(\Delta y)^2}$.特别地,当 $\Delta y=0$ 时,$\rho=\sqrt{(\Delta x)^2+0^2}=|\Delta x|$,上式即成为

$$\Delta z=A\Delta x+o(|\Delta x|)$$

的形式,于是

$$\lim_{\Delta x\to 0}\frac{\Delta z}{\Delta x}=\lim_{\Delta x\to 0}\frac{A\Delta x+o(|\Delta x|)}{\Delta x}=A.$$

这就是说,函数 $z=f(x,y)$ 在点 (x_0,y_0) 处对 x 的偏导数是存在的,并且 $f_x(x_0,y_0)=A$.

同样的方法可以证明,$f_y(x_0,y_0)$ 也存在,且 $f_y(x_0,y_0)=B$.定理证毕.

由以上的讨论我们得到,若函数 $z=f(x,y)$ 在点 (x_0,y_0) 处可微,那么

$$\mathrm{d}z=f_x(x_0,y_0)\Delta x+f_y(x_0,y_0)\Delta y.$$

定理 3.1 告诉我们,函数在一点偏导数存在是它在这点可微的必要条件.这不禁使我们要问:该条件充分吗? 即,函数在一点偏导数存在能保证函数在这点可微吗? 答案是否定的.函数在一点处偏导数存在仅是函数在这点可微的必要条件而并不是充分条件.事实上,如果函数在一点存在偏导数就能推出函数在这点可微,那么再由"函数在一点可微则在这点必连续"的结论,就得出如果函数在一点处偏导数存在,则它在这点必连续,这与第二节中"偏导数存在不能保证函数连续"的结论相矛盾.

这正如第二节所讨论过的,偏导数存在只是反映函数在平行坐标轴的直线上的性态,在这样的直线上,多元函数实际变成了一元函数,因此由偏导数存在可得出相应的一元函数可微(多元函数可偏微分),但并不能保证原来的多元函数在该点可微.

> 请分析这里导出"偏导数存在不能断定函数在这点可微"利用了怎样的逻辑关系?

下面的例子也说明**函数在一点存在偏导数并不能保证函数在这点可微**.

不难求出(留给读者练习)函数

$$f(x,y)=\begin{cases}\dfrac{xy}{\sqrt{x^2+y^2}},&x^2+y^2\neq 0,\\[2mm]0,&x^2+y^2=0\end{cases}$$

在点$(0,0)$处的两个偏导数都是存在的,并且都等于零.但是该函数在$(0,0)$处却不可微.

要证明在$(0,0)$处该函数不可微,需证在$(0,0)$处当自变量获得增量Δx,Δy后,在$\rho=\sqrt{(\Delta x)^2+(\Delta y)^2}\to 0$时,有

左边的不等式是依据什么作"已知"得到的?

$$\Delta z-[f_x(0,0)\Delta x+f_y(0,0)\Delta y]\neq o(\rho).$$

事实上不难计算,在点$(0,0)$处,$f_x(0,0)=f_y(0,0)=0$.并且

$$\Delta z=f(\Delta x,\Delta y)-f(0,0)=\frac{\Delta x\Delta y}{\sqrt{(\Delta x)^2+(\Delta y)^2}}-0=\frac{\Delta x\Delta y}{\sqrt{(\Delta x)^2+(\Delta y)^2}},$$

因此

$$\Delta z-[f_x(0,0)\Delta x+f_y(0,0)\Delta y]=\frac{\Delta x\Delta y}{\sqrt{(\Delta x)^2+(\Delta y)^2}}-0\cdot\Delta x-0\cdot\Delta y=\frac{\Delta x\Delta y}{\sqrt{(\Delta x)^2+(\Delta y)^2}},$$

于是

$$\lim_{\substack{\Delta x\to 0\\ \Delta y\to 0}}\frac{\Delta z-[f_x(0,0)\Delta x+f_y(0,0)\Delta y]}{\rho}=\lim_{\substack{\Delta x\to 0\\ \Delta y\to 0}}\frac{\dfrac{\Delta x\Delta y}{\sqrt{(\Delta x)^2+(\Delta y)^2}}}{\sqrt{(\Delta x)^2+(\Delta y)^2}}=\lim_{\substack{\Delta x\to 0\\ \Delta y\to 0}}\frac{\Delta x\Delta y}{(\Delta x)^2+(\Delta y)^2},$$

利用与第一节例1.4证明极限$\lim\limits_{(x,y)\to(0,0)}\dfrac{2xy}{x^2+3y^2}$不存在类似的方法,可以证明$\lim\limits_{\substack{\Delta x\to 0\\ \Delta y\to 0}}\dfrac{\Delta x\Delta y}{(\Delta x)^2+(\Delta y)^2}$也不存在,也就是说,$\Delta z-(A\Delta x+B\Delta y)\neq o(\rho)$,因此函数在$(0,0)$处不可微.

2.2 可微的充分条件

虽然函数在一点存在偏导数并不能保证函数在这点可微,但是,对这个条件稍作加强就能保证函数在这点可微.

定理 3.2 若函数$z=f(x,y)$的偏导(函)数$\dfrac{\partial z}{\partial x}$与$\dfrac{\partial z}{\partial y}$在点$(x,y)$的某邻域内都存在,并在点$(x,y)$处连续,那么该函数在点$(x,y)$处是可微的.

定理3.2与定理3.1有哪些异同和关联?

证 设$(x+\Delta x,y+\Delta y)$为点(x,y)的某邻域内的任意一点,则

$$\begin{aligned}\Delta z&=f(x+\Delta x,y+\Delta y)-f(x,y)\\&=[f(x+\Delta x,y+\Delta y)-f(x,y+\Delta y)]+[f(x,y+\Delta y)-f(x,y)]\\&=f_x(x+\theta_1\Delta x,y+\Delta y)\Delta x+f_y(x,y+\theta_2\Delta y)\Delta y,\text{其中 }0<\theta_1,\theta_2<1.\end{aligned}$$

左边第二个等号前后发生了怎样的变化?其目的是什么?第三个等号成立依据的"已知"是什么?

由于$f_x(x,y)$,$f_y(x,y)$在点(x,y)处皆连续,即有

$$\lim_{\rho\to 0}f_x(x+\theta_1\Delta x,y+\Delta y)=f_x(x,y),$$
$$\lim_{\rho\to 0}f_y(x,y+\theta_2\Delta y)=f_y(x,y).$$

因此

$$f_x(x+\theta_1\Delta x,y+\Delta y)=f_x(x,y)+\alpha,$$
$$f_y(x,y+\theta_2\Delta y)=f_y(x,y)+\beta.$$

其中,当$\rho\to 0$时,$\alpha\to 0$,$\beta\to 0$.于是

关于定理3.2的注记

$$\begin{aligned}
\Delta z &= f_x(x+\theta_1\Delta x, y+\Delta y)\Delta x + f_y(x, y+\theta_2\Delta y)\Delta y \\
&= [f_x(x,y)+\alpha]\Delta x + [f_y(x,y)+\beta]\Delta y \\
&= f_x(x,y)\Delta x + f_y(x,y)\Delta y + \alpha\Delta x + \beta\Delta y.
\end{aligned} \tag{3.3}$$

而 $\left|\dfrac{\alpha\Delta x+\beta\Delta y}{\rho}\right| \leqslant |\alpha|\left|\dfrac{\Delta x}{\rho}\right| + |\beta|\left|\dfrac{\Delta y}{\rho}\right| \leqslant |\alpha|+|\beta|$，由此可得 $\lim\limits_{\rho\to0}\dfrac{\alpha\Delta x+\beta\Delta y}{\rho}=0$，也就是

$$\alpha\Delta x+\beta\Delta y = o(\rho),$$

于是，式（3.3）即成为

> 由此，后面有时也将式（3.3）作为全微分的定义，务请注意.

$$\Delta z = f_x(x,y)\Delta x + f_y(x,y)\Delta y + o(\rho).$$

这说明函数 $z=f(x,y)$ 在点 (x,y) 处是可微的.

再由可微与连续的关系可得

若函数在点 (x,y) 的某邻域内存在偏导数，并且偏导数在点 (x,y) 处连续，那么函数在这点连续.

通常把自变量的增量 $\Delta x, \Delta y$ 分别记作 dx, dy，并分别称为自变量 x, y 的微分. 于是，若 $\dfrac{\partial z}{\partial x}, \dfrac{\partial z}{\partial y}$ 连续，则 $z=f(x,y)$ 在点 (x,y) 处的全微分可以写为

$$dz = \frac{\partial z}{\partial x}dx + \frac{\partial z}{\partial y}dy.$$

例 3.1　求函数 $z=\sin(xy^2)$ 的全微分.

解　$\dfrac{\partial z}{\partial x}=y^2\cos(xy^2)$，$\dfrac{\partial z}{\partial y}=2xy\cos(xy^2)$，二者皆连续，因此该函数的微分为

$$dz = y^2\cos(xy^2)dx + 2xy\cos(xy^2)dy,$$

或写成

$$dz = y\cos(xy^2)(ydx+2xdy).$$

例 3.2　求函数 $z=e^{x+y}$ 在点 $(2,1)$ 处当 $\Delta x=0.1, \Delta y=0.2$ 时的全微分.

解　由于 $\dfrac{\partial z}{\partial x}=e^{x+y}$，$\dfrac{\partial z}{\partial y}=e^{x+y}$，因此 $\dfrac{\partial z}{\partial x}\bigg|_{\substack{x=2\\y=1}}=e^3$，$\dfrac{\partial z}{\partial y}\bigg|_{\substack{x=2\\y=1}}=e^3$，它们都是连续的，所以，当 $\Delta x=0.1$，$\Delta y=0.2$ 时，函数 $z=e^{x+y}$ 在点 $(2,1)$ 处的全微分为

$$dz = e^3\cdot0.1 + e^3\cdot0.2 = 0.3e^3.$$

上面的讨论可以推广到三元函数.

例 3.3　求函数 $u=\left(\dfrac{y}{x}\right)^z$ 在点 $(1,1,1)$ 处的全微分.

解　由于

$$\frac{\partial u}{\partial x}=z\left(\frac{y}{x}\right)^{z-1}\cdot\left(-\frac{y}{x^2}\right), \quad \frac{\partial u}{\partial y}=z\left(\frac{y}{x}\right)^{z-1}\cdot\frac{1}{x}, \quad \frac{\partial u}{\partial z}=\left(\frac{y}{x}\right)^z\cdot\ln\left(\frac{y}{x}\right).$$

因此在点 $(1,1,1)$ 处，它们都连续，并有

$$\frac{\partial u}{\partial x}\bigg|_{(1,1,1)}=-1, \quad \frac{\partial u}{\partial y}\bigg|_{(1,1,1)}=1, \quad \frac{\partial u}{\partial z}\bigg|_{(1,1,1)}=0.$$

> 例 3.1—例 3.3 都是求函数的全微分，在提法上有哪些不同？

于是在点 $(1,1,1)$ 处

$$du = -dx+dy.$$

例 3.4 求 $u=\mathrm{e}^{xy}+\sin(x+y+z)$ 的全微分.

解
$$\frac{\partial u}{\partial x}=\frac{\partial \mathrm{e}^{xy}}{\partial x}+\frac{\partial \sin(x+y+z)}{\partial x}=y\mathrm{e}^{xy}+\cos(x+y+z),$$
$$\frac{\partial u}{\partial y}=\frac{\partial \mathrm{e}^{xy}}{\partial y}+\frac{\partial \sin(x+y+z)}{\partial y}=x\mathrm{e}^{xy}+\cos(x+y+z),$$
$$\frac{\partial u}{\partial z}=\frac{\partial \mathrm{e}^{xy}}{\partial z}+\frac{\partial \sin(x+y+z)}{\partial z}=\cos(x+y+z).$$

它们都连续. 于是将它们代入 $\mathrm{d}u=\dfrac{\partial u}{\partial x}\mathrm{d}x+\dfrac{\partial u}{\partial y}\mathrm{d}y+\dfrac{\partial u}{\partial z}\mathrm{d}z$ 之中,得
$$\mathrm{d}u=\left[y\mathrm{e}^{xy}+\cos(x+y+z)\right]\mathrm{d}x+\left[x\mathrm{e}^{xy}+\cos(x+y+z)\right]\mathrm{d}y+\cos(x+y+z)\mathrm{d}z$$
$$=\mathrm{e}^{xy}(y\mathrm{d}x+x\mathrm{d}y)+\cos(x+y+z)(\mathrm{d}x+\mathrm{d}y+\mathrm{d}z).$$

3. 函数 $z=f(x,y)$ 的局部线性化与全微分在近似计算中的应用

像在一元函数的可微点附近可以用线性函数来替代一般函数(局部以"均匀变化"代替"非均匀变化")那样,微积分的这一基本思想对研究多元函数同样也适用.

由定理 3.1,若函数 $z=f(x,y)$ 在点 (x_0,y_0) 处可微,那么在这点有
$$f(x_0+\Delta x,y_0+\Delta y)-f(x_0,y_0)=f_x(x_0,y_0)\Delta x+f_y(x_0,y_0)\Delta y+o\left(\sqrt{(\Delta x)^2+(\Delta y)^2}\right),$$
由此
$$f(x_0+\Delta x,y_0+\Delta y)-f(x_0,y_0)\approx f_x(x_0,y_0)\Delta x+f_y(x_0,y_0)\Delta y,$$
或
$$f(x_0+\Delta x,y_0+\Delta y)\approx f(x_0,y_0)+f_x(x_0,y_0)\Delta x+f_y(x_0,y_0)\Delta y. \tag{3.4}$$
记 $x=x_0+\Delta x,y=y_0+\Delta y$,则 $\Delta x=x-x_0,\Delta y=y-y_0.$ 于是式(3.4)可写为
$$f(x,y)\approx f(x_0,y_0)+f_x(x_0,y_0)(x-x_0)+f_y(x_0,y_0)(y-y_0). \tag{3.5}$$
上式右边是 x,y 的线性函数.一般地,若函数 $z=f(x,y)$ 在点 (x_0,y_0) 处可微,则称线性函数
$$L(x,y)=f(x_0,y_0)+f_x(x_0,y_0)(x-x_0)+f_y(x_0,y_0)(y-y_0)$$
为函数 $z=f(x,y)$ 在点 (x_0,y_0) 附近的**局部线性化**.在点 (x_0,y_0) 附近用 $L(x,y)$ 替代 $f(x,y)$ 称为 $f(x,y)$ 的(标准)**线性逼近**.

> 从几何上看,二元函数的局部线性化的意义是什么?

当函数 $z=f(x,y)$ 在点 (x_0,y_0) 处可微时,可以利用式(3.4)或式(3.5)进行近似计算.

例 3.5 求 $1.04^{2.02}$ 的近似值.

解 设函数 $f(x,y)=x^y.$ 显然,所求的是 $f(1.04,2.02)$ 的近似值.取 $x_0=1,y_0=2,\Delta x=0.04,\Delta y=0.02$,由于 $f(1,2)=1$,而
$$f_x(x,y)=yx^{y-1},f_y(x,y)=x^y\ln x,$$
$$f_x(1,2)=2,f_y(1,2)=0,$$
利用式(3.4)得
$$1.04^{2.02}\approx 1+2\times0.04+0\times0.02=1.08.$$

在科学实验与工程计算中,测量数据往往是必不可缺的.但是由于各种各样的原因会带来测量误差,这就给计算结果带来不可避免的误差.对误差进行估计、判断计算的结果是否符合要求

就显得十分必要了.

下面将以依赖于两个因素的具体问题为例来说明这个问题,依赖于两个因素的实际问题的数学模型就是二元函数.

设某一个量 z 由公式 $z = f(x, y)$ 确定,这里函数 $z = f(x, y)$ 可微分.为计算它需要测量出 x, y.设对 x, y 测量的结果分别是 x_0, y_0,若这样测量所出现的绝对误差(限)分别为 δ_x, δ_y,即 $|\Delta x| \leq \delta_x$, $|\Delta y| \leq \delta_y$.那么,通过 x_0, y_0 而计算出来的 $z_0 = f(x_0, y_0)$ 与 z 的真值所产生的绝对误差就是二元函数的(全)增量的绝对值 $|\Delta z|$,由 $z = f(x, y)$ 可微,于是有

$$|\Delta z| \approx |f_x(x_0, y_0)\Delta x + f_y(x_0, y_0)\Delta y|$$

$$\leq |f_x(x_0, y_0)||\Delta x| + |f_y(x_0, y_0)||\Delta y| < |f_x(x_0, y_0)|\delta_x + |f_y(x_0, y_0)|\delta_y.$$

z_0 的绝对误差(限)δ_z 为

$$\delta_z = |f_x(x_0, y_0)|\delta_x + |f_y(x_0, y_0)|\delta_y, \tag{3.6}$$

从而相对误差为

$$\frac{\delta_z}{|z_0|} = \left|\frac{f_x(x_0, y_0)}{f(x_0, y_0)}\right|\delta_x + \left|\frac{f_y(x_0, y_0)}{f(x_0, y_0)}\right|\delta_y. \tag{3.7}$$

例 3.6　利用单摆摆动测量重力加速度 g 的公式为

$$g = \frac{4\pi^2 l}{T^2}.$$

现测得单摆的摆长 l 与振动周期 T 分别为 $l = (100 \pm 0.1)(\text{cm})$,$T = (2 \pm 0.004)(\text{s})$.求由于测量所产生的误差而造成计算 g 所产生的绝对误差与相对误差分别是多少?

解　由 $g = \dfrac{4\pi^2 l}{T^2}$ 得 $\dfrac{\partial g}{\partial l} = \dfrac{4\pi^2}{T^2}$,$\dfrac{\partial g}{\partial T} = \dfrac{-8\pi^2 l}{T^3}$.由式(3.6),得

$$|\Delta g| \approx |\mathrm{d}g| \leq \left|\frac{\partial g}{\partial l}\right|\delta_l + \left|\frac{\partial g}{\partial T}\right|\delta_T = 4\pi^2\left(\frac{1}{T^2}\delta_l + \frac{2l}{T^3}\delta_T\right).$$

将 $T = 2$,$l = 100$,$\delta_l = 0.1$,$\delta_T = 0.004$ 代入,计算得 g 的绝对误差(限)约为

$$\delta_g = 4\pi^2\left(\frac{0.1}{2^2} + \frac{2 \times 100}{2^3} \times 0.004\right) = 0.5\pi^2 \approx 4.93(\text{cm/s}^2).$$

相应的相对误差为

$$\frac{\delta_g}{g} = \frac{0.5\pi^2}{\dfrac{4\pi^2 \times 100}{2^2}} = 0.005.$$

历史的回顾

习题 8-3(A)

1. 判断下列论述是否正确,并说明理由:

(1) 称函数 $z=f(x,y)$ 在 (x_0,y_0) 可微分,如果在这一点函数的两个偏导数都存在,并且 $\lim\limits_{(\Delta x,\Delta y)\to(0,0)}\dfrac{\Delta z-[f_x(x_0,y_0)\Delta x+f_y(x_0,y_0)\Delta y]}{\rho}=0$,其中 Δz 为函数 $f(x,y)$ 在点 (x_0,y_0) 的全增量,$\rho=\sqrt{(\Delta x)^2+(\Delta y)^2}$;

(2) 函数在一点可微分,它在这点必连续;

(3) 函数在一点可微分的充要条件是,函数在这点的偏导数都存在;

(4) 函数 $z=f(x,y)$ 在一点 (x_0,y_0) 的偏导数连续,能保证在这点附近曲面 $z=f(x,y)$ 可以用平面 $z=L(x,y)$ 来近似替代(以"平"代"曲"),其中

$$L(x,y)=f(x_0,y_0)+f_x(x_0,y_0)(x-x_0)+f_y(x_0,y_0)(y-y_0).$$

2. 求下列函数的全微分:

(1) $z=x^3-3xy+2\sqrt{y}$;

(2) $z=\sin(x^2y^3)$;

(3) $z=2^{x+y^2}$;

(4) $z=e^{xy}\ln x$;

(5) $z=\ln\left(1+\dfrac{x}{y}\right)$;

(6) $z=(\ln x)^{\cos y}$;

(7) $u=x\sin(yz)$;

(8) $u=\arctan\dfrac{xy}{z^2}$.

3. 当 $x=1,y=e$ 时,求函数 $z=\ln(x+\ln y)$ 的全微分.

4. 当 $x=2,y=-1,\Delta x=-0.1,\Delta y=0.2$ 时,求函数 $z=\dfrac{y^2}{x}$ 的全增量 Δz、全微分 dz.

5. 证明:$z=\sqrt{|xy|}$ 在 $(0,0)$ 点处偏导数存在,但不可微.

习题 8-3(B)

1. 设有一圆锥高为 30 cm,底面半径为 10 cm,如果高增加 3 mm,底面半径减少 1 mm,求此圆锥体积变化的近似值.

2. 计算 $\sin 29°\tan 46°$ 的近似值.

3. 设函数 $z=f(x,y)$ 在点 $(0,1)$ 的某个邻域内可微,且 $f(x,y+1)=1+2x+3y+o(\rho)$,其中 $\rho=\sqrt{x^2+y^2}$,求函数 $z=f(x,y)$ 在点 $(0,1)$ 处的全微分及局部线性化.

4. 讨论函数 $f(x,y)=\begin{cases}(x^2+y^2)\sin\dfrac{1}{x^2+y^2}, & x^2+y^2\neq 0,\\ 0, & x^2+y^2=0\end{cases}$ 在 $O(0,0)$ 点处偏导数的存在性、偏导数的连续性以及函数 $f(x,y)$ 的可微性.

5. 设 $f(x,y)=\varphi(|xy|)$,其中 $\varphi(0)=0$,在 $u\in U(0)$ 时有 $|\varphi(u)|\leqslant u^2$,证明:$f(x,y)$ 在 $(0,0)$ 处可微.

6. 设有直角三角形,测得其两直角边的边长分别为 (7 ± 0.1) cm 和 (24 ± 0.1) cm,试求利用上述两值来计算斜边长度时的绝对误差和相对误差.

第四节　多元复合函数的求导法则

在多元函数中,多元复合函数是随处可见的,因此研究多元复合函数求偏导数的必要性是不言而喻的.在第二节求偏导数时实际已经涉及求复合函数的偏导数,例 2.7 就是求复合函数 $u = \dfrac{1}{\sqrt{x^2+y^2+z^2}}$ 的偏导数.虽然它是复合函数,但是由于其中间变量只有一个,因此可以简单地像求一元复合函数的导数那样,采取"由外向内、层层扒皮"的方法.但这样的复合函数仅是多元复合函数中的特例,本节来研究一般多元复合函数的求偏导数的问题.

1. 多元复合函数的求导法则

根据由"简"到"繁"的思想,我们先讨论简单的情形.并利用对简单情况讨论的结果作"已知"来讨论更为一般("繁")时的情形.

1.1　中间变量均为一元函数的情形

定理 4.1　设函数 $z=f(x,y)$ 及 $x=x(t)$,$y=y(t)$ 复合成为一元函数 $z=f[x(t),y(t)]$,若

(1) 一元函数 $x=x(t)$,$y=y(t)$ 都在点 t 处可导;

(2) 函数 $z=f(x,y)$ 在点 t 对应的点 (x,y) 处有连续的偏导数.

那么,复合函数 $z=f[x(t),y(t)]$ 在点 t 可导,并且

$$\frac{\mathrm{d}z}{\mathrm{d}t}=\frac{\partial f}{\partial x}\frac{\mathrm{d}x}{\mathrm{d}t}+\frac{\partial f}{\partial y}\frac{\mathrm{d}y}{\mathrm{d}t}. \tag{4.1}$$

证　由函数的微分与偏导数之间的关系,我们用微分作"已知"来研究这一"未知".

设 $x=x(t)$,$y=y(t)$ 在点 t_0 可导,(x_0,y_0) 是通过 $x=x(t)$,$y=y(t)$ 与 t_0 对应的点.给变量 t 一个增量 Δt,相应的 x,y 分别有增量 $\Delta x,\Delta y$,再通过 $z=f(x,y)$,相应地,z 也有一个增量 Δz.

由条件(2),函数 $z=f(x,y)$ 在点 (x_0,y_0) 处可微,并由第三节式(3.3)得

$$\Delta z=\frac{\partial z}{\partial x}\Delta x+\frac{\partial z}{\partial y}\Delta y+\alpha\Delta x+\beta\Delta y,$$

其中 α,β 均为当 $\Delta x\to 0$,$\Delta y\to 0$ 时的无穷小量.

上式两端都除以 $\Delta t(\Delta t\neq 0)$,得

$$\frac{\Delta z}{\Delta t}=\frac{\partial f}{\partial x}\frac{\Delta x}{\Delta t}+\frac{\partial f}{\partial y}\frac{\Delta y}{\Delta t}+\alpha\frac{\Delta x}{\Delta t}+\beta\frac{\Delta y}{\Delta t}, \tag{4.2}$$

由于 $x=x(t)$,$y=y(t)$ 在 t_0 点都可导,因此当 $\Delta t\to 0$ 时,$\Delta x\to 0$,$\Delta y\to 0$,并且

$$\frac{\Delta x}{\Delta t}\to\frac{\mathrm{d}x}{\mathrm{d}t},\quad \frac{\Delta y}{\Delta t}\to\frac{\mathrm{d}y}{\mathrm{d}t},\ \text{及}\ \alpha\to 0,\beta\to 0.$$

故对式(4.2)两边关于 $\Delta t\to 0$ 取极限得

$$\frac{\mathrm{d}z}{\mathrm{d}t}=\frac{\partial f}{\partial x}\frac{\mathrm{d}x}{\mathrm{d}t}+\frac{\partial f}{\partial y}\frac{\mathrm{d}y}{\mathrm{d}t}.$$

证毕.

关于定理 4.1 的注记

看出上面强调"当 $\Delta t\to 0$ 时,有 $\Delta x\to 0$,$\Delta y\to 0$"的目的是什么了吗?

通常称式(4.1)为**链式法则**.z 通过中间变量 x,y 与自变量 t 之间的关系可以用图 8-9 表示.

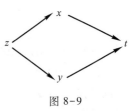

图 8-9

例 4.1　设有函数 $z=x^2 \mathrm{e}^y$,其中 $x=2\cos t,y=t+\sin t$,求复合后的函数在 $t=\dfrac{\pi}{2}$ 时的导数.

解　由链式法则,有

$$\frac{\mathrm{d}z}{\mathrm{d}t}=\frac{\partial z}{\partial x}\frac{\mathrm{d}x}{\mathrm{d}t}+\frac{\partial z}{\partial y}\frac{\mathrm{d}y}{\mathrm{d}t}=2x\mathrm{e}^y(-2\sin t)+x^2\mathrm{e}^y(1+\cos t)$$

$$=\mathrm{e}^{t+\sin t}\left[-4\cdot 2\cos t\cdot \sin t+(2\cos t)^2+(2\cos t)^2\cdot \cos t\right]$$

$$=4\mathrm{e}^{t+\sin t}(\cos^3 t+\cos^2 t-\sin 2t).$$

因此,当 $t=\dfrac{\pi}{2}$ 时,有

$$\frac{\mathrm{d}z}{\mathrm{d}t}\bigg|_{t=\frac{\pi}{2}}=\left[4\mathrm{e}^{t+\sin t}(\cos^3 t+\cos^2 t-\sin 2t)\right]_{t=\frac{\pi}{2}}=0.$$

例 4.2　设函数 $z=f(x,y)$ 有一阶连续偏导数,并且 $y=\arcsin x$,求 $\dfrac{\mathrm{d}z}{\mathrm{d}x}$.

解　这里 x,y 是中间变量.但注意到 $y=\arcsin x$ 为 x 的函数,因此,z 通过中间变量 x,y 而最终成为 x 的函数.也就是说,中间变量 x 本身就是自变量,因此 $\dfrac{\mathrm{d}x}{\mathrm{d}x}=1$.由式(4.1)得

$$\frac{\mathrm{d}z}{\mathrm{d}x}=\frac{\partial f}{\partial x}+\frac{\partial f}{\partial y}\frac{\mathrm{d}y}{\mathrm{d}x}=f_x(x,y)+\frac{f_y(x,y)}{\sqrt{1-x^2}}.$$

定理 4.1 可以推广到中间变量多于两个的情形.例如,设函数 $z=f(u,v,w)$,其中 $u=u(t),v=v(t),w=w(t)$ 都在点 t 可导,则在与定理 4.1 相类似的条件下,复合函数 $z=f[u(t),v(t),w(t)]$ 在点 t 是可导的,并且

$$\frac{\mathrm{d}z}{\mathrm{d}t}=\frac{\partial f}{\partial u}\frac{\mathrm{d}u}{\mathrm{d}t}+\frac{\partial f}{\partial v}\frac{\mathrm{d}v}{\mathrm{d}t}+\frac{\partial f}{\partial w}\frac{\mathrm{d}w}{\mathrm{d}t}.$$

1.2　中间变量均为多元函数的情形

利用中间变量均为一元函数时的讨论作"已知",下面讨论中间变量均为多元函数的情形.

定理 4.2　**（1）函数 $u=u(x,y),v=v(x,y)$ 在点 (x,y) 存在偏导数；**

（2）函数 $z=f(u,v)$ 在 (x,y) 的对应点 (u,v) 处存在连续的偏导数.

那么,复合函数 $z=f[u(x,y),v(x,y)]$ 在点 (x,y) 对 x,y 的偏导数皆存在,并且

$$\frac{\partial z}{\partial x}=\frac{\partial f}{\partial u}\frac{\partial u}{\partial x}+\frac{\partial f}{\partial v}\frac{\partial v}{\partial x},$$

$$\frac{\partial z}{\partial y}=\frac{\partial f}{\partial u}\frac{\partial u}{\partial y}+\frac{\partial f}{\partial v}\frac{\partial v}{\partial y}.$$

$$(4.3)$$

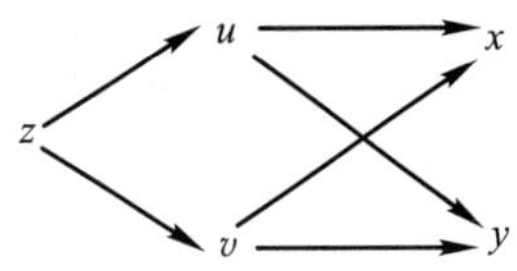

图 8-10

利用定理 4.1,该定理的成立是显然的.事实上,在求 $\dfrac{\partial z}{\partial x}$ 时,由于要将 y 看作常数,因此它仍属于定理 4.1 的情形.只不过复合后的函数 $z=f[u(x,y),v(x,y)]$ 以及 $u=$

$u(x,y)$，$v=v(x,y)$都是x,y的二元函数，因此关于x或y求导时，应把导数符号中的 d 统统都改为∂.

式（4.3）仍称为链式法则.求这类复合函数的偏导数时可以结合图 8-10 所示的"树图"来考虑.该树图直观地描述了函数、中间变量与自变量之间的关系，可以帮助我们来理解和记忆公式（4.3）.

请通过图 8-10 分析，式（4.3）中 z_x 的项数与什么有关？每一项中所含的因式个数又与什么有关？

例 4.3 设 $z=u^3\ln v$，而 $u=xy,v=x+y$，求$\dfrac{\partial z}{\partial x},\dfrac{\partial z}{\partial y}$.

解 由链式法则式（4.3）得

$$\frac{\partial z}{\partial x}=\frac{\partial z}{\partial u}\frac{\partial u}{\partial x}+\frac{\partial z}{\partial v}\frac{\partial v}{\partial x}=3u^2\ln v\cdot y+\frac{u^3}{v}\cdot 1=3x^2y^3\ln(x+y)+\frac{x^3y^3}{x+y},$$

$$\frac{\partial z}{\partial y}=\frac{\partial z}{\partial u}\frac{\partial u}{\partial y}+\frac{\partial z}{\partial v}\frac{\partial v}{\partial y}=3u^2\ln v\cdot x+\frac{u^3}{v}\cdot 1=3x^3y^2\ln(x+y)+\frac{x^3y^3}{x+y}.$$

例 4.4 设 $z=\mathrm{e}^{x-y}\cos(xy)$，求$\dfrac{\partial z}{\partial x},\dfrac{\partial z}{\partial y}$.

解 令 $u=x-y$，$v=xy$，这时 $z=\mathrm{e}^u\cos v$，根据链式法则式（4.3），有

例 4.4 与例 4.1、例 4.3 在形式上有何差别？首先应该做什么？

$$\frac{\partial z}{\partial x}=\frac{\partial z}{\partial u}\frac{\partial u}{\partial x}+\frac{\partial z}{\partial v}\frac{\partial v}{\partial x}=\mathrm{e}^u\cos v\cdot 1+\mathrm{e}^u(-\sin v)\cdot y$$

$$=\mathrm{e}^u(\cos v-y\sin v)=\mathrm{e}^{x-y}\left[\cos(xy)-y\sin(xy)\right],$$

$$\frac{\partial z}{\partial y}=\frac{\partial z}{\partial u}\frac{\partial u}{\partial y}+\frac{\partial z}{\partial v}\frac{\partial v}{\partial y}=\mathrm{e}^u\cos v\cdot(-1)+\mathrm{e}^u(-\sin v)\cdot x$$

$$=-\mathrm{e}^u(\cos v+x\sin v)=-\mathrm{e}^{x-y}\left[\cos(xy)+x\sin(xy)\right].$$

例 4.5 设 $z=f(x,y)$有连续的二阶偏导数，且 $x=r\cos\theta,y=r\sin\theta$.求$\dfrac{\partial z}{\partial r},\dfrac{\partial z}{\partial\theta}$，并证明

（1）$\left(\dfrac{\partial z}{\partial x}\right)^2+\left(\dfrac{\partial z}{\partial y}\right)^2=\left(\dfrac{\partial z}{\partial r}\right)^2+\dfrac{1}{r^2}\left(\dfrac{\partial z}{\partial\theta}\right)^2$；　　（2）$\dfrac{\partial^2 z}{\partial x^2}+\dfrac{\partial^2 z}{\partial y^2}=\dfrac{\partial^2 z}{\partial r^2}+\dfrac{1}{r}\dfrac{\partial z}{\partial r}+\dfrac{1}{r^2}\dfrac{\partial^2 z}{\partial\theta^2}.$

解 z 通过中间变量 x,y 而成为 r,θ 的函数.由链式法则，得

$$\frac{\partial z}{\partial r}=\frac{\partial z}{\partial x}\frac{\partial x}{\partial r}+\frac{\partial z}{\partial y}\frac{\partial y}{\partial r}=\cos\theta\cdot\frac{\partial z}{\partial x}+\sin\theta\cdot\frac{\partial z}{\partial y},$$

$$\frac{\partial z}{\partial\theta}=\frac{\partial z}{\partial x}\frac{\partial x}{\partial\theta}+\frac{\partial z}{\partial y}\frac{\partial y}{\partial\theta}=-r\sin\theta\cdot\frac{\partial z}{\partial x}+r\cos\theta\cdot\frac{\partial z}{\partial y}.$$

（1）为将$\dfrac{\partial z}{\partial x},\dfrac{\partial z}{\partial y}$用$\dfrac{\partial z}{\partial r},\dfrac{\partial z}{\partial\theta}$来表示，我们解由上述两个方程组成的方程组，得

$$\frac{\partial z}{\partial x}=\frac{\begin{vmatrix}\dfrac{\partial z}{\partial r}&\sin\theta\\[2mm]\dfrac{\partial z}{\partial\theta}&r\cos\theta\end{vmatrix}}{\begin{vmatrix}\cos\theta&\sin\theta\\-r\sin\theta&r\cos\theta\end{vmatrix}}=\frac{r\cos\theta\dfrac{\partial z}{\partial r}-\sin\theta\dfrac{\partial z}{\partial\theta}}{r}=\frac{\partial z}{\partial r}\cos\theta-\frac{\partial z}{\partial\theta}\frac{\sin\theta}{r},$$

$$\frac{\partial z}{\partial y}=\frac{\begin{vmatrix} \cos\theta & \dfrac{\partial z}{\partial r} \\[2mm] -r\sin\theta & \dfrac{\partial z}{\partial \theta} \end{vmatrix}}{\begin{vmatrix} \cos\theta & \sin\theta \\ -r\sin\theta & r\cos\theta \end{vmatrix}}=\frac{\cos\theta\,\dfrac{\partial z}{\partial\theta}+r\sin\theta\,\dfrac{\partial z}{\partial r}}{r}=\frac{\partial z}{\partial r}\sin\theta+\frac{\partial z}{\partial\theta}\frac{\cos\theta}{r}.$$

将上面两式分别平方并相加,得

$$\left(\frac{\partial z}{\partial x}\right)^2+\left(\frac{\partial z}{\partial y}\right)^2=\left(\frac{\partial z}{\partial r}\right)^2+\frac{1}{r^2}\left(\frac{\partial z}{\partial\theta}\right)^2.$$

你还有另外的方法证明左边的等式成立吗?

（2）利用上面所求得的 $\dfrac{\partial z}{\partial x},\dfrac{\partial z}{\partial y}$ 的表达式,注意到它们都分别是 r,θ 的函数,因此求二阶偏导数 $\dfrac{\partial^2 z}{\partial x^2},\dfrac{\partial^2 z}{\partial y^2}$ 时,需要将 r,θ 看作中间变量而分别对 x 或 y 求偏导数.即有

$$\frac{\partial^2 z}{\partial x^2}=\frac{\partial}{\partial r}\left(\frac{\partial z}{\partial x}\right)\frac{\partial r}{\partial x}+\frac{\partial}{\partial\theta}\left(\frac{\partial z}{\partial x}\right)\frac{\partial\theta}{\partial x},\quad \frac{\partial^2 z}{\partial y^2}=\frac{\partial}{\partial r}\left(\frac{\partial z}{\partial y}\right)\frac{\partial r}{\partial y}+\frac{\partial}{\partial\theta}\left(\frac{\partial z}{\partial y}\right)\frac{\partial\theta}{\partial y},$$

从上面两式看到,需要求出 $\dfrac{\partial r}{\partial x},\dfrac{\partial\theta}{\partial x},\dfrac{\partial r}{\partial y},\dfrac{\partial\theta}{\partial y}$.由 $x=r\cos\theta,y=r\sin\theta$,因此

$$r=\sqrt{x^2+y^2},\theta=\arctan\frac{y}{x}.$$

于是,由 $r=\sqrt{x^2+y^2}$ 得

$$\frac{\partial r}{\partial x}=\frac{2x}{2\sqrt{x^2+y^2}}=\frac{x}{r}=\cos\theta\ \text{及}\ \frac{\partial r}{\partial y}=\frac{y}{r}=\sin\theta.$$

由 $\theta=\arctan\dfrac{y}{x}$ 得

$$\frac{\partial\theta}{\partial x}=\frac{-\dfrac{y}{x^2}}{1+\left(\dfrac{y}{x}\right)^2}=-\frac{y}{x^2+y^2}=-\frac{\sin\theta}{r}\ \text{及}\ \frac{\partial\theta}{\partial y}=\frac{\cos\theta}{r}.$$

由 $z=f(x,y)$ 关于各变量的二阶偏导数连续,于是

$$\begin{aligned}\frac{\partial^2 z}{\partial x^2}&=\frac{\partial}{\partial r}\left(\frac{\partial z}{\partial x}\right)\frac{\partial r}{\partial x}+\frac{\partial}{\partial\theta}\left(\frac{\partial z}{\partial x}\right)\frac{\partial\theta}{\partial x}\\ &=\frac{\partial}{\partial r}\left(\frac{\partial z}{\partial r}\cos\theta-\frac{\partial z}{\partial\theta}\frac{\sin\theta}{r}\right)\cdot\cos\theta+\frac{\partial}{\partial\theta}\left(\frac{\partial z}{\partial r}\cos\theta-\frac{\partial z}{\partial\theta}\frac{\sin\theta}{r}\right)\left(-\frac{\sin\theta}{r}\right)\\ &=\frac{\partial^2 z}{\partial r^2}\cos^2\theta-\frac{\partial^2 z}{\partial r\partial\theta}\frac{\sin 2\theta}{r}+\frac{\partial^2 z}{\partial\theta^2}\frac{\sin^2\theta}{r^2}+\frac{\partial z}{\partial r}\frac{\sin^2\theta}{r}+\frac{\partial z}{\partial\theta}\frac{\sin 2\theta}{r^2}.\end{aligned}$$

完全相同地演算可得

$$\frac{\partial^2 z}{\partial y^2}=\frac{\partial^2 z}{\partial r^2}\sin^2\theta+\frac{\partial^2 z}{\partial r\partial\theta}\frac{\sin 2\theta}{r}+\frac{\partial^2 z}{\partial\theta^2}\frac{\cos^2\theta}{r^2}-\frac{\partial z}{\partial\theta}\frac{\sin 2\theta}{r^2}+\frac{\partial z}{\partial r}\frac{\cos^2\theta}{r}.$$

两式相加,得

$$\frac{\partial^2 z}{\partial x^2}+\frac{\partial^2 z}{\partial y^2}=\frac{\partial^2 z}{\partial r^2}+\frac{1}{r}\frac{\partial z}{\partial r}+\frac{1}{r^2}\frac{\partial^2 z}{\partial \theta^2}.$$

1.3 其他特殊形式的复合函数求偏导数

利用定理 4.2 的关键是理清式(4.3)的结构特征.在式(4.3)中,容易看到:

复合函数 z 对自变量 x 的偏导数 z_x 的表达式(4.3)由下述方法得到:该函数中含有几个与 x 有关的中间变量,式(4.3)中的 z_x 就含有几项;并且每一项都是 z 对该中间变量的(偏)导数乘这个中间变量对 x 的(偏)导数.

z_y 也有同样的规律.

这个规律从树图(图 8-10)可以更直观地看出:z_x 中所含的项数,就是连接 z 与 x 的路径数目,每一项所含有的因式个数为该路径所含线段的个数.认清了这一点,对一般的多元复合函数,搞清楚它有哪些中间变量和自变量,各中间变量分别与哪些自变量存在函数关系,就可以直接由式(4.3)得到相应的求(偏)导数公式.比如:

若(1) 函数 $u=u(x,y)$ 在点 (x,y) 对 x,y 的偏导数皆存在,$v=v(x)$ 是 x 的一元函数,且在相应点 x 可导.

(2) 函数 $z=f(u,v)$ 在与点 (x,y) 相应的点 (u,v) 处存在连续的偏导数 $\frac{\partial z}{\partial u},\frac{\partial z}{\partial v}$,利用定理 4.2,复合函数 $z=f[u(x,y),v(x)]$ 在点 (x,y) 对 x,y 的偏导数皆存在,并且

$$\frac{\partial z}{\partial x}=\frac{\partial f}{\partial u}\frac{\partial u}{\partial x}+\frac{\partial f}{\partial v}\frac{\mathrm{d}v}{\mathrm{d}x},$$

$$\frac{\partial z}{\partial y}=\frac{\partial f}{\partial u}\frac{\partial u}{\partial y}. \tag{4.4}$$

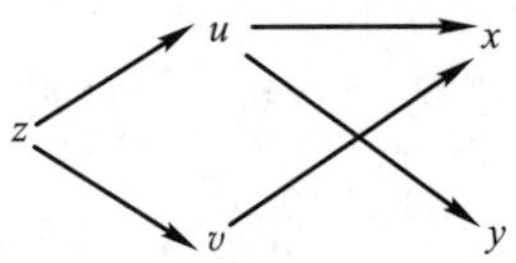

图 8-11

z 通过中间变量 u,v 与自变量 x,y 之间的关系由图 8-11 很直观地可以看出,通过图 8-11,式(4.4)成立是显然的.

例 4.6 设 $z=u^2\cos v$,而 $u=\mathrm{e}^{xy}$,$v=2y$,求 $\frac{\partial z}{\partial x},\frac{\partial z}{\partial y}$.

解 $\frac{\partial z}{\partial x}=\frac{\partial z}{\partial u}\frac{\partial u}{\partial x}=2u\cos v\cdot y\mathrm{e}^{xy}=2y\mathrm{e}^{2xy}\cos(2y),$

$\frac{\partial z}{\partial y}=\frac{\partial z}{\partial u}\frac{\partial u}{\partial y}+\frac{\partial z}{\partial v}\frac{\mathrm{d}v}{\mathrm{d}y}=2u\cos v\cdot x\mathrm{e}^{xy}-u^2\sin v\cdot 2$

$=2\mathrm{e}^{2xy}[x\cos(2y)-\sin(2y)].$

> 对例 4.6 画出相应的树形图,从 z 到 x 有几条路径?由此 $\frac{\partial z}{\partial x}$ 应含有几项?

当中间变量有三个或三个以上,而其中有的是多元函数,有的是一元函数时,也有类似的结论.

例 4.7 设 $z=f(u,v,w)$,其中 $u=\mathrm{e}^x$,$v=x+y$,$w=\sin(xy)$,求 $\frac{\partial z}{\partial x},\frac{\partial z}{\partial y}$.

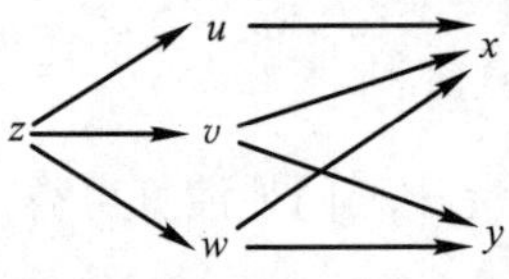

解 首先画出图 8-12,我们看到 z 通过中间变量 u,v,w 与自变量 x 建立起联系,因此

图 8-12

$$\frac{\partial z}{\partial x} = \frac{\partial f}{\partial u}\frac{\mathrm{d}u}{\mathrm{d}x} + \frac{\partial f}{\partial v}\frac{\partial v}{\partial x} + \frac{\partial f}{\partial w}\frac{\partial w}{\partial x}$$

$$= \frac{\partial f}{\partial u}\mathrm{e}^x + \frac{\partial f}{\partial v} + y\frac{\partial f}{\partial w}\cos(xy);$$

z 通过中间变量 v,w 而与自变量 y 建立起联系,因此

$$\frac{\partial z}{\partial y} = \frac{\partial f}{\partial v}\frac{\partial v}{\partial y} + \frac{\partial f}{\partial w}\frac{\partial w}{\partial y} = \frac{\partial f}{\partial v} + x\frac{\partial f}{\partial w}\cos(xy).$$

例 4.8　设 $w=f(x+y+z,xyz)$,f 具有二阶连续偏导数,求 $\dfrac{\partial w}{\partial x},\dfrac{\partial^2 w}{\partial x\partial y}$.

解　令 $u=x+y+z,v=xyz$,从而引入中间变量 u,v.则 w 通过中间变量 u,v 而成为 x,y 的函数,因此

$$\frac{\partial w}{\partial x} = \frac{\partial f}{\partial u}\cdot\frac{\partial u}{\partial x} + \frac{\partial f}{\partial v}\cdot\frac{\partial v}{\partial x} = f_u(x+y+z,xyz)\cdot 1 + f_v(x+y+z,xyz)\cdot yz$$

$$= f_u(x+y+z,xyz) + yzf_v(x+y+z,xyz).$$

下面继续对 $\dfrac{\partial w}{\partial x}$ 关于变量 y 求偏导以得到 $\dfrac{\partial^2 w}{\partial x\partial y}$.注意到 $f_u(x+y+z,xyz)$ 及 $f_v(x+y+z,xyz)$ 与 $f(x+y+z,xyz)$ 具有相同的复合关系,它们都是通过中间变量 u,v 而成为 x,y 的函数.因此,对 $\dfrac{\partial w}{\partial x}$ 关于变量 y 求偏导时,像上面求 $\dfrac{\partial w}{\partial x}$ 时那样,对 $f_u(x+y+z,xyz),f_v(x+y+z,xyz)$ 分别利用链式法则式(4.3)对 y 求偏导.再注意到 f 的二阶偏导数连续,于是

$$\frac{\partial^2 w}{\partial x\partial y} = [f_u(x+y+z,xyz) + yzf_v(x+y+z,xyz)]_y'$$

$$= [f_u(x+y+z,xyz)]_y' + zf_v(x+y+z,xyz) + yz[f_v(x+y+z,xyz)]_y'$$

$$= f_{uu}\cdot\frac{\partial u}{\partial y} + f_{uv}\cdot\frac{\partial v}{\partial y} + zf_v + yz\left(f_{vu}\cdot\frac{\partial u}{\partial y} + f_{vv}\cdot\frac{\partial v}{\partial y}\right)$$

$$= f_{uu} + xzf_{uv} + zf_v + yz(f_{vu} + xzf_{vv})$$

$$= f_{uu} + (x+y)zf_{uv} + zf_v + xyz^2 f_{vv}.$$

> 在左边的推导过程中,第二、三、四、五个等号成立的理由各是什么?

为简单计,也可将 f 对中间变量 u,v 的偏导数分别记作 f_1,f_2;将 f_1 对第一个中间变量 u 的偏导数记作 f_{11},它对第二个中间变量 v 的偏导数记作 f_{12};类似地,将 f_2 分别对两个中间变量 u,v 的偏导数记作 f_{21} 与 f_{22}.利用这些记号可以将上述结果简化为

> 请用简化后的符号重新对上面的结果进行推导.

$$\frac{\partial^2 w}{\partial x\partial y} = f_{11} + (x+y)zf_{12} + zf_2 + xyz^2 f_{22}.$$

例 4.9　设 $z=f(x,y,w)$ 在 $\mathbf{R}^3$ 中有连续的一阶偏导数.求复合函数 $z=f(x,y,xy)$ 的偏导数 $\dfrac{\partial z}{\partial x},\dfrac{\partial z}{\partial y}$.

解　将 w 看作中间变量,即令 $w=xy$,画出图 8-13,则

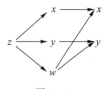

图 8-13

$$\frac{\partial z}{\partial x} = \frac{\partial f}{\partial x}\frac{\mathrm{d}x}{\mathrm{d}x} + \frac{\partial f}{\partial w}\cdot\frac{\partial w}{\partial x} = \frac{\partial f}{\partial x} + \frac{\partial f}{\partial w}\cdot y = \frac{\partial f}{\partial x} + y\frac{\partial f}{\partial w},$$

$$\frac{\partial z}{\partial y} = \frac{\partial f}{\partial y}\frac{\mathrm{d}y}{\mathrm{d}y} + \frac{\partial f}{\partial w}\cdot\frac{\partial w}{\partial y} = \frac{\partial f}{\partial y} + \frac{\partial f}{\partial w}\cdot x = \frac{\partial f}{\partial y} + x\frac{\partial f}{\partial w}.$$

> 在例 4.9 的解法中,有几个中间变量?几个自变量?中间变量与自变量分别有怎样的函数关系?请画出它的树形图.

需要注意的是,对函数 $z=f(x,y)$ 来说,通常对 $\frac{\partial z}{\partial x}$ 与 $\frac{\partial f}{\partial x}$ 不加区别,它们都表示因变量 z 对自变量 x 的偏导数.但在例 4.9 的解法中就不能这样理解了,上述第一个等式右端的 $\frac{\partial f}{\partial x}$ 表示把 x,y 与 w 一样都看作函数 f 的中间变量时,三元函数 $f(x,y,w)$ 关于中间变量 x 的偏导数;而左端的 $\frac{\partial z}{\partial x}$ 表示把中间变量 $w=xy$ 与函数 $f(x,y,w)$ 复合后,得到的二元函数 $f(x,y,xy)$ 对自变量 x 的偏导数.因此,在例 4.9 的解法中,$\frac{\partial z}{\partial x}$ 与 $\frac{\partial f}{\partial x}$ 具有不同的意义.

2. 全微分形式的不变性

我们知道,一元函数的微分有"微分形式的不变性".即,对函数 $z=f(u)$ 来说,不论 u 是中间变量还是自变量,$\mathrm{d}z=f'(u)\mathrm{d}u$ 总是成立的.我们不禁要问,能否将这一"已知"推广到多元函数?即对多元函数 $z=f(u,v)$,不论 u,v 是自变量还是中间变量,是否都有 $\mathrm{d}z=\frac{\partial z}{\partial u}\mathrm{d}u+\frac{\partial z}{\partial v}\mathrm{d}v$ 成立?下面的定理 4.3 对这个问题给出了肯定的回答,它称为二元函数的**全微分形式的不变性**.

定理 4.3　**设函数 $z=f(u,v)$,$u=u(x,y)$,$v=v(x,y)$ 都有连续的偏导数,则复合函数 $z=f[u(x,y),v(x,y)]$ 在点 (x,y) 处的全微分仍可写成**

$$\mathrm{d}z = \frac{\partial z}{\partial u}\mathrm{d}u + \frac{\partial z}{\partial v}\mathrm{d}v$$

的形式.

证　由题目的条件,$u=u(x,y)$,$v=v(x,y)$ 在点 (x,y) 处都是可微的,并且

$$\mathrm{d}u = \frac{\partial u}{\partial x}\mathrm{d}x + \frac{\partial u}{\partial y}\mathrm{d}y,\quad \mathrm{d}v = \frac{\partial v}{\partial x}\mathrm{d}x + \frac{\partial v}{\partial y}\mathrm{d}y.$$

复合函数 $z=f[u(x,y),v(x,y)]$ 在点 (x,y) 处也是可微的,且有

> 由定理的什么条件得到三个函数都是可微的?

$$\mathrm{d}z = \frac{\partial z}{\partial x}\mathrm{d}x + \frac{\partial z}{\partial y}\mathrm{d}y.$$

下面我们来证明,$\mathrm{d}z$ 可以写成定理所给出的形式.为此,利用复合函数的链式法则

$$\frac{\partial z}{\partial x} = \frac{\partial f}{\partial u}\frac{\partial u}{\partial x} + \frac{\partial f}{\partial v}\frac{\partial v}{\partial x},\quad \frac{\partial z}{\partial y} = \frac{\partial f}{\partial u}\frac{\partial u}{\partial y} + \frac{\partial f}{\partial v}\frac{\partial v}{\partial y}.$$

因此

$$\mathrm{d}z = \frac{\partial z}{\partial x}\mathrm{d}x + \frac{\partial z}{\partial y}\mathrm{d}y = \left(\frac{\partial f}{\partial u}\frac{\partial u}{\partial x} + \frac{\partial f}{\partial v}\frac{\partial v}{\partial x}\right)\mathrm{d}x + \left(\frac{\partial f}{\partial u}\frac{\partial u}{\partial y} + \frac{\partial f}{\partial v}\frac{\partial v}{\partial y}\right)\mathrm{d}y$$

$$= \frac{\partial f}{\partial u}\left(\frac{\partial u}{\partial x}dx + \frac{\partial u}{\partial y}dy\right) + \frac{\partial f}{\partial v}\left(\frac{\partial v}{\partial x}dx + \frac{\partial v}{\partial y}dy\right) = \frac{\partial f}{\partial u}du + \frac{\partial f}{\partial v}dv.$$

定理 4.3 可类推到三元或三元以上的多元函数.

例 4.10　求 $u = e^{xyz}\cos(x+y+z)$ 的全微分, 并写出 $\frac{\partial u}{\partial x}, \frac{\partial u}{\partial y}, \frac{\partial u}{\partial z}$.

解　令 $s = xyz, t = x+y+z$, 因此有 $u = e^s \cos t$. 由全微分形式的不变性, 有

$$du = \frac{\partial u}{\partial s}ds + \frac{\partial u}{\partial t}dt = e^s \cos t ds + e^s(-\sin t)dt,$$

注意到 s, t 又都是 x, y, z 的函数, 并且

$$ds = \frac{\partial s}{\partial x}dx + \frac{\partial s}{\partial y}dy + \frac{\partial s}{\partial z}dz = yzdx + xzdy + xydz,$$

$$dt = \frac{\partial t}{\partial x}dx + \frac{\partial t}{\partial y}dy + \frac{\partial t}{\partial z}dz = dx + dy + dz.$$

将它们代入上式, 得

$$du = e^s(\cos t ds - \sin t dt)$$
$$= e^{xyz}[\cos(x+y+z)(yzdx+xzdy+xydz) - \sin(x+y+z)(dx+dy+dz)]$$
$$= e^{xyz}\{[yz\cos(x+y+z) - \sin(x+y+z)]dx + [xz\cos(x+y+z) - \sin(x+y+z)]dy + [xy\cos(x+y+z) - \sin(x+y+z)]dz\}.$$

将它与三元函数的全微分 $du = \frac{\partial u}{\partial x}dx + \frac{\partial u}{\partial y}dy + \frac{\partial u}{\partial z}dz$ 相比较, 得

$$\frac{\partial u}{\partial x} = e^{xyz}[yz\cos(x+y+z) - \sin(x+y+z)],$$

$$\frac{\partial u}{\partial y} = e^{xyz}[xz\cos(x+y+z) - \sin(x+y+z)],$$

$$\frac{\partial u}{\partial z} = e^{xyz}[xy\cos(x+y+z) - \sin(x+y+z)].$$

> 如果按照上一节的多元函数全微分公式来求解例 4.10, 应该怎么求?
> 这里的解法有何特点, 通过本题有何体会?

*3. 二元函数 $z = f(x, y)$ 的泰勒公式

在一元函数中, 当函数具有更高阶的导数时, 将函数的局部线性化进行推广就得到一元函数的泰勒公式, 从而用更高次的多项式来近似替代函数, 以使近似程度更高. 在第三节, 对多元函数, 在函数的可微点的附近, 函数同样可以用它的局部线性化来替代. 从几何上看, 在函数的图形 (曲面) 上与函数的可微点对应的点附近, 曲面可以用平面近似替代 (局部以 "平" 代 "曲"). 这正是微积分基本思想方法的具体体现.

将上述对一元函数讨论的思想移植到多元函数, 同样, 若多元函数具有更高阶的偏导数, 我们期望能用更高次的多项式来近似替代函数, 以使近似程度更高. 从几何上看, 就是局部用简单的曲面 (多项式的图形) 替代一般的曲面. 是的, 这一期望是可行的. 下面我们将一元函数的泰勒公式推广到二元函数, 就有下面的二元函数的泰勒公式.

定理 4.4　设 $z = f(x, y)$ 在点 (x_0, y_0) 的某邻域内具有直到 $(n+1)$ 阶的连续偏导数, $(x_0 + h, y_0 +$

k)为此邻域内的任意一点,则有

$$f(x_0+h,y_0+k)=f(x_0,y_0)+\left(h\frac{\partial}{\partial x}+k\frac{\partial}{\partial y}\right)f(x_0,y_0)+$$

$$\frac{1}{2!}\left(h\frac{\partial}{\partial x}+k\frac{\partial}{\partial y}\right)^2f(x_0,y_0)+\cdots+\frac{1}{n!}\left(h\frac{\partial}{\partial x}+k\frac{\partial}{\partial y}\right)^nf(x_0,y_0)+R_n, \tag{4.5}$$

其中

$$R_n=\frac{1}{(n+1)!}\left(h\frac{\partial}{\partial x}+k\frac{\partial}{\partial y}\right)^{n+1}f(x_0+\theta h,y_0+\theta k)\quad(0<\theta<1). \tag{4.6}$$

式(4.5)与式(4.6)中的记号

$$\left(h\frac{\partial}{\partial x}+k\frac{\partial}{\partial y}\right)f(x_0,y_0)\ \text{表示}\ hf_x(x_0,y_0)+kf_y(x_0,y_0),$$

$$\left(h\frac{\partial}{\partial x}+k\frac{\partial}{\partial y}\right)^2f(x_0,y_0)\ \text{表示}\ h^2f_{xx}(x_0,y_0)+2hkf_{xy}(x_0,y_0)+k^2f_{yy}(x_0,y_0),$$

一般地,记号

$$\left(h\frac{\partial}{\partial x}+k\frac{\partial}{\partial y}\right)^mf(x_0,y_0)\ \text{表示}\ \sum_{p=0}^{m}C_m^ph^pk^{m-p}\frac{\partial^mf}{\partial x^p\partial y^{m-p}}\bigg|_{(x_0,y_0)}.$$

式(4.5)称为二元函数 $z=f(x,y)$ 在点 (x_0,y_0) 的带拉格朗日型余项的 n 阶泰勒公式.

证　为利用一元函数的泰勒公式作"已知"来证明这一"未知",我们引入辅助函数

$$\Phi(t)=f(x_0+ht,y_0+kt)\quad(0\leqslant t\leqslant 1),$$

并对它使用一元函数的麦克劳林公式,得

$$\Phi(1)=\Phi(0)+\Phi'(0)+\frac{1}{2!}\Phi''(0)+\cdots+\frac{1}{n!}\Phi^{(n)}(0)+\frac{1}{(n+1)!}\Phi^{(n+1)}(\theta)\ (0<\theta<1).$$

显然,$\Phi(0)=f(x_0,y_0)$,$\Phi(1)=f(x_0+h,y_0+k)$.下边由 $\Phi(t)$ 的定义及多元复合函数求导法则求 $\Phi(t)$ 的其他阶导数,得

$$\Phi'(t)=hf_x(x_0+ht,y_0+kt)+kf_y(x_0+ht,y_0+kt)=\left(h\frac{\partial}{\partial x}+k\frac{\partial}{\partial y}\right)f(x_0+ht,y_0+kt),$$

$$\Phi''(t)=h^2f_{xx}(x_0+ht,y_0+kt)+2hkf_{xy}(x_0+ht,y_0+kt)+k^2f_{yy}(x_0+ht,y_0+kt)$$

$$=\left(h\frac{\partial}{\partial x}+k\frac{\partial}{\partial y}\right)^2f(x_0+ht,y_0+kt),$$

$$\cdots\cdots$$

$$\Phi^{(n+1)}(t)=\sum_{p=0}^{n+1}C_{n+1}^ph^pk^{n+1-p}\frac{\partial^{n+1}f}{\partial x^p\partial y^{n+1-p}}\bigg|_{(x_0+ht,y_0+kt)}=\left(h\frac{\partial}{\partial x}+k\frac{\partial}{\partial y}\right)^{n+1}f(x_0+ht,y_0+kt).$$

由上边计算的 $\Phi(t)$ 的各阶导数不难求得 $\Phi'(0),\Phi''(0),\cdots,\Phi^{(n)}(0),\Phi^{(n+1)}(\theta)$ 的值,并将它们连同 $\Phi(0),\Phi(1)$ 的值一并代入到 $\Phi(1)$ 的麦克劳林展开式中,即得式(4.5)及式(4.6).

由式(4.5)我们看到,如果用式(4.5)右端 h 及 k 的 n 次多项式

$$f(x_0,y_0)+\left(h\frac{\partial}{\partial x}+k\frac{\partial}{\partial y}\right)f(x_0,y_0)+\frac{1}{2!}\left(h\frac{\partial}{\partial x}+k\frac{\partial}{\partial y}\right)^2f(x_0,y_0)+\cdots+\frac{1}{n!}\left(h\frac{\partial}{\partial x}+k\frac{\partial}{\partial y}\right)^nf(x_0,y_0)$$

来近似函数 $z=f(x,y)$ 在点 (x_0+h,y_0+k) 处的值 $f(x_0+h,y_0+k)$ 时,其误差为 $|R_n|$.由定理的条件:

函数"有直到$(n+1)$阶的连续偏导数",因此一定存在常数$M>0$,使得该函数的各阶偏导数的绝对值在(x_0,y_0)的某邻域内都不超过M. 于是有

$$|R_n|\leqslant\frac{M}{(n+1)!}(|h|+|k|)^{n+1}=\frac{M}{(n+1)!}\rho^{n+1}\left(\frac{|h|}{\rho}+\frac{|k|}{\rho}\right)^{n+1}\leqslant\frac{M\cdot2^{n+1}}{(n+1)!}\rho^{n+1},$$

其中$\rho=\sqrt{h^2+k^2}$.

由此易知,当$\rho\to0$时,误差$|R_n|$是比ρ^n更高阶的无穷小量.因此当$\rho\to0$时,式(4.5)可写为

$$f(x_0+h,y_0+k)=f(x_0,y_0)+\left(h\frac{\partial}{\partial x}+k\frac{\partial}{\partial y}\right)f(x_0,y_0)+$$

$$\frac{1}{2!}\left(h\frac{\partial}{\partial x}+k\frac{\partial}{\partial y}\right)^2f(x_0,y_0)+\cdots+\frac{1}{n!}\left(h\frac{\partial}{\partial x}+k\frac{\partial}{\partial y}\right)^nf(x_0,y_0)+o(\rho^n). \qquad(4.7)$$

式(4.7)称为二元函数$z=f(x,y)$在点(x_0,y_0)的带佩亚诺型余项的n阶泰勒公式. 当$n=0$时,式(4.5)即为

$$f(x_0+h,y_0+k)=f(x_0,y_0)+hf_x(x_0+\theta h,y_0+\theta k)+kf_y(x_0+\theta h,y_0+\theta k). \qquad(4.8)$$

式(4.8)称为二元函数的拉格朗日中值公式.

我们知道,在区间上导数恒为零的一元函数在该区间恒为常数.利用式(4.8),很容易将它平移到二元函数,有下面的结论:

推论　若函数$f(x,y)$在某区域上的偏导数恒为零,则在该区域上函数为常数.

例4.11　求函数$f(x,y)=2x^2-xy-y^2-6x-3y+5$在点$(1,-2)$的泰勒公式.

解　$f(1,-2)=5$,

$f_x(1,-2)=(4x-y-6)\big|_{(1,-2)}=0$,

$f_y(1,-2)=(-x-2y-3)\big|_{(1,-2)}=0$,

$f_{xx}(1,-2)=4,f_{xy}(1,-2)=-1,f_{yy}(1,-2)=-2$.

其三阶及三阶以上的各阶偏导数皆为零,因此

$$f(x,y)=f[1+(x-1),-2+(y+2)]$$

$$=f(1,-2)+(x-1)f_x(1,-2)+(y+2)f_y(1,-2)+\frac{1}{2!}[(x-1)^2f_{xx}(1,-2)+$$

$$2(x-1)(y+2)f_{xy}(1,-2)+(y+2)^2f_{yy}(1,-2)]$$

$$=5+2(x-1)^2-(x-1)(y+2)-(y+2)^2.$$

例4.12　求函数$f(x,y)=\sin\left(\frac{\pi}{2}x^2y\right)$在点$(1,1)$的二阶带佩亚诺型余项的泰勒公式.

解　$f(1,1)=1$,

$$f_x(1,1)=\left[\pi xy\cos\left(\frac{\pi}{2}x^2y\right)\right]\Big|_{(1,1)}=0,$$

$$f_y(1,1)=\left[\frac{\pi}{2}x^2\cos\left(\frac{\pi}{2}x^2y\right)\right]\Big|_{(1,1)}=0,$$

$$f_{xx}(1,1)=\left[\pi y\cos\left(\frac{\pi}{2}x^2y\right)-\pi^2x^2y^2\sin\left(\frac{\pi}{2}x^2y\right)\right]\Big|_{(1,1)}=-\pi^2,$$

$$f_{yy}(1,1) = \left[-\left(\frac{\pi}{2}\right)^2 x^4 \sin\left(\frac{\pi}{2}x^2 y\right) \right]\Bigg|_{(1,1)} = -\frac{\pi^2}{4},$$

$$f_{xy}(1,1) = \left[\pi x\cos\left(\frac{\pi}{2}x^2 y\right) - \frac{\pi^2}{2}x^3 y\sin\left(\frac{\pi}{2}x^2 y\right) \right]\Bigg|_{(1,1)} = -\frac{\pi^2}{2}.$$

因此

$$f(x,y) = f[1+(x-1),1+(y-1)]$$
$$= 1 - \frac{\pi^2}{2}\left[(x-1)^2 + (x-1)(y-1) + \frac{1}{4}(y-1)^2\right] + o(\rho^2).$$

习题 8-4(A)

1. 判断下列论述是否正确,并说明理由:

(1) 对多元复合函数来说,欲求其对自变量的偏导数,借助于树形图比较方便.不论中间变量是几元函数,最终求出的偏导数所含的项数等于从因变量到达该自变量的路径数目,某一项有几个因式,取决于与该项相对应的路径中所含有的线段数目;

(2) 对于可微的复合函数 $z = f(x,u,v)$, $u = u(x,y)$, $v = v(x,y)$, z 对于 x 的偏导数 $\dfrac{\partial z}{\partial x} = \dfrac{\partial z}{\partial x} + \dfrac{\partial z}{\partial u}\dfrac{\partial u}{\partial x} + \dfrac{\partial z}{\partial v}\dfrac{\partial v}{\partial x}$;

(3) 利用全微分形式的不变性,对一个多元复合函数来说可以先求其全微分,最后再得出该复合函数对各自变量的偏导数.

2. 求下列函数的导数:

(1) 设函数 $z = \dfrac{y}{x}$, 而 $x = \ln t$, $y = t^3$, 求 $\dfrac{\mathrm{d}z}{\mathrm{d}t}$;

(2) 设函数 $u = xy + yz$, 而 $y = \mathrm{e}^x$, $z = \sin x$, 求 $\dfrac{\mathrm{d}u}{\mathrm{d}x}$;

(3) 设函数 $z = \arctan(xy)$, 而 $y = y(x)$ 是 x 的可微函数, 求 $\dfrac{\mathrm{d}z}{\mathrm{d}x}$.

3. 求下列函数的一阶偏导数:

(1) 设函数 $z = u\mathrm{e}^{\frac{u}{v}}$, 而 $u = x^2 + y^2$, $v = xy$, 求 $\dfrac{\partial z}{\partial x}$ 和 $\dfrac{\partial z}{\partial y}$;

(2) 设函数 $z = (x^2 + y^2)^{xy+1}$, 求 $\dfrac{\partial z}{\partial x}$ 和 $\dfrac{\partial z}{\partial y}$;

(3) 设函数 $z = u^2 v - uv^2$, 而 $u = x\cos y$, $v = \sin y$, 求 $\dfrac{\partial z}{\partial x}$ 和 $\dfrac{\partial z}{\partial y}$.

4. 求下列函数的一阶偏导数(其中函数 f, g 具有一阶连续偏导数或导数):

(1) $z = f(\mathrm{e}^{xy}, x^2 - y^2)$;   (2) $z = \dfrac{x}{f(x^2 - y^2)}$;

(3) $z = f\left(xy, \dfrac{x}{y}\right) + g\left(\dfrac{y}{x}\right)$;   (4) $u = f(x, x+2y+3z, xyz)$.

5. 设函数 $z = x^3 f\left(\dfrac{y}{x^2}\right)$, 其中 $f(u)$ 是可微函数, 证明 $x\dfrac{\partial z}{\partial x} + 2y\dfrac{\partial z}{\partial y} = 3z$.

6. 设 $z = xf(xy^2, \mathrm{e}^{x^2 y})$, 其中函数 f 具有连续的一阶偏导数, 求 $\mathrm{d}z$.

习题 8-4(B)

1. 设函数 $f(x,y)$ 具有连续的一阶偏导数,且 $f(1,1)=1, f_1(1,1)=a, f_2(1,1)=b$,又 $\varphi(x)=f\{x, f[x, f(x,x)]\}$,求 $\varphi'(1)$.

2. 设 $z=f(x,y)$ 有一阶连续偏导数,且满足 $f(x,2x)=x, f_x(x,2x)=x^2$,求 $f_y(x,2x)$.

3. 求下列函数的二阶偏导数(其中函数 f 具有二阶连续偏导数):

(1) $z=f(x\ln y, y-x)$;   (2) $z=xf\left(x, \dfrac{y}{x}\right)$.

4. 若函数 $f(u)$ 有二阶导数,且 $f(0)=0, f'(0)=2$,又函数 $z=f(e^x \sin y)$ 满足方程 $\dfrac{\partial^2 z}{\partial x^2}+\dfrac{\partial^2 z}{\partial y^2}=ze^{2x}$,证明 $f''(u)=f(u)$.

5. 设 $z=f[x+g(y)]$,其中函数 $f(u), g(y)$ 有二阶导数,证明 $\dfrac{\partial z}{\partial x}\cdot\dfrac{\partial^2 z}{\partial x\partial y}=\dfrac{\partial z}{\partial y}\cdot\dfrac{\partial^2 z}{\partial x^2}$.

6. 设 $z=f(x+at)+g(x-at)$,其中函数 $f(u), g(u)$ 有二阶连续导数,证明 $\dfrac{\partial^2 z}{\partial t^2}=a^2\dfrac{\partial^2 z}{\partial x^2}$.

7. 设 $u=f(x,y)$ 有连续的二阶偏导数,而 $x=\dfrac{s-\sqrt{3}t}{2}, y=\dfrac{\sqrt{3}s+t}{2}$,证明 $\dfrac{\partial^2 u}{\partial s^2}+\dfrac{\partial^2 u}{\partial t^2}=\dfrac{\partial^2 u}{\partial x^2}+\dfrac{\partial^2 u}{\partial y^2}$.

*8. 求函数 $f(x,y)=\ln(x+y+1)$ 在点 $(0,0)$ 的带佩亚诺型余项的三阶泰勒公式.

第五节　隐函数的求导法则

在第二章给出了由一个二元方程
$$F(x,y)=0$$
所确定的隐函数的概念,并且通过例子给出了在隐函数存在的前提下,不将这个隐函数显式化,如何直接由方程求隐函数的导数问题.那里还留有一个问题:"**一个方程在满足什么条件时能确定一个隐函数? 这将在下册第八章再作介绍**".现在就来回答这个问题,下面给出由方程 $F(x,y)=0$ 确定一个隐函数的充分条件,并推出该隐函数的求导公式.

我们还要将这个问题做如下两方面推广:(1) 将对二元方程的讨论推广到三元或三元以上的方程;(2) 将由一个方程的情况推广为由几个多元方程所组成的方程组在满足什么条件时可确定隐函数(或一组隐函数),并讨论如何求(各)隐函数的(偏)导数.

1. 一个方程时的情形

1.1　由一个二元方程确定一个一元函数的情形

所谓一个二元方程 $F(x,y)=0$ 在某一点 $P_0(x_0,y_0)$ 的附近确定一个隐函数,是指在这点附近存在唯一的函数 $y=f(x)$,满足
$$y_0=f(x_0) \text{ 及 } F(x,f(x))\equiv 0.$$

例如,对方程 $x^2+y^2=1$,在点 $(1,0)$ 附近(这时 $-1<y<1$),对于任意的 x,通过方程 $x^2+y^2=1$ 都

有 y 的两个值 $y = \pm\sqrt{1-x^2}$ 与之对应. 由函数的单值性, 在点 $(1,0)$ 附近方程 $x^2+y^2=1$ 不能确定隐函数 $y=f(x)$ (图 8-14). 但在点 $(0,1)$ 附近 (这时 $0<y<1$), 对于任意的 x, 都有且只有唯一的 $y=\sqrt{1-x^2}$ 与之对应, 因此在点 $(0,1)$ 附近由这个方程可以确定一个隐函数 $y = f(x)$.

对一给定的二元方程, 满足怎样的条件才能由这个方程确定一个一元 (隐) 函数? 对此, 下面的定理给出了回答. 该定理不仅给出了由方程 $F(x,y)=0$ 确定一个隐函数的充分条件, 并给出了求该隐函数的导数的公式.

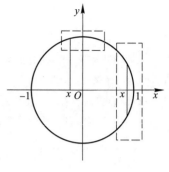

图 8-14

定理 5.1 设函数 $F(x,y)$ 满足

(1) 在点 $P_0(x_0,y_0)$ 处 $F(x_0,y_0)=0$,

(2) $F(x,y)$ 在 $P_0(x_0,y_0)$ 的某邻域内存在连续的偏导数 $F_x(x,y)$ 及 $F_y(x,y)$,

(3) $F_y(x_0,y_0)\neq 0$,

则在 P_0 的某邻域内, 方程 $F(x,y)=0$ 唯一地确定一个具有连续导数的函数 $y=f(x)$, 满足 $y_0=f(x_0)$ 及 $F[x,f(x)]\equiv 0$, 并有

$$\frac{\mathrm{d}y}{\mathrm{d}x} = -\frac{F_x(x,y)}{F_y(x,y)}. \tag{5.1}$$

关于由方程 $F(x,y)=0$ 在某一点 $P_0(x_0,y_0)$ 附近确定一个隐函数的注记

我们看到, 对函数 $F(x,y)=x^2+y^2-1$, 在点 $(0,1)$ 处 $F_y(0,1)=2y\big|_{\substack{x=0\\y=1}}=2\neq 0$, 并满足定理 5.1 的其他条件. 因此由定理 5.1, 方程 $x^2+y^2=1$ 在点 $(0,1)$ 附近可以确定一个隐函数.

> 若要由方程 $F(x,y)=0$ 唯一地确定函数 $x=x(y)$, 应将定理的条件做怎样的改动?

在点 $(1,0)$ 处 $F_y(1,0)=2y\big|_{x=1,y=0}=0$, 由前面的讨论知, 方程 $x^2+y^2=1$ 在点 $(1,0)$ 附近确实不能确定隐函数 $y=f(x)$. 这说明, 虽然该定理给出的是隐函数存在的充分条件而并不是必要的, 但若不满足定理的条件, 确实不能保证该方程能确定一个隐函数.

关于隐函数的存在性我们不予证明, 下面仅在隐函数存在的前提下推出式 (5.1).

将由方程 $F(x,y)=0$ 所确定的隐函数 $y=f(x)$ 代入该方程中, 得

$$F(x,f(x)) \equiv 0.$$

方程的左端可以看作 $F(x,y)$ 及 $y=f(x)$ 复合而成的复合函数. 对方程的两端分别关于 x 求导, 左端利用链式法则, 而右端的导数为零, 即有

$$\frac{\partial F}{\partial x} + \frac{\partial F}{\partial y}\cdot\frac{\mathrm{d}y}{\mathrm{d}x} = 0,$$

由于 $F_y(x_0,y_0)\neq 0$ 及 $F_y(x,y)$ 连续, 因此存在 (x_0,y_0) 的一个邻域, 在这个邻域内, $F_y(x,y)\neq 0$, 于是得

$$\frac{\mathrm{d}y}{\mathrm{d}x} = -\frac{F_x(x,y)}{F_y(x,y)}.$$

> 你看出定理中的条件偏导数连续的意义了吗? 如果条件 (1) 改为 $F_x(x_0,y_0)\neq 0$, $F_x(x,y)$ 连续, 将得到什么样的结论?

例 5.1 验证方程 $\sin(xy)+2^x-e^y=0$ 在点 $O(0,0)$ 附近能确定一个有连续导数的隐函数 $y=f(x)$, 并求出其导数.

解　设 $F(x,y)=\sin(xy)+2^x-e^y$，显然 $F(0,0)=0$.

$F(x,y)$ 的偏导函数 $F_x(x,y)=y\cos(xy)+2^x\ln 2$ 与 $F_y(x,y)=x\cos(xy)-e^y$ 在点 $O(0,0)$ 附近均连续，并且

$$F_y(0,0)=-1\neq 0.$$

由定理 5.1，该方程在点 $O(0,0)$ 的附近能确定一个有连续导数的函数 $y=f(x)$，其导数

$$\frac{\mathrm{d}y}{\mathrm{d}x}=-\frac{F_x}{F_y}=-\frac{y\cos(xy)+2^x\ln 2}{x\cos(xy)-e^y}.$$

在求导数时也可以不去记忆公式(5.1)，而利用上面推出式(5.1)的过程直接对原方程两边分别关于 x 求导：

将方程 $\sin(xy)+2^x-e^y=0$ 两边分别对 x 求导，注意到这里 x 是自变量，y 是 x 的函数 $y=f(x)$，得

$$\cos(xy)(y+xy')+2^x\ln 2-e^yy'=0,$$

解这个关于 y' 的方程，当 $x\cos(xy)-e^y\neq 0$ 时，得

$$y'=-\frac{y\cos(xy)+2^x\ln 2}{x\cos(xy)-e^y}.$$

> 利用这个方法时需要特别注意什么？

如果定理 5.1 中的 $F(x,y)$ 的二阶偏导数也都存在且连续，我们可以把式(5.1)的两端看作 x 的复合函数再一次求导，得

$$\frac{\mathrm{d}^2y}{\mathrm{d}x^2}=\frac{\partial}{\partial x}\left(-\frac{F_x}{F_y}\right)+\frac{\partial}{\partial y}\left(-\frac{F_x}{F_y}\right)\frac{\mathrm{d}y}{\mathrm{d}x}=-\frac{F_{xx}F_y-F_xF_{yx}}{F_y^2}-\frac{F_{xy}F_y-F_xF_{yy}}{F_y^2}\left(-\frac{F_x}{F_y}\right)$$

$$=-\frac{F_{xx}F_y^2-2F_{xy}F_xF_y+F_{yy}F_x^2}{F_y^3}.$$

在实际计算时，通常对求出的 y' 的表达式再继续求导，并借助已有结果化简整理得到 y''.

例 5.2　已知方程 $x^2+y^2=1$ 在点 $(0,1)$ 附近确定一个隐函数 $y=y(x)$，求出该隐函数的二阶导函数 $\dfrac{\mathrm{d}^2y}{\mathrm{d}x^2}$ 在点 $(0,1)$ 处的值.

解　将方程两边对 x 求导，注意到 y 是 x 的函数，得

$$2x+2y\cdot y'=0,$$

因此

$$\frac{\mathrm{d}y}{\mathrm{d}x}=-\frac{x}{y}.$$

继续对 $\dfrac{\mathrm{d}y}{\mathrm{d}x}$ 关于 x 求导，并利用已有的结果进行化简，得

$$\frac{\mathrm{d}^2y}{\mathrm{d}x^2}=\left(-\frac{x}{y}\right)'_x=-\frac{y-xy'}{y^2}=-\frac{y-x\left(-\dfrac{x}{y}\right)}{y^2}=-\frac{x^2+y^2}{y^3}=-\frac{1}{y^3}.$$

于是，在点 $(0,1)$ 处

$$\left.\frac{\mathrm{d}^2y}{\mathrm{d}x^2}\right|_{\substack{x=0\\y=1}}=\left.-\frac{1}{y^3}\right|_{\substack{x=0\\y=1}}=-1.$$

1.2　由一个三元或三元以上的方程确定一个多元函数的情形

将定理 5.1 稍加改动,就可以将上边对二元方程 $F(x,y)=0$ 讨论所得到的结果推广到三元或三元以上的方程时的情形.

定理 5.2　设三元函数 $F(x,y,z)$ 满足

(1) 点 $P_0(x_0,y_0,z_0)$ 处 $F(x_0,y_0,z_0)=0$,

(2) 存在 P_0 的某邻域,在该邻域内 $F(x,y,z)$ 存在连续的偏导数,

(3) $F_z(x_0,y_0,z_0)\neq 0$,

则在 P_0 的某邻域内,方程 $F(x,y,z)=0$ 唯一地确定一个具有连续偏导数的函数 $z=f(x,y)$,满足 $z_0=f(x_0,y_0)$ 及 $F[x,y,f(x,y)]\equiv 0$,并有

> 如果要使该三元方程确定一个函数 $x=x(y,z)$,你看需要将左边的叙述作何改动?

$$\frac{\partial z}{\partial x}=-\frac{F_x}{F_z},\frac{\partial z}{\partial y}=-\frac{F_y}{F_z}.$$

对该定理我们也不予证明,仅就两个偏导数表达式的正确性作如下推导.

利用多元复合函数求导数的链式法则,将 $F(x,y,z)=0$ 的两端分别对 x 求导,注意到 z 是 x, y 的函数,x 与 y 相互独立,得

$$F_x+F_z\cdot\frac{\partial z}{\partial x}=0,$$

当 $F_z\neq 0$ 时,则有

$$\frac{\partial z}{\partial x}=-\frac{F_x}{F_z};$$

类似地可以得到

$$\frac{\partial z}{\partial y}=-\frac{F_y}{F_z}.$$

例 5.3　求由方程 $xy+\cos z+3y=5z$ 确定的隐函数 $z=f(x,y)$ 的一阶偏导数及 $\dfrac{\partial^2 z}{\partial x\partial y}$.

解　设 $F(x,y,z)=xy+\cos z+3y-5z$,则 $F_x(x,y,z)=y$,$F_y=x+3$,$F_z=-\sin z-5\neq 0$.应用定理5.2,则有

$$\frac{\partial z}{\partial x}=-\frac{F_x}{F_z}=-\frac{y}{-5-\sin z}=\frac{y}{5+\sin z},$$

$$\frac{\partial z}{\partial y}=-\frac{F_y}{F_z}=-\frac{3+x}{-5-\sin z}=\frac{3+x}{5+\sin z}.$$

因此

$$\frac{\partial^2 z}{\partial x\partial y}=\left(\frac{y}{5+\sin z}\right)'_y=\frac{1\cdot(5+\sin z)-y(5+\sin z)'_y}{(5+\sin z)^2}$$

$$=\frac{5+\sin z-y(\cos z)\dfrac{\partial z}{\partial y}}{(5+\sin z)^2}=\frac{5+\sin z-y(\cos z)\cdot\dfrac{3+x}{5+\sin z}}{(5+\sin z)^2}$$

$$= \frac{(5+\sin z)^2 - y(3+x)\cos z}{(5+\sin z)^3}.$$

另解　对原方程的两边分别关于 x 求导数,注意到 x,y 作为自变量是相互独立的,而 $z = f(x,y)$ 是 x,y 的函数.于是有

$$y - \sin z \cdot \frac{\partial z}{\partial x} = 5 \cdot \frac{\partial z}{\partial x},$$

当 $5+\sin z \neq 0$ 时,解得

$$\frac{\partial z}{\partial x} = \frac{y}{5+\sin z},$$

用完全类似的方法可得

$$\frac{\partial z}{\partial y} = \frac{3+x}{5+\sin z}.$$

> 由例 5.2 与例 5.3 来看,在求隐函数的二阶偏导数时特别需要注意什么?

求 $\dfrac{\partial^2 z}{\partial x \partial y}$ 同解法 1,这里略去.

例 5.4　设函数 $\varphi(u,v)$ 具有连续的一阶偏导数,方程 $\varphi(cx-az, cy-bz)=0$ 确定了函数 $z = z(x,y)$,求 $az_x + bz_y$,其中 a,b,c 均为常数.

解　该题可以用上面的方法来求解.下面我们利用全微分形式的不变性来解.

$u = cx-az, v = cy-bz.$ 对方程 $\varphi(cx-az, cy-bz)=0$ 的两端分别求全微分,得

$$\varphi_u \cdot \mathrm{d}u + \varphi_v \cdot \mathrm{d}v = 0,$$

即

$$\varphi_u \cdot (c\mathrm{d}x - a\mathrm{d}z) + \varphi_v \cdot (c\mathrm{d}y - b\mathrm{d}z) = 0.$$

由此解 $\mathrm{d}z$,得

$$\mathrm{d}z = \frac{c\varphi_u \mathrm{d}x + c\varphi_v \mathrm{d}y}{a\varphi_u + b\varphi_v}.$$

因此

$$z_x = \frac{c\varphi_u}{a\varphi_u + b\varphi_v}, \quad z_y = \frac{c\varphi_v}{a\varphi_u + b\varphi_v}.$$

于是

$$az_x + bz_y = \frac{ac\varphi_u}{a\varphi_u + b\varphi_v} + \frac{bc\varphi_u}{a\varphi_u + b\varphi_v} = \frac{c(a\varphi_u + b\varphi_v)}{a\varphi_u + b\varphi_v} = c.$$

2. 由一个方程组确定一组隐函数时的情形

实际问题还要求对由方程组所确定的隐函数(或一组隐函数)求(偏)导数.例如,后面(第六节)将要讨论的关于空间曲线的切线与法平面的问题就属于这类问题.

设有方程组

$$\begin{cases} F(x,y,u,v)=0, \\ G(x,y,u,v)=0, \end{cases} \tag{5.2}$$

它含有两个方程、四个变量.当其中两个变量的值取定之后,通过解方程组就有可能(或在满足一定条件时)求出另外两个变量的值.也就是说,在这个方程组中,一般只能有两个变量可以独立地变化(称为独立变量),另两个变量则随之变化.因此我们猜想,有可能在满足一定的条件时,由方程组(5.2)确定两个二元(隐)函数.事实上,有下面的定理.

定理 5.3 若函数 $F(x,y,u,v)$,$G(x,y,u,v)$ 在点 $P_0(x_0,y_0,u_0,v_0)$ 的某邻域内存在连续的偏导数,且 $F(x_0,y_0,u_0,v_0)=0$,$G(x_0,y_0,u_0,v_0)=0$.则当雅可比行列式

$$J=\frac{\partial(F,G)}{\partial(u,v)}=\begin{vmatrix} F_u & F_v \\ G_u & G_v \end{vmatrix}$$

在点 P_0 不等于零时,在 P_0 的某邻域内,方程组(5.2)唯一地确定一组具有连续偏导数的二元函数

> 将该定理的条件与定理 5.1、定理 5.2 的相比较,有哪些主要不同?

$$u=u(x,y),\quad v=v(x,y),\tag{5.3}$$

满足 $F[x,y,u(x,y),v(x,y)]\equiv0$,$G[x,y,u(x,y),v(x,y)]\equiv0$.**并且使得**

$$u_0=u(x_0,y_0),\quad v_0=v(x_0,y_0).$$

对这个定理我们不予证明.下面在满足定理的条件下来讨论:在不将隐函数显化的情况下,如何求出该方程组所确定的两个函数的(偏)导数,比如 $\dfrac{\partial u}{\partial x}$,$\dfrac{\partial v}{\partial x}$.

利用上面例 5.3 对一个方程时的解法的思想作"已知",对方程组(5.2)中每一个方程的两边分别关于 x 求偏导数(注意 u,v 都是 x,y 的函数),从而得到一个关于 $\dfrac{\partial u}{\partial x}$,$\dfrac{\partial v}{\partial x}$ 的方程组

$$\begin{cases} \dfrac{\partial F}{\partial x}+\dfrac{\partial F}{\partial u}\dfrac{\partial u}{\partial x}+\dfrac{\partial F}{\partial v}\dfrac{\partial v}{\partial x}=0, \\[3mm] \dfrac{\partial G}{\partial x}+\dfrac{\partial G}{\partial u}\dfrac{\partial u}{\partial x}+\dfrac{\partial G}{\partial v}\dfrac{\partial v}{\partial x}=0. \end{cases}$$

当雅可比行列式

$$J=\frac{\partial(F,G)}{\partial(u,v)}=\begin{vmatrix} F_u & F_v \\ G_u & G_v \end{vmatrix}\neq0$$

时,解这个方程组,即可求得 $\dfrac{\partial u}{\partial x}$,$\dfrac{\partial v}{\partial x}$.利用类似的方法可以求得 $\dfrac{\partial u}{\partial y}$,$\dfrac{\partial v}{\partial y}$.

例 5.5 求由方程组 $\begin{cases} u^2-v^2+2x=0, \\ uv=y \end{cases}$ 所确定的隐函数 $u=u(x,y)$,$v=v(x,y)$ 的偏导数 u_x,v_x.

解 对方程组的各方程的两边关于 x 求偏导数,注意到这里 x,y 是相互独立的,而 u,v 分别是函数 $u=u(x,y)$,$v=v(x,y)$ 的因变量.我们有

$$\begin{cases} 2uu_x-2vv_x+2=0, \\ vu_x+uv_x=0. \end{cases}$$

解这个关于 u_x,v_x 的方程组,当

$$J=\begin{vmatrix} 2u & -2v \\ v & u \end{vmatrix}=2(u^2+v^2)\neq0$$

> 如果 J 不等于零,该方程组所确定的隐函数的个数与什么相同?隐函数的"元"数呢?该规律对由一个方程确定的隐函数适用吗?有何体会?

时,得

$$u_x = -\frac{u}{u^2+v^2}, \ v_x = \frac{v}{u^2+v^2}.$$

对原方程组的各方程的两边分别关于 y 求偏导数,与上边类似,可以求得 u_y, v_y.

例 5.6 设函数 $x = x(u,v), y = y(u,v)$ 在点 (u,v) 的某邻域内具有连续的偏导数,并且

$$\frac{\partial(x,y)}{\partial(u,v)} = \begin{vmatrix} \dfrac{\partial x}{\partial u} & \dfrac{\partial x}{\partial v} \\ \dfrac{\partial y}{\partial u} & \dfrac{\partial y}{\partial v} \end{vmatrix} \neq 0.$$

证明:(1) 方程组 $\begin{cases} x = x(u,v), \\ y = y(u,v) \end{cases}$ 在点 (x,y,u,v) 的某邻域内唯一确定一组具有连续偏导数的

反函数 $u = u(x,y), v = v(x,y)$,求出这两个反函数对 x,y 的偏导数;

(2)

$$\frac{\partial(u,v)}{\partial(x,y)} = \frac{1}{\dfrac{\partial(x,y)}{\partial(u,v)}}.$$

证 (1) 将方程组 $\begin{cases} x = x(u,v), \\ y = y(u,v) \end{cases}$ 改写成

$$\begin{cases} x - x(u,v) = 0, \\ y - y(u,v) = 0. \end{cases}$$

由假设 $J = \dfrac{\partial(x,y)}{\partial(u,v)} \neq 0$ 及定理 5.3,在点 (x,y,u,v) 的某邻域内唯一确定一组具有连续偏导数的反

函数 $u = u(x,y), v = v(x,y)$.

为求 $u = u(x,y), v = v(x,y)$ 的偏导数,我们采取下面的两个不同的方法.

方法 1 将 $u = u(x,y), v = v(x,y)$ 分别代入 $x = x(u,v), y = y(u,v)$ 之中,得

$$\begin{cases} x = x[u(x,y), v(x,y)], \\ y = y[u(x,y), v(x,y)]. \end{cases}$$

对该方程组的每一个方程的两边都分别关于 x 求偏导数,得

$$\begin{cases} 1 = \dfrac{\partial x}{\partial u} \cdot \dfrac{\partial u}{\partial x} + \dfrac{\partial x}{\partial v} \cdot \dfrac{\partial v}{\partial x}, \\ 0 = \dfrac{\partial y}{\partial u} \cdot \dfrac{\partial u}{\partial x} + \dfrac{\partial y}{\partial v} \cdot \dfrac{\partial v}{\partial x}. \end{cases}$$

由其系数行列式 $J = \dfrac{\partial(x,y)}{\partial(u,v)} \neq 0$,解这个关于 $\dfrac{\partial u}{\partial x}, \dfrac{\partial v}{\partial x}$ 的方程组,得

$$\frac{\partial u}{\partial x} = \frac{1}{J} \frac{\partial y}{\partial v}, \frac{\partial v}{\partial x} = -\frac{1}{J} \frac{\partial y}{\partial u}.$$

同样的方法可求得

$$\frac{\partial u}{\partial y} = -\frac{1}{J} \frac{\partial x}{\partial v}, \frac{\partial v}{\partial y} = \frac{1}{J} \frac{\partial x}{\partial u}.$$

方法 2 对两函数 $x = x(u,v), y = y(u,v)$ 分别求全微分(由于它们都有连续的偏导数,所以

全微分都存在),得

$$\begin{cases} \mathrm{d}x = \dfrac{\partial x}{\partial u}\mathrm{d}u + \dfrac{\partial x}{\partial v}\mathrm{d}v, \\[2mm] \mathrm{d}y = \dfrac{\partial y}{\partial u}\mathrm{d}u + \dfrac{\partial y}{\partial v}\mathrm{d}v. \end{cases}$$

将该方程组看作是以 $\mathrm{d}u,\mathrm{d}v$ 为未知量的线性方程组.解这个方程组,由于其系数行列式 $J = \dfrac{\partial(x,y)}{\partial(u,v)} \neq 0$,可解得

$$\begin{cases} \mathrm{d}u = \dfrac{1}{J}\dfrac{\partial y}{\partial v}\mathrm{d}x - \dfrac{1}{J}\dfrac{\partial x}{\partial v}\mathrm{d}y, \\[3mm] \mathrm{d}v = -\dfrac{1}{J}\dfrac{\partial y}{\partial u}\mathrm{d}x + \dfrac{1}{J}\dfrac{\partial x}{\partial u}\mathrm{d}y. \end{cases}$$

分别与 u,v 的全微分 $\mathrm{d}u = \dfrac{\partial u}{\partial x}\mathrm{d}x + \dfrac{\partial u}{\partial y}\mathrm{d}y$, $\mathrm{d}v = \dfrac{\partial v}{\partial x}\mathrm{d}x + \dfrac{\partial v}{\partial y}\mathrm{d}y$ 相比较,得

> 由这两个不同的解法你有何感想?

$$\frac{\partial u}{\partial x} = \frac{1}{J}\frac{\partial y}{\partial v}, \frac{\partial u}{\partial y} = -\frac{1}{J}\frac{\partial x}{\partial v}, \frac{\partial v}{\partial x} = -\frac{1}{J}\frac{\partial y}{\partial u}, \frac{\partial v}{\partial y} = \frac{1}{J}\frac{\partial x}{\partial u}.$$

(2) 利用(1)所得到的结果,有

$$\frac{\partial(u,v)}{\partial(x,y)} = \begin{vmatrix} \dfrac{\partial u}{\partial x} & \dfrac{\partial u}{\partial y} \\[3mm] \dfrac{\partial v}{\partial x} & \dfrac{\partial v}{\partial y} \end{vmatrix} = \begin{vmatrix} \dfrac{1}{J}\dfrac{\partial y}{\partial v} & -\dfrac{1}{J}\dfrac{\partial x}{\partial v} \\[3mm] -\dfrac{1}{J}\dfrac{\partial y}{\partial u} & \dfrac{1}{J}\dfrac{\partial x}{\partial u} \end{vmatrix} = \frac{1}{J^2}\left(\frac{\partial y}{\partial v}\frac{\partial x}{\partial u} - \frac{\partial x}{\partial v}\frac{\partial y}{\partial u} \right) = \frac{1}{J^2} \cdot J = \frac{1}{J}.$$

也就是

$$\frac{\partial(u,v)}{\partial(x,y)} = \frac{1}{\dfrac{\partial(x,y)}{\partial(u,v)}}.$$

习惯上也将由 $x = x(u,v)$, $y = y(u,v)$ 所得到的反函数 $u = u(x,y)$, $v = v(x,y)$ 称为 $x = x(u,v)$, $y = y(u,v)$ 的逆映射(逆变换)或者简称为它们的逆.由(2)我们看到,这两组函数的雅可比行列式具有倒数关系.这与一元函数的导数与其反函数的导数之间有类似的关系.

历史人物简介

雅可比

习题 8-5(A)

1. 判断下列论述是否正确,并说明理由:

（1）要使方程 $F(x,y)=0$ 确定一个隐函数,如果将定理 5.1 中的条件 $F_y(x_0,y_0)\neq0$ 换为 $F_x(x_0,y_0)\neq0$ 而其他不变,则该方程仍能确定一个隐函数 $y=f(x)$;

（2）如果函数 $F(x_1,x_2,\cdots,x_n)$ 满足类似于定理 5.1 的条件,对各个自变量有连续偏导数,且对某个变量的偏导数不为零,则 n 元方程 $F(x_1,x_2,\cdots,x_n)=0$ 可以确定一个具有连续偏导数的 $n-1$ 元函数;

（3）若按照教材中的说法,一个方程组可以确定一组多元函数.那么函数的个数等于方程组中方程的个数,函数的元数等于方程中所含变量的总个数减去方程的个数;

（4）若方程组 $\begin{cases}F(x,y,u,v)=0,\\G(x,y,u,v)=0\end{cases}$ 能确定两个二元隐函数 $u=u(x,y)$,$v=v(x,y)$,那么,通过对该方程组中的各个方程的两边关于同一个变量 x 求导,就可以得到含有 u_x,v_x 的方程组,通过解这个方程组,就可以求得 u_x,v_x.

2. 若函数 $y=y(x)$ 分别由下列方程确定,求 $\dfrac{\mathrm{d}y}{\mathrm{d}x}$:

（1）$(x^2+y^2)^3-3(x^2+y^2)+1=0$; 　（2）$y^2=\sin(xy)+\mathrm{e}^x$;

（3）$xy-\ln y=\mathrm{e}$; 　（4）$y=1+y^x$.

3. 若函数 $z=z(x,y)$ 分别由下列方程确定,求 $\dfrac{\partial z}{\partial x}$ 及 $\dfrac{\partial z}{\partial y}$:

（1）$xy+yz+zx=1$; 　（2）$x+2y+z=2\sqrt{xyz}$;

（3）$x+z=\mathrm{e}^{x-y}$; 　（4）$\mathrm{e}^{xz}+\sin\dfrac{y}{x}=0$.

4. 设函数 $x=x(y,z)$ 由方程 $\arctan(x\mathrm{e}^z)+y\mathrm{e}^x=1$ 确定,求 $\dfrac{\partial x}{\partial z}$.

5. 设函数 $y=y(x,z)$ 由方程 $\mathrm{e}^{x+y}=xyz$ 确定,求 $\dfrac{\partial y}{\partial x}$.

6. 设函数 $f(x,y,z)=\mathrm{e}^x yz^2$,而函数 $z=z(x,y)$ 由方程 $x+y+z=xyz$ 确定,求 $f_x(0,1,-1)$.

7. 设函数 $u=\mathrm{e}^{xyz}$,而函数 $y=y(x)$,$z=z(x)$ 分别由方程 $y=\mathrm{e}^{xy}$ 及 $xz=\mathrm{e}^z$ 确定,求导数 $\dfrac{\mathrm{d}u}{\mathrm{d}x}$.

8. 若函数 $z=z(x,y)$ 由方程 $f(xz,\mathrm{e}^{yz})=0$ 确定,其中 $f(u,v)$ 是可微函数,求 $\dfrac{\partial z}{\partial x}$ 和 $\dfrac{\partial z}{\partial y}$.

9. 若函数 $x=x(y,z)$,$y=y(x,z)$,$z=z(x,y)$ 都是由方程 $F(x,y,z)=0$ 确定的隐函数,其中 $F(x,y,z)$ 有一阶连续非零的偏导数,证明 $\dfrac{\partial x}{\partial y}\cdot\dfrac{\partial y}{\partial z}\cdot\dfrac{\partial z}{\partial x}=-1$.

习题 8-5(B)

1. 若函数 $y=y(x)$ 分别由下列方程确定,求 $\dfrac{\mathrm{d}^2y}{\mathrm{d}x^2}$:

（1）$y=x+\ln y$; 　（2）$\ln\sqrt{x^2+y^2}=\arctan\dfrac{y}{x}$.

2. 若函数 $z=z(x,y)$ 分别由下列方程确定:

（1）$\sin(xyz^2)=xyz^2$，求$\dfrac{\partial^2 z}{\partial x \partial y}$；　　　　　（2）$\dfrac{x}{z}=\ln\dfrac{z}{y}$，求$\dfrac{\partial^2 z}{\partial x^2}$及$\dfrac{\partial^2 z}{\partial y^2}$.

3. 若函数$z=z(x,y)$由方程$z^5-xz^4+yz^3=1$确定，求$\dfrac{\partial^2 z}{\partial x \partial y}\bigg|_{(0,0)}$.

4. 若函数$z=z(x,y)$由方程$F\left(\dfrac{1}{x}-\dfrac{1}{y}-\dfrac{1}{z}\right)=\dfrac{1}{z}$确定，其中$F(u)$是可微函数，证明$x^2\dfrac{\partial z}{\partial x}+y^2\dfrac{\partial z}{\partial y}=0$.

5. 设函数$z=f(u)$，而$u=u(x,y)$由方程$u=\varphi(u)+\displaystyle\int_x^y P(t)\,\mathrm{d}t$确定，其中函数$P(t)$连续，$f(u)$，$\varphi(u)$可微，且$\varphi'(u)\neq 1$，证明$P(x)\dfrac{\partial z}{\partial y}+P(y)\dfrac{\partial z}{\partial x}=0$.

6. 某工件的外表面是一个椭球面，其方程由$x^2+y^2+z^2+xz+yz=5$给出，现在点$(1,1,1)$处将其局部线性化（即做一个切平面），求局部线性化表达式.

7. 求由下列方程组所确定函数的导数或偏导数：

（1）$\begin{cases} z=x^2+y^2, \\ x^2+2y^2+3z^2=20, \end{cases}$ 求$\dfrac{\mathrm{d}y}{\mathrm{d}x}$和$\dfrac{\mathrm{d}z}{\mathrm{d}x}$.

（2）$\begin{cases} x=\mathrm{e}^u+u\sin v, \\ y=\mathrm{e}^u-u\cos v, \end{cases}$ 求 $\mathrm{d}u$ 和 $\mathrm{d}v$.

第六节　一元向量值函数　多元函数微分学在几何中的应用

在一元函数微分学中，利用导数研究了函数与平面中的曲线，得出了许多有意义的结果.现在学习了多元函数的微分学，我们自然猜想，利用它应该能研究空间中的曲面与曲线.

回答是肯定的.下面让我们先回忆在一元函数中用导数研究平面曲线的切线的思想方法，从而利用它作"已知"来研究空间中的曲线.

为求平面曲线$y=f(x)$在点$(x_0,f(x_0))$处的切线方程，我们首先通过求函数$y=f(x)$在点x_0处的导数从而确定该切线的方向.现在要考察空间曲线的切线，我们自然也想确定它的方向，虽然在第七章第六节给出了空间曲线的几种形式的方程，但它们都是方程组形式，因此无法像一元函数$y=f(x)$那样通过求导得到.

在第七章我们知道，若将空间中动点的三个坐标看作同一个变量（参数）的函数，作为动点的轨迹，空间曲线可以用含有一个参数的参数方程来表示.比如，螺旋线的参数方程为

$$\begin{cases} x=R\cos\omega t, \\ y=R\sin\omega t, \qquad 0\leqslant t<+\infty. \\ z=vt, \end{cases}$$

根据空间中的点与向径之间的对应关系，该曲线上任意点的向径可以写成

$$\boldsymbol{r}=\boldsymbol{r}(t)=(R\cos\omega t)\boldsymbol{i}+(R\sin\omega t)\boldsymbol{j}+(vt)\boldsymbol{k}, \quad 0\leqslant t<+\infty.$$

它可以看作是关于变量t的一元函数.由此我们不禁设想：能否用这样的形式将空间曲线的方程表示为一元函数的形式呢？

事实上这个想法是可行的.将上面对具体实例（螺旋线）的讨论一般化，利用向量作"已知"引入一类新的函数——向量值函数.下面将会看到，用向量值函数可以将空间曲线的方程用一元

函数来表示,用它讨论某些与曲线有关的问题将会相对方便.

1. 一元向量值函数　曲线的向量值方程

作为预备知识,先来介绍一元向量值函数并研究它的导数,然后借助向量值函数的导数的几何意义,给出空间曲线切线的方向向量.

1.1　一元向量值函数

设空间曲线 Γ 的参数方程为

$$\begin{cases} x=x(t), \\ y=y(t), a\leqslant t\leqslant b. \\ z=z(t), \end{cases} \quad (6.1)$$

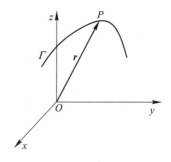

图 8-15

对于任意 $t\in[a,b]$,由式(6.1)就得到唯一的一组数 $x(t),y(t),$ $z(t)$,也就唯一地确定了一个点 $P(x(t),y(t),z(t))$,因而也就唯一地确定了一个向径 $\boldsymbol{r}=\overrightarrow{OP}=(x(t),y(t),z(t))$.如果将空间 $Oxyz$ 中向量的集合记为 X,那么,

$$\boldsymbol{r}=\boldsymbol{r}(t)=(x(t),y(t),z(t)), \quad t\in[a,b] \quad (6.2)$$

确定了区间 $[a,b]$ 到 X 的一个映射.称该映射为定义在区间 $[a,b]$ 上的**向量值函数**.t 称为自变量,区间 $[a,b]$ 为其定义域,$x(t),y(t),z(t)$ 称为其分量函数.由于它只有一个自变量

> 比较向量值函数与数值函数,二者有何异同?

t,因此称为**一元向量值函数**,简称向量值函数.与向量值函数相对应,称之前所讨论的函数值为数值的函数为数量值函数,简称**数值函数**.显然,向量值函数的分量函数都是数值函数.式(6.2)也可写为

$$\boldsymbol{r}=\boldsymbol{r}(t)=x(t)\boldsymbol{i}+y(t)\boldsymbol{j}+z(t)\boldsymbol{k}, \quad t\in[a,b]$$

的形式.当 t 取遍区间 $[a,b]$ 上的值时,向径 $\overrightarrow{OP}$ 的终点 P 的轨迹就是曲线 Γ(图 8-15),因此,称方程(6.2)为曲线 Γ 的**向量值方程**,简称向量方程,曲线 Γ 称为向量值函数(6.2)的**终端曲线**,简称该向量值函数的**图形**或曲线.

有了曲线的向量值方程,我们不禁要问:能否定义一元向量值函数的导数?从而像借助一元函数的导数研究平面曲线的切线那样,利用一元向量值函数的导数研究空间曲线的切线?回答是可以的.像讨论一元数值函数的导数需要用极限作"已知"那样,讨论向量值函数的导数也需要用极限作"已知".为此,下面借助定义一元(数值)函数的极限的思想与方法,给出一元向量值函数极限的定义.

定义 6.1　设一元向量值函数 $\boldsymbol{r}=\boldsymbol{r}(t)=(x(t),y(t),z(t))$ 在 t_0 的某去心邻域内有定义,$\boldsymbol{a}=(a_1,a_2,a_3)$ 是一个常向量.如果对于任给的 $\varepsilon>0$,存在 $\delta>0$,使得当 $0<|t-t_0|<\delta$ 时,恒有

$$|\boldsymbol{r}-\boldsymbol{a}|=\sqrt{(x(t)-a_1)^2+(y(t)-a_2)^2+(z(t)-a_3)^2}<\varepsilon$$

成立,则称向量 $\boldsymbol{a}$ 为向量值函数 $\boldsymbol{r}=\boldsymbol{r}(t)$ 当 $t\to t_0$ 时的极限,记作

$$\lim_{t\to t_0}\boldsymbol{r}(t)=\boldsymbol{a}.$$

> 比较定义 6.1 与第一章中(数值)函数极限的定义,二者之间有何异同?

由定义 6.1 及 $|x(t)-a_1|\leqslant|\boldsymbol{r}-\boldsymbol{a}|$ 等,容易证明,当 $t\to t_0$ 时,向量值函数 $\boldsymbol{r}=\boldsymbol{r}(t)$ 以向量 $\boldsymbol{a}$ 为极限的充要条件是 $\boldsymbol{r}(t)$ 的

每个分量以 a 相应的分量为极限. 即

$$\lim_{t\to t_0} \boldsymbol{r}(t) = \boldsymbol{a} \Leftrightarrow \lim_{t\to t_0} x(t) = a_1,\ \lim_{t\to t_0} y(t) = a_2,\ \lim_{t\to t_0} z(t) = a_3.$$

将数值函数连续的概念平移过来, 就有向量值函数连续的定义:

设向量值函数 $\boldsymbol{r} = \boldsymbol{r}(t)$ 在 t_0 的某邻域内有定义, 若 $\lim\limits_{t\to t_0}\boldsymbol{r}(t) = \boldsymbol{r}(t_0)$, 则称 $\boldsymbol{r}$ 在 t_0 连续.

由向量值函数极限存在的充要条件以及连续的定义, 显然, 向量值函数 $\boldsymbol{r} = \boldsymbol{r}(t)$ 在点 t_0 连续的充要条件是其分量 $x(t), y(t), z(t)$ 在 t_0 都连续.

1.2　一元向量值函数的导数

下面利用研究一元(数值)函数的导数的思想及向量值函数的极限作"已知", 给出一元向量值函数的导数的定义.

定义 6.2　设有向量值函数 $\boldsymbol{r} = \boldsymbol{r}(t)$, 若 $\boldsymbol{r} = \boldsymbol{r}(t)$ 在 t_0 点的某邻域内有定义, 并且

$$\lim_{\Delta t\to 0}\frac{\Delta \boldsymbol{r}}{\Delta t} = \lim_{\Delta t\to 0}\frac{\boldsymbol{r}(t_0+\Delta t) - \boldsymbol{r}(t_0)}{\Delta t}$$

存在, 则称该极限为向量值函数 $\boldsymbol{r} = \boldsymbol{r}(t)$ 在点 t_0 的导数.

从形式上看, 定义 6.2 与一元函数的导数有何联系? 该定义利用向量的哪些知识作"已知"?

该极限仍是一个向量, 因此也称向量值函数的导数为导向量, 记作 $\boldsymbol{r}'(t_0)$ 或 $\left.\dfrac{\mathrm{d}\boldsymbol{r}}{\mathrm{d}t}\right|_{t=t_0}$.

设 $\boldsymbol{r} = \boldsymbol{r}(t)$ 的各分量 $x(t), y(t), z(t)$ 在点 t_0 都可导, 则 $\boldsymbol{r} = \boldsymbol{r}(t)$ 在 t_0 点的导向量

$$\begin{aligned}\boldsymbol{r}'(t_0) &= \lim_{\Delta t\to 0}\frac{\Delta \boldsymbol{r}}{\Delta t} = \lim_{\Delta t\to 0}\frac{\boldsymbol{r}(t_0+\Delta t) - \boldsymbol{r}(t_0)}{\Delta t}\\ &= \lim_{\Delta t\to 0}\frac{[x(t_0+\Delta t)\boldsymbol{i}+y(t_0+\Delta t)\boldsymbol{j}+z(t_0+\Delta t)\boldsymbol{k}] - [x(t_0)\boldsymbol{i}+y(t_0)\boldsymbol{j}+z(t_0)\boldsymbol{k}]}{\Delta t}\\ &= \lim_{\Delta t\to 0}\frac{x(t_0+\Delta t)-x(t_0)}{\Delta t}\boldsymbol{i}+\lim_{\Delta t\to 0}\frac{y(t_0+\Delta t)-y(t_0)}{\Delta t}\boldsymbol{j}+\lim_{\Delta t\to 0}\frac{z(t_0+\Delta t)-z(t_0)}{\Delta t}\boldsymbol{k}\\ &= x'(t_0)\boldsymbol{i}+y'(t_0)\boldsymbol{j}+z'(t_0)\boldsymbol{k}.\end{aligned}$$

由此看到, 向量值函数 $\boldsymbol{r}(t)$ 在点 t_0 可导的充要条件是它的各分量在点 t_0 皆可导, 并且向量值函数的导数是由其各分量的导数所构成的向量; 因此在各分量的导数都存在且不都为零时, 向量值函数 $\boldsymbol{r}(t)$ 有不为零向量的导向量.

上述推导中, 各步分别利用了向量的哪些知识作"已知"?

例 6.1　设 $\boldsymbol{r} = \boldsymbol{r}(t) = (\mathrm{e}^t)\boldsymbol{i}+(\cos t)\boldsymbol{j}+(2t)\boldsymbol{k}$, 求 $\boldsymbol{r}'(t)$.

解　对 $\boldsymbol{r} = \boldsymbol{r}(t) = x(t)\boldsymbol{i}+y(t)\boldsymbol{j}+z(t)\boldsymbol{k}$, 有 $x(t) = \mathrm{e}^t, y(t) = \cos t, z(t) = 2t$, 因而 $x'(t) = \mathrm{e}^t, y'(t) = -\sin t, z'(t) = 2$. 因此

$$\boldsymbol{r}'(t) = x'(t)\boldsymbol{i}+y'(t)\boldsymbol{j}+z'(t)\boldsymbol{k} = (\mathrm{e}^t)\boldsymbol{i}-(\sin t)\boldsymbol{j}+2\boldsymbol{k}$$

从向量值函数的极限、连续、可导的定义来看, 它与数值函数有什么关联?

设 $\boldsymbol{u}(t), \boldsymbol{v}(t)$ 为可导的向量值函数, $\boldsymbol{C}$ 为常向量. 容易将数值函数的求导法则平移到向量值函数.

(1) $\dfrac{\mathrm{d}\boldsymbol{C}}{\mathrm{d}t} = \boldsymbol{0}$;

（2）$\dfrac{\mathrm{d}}{\mathrm{d}t}\left[\boldsymbol{u}(t)\pm\boldsymbol{v}(t)\right]=\boldsymbol{u}'(t)\pm\boldsymbol{v}'(t)$；

（3）$\dfrac{\mathrm{d}}{\mathrm{d}t}\left[\varphi(t)\boldsymbol{u}(t)\right]=\varphi'(t)\boldsymbol{u}(t)+\varphi(t)\boldsymbol{u}'(t)$，其中 $\varphi(t)$ 为数值函数，

特别地，$\dfrac{\mathrm{d}}{\mathrm{d}t}\left[c\boldsymbol{u}(t)\right]=c\boldsymbol{u}'(t)$，其中 c 为常数；

（4）$\dfrac{\mathrm{d}}{\mathrm{d}t}\left[\boldsymbol{u}(t)\cdot\boldsymbol{v}(t)\right]=\boldsymbol{u}'(t)\cdot\boldsymbol{v}(t)+\boldsymbol{u}(t)\cdot\boldsymbol{v}'(t)$；

（5）$\dfrac{\mathrm{d}}{\mathrm{d}t}\left[\boldsymbol{u}(t)\times\boldsymbol{v}(t)\right]=\boldsymbol{u}'(t)\times\boldsymbol{v}(t)+\boldsymbol{u}(t)\times\boldsymbol{v}'(t)$；

（6）$\dfrac{\mathrm{d}}{\mathrm{d}t}\boldsymbol{u}\left[\varphi(t)\right]=\varphi'(t)\boldsymbol{u}'\left[\varphi(t)\right]$，其中 $\varphi(t)$ 为数值函数.

证明从略.

1.3 曲线的切向量 导向量的几何意义

设有空间曲线 Γ，其方程为

$$\boldsymbol{r}=\boldsymbol{r}(t)=(x(t),y(t),z(t)),\quad t\in[a,b],$$

其中 $x(t),y(t),z(t)$ 都是在 $t_0\in[a,b]$ 时可导的数值函数. 像定义平面曲线的切线那样，定义 Γ 在点 $M(x(t_0),y(t_0),z(t_0))$ 处的切线如下：当曲线上另一异于 M 的点 $N(x(t_0+\Delta t),y(t_0+\Delta t),z(t_0+\Delta t))$ 沿 Γ 趋于 M 时，称割线 $\overline{MN}$ 的极限位置 $\overrightarrow{MT}$ 为 Γ 在点 M 处的切线（图 8-16）.

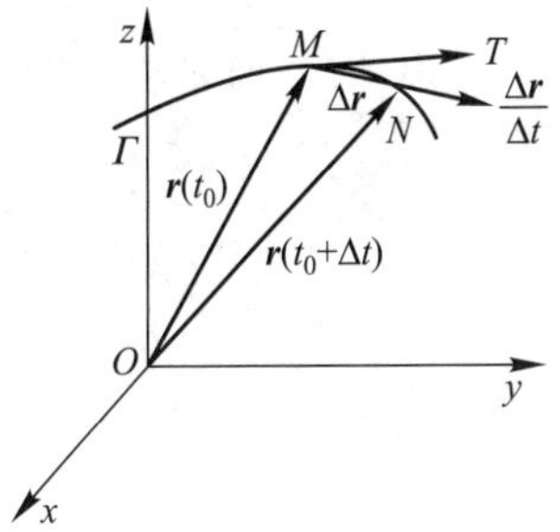

图 8-16

当给定了切点，只需求出切线的方向向量，就可以用空间直线的点向式方程写出该切线的方程.显然，由切线的定义，切线的方向向量应定义为（动）割线的方向向量的极限.

为此，先求割线 $\overrightarrow{MN}$ 的一方向向量.设点 M,N 的向径分别为 $\boldsymbol{r}(t_0),\boldsymbol{r}(t_0+\Delta t)$，则向量

$$\overrightarrow{MN}=\overrightarrow{ON}-\overrightarrow{OM}=\boldsymbol{r}(t_0+\Delta t)-\boldsymbol{r}(t_0)=\Delta\boldsymbol{r}$$

就是割线 $\overrightarrow{MN}$ 的一个方向向量.由于 $\Delta t\neq0$ 是一个数，因此由向量的数乘运算，向量 $\dfrac{\overrightarrow{MN}}{\Delta t}=\dfrac{\Delta\boldsymbol{r}}{\Delta t}$ 也是割线 $\overrightarrow{MN}$ 的一个方向向量. 该向量在当 $\Delta t\to0$ 时的极限——向量值函数 $\boldsymbol{r}(t)$ 在点 t_0 的导数

$$\lim_{\Delta t\to0}\frac{\Delta\boldsymbol{r}}{\Delta t}=x'(t_0)\boldsymbol{i}+y'(t_0)\boldsymbol{j}+z'(t_0)\boldsymbol{k} \tag{6.3}$$

就是过点 M 的切线的方向向量，简称曲线 Γ 在点 M 处的**切向量**.

设切向量 $\boldsymbol{r}'(t_0)$ 不是零向量.如图 8-16，向量 $\Delta\boldsymbol{r}=\boldsymbol{r}(t_0+\Delta t)-\boldsymbol{r}(t_0)$ 的指向是从点 M 沿曲线到点 N 的走向.当 $\Delta t>0$ 时，$t_0+\Delta t>t_0$，因此这个方向正是参数 t 增大的方向，从而 $\dfrac{\Delta\boldsymbol{r}}{\Delta t}$ 的方向也是参数增大的方向；当 $\Delta t<0$ 时，$t_0+\Delta t<t_0$，向量 $\Delta\boldsymbol{r}=\boldsymbol{r}(t_0+\Delta t)-\boldsymbol{r}(t_0)$ 的指向是参数减小的方向，但由

$\Delta t<0$, 因而 $\dfrac{\Delta \boldsymbol{r}}{\Delta t}$ 的方向与 $\Delta \boldsymbol{r}$ 方向相反, 因此 $\dfrac{\Delta \boldsymbol{r}}{\Delta t}$ 的方向仍然是参数增大的方向; 上述讨论说明, 不论 $\Delta t>0$ 还是 $\Delta t<0$, 向量 $\dfrac{\Delta \boldsymbol{r}}{\Delta t}=\dfrac{1}{\Delta t}\Delta \boldsymbol{r}$ 的方向总对应于曲线的参数增大的方向. 因此, 若导向量 $\boldsymbol{r}'(t_0)=\lim\limits_{\Delta t\to 0}\dfrac{\Delta \boldsymbol{r}}{\Delta t}$ 不是零向量, 它在几何上表示曲线 Γ 上与 t_0 对应的点处的切线的一个方向向量, 其指向为 t 增大的方向.

例 6.2　设一质点在空间中运动的轨迹方程为 $\boldsymbol{r}=\boldsymbol{f}(t)=(2\cos t)\boldsymbol{i}+(3\sin t)\boldsymbol{j}+4t\boldsymbol{k}$, 求质点在 $t=\dfrac{\pi}{2}$ 时的速度向量、加速度向量及速率.

解　由 $\boldsymbol{r}=\boldsymbol{f}(t)=(2\cos t)\boldsymbol{i}+(3\sin t)\boldsymbol{j}+4t\boldsymbol{k}$, 因此

$$\boldsymbol{v}=\boldsymbol{r}'=\boldsymbol{f}'(t)=(2\cos t)'\boldsymbol{i}+(3\sin t)'\boldsymbol{j}+(4t)'\boldsymbol{k}=(-2\sin t)\boldsymbol{i}+(3\cos t)\boldsymbol{j}+4\boldsymbol{k},$$

$$\boldsymbol{a}=\boldsymbol{v}'(t)=(-2\sin t)'\boldsymbol{i}+(3\cos t)'\boldsymbol{j}+(4)'\boldsymbol{k}=(-2\cos t)\boldsymbol{i}+(-3\sin t)\boldsymbol{j}.$$

速率为速度向量的大小, 即速度向量的模, 由 $\boldsymbol{v}=(-2\sin t)\boldsymbol{i}+(3\cos t)\boldsymbol{j}+4\boldsymbol{k}$, 因此在任意时刻 t 时的速率为

$$|\boldsymbol{v}|=|(-2\sin t)\boldsymbol{i}+(3\cos t)\boldsymbol{j}+4\boldsymbol{k}|=\sqrt{(-2\sin t)^2+(3\cos t)^2+4^2}=\sqrt{20+5\cos^2 t}.$$

于是, 在 $t=\dfrac{\pi}{2}$ 时该质点的速度向量、加速度向量、速率分别是

$$\boldsymbol{v}\big|_{t=\frac{\pi}{2}}=\left(-2\sin\frac{\pi}{2}\right)\boldsymbol{i}+\left(3\cos\frac{\pi}{2}\right)\boldsymbol{j}+4\boldsymbol{k}=-2\boldsymbol{i}+4\boldsymbol{k},$$

$$\boldsymbol{a}\big|_{t=\frac{\pi}{2}}=\left(-2\cos\frac{\pi}{2}\right)\boldsymbol{i}+\left(-3\sin\frac{\pi}{2}\right)\boldsymbol{j}=-3\boldsymbol{j},$$

$$\left|\boldsymbol{v}\left(\frac{\pi}{2}\right)\right|=|-2\boldsymbol{i}+4\boldsymbol{k}|=\sqrt{20}=2\sqrt{5}.$$

2. 空间曲线的切线方程与法平面方程

2.1　参数方程时的情形

设曲线 Γ 的参数方程为

$$\begin{cases} x=x(t), \\ y=y(t), \quad a\leqslant t\leqslant b, \\ z=z(t), \end{cases}$$

则它的向量值方程为

$$\boldsymbol{r}=\boldsymbol{r}(t)=(x(t),y(t),z(t)), \quad t\in[a,b].$$

假定 $x(t),y(t),z(t)$ 皆可导, 并且对任意的 $t:a\leqslant t\leqslant b$, 三个导数不同时为零. 设 t_0 对应曲线上的点 $M(x_0,y_0,z_0)$, 其中 $x_0=x(t_0)$, $y_0=y(t_0)$, $z_0=z(t_0)$. 根据上边的讨论, 曲线在点 M 处的一个切向量为 $\boldsymbol{T}=(x'(t_0),y'(t_0),z'(t_0))$, 因此由直线的点向式方程, M 点处的切线方程为

$$\frac{x-x_0}{x'(t_0)}=\frac{y-y_0}{y'(t_0)}=\frac{z-z_0}{z'(t_0)}. \tag{6.4}$$

平面曲线还有法线.但对空间曲线来说,相应的就是法平面了.

过点 M 并以向量 $\boldsymbol{T}=(x'(t_0),y'(t_0),z'(t_0))$ 为法向量的平面称为曲线 Γ 在点 M 处的**法平面**.因此,曲线 Γ 在点 M 处的**法平面方程**为

$$x'(t_0)(x-x_0)+y'(t_0)(y-y_0)+z'(t_0)(z-z_0)=0. \tag{6.5}$$

例 6.3 求曲线 $x=\sin t,y=\cos t,z=\tan t$ 在 $t=\dfrac{\pi}{4}$ 对应点处的切线方程和法平面方程.

解 由曲线的方程容易得到,$t=\dfrac{\pi}{4}$ 对应的点为 $M\left(\dfrac{\sqrt{2}}{2},\dfrac{\sqrt{2}}{2},1\right)$.并且在点 M 处,

$$x'_t\big|_{t=\frac{\pi}{4}}=\cos t\big|_{t=\frac{\pi}{4}}=\frac{\sqrt{2}}{2},\ y'_t\big|_{t=\frac{\pi}{4}}=(-\sin t)\big|_{t=\frac{\pi}{4}}=-\frac{\sqrt{2}}{2},\ z'_t\big|_{t=\frac{\pi}{4}}=(\sec^2 t)\big|_{t=\frac{\pi}{4}}=2.$$

因此曲线在点 M 处的切向量为 $\left(\dfrac{\sqrt{2}}{2},-\dfrac{\sqrt{2}}{2},2\right)$ 或 $(\sqrt{2},-\sqrt{2},4)$.于是切线方程为

$$\frac{x-\dfrac{\sqrt{2}}{2}}{\sqrt{2}}=\frac{y-\dfrac{\sqrt{2}}{2}}{-\sqrt{2}}=\frac{z-1}{4},$$

> 从本例的解法来看,在求曲线的切线和法平面方程时,求出什么是关键?

法平面方程为

$$\sqrt{2}\left(x-\frac{\sqrt{2}}{2}\right)-\sqrt{2}\left(y-\frac{\sqrt{2}}{2}\right)+4(z-1)=0,$$

也即

$$x-y+2\sqrt{2}z-2\sqrt{2}=0.$$

2.2 方程为 $\begin{cases}y=y(x),\\ z=z(x),\end{cases} a\leqslant x\leqslant b$ 时的情形

如果空间曲线的方程是 $\begin{cases}y=y(x),\\ z=z(x),\end{cases} a\leqslant x\leqslant b$ 的形式,其中 $y(x),z(x)$ 可导.显然应利用上面对参数方程研究的结果作"已知"来研究该曲线的切线方程与法平面方程.为此把它看作以 x 为参数的参数方程

$$\begin{cases}x=x,\\ y=y(x),\\ z=z(x),\end{cases}$$

依照对参数方程研究所得到的结果,曲线上与 $x=x_0$ 对应的点 $(x_0,y(x_0),z(x_0))$ 处的切向量为 $\boldsymbol{T}=(1,y'(x_0),z'(x_0))$.因而曲线在点 $(x_0,y(x_0),z(x_0))$ 处的切线方程为

$$\frac{x-x_0}{1}=\frac{y-y(x_0)}{y'(x_0)}=\frac{z-z(x_0)}{z'(x_0)},$$

法平面方程为

$$x-x_0+y'(x_0)[y-y(x_0)]+z'(x_0)[z-z(x_0)]=0.$$

例 6.4 求曲线 $y=\sqrt{2x},z=1-x$ 在点 $(2,2,-1)$ 处的切线及法平面方程.

解　该曲线的方程可以写作以 x 为参数的参数方程

$$\begin{cases} x = x, \\ y = \sqrt{2x}, \\ z = 1-x. \end{cases}$$

分别对方程 $y=\sqrt{2x}$，$z=1-x$ 的两边关于 x 求导，得

$$y' = \frac{1}{\sqrt{2x}}, \ z' = -1.$$

由于点 $(2,2,-1)$ 对应（参数）$x=2$，因此该曲线在点 $(2,2,-1)$ 处的切向量为 $\left(1, \dfrac{1}{2}, -1\right)$ 或取 $(2, 1, -2)$．故该曲线在这点处的切线方程为

$$\frac{x-2}{2} = \frac{y-2}{1} = \frac{z+1}{-2};$$

法平面方程为

$$2(x-2) + 1(y-2) - 2(z+1) = 0,$$

或

$$2x+y-2z-8 = 0.$$

2.3　一般式方程的情形

设空间曲线方程为 $\begin{cases} F(x,y,z) = 0, \\ G(x,y,z) = 0 \end{cases}$ 的形式，遵循用"已知"研究"未知"的思想，应该将它写为上面 2.1 或 2.2 小节中所讨论过的形式．

> 讨论一般式方程时所能利用的"已知"是什么？

根据隐函数存在定理，如果在点 $M(x_0,y_0,z_0)$ 附近该方程组可以确定一组具有连续导数的（隐）函数 $y=y(x)$，$z=z(x)$，这样一来，问题就转化为上述 2.2 小节的情形．根据第五节的讨论，可以求出这组隐函数的导数 $y'(x)$，$z'(x)$，这就得到曲线在点 M 的切向量 $(1, y'(x_0), z'(x_0))$，从而可以写出曲线在这点处的切线方程和法平面方程．

例 6.5　求曲线 $\begin{cases} y^2 = 2x, \\ z^2 = x-1 \end{cases}$ 在点 $(2,2,1)$ 处的切线方程．

> 有人说，例 6.5 与例 6.4 都属于 2.2 所讨论的类型，应先写为参数方程
> $$y = \pm\sqrt{2x}, z = \pm\sqrt{x-1}.$$
> 该方程组是曲线的参数方程吗？

解　容易验证，该方程组确定一组隐函数 $\begin{cases} y = y(x), \\ z = z(x). \end{cases}$ 下面求它们的导数．为此，对方程组 $\begin{cases} y^2 = 2x, \\ z^2 = x-1 \end{cases}$ 中两个方程的两边分别关于 x 求导，得

$$\begin{cases} 2yy' = 2, \\ 2zz' = 1. \end{cases}$$

于是，在点 $(2,2,1)$ 处，

$$y' = \frac{1}{y}\bigg|_{y=2} = \frac{1}{2}, \ z' = \frac{1}{2z}\bigg|_{z=1} = \frac{1}{2}.$$

因此在点 $(2,2,1)$ 处,曲线的切向量为 $\boldsymbol{T}=\left(1,\dfrac{1}{2},\dfrac{1}{2}\right)$,或取 $\boldsymbol{T}=(2,1,1)$.故在这点处曲线的切线方程为

$$\frac{x-2}{2}=\frac{y-2}{1}=\frac{z-1}{1}.$$

例 6.6 求曲线 $x^2+y^2+z^2=6,x+y+2z=1$ 在点 $(1,-2,1)$ 处的切线和法平面方程.

解 将所给的两个方程的两边分别对 x 求导,得

$$\begin{cases} 2x+2y\dfrac{\mathrm{d}y}{\mathrm{d}x}+2z\dfrac{\mathrm{d}z}{\mathrm{d}x}=0, \\[2mm] 1+\dfrac{\mathrm{d}y}{\mathrm{d}x}+2\dfrac{\mathrm{d}z}{\mathrm{d}x}=0. \end{cases}$$

解这个关于 $\dfrac{\mathrm{d}y}{\mathrm{d}x},\dfrac{\mathrm{d}z}{\mathrm{d}x}$ 的方程组,得

$$\frac{\mathrm{d}y}{\mathrm{d}x}=\frac{z-2x}{2y-z},\quad \frac{\mathrm{d}z}{\mathrm{d}x}=\frac{x-y}{2y-z}.$$

关于由曲线的一般
方程求其切向量的
注记

在点 $(1,-2,1)$ 处,有

$$\frac{\mathrm{d}y}{\mathrm{d}x}\bigg|_{(1,-2,1)}=\frac{z-2x}{2y-z}\bigg|_{(1,-2,1)}=\frac{1}{5},\frac{\mathrm{d}z}{\mathrm{d}x}\bigg|_{(1,-2,1)}=\frac{x-y}{2y-z}\bigg|_{(1,-2,1)}=-\frac{3}{5},$$

因此在点 $(1,-2,1)$ 处,曲线的切向量为 $\boldsymbol{T}=\left(1,\dfrac{1}{5},-\dfrac{3}{5}\right)$,或取 $\boldsymbol{T}=(5,1,-3)$.故在这点处曲线的切线方程为

$$\frac{x-1}{5}=\frac{y+2}{1}=\frac{z-1}{-3};$$

法平面方程为

$$5\cdot(x-1)+1\cdot(y+2)+(-3)(z-1)=0,$$

即

$$5x+y-3z=0.$$

> 综合以上的讨论及各例来看,
> 要写出曲线的切线方程、法平
> 面方程,关键要求出什么?

3. 曲面的切平面与法线

对曲线我们讨论了它的切线,不难想象,对曲面就要研究
其切平面了.比如一个足球静止地放在平整的地面上,可以认为地平面是足球表面(球面)的切平
面.实际中这种现象是比较常见的,下面就一般地来研究所谓曲面的切平面问题.

3.1 曲面方程为 $F(x,y,z)=0$ 时的情形

设点 $M(x_0,y_0,z_0)$ 为曲面 $\varSigma:F(x,y,z)=0$ 上的一点.显然,过点 M 可以作无数个平面.那么怎
样的平面才能称作曲面 $\varSigma$ 在点 M 处的切平面呢?

这是一个"未知",前面讨论了空间曲线的切线,下面就利用空间曲线的切线作"已知"来研
究它.

假定函数 $F(x,y,z)$ 在点 M 存在连续的,并且不同时为零的偏导数.

在上述假设下,曲面 Σ 上过点 $M(x_0,y_0,z_0)$ 可以作无数条曲线,并且这些曲线在点 M 处都具有切线.下面来证明,这些切线都位于过点 M 且以向量 $(F_x(x_0,y_0,z_0),F_y(x_0,y_0,z_0),F_z(x_0,y_0,z_0))$ 为法向量的平面上.

下面来证明这一事实.

假设 Γ 是曲面 Σ 上过点 M 的任意一条曲线(图 8-17),其参数方程为

$$x=x(t)\,,\ y=y(t)\,,\ z=z(t)\ (\alpha\le t\le\beta)\,,$$

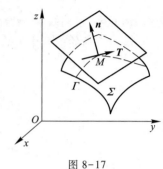

图 8-17

M 对应的参数为 t_0.设 $x'(t_0)$,$y'(t_0)$,$z'(t_0)$ 存在并且不全为零,那么曲线 Γ 在点 M 处的切向量为 $\boldsymbol{T}=(x'(t_0),y'(t_0),z'(t_0))$.又 Γ 在曲面 Σ 上,因此有恒等式

$$F(x(t)\,,\ y(t)\,,\ z(t))\equiv0\,,\ \alpha\le t\le\beta.$$

对该恒等式的两边分别关于变量 t 在 t_0 处求导数,左边利用链式法则,得

$$F_x(x_0,y_0,z_0)x'(t_0)+F_y(x_0,y_0,z_0)y'(t_0)+F_z(x_0,y_0,z_0)z'(t_0)=0\,,$$

它等价于

$$(F_x(x_0,y_0,z_0),F_y(x_0,y_0,z_0),F_z(x_0,y_0,z_0))\cdot(x'(t_0),y'(t_0),z'(t_0))=0\,,$$

记 $\boldsymbol{n}=(F_x(x_0,y_0,z_0),F_y(x_0,y_0,z_0),F_z(x_0,y_0,z_0))$,上式即是

$$\boldsymbol{n}\cdot\boldsymbol{T}=0.$$

这个等式说明,曲线 Γ 在点 M 处的切向量 $\boldsymbol{T}$ 与向量 $\boldsymbol{n}$ 垂直,或说 Γ 在点 M 处的切线与 $\boldsymbol{n}$ 垂直.由 Γ 的任意性,因此曲面 Σ 上过点 M 的任意光滑曲线在点 M 处的切线都垂直于同一向量 $\boldsymbol{n}$,即它们都在过点 M 并与 $\boldsymbol{n}$ 垂直的平面内,称这个平面为曲面过点 M 的**切平面**.

垂直于曲面的切平面的向量称为曲面的**法向量**,由上面的讨论知,向量

$$\boldsymbol{n}=(F_x(x_0,y_0,z_0),F_y(x_0,y_0,z_0),F_z(x_0,y_0,z_0))$$

为曲面 Σ 在 M 点处的一个**法向量**.

由平面的点法式方程,该曲面在点 M 处的**切平面的方程**为

$$F_x(x_0,y_0,z_0)(x-x_0)+F_y(x_0,y_0,z_0)(y-y_0)+F_z(x_0,y_0,z_0)(z-z_0)=0. \tag{6.6}$$

过点 M 且与曲面在点 M 的切平面垂直的直线称为曲面在 M 点处的**法线**.显然,它以曲面在点 M 处的法向量为方向向量,由直线的点向式方程,易得该法线方程为

$$\frac{x-x_0}{F_x(x_0,y_0,z_0)}=\frac{y-y_0}{F_y(x_0,y_0,z_0)}=\frac{z-z_0}{F_z(x_0,y_0,z_0)}. \tag{6.7}$$

与曲线的光滑性定义相类似,如果曲面 Σ 上各个点处都有切平面,并且切平面的法向量随着切点的连续移动而连续移动,就称 Σ 为**光滑曲面**.因此,当曲面 $F(x,y,z)=0$ 的法向量的每一个分量 F_x,F_y,F_z 都连续且不同时为零时,该曲面为光滑曲面.如果曲面 Σ 不光滑,但将它适当分割为有限片后每一片都是光滑的,则称 Σ 是**分片光滑的**.

例 6.7　求椭球面 $\dfrac{x^2}{3}+\dfrac{y^2}{12}+\dfrac{z^2}{9}=1$ 在点 $M(1,2,\sqrt{3})$ 处的切平面和法线方程.

从式(6.6)与式(6.7)来看,在求曲面的切平面方程与法线方程时,求出什么是关键?

解　$F(x,y,z)=\dfrac{x^2}{3}+\dfrac{y^2}{12}+\dfrac{z^2}{9}-1$,因此

$$F_x(x,y,z)=\frac{2x}{3},F_y(x,y,z)=\frac{y}{6},F_z(x,y,z)=\frac{2z}{9},$$

于是,该曲面在点 $M(1,2,\sqrt{3})$ 处的法向量为

$$\boldsymbol{n}=\left(\frac{2x}{3},\frac{y}{6},\frac{2z}{9}\right)\bigg|_{\substack{x=1\\y=2\\z=\sqrt{3}}}=\left(\frac{2}{3},\frac{1}{3},\frac{2\sqrt{3}}{9}\right).$$

为简单起见,取法向量为 $(6,3,2\sqrt{3})$.于是,曲面过点 $M(1,2,\sqrt{3})$ 的切平面方程为

$$6(x-1)+3(y-2)+2\sqrt{3}(z-\sqrt{3})=0,$$

也即

$$6x+3y+2\sqrt{3}z-18=0;$$

法线方程为

$$\frac{x-1}{6}=\frac{y-2}{3}=\frac{z-\sqrt{3}}{2\sqrt{3}}.$$

3.2　曲面方程为 $z=f(x,y)$ 时的情形

如果曲面方程是由 $z=f(x,y)$ 的形式给出的,为了利用 3.1 小节讨论的结果作"已知",应首先把它化为

$$F(x,y,z)=0$$

的形式,这里 $F(x,y,z)=f(x,y)-z$. 因此,当函数 $f(x,y)$ 的偏导数 $f_x(x,y),f_y(x,y)$ 在点 (x,y) 处连续时,曲面的法向量为

$$\boldsymbol{n}=(f_x(x,y),f_y(x,y),-1),$$

曲面在点 (x_0,y_0,z_0) 处的切平面方程为

$$f_x(x_0,y_0)(x-x_0)+f_y(x_0,y_0)(y-y_0)-(z-z_0)=0;\quad(6.8)$$

法线方程为

$$\frac{x-x_0}{f_x(x_0,y_0)}=\frac{y-y_0}{f_y(x_0,y_0)}=\frac{z-z_0}{-1}.\tag{6.9}$$

> 还能化成另外形式的 $F(x,y,z)=0$ 吗?试一试.并分析在这样的不同情形下所求出的法向量之间有何关系.对求出的切平面、法线方程有影响吗?

例 6.8　求抛物面 $z=3-x^2-y^2$ 在点 $M(1,1,1)$ 处的切平面、法线方程.

解　$f(x,y)=3-x^2-y^2$,因此

$$\boldsymbol{n}=(f_x(x,y),f_y(x,y),-1)=(-2x,-2y,-1),$$

在点 $M(1,1,1)$ 处,曲面的法向量为

$$\boldsymbol{n}\big|_{(1,1,1)}=(-2,-2,-1).$$

不妨取作 $(2,2,1)$.于是得到该抛物面在点 $M(1,1,1)$ 处的切平面方程为

$$2(x-1)+2(y-1)+(z-1)=0,$$

即

$$2x+2y+z-5=0;$$

> 为什么将法向量取为 $(2,2,1)$?

法线方程为

$$\frac{x-1}{2}=\frac{y-1}{2}=\frac{z-1}{1}.$$

若将式(6.8)写成

$$z-z_0=f_x(x_0,y_0)(x-x_0)+f_y(x_0,y_0)(y-y_0)$$

的形式.该式的右端是函数 $z=f(x,y)$ 在点 (x_0,y_0) 的全微分,左端是沿切平面的点的竖坐标的增量.由此可以对全微分给出如下几何解释:函数 $z=f(x,y)$ 在点 (x_0,y_0) 的全微分为,当自变量 x,y 发生改变时,相应的点沿曲面在 (x_0,y_0,z_0) 处的切平面移动时竖坐标的增量.

习题 8-6(A)

1. 判断下列论述是否正确,并说明理由:

(1) 如果曲线的参数方程为 $\begin{cases}x=x(t),\\y=y(t),\\z=z(t)\end{cases}(a\leqslant t\leqslant b)$,那么它就对应一个向量值方程 $\boldsymbol{r}(t)=x(t)\boldsymbol{i}+y(t)\boldsymbol{j}+z(t)\boldsymbol{k}$,若 $x'(t),y'(t),z'(t)$ 存在并且不同时为零,那么曲线在相应点处的切向量为 $(x'(t),y'(t),z'(t))$,由此,利用直线的点向式方程就可写出该点处的切线方程;

(2) 求曲线上一点处的切线方程与法平面方程的关键是求切向量,而其中又以参数方程为基础,其他形式的曲线方程都划归为参数方程,找出相应的切向量,然后写出要求的方程;

(3) 曲面的切平面方程是以曲面的一般方程 $F(x,y,z)=0$ 为基础进行讨论的,如果曲面方程为 $z=f(x,y)$ 的形式,那么必须把它化为 $F(x,y,z)=0$ 的形式,其中 $F(x,y,z)=f(x,y)-z$,因而它在点 $M(x_0,y_0,z_0)$ 处的法向量一定为 $\boldsymbol{n}=(f_x(x_0,y_0),f_y(x_0,y_0),-1)$,切平面方程为

$$f_x(x_0,y_0)(x-x_0)+f_y(x_0,y_0)(y-y_0)-(z-z_0)=0;$$

(4) 如果曲线为一般方程 $\begin{cases}F(x,y,z)=0,\\G(x,y,z)=0,\end{cases}$ 那么曲线在 $M(x_0,y_0,z_0)$ 点的切向量可取为 $\boldsymbol{T}=\begin{vmatrix}\boldsymbol{i}&\boldsymbol{j}&\boldsymbol{k}\\F_x&F_y&F_z\\G_x&G_y&G_z\end{vmatrix}_{M=M_0}$.

2. 空间一质点 M 在时刻 t 时的位置为 $\boldsymbol{r}(t)=(t+1)\boldsymbol{i}+(t^2-1)\boldsymbol{j}+2t\boldsymbol{k}$,求质点在 $t=1$ 时刻的速度 $\boldsymbol{v}$ 和加速度 $\boldsymbol{a}$.

3. 求曲线 $\boldsymbol{r}(t)=\frac{t}{1+t}\boldsymbol{i}+\frac{1+t}{t}\boldsymbol{j}+t^2\boldsymbol{k}$ 在点 $M\left(\frac{1}{2},2,1\right)$ 处的切线及法平面方程.

4. 求曲线 $x=t-\sin t,y=1-\cos t,z=4\sin\frac{t}{2}$ 在对应于 $t=\frac{\pi}{2}$ 的点处的切线及法平面方程.

5. 求曲线 $y^2=2mx,z^2=m-x$ 在点 $M(x_0,y_0,z_0)$ 处的切线及法平面方程.

6. 求曲线 $\begin{cases}x^2+y^2+z^2=6,\\x^3+y+z^2=0\end{cases}$ 在点 $M(1,-2,1)$ 处的切线及法平面方程.

7. 求曲面 $5z^2+4x^2y-6xz^2=3$ 在点 $M(1,1,1)$ 处的切平面及法线方程.

8. 求曲面 $z=\arctan\frac{y}{x}$ 在点 $M\left(1,1,\frac{\pi}{4}\right)$ 处的切平面及法线方程.

习题 8-6(B)

1. 求曲线 $x=t,y=t^2,z=t^3$ 上的一点,使得在该点的切线平行于平面 $x+2y+z=4$,并写出该点处的切线和法平

面方程.

2. 求曲面 $x^2+2y^2+3z^2=21$ 的平行于平面 $x+4y+6z=0$ 的切平面方程.

3. 设平面 $3x+\lambda y-3z+16=0$ 与椭球面 $3x^2+y^2+z^2=16$ 相切,求 λ 的值.

4. 证明二次曲面 $ax^2+by^2+cz^2=k$ 在点 $M(x_0,y_0,z_0)$ 处的切平面方程为
$$ax_0x+by_0y+cz_0z=k.$$

5. 证明曲面 $\sqrt{x}+\sqrt{y}+\sqrt{z}=\sqrt{a}\,(a>0)$ 上任一点处的切平面在各坐标轴上的截距之和等于 a.

第七节 方向导数与梯度

偏导数刻画了当自变量沿平行于坐标轴方向变化时函数的变化率.但是仅有偏导数还不能满足实际问题的需要.例如,山体滑坡时泥石流的流动、日光灯的光的传播、暖气片对热的传播等,其能量的传播都是沿各个不同的方向,这就不是仅有偏导数所能解决的.本节要讨论的"方向导数"就刻画了函数随自变量沿指定的射线方向变化的变化率.

1. 方向导数

1.1 方向导数的概念

设函数 $z=f(x,y)$ 在点 $P_0(x_0,y_0)$ 的某邻域内有定义,l 是 xOy 平面上以 P_0 为端点的一条射线(图 8-18),其单位方向向量为 $e_l=(\cos\alpha,\cos\beta)$.当动点沿射线 l 从点 (x_0,y_0) 移动到点 $P(x_0+t\cos\alpha,y_0+t\cos\beta)(t>0)(P$ 仍属于 $U(P_0))$ 时,移动的距离为 t,函数值的改变为
$$f(x_0+t\cos\alpha,y_0+t\cos\beta)-f(x_0,y_0),$$
那么
$$\frac{f(x_0+t\cos\alpha,y_0+t\cos\beta)-f(x_0,y_0)}{t}$$

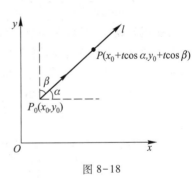

图 8-18

就是动点沿射线 l 从点 P_0 移动到 P 时函数对距离的平均变化率.利用研究一元函数导数的思想方法作"已知",不难猜想,如果要考察函数在点 $P_0(x_0,y_0)$ 处沿方向 l 的变化率,应该考察该平均变化率在距离 $t\to0$ 时的极限.这就是所谓的方向导数.

定义 7.1 设函数 $z=f(x,y)$ 在点 $P_0(x_0,y_0)$ 的某邻域有定义,l 是平面 xOy 中一非零向量,其方向余弦为 $\cos\alpha,\cos\beta$.$P(x_0+t\cos\alpha,y_0+t\cos\beta)(t>0)$ 为 l 上的一点(P 仍属于 $U(P_0)$)如果极限
$$\lim_{t\to0^+}\frac{f(x_0+t\cos\alpha,y_0+t\cos\beta)-f(x_0,y_0)}{t}$$
存在,则称该极限值为函数 $z=f(x,y)$ 在点 P_0 沿方向 l 的方向导数,记为 $\left.\dfrac{\partial f}{\partial l}\right|_{(x_0,y_0)}$.即

117

$$\frac{\partial f}{\partial \boldsymbol{l}}\Bigg|_{(x_0,y_0)} = \lim_{t\to 0^+}\frac{f(x_0+t\cos\alpha,y_0+t\cos\beta)-f(x_0,y_0)}{t}.$$

我们看到,方向导数实际是函数在给定点沿指定方向对距离的变化率,也简称函数在给定点沿指定方向的变化率.

1.2　方向导数与偏导数

函数在一点处沿方向 $\boldsymbol{l}$ 的方向导数是该函数在这点处沿方向 $\boldsymbol{l}$ 所在的射线 l 的变化率;函数在这点处的偏导数是该函数在这点沿平行于坐标轴的直线的变化率.我们猜想:二者之间应有一定的联系.下面就来研究这个问题.

首先假设函数 $z=f(x,y)$ 在点 $P_0(x_0,y_0)$ 处的偏导数 $f_x(x_0,y_0)$ 存在.在直线 $y=y_0$ 上,从点 P_0 出发有两条相反方向——与正 x 轴同向或反向——的射线.下面来考察函数在点 P_0 沿这两条射线的方向导数.

x 轴的正方向即是方向 $\boldsymbol{l}:\left(\cos 0,\cos\dfrac{\pi}{2}\right)$,由 $f_x(x_0,y_0)$ 存在,因此函数沿这个方向的方向导数

$$\lim_{t\to 0^+}\frac{f\left(x_0+t\cos 0,y_0+t\cos\dfrac{\pi}{2}\right)-f(x_0,y_0)}{t}=\lim_{t\to 0^+}\frac{f(x_0+t,y_0)-f(x_0,y_0)}{t}=f_x(x_0,y_0);$$

x 轴负方向的方向余弦为 $\cos\pi,\cos\dfrac{\pi}{2}$,因此它沿 x 轴负方向的方向导数

$$\lim_{t\to 0^+}\frac{f\left(x_0+t\cos\pi,y_0+t\cos\dfrac{\pi}{2}\right)-f(x_0,y_0)}{t}=\lim_{t\to 0^+}\frac{f(x_0-t,y_0)-f(x_0,y_0)}{t}=-f_x(x_0,y_0).$$

也就是说,当函数在一点的偏导数存在时,在这点,它沿平行于坐标轴的两个不同方向的方向导数都存在,但当 $f_x(x_0,y_0)\neq 0$ 时它们并不相等,而是互为相反数.

> 从这里的推导及得到的结果,你有何体会?

反过来,函数 $z=f(x,y)$ 在点 (x_0,y_0) 沿平行于 x 轴的两个相反方向的方向导数都存在,并不能保证在这点的偏导数 $f_x(x_0,y_0)$ 存在.

例如,函数 $z=\sqrt{x^2+y^2}$ 在 $(0,0)$ 点沿 x 轴的正方向的方向导数

$$\lim_{t\to 0^+}\frac{f\left(0+t\cos 0,0+t\cos\dfrac{\pi}{2}\right)-f(0,0)}{t}=\lim_{t\to 0^+}\frac{f(t,0)-f(0,0)}{t}$$

$$=\lim_{t\to 0^+}\frac{\sqrt{t^2}-0}{t}=\lim_{t\to 0^+}\frac{t-0}{t}=1.$$

类似地也可得到,它沿 x 轴负方向的方向导数也存在(其证明留给读者).但由第二节例 2.5 知,函数在该点处的偏导数却不存在.

同样的讨论可以得到,函数 $z=f(x,y)$ 的另一个偏导数 $f_y(x_0,y_0)$ 与沿平行于 y 轴的两相反方向的方向导数之间也有类似的关系.

1.3　方向导数的计算

依照定义通过求极限来计算函数的方向导数往往会给计算带来困难甚至不能求出,因此需

要探讨另外的求方向导数的方法.我们猜想,应该用偏导数作"已知"来解决方向导数计算这一"未知".事实上,这个猜想是成立的,这就是下面的定理 7.1.

定理 7.1 若函数 $z=f(x,y)$ 在点 $P_0(x_0,y_0)$ 可微分,那么它在这点沿任一方向 l 的方向导数都存在,并且

$$\frac{\partial f}{\partial l}\bigg|_{(x_0,y_0)}=f_x(x_0,y_0)\cos\alpha+f_y(x_0,y_0)\cos\beta, \tag{7.1}$$

其中 $\cos\alpha,\cos\beta$ 为方向 l 的方向余弦.

证 在 l 上任取一点 $P_t(x_0+t\cos\alpha,y_0+t\cos\beta)$.由函数在点 (x_0,y_0) 可微分,因此有

$$f(P_t)-f(P_0)=f(x_0+t\cos\alpha,y_0+t\cos\beta)-f(x_0,y_0)$$
$$=f_x(x_0,y_0)t\cos\alpha+f_y(x_0,y_0)\cdot t\cos\beta+o(t).$$

于是

$$\frac{\partial f}{\partial l}=\lim_{t\to0^+}\frac{f(x_0+t\cos\alpha,y_0+t\sin\alpha)-f(x_0,y_0)}{t}$$
$$=\lim_{t\to0^+}\frac{f_x(x_0,y_0)t\cos\alpha+f_y(x_0,y_0)t\cos\beta+o(t)}{t}$$
$$=f_x(x_0,y_0)\cos\alpha+f_y(x_0,y_0)\cos\beta.$$

> 由式(7.1)来看,方向导数与哪些量有关?

> 左边第二个等号是怎么得出的?最后为什么加 $o(t)$ 呢?

注意定理 7.1 的条件为函数在这点可微分,再结合函数可微与偏导数的关系(定理 3.2)有:

推论 若函数在点 P_0 的某邻域内各偏导数都存在并在点 P_0 连续,那么函数在点 P_0 有沿任意方向的方向导数,并有式(7.1)成立.

> 多元函数在一点连续、可微、可偏导、偏导数连续、方向导数存在之间的关系小结

例 7.1 求函数 $u=x^2+y^2$ 在点 $(1,2)$ 处沿从点 $(1,2)$ 到点 $(2,2+\sqrt{3})$ 的方向的方向导数.

解 这里的方向即为向量 $l=(2-1,2+\sqrt{3}-2)=(1,\sqrt{3})$ 的方向,其单位向量

$$e_l=\left(\frac{1}{|l|},\frac{\sqrt{3}}{|l|}\right)=\left(\frac{1}{2},\frac{\sqrt{3}}{2}\right).$$

因此其方向余弦为

$$\cos\alpha=\frac{1}{2},\cos\beta=\frac{\sqrt{3}}{2}.$$

又

$$\frac{\partial u}{\partial x}\bigg|_{(1,2)}=2x\big|_{(1,2)}=2,\frac{\partial u}{\partial y}\bigg|_{(1,2)}=2y\big|_{(1,2)}=4.$$

因此

$$\frac{\partial u}{\partial l}\bigg|_{(1,2)}=\frac{\partial u}{\partial x}\bigg|_{(1,2)}\cos\alpha+\frac{\partial u}{\partial y}\bigg|_{(1,2)}\cos\beta=2\times\frac{1}{2}+4\times\frac{\sqrt{3}}{2}=1+2\sqrt{3}.$$

上面对二元函数的研究可推广到三元或更多元的函数.比如,设有三元函数 $f(x,y,z)$ 在点 (x_0,y_0,z_0) 可微分,那么它在这点处沿方向 $l:(\cos\alpha,\cos\beta,\cos\gamma)$ 的方向导数为

$$\frac{\partial f}{\partial l}\bigg|_{(x_0,y_0,z_0)} = f_x(x_0,y_0,z_0)\cos \alpha + f_y(x_0,y_0,z_0)\cos \beta + f_z(x_0,y_0,z_0)\cos \gamma. \tag{7.2}$$

例 7.2 设有函数 $u = x^2 + xy + z^2$，求该函数在点 $(1,1,1)$ 处沿方向 $l:(1,-1,1)$ 的方向导数.

解 方向 l 的单位向量

> 欲求函数在某点处沿某方向的方向导数,必须首先求出什么?

$$(\cos \alpha, \cos \beta, \cos \gamma) = \frac{l}{|l|}$$

$$= \left(\frac{1}{\sqrt{1^2+(-1)^2+1^2}}, \frac{-1}{\sqrt{1^2+(-1)^2+1^2}}, \frac{1}{\sqrt{1^2+(-1)^2+1^2}} \right) = \left(\frac{1}{\sqrt{3}}, \frac{-1}{\sqrt{3}}, \frac{1}{\sqrt{3}} \right).$$

函数 $u = x^2 + xy + z^2$ 在点 $(1,1,1)$ 处的偏导数分别为

$$u_x\big|_{(1,1,1)} = (2x+y)\big|_{(1,1,1)} = 3, \quad u_y\big|_{(1,1,1)} = x\big|_{(1,1,1)} = 1, \quad u_z\big|_{(1,1,1)} = 2z\big|_{(1,1,1)} = 2,$$

因此,由式(7.2),有

$$\frac{\partial u}{\partial l}\bigg|_{(1,1,1)} = u_x(1,1,1)\cos \alpha + u_y(1,1,1)\cos \beta + u_z(1,1,1)\cos \gamma$$

$$= 3 \cdot \frac{1}{\sqrt{3}} + 1 \cdot \frac{-1}{\sqrt{3}} + 2 \cdot \frac{1}{\sqrt{3}} = \frac{4}{\sqrt{3}}.$$

2. 梯度

2.1 梯度的概念

根据定理 7.1,若函数在某点可微分,那么函数在这点具有沿任意方向的方向导数.也就是说,函数在其可微点处有无穷多个方向导数.我们不禁要问,在这无穷多的方向导数中有无最大者与最小者? 如果有,沿什么方向的方向导数最大? 沿什么方向的方向导数最小? 分别怎么计算? 这往往是实际问题以及科学研究中需要解决的问题.下面引入的"梯度"能容易地回答这些问题.

设函数 $z = f(x,y)$ 在一点 (x,y) 具有连续的偏导数,因此在这点函数有沿任一方向 l 的方向导数,并且

$$\frac{\partial f(x,y)}{\partial l} = \frac{\partial f(x,y)}{\partial x}\cos \alpha + \frac{\partial f(x,y)}{\partial y}\cos \beta.$$

其中 $(\cos \alpha, \cos \beta)$ 为 l 的单位向量.引入向量 $g(x,y) = \left(\frac{\partial f(x,y)}{\partial x}, \frac{\partial f(x,y)}{\partial y} \right)$,则有

$$\frac{\partial f}{\partial l} = \frac{\partial f}{\partial x}\cos \alpha + \frac{\partial f}{\partial y}\cos \beta = (\cos \alpha, \cos \beta) \cdot g(x,y).$$

由此看到,当方向 l 也即向量 $(\cos \alpha, \cos \beta)$ 确定之后,函数 $f(x,y)$ 在点 (x,y) 处沿方向 l 的方向导数只与向量 $g(x,y)$ 有关.

称向量 $g(x,y) = \left(\frac{\partial f(x,y)}{\partial x}, \frac{\partial f(x,y)}{\partial y} \right)$ 为函数 $z = f(x,y)$ 在点 (x,y) 处的**梯度**.记作 $\text{grad} f(x,y)$,即

> 梯度的本质是什么? 它由哪些量来决定?

$$\text{grad} f(x,y) = \left(\frac{\partial f(x,y)}{\partial x}, \frac{\partial f(x,y)}{\partial y} \right).$$

我们看到,二元函数在某点的梯度是以该函数在这点的两个偏导数为分向量的向量.

引入算子 ∇: $\nabla = \dfrac{\partial}{\partial x}\boldsymbol{i} + \dfrac{\partial}{\partial y}\boldsymbol{j}$, 称为(二维)向量微分算子,也称为 **Nabla 算子**,则

$$\nabla f = \frac{\partial f}{\partial x}\boldsymbol{i} + \frac{\partial f}{\partial y}\boldsymbol{j} = \mathbf{grad}\, f.$$

例 7.3　求函数 $z = 2x^2 + y^2$ 在点 $(2,1)$ 处的梯度.

解　由于

$$\left.\frac{\partial z}{\partial x}\right|_{(2,1)} = (4x)\,|_{(2,1)} = 8, \quad \left.\frac{\partial z}{\partial y}\right|_{(2,1)} = (2y)\,|_{(2,1)} = 2,$$

所以

$$\mathbf{grad}\, f(2,1) = (8,2) = 2(4,1).$$

> 一个方向的方向向量之间可以相差一个倍数,由左边看,能取向量 $(4,1)$ 作为要求的梯度吗?

设 u,v 为二元函数,c 为一任意实数.由于梯度是向量,因此由向量的运算性质容易证明梯度的下列性质都是成立的:

$$\mathbf{grad}(cu) = c\,\mathbf{grad}\, u;$$

$$\mathbf{grad}(u+v) = \mathbf{grad}\, u + \mathbf{grad}\, v;$$

$$\mathbf{grad}(uv) = v\,\mathbf{grad}\, u + u\,\mathbf{grad}\, v;$$

$$\mathbf{grad}\left(\frac{u}{v}\right) = \frac{v\,\mathbf{grad}\, u - u\,\mathbf{grad}\, v}{v^2}.$$

上述讨论可以推广到三元函数.即,若三元函数 $f(x,y,z)$ 在空间区域 G 内具有一阶连续偏导数,则在 G 内任意一点 $M(x,y,z)$ 处可以定义其梯度

$$\mathbf{grad}\, f(x,y,z) = \frac{\partial f}{\partial x}\boldsymbol{i} + \frac{\partial f}{\partial y}\boldsymbol{j} + \frac{\partial f}{\partial z}\boldsymbol{k}.$$

像对二元函数那样,如果引入(三维)微分算子 $\nabla = \dfrac{\partial}{\partial x}\boldsymbol{i} + \dfrac{\partial}{\partial y}\boldsymbol{j} + \dfrac{\partial}{\partial z}\boldsymbol{k}$,则有

$$\nabla f(x,y,z) = \frac{\partial f}{\partial x}\boldsymbol{i} + \frac{\partial f}{\partial y}\boldsymbol{j} + \frac{\partial f}{\partial z}\boldsymbol{k} = \mathbf{grad}\, f(x,y,z).$$

2.2　方向导数与梯度的关系

有了梯度的概念,可以将函数 $f(x,y)$ 在点 (x,y) 处沿方向 l:$(\cos\alpha, \cos\beta)$ 的方向导数写作

$$\frac{\partial f}{\partial l} = \frac{\partial f}{\partial x}\cos\alpha + \frac{\partial f}{\partial y}\cos\beta = (\cos\alpha, \cos\beta)\cdot\mathbf{grad}\, f(x,y).$$

设该梯度与方向 l 的夹角为 θ,利用向量的数量积的定义,得

$$\frac{\partial f}{\partial l} = (\cos\alpha, \cos\beta)\cdot\mathbf{grad}\, f(x,y)$$

$$= |(\cos\alpha, \cos\beta)|\cdot|\mathbf{grad}\, f(x,y)|\cdot\cos\theta = |\mathbf{grad}\, f(x,y)|\cdot\cos\theta.$$

由此看到,函数在一点处沿方向 l 的方向导数与梯度之间的关系——方向导数等于函数在这点的梯度的模乘方向 l 与该梯度之间夹角 θ 的余弦.由此容易得到:

> 能用向量的投影来解释方向导数的意义吗?

当 $\theta = 0$ 时,即方向 l 与梯度方向一致时,方向导数最大,为 $|\mathbf{grad}\, f(x,y)|$,因此沿该方向函

数增加得最快(因此函数变化最快);

当 $\theta = \pi$ 时,即当方向 l 与梯度方向相反时,方向导数最小,为 $-\left|\operatorname{grad} f(x,y)\right|$,由于方向导数小于零,说明函数是减少的,而且减少的速度最快(因此函数变化最快);

当方向 l 与梯度的方向垂直,即 $\theta = \dfrac{\pi}{2}$ 时,方向导数为零,也就是说,当自变量沿这个方向变化时,函数不发生改变.

在实际问题中,研究变化率最大的方向及沿这个方向的变化率有着非常重要的实际意义.因此梯度有着重要的意义.

例 7.4　求函数 $f(x,y,z) = xyz$ 在点 $(1,-1,1)$ 处沿什么方向的方向导数最大? 沿什么方向的方向导数最小? 分别是多少?

解　由于

$$\left.\frac{\partial f}{\partial x}\right|_{(1,-1,1)} = (yz)\big|_{(1,-1,1)} = -1,\ \left.\frac{\partial f}{\partial y}\right|_{(1,-1,1)} = (xz)\big|_{(1,-1,1)} = 1,\ \left.\frac{\partial f}{\partial z}\right|_{(1,-1,1)}$$
$$= (xy)\big|_{(1,-1,1)} = -1,$$

所以

$$\operatorname{grad} f(1,-1,1) = (-1,1,-1),$$

其模 $\left|\operatorname{grad} f(1,-1,1)\right| = \sqrt{(-1)^2 + 1^2 + (-1)^2} = \sqrt{3}$;其单位向量为 $\dfrac{1}{\sqrt{3}}(-1,1,-1)$.

因此,函数在点 $(1,-1,1)$ 处沿方向 $\dfrac{1}{\sqrt{3}}(-1,1,-1)$ 或 $(-1,1,-1)$ 的方向导数最大,该方向导数等于这点处梯度的模 $\sqrt{3}$;沿梯度的反方向 $-(-1,1,-1) = (1,-1,1)$ 的方向导数最小,为 $-\sqrt{3}$.

2.3　梯度的几何意义

一般说来,二元函数 $z = f(x,y)$ 的图形是一张曲面.为找出该曲面上竖坐标都为某一定值 c 的所有点,我们做平面 $z = c$,该曲面与平面 $z = c$ 的交线(假设二者是相交的)

$$l: \begin{cases} z = f(x,y), \\ z = c \end{cases}$$

上的点的竖坐标都等于定值 c. l 在坐标面 xOy 内的投影是一条平面曲线 L(图 8-19),它在坐标面 xOy 内的方程为

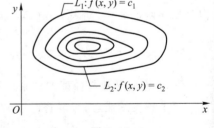

图 8-19

$f(x,y) = c$.显然,曲线 L 上的每一点 (x,y) 所对应的函数值都是相等的(都等于 c),据此,我们称平面曲线 L 为函数 $z = f(x,y)$ 的**等值线**.图 8-19 中的每一条曲线都是函数 $z = f(x,y)$ 的等值线,只不过不同的曲线上的点对应的函数值不同罢了.比如,图 8-19 中的曲线 L_1 与 L_2 上的点所对应的函数值分别为 c_1 与 c_2.

下面我们借助函数的等值线来讨论梯度的几何意义.

若 $z = f(x,y)$ 的两偏导数 f_x, f_y 连续且不同时为零,由隐函数的求导公式,平面曲线 $L: f(x,y) = c$ 上任一点 $M(x_0, y_0)$ 处的切线的斜率为

由第五节式(5.1),你能写出平面曲线 $F(x,y) = 0$ 在某一点处的切线方程与法线方程吗?能写出该切线与法线的方向向量吗?它们分别是什么?

$$\left.\frac{\mathrm{d}y}{\mathrm{d}x}\right|_{(x_0,y_0)} = -\frac{f_x(x_0,y_0)}{f_y(x_0,y_0)}.$$

因此,曲线在该点的法线斜率为

$$k = \left.\frac{-1}{\dfrac{\mathrm{d}y}{\mathrm{d}x}}\right|_{(x_0,y_0)} = \frac{f_y(x_0,y_0)}{f_x(x_0,y_0)},$$

在这点的法线方程为

$$y - y_0 = \frac{f_y(x_0,y_0)}{f_x(x_0,y_0)}(x - x_0),$$

或

$$\frac{x - x_0}{f_x(x_0,y_0)} = \frac{y - y_0}{f_y(x_0,y_0)}.$$

借助于空间直线的点向式方程我们看到,该法线的方向向量为$(f_x(x_0,y_0),f_y(x_0,y_0))$,它正是函数 $z = f(x,y)$ 在点 $M(x_0,y_0)$ 处的梯度.也就是说,函数 $z = f(x,y)$ 在点 $M(x_0,y_0)$ 处的梯度方向就是等值线 $f(x,y) = c$ 在这一点处的法线方向 **n**.

由

$$\frac{\partial f}{\partial \boldsymbol{n}} = \left| \operatorname{\mathbf{grad}} f(x_0,y_0) \right| \cos 0 = \left| \operatorname{\mathbf{grad}} f(x_0,y_0) \right|,$$

因此,梯度的模正是该函数在这点沿法线方向 **n** 的方向导数 $\dfrac{\partial f}{\partial \boldsymbol{n}}$.

类似于二元函数的等值线,对三元函数 $u = f(x,y,z)$ 可以定义**等值面** $f(x,y,z) = c (c$ 为实数$)$.同样地,对三元函数的梯度

$$\operatorname{\mathbf{grad}} f(x,y,z) = (f_x(x,y,z), f_y(x,y,z), f_z(x,y,z)),$$

类似于上面的讨论可得,函数 $u = f(x,y,z)$ 在某等值面 $f(x,y,z) = c$ 上某一点的梯度的方向正是该等值面在这点的法线方向,梯度的大小为该函数在这点沿法线方向的方向导数.这里不再赘述.

*3. 场的简介

场的概念来源于物理学.最常见的场有密度场、温度场、引力场、磁场等.通常把分布着某种物理量的平面或空间中的区域 G 称为**场**.在数学上表现为定义在区域 G 上的数值函数或向量值函数.当定义在区域 G 中的函数为数值函数时,则称该场为**数量场**.当函数为向量值函数时,则称该场为**向量场**.

从数学的观点来看,给定了定义在区域上的一个函数就相当于给定了一个场.这个函数称为**场函数**,这个区域称为**场域**.

有些场只与空间的位置有关,而与时间无关,这样的场称为**稳定场**.如果一个场既与空间位置有关,也与时间有关,即随时间的变化而变化,称这样的场为**不稳定场**.

根据上边的讨论,如果在区域 G 内定义了一个在每一点处都有连续偏导数的数量函数 $f(M)$,就有了一个数量场 $f(M)$.利用对 $f(M)$ 求梯度,那么在数量场 $f(M)$ 内就确定了一个梯度场 $\operatorname{\mathbf{grad}} f(M)$,它是一向量场,称 $f(M)$ 是向量场 $\operatorname{\mathbf{grad}} f(M)$ 的一个**势函数**,并称向量场 $\operatorname{\mathbf{grad}} f(M)$ 是

势场.需要注意的是,并不一定任意一个向量场都是势场,因为它不一定是某个数量函数的梯度.

习题 8-7(A)

1. 判断下列论述是否正确,并说明理由:

(1) 所谓函数在点 P 沿 l 的方向导数,是说若函数在点 P 的某邻域内有定义,l 是过 P 的直线,当动点沿 l 变动时,函数相应的变化率;

(2) 在方向导数的定义 $\left.\dfrac{\partial f}{\partial l}\right|_{(x_0,y_0)} = \lim\limits_{t\to 0^+}\dfrac{f(x_0+t\cos\alpha,y_0+t\sin\alpha)-f(x_0,y_0)}{t}$ 中,分母是一个正数,它是动点与定点间的距离.因此,方向导数是函数关于距离的变化率,而偏导数的定义 $\left.\dfrac{\partial f}{\partial x}\right|_{(x_0,y_0)} = \lim\limits_{\Delta x\to 0}\dfrac{f(x_0+\Delta x,y_0)-f(x_0,y_0)}{\Delta x}$ 中,分母是自变量的增量,它可正可负,因此,偏导数是函数关于自变量增量的变化率;

(3) 当函数在一点的偏导数存在时,函数在这点沿任何方向的方向导数都存在;

(4) 当函数在一点沿任何方向的方向导数都存在时,函数在这一点的偏导数一定存在;

(5) 某函数的梯度是一个向量,在函数确定的情况下,它仅由点来决定;

(6) 函数在一点处沿各个不同方向的方向导数可能是不同的,它不仅与这点的梯度有关,还与方向与梯度的夹角有关.

2. 求函数 $z = xe^{2y}$ 在点 $P(1,0)$ 处沿从 P 到 $Q(2,-1)$ 方向上的方向导数.

3. 求函数 $z = e^x + e^y$ 在原点处沿方向角为 $\alpha = \dfrac{2\pi}{3}, \beta = \dfrac{\pi}{6}$ 的方向上的方向导数.

4. 求函数 $u = \ln(xy-z) + 2yz^2$ 在点 $P(1,3,1)$ 处沿 $l = (1,1,-1)$ 方向上的方向导数.

5. 求下列函数的梯度:

(1) $f(x,y) = \sqrt{x^2+y^2}$,在点 $P(3,4)$ 处;

(2) $f(x,y) = \arctan xy$,在任意点 (x,y) 处;

(3) $f(x,y,z) = \dfrac{z}{1+x^2+y^2}$,在任意点 (x,y,z) 处.

6. 函数 $f(x,y,z) = x^3 - xy^2 - z$ 在点 $P(1,1,0)$ 处沿什么方向的方向导数最大? 沿什么方向的方向导数最小?

7. 函数 $u = xy^2z$ 在点 $P(1,-1,2)$ 处沿什么方向的方向导数最大? 并求沿这个方向的方向导数.

习题 8-7(B)

1. 在点 $P(1,2)$ 处,求函数 $z = \ln(x+y)$ 沿抛物线 $y^2 = 4x$ 在该点处的切线方向上的方向导数.

2. 求函数 $u = x+y+z$ 在点 $M(0,0,1)$ 处沿球面 $x^2+y^2+z^2 = 1$ 的外法线方向上的方向导数.

3. 设 l 为从 x 轴正向逆时针转过 $\alpha(0 \leqslant \alpha < 2\pi)$ 角的方向,求函数 $z = x^2 - xy + y^2$ 在点 $M(1,1)$ 处沿 l 方向的方向导数.讨论当 α 取何值时,沿 l 方向的方向导数最大,最小或等于零.

4. 求函数 $u = u(x,y,z)$ 在任意点处沿函数 $v = v(x,y,z)$ 在该点的梯度方向上的方向导数.在什么情况下,这个方向导数等于零?

5. 设某金属板上的电压分布为 $V = 50 - 2x^2 - 4y^2$,在点 $(1,2)$ 处,沿哪个方向电压升高得最快? 沿哪个方向电压下降得最快? 速率分别为多少?

第八节　多元函数的极值与最值问题

根据实际中最优化问题的需要,在第三章讨论了一元函数的极值与最值问题.实际中许多最优化问题涉及更多的是多元函数的极值与最值问题.因此,本节来讨论有关求多元函数的极值与最值的方法.仍然以讨论二元函数为主,相应的结果可推广到任意 n 元函数.

1. 多元函数的极值

1.1　多元函数极值的概念

将一元函数极值的概念平移到多元函数,就有下面的多元函数极值的定义:

定义 8.1　设函数 $z=f(x,y)$ 在区域 D 内有定义,$P_0(x_0,y_0)$ 是 D 的一个内点.若存在 P_0 的某一个邻域 $U(P_0)\subset D$,使得对任意的 $P(x,y)\in U(P_0)$,都有
$$f(x,y)\leqslant f(x_0,y_0)\ (f(x,y)\geqslant f(x_0,y_0)),$$
则称 $f(x_0,y_0)$ 为函数 $z=f(x,y)$ 的一个极大(小)值,而称 P_0 为该函数的极大(小)值点.极大值与极小值统称为极值,极大值点与极小值点统称为极值点.

> 定义 8.1 有哪几个关键词?极值点能否为函数定义域的边界点?
>
> 一元函数的极值是一个局部概念.根据定义来看,多元函数的极值呢?

例 8.1　抛物面 $z=(x+2)^2+(y-1)^2$ 在点 $(-2,1)$ 处取得极小值.这是非常明显的,因为对任意的实数 x,y,恒有 $z\geqslant 0$,而当 $x=-2,y=1$ 时 $z=0$.类似的讨论可得,点 $(-2,1)$ 是函数 $z=-(x+2)^2-(y-1)^2$ 的极大值点,其极大值为 $z=0$.

例 8.2　坐标原点 $(0,0)$ 既不是函数 $z=x^2-y^2$ 的极大值点,也不是其极小值点.这是因为在点 $(0,0)$ 处函数 $z=x^2-y^2$ 的值为零,但在点 $(0,0)$ 的任何一个邻域内,既有点 $(x,0)(x\neq 0)$ 存在,使得 $z(x,0)=x^2-0^2=x^2>0=z(0,0)$,同时也有点 $(0,y)(y\neq 0)$ 存在,使得 $z(0,y)=0^2-y^2=-y^2<0=z(0,0)$,因此点 $(0,0)$ 不是函数 $z=x^2-y^2$ 的极值点.

1.2　极值存在的必要条件

既然多元函数极值的概念是一元函数极值概念的推广,因此不难想象,讨论多元函数的极值应该利用讨论一元函数极值的思想方法作"已知".下面来讨论多元函数极值存在的条件,首先讨论其必要条件.

设函数 $z=f(x,y)$ 在区域 D 内有定义,在 $P_0(x_0,y_0)\in D$ 处取得极大值(同样的讨论适用于极小值),并且在点 P_0 存在偏导数.则对 P_0 的某邻域内的任意点 (x,y),都有
$$f(x,y)\leqslant f(x_0,y_0),$$
特别地,在这个邻域内的直线段 $y=y_0$ 上,或说在该邻域内的任意点 $(x,y_0)(x\neq x_0)$ 处(图 8-20),总有
$$f(x,y_0)\leqslant f(x_0,y_0).$$
也就是说,一元函数 $z=f(x,y_0)$ 在 $x=x_0$ 点处有极大值.又 $z=f(x,y)$ 在 $P_0(x_0,y_0)$ 点存在偏导数,因此一元函数 $z=f(x,y_0)$ 在 x_0 点是可导的并且其导数为 $f_x(x_0,y_0)$.故由一元函数存在极值的必要条件,函数 $z=f(x,y_0)$ 在 x_0 点处(关于变量 x)的导数必等于零.也就是

$$f_x(x_0, y_0) = 0;$$

结合图 8-21 不难想象,采取同样的方法可以证明 $f_y(x_0, y_0) = 0$,这里略去.

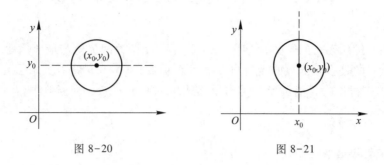

图 8-20   图 8-21

总之,有

定理 8.1(极值存在的必要条件) 若函数 $z = f(x, y)$ 在 $P_0(x_0, y_0)$ 点取得极值,并且在这点偏导数 $f_x(x_0, y_0)$ 与 $f_y(x_0, y_0)$ 都存在,那么必有

$$f_x(x_0, y_0) = 0, f_y(x_0, y_0) = 0.$$

称满足方程组 $\begin{cases} f_x(x, y) = 0, \\ f_y(x, y) = 0 \end{cases}$ 的点为函数 $z = f(x, y)$ 的**驻点**.

定理 8.1 告诉我们,若二元函数在极值点处存在偏导数,那么其极值点必是驻点.

1.3 极值存在的充分条件

我们知道,一元函数的驻点未必是其极值点.一元函数可以看作多元函数的特例,由此可以猜想:与一元函数相类似,多元函数的驻点也未必一定是极值点.事实上这个猜想是正确的,这从例 8.2 就可以看出.由 $z = x^2 - y^2$ 的偏导数 $\dfrac{\partial z}{\partial x} = 2x, \dfrac{\partial z}{\partial y} = -2y$ 易知,原点 $(0, 0)$ 是其驻点,但函数在这点却不取极值.因此,对多元函数也需要进一步研究极值存在的充分条件.

定理 8.2 若函数 $z = f(x, y)$

(1) 在点 $P_0(x_0, y_0)$ 的某邻域内存在连续的一阶、二阶偏导数,

(2) $f_x(x_0, y_0) = 0, f_y(x_0, y_0) = 0.$令

$$A = f_{xx}(x_0, y_0), \ B = f_{xy}(x_0, y_0), \ C = f_{yy}(x_0, y_0).$$

则函数 $z = f(x, y)$ 在点 $P_0(x_0, y_0)$ 处,当

(1) $AC - B^2 > 0$ 时取得极值,并且当 $A < 0$ 时有极大值,$A > 0$ 时有极小值;

(2) $AC - B^2 < 0$ 时不取极值;

(3) $AC - B^2 = 0$ 时可能取得极值,也可能不取极值.

证 设 $(x_0 + h, y_0 + k)$ 为点 $P_0(x_0, y_0)$ 的某邻域 $U(P_0)$ 内的任意一点,由二元函数的泰勒公式并注意到 $f_x(x_0, y_0) = 0$, $f_y(x_0, y_0) = 0$,有

$$\Delta f = f(x_0 + h, y_0 + k) - f(x_0, y_0)$$

> 由定理 8.2 的条件来看,该定理适用于在什么前提下判定极值存在与否?

> 定理的条件中有二阶导数,要证明该定理,你想用什么作"已知"?

126

$$= \frac{1}{2} [h^2 f_{xx}(x_0+\theta h, y_0+\theta k) + 2hk f_{xy}(x_0+\theta h, y_0+\theta k) + k^2 f_{yy}(x_0+\theta h, y_0+\theta k)]$$

$$(0<\theta<1). \qquad (8.1)$$

（1）设 $AC-B^2>0$，即

$$f_{xx}(x_0,y_0)f_{yy}(x_0,y_0) - [f_{xy}(x_0,y_0)]^2 > 0. \qquad (8.2)$$

由 $f(x,y)$ 的二阶偏导数在 $U(P_0)$ 内连续，因此由连续函数的保号性，存在点 $P_0(x_0,y_0)$ 的某邻域（该邻域位于 $U(P_0)$ 内），在该邻域内的任一点 (x,y) 处，恒有 $f_{xx}(x,y)f_{yy}(x,y) - [f_{xy}(x,y)]^2 > 0$. 不妨设 $(x_0+\theta h, y_0+\theta k)(0<\theta<1)$ 就是这样的点，也就有

$$f_{xx}(x_0+\theta h, y_0+\theta k)f_{yy}(x_0+\theta h, y_0+\theta k) - [f_{xy}(x_0+\theta h, y_0+\theta k)]^2 > 0. \qquad (8.3)$$

为书写方便，将 $f_{xx}(x_0+\theta h, y_0+\theta k)$，$f_{xy}(x_0+\theta h, y_0+\theta k)$，$f_{yy}(x_0+\theta h, y_0+\theta k)$ 分别记为 f_{xx}, f_{xy}, f_{yy}. 由式（8.3）可知，f_{xx}, f_{yy} 均不为零并且同号. 于是，式（8.1）可写成

$$\Delta f = \frac{1}{2f_{xx}} [(hf_{xx}+kf_{xy})^2 + k^2(f_{xx}f_{yy}-f_{xy}^2)].$$

由 $f_{xx}f_{yy}-f_{xy}^2>0$，因此当 h,k 不同时为零时，$\Delta f \neq 0$ 且与 f_{xx} 同号. 又由二阶偏导数的连续性知，f_{xx} 与 A 同号，所以

当 $A<0$ 时，$\Delta f = f(x_0+h, y_0+k) - f(x_0,y_0) < 0$，因此 $f(x_0,y_0)$ 为极大值；

当 $A>0$ 时，$\Delta f = f(x_0+h, y_0+k) - f(x_0,y_0) > 0$，因此 $f(x_0,y_0)$ 为极小值.

（2）设 $AC-B^2<0$，即

$$f_{xx}(x_0,y_0)f_{yy}(x_0,y_0) - [f_{xy}(x_0,y_0)]^2 < 0. \qquad (8.4)$$

可能有下面的两种情况：

（ⅰ）$f_{xx}(x_0,y_0) = f_{yy}(x_0,y_0) = 0$，由式（8.4），有 $f_{xy}(x_0,y_0) \neq 0$. 为了说明这时函数 $f(x,y)$ 不取极值，分 $k=h, k=-h$ 两种特殊情况讨论. 当 $k=h$ 时，有

$$\Delta f = \frac{h^2}{2} [f_{xx}(x_0+\theta_1 h, y_0+\theta_1 h) + 2f_{xy}(x_0+\theta_1 h, y_0+\theta_1 h) + f_{yy}(x_0+\theta_1 h, y_0+\theta_1 h)];$$

当 $k=-h$ 时，有

$$\Delta f = \frac{h^2}{2} [f_{xx}(x_0+\theta_2 h, y_0-\theta_2 h) - 2f_{xy}(x_0+\theta_2 h, y_0-\theta_2 h) + f_{yy}(x_0+\theta_2 h, y_0-\theta_2 h)],$$

其中 $0<\theta_1, \theta_2<1$.

当 $h \to 0$ 时，由 $f_{xx}(x_0,y_0) = f_{yy}(x_0,y_0) = 0$，因此上述 Δf 的两个表示式中，方括号内式子分别趋于 $2f_{xy}(x_0,y_0)$ 及 $-2f_{xy}(x_0,y_0)$. 从而当 h 充分接近于零时，Δf 有不同的符号. 这说明，在 $AC-B^2<0$ 时，在充分靠近 (x_0,y_0) 的点处，$f(x_0+h, y_0+k)$ 与 $f(x_0,y_0)$ 孰大孰小不定，因此这时 $f(x,y)$ 不取极值.

（ⅱ）再证 $f_{xx}(x_0,y_0), f_{yy}(x_0,y_0)$ 不同时为零时的情形. 不妨假定 $f_{xx}(x_0,y_0) \neq 0$. 先取 $k=0$，于是由式（8.1），有

$$\Delta f = \frac{1}{2} h^2 f_{xx}(x_0+\theta h, y_0).$$

由此看出，当 h 充分接近零时，Δf 与 $f_{xx}(x_0,y_0)$ 同号.

但若分别取 $h=-f_{xy}(x_0,y_0)s, k=f_{xx}(x_0,y_0)s$，当 s 异于零但充分接近零时，Δf 与 $f_{xx}(x_0,y_0)$ 异

号.事实上,这时

$$\Delta f = \frac{1}{2}s^2 \{ [f_{xy}(x_0,y_0)]^2 f_{xx}(x_0+\theta h,y_0+\theta k) - 2f_{xy}(x_0,y_0)f_{xx}(x_0,y_0)f_{xy}(x_0+\theta h,y_0+\theta k) +$$

$$[f_{xx}(x_0,y_0)]^2 f_{yy}(x_0+\theta h,y_0+\theta k) \}. \tag{8.5}$$

上式右端花括号内的式子当 $s \to 0$ 时趋于极限

$$f_{xx}(x_0,y_0)\{f_{xx}(x_0,y_0)f_{yy}(x_0,y_0) - [f_{xy}(x_0,y_0)]^2\}.$$

由不等式(8.4),上述花括号内的值为负,因此当 s 充分接近零时,式(8.5)右端(从而 Δf)与 $f_{xx}(x_0,y_0)$ 异号.

以上说明,在点 (x_0,y_0) 的任意邻域,Δf 可取不同符号的值,因此,$f(x_0,y_0)$ 不是极值.

（3）考察函数 $f(x,y) = xy^2$ 及 $g(x,y) = (x+y)^2$.容易验证,这两个函数都以 $(0,0)$ 为驻点,且在该点处都满足 $AC-B^2 = 0$.但点 $(0,0)$ 不是 $f(x,y)$ 的极值点而是 $g(x,y)$ 的极(小)值点.即这时函数可能取极值,也可能不取极值.

根据定理 8.1 与 8.2,若函数 $z=f(x,y)$ 在某区域内有连续的一阶、二阶偏导数,求该函数在该区域内的极值,应

（1）通过解方程组 $\begin{cases} f_x(x,y) = 0, \\ f_y(x,y) = 0 \end{cases}$ 求出该函数的所有驻点;

（2）求二阶偏导数,从而在每一个驻点处,求出相应的 A,B,C 的值;

（3）分别在每一个驻点处确定相应的 $AC-B^2$ 的符号,从而利用定理 8.2 判别在该点处函数是否取得极值,取极值时再依 $A<0$ 或 $A>0$ 确定是极大值还是极小值;

（4）计算在极值点处的函数值,从而求出函数的极值.

例 8.3　求函数 $f(x,y) = x^3+y^3+3xy$ 的极值.

解　显然,该函数在全平面内处处有连续的偏导数及二阶偏导数.

解方程组 $\begin{cases} f_x = 3x^2+3y = 0, \\ f_y = 3y^2+3x = 0 \end{cases}$ 得驻点 $M_1(0,0)$ 及 $M_2(-1,-1)$.由于

$$f_{xx}(x,y) = 6x, \quad f_{xy}(x,y) = 3, \quad f_{yy}(x,y) = 6y,$$

因此在点 $M_1(0,0)$ 处,有 $A=0,B=3,C=0,AC-B^2 = -9<0$,依定理 8.2,在点 $M_1(0,0)$ 处函数不取极值;

在点 $M_2(-1,-1)$ 处,有 $A=-6,B=3,C=-6,AC-B^2 = 27>0$,故在这点处,函数取得极值.又 $A=-6<0$,因此,在这点函数取极大值

$$f(-1,-1) = (-1)^3+(-1)^3+3(-1)\cdot(-1) = 1.$$

需要注意的是,与一元函数相类似,函数不仅可能在驻点处取得极值,而且在偏导数不存在的点处也可能取得极值.例如函数 $z = \sqrt{x^2+y^2}$ 在原点 $(0,0)$ 处偏导数不存在,但在该点处函数却取得极小值.

> 判断在这样的点处函数是否取得极值,还能用定理 8.2 吗?

上述对二元函数所得到的求极值的必要条件与充分条件可以推广到任意 $n(n \geqslant 3)$ 元函数中,这里不再赘述.

2. 多元函数的最值

我们知道,有界闭区域上的连续函数在该闭区域上一定有最大值与最小值.像讨论多元函数的极值那样,讨论多元函数的最值也要利用讨论一元函数最值的思想方法作"已知",而且关于一元函数最值所得到的许多结果可以平移到多元函数上来.

既然连续函数在闭区域上一定有最大值与最小值,根据闭区域的特点,函数的最值点可能并且只可能在下面两类点中取得:

(1) 定义域的内点;(2) 定义域的边界点.

当它是内点时,也一定是函数的极值点.因此再根据上边的讨论,又可能有两种情况:

① 在这点处函数的偏导数都存在,那么这点必是驻点;

② 在这点处函数的偏导数不存在.

总之,函数在某闭区域的最值点只可能在以下点处发生:

(1) 内点中的驻点;(2) 内点中偏导数不存在的点;(3) 边界点.

因此,在求多元函数在闭区域上的最值时,应将函数在驻点处的值、偏导数不存在的点处的值,与函数在区域边界上的最大值、最小值相比较,其中最大者为函数的最大值、最小者为函数的最小值.

例 8.4　求函数 $f(x,y)=x^2+2x^2y+y^2$ 在区域 $D=\{(x,y)\,|\,x^2+y^2\leqslant 1\}$ 上的最大值与最小值.

解　该函数在其定义域的内点处处存在偏导数.因此,为求该函数在闭区域上的最大值与最小值,应分别求它在驻点处的值与它在边界上的最大值与最小值,然后作比较.

(1) 求函数在驻点处的值.为此先求函数的驻点.解方程组

$$\begin{cases} f_x=2x(1+2y)=0, \\ f_y=2(x^2+y)=0, \end{cases}$$

求得函数 $f(x,y)$ 在 D 内的三个驻点:$M_1(0,0)$, $M_2\left(\dfrac{1}{\sqrt{2}},-\dfrac{1}{2}\right)$, $M_3\left(-\dfrac{1}{\sqrt{2}},-\dfrac{1}{2}\right)$.计算之,得

$$f(M_1)=0,\ f(M_2)=f(M_3)=\frac{1}{4}.$$

(2) 再求函数在区域边界上的最大值与最小值.

在边界 $x^2+y^2=1$ 上,将 $x^2=1-y^2$ 代入 $f(x,y)=x^2+2x^2y+y^2$ 之中得一元函数

$$\tilde{f}(y)=1+2y-2y^3,\ -1\leqslant y\leqslant 1.$$

下面求该一元函数在闭区间 $-1\leqslant y\leqslant 1$ 上的最大值与最小值.

由 $\tilde{f}'(y)=2-6y^2=0$ 得 $y=\pm\dfrac{1}{\sqrt{3}}$,计算得

> 为求函数在边界上的最值,这里利用边界曲线方程将函数变多元为一元.如果曲线由参数方程给出,你认为用这种方法将怎样?

$$\tilde{f}(-1)=\tilde{f}(1)=1,\ \tilde{f}\left(\frac{1}{\sqrt{3}}\right)=1+\frac{4\sqrt{3}}{9},\ \tilde{f}\left(-\frac{1}{\sqrt{3}}\right)=1-\frac{4\sqrt{3}}{9},$$

比较知,函数在边界上的最小值为 $1-\dfrac{4\sqrt{3}}{9}$,最大值为 $1+\dfrac{4\sqrt{3}}{9}$.

（3）将函数在驻点处的值 $0,\dfrac{1}{4}$ 与其在边界上的最小值 $1-\dfrac{4\sqrt{3}}{9}$ 与最大值 $1+\dfrac{4\sqrt{3}}{9}$ 相比较,得函数在闭区域 D 上的最小值为 0,最大值为 $1+\dfrac{4\sqrt{3}}{9}$.

若在开区域内求函数的最值,这时函数的最值就是它的相应的极值.

例 8.5　证明:在具有已知周长为 $2p$ 的三角形中,等边三角形的面积最大.

证　问题可以转化为:求在已知周长为 $2p$ 的三角形中,三边取何值时面积最大?

设三角形三边长分别为 x,y,z 其面积为 S,则由三角形的面积公式（海伦公式）,得
$$S^2=p(p-x)(p-y)(p-z).$$
由所给条件 $x+y+z=2p$,可知
$$z=2p-x-y.$$
利用这个关系式就可以将 S^2 化为 x,y 的二元函数
$$S^2=f(x,y)=p(p-x)(p-y)(x+y-p).$$
于是问题就转化为求二元函数 $f(x,y)$ 在开区域 $D=\{(x,y)\,|\,0<x<p,$
$p-x<y<p\}$（图 8-22）内的最大值.

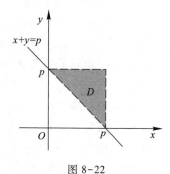

图 8-22

解方程组
$$\begin{cases}f_x=p(p-y)(2p-2x-y),\\ f_y=p(p-x)(2p-x-2y),\end{cases}$$
求得 f 在 D 内的唯一驻点 $M\left(\dfrac{2p}{3},\dfrac{2p}{3}\right)$. 又
$$f_{xx}=-2p(p-y),f_{xy}=-3p^2+2px+2py,$$
$$f_{yy}=-2p(p-x).$$
于是,在驻点处
$$A=-2p\left(p-\dfrac{2p}{3}\right)=-\dfrac{2}{3}p^2,B=-3p^2+2p\cdot\dfrac{2p}{3}+2p\cdot\dfrac{2p}{3}=-\dfrac{1}{3}p^2,C=-\dfrac{2}{3}p^2.$$
$$AC-B^2=\left(-\dfrac{2}{3}p^2\right)\cdot\left(-\dfrac{2}{3}p^2\right)-\left(-\dfrac{1}{3}p^2\right)^2>0,$$
因此,$f(x,y)$ 在驻点处取得极值.又 $A=-\dfrac{2}{3}p^2<0$,因此该驻点是极大值点.而函数在开区域内只有唯一一个极值点,而且是极大值点,因此点 $M\left(\dfrac{2p}{3},\dfrac{2p}{3}\right)$ 必是最大值点.

由 $z=2p-x-y$ 知,这时 $z=x=y=\dfrac{2p}{3}$,即三角形为等边三角形.因此,在具有已知周长的三角形中,等边三角形的面积最大.

证毕.

在求解实际问题时,如果要讨论的函数在定义域内处处可微,并从具体的实际意义能确定函数的最大（小）值存在且只能在定义域的内点处取得;此时若函数只有一个驻点,则该

> 从这里所给的情况来看,为求最值点,需要从哪几个方面来说明?

驻点就是所要求的最大(小)值点.

例 8.6 为制作一体积为 a m³ 的有盖的长方体水箱,应当怎样选取它的长、宽、高,才能使用料最省?

证 设水箱的长、宽、高分别为 x,y,z,那么这个有盖长方体的表面积为

$$S = 2(xy+yz+zx).$$

依题目所给的条件 $xyz=a$,从而 $z=\dfrac{a}{xy}$,代入上式中,得

$$S = 2\left(xy+\frac{a}{x}+\frac{a}{y}\right).$$

因此,求解用料最省的问题就是求二元函数 $f(x,y)=xy+\dfrac{a}{x}+\dfrac{a}{y}$ 在区域 $D=\{(x,y)\,|\,x>0,y>0\}$ 内最小值的问题.解方程组

$$\begin{cases} f_x(x,y)=2y-\dfrac{2a}{x^2}=0, \\[2mm] f_y(x,y)=2x-\dfrac{2a}{y^2}=0, \end{cases}$$

求得其唯一一组解 $x=y=\sqrt[3]{a}$,因此函数 $f(x,y)$ 在区域 D 内有唯一的驻点 $M(\sqrt[3]{a},\sqrt[3]{a})$.由题意,面积最小值一定在所讨论的开区域内存在,所以可微函数 $f(x,y)$ 的这个唯一的驻点一定是最小值点.这时其高

$$z = \frac{a}{\sqrt[3]{a}\cdot\sqrt[3]{a}} = \sqrt[3]{a}.$$

因此,在体积一定时正方体用料最省.

> 例 8.4—例 8.6 都是求函数的最值,通过它们各自采取的方法,你有何体会?

3. 条件极值与拉格朗日乘数法

上面的例 8.5 及例 8.6 都是求函数的最值,而且是在自变量满足一定的条件限制时求函数的最值.比如,例 8.5 中的自变量 x,y,z 需满足 $x+y+z=2p$;例 8.6 中的自变量 x,y,z 需满足条件 $xyz=a$.解决这类问题都采取了相同的方法:根据自变量所满足的条件,将一个自变量用其他自变量表示,代入所讨论的函数中消去一个变量,变成求另外一个没有条件限制的函数的极值问题.

但是这种方法不具有普遍性.比如,求函数 $f(x,y)$ 在圆域 $(x-2)^2+y^2\le 1$ 内自变量满足条件 $x^2+y^3+\sin(xy)=2$ 的极值就不能用上面的方法来求解.因为虽然在该圆域由 $x^2+y^3+\sin(xy)=2$ 能确定隐函数 $y=y(x)$,但我们却无法把这个隐函数写成显函数的形式,因此也就无法代入要求极值的函数 $f(x,y)$ 之中从而消元.

更一般地,求函数 $u=f(x,y,z)$ 在自变量 x,y,z 满足条件 $\varphi(x,y,z)=0$ 时的极值,假设由方程 $\varphi(x,y,z)=0$ 能确定一个函数 $z=z(x,y)$,但却不能将它写成显函数的形式,因此无法用消元法来求解,这时应如何求函数的极值? 这是值得研究的问题,下面一般性地来讨论.

求函数在自变量满足一定限制条件下的极值问题称为**条件极值**问题.在条件极值问题中,称自变量所要满足的条件为**约束条件**,而把要求极值的函数称为**目标函数**.比如例 8.6 中的条件 $xyz=a$ 就是约束条件,而函数 $S=2(xy+yz+zx)$ 就是目标函数.相应地,前面例 8.1、例 8.2、例 8.3 讨论的

求极值问题称为**无条件极值**.

条件极值与无条件极值之间存在着很大的差异.为了直观地说明这一差异,我们来看一个例子:求函数 $z=x^2+y^2$ 的(无条件)极小值,就是求曲面 $z=x^2+y^2$ 上各点处竖坐标 z 的最小值,这时对自变量 x,y 没有任何限制,因此这是求无条件极值.显然在曲面上的点 $(0,0,0)$ 处,其竖坐标 z 最小,因此,函数 $z=x^2+y^2$ 在点 $(0,0)$ 处取得极小值零(图 8-23 的左图).但如果求函数 $z=x^2+y^2$ 在满足条件 $x+y=1$ 下的极小值,这就是求条件极值了.求这个极值时就不能简单地求曲面上所有点的竖坐标的最小值,而是求曲面上满足条件 $x+y=1$ 的点的竖坐标的最小值.从图 8-23 的右图可以看出,这个条件极值实际是求曲面 $z=x^2+y^2$ 与平面 $x+y=1$ 交线上各点的竖坐标 z 的最小值,原点 $(0,0,0)$ 不在这条交线上,因此这个条件极值就不可能在点 $(0,0)$ 取得.事实上,所求的条件极值是交线上的点 $\left(\dfrac{1}{2},\dfrac{1}{2},\dfrac{1}{2}\right)$ 的竖坐标 $z=\dfrac{1}{2}$.

二元函数 $z=f(x,y)$ 在自变量满足约束条件

$$\varphi(x,y)=0 \tag{8.6}$$

下的条件极值问题.其结论可以推广到 $n(n\geqslant 3)$ 元函数的条件极值问题.

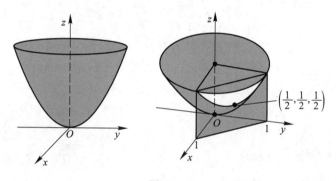

图 8-23

假设函数 $f(x,y)$ 与 $\varphi(x,y)$ 都有连续的一阶偏导数,且 $\varphi_y(x,y)\neq 0$.因此,由方程 $\varphi(x,y)=0$ 可以确定一个具有连续导数的隐函数 $y=y(x)$.将 $y=y(x)$ 代入 $z=f(x,y)$ 中,得

$$z=f(x,y(x)).$$

这样一来,所求的条件极值就成为求一元函数 $z=f(x,y(x))$ 的无条件极值这一"已知".为此需要求其驻点,这需要求方程

$$\frac{\mathrm{d}z}{\mathrm{d}x}=f_x+f_y\cdot\frac{\mathrm{d}y}{\mathrm{d}x}=0$$

的解.由隐函数的求导法则,有

$$\frac{\mathrm{d}y}{\mathrm{d}x}=-\frac{\varphi_x(x,y)}{\varphi_y(x,y)}.$$

将它代入上面的方程之中,就得到

$$f_x+f_y\cdot\left(-\frac{\varphi_x}{\varphi_y}\right)=0,$$

即是

$$\frac{f_x}{\varphi_x}=\frac{f_y}{\varphi_y}.\tag{8.7}$$

因此,所求条件极值的极值点(x,y)必须满足式(8.7)及约束条件(8.6).为便于讨论,令比值$\frac{f_y}{\varphi_y}=-\lambda$,综合式(8.6)与式(8.7),函数$f(x,y)$的极值点$(x,y)$必须满足方程组

$$\begin{cases}f_x+\lambda\varphi_x=0,\\ f_y+\lambda\varphi_y=0,\\ \varphi(x,y)=0.\end{cases}\tag{8.8}$$

引进辅助函数

$$L(x,y,\lambda)=f(x,y)+\lambda\varphi(x,y),$$

我们看到,式(8.8)就是函数$L(x,y,\lambda)$的驻点所要满足的条件.称$L(x,y,\lambda)$为**拉格朗日函数**.因此,要求的条件极值就归结为求该拉格朗日函数的无条件极值问题.

这种求条件极值的方法称为**拉格朗日乘数法**.

拉格朗日乘数法　设函数$f(x,y)$与$\varphi(x,y)$都有一阶连续偏导数.为求目标函数$z=f(x,y)$在约束条件$\varphi(x,y)=0$下的极值,作拉格朗日函数

$$L(x,y,\lambda)=f(x,y)+\lambda\varphi(x,y)$$

(其中的λ称为拉格朗日因子).解方程组

$$\begin{cases}L_x(x,y,\lambda)=f_x+\lambda\varphi_x=0,\\ L_y(x,y,\lambda)=f_y+\lambda\varphi_y=0,\\ L_\lambda(x,y,\lambda)=\varphi(x,y)=0,\end{cases}\tag{8.9}$$

求出拉格朗日函数$L(x,y,\lambda)$的驻点(x_0,y_0,λ_0),而(x_0,y_0)就是函数$z=f(x,y)$在约束条件$\varphi(x,y)=0$下(条件极值)的可能的极值点.

如果所讨论的问题是求三元函数的条件极值,请写出相应的拉格朗日函数.

点(x_0,y_0)是否真的是条件极值的极值点? 是极大值点还是极小值点? 是不是最值点? 严格说来还需要另行判定,但对于具体的实际问题来说,一般可以根据问题的实际意义加以判定.

上述讨论可推广到一般的$n(n\geq3)$元函数的情况.例如,为求目标函数$u=f(x,y,z)$在约束条件$\varphi(x,y,z)=0$下的条件极值,令$L(x,y,z,\lambda)=f(x,y,z)+\lambda\varphi(x,y,z)$,解方程组

$$\begin{cases}L_x=f_x+\lambda\varphi_x=0,\\ L_y=f_y+\lambda\varphi_y=0,\\ L_z=f_z+\lambda\varphi_z=0,\\ L_\lambda=\varphi(x,y,z)=0,\end{cases}$$

关于拉格朗日乘数法的注记

得到x,y,z,λ,点(x,y,z,λ)就是拉格朗日函数$L(x,y,z,\lambda)$的驻点,相应的点(x,y,z)为$u=f(x,y,z)$在约束条件$\varphi(x,y,z)=0$下的可能极值点.

例8.7　在对角线的长度为d的所有长方体中,怎样的长方体的体积最大?

解 设长方体各边的长度分别为 x,y,z，那么其体积 $V=xyz$．显然，这就是求目标函数 $V=xyz$ 在约束条件 $x^2+y^2+z^2-d^2=0$ 下的条件极值问题．于是，构造拉格朗日函数

$$L(x,y,z,\lambda)=V(x,y,z)+\lambda\varphi(x,y,z),$$

即

$$L(x,y,z,\lambda)=xyz+\lambda(x^2+y^2+z^2-d^2).$$

解方程组

$$\begin{cases} L_x=yz+2\lambda x=0,\\ L_y=xz+2\lambda y=0,\\ L_z=xy+2\lambda z=0,\\ L_\lambda=x^2+y^2+z^2-d^2=0, \end{cases}$$

> 为解这个四元方程组，你从这个方程组的前三个方程发现三个变量 x,y,z 之间的关系了吗？这里的解法是有一定的代表性的，请注意．

由前三个方程分别解出 λ，得 $\dfrac{yz}{x}=\dfrac{xz}{y}=\dfrac{xy}{z}$，由此易得

$$x=y=z,$$

将它代入方程 $x^2+y^2+z^2-d^2=0$ 之中，即可求得

$$x=y=z=\frac{d}{\sqrt{3}},$$

于是所求的可能的极值点为 $\left(\dfrac{d}{\sqrt{3}},\dfrac{d}{\sqrt{3}},\dfrac{d}{\sqrt{3}}\right)$．

由问题的实际意义知道，函数 $V=xyz$ 在约束条件 $x^2+y^2+z^2=d^2$ 下的最大值一定存在，所以一定在这个唯一的可能极值点 $\left(\dfrac{d}{\sqrt{3}},\dfrac{d}{\sqrt{3}},\dfrac{d}{\sqrt{3}}\right)$ 处取得．即，在长方体的对角线一定时，当长方体的长宽高相等也即长方体为正方体时，其体积最大．

拉格朗日乘数法在约束条件不止一个时也是适用的．不妨以两个约束条件为例．

求函数 $u=f(x_1,x_2,\cdots,x_n)$ 在约束条件 $\varphi_1(x_1,x_2,\cdots,x_n)=0,\varphi_2(x_1,x_2,\cdots,x_n)=0$ 下的极值，为此作拉格朗日函数

$$L(x_1,x_2,\cdots,x_n,\lambda,\mu)=f(x_1,x_2,\cdots,x_n)+\lambda\varphi_1(x_1,x_2,\cdots,x_n)+\mu\varphi_2(x_1,x_2,\cdots,x_n),$$ 从而解方程组

$$\begin{cases} L_{x_1}=f_{x_1}(x_1,x_2,\cdots,x_n)+\lambda\dfrac{\partial\varphi_1}{\partial x_1}+\mu\dfrac{\partial\varphi_2}{\partial x_1}=0,\\ \qquad\cdots\cdots\cdots\\ L_{x_n}=f_{x_n}(x_1,x_2,\cdots,x_n)+\lambda\dfrac{\partial\varphi_1}{\partial x_n}+\mu\dfrac{\partial\varphi_2}{\partial x_n}=0,\\ L_\lambda=\varphi_1(x_1,x_2\cdots,x_n)=0,\\ L_\mu=\varphi_2(x_1,x_2\cdots,x_n)=0, \end{cases}$$

即可求得拉格朗日函数 $L(x_1,x_2,\cdots,x_n,\lambda,\mu)$ 的驻点，从而得到目标函数 $u=f(x_1,x_2,\cdots,x_n)$ 可能的极值点．

例 8.8 平面 $x+y+z=2$ 截圆柱面 $x^2+y^2=1$ 得一椭圆周,求此椭圆周(图 8-24)上到原点的最近点及最远点.

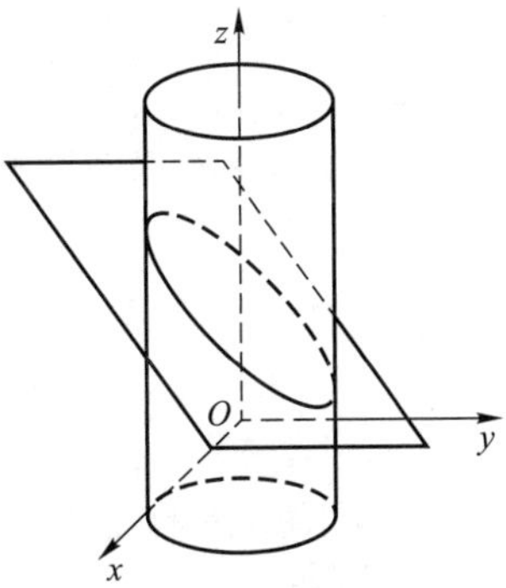

解 问题就是求空间中既在平面 $x+y+z=2$ 上也在圆柱面 $x^2+y^2=1$ 上的点 (x,y,z) 到原点的距离 $\sqrt{x^2+y^2+z^2}$ 或函数 $x^2+y^2+z^2$ 的最大值与最小值.因此函数 $x^2+y^2+z^2$ 为目标函数,条件 $x+y+z=2$ 及 $x^2+y^2=1$ 都是变量 x,y,z 所满足的约束条件.为此构造拉格朗日函数

$$F(x,y,z,\lambda,\mu)=x^2+y^2+z^2+\lambda(x+y+z-2)+\mu(x^2+y^2-1).$$

解方程组

$$\begin{cases} F_x=2x+\lambda+2x\mu=0, & (8.10) \\ F_y=2y+\lambda+2y\mu=0, & (8.11) \\ F_z=2z+\lambda=0, & (8.12) \\ F_\lambda=x+y+z-2=0, & (8.13) \\ F_\mu=x^2+y^2-1=0, & (8.14) \end{cases}$$

图 8-24

由式(8.10)及式(8.11)可知 $x=y$,代入式(8.13)、式(8.14)中得

$$2y+z-2=0, \qquad (8.15)$$
$$2y^2-1=0. \qquad (8.16)$$

由式(8.16)得 $y=\pm\dfrac{\sqrt{2}}{2}$,代入式(8.15)得 $z=2-\sqrt{2}$ 或 $z=2+\sqrt{2}$.于是,到原点的距离最近点与最远点分别是

$$\left(\frac{\sqrt{2}}{2},\frac{\sqrt{2}}{2},2-\sqrt{2}\right),\left(-\frac{\sqrt{2}}{2},-\frac{\sqrt{2}}{2},2+\sqrt{2}\right).$$

*4. 最小二乘法

在实际问题中,往往并不知道存在依赖关系的两个变量之间所存在的函数关系是怎样的形式.这时,一般通过实验找出若干组数据,通过这些数据找出相应的一些点,以根据这些点的分布来确定这两个变量之间函数关系的近似表达式.通常将这样得到的函数关系近似表达式称为**经验公式**.

下面通过具体例子介绍一种常用的建立经验公式的方法.

例 8.9 为了测定刀具的磨损速度,工人师傅经过一定时间测量一次刀具的厚度,得到一组实验数据如下:

顺序编号 i	0	1	2	3	4	5	6	7
时间 t_i(h)	0	1	2	3	4	5	6	7
刀具厚度 y_i(mm)	27.0	26.8	26.5	26.3	26.1	25.7	25.3	24.8

试根据上述实验数据,建立变量 y,t 之间的经验公式 $y=f(t)$.即找到一个能使上述数据大致

适合的函数关系 $y=f(t)$.

解　为此,首先在直角坐标纸上取 t 为横坐标,y 为纵坐标,描出上述各组数据所对应的点.由图 8-25 可看出,这些点的连线大致接近一条直线.于是,可以认为 $y=f(t)$ 是线性函数,设其为

$$y=at+b,$$

其中 a,b 为待定常数.

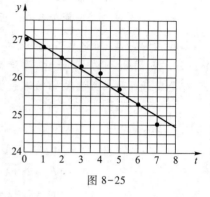

图 8-25

确定出 a,b 的具体取值是解决问题的关键.如果选定的 a,b,恰好使直线 $y=at+b$ 过图中所标的所有点,这是最理想不过的.但一般说来这是不可能的.因此,我们希望所选定的 a,b 的值,对每一个 t_i,能使通过 $y=at+b$ 计算出来的 $f(t_i)$ 与测量所得的相应的 y_i 的偏差 $y_i-f(t_i)$ $(i=0,1,2,\cdots,7)$ 都很小,其中 $f(t_i)=at_i+b$,y_i 为上面表格中所给.

如何刻画"偏差都很小"呢?这些偏差的和 $\sum\limits_{i=0}^{7}[y_i-f(t_i)]$ 很小可以吗? 不难想象,这是不可以的.因为这些偏差会有正有负,求和时正、负会抵消一部分,所以即使偏差的和 $\sum\limits_{i=0}^{7}[y_i-f(t_i)]$ 很小,也不能说明每一个偏差都很小.

为了防止正、负偏差相抵消,可以对各个偏差取绝对值再相加,即讨论 $\sum\limits_{i=0}^{7}|y_i-f(t_i)|$.但这里的绝对值符号对下面的解析法讨论会带来不便.为此,我们对各个偏差先平方再相加.即,讨论取怎样的 a,b,使

$$M=\sum_{i=0}^{7}[y_i-f(t_i)]^2$$

最小,这就说明,取这样的 a,b 能使总的偏差最小.

称这种依据偏差的平方和最小来选择 a,b 的值的方法为**最小二乘法**.它是实际中比较常用的方法.

现在来讨论上面提出的具体问题.即选择怎样的 a,b,能使 M 最小.为此,我们把 M 看作 a,b 的函数,讨论函数 $M(a,b)=\sum\limits_{i=0}^{7}[y_i-(at_i+b)]^2$ 在 a,b 取何值时取最小值.

这就需要解方程组

$$\begin{cases} M_a(a,b)=0, \\ M_b(a,b)=0, \end{cases}$$

亦即

$$\begin{cases} -2\sum\limits_{i=0}^{7}[y_i-(at_i+b)]t_i=0, \\ -2\sum\limits_{i=0}^{7}[y_i-(at_i+b)]=0. \end{cases}$$

为此,将括号内的各项整理合并,把未知数 a,b 分离出来,得

$$\begin{cases} a\sum_{i=0}^{7} t_i^2 + b\sum_{i=0}^{7} t_i = \sum_{i=0}^{7} y_i t_i, \\ a\sum_{i=0}^{7} t_i + 8b = \sum_{i=0}^{7} y_i. \end{cases} \tag{8.17}$$

利用题目所给的实验数据,通过计算可得到

$$\sum_{i=0}^{7} t_i = 28,\ \sum_{i=0}^{7} t_i^2 = 140,\ \sum_{i=0}^{7} y_i = 208.5,\ \sum_{i=0}^{7} y_i t_i = 717.0,$$

代入方程组(8-17)得,

$$\begin{cases} 140a+28b=717, \\ 28a+8b=208.5. \end{cases}$$

解这个方程组,得 $a=-0.303\ 6,b=27.125$,于是,得到经验公式

$$y=-0.303\ 6t+27.125.$$

由此可算得偏差如下所示

t_i	0	1	2	3	4	5	6	7
实测的 $y_i(\mathrm{mm})$	27.0	26.8	26.5	26.3	26.1	25.7	25.3	24.8
计算出的 $y_i(\mathrm{mm})$	27.125	26.821	26.518	26.214	25.911	25.607	25.303	25.000
偏差	-0.125	-0.021	-0.018	0.086	0.189	0.093	-0.003	-0.200

偏差的平方和 $M=0.108\ 165$,其平方根 $\sqrt{M}=0.329$ 称为均方误差. 它的大小在一定程度上刻画了用经验公式来表示函数关系的近似程度好坏.

5. 数学建模的实例

　　多元函数微分学,尤其是极值问题在实际生活中有着非常广泛的应用,而且在大自然的各种结构中也有所体现.这也是仿生学的一个重要研究方向.

　　高级动物的身体内血液流动的能量主要来自心脏,经过自然界长期的进化,血管系统的结构已经能够使得完成血液循环所需的能量达到最小,最大限度地减轻了心脏的压力.在数学建模上体现的就是,血管应该如何分布,才能使得血液循环过程最短,同时又满足机体需要.该问题可从多元函数极值的角度来讨论.

　　根据实际情况做如下假设:

　　(1)在血液循环过程中能量消耗主要用于克服血液在血管中流动时所受到的阻力和为血管壁提供营养;

　　(2)(几何假设)较粗的血管在分支点只分为两条较细的血管,它们在同一平面内且关于粗

血管对称分布,否则会增加血管的总长度,使总能量消耗增加;

（3）（力学假设）血管为刚性（即不考虑血管的弹性）,血液的流动视为黏性流体在刚性管道内流动;

（4）（生理假设）血管壁所需的营养随着壁内表面积和管壁的厚度增加而增加,管壁的厚度与管壁的半径成正比.

根据上面的假设,设血液要从粗血管中的 A 点经过一个分支向细血管中的 B 和 B' 点供血,C 是血管的分叉点,B 和 B' 点是关于 AC 轴的对称点.记 H 为 B 和 B' 点到 AC 轴的垂直距离,L 为 A,B 两点的水平距离;r 和 r_1 分别为血管分叉前后的半径;f 为粗血管内单位时间的血流量,则 $\dfrac{f}{2}$ 即为细血管内单位时间的血流量;l 和 l_1 分别为 A,C 两点和 B,C 两点间的距离;θ 为分叉角度（图 8-26）.

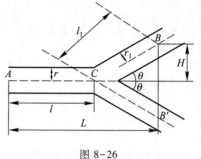

图 8-26

根据假设（3）及流体力学定律（黏性物质在刚性管道内流动所受到的阻力与流速的平方成正比,与管道半径的四次方成反比）,血液在粗细血管内所受到的阻力分别为 $\dfrac{kf^2}{r^4}$ 和 $\dfrac{k\left(\dfrac{f}{2}\right)^2}{r_1^4}$,其中 k 为比例系数.

由假设（4）,进一步假设在单位长度的血管内血液为管壁提供营养所消耗的能量为 br^α,其中 b 为比例常数,$1\leqslant\alpha\leqslant2$.

所以血液从 A 点流到 B 点,用于克服阻力及为血管壁提供营养所消耗的总能量为

$$C = \left(\frac{kf^2}{r^4}+br^\alpha\right)l+\left(\frac{k\left(\dfrac{f}{2}\right)^2}{r_1^4}+br_1^\alpha\right)\cdot 2l_1.$$

另外有

$$l=L-\frac{H}{\tan\theta},\quad l_1=\frac{H}{\sin\theta},$$

综合上述两式得

$$C(r,r_1,\theta)=\left(\frac{kf^2}{r^4}+br^\alpha\right)\left(L-\frac{H}{\tan\theta}\right)+\left(\frac{k\left(\dfrac{f}{2}\right)^2}{r_1^4}+br_1^\alpha\right)\cdot 2\frac{H}{\sin\theta}.$$

根据多元函数极值的相关理论,要使总能量消耗 $C(r,r_1,\theta)$ 达到最小,应有

$$\frac{\partial C}{\partial r}=0,\frac{\partial C}{\partial r_1}=0,\frac{\partial C}{\partial\theta}=0.$$

即

$$\begin{cases} -\dfrac{4kf^{2}}{r^{5}}+\alpha br^{\alpha-1}=0, \\[3mm] -\dfrac{kf^{2}}{r_{1}^{5}}+\alpha br_{1}^{\alpha-1}=0, \\[3mm] \left(\dfrac{kf^{2}}{r^{4}}+br^{\alpha}\right)-2\left(\dfrac{kf^{2}}{4r_{1}^{4}}+br_{1}^{\alpha}\right)\cdot\cos\theta=0. \end{cases}$$

由上式可得

$$\frac{r}{r_{1}}=4^{\frac{1}{\alpha+4}}\ \text{及}\ \cos\theta=\frac{1}{2}\left(\frac{r}{r_{1}}\right)^{\alpha}=2^{\frac{\alpha-4}{\alpha+4}}.$$

上式给出了血管分叉的最优结果,由于$1\leqslant\alpha\leqslant2$,可得$\dfrac{r}{r_{1}}\in[1.26,1.32]$,$\theta$大小在$37°$和$49°$之间,这个分叉角度与高级动物的血管分叉情况基本相符.

习题 8-8(A)

1. 判断下列论述是否正确,并说明理由:

(1) 对于可微分的函数$z=f(x,y)$,满足方程组$\begin{cases}f_{x}(x,y)=0,\\ f_{y}(x,y)=0\end{cases}$的点(也即驻点)就是该函数的极值点;

(2) 二元函数$z=f(x,y)$的极值点一定是函数定义域的内点,而且可能是驻点或偏导数不存在的点.但是这些点仅仅是"可疑点",还要利用定理8.2(充分条件)去判断;

(3) 连续函数$z=f(x,y)$在有界闭区域D上一定存在最大值与最小值,最值点一定是极值点;

(4) 用拉格朗日乘数法求条件极值时,要首先找到目标函数和约束条件,然后构造拉格朗日函数,问题就转化为求该拉格朗日函数的普通(无条件)极值问题.

2. 求下列函数的极值:

(1) $f(x,y)=x^{3}y^{2}(6-x-y)$;　　　　(2) $f(x,y)=\mathrm{e}^{x-y}(x^{2}-2y^{2})$;

(3) $f(x,y)=x^{3}+3xy^{2}-15x-12y$;　　(4) $f(x,y)=\dfrac{1+x-y}{\sqrt{1+x^{2}+y^{2}}}$.

3. 求函数$z=xy$在条件$x+y=1$下的极大值.

4. 求函数$u=xyz$在条件$x^{2}+2y^{2}+3z^{2}=6$下的最大值与最小值.

5. 求函数$z=x^{2}-y^{2}$在闭区域$D:x^{2}+4y^{2}\leqslant4$上的最小值与最大值.

6. (1) 用铁板做一个容积为$8\ \mathrm{m}^{3}$的长方体有盖水箱,问如何设计最省材料?

(2) 用面积为$12\ \mathrm{m}^{2}$的铁板做一个长方体无盖水箱,问如何设计容积最大?

7. 将周长为$2p$的矩形绕它的一边旋转而成一个圆柱体,求矩形边长各为多少时,圆柱体的体积最大.

8. 求圆周$(x+1)^{2}+y^{2}=1$上的点与定点$(0,1)$的距离的最小值与最大值.

习题 8-8(B)

1. 某商家通过报纸及电视两种媒体做某商品广告. 如果销售收入
$$R=15+14x+32y-8xy-2x^{2}-10y^{2},$$
其中x为报纸广告费用(单位:万元),y为电视广告费用(单位:万元).

（1）在不限定广告费用时，求最优广告策略；

（2）若限定广告费用为 1.5 万元时，求最优广告策略.

2. 设函数 $z=z(x,y)$ 由方程 $x^2-6xy+10y^2-2yz-z^2+18=0$ 确定，求 z 的极值.

3. 在 xOy 平面上，求抛物线 $y=x^2$ 到直线 $x-y=2$ 的最短距离.

4. 在直线 $y+2=0,x+2z=7$ 之上找一点 M，使点 M 到点 $N(0,1,1)$ 的距离最短，并求这最短距离.

5. 证明函数 $f(x,y)=(1+e^y)\cos x-ye^y$ 有无穷多个极大值点，但无极小值点.

*6.某企业从 2010 年到 2019 年间的利润 y 和产值 x 的统计数据如下所示：

年份	2010	2011	2012	2013	2014	2015	2016	2017	2018	2019
产值 x_i/万元	4.92	5.00	4.93	4.90	4.90	4.95	4.98	4.99	5.02	5.02
利润 y_i/万元	1.67	1.70	1.68	1.66	1.66	1.68	1.69	1.70	1.70	1.71

试根据上面的统计数据建立 y 和 x 之间的经验公式 $y=f(x)$.

第九节　利用软件计算偏导数

求偏导数的命令和方法与求导数基本相同，只需在命令中指明所求导的变量即可，可以用 diff(f,x,y) 来求二阶混合偏导数.下面是使用 Python 软件求导数的几个具体的例子：

例 9.1　求 $\dfrac{\partial}{\partial x}\sin(xy)$，$\dfrac{\partial^2}{\partial x^2}\sin(xy)$，$\dfrac{\partial^4}{\partial x\partial y^3}\sin(xy)$，$\dfrac{\partial^6}{\partial x^4\partial y^2}\sin(xy)$.

```
In [1]: from sympy import *  #从 sympy 库中引入所有的函数及变量

In [2]: x,y,z,f=symbols('x,y,z,f')  #利用 Symbol 命令定义"x,y,z,f"为符号变量
In [3]: f=sin(x*y)  #定义因变量 f 与自变量 x,y 的函数关系

In [4]: diff(f,x)  #计算对 x 的偏导数
Out[4]: y*cos(x*y)


In [5]: diff(f,x,2)  #计算对 x 的二阶偏导数
Out[5]: -y**2*sin(x*y)


In [6]: diff(f,x,y,3)  #计算四阶混合偏导数
Out[6]: x**2*(x*y*sin(x*y) - 3*cos(x*y))


In [7]: diff(f,x,1,y,3)  #请注意,这个命令与上一个命令的效果是一样的
```

Out[7]: x**2*(x*y*sin(x*y) - 3*cos(x*y))

In [8]: diff(t,x,4,y,2)

Out[8]: y**2*(-x**2*y**2*sin(x*y) + 8*x*y*cos(x*y) + 12*sin(x*y))

由输出结果可知

$$\frac{\partial}{\partial x}\sin(xy) = y\cos(xy), \frac{\partial^2}{\partial x^2}\sin(xy) = -y^2\sin(xy),$$

$$\frac{\partial^4}{\partial x\partial y^3}\sin(xy) = x^2[xy\sin(xy) - 3\cos(xy)],$$

$$\frac{\partial^6}{\partial x^4\partial y^2}\sin(xy) = y^2[-x^2y^2\sin(xy) + 8xy\cos(xy) + 12\sin(xy)].$$

例 9.2 求 $\dfrac{\partial^3}{\partial x\partial y\partial z}\ln(xy-z)$,并计算在 $x=2, y=2, z=2$ 时导数的值.

In [9]: f=ln(x*y-z)

In [10]: diff(f,x,y,z)

Out[10]: (-2*x*y/(x*y - z) + 1)/(x*y - z)**2

In [11]: a=diff(f,x,y,z)

In [12]: a.subs([(x,2),(y,2),(z,2)])

Out[12]: -3/4

由输出结果可知

$$\frac{\partial^3}{\partial x\partial y\partial z}\ln(xy-z) = \left(\frac{-2xy}{xy-z}+1\right) \cdot \frac{1}{(xy-z)^2},$$

且在 $x=2, y=2, z=2$ 时导数值为 $-\dfrac{3}{4}$.

练习.

设 $z=\dfrac{xy}{x^2+y^2}$,求 $\dfrac{\partial z}{\partial x}, \dfrac{\partial^2 z}{\partial x^2}, \dfrac{\partial^2 z}{\partial y^2}, \dfrac{\partial^2 z}{\partial x\partial y}$.

总 习 题 八

1. 判断下列论述是否正确:

(1) $\displaystyle\lim_{(x,y)\to(0,0)}\frac{x^3y+xy^4+x^2y}{x+y}$ 不存在,这是因为沿 $y=0$ 和 $y=x^3-x$ 两种不同方式的极限值不同.

（2）若函数 $f(x+y,x-y)=x^2-y^2$，则 $\dfrac{\partial f(x,y)}{\partial x}+\dfrac{\partial f(x,y)}{\partial y}=x+y$；

（3）设函数 $f(x,y)=\sqrt{x^2+y^2}$，则 $f_x(0,0)$ 及 $f_y(0,0)$ 都等于 0；

（4）函数 $z=f(x,y)$ 的两个偏导数 $f_x(x,y)$ 及 $f_y(x,y)$ 在点 $P_0(x_0,y_0)$ 处存在是函数 $z=f(x,y)$ 在点 $P_0(x_0,y_0)$ 可微的充要条件；

（5）函数 $z=f(x,y)$ 在点 $P_0(x_0,y_0)$ 处的两个偏导数连续是函数 $f(x,y)$ 在点 $P_0(x_0,y_0)$ 处沿任意方向上的方向导数存在的充分条件；

（6）曲线 $\begin{cases}4z=x^2+y^2,\\y=4\end{cases}$ 在点 $(2,4,5)$ 处的切线对于 x 轴的倾角 $\alpha=\dfrac{\pi}{2}$；

（7）设函数 $f(x,y)$ 及 $\varphi(x,y)$ 都可微，且 $\varphi_y(x,y)\neq0$，点 $P_0(x_0,y_0)$ 是函数 $f(x,y)$ 在约束条件 $\varphi(x,y)=0$ 下的一个极值点，则当 $f_x(x_0,y_0)\neq0$ 时，必有 $f_y(x_0,y_0)\neq0$.

2. 计算题：

（1）设函数 $f(x,y)=x^2+(y-1)^2\arctan\dfrac{x+1}{y+1}$，求 $f_x(x,1)$；

（2）设函数 $z=\arctan\dfrac{x+y}{1-xy}$，求 $\dfrac{\partial^2z}{\partial x^2}$ 和 $\dfrac{\partial^2z}{\partial x\partial y}$；

（3）设函数 $u=z^{\frac{x}{y}}$，求 $\mathrm{d}u\,|_{(1,1,\mathrm{e})}$；

（4）设函数 $z=z(x,y)$ 由方程 $x\mathrm{e}^x-y\mathrm{e}^y=z\mathrm{e}^z$ 确定，求 $\mathrm{d}z$；

（5）设函数 $z=z(u,v)$ 具有一阶连续偏导数，且 $u=xy,v=\dfrac{x}{y}$，求 $\dfrac{\partial z}{\partial x}$；

（6）设函数 $z=x^nf\left(\dfrac{y}{x^2}\right)$，其中 $f(u)$ 可导，求 $\dfrac{\partial z}{\partial y}$；

（7）求曲线 $x=\displaystyle\int_0^t\mathrm{e}^u\cos u\,\mathrm{d}u,y=2\sin t+\cos t,z=1+\mathrm{e}^{3t}$ 在点 $(0,1,2)$ 处的法平面方程；

（8）求曲面 $z=xy$ 在点 $(-3,-1,3)$ 处的法线方程.

（9）求函数 $z=\ln(x^2+y^2)$ 在点 $(1,1)$ 处的梯度；

（10）求函数 $u=x^2+y^2+z^2$ 在点 $(1,1,1)$ 处沿 $l=(1,2,3)$ 的方向导数.

（11）求函数 $f(x,y)=x^4+y^4-x^2-2xy-y^2$ 的极值；

（12）求函数 $z=(x^2+y^2-2x-2y)^2+1$ 在圆域 $D:x^2+y^2-2x-2y\leqslant0$ 上的最小值和最大值.

3. 设函数 $f(x,y)=\begin{cases}\dfrac{x^2y^2}{(x^2+y^2)^{3/2}},&x^2+y^2\neq0,\\0,&x^2+y^2=0,\end{cases}$ 证明 $f(x,y)$ 在点 $(0,0)$ 的偏导数存在，但是函数不可微.

4. 设函数 $u=f(x,y,z)$（其中 f 可微），又 $z=x^2\sin t,t=\ln(x+y)$，求 $\dfrac{\partial u}{\partial x}$.

5. 函数 $z=z(x,y)$ 由方程 $x^2+z^2=y\varphi\left(\dfrac{z}{y}\right)$ 确定，其中 $\varphi(u)$ 是可微函数，求 $\dfrac{\partial z}{\partial x},\dfrac{\partial z}{\partial y}$.

6. 设函数 $z=z(x,y)$ 由方程 $\varphi(bz-cy,cx-dz,ay-bx)=0$ 确定，其中 $\varphi(u,v,w)$ 有连续偏导数，

证明 $a\dfrac{\partial z}{\partial x}+b\dfrac{\partial z}{\partial y}=c.$

7. 设 $z=f(2x-y)+g(x,xy)$，其中函数 $f(u)$ 具有二阶导数，$g(u,v)$ 具有二阶连续偏导数，求 $\dfrac{\partial^2 z}{\partial x^2}$，$\dfrac{\partial^2 z}{\partial y^2}$ 及 $\dfrac{\partial^2 z}{\partial x\partial y}$.

8. 若函数 $z=z(x,y)$ 具有二阶连续偏导数，以 $u=x-2y$，$v=x+2y$ 为自变量，改写方程 $\dfrac{\partial^2 z}{\partial y^2}=4\dfrac{\partial^2 z}{\partial x^2}$.

9. 设 $f(u,v)$ 的一阶偏导数连续且不同时为零，证明曲面 $f(ax-bz,ay-cz)=0\,(a^2+b^2+c^2\neq 0)$ 上任意一点处的切平面都与直线 $\dfrac{x}{b}=\dfrac{y}{c}=\dfrac{z}{a}$ 平行.

10. 求常数 a,b,c 的值，使函数 $f(x,y,z)=axy^2+byz+cx^3z^2$ 在点 $(1,2,-1)$ 处沿 z 轴正方向的方向导数达到最大值 64.

11. 求曲线 $\begin{cases} z=x^2+2y^2, \\ z=6-2x^2-y^2 \end{cases}$ 上点的 z 坐标的最大值与最小值.

12. 将一个底半径为 1、高为 1 的圆锥形毛坯，以圆锥的底面为一个侧面，车削成一个长方体形工件，问如何车削其工件的体积最大，并求该最大体积.

13. 求球面 $x^2+y^2+z^2=1$ 在第一卦限内的切平面，使切平面与三个坐标面围成的四面体体积最小.

14. 设 $P(x_1,y_1)$ 是椭圆 $\dfrac{x^2}{a^2}+\dfrac{y^2}{b^2}=1$ 外的一点，若 $Q(x_2,y_2)$ 是椭圆上距离 P 最近的一点，证明 PQ 所在直线为椭圆的法线.

第九章 重 积 分

在第五章我们讨论了定积分.它不论在理论中还是在实际中都有着非常重要的意义.但是,由于定积分中的被积函数是一元函数,积分范围是数轴上的一个区间,因而它有其局限性———一般只能用来计算非均匀分布在某直线(段)中的可加量的求和问题.但是,科学技术、生产实践中还有许多非均匀分布在平面或空间中的一些几何形体上的可加量的求和问题.例如,计算曲面体的体积,求质量分布不均匀的平面薄板、空间立体的质量,计算变力沿曲线做功等,研究这些问题,就不是定积分所能解决的,因此需要对定积分进行推广.

我们将看到,像研究计算平面曲边梯形面积及物质线段的质量得到定积分那样,研究非均匀分布在平面或空间中的几何形体上的可加量的求和,也要遵循"**用'已知'认识'未知'、用'已知'研究'未知'、用'已知'解决'未知'**"的认知规则,利用**微积分的基本思想方法**,局部将非均匀分布的"未知"近似看作均匀分布的"已知",从而用初等方法求出其近似值,然后再取极限,就得到重积分、曲线积分与曲面积分,它们统称为多元函数的积分.

在本章与下一章,要给出各种不同类型的多元函数积分的定义并研究它们的性质、计算与应用.我们将看到,计算多元函数的积分,一般最终都要将它们化为定积分,从而用定积分作"已知"进行计算.本章先来讨论重积分.

第一节 二重积分的概念与性质

1. 两个实际问题

下面先来看两个实际问题.

1.1 曲顶柱体的体积

设在空间 $Oxyz$ 中有一立体 Ω,其底是平面 xOy 上的有界闭区域 D,顶是连续曲面 $z=f(x,y)$(其中 $f(x,y) \geq 0$),侧面是以 D 的边界为准线、母线平行于 z 轴的柱面.称 Ω 为曲顶柱体(图 9-1).

何谓该曲顶柱体的体积?如何计算之?下面来讨论这个问题.

面对这一"未知",我们联想到第五章为引入定积分讨论的"曲边梯形"面积计算问题."曲顶柱体"与"曲边梯形"的"顶"都是曲的,因此,像曲边梯形那样,曲顶柱体的体积是非均匀分布(底面积相等的小曲顶柱体的体积不都相等)在 D 上的可加量.显然,解决这一"未知"也要遵循微积分的基本思想:"局部"将"曲顶柱体"这一"未知"近似看作体积均匀分布

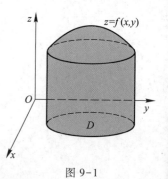

图 9-1

的平顶柱体(在平顶柱体中,任意底面积相等的小柱体的体积都相等),从而用初等方法求出曲顶柱体体积的近似值. 然后在"局部"无限变小时对近似值求极限.

为由"整体"得到"局部",像计算曲边梯形面积时要将整体分割那样,这里同样也要将曲顶柱体进行分割. 注意到"曲顶柱体"是空间立体,其底面是平面中的区域,因此就不能像分割曲边梯形时"在区间内插入一组分点"那样简单,需要将分割方法做相应修改——首先用一组曲线网将底面 D 分割.

将计算曲边梯形面积时采用的"**分、匀、合、精**"略加修改,就求得该曲顶柱体的体积.

(1) **分割** 用曲线网把 D 分割成 n 个小闭区域:$\Delta D_1, \Delta D_2, \cdots, \Delta D_n$(图 9-2). 分别以这些小区域的边界为准线作母线平行于 z 轴的柱面,这些柱面将 Ω 相应地分割成一组小曲顶柱体 $\Delta \Omega_i$($\Delta \Omega_i$ 的底为 ΔD_i)($i = 1, 2, \cdots, n$).

(2) **局部以"平"代"曲"** 在 ΔD_i 上任取一点 (ξ_i, η_i)($i = 1, 2, \cdots, n$),把小曲顶柱体 $\Delta \Omega_i$ 用以 $f(\xi_i, \eta_i)$ 为高、ΔD_i 为底的平顶柱体来近似(图 9-3),就得到该小曲顶柱体体积的近似值 $f(\xi_i, \eta_i) \Delta \sigma_i$($\Delta \sigma_i$ 为 ΔD_i 的面积).

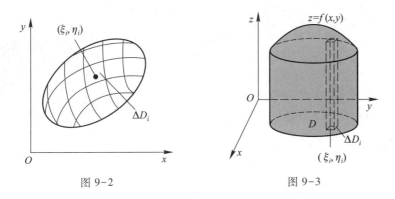

图 9-2   图 9-3

(3) **作和** 将这 n 个小平顶柱体的体积相累加,所得的和

$$\sum_{i=1}^{n} f(\xi_i, \eta_i) \Delta \sigma_i$$

就是 Ω 的体积的近似值.

(4) **求极限** 显然分割越细,这些小平顶柱体所组成的图形就越接近 Ω. 于是令各小闭区域 ΔD_i 的直径(一平面有界闭区域上任意两点的距离最大值称为该平面区域的直径,同样有空间立体的直径的定义)最大值 λ 趋于零,对 $\sum_{i=1}^{n} f(\xi_i, \eta_i) \Delta \sigma_i$ 求极限

$$\lim_{\lambda \to 0} \sum_{i=1}^{n} f(\xi_i, \eta_i) \Delta \sigma_i,$$

该极限就称为曲顶柱体 Ω 的体积.

1.2 平面薄片的质量

设有一密度分布不均匀的平面薄板(其厚度忽略不计),它在平面 xOy 上所占的闭区域为 D(图 9-2),在点 $(x, y) \in D$ 处的面密度为 $\rho(x, y)$,设 $\rho(x, y)$ 在 D 上连续. 下面来研究如何计算该

薄板的质量.

由于该平面薄板的密度在 D 上是非均匀变化的,因此该薄板的质量是 D 上的非均匀分布(面积相等的小薄板的质量不都相等)的可加量.因此,解决这一"未知"也要遵循微积分的基本思想方法:"局部"将"密度不均匀"这一"未知"近似看作密度均匀的初等问题,用初等方法求出近似值,然后在"局部"无限变小时对近似值求极限.

显然,为由"整体"得到"局部",也要采用与上面计算曲顶柱体相同的方法——用一组曲线网将底面 D 分割,将每一个小区域视为"局部".

为此:

(1) **分割**　用曲线网将 D 任意分成 n 个小区域 $\Delta D_1, \Delta D_2, \cdots, \Delta D_n$(记 ΔD_i 的面积为 $\Delta\sigma_i$);

(2) **局部以"匀"代"非匀"**　在 ΔD_i 上任取一点 (ξ_i, η_i),将该点处的密度 $\rho(\xi_i, \eta_i)$ 作为 ΔD_i 上各点处的密度,从而用

$$\rho(\xi_i, \eta_i)\Delta\sigma_i$$

作为小薄板 $\Delta D_i (i = 1, 2, \cdots, n)$ 的质量的近似值(图 9-2);

(3) **作和**　作和 $\sum\limits_{i=1}^{n} \rho(\xi_i, \eta_i)\Delta\sigma_i$,就得到整个薄板质量的近似值;

(4) **求极限**　令 $\lambda \to 0$(λ 的意义与上例相同),对该和式取极限,极限值

$$M = \lim_{\lambda \to 0} \sum_{i=1}^{n} \rho(\xi_i, \eta_i)\Delta\sigma_i$$

就称为该薄板的质量.

> 分析左边的极限与前面计算曲顶柱体的体积时所得到的极限,它们之间有何共性? 与定积分定义中的极限相比较呢?

2. 二重积分的定义

上面讨论的两个例子,一个是几何问题,一个是物理问题,虽然它们的实际意义不同,但解决它们都遵循微积分的基本思想方法,得到了形式完全相同——数值函数的函数值与小平面区域的面积的乘积之和——的极限.许多实际问题的解决都需要化归为这类极限.因此抽去它们的实际意义而一般性地研究这类极限,就得到了二重积分.

2.1　二重积分的定义

定义 1.1　**设 $z = f(x, y)$ 是定义在有界闭区域 D 上的有界函数,**

(1) **分**　将 D 任意分割成 n 个小闭区域:$\Delta D_1, \Delta D_2, \cdots, \Delta D_n$,其中第 i 个小区域 ΔD_i 的面积记为 $\Delta\sigma_i (i = 1, 2, \cdots, n)$;

(2) **匀**　在每个小区域 ΔD_i 上任取一点 (ξ_i, η_i),作乘积 $f(\xi_i, \eta_i)\Delta\sigma_i (i = 1, 2, \cdots, n)$;

(3) **合**　把上述所得的各个乘积相加,得 $\sum\limits_{i=1}^{n} f(\xi_i, \eta_i)\Delta\sigma_i$;

(4) **精**　记 λ 为各小区域 ΔD_i 的直径最大值. 若存在常数 I,不论将区域 D 如何分割,也不论点 (ξ_i, η_i) 在小区域 ΔD_i 上如何选取,总有

$$\lim_{\lambda \to 0} \sum_{i=1}^{n} f(\xi_i, \eta_i)\Delta\sigma_i = I$$

> 将该定义与定积分的定义相比较,二者有何异同? 如何理解定义中两个"不论"与"总有"的含义?

成立,则称函数 $f(x,y)$ 在 D 上可积,并称(该极限值) I 为函数 $f(x,y)$ 在闭区域 D 上的二重积分,记作 $\iint\limits_D f(x,y)\,\mathrm{d}\sigma$,即

$$\iint\limits_D f(x,y)\,\mathrm{d}\sigma = \lim_{\lambda\to 0}\sum_{i=1}^n f(\xi_i,\eta_i)\,\Delta\sigma_i,$$

称 $f(x,y)$ 为被积函数, $f(x,y)\,\mathrm{d}\sigma$ 为被积式, $\mathrm{d}\sigma$ 为面积元素, x 与 y 为积分变量, D 为积分区域, $\sum\limits_{i=1}^n f(\xi_i,\eta_i)\,\Delta\sigma_i$ 为积分和式.

在直角坐标系下讨论时,通常也将面积元素 $\mathrm{d}\sigma$ 记作 $\mathrm{d}x\mathrm{d}y$,而将相应的二重积分记作

$$\iint\limits_D f(x,y)\,\mathrm{d}x\mathrm{d}y.$$

关于二重积分
定义的注记

2.2　二重积分存在的条件

由于二重积分与定积分的定义是相同形式的极限,因此二者具有许多相同的性质.比如,关于定积分可积性的有关结论可以平移到二重积分.即有:

二重积分 $\iint\limits_D f(x,y)\,\mathrm{d}x\mathrm{d}y$ 存在的**必要条件**是被积函数 $f(x,y)$ 在有界闭区域 D 上有界;

被积函数 $f(x,y)$ 在有界闭区域 D 上连续是二重积分 $\iint\limits_D f(x,y)\,\mathrm{d}x\mathrm{d}y$ 存在的**充分条件**.

对此我们不做证明,以后如果不作特别说明,总假定所讨论的函数在给定的有界闭区域上是连续的或分片连续的,因而相应的二重积分一定存在.

3. 二重积分的几何意义

从本节开始引出的第一个实际例子(曲顶柱体的体积)看到,当 $f(x,y)\geq 0$ 时,以区域 D 为底、曲面 $z=f(x,y)$ 为顶的曲顶柱体的体积为 $\iint\limits_D f(x,y)\,\mathrm{d}\sigma$.所以当 $f(x,y)\geq 0$ 时,二重积分 $\iint\limits_D f(x,y)\,\mathrm{d}\sigma$ 的几何意义是以区域 D 为底、曲面 $z=f(x,y)$ 为顶的曲顶柱体的体积;当 $f(x,y)<0$ 时,曲面 $z=f(x,y)$ 在 xOy 平面的下方,这时曲顶柱体的体积为

$$\lim_{\lambda\to 0}\sum_{i=1}^n \left[-f(\xi_i,\eta_i)\right]\Delta\sigma_i = -\lim_{\lambda\to 0}\sum_{i=1}^n f(\xi_i,\eta_i)\,\Delta\sigma_i = -\iint\limits_D f(x,y)\,\mathrm{d}\sigma.$$

即,这时 $\iint\limits_D f(x,y)\,\mathrm{d}\sigma$ 是以区域 D 为底、曲面 $z=f(x,y)$ 为顶的曲顶柱体的体积的相反数;当连续函数 $f(x,y)$ 在区域 D 的某些部分区域上为正,而在其余部分区域上为负时, $\iint\limits_D f(x,y)\,\mathrm{d}\sigma$ 的值等于所有在平面 xOy 上方的柱体的体积减去所有在平面 xOy 下方的柱体的体积所得的差.

例 1.1　利用球体的体积公式写出二重积分 $\iint\limits_D \sqrt{1-x^2-y^2}\,\mathrm{d}x\mathrm{d}y$ 的值,其中 $D=\{(x,y)\,|\,x^2+y^2\leq 1\}$.

解　由二重积分的几何意义知,要求的二重积分是一个以曲面 $z=\sqrt{1-x^2-y^2}$ 为顶、 D 为底的

曲顶柱体的体积.该立体是一个半径为 1 的半球体.由球体的体积计算公式(第五章第四节例 4.8),该半球体的体积是 $\dfrac{1}{2} \times \dfrac{4}{3}\pi \cdot 1^3 = \dfrac{2}{3}\pi$,因此

$$\iint\limits_{D} \sqrt{1 - x^2 - y^2}\, \mathrm{d}x\mathrm{d}y = \dfrac{2\pi}{3}.$$

4. 二重积分的性质

由于二重积分与定积分定义的形式相同,因此要研究二重积分的性质,可以通过类比将定积分的有关性质平移到二重积分上来.事实上,假定以下所涉及的函数在相应的区域上都是可积的,则有

(1) 若在 D 上,$f(x,y) \equiv 1$,则有

$$\iint\limits_{D} 1 \cdot \mathrm{d}\sigma = D \text{ 的面积.}$$

你能利用二重积分的几何意义来证明性质(1)吗?

(2) (线性运算性质) 设 α, β 为常数,则有

$$\iint\limits_{D} [\alpha f(x,y) + \beta g(x,y)]\, \mathrm{d}\sigma = \alpha \iint\limits_{D} f(x,y)\, \mathrm{d}\sigma + \beta \iint\limits_{D} g(x,y)\, \mathrm{d}\sigma.$$

(3) (区域可加性) 若 D 被曲线分割成两个子闭区域 D_1, D_2, D_1, D_2 除有公共边界外没有其他的交点,则有

$$\iint\limits_{D} f(x,y)\, \mathrm{d}\sigma = \iint\limits_{D_1} f(x,y)\, \mathrm{d}\sigma + \iint\limits_{D_2} f(x,y)\, \mathrm{d}\sigma.$$

(4) (保序性) 若在 D 上,$f(x,y) \leqslant g(x,y)$,则有

$$\iint\limits_{D} f(x,y)\, \mathrm{d}\sigma \leqslant \iint\limits_{D} g(x,y)\, \mathrm{d}\sigma.$$

并且,由于

$$-|f(x,y)| \leqslant f(x,y) \leqslant |f(x,y)|,$$

因此,由保序性可得

$$\left| \iint\limits_{D} f(x,y)\, \mathrm{d}\sigma \right| \leqslant \iint\limits_{D} |f(x,y)|\, \mathrm{d}\sigma.$$

若 $f(x,y) \leqslant 0$ 且在 D 上连续,并在某点处小于零,你能证明相应的二重积分一定小于零吗?

(5) (估值不等式) 设 M, m 分别是 $f(x,y)$ 在闭区域 D 上的最大值与最小值,σ 是 D 的面积,则

$$m\sigma \leqslant \iint\limits_{D} f(x,y)\, \mathrm{d}\sigma \leqslant M\sigma.$$

性质(5)常称为估值不等式,你能证明它吗?若用性质(5),应与什么结合起来?

(6) (二重积分的中值定理) 设 $f(x,y)$ 在有界闭区域 D 上连续,σ 是 D 的面积,那么在 D 上必至少存在一点 (ξ, η),使得

$$\iint\limits_{D} f(x,y)\, \mathrm{d}\sigma = \sigma \cdot f(\xi, \eta).$$

性质(6)应怎么证明?能看出该性质的几何意义吗?

例 1.2　估计二重积分 $\iint\limits_{D} \mathrm{e}^{x^2+y^2}\mathrm{d}x\mathrm{d}y$ 的值,其中

$$D = \left\{ (x,y) \;\middle|\; \frac{x^2}{a^2} + \frac{y^2}{b^2} \leqslant 1 \right\}, 0 < b < a \,(\text{图 }9\text{-}4).$$

解 由于 $0 < b < a$，因此在区域 D 中，$0 \leqslant x^2 + y^2 \leqslant a^2$，于是 $1 = \mathrm{e}^0 \leqslant \mathrm{e}^{x^2+y^2} \leqslant \mathrm{e}^{a^2}$，又区域 D 的面积 $\sigma = \pi ab$，利用性质（5），得

$$1 \cdot \pi ab \leqslant \iint\limits_{D} \mathrm{e}^{x^2+y^2} \mathrm{d}x\mathrm{d}y \leqslant \mathrm{e}^{a^2} \cdot \pi ab,$$

即有

$$\pi ab \leqslant \iint\limits_{D} \mathrm{e}^{x^2+y^2} \mathrm{d}x\mathrm{d}y \leqslant \pi ab\mathrm{e}^{a^2}.$$

例 1.3 在闭三角形区域 ABC 上比较 $\iint\limits_{D} \ln(x+y)\mathrm{d}x\mathrm{d}y$ 与 $\iint\limits_{D} [\ln(x+y)]^2 \mathrm{d}x\mathrm{d}y$ 的大小，其中 A, B, C 的坐标依次为 $(1,0)$, $(2,0)$, $(1,1)$.

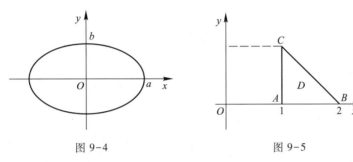

图 9-4   图 9-5

解 在图 9-5 所示的闭三角形区域 ABC 上，有 $1 \leqslant x+y \leqslant 2$，因此

$$\ln 1 \leqslant \ln(x+y) \leqslant \ln 2 < 1,$$

于是

$$0 \leqslant [\ln(x+y)]^2 \leqslant \ln(x+y),$$

所以，在闭三角形区域 ABC 上

$$\iint\limits_{D} \ln(x+y)\mathrm{d}x\mathrm{d}y \geqslant \iint\limits_{D} [\ln(x+y)]^2 \mathrm{d}x\mathrm{d}y.$$

事实上，由被积函数的连续性，这里的不等号"$\geqslant$"也可以换成严格的不等号"$>$".

> 从例 1.2 与例 1.3 来看，要对二重积分估值或比较两积分的大小，首先需要知道什么？因此，在一般情况下应与什么知识相联系？

习题 9-1(A)

1. 判断下列论述是否正确，并说明理由：

(1) 像定积分那样，二重积分也是通过"分、匀、合、精"所得的极限值，它是一个数；

(2) 要使二重积分 $\iint\limits_{D} f(x,y)\mathrm{d}\sigma$ 存在，函数 $f(x,y)$ 在区域 D 上必须连续；

(3) 二重积分有着与定积分类似的性质，特别当 $f(x,y) \leqslant 0$ 时，有 $\iint\limits_{D} f(x,y)\mathrm{d}\sigma \leqslant 0$，若 $f(x,y) \leqslant 0$，且 $f(x,y)$ 不恒为零，则有 $\iint\limits_{D} f(x,y)\mathrm{d}\sigma < 0$；

（4）二重积分的中值定理告诉我们，若 $f(x,y)$ 在有界闭区域 D 上连续，那么 $\iint\limits_D f(x,y)\mathrm{d}\sigma$ 相对应的柱体体积等于以 D 为底，高为 D 上某一点 (ξ,η) 处函数值的平顶柱体的体积.

2. 设 D 是由圆环 $2\le x^2+y^2\le 4$ 所确定的闭区域，求 $\iint\limits_D \mathrm{d}x\mathrm{d}y$ 的值.

3. 用二重积分的几何意义计算二重积分 $\iint\limits_D \sqrt{x^2+y^2}\,\mathrm{d}\sigma$ 的值，其中 D 是坐标平面 xOy 上的圆域 $\{(x,y)\,|\,x^2+y^2\le 1\}$.

4. 比较下列二重积分的大小：

（1）$\iint\limits_D (x+y)^2\mathrm{d}\sigma$ 与 $\iint\limits_D (x+y)^3\mathrm{d}\sigma$，其中 D 由 x 轴，y 轴及直线 $x+y=1$ 围成；

（2）$\iint\limits_D (x+y)^2\mathrm{d}\sigma$ 与 $\iint\limits_D (x+y)^3\mathrm{d}\sigma$，其中 $D=\{(x,y)\,|\,(x-2)^2+(y-1)^2\le 1\}$；

（3）$\iint\limits_D \ln(x+y)\mathrm{d}\sigma$ 与 $\iint\limits_D [\ln(x+y)]^2\mathrm{d}\sigma$，其中 $D=\{(x,y)\,|\,3\le x\le 5,0\le y\le 1\}$；

（4）$\iint\limits_D \sqrt{x^2+y^2}\,\mathrm{d}\sigma$ 与 $\iint\limits_D (x^2+y^2-1)\mathrm{d}\sigma$，其中 D 为圆盘 $x^2+y^2\le 1$.

5. 设 $I_1=\iint\limits_D \cos\sqrt{x^2+y^2}\,\mathrm{d}\sigma$，$I_2=\iint\limits_D \cos(x^2+y^2)\mathrm{d}\sigma$，$I_3=\iint\limits_D \cos(x^2+y^2)^2\mathrm{d}\sigma$，其中 $D=\{(x,y)\,|\,x^2+y^2\le 1\}$，比较 I_1,I_2,I_3 的大小.

6. 估计下列二重积分的值：

（1）$I=\iint\limits_D (x+y+1)\mathrm{d}x\mathrm{d}y$，其中 $D=\{(x,y)\,|\,0\le x\le 1,0\le y\le 2\}$；

（2）$I=\iint\limits_D \dfrac{1}{1+\cos^2 x+\cos^2 y}\mathrm{d}x\mathrm{d}y$，其中 $D=\{(x,y)\,|\,|x|+|y|\le 1\}$；

（3）$I=\iint\limits_D \dfrac{1}{\sqrt{x^2+y^2+2xy+16}}\mathrm{d}\sigma$，其中 $D=\{(x,y)\,|\,0\le x\le 1,0\le y\le 2\}$；

（4）$I=\iint\limits_D (x^2+4y^2+3)\mathrm{d}\sigma$，其中 $D=\{(x,y)\,|\,x^2+y^2\le 1\}$.

习题 9-1（B）

1.（1）若函数 $f(x,y)$ 在有界闭区域 D 上连续，$f(x,y)\ge 0$ 且不恒为零，证明
$$\iint\limits_D f(x,y)\mathrm{d}\sigma>0.$$

（2）若函数 $f(x,y),g(x,y)$ 在有界闭区域 D 上连续，$f(x,y)\ge g(x,y)$ 且至少在点 $(x_0,y_0)\in D$ 处有 $f(x_0,y_0)\ne g(x_0,y_0)$，证明 $\iint\limits_D f(x,y)\mathrm{d}\sigma>\iint\limits_D g(x,y)\mathrm{d}\sigma$.

2. 试利用二重积分的几何意义证明：

（1）若积分区域 D 关于 x 轴对称，函数 $f(x,y)$ 关于变量 y 为奇函数（即 $f(x,-y)=-f(x,y)$），则有 $\iint\limits_D f(x,y)\mathrm{d}\sigma=0$；

（2）若积分区域 D 关于坐标原点对称，且对任意的 $(x,y)\in D$ 有 $f(-x,-y)=-f(x,y)$，则有 $\iint\limits_D f(x,y)\mathrm{d}\sigma=0$.

3. 设 $D:x^2+y^2\le r^2$，计算极限 $\lim\limits_{r\to 0^+}\dfrac{1}{\pi r^2}\iint\limits_D \mathrm{e}^{x^2-y^2}\cos(x+y)\mathrm{d}x\mathrm{d}y$.

第二节　二重积分的计算

从理论上看,二重积分的定义本身也给出了它的计算方法——求和式极限,但是如果仅靠定义来计算一般的二重积分显然是不可行的,也就失去了引入它的价值与意义.为此需要寻找行之有效的计算方法.正像本章开始的序中所说,通常情况下要将二重积分的计算这一"未知"转换为定积分计算这一"已知",用定积分的计算来计算二重积分.因此,下面所给的计算公式,实则是如何将二重积分计算转换为定积分计算的"转换公式".

1. 直角坐标系下二重积分的计算

为简单起见,先假设函数 $z=f(x,y)$ 在区域 D 上连续,并且 $f(x,y)\geqslant 0$.由二重积分的几何意义知,二重积分 $\iint\limits_D f(x,y)\mathrm{d}\sigma$ 的值等于以区域 D 为底、曲面 $z=f(x,y)$ 为顶的曲顶柱体的体积.由此,就可将计算二重积分的问题转化为计算曲顶柱体体积的问题.这自然使我们联想到在定积分的应用中曾讨论过立体体积的计算,下面就利用在定积分中所得到的方法作"已知"来研究二重积分的计算这一"未知".分几种不同的情形来讨论.

1.1　两种基本类型

（1）积分区域为 X 型区域

所谓 X 型区域是指这样的一类区域:穿过区域内部且平行于 y 轴的直线与区域边界的交点不多于两个.

> 在定积分的应用中,计算的是什么样的立体的体积? 怎样计算的?

如图 9-6 中的区域（记为 D）是 X 型区域中最简单同时也是最基本的形式:它在 x 轴上的投影为区间 $[a,b]$,其上、下边界分别为 $[a,b]$ 上的连续曲线 $y=y_2(x)$ 与 $y=y_1(x)$.因此,D 可表示为

$$D=\{(x,y)\,|\,y_1(x)\leqslant y\leqslant y_2(x),a\leqslant x\leqslant b\}. \tag{2.1}$$

下面在积分区域为式(2.1)的形式下来研究二重积分的计算.

记 Ω 的体积为 V.为利用第五章定积分的应用中关于"截面面积已知的立体的体积计算"的方法

$$V=\int_a^b A(x)\,\mathrm{d}x$$

（其中 $[a,b]$ 为式(2.1)所给,$A(x)$ 为过 $[a,b]$ 内任意一点 x 所作垂直于 x 轴的平面截立体所得截面的面积）作"已知"来计算该曲顶柱体的体积,首先在区间 $[a,b]$ 内任取一点 x_0,作平面 $x=x_0$ 截柱体得一截面（图 9-7 中阴影部分）,此截面是一个曲边梯形,其顶是曲面 $z=f(x,y)$ 与平面 $x=x_0$ 的交线,它在平面 $x=x_0$ 中的方程为 $z=f(x_0,y)$；底是平行于 y 轴的线段 $[y_1(x_0),y_2(x_0)]$.由定积分的几何意义,该截面面积

> 怎么理解左边等式右端的积分区间为线段 $[y_1(x_0),y_2(x_0)]$?

$$A(x_0)=\int_{y_1(x_0)}^{y_2(x_0)}f(x_0,y)\,\mathrm{d}y.$$

一般地,过 (a,b) 内任意一点 x 作垂直于 x 轴的平面截立体,所得截面面积为

$$A(x)=\int_{y_1(x)}^{y_2(x)}f(x,y)\,\mathrm{d}y.$$

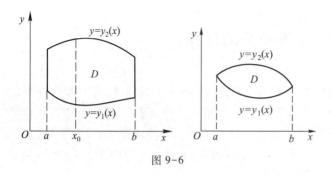

图 9-6

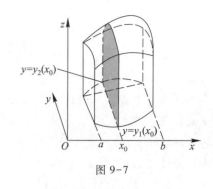

图 9-7

因此,柱体的体积为

$$V = \int_a^b A(x)\,\mathrm{d}x = \int_a^b \left[\int_{y_1(x)}^{y_2(x)} f(x,y)\,\mathrm{d}y \right]\mathrm{d}x.$$

另一方面,柱体的体积为 $V = \iint\limits_D f(x,y)\,\mathrm{d}\sigma$,于是有

$$\iint\limits_D f(x,y)\,\mathrm{d}\sigma = \int_a^b \left[\int_{y_1(x)}^{y_2(x)} f(x,y)\,\mathrm{d}y \right]\mathrm{d}x. \tag{2.2}$$

> 左边计算体积 V 的方法是利用什么作"已知"得到的?

虽然式(2.2)是在 $f(x,y) \geqslant 0$ 时得出的,事实上当 $f(x,y) \leqslant 0$ 时它也是成立的.也就是说,我们证明了下面的定理 2.1:

定理 2.1 **设函数 $z = f(x,y)$ 在闭区域 D 上连续,D 如式 (2.1)所给(图 9-6),则有**

$$\iint\limits_D f(x,y)\,\mathrm{d}\sigma = \int_a^b \left[\int_{y_1(x)}^{y_2(x)} f(x,y)\,\mathrm{d}y \right]\mathrm{d}x,$$

或写成

> 计算左边等式的右端时应先算什么?计算的结果是什么?再算什么?最后的结果是什么?由此看来,利用该式时应首先做什么工作?

$$\iint\limits_D f(x,y)\,\mathrm{d}\sigma = \int_a^b \mathrm{d}x \int_{y_1(x)}^{y_2(x)} f(x,y)\,\mathrm{d}y. \tag{2.3}$$

称式(2.3)的右端为累次积分或二次积分.在计算该累次积分时,要先把 $f(x,y)$ 中的自变量 x 看作是不变的,而将 $f(x,y)$ 看作 y 的一元函数对 y 在区间 $[y_1(x), y_2(x)]$ 上作定积分,得到 x 的函数 $F(x)$ $\left(F(x) = \int_{y_1(x)}^{y_2(x)} f(x,y)\,\mathrm{d}y \right)$;再对 $F(x)$ 在区间 $[a,b]$ 上作定积分,即得到要求的二重积分的值.

利用式(2.3)化二重积分为累次积分的关键在于如何找到积分限,或说如何把积分区域写成式(2.1)的形式.为此,首先要把积分区域投影到 x 轴,从而得到区间 $[a,b]$,然后在 (a,b) 内任取一点 x,过点 x 作 x 轴的垂线,当该直线自下而上穿过该区域时,进入区域时所遇到的区域边界为 $y_1(x)$,离开区域时所遇到的边界为 $y_2(x)$(通常把这种方法称为穿线法).通常也用分析的方法来判断孰大孰小.

例 2.1 计算二重积分 $\iint\limits_D x^2 y\,\mathrm{d}x\mathrm{d}y$,其中 D 是由曲线 $y = x^{\frac{3}{2}}$ 与直线 $y = x$ 围成的区域.

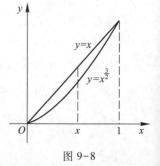

图 9-8

解 积分区域(图 9-8)可看作 X 型区域.解由方程 $y = x^{\frac{3}{2}}$,$y = x$ 所

组成的方程组求得两条边界曲线的两交点分别为$(0,0)$与$(1,1)$.因此,区域D在x轴上的投影为区间$[0,1]$.由于当$0 \leqslant x \leqslant 1$时,$x^{\frac{3}{2}} \leqslant x$,因此,$D$可表示为

$$D = \{(x,y) \mid x^{\frac{3}{2}} \leqslant y \leqslant x, 0 \leqslant x \leqslant 1\}.$$

于是

$$\iint\limits_{D} x^2 y \mathrm{d}x\mathrm{d}y = \int_0^1 \mathrm{d}x \int_{x^{\frac{3}{2}}}^x x^2 y \mathrm{d}y = \int_0^1 x^2 \left(\frac{x^2}{2} - \frac{x^3}{2}\right) \mathrm{d}x$$

$$= \frac{1}{2} \int_0^1 (x^4 - x^5) \mathrm{d}x = \frac{1}{60}.$$

> 例 2.1 中,为将积分区域表示成左边的 X 型区域,采取了怎样的方法? 你有何体会?

对一般的 X 型区域来说,它的边界未必都是像式(2.1)所示的那么简单,它的上边界或下边界可能是由分段连续的曲线所组成.对这样的区域利用式(2.3)时,需要将它划分成若干个式(2.1)所示的区域,从而相应地将所给的二重积分化成若干个形如式(2.3)的累次积分,利用上面所给的方法分别计算之,再求和.

例 2.2 设区域 D 是由抛物线 $y^2 = x$ 及直线 $y = x - 2$ 所围成的闭区域,计算二重积分 $\iint\limits_{D} xy \mathrm{d}\sigma$.

解 如图 9-9,积分区域 D 是 X 型区域.但是区域的下边界是由两条不同的连续曲线 $y = -\sqrt{x}$ 与 $y = x - 2$ 衔接而成,因而不能简单地利用公式(2.3),但通过解方程组

$$\begin{cases} y = -\sqrt{x}, \\ y = x - 2 \end{cases}$$

容易得到这两条曲线的一个交点$(1,-1)$,过该交点作直线 $x = 1$ 将区域 D 分成两部分,每一部分都符合式(2.1),因此在每一部分上就可以分别利用式(2.3)了.

由 $y = \sqrt{x}$ 及 $y = x - 2$ 可求得 $x = 4$ 及 $y = 2$,作直线 $x = 1$ 将区域 D 分成两个区域 D_1, D_2(图 9-9),其中

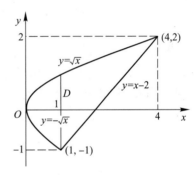

图 9-9

$$D_1 = \{(x,y) \mid -\sqrt{x} \leqslant y \leqslant \sqrt{x}, 0 \leqslant x \leqslant 1\},$$
$$D_2 = \{(x,y) \mid x-2 \leqslant y \leqslant \sqrt{x}, 1 \leqslant x \leqslant 4\}.$$

因此,利用区域可加性,有

$$\iint\limits_{D} xy\mathrm{d}x\mathrm{d}y = \iint\limits_{D_1} xy\mathrm{d}x\mathrm{d}y + \iint\limits_{D_2} xy\mathrm{d}x\mathrm{d}y = \int_0^1 \mathrm{d}x \int_{-\sqrt{x}}^{\sqrt{x}} xy\mathrm{d}y + \int_1^4 \mathrm{d}x \int_{x-2}^{\sqrt{x}} xy\mathrm{d}y$$

$$= 0 + \int_1^4 x\left[\frac{x - (x-2)^2}{2}\right]\mathrm{d}x = \frac{1}{2}\int_1^4 (-x^3 + 5x^2 - 4x)\mathrm{d}x$$

$$= \frac{45}{8}.$$

> 在左边的计算过程中,没对第一个累次积分做计算就直接写成了 0,这是为什么? 你有何感想?

(2)积分区域为 Y 型区域

也可以将图 9-9 所给的区域向 y 轴投影,从而表示为

$$\{(x,y) \mid y^2 \leqslant x \leqslant y+2, -1 \leqslant y \leqslant 2\}$$

的形式.称这样表示的区域为 Y 型区域.

一般地,所谓 Y 型区域是指这样的一类区域:穿过区域内部且平行于 x 轴的直线与区域边界

的交点不多于两个.图 9-10 中的两个区域都是 Y 型区域,并且它们是 Y 型区域中最简单同时也是最基本的形式:区域在 y 轴上的投影为区间 $[c,d]$,其左、右边界分别是 $[c,d]$ 上的连续曲线 $x=x_1(y)$,$x=x_2(y)$,因而它可以表示为

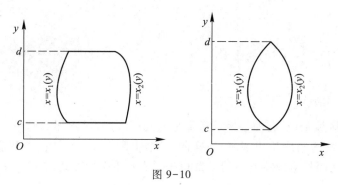

图 9-10

$$D=\{(x,y)\,|x_1(y)\leqslant x\leqslant x_2(y),c\leqslant y\leqslant d\} \tag{2.4}$$

的形式.在这样的积分区域下,类似于前面对 X 型区域的讨论可得

$$\iint_D f(x,y)\,\mathrm{d}\sigma=\int_c^d\mathrm{d}y\int_{x_1(y)}^{x_2(y)}f(x,y)\,\mathrm{d}x. \tag{2.5}$$

式(2.5)的右端是一个先对 x 再对 y 的累次积分,在计算式(2.5)时,要先把 $f(x,y)$ 中的自变量 y 固定,而将 $f(x,y)$ 看作 x 的一元函数在区间 $[x_1(y),x_2(y)]$ 上作定积分,得到 y 的函数

在利用式(2.5)时,应首先做什么样的准备工作?

$G(y)\,(\,G(y)=\int_{x_1(y)}^{x_2(y)}f(x,y)\,\mathrm{d}x)$;再把 $G(y)$ 在区间 $[c,d]$ 上对 y 作定积分,即得到要求的二重积分.

同样,利用式(2.5)化二重积分为累次积分的关键也在于如何把积分区域 D 写成式(2.4)的形式.为此,首先把 D 投影到 y 轴以得到区间 $[c,d]$,然后采取穿线法或用分析的方法确定 $x_1(y)$,$x_2(y)$.不过在采用穿线法时要过 (c,d) 内的任意点作 y 轴的垂线,自左至右穿过该区域.

注意到例 2.2 中的区域也可以看作 Y 型区域.下面再把它当作 Y 型区域来计算.

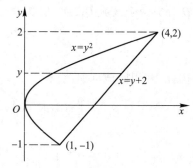

图 9-11

把该积分区域看作 Y 型区域.解方程组 $y^2=x$,$y=x-2$ 得两曲线的交点为 $(1,-1)$ 及 $(4,2)$,因此采取穿线法将 D(图 9-11)表示为

$$D=\{(x,y)\,|y^2\leqslant x\leqslant y+2,-1\leqslant y\leqslant 2\}.$$

运用式(2.5),即有

$$\iint_D xy\mathrm{d}\sigma=\int_{-1}^2\mathrm{d}y\int_{y^2}^{y+2}xy\mathrm{d}x=\int_{-1}^2\left[\frac{x^2}{2}y\right]_{x=y^2}^{x=y+2}\mathrm{d}y$$

$$=\frac{1}{2}\int_{-1}^2[y(y+2)^2-y^5]\mathrm{d}y$$

$$=\frac{1}{2}\left[\frac{y^4}{4}+\frac{4}{3}y^3+2y^2-\frac{y^6}{6}\right]_{-1}^2=\frac{45}{8}.$$

上面将例 2.2 的积分分别看作 X 型区域与 Y 型区域做了计算.比较两种做法,你有何体会与收获?

类似地,如果一个 Y 型区域的左、右边界中至少有一个是分段连续曲线,可以像例 2.2 的第一种解法那样将积分区域分割.只不过需要通过作平行于 x 轴的直线把该区域分割成若干个式 (2.4) 所示的区域.这里不再赘述.

1.2　积分区域既是 X 型区域,也是 Y 型区域

我们看到,例 2.2 的积分区域既可以看作 X 型区域(图 9-9),同时也可以看作 Y 型区域(图 9-11).以后我们会遇到许多这样的情况.对这类积分区域,有的可以将它认定为其中的任意一种,而使得相应计算的繁简、难易没有多大的差别.例如,例 2.1 就属于这种情形,前面把它看作了 X 型区域,如果把它看作 Y 型区域计算(留给读者课后练习),我们会发现,两种计算的繁简程度几乎没有差别.

但并不是都像例 2.1 那样可以随意认定其中的一种类型,比如例 2.2,通过上面的计算我们看到,将积分区域看作 Y 型区域要比看作 X 型区域计算简单.因此,对积分区域既可以看作 X 型区域、同时也可以看作 Y 型区域的积分的情况,计算时具体把它看作哪类区域是需要认真分析的.再看下面的例 2.3.

例 2.3　计算二重积分 $\iint\limits_{D} \dfrac{x^2}{y^2}\mathrm{d}x\mathrm{d}y$,其中 D 是由直线 $y=x, x=2$ 与双曲线 $xy=1$ 所围成的闭区域(图 9-12).

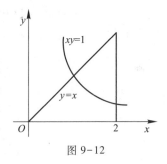

图 9-12

分析　由图 9-12 易知,积分区域 D 既可以看作 X 型区域同时也可以看作 Y 型区域.如果将 D 看作 Y 型区域,那么其左边界是由两条曲线 $xy=1, y=x$ 衔接而成的,这就需要像例 2.2 的第一种解法那样将区域分割.但如果将 D 看作 X 型区域就会避免这种麻烦.下面将 D 看作 X 型区域进行求解.

解　解由方程 $y=x, x=2$ 与 $xy=1$ 两两所组成的方程组,求得 D 的三个顶点依次为 $(1,1)$,$\left(2, \dfrac{1}{2}\right)$ 及 $(2,2)$.于是有

$$D=\left\{(x,y)\ \middle|\ \frac{1}{x}\leqslant y\leqslant x, 1\leqslant x\leqslant 2\right\}.$$

利用式 (2.3),有

$$\iint\limits_{D} \frac{x^2}{y^2}\mathrm{d}x\mathrm{d}y = \int_1^2 \mathrm{d}x \int_{\frac{1}{x}}^x \frac{x^2}{y^2}\mathrm{d}y = \int_1^2 x^2 \mathrm{d}x \int_{\frac{1}{x}}^x \frac{1}{y^2}\mathrm{d}y$$

$$= -\int_1^2 x^2 \left(\frac{1}{y}\right)_{\frac{1}{x}}^x \mathrm{d}x = \int_1^2 x^2 \left(x - \frac{1}{x}\right)\mathrm{d}x$$

$$= \int_1^2 (x^3 - x)\mathrm{d}x$$

$$= \frac{9}{4}.$$

> 就例 2.2、例 2.3 来看,如果积分区域既是 X 型又是 Y 型,在具体计算时把它看作哪类区域,所依据的原则是什么?

从以上的解法我们看到,若积分区域既是 X 型区域也是 Y 型区域,需考察按哪种类型计算相对简单.

下面还将看到,把积分区域看作何种类型的区域,有时不仅影响到计算的繁简,甚至关系到

能否计算出来的问题.

例 2.4　计算二重积分 $\iint\limits_{D} e^{-x^2}\mathrm{d}x\mathrm{d}y$，其中 D 是由直线 $y=x,x=1,y=0$ 所围成的区域（图 9–13）.

解　由图 9–13 可以看到，该积分区域既可以看作 X 型区域也可以看作 Y 型区域.如果把它看作 Y 型区域，则有

$$D=\left\{(x,y)\,\middle|\,y\leqslant x\leqslant 1,0\leqslant y\leqslant 1\right\},$$

$$\iint\limits_{D} e^{-x^2}\mathrm{d}x\mathrm{d}y=\int_0^1\mathrm{d}y\int_y^1 e^{-x^2}\mathrm{d}x.$$

这首先遇到求函数 e^{-x^2} 对 x 的积分，由于其原函数无法用初等函数写出，因此无法继续计算.如果把它看作 X 型区域，则

$$D=\left\{(x,y)\,\middle|\,0\leqslant y\leqslant x,0\leqslant x\leqslant 1\right\},$$

利用式（2.3）即可得到

$$\iint\limits_{D} e^{-x^2}\mathrm{d}x\mathrm{d}y=\int_0^1\mathrm{d}x\int_0^x e^{-x^2}\mathrm{d}y=\int_0^1 xe^{-x^2}\mathrm{d}x=-\frac{1}{2}e^{-x^2}\Big|_0^1=\frac{1}{2}(1-e^{-1}).$$

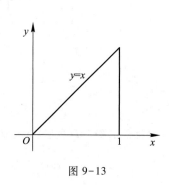

图 9–13

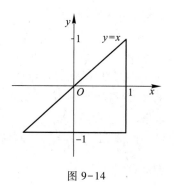

图 9–14

例 2.5　求二重积分 $\iint\limits_{D} x(1-x^2+y^2)^{\frac{1}{2}}\mathrm{d}x\mathrm{d}y$，其中积分区域是由如图 9–14 所示的由直线 $y=x,y=-1,x=1$ 所围成的闭区域.

解　显然，积分区域（图 9–14）既可以看作 X 型区域也可看作 Y 型区域.但注意到被积函数的特点，应先用凑微分法对 x 积分，即应把积分区域看作是 Y 型区域.这时

$$D=\left\{(x,y)\,\middle|\,y\leqslant x\leqslant 1,-1\leqslant y\leqslant 1\right\}.$$

于是有

$$\iint\limits_{D} x(1-x^2+y^2)^{\frac{1}{2}}\mathrm{d}x\mathrm{d}y=\int_{-1}^1\mathrm{d}y\int_y^1 x(1-x^2+y^2)^{\frac{1}{2}}\mathrm{d}x$$

$$=\int_{-1}^1\mathrm{d}y\int_y^1\left(-\frac{1}{2}\right)(1-x^2+y^2)^{\frac{1}{2}}\mathrm{d}(-x^2)$$

如果将例 2.5 先对 y 积分将会怎样？根据例 2.3—例 2.5，若积分区域既是 X 型也是 Y 型，计算时究竟把它视为何种类型，应从哪些方面去考虑？

$$= -\frac{1}{2}\int_{-1}^{1}\mathrm{d}y\int_{y}^{1}(1 - x^2 + y^2)^{\frac{1}{2}}\mathrm{d}(1 - x^2 + y^2)$$

$$= -\frac{1}{2}\cdot\frac{2}{3}\int_{-1}^{1}\left[(1 - x^2 + y^2)^{\frac{3}{2}}\right]_{x=y}^{x=1}\mathrm{d}y$$

$$= -\frac{1}{3}\int_{-1}^{1}\left[(y^2)^{\frac{3}{2}} - 1\right]\mathrm{d}y$$

$$= \frac{2}{3}\int_{0}^{1}(1 - y^3)\mathrm{d}y = \frac{2}{3}\left(1 - \frac{1}{4}\right) = \frac{1}{2}.$$

由以上的讨论我们看到,**如果积分区域既是 X 型区域也是 Y 型区域,具体按哪类区域求解,往往还需要结合被积函数而定**.

1.3　积分区域既非 X 型区域,也非 Y 型区域

并不是说对任意一个平面区域,它要么是 X 型区域,要么就是 Y 型区域,二者必居其一.事实上,它可能既不是 X 型区域,也不是 Y 型区域(图 9-15).这时,可以采取将它进行分割的方法,使其成为若干个 X 型或者 Y 型区域,然后利用积分对区域的可加性,把它分成几个二重积分的和,在每一个小区域上利用式(2.3)或式(2.5)求出相应的积分值,再把它们相加就得到要求的二重积分.

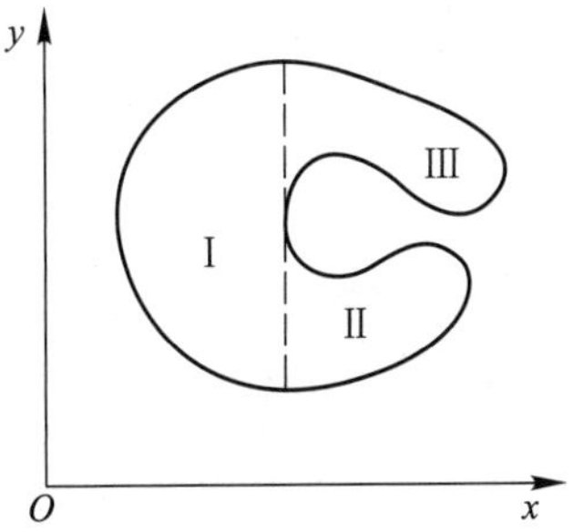

图 9-15

1.4　几个值得关注的问题

通过上面的讨论我们看到,对一个二重积分,选择不同的积分顺序会影响到计算的繁简甚至能否算出的问题.因此,对给定的一个累次积分,如果所对应的积分区域既是 X 型区域也是 Y 型区域,则可以通过改变积分顺序从而选择最佳的方式来计算.

例 2.6　试改变累次积分 $\int_{0}^{1}\mathrm{d}y\int_{y}^{2-y}f(x,y)\mathrm{d}x$ 的积分顺序.

分析　给定的累次积分是先对 x 积分再对 y 积分,即是将积分区域看作 Y 型区域化成的累次积分.要改变积分顺序,就要将积分区域看作 X 型区域.

解　为改变所给累次积分的积分顺序,**首先**根据所给累次积分的积分限画出如图 9-16 所示的草图,**然后**将该区域重新看作 X 型区域,**再**相应地化为累次积分.

将积分区域看作 X 型区域,区域的上边界是一条折线,其方程为

图 9-16

$$y = \begin{cases} x, & 0 \le x \le 1, \\ 2-x, & 1 \le x \le 2. \end{cases}$$

因此,要将它利用公式(2.3)来计算,需要用直线 $x = 1$ 将区域 D 划分为两个区域

$$D_1 = \{(x,y) \mid 0 \le y \le x, 0 \le x \le 1\}, D_2 = \{(x,y) \mid 0 \le y \le 2-x, 1 \le x \le 2\}.$$

在 D_1, D_2 上分别将二重积分化为累次积分,得

$$\iint\limits_{D}f(x,y)\mathrm{d}x\mathrm{d}y = \iint\limits_{D_1}f(x,y)\mathrm{d}x\mathrm{d}y + \iint\limits_{D_2}f(x,y)\mathrm{d}x\mathrm{d}y$$

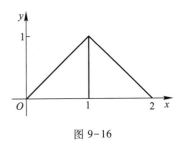

从例 2.6 来看,欲改变累次积分的积分顺序,通常需要做哪些工作?

$$= \int_0^1 dx \int_0^x f(x,y) \, dy + \int_1^2 dx \int_0^{2-x} f(x,y) \, dy.$$

我们看到,在改变积分顺序时,通常情况下积分限也要随之改变.

例 2.7 计算二重积分 $\iint\limits_D \dfrac{x^2}{x^2+y^2} \sin(xy^2) \, dxdy$,其中 D 为由折线 $y = |x|$ 与直线 $y = 1$ 所围成的闭区域.

解 该区域既可以看作是 X 型区域,也可看作是 Y 型区域,我们按照 Y 型区域来计算,则

$$D = \{(x,y) \mid -y \leqslant x \leqslant y, 0 \leqslant y \leqslant 1\}.$$

于是

$$\iint\limits_D \frac{x^2}{x^2+y^2} \sin(xy^2) \, dxdy = \int_0^1 dy \int_{-y}^y \frac{x^2}{x^2+y^2} \sin(xy^2) \, dx.$$

先考察对 x 的定积分

$$\int_{-y}^y \frac{x^2}{x^2+y^2} \sin(xy^2) \, dx.$$

注意到积分区间 $[-y,y]$ 是以坐标原点为中心的对称区间,并且被积函数是 x 的奇函数,因此,该定积分的值为零.于是

由例 2.7 的解法你发现了什么规律?你能将定积分中关于奇、偶函数的积分的规律推广到二重积分来吗?

$$\iint\limits_D \frac{x^2}{x^2+y^2} \sin(xy^2) \, dxdy$$
$$= \int_0^1 dy \int_{-y}^y \frac{x^2}{x^2+y^2} \sin(xy^2) \, dx = \int_0^1 0 \, dy = 0.$$

因此,计算二重积分时也应注意积分区域关于坐标轴(或坐标原点)的对称性及被积函数关于相应自变量的奇偶性,从而简化计算.

例 2.8 求 $\iint\limits_D e^x y^2 \, dxdy$,其中 D 是一个正方形区域

$$\{(x,y) \mid 0 \leqslant x \leqslant 1, 0 \leqslant y \leqslant 1\}.$$

解 D 既可以看作是 X 型区域,也可看作是 Y 型区域.我们把它看作 X 型区域来计算.

$$\iint\limits_D e^x y^2 \, dxdy = \int_0^1 dx \int_0^1 e^x y^2 \, dy = \int_0^1 e^x dx \int_0^1 y^2 \, dy$$
$$= \int_0^1 e^x dx \cdot \int_0^1 y^2 \, dy = [e^x]_0^1 \cdot \left[\frac{y^3}{3}\right]_0^1$$
$$= \frac{1}{3}(e-1).$$

在左边解法的最后,分别计算两个定积分然后相乘,这样做可以吗?为什么?通过该题你有何收获?该方法适用于何种类型的积分?

2. 极坐标系下二重积分的计算

直角坐标下计算二重积分的小结

对给定的二重积分,有的积分区域的边界曲线的方程用极坐标表示比较方便;有的被积函数用极坐标表示比用直角坐标简单.这自然使我们猜想:在计算这样的二重积分时,是否也可以像用"换元积分法"计算定积分那样,利用极坐标来替换直角坐标,从而简化计算?

事实上这个猜想是正确的.它其实是计算二重积分的一个较常用的方法——极坐标计算法.下面来讨论这个问题.

为此首先建立极坐标系:取直角坐标系 xOy 的坐标原点 O 为极点,取 x 轴正向为极轴,并规定逆时针方向为角的正向.

设有二重积分 $\iint\limits_{D} f(x,y)\,\mathrm{d}\sigma$,并设函数 $f(x,y)$ 在 D 上连续.按照二重积分的定义,有

$$\iint\limits_{D} f(x,y)\,\mathrm{d}\sigma = \lim_{\lambda \to 0} \sum_{i=1}^{n} f(\xi_i,\eta_i)\Delta\sigma_i, \qquad (2.6)$$

下面来讨论这个极限(二重积分)在极坐标系下的表示形式.

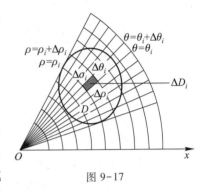

从这里的叙述来看,应在什么条件下考虑用极坐标来计算二重积分?

图 9-17

首先作如下的两组曲线网:以原点为中心的一组圆周 $\rho = \rho_i(i=1,2,\cdots,k)$ 及从原点出发的一组射线 $\theta = \theta_i(i=1,2,\cdots,m)$($\rho_i$ 及 θ_i 均为常数),将积分区域 D 分割成 n 个小闭区域 $\Delta D_i(i=1,2,\cdots,n)$(图 9-17),除了包含 D 的边界曲线的那些小区域之外,其余的小区域都可以看作是由射线 $\theta = \theta_i, \theta = \theta_i + \Delta\theta_i$ 及圆弧 $\rho = \rho_i, \rho = \rho_i + \Delta\rho_i$ 所围成的(称为规则子域).记其中的任意一个规则子域 ΔD_i 的面积为 $\Delta\sigma_i$,则

$$\Delta\sigma_i = \frac{1}{2}(\rho_i + \Delta\rho_i)^2 \cdot \Delta\theta_i - \frac{1}{2}\rho_i^2 \cdot \Delta\theta_i$$

$$= \frac{1}{2}(2\rho_i + \Delta\rho_i)\Delta\rho_i \cdot \Delta\theta_i = \rho_i\Delta\rho_i\Delta\theta_i + \frac{1}{2}(\Delta\rho_i)^2\Delta\theta_i.$$

当这 n 个小区域的直径最大值 $\lambda \to 0$ 时,$\frac{1}{2}(\Delta\rho_i)^2\Delta\theta_i$ 是比 $\rho_i\Delta\rho_i\Delta\theta_i$ 更高阶的无穷小量,因此可以用 $\rho_i\Delta\rho_i\Delta\theta_i$ 来近似代替 $\Delta\sigma_i$.另外根据 f 的连续性(因而可积),式(2.6)右端的极限不依赖于点 (ξ_i,η_i) 在 ΔD_i 的选取,因此不妨就取点 (ξ_i,η_i) 为 ΔD_i 的一个顶点 $(\rho_i\cos\theta_i, \rho_i\sin\theta_i)$.这样一来,就有

$$\lim_{\lambda \to 0} \sum_{i=1}^{n} f(\xi_i,\eta_i)\Delta\sigma_i = \lim_{\lambda \to 0} \sum_{i=1}^{n} f(\rho_i\cos\theta_i, \rho_i\sin\theta_i)\rho_i\Delta\rho_i\Delta\theta_i. \qquad (2.7)$$

于是

$$\iint\limits_{D} f(x,y)\,\mathrm{d}\sigma = \iint\limits_{D} f(\rho\cos\theta, \rho\sin\theta)\rho\,\mathrm{d}\rho\,\mathrm{d}\theta. \qquad (2.8)$$

式(2.8)为**二重积分由直角坐标到极坐标的转换公式**.

式(2.7)右端的和式是哪个函数的积分式?式(2.8)的特点是什么?该公式从左到右发生了哪些改变?右端的被积函数是什么?

式(2.8)表明,在对二重积分 $\iint\limits_{D} f(x,y)\,\mathrm{d}\sigma$ 采用极坐标代换时,要把被积函数中的 x,y 分别用 $\rho\cos\theta, \rho\sin\theta$ 替换,并把直角坐标系下的面积元素 $\mathrm{d}x\mathrm{d}y$ 换成 $\rho\,\mathrm{d}\rho\,\mathrm{d}\theta$ 即可.

计算式(2.8)右端所示的极坐标下的二重积分,一般要将其化为累次积分.

如果积分区域 D 可用极坐标表示为

$$D = \{(\rho,\theta) \,|\, \varphi_1(\theta) \leqslant \rho \leqslant \varphi_2(\theta), \alpha \leqslant \theta \leqslant \beta\}$$

的形式(图 9-18),那么式(2.8)的右端可以化为如下的先对 ρ 再对 θ 的累次积分:

$$\iint\limits_{D} f(\rho\cos\theta, \rho\sin\theta)\rho\mathrm{d}\rho\mathrm{d}\theta = \int_{\alpha}^{\beta}\mathrm{d}\theta\int_{\varphi_1(\theta)}^{\varphi_2(\theta)} f(\rho\cos\theta, \rho\sin\theta)\rho\mathrm{d}\rho. \tag{2.9}$$

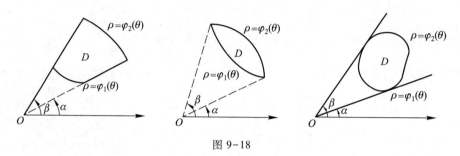

图 9-18

为方便于将积分区域用极坐标来表示,对下面的一些特殊情况需要特别注意:

(1)如果积分区域是如图 9-19 所示的曲边扇形,它可以看作在图 9-18 中 $\varphi_1(\theta)\equiv 0, \varphi_2(\theta) = \varphi(\theta)$ 时的特例.因此

$$D = \{(\rho,\theta) \,|\, 0 \leqslant \rho \leqslant \varphi(\theta), \alpha \leqslant \theta \leqslant \beta\}.$$

并有

$$\iint\limits_{D} f(\rho\cos\theta, \rho\sin\theta)\rho\mathrm{d}\rho\mathrm{d}\theta = \int_{\alpha}^{\beta}\mathrm{d}\theta\int_{0}^{\varphi(\theta)} f(\rho\cos\theta, \rho\sin\theta)\rho\mathrm{d}\rho.$$

特别地,若 D 为圆扇形,这时 $\rho = \varphi(\theta)$ 即是圆弧 $\rho = a$($a > 0$ 为常数),则有

$$\iint\limits_{D} f(\rho\cos\theta, \rho\sin\theta)\rho\mathrm{d}\rho\mathrm{d}\theta = \int_{\alpha}^{\beta}\mathrm{d}\theta\int_{0}^{a} f(\rho\cos\theta, \rho\sin\theta)\rho\mathrm{d}\rho.$$

(2)如图 9-20,积分区域 D 由包含极点在其内部的封闭曲线 $\rho = \varphi(\theta)$ 所围成,这时有 $0 \leqslant \theta \leqslant 2\pi$,并且 $\varphi_1(\theta)\equiv 0, \varphi_2(\theta) = \varphi(\theta)$,于是

$$\iint\limits_{D} f(\rho\cos\theta, \rho\sin\theta)\rho\mathrm{d}\rho\mathrm{d}\theta = \int_{0}^{2\pi}\mathrm{d}\theta\int_{0}^{\varphi(\theta)} f(\rho\cos\theta, \rho\sin\theta)\rho\mathrm{d}\rho.$$

特别地,若 D 为圆域 $\rho \leqslant a$($a > 0$ 为常数),则有

$$\iint\limits_{D} f(\rho\cos\theta, \rho\sin\theta)\rho\mathrm{d}\rho\mathrm{d}\theta = \int_{0}^{2\pi}\mathrm{d}\theta\int_{0}^{a} f(\rho\cos\theta, \rho\sin\theta)\rho\mathrm{d}\rho.$$

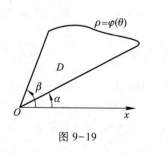

图 9-19

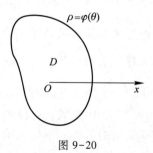

图 9-20

例 2.9 计算 $\iint\limits_{D}\sin\left(x^2+y^2\right)\mathrm{d}x\mathrm{d}y$，其中

$$D=\left\{(x,y)\,\middle|\,x^2+y^2\leqslant1,y\leqslant x,y\geqslant0\right\}（图 9-21）.$$

解 D 的边界曲线 $x^2+y^2=1$，$y=x$，$y=0$ 用极坐标表示分别为

$\rho=1$，$\theta=\dfrac{\pi}{4}$，$\theta=0$，因此，在极坐标系下

$$D=\left\{(\rho,\theta)\,\middle|\,0\leqslant\rho\leqslant1,0\leqslant\theta\leqslant\frac{\pi}{4}\right\}.$$

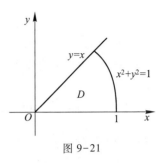

图 9-21

于是

$$
\begin{aligned}
\iint\limits_{D}\sin\left(x^2+y^2\right)\mathrm{d}x\mathrm{d}y &=\iint\limits_{D}\sin\rho^2\cdot\rho\mathrm{d}\rho\mathrm{d}\theta\\
&=\int_0^{\frac{\pi}{4}}\mathrm{d}\theta\int_0^1\sin\rho^2\cdot\rho\mathrm{d}\rho\\
&=\frac{1}{2}\int_0^{\frac{\pi}{4}}\mathrm{d}\theta\int_0^1\sin\rho^2\mathrm{d}\rho^2\\
&=-\frac{1}{2}\cdot\frac{\pi}{4}\cos\rho^2\,\Big|_0^1\\
&=\frac{\pi}{8}(1-\cos1).
\end{aligned}
$$

> 从例 2.9 的解法来看，要将直角坐标下的二重积分转换为用极坐标计算，应做哪些工作？

例 2.10 计算 $\iint\limits_{D}\mathrm{e}^{-x^2-y^2}\mathrm{d}x\mathrm{d}y$，其中 D 为以原点为中心，a 为半径的圆形区域.

解 在极坐标系下，以原点为中心，a 为半径的圆周的方程为

$$\rho=a,$$

因此，积分区域 D 可表示为

$$D=\left\{(\rho,\theta)\,\middle|\,0\leqslant\rho\leqslant a,0\leqslant\theta\leqslant2\pi\right\}.$$

于是

$$
\begin{aligned}
\iint\limits_{D}\mathrm{e}^{-x^2-y^2}\mathrm{d}x\mathrm{d}y &=\iint\limits_{D}\mathrm{e}^{-\rho^2}\rho\mathrm{d}\rho\mathrm{d}\theta=\int_0^{2\pi}\mathrm{d}\theta\int_0^a\mathrm{e}^{-\rho^2}\rho\mathrm{d}\rho\\
&=2\pi\cdot\left[-\frac{1}{2}\mathrm{e}^{-\rho^2}\right]_0^a=\pi\left(1-\mathrm{e}^{-a^2}\right).
\end{aligned}
$$

> 总结上面两个例子，你看积分区域为哪类区域、被积函数为什么形式时，用极坐标计算将会使计算简单？
> 对给定的直角坐标下的二重积分，欲用极坐标计算，大致的步骤是怎样的？

如果令上述圆域的半径 $a\to+\infty$，则上述二重积分就成为积分区域为全平面 $\mathbf{R}^2$ 的积分（称为无穷区域上的反常二重积分）.虽然它超出了我们的研究范围，但不难直观看到，这样的积分可以用下面的方法求出：

$$\iint\limits_{\mathbf{R}^2}\mathrm{e}^{-x^2-y^2}\mathrm{d}x\mathrm{d}y=\lim_{a\to+\infty}\iint\limits_{\substack{0\leqslant\rho\leqslant a\\0\leqslant\theta\leqslant2\pi}}\mathrm{e}^{-\rho^2}\rho\mathrm{d}\rho\mathrm{d}\theta=\lim_{a\to+\infty}\pi(1-\mathrm{e}^{-a^2})=\pi.$$

如果不采用极坐标而用直角坐标计算，先在正方形区域

$$D=\left\{(x,y)\,\middle|\,-a\leqslant x\leqslant a,\,-a\leqslant y\leqslant a\right\}(a>0)$$

上计算二重积分：

$$\iint\limits_{D} \mathrm{e}^{-x^2-y^2}\mathrm{d}x\mathrm{d}y = \int_{-a}^{a}\mathrm{e}^{-x^2}\mathrm{d}x\int_{-a}^{a}\mathrm{e}^{-y^2}\mathrm{d}y = \left(\int_{-a}^{a}\mathrm{e}^{-x^2}\mathrm{d}x\right)^2,$$

令 $a\to+\infty$，仍然得到在 $\mathbf{R}^2$ 上的无穷区域上的反常二重积分 $\iint\limits_{\mathbf{R}^2}\mathrm{e}^{-x^2-y^2}\mathrm{d}x\mathrm{d}y$，因此有

$$\iint\limits_{\mathbf{R}^2}\mathrm{e}^{-x^2-y^2}\mathrm{d}x\mathrm{d}y = \lim_{a\to+\infty}\iint\limits_{D}\mathrm{e}^{-x^2-y^2}\mathrm{d}x\mathrm{d}y = \lim_{a\to+\infty}\left(\int_{-a}^{a}\mathrm{e}^{-x^2}\mathrm{d}x\right)^2 = \left(\lim_{a\to+\infty}\int_{-a}^{a}\mathrm{e}^{-x^2}\mathrm{d}x\right)^2.$$

与前面计算的结果相比较，有

$$\left(\lim_{a\to+\infty}\int_{-a}^{a}\mathrm{e}^{-x^2}\mathrm{d}x\right)^2 = \pi,$$

所以

$$\lim_{a\to+\infty}\int_{-a}^{a}\mathrm{e}^{-x^2}\mathrm{d}x = 2\lim_{a\to+\infty}\int_{0}^{a}\mathrm{e}^{-x^2}\mathrm{d}x = \sqrt{\pi},$$

于是就得到第五章第五节中所讨论过的重要积分

$$\int_{0}^{+\infty}\mathrm{e}^{-x^2}\mathrm{d}x = \lim_{a\to+\infty}\int_{0}^{a}\mathrm{e}^{-x^2}\mathrm{d}x = \frac{\sqrt{\pi}}{2}.$$

例 2.11 计算二重积分 $\iint\limits_{D}xy\mathrm{d}x\mathrm{d}y$，其中 D 为两圆 $x^2+y^2\le 2x,x^2+y^2\le 2y$ 的公共部分（图 9-22）.

解 在极坐标下，两个圆周的方程分别为 $\rho=2\cos\theta$ 与 $\rho=2\sin\theta$. 用射线 $\theta=\dfrac{\pi}{4}$ 将 D 分割成两个子区域

$$D_1=\left\{(\rho,\theta)\,\middle|\,0\le\theta\le\frac{\pi}{4},0\le\rho\le 2\sin\theta\right\},$$

$$D_2=\left\{(\rho,\theta)\,\middle|\,\frac{\pi}{4}\le\theta\le\frac{\pi}{2},0\le\rho\le 2\cos\theta\right\}.$$

于是

$$\iint\limits_{D}xy\mathrm{d}x\mathrm{d}y = \iint\limits_{D_1}xy\mathrm{d}x\mathrm{d}y + \iint\limits_{D_2}xy\mathrm{d}x\mathrm{d}y$$

$$= \iint\limits_{D_1}\rho^2\cos\theta\sin\theta\rho\mathrm{d}\rho\mathrm{d}\theta + \iint\limits_{D_2}\rho^2\cos\theta\sin\theta\rho\mathrm{d}\rho\mathrm{d}\theta$$

$$= \int_{0}^{\frac{\pi}{4}}\mathrm{d}\theta\int_{0}^{2\sin\theta}\rho^3\cos\theta\sin\theta\mathrm{d}\rho +$$

$$\quad \int_{\frac{\pi}{4}}^{\frac{\pi}{2}}\mathrm{d}\theta\int_{0}^{2\cos\theta}\rho^3\cos\theta\sin\theta\mathrm{d}\rho$$

$$= 4\int_{0}^{\frac{\pi}{4}}\sin^5\theta\cos\theta\mathrm{d}\theta + 4\int_{\frac{\pi}{4}}^{\frac{\pi}{2}}\cos^5\theta\sin\theta\mathrm{d}\theta$$

$$= \frac{2}{3}\sin^6\theta\,\bigg|_{0}^{\frac{\pi}{4}} - \frac{2}{3}\cos^6\theta\,\bigg|_{\frac{\pi}{4}}^{\frac{\pi}{2}} = \frac{1}{12} - \left(0 - \frac{1}{12}\right) = \frac{1}{6}.$$

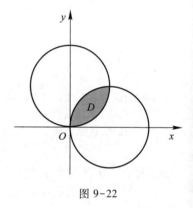

图 9-22

这里的两个圆周都过极点，可是极点处极角的写法却不同，一个是 0，一个却是 $\dfrac{\pi}{2}$，它们分别是如何得到的？双纽线 $\rho^2=a^2\cos 2\theta$ 的右半支上各点的极角应在什么范围之内？为什么？

需要注意,并不是所有的二重积分都适合用极坐标计算.是采用直角坐标还是极坐标计算,应结合被积函数的形式及积分区域的类型进行考虑.

*3. 二重积分的换元积分法

化难为易、化繁为简是人类解决问题的基本思想,因而也是数学研究问题的基本思想方法.

计算一给定的二重积分,应依据什么原则来选择使用哪种坐标计算?

在上面的例 2.9 中我们用极坐标替换直角坐标计算了二重积分

$$\iint\limits_{D}\sin(x^2+y^2)\mathrm{d}x\mathrm{d}y,$$

其中

关于用极坐标
计算二重积分
的注记

$$D=\left\{(x,y)\mid x^2+y^2\leqslant 1,y\leqslant x,y\geqslant 0\right\}.$$

该二重积分如果采用直角坐标计算,将它化为累次积分将会比较复杂.但是,采用极坐标表示,扇形积分区域 D 就表示为

$$D=\left\{(\rho,\theta)\mid 0\leqslant\rho\leqslant 1,0\leqslant\theta\leqslant\frac{\pi}{4}\right\}.$$

被积函数 $\sin(x^2+y^2)$ 成为 $\sin\rho^2$,面积元素 $\mathrm{d}x\mathrm{d}y$ 成了 $\rho\mathrm{d}\rho\mathrm{d}\theta$,相应的二重积分化为下面的累次积分

$$\iint\limits_{D}\sin(x^2+y^2)\mathrm{d}x\mathrm{d}y=\iint\limits_{D}\sin\rho^2\cdot\rho\mathrm{d}\rho\mathrm{d}\theta=\int_0^{\frac{\pi}{4}}\mathrm{d}\theta\int_0^1\sin\rho^2\cdot\rho\mathrm{d}\rho,$$

该累次积分实际是两个定积分之乘积,计算是比较简单的.

不过这也使我们产生了疑问:在直角坐标系下计算二重积分时,要想把二重积分化为两个定积分相乘,一般积分区域应为矩形区域(被积函数是两个一元函数之积),现在的积分区域 D 是扇形区域(被积函数也不是两个一元函数之积),怎么也能化为两定积分之积呢?

要回答这里的问题,需要重新认识在将二重积分 $\iint\limits_{D}f(x,y)\mathrm{d}x\mathrm{d}y$ 从用直角坐标计算变为用极坐标计算时,其中发生了怎样的变化.下面就来讨论这个问题.

在前面讨论"极坐标系下二重积分计算"时,我们把平面上的同一个点,既用直角坐标 (x,y) 表示,也用极坐标 (ρ,θ) 来表示,所以对所给的被积函数既可以表示为 $f(x,y)$ 也可以表示为 $f(\rho\cos\theta,\rho\sin\theta)$;对积分区域既可用平行两坐标轴的直线分割,得面积元素 $\mathrm{d}x\mathrm{d}y$;也可用以坐标原点为圆心的圆弧及从坐标原点出发的射线来分割,得面积元素 $\rho\mathrm{d}\rho\mathrm{d}\theta$.也就是说,我们把同一个平面中的同一个点,用不同的坐标表示,两种坐标之间的关系是

$$\begin{cases}x=\rho\cos\theta,\\y=\rho\sin\theta,\end{cases}\tag{2.10}$$

而认为积分区域没有变化,因此就有下面的同一二重积分的两种不同坐标表示

$$\iint\limits_{D}f(x,y)\mathrm{d}x\mathrm{d}y=\iint\limits_{D}f(\rho\cos\theta,\rho\sin\theta)\rho\mathrm{d}\rho\mathrm{d}\theta.\tag{2.11}$$

我们也可以从另外的角度来解释它.如果把极坐标 $x=\rho\cos\theta,y=\rho\sin\theta$ 看作是从直角坐标平

面 $\rho O\theta$ 到直角坐标平面 xOy 的一个映射（变换），即 $\rho O\theta$ 平面上的一点 $M'(\rho,\theta)$ 被式（2.10）映射为 xOy 平面上的一点

在直角坐标平面 $\rho O\theta$ 中，D' 是怎样的图形？能画出来吗？

$M(x,y)$. 那么，通过该映射的逆映射 $\rho=\sqrt{x^2+y^2}$，$\theta=\arctan\dfrac{y}{x}$

就将直角坐标平面 xOy 中的点 $M(x,y)$ 映射为直角坐标平面 $\rho O\theta$ 中的一个点 $M'(\rho,\theta)$，把平面 xOy 中的区域 $D=\{(x,y)\,|\,x^2+y^2\leqslant 1,y\leqslant x,y\geqslant 0\}$（图 9-21）映射为直角坐标平面 $\rho O\theta$ 中的矩形区域

$$D'=\left\{(\rho,\theta)\,\Big|\,0\leqslant\rho\leqslant 1,0\leqslant\theta\leqslant\frac{\pi}{4}\right\}.$$

在此变换下，式（2.11）左端的函数 $f(x,y)$ 变成 $f(\rho\cos\theta,\rho\sin\theta)$ 是显然的，但是，其面积元素 $\mathrm{d}x\mathrm{d}y$ 换成了 $\rho\mathrm{d}\rho\mathrm{d}\theta$ 应该怎么理解？

为了说明这个问题，我们来讨论更一般的二重积分的坐标替换或说二重积分的一般换元法，从中寻找出面积元素发生了怎样的变化.

设 $T:u=u(x,y)$，$v=(x,y)$ 是从 xOy 平面中的区域 D 到 uOv 平面中的区域 D' 的一一对应. 为了在区域 D' 上考察如何计算二重积分，我们来考察 T 的逆变换

$$T':x=x(u,v),\ y=y(u,v).$$

$x=x(u,v)$，$y=y(u,v)$ 在 D' 上的所有一阶偏导数都连续，并且雅可比行列式 $\dfrac{\partial(x,y)}{\partial(u,v)}=\begin{vmatrix}\dfrac{\partial x}{\partial u}&\dfrac{\partial x}{\partial v}\\[2mm]\dfrac{\partial y}{\partial u}&\dfrac{\partial y}{\partial v}\end{vmatrix}\neq$

0. 它将 uOv 平面中的区域 D' 分割后的小区域 (σ') 一一对应地变换成 xOy 中的区域 D 中的小区域 (σ)，我们来考察这时其面积发生了怎样的变化.

在坐标平面 uOv 中用平行于坐标轴的直线网将区域 D' 划分，使得除去包括边界点的小闭区域外，其余小闭区域都是边长为 h 的正方形闭区域（图 9-23 左图）. 任取其中的一个小闭区域 (σ')（其面积记为 $\mathrm{d}\sigma'$），设其四个顶点分别为

$$M_1'(u,v),M_2'(u+h,v),M_3'(u+h,v+h),M_4'(u,v+h),$$

面积 $\mathrm{d}\sigma'$ 为 h^2，下面来考察 (σ') 在变换 T 下的原像（或说在 T 的逆 T' 下的像）区域 (σ) 的面积.

设矩形小区域 (σ') 的顶点 M_1',M_2',M_3',M_4' 的原像分别为 M_1,M_2,M_3,M_4. 它们的坐标依次是

$$M_1(x_1,y_1):x_1=x(u,v),\ y_1=y(u,v),$$
$$M_2(x_2,y_2):x_2=x(u+h,v)=x(u,v)+x_u(u,v)h+o(h),$$
$$y_2=y(u+h,v)=y(u,v)+y_u(u,v)h+o(h),$$
$$M_3(x_3,y_3):x_3=x(u+h,v+h)=x(u,v)+x_u(u,v)h+x_v(u,v)h+o(h),$$
$$y_3=y(u+h,v+h)=y(u,v)+y_u(u,v)h+y_v(u,v)h+o(h),$$
$$M_4(x_4,y_4):x_4=x(u,v+h)=x(u,v)+x_v(u,v)h+o(h),$$
$$y_4=y(u,v+h)=y(u,v)+y_v(u,v)h+o(h).$$

那么，(σ') 在变换 T 下的原像区域 (σ) 就是以 M_1,M_2,M_3,M_4 为顶点的曲边四边形（图 9-23 右图）. 设该四边形的面积为

怎么理解该曲边四边形的面积近似等于这个向量积的模？还记得向量积的几何意义吗？

$\mathrm{d}\sigma$, 那么, 在不计高阶无穷小量时, $\mathrm{d}\sigma$ 近似等于 $\left| \overrightarrow{M_1 M_2} \times \overrightarrow{M_1 M_4} \right|$. 下面计算之. 由于

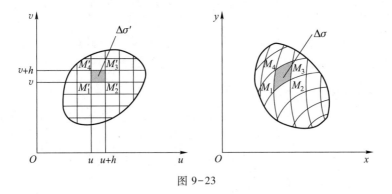

图 9-23

$$\overrightarrow{M_1 M_2} = \left[x(u+h,v) - x(u,v) \right] \boldsymbol{i} + \left[y(u+h,v) - y(u,v) \right] \boldsymbol{j},$$
$$\overrightarrow{M_1 M_4} = \left[x(u,v+h) - x(u,v) \right] \boldsymbol{i} + \left[y(u,v+h) - y(u,v) \right] \boldsymbol{j},$$

而

$$x(u+h,v) - x(u,v) = x_u(u,v)h + o(h), \quad y(u+h,v) - y(u,v) = y_u(u,v)h + o(h),$$
$$x(u,v+h) - x(u,v) = x_v(u,v)h + o(h), \quad y(u,v+h) - y(u,v) = y_v(u,v)h + o(h),$$

因此

$$\overrightarrow{M_1 M_2} \times \overrightarrow{M_1 M_4} \approx \begin{vmatrix} \boldsymbol{i} & \boldsymbol{j} & \boldsymbol{k} \\ x_u(u,v)h & y_u(u,v)h & 0 \\ x_v(u,v)h & y_v(u,v)h & 0 \end{vmatrix}$$
$$= 0 \cdot \boldsymbol{i} - 0 \cdot \boldsymbol{j} + \begin{vmatrix} x_u(u,v)h & y_u(u,v)h \\ x_v(u,v)h & y_v(u,v)h \end{vmatrix} \boldsymbol{k},$$

于是

$$\left| \overrightarrow{M_1 M_2} \times \overrightarrow{M_1 M_4} \right| \approx \left| 0 \cdot \boldsymbol{i} - 0 \cdot \boldsymbol{j} + \begin{vmatrix} x_u(u,v)h & y_u(u,v)h \\ x_v(u,v)h & y_v(u,v)h \end{vmatrix} \boldsymbol{k} \right|$$
$$= \left| x_u(u,v) y_v(u,v) - x_v(u,v) y_u(u,v) \right| h^2 = \left| \frac{\partial(x,y)}{\partial(u,v)} \right| h^2.$$

所以, 当对区域 D' 的划分无限变细求极限时, 不计高阶无穷小量, 就有

$$\mathrm{d}\sigma = \left| \frac{\partial(x,y)}{\partial(u,v)} \right| \mathrm{d}\sigma'.$$

这就是说, 当 $T: u = u(x,y), v = (x,y)$ 将直角坐标平面 xOy 中的小区域映射为直角坐标平面 uOv 中的小区域时, 面积发生了伸缩, 伸缩系数为 $\left| \dfrac{\partial(x,y)}{\partial(u,v)} \right|$. 显然, 区域 D 上的连续函数 $f(x,y)$ 变换为 $f(x,y) = f(x(u,v), y(u,v))$, 于是

$$\iint\limits_{D} f(x,y) \, \mathrm{d}\sigma = \iint\limits_{D'} f(x(u,v), y(u,v)) \left| \frac{\partial(x,y)}{\partial(u,v)} \right| \mathrm{d}\sigma'.$$

综合上边的讨论,我们实际得到了下面的定理 2.2.

定理 2.2　设函数 $f(x,y)$ 在 xOy 平面上的区域 D 上连续,映射

$$T: x = x(u,v), y = y(u,v)$$

将平面 uOv 上的区域 D' 一对一地映射为 xOy 平面上的区域 D,且满足

(1) $x = x(u,v), y = y(u,v)$ 在区域 D' 上有一阶连续偏导数,

(2) 在 D' 上雅可比行列式 $J(u,v) = \dfrac{\partial(x,y)}{\partial(u,v)} \neq 0$,

则有

$$\iint\limits_{D} f(x,y)\,\mathrm{d}\sigma = \iint\limits_{D'} f(x(u,v), y(u,v)) \,|J(u,v)|\,\mathrm{d}\sigma'. \tag{2.12}$$

公式 (2.12) 称为二重积分的换元公式.

极坐标变换 $x = \rho\cos\theta, y = \rho\sin\theta$ 符合定理 2.2 的条件,并且由于

$$\frac{\partial x}{\partial \rho} = \cos\theta, \frac{\partial y}{\partial \rho} = \sin\theta, \frac{\partial x}{\partial \theta} = -\rho\sin\theta, \frac{\partial y}{\partial \theta} = \rho\cos\theta,$$

因此

$$J(\rho,\theta) = \frac{\partial(x,y)}{\partial(\rho,\theta)} = \begin{vmatrix} \cos\theta & -\rho\sin\theta \\ \sin\theta & \rho\cos\theta \end{vmatrix} = \rho,$$

至此,式 (2.11) 中左端的面积元素 $\mathrm{d}x\mathrm{d}y$ 变换成了右端的 $\rho\mathrm{d}\rho\mathrm{d}\theta$,从而式 (2.11) 成立就容易理解了.

例 2.12　计算二重积分

$$\iint\limits_{D} \sqrt{1 - \frac{x^2}{a^2} - \frac{y^2}{b^2}}\,\mathrm{d}x\mathrm{d}y,$$

其中 $a>0, b>0, D$ 为椭圆域:

$$\frac{x^2}{a^2} + \frac{y^2}{b^2} \leqslant 1.$$

解　采用换元积分法.为此用

$$x = a\rho\cos\theta, y = b\rho\sin\theta$$

换元,其中 $\rho>0, 0 \leqslant \theta \leqslant 2\pi$.其雅可比行列式

$$J = \begin{vmatrix} a\cos\theta & -a\rho\sin\theta \\ b\sin\theta & b\rho\cos\theta \end{vmatrix} = ab\rho,$$

在该变换下,区域 D 变换为

$$D' = \{(\rho,\theta) \,|\, 0 \leqslant \rho \leqslant 1, 0 \leqslant \theta \leqslant 2\pi\},$$

于是

$$\iint\limits_{D} \sqrt{1 - \frac{x^2}{a^2} - \frac{y^2}{b^2}}\,\mathrm{d}x\mathrm{d}y = \iint\limits_{D'} \sqrt{1 - \rho^2} \cdot ab\rho\,\mathrm{d}\rho\mathrm{d}\theta$$

$$= ab\int_0^{2\pi}\mathrm{d}\theta\int_0^1 \rho\sqrt{1-\rho^2}\,\mathrm{d}\rho = \frac{2}{3}\pi ab.$$

例 2.13　计算 $\iint\limits_{D} \sqrt{xy}\,\mathrm{d}x\mathrm{d}y$，其中 D 为由曲线 $xy=1, xy=2, y=x$，$y=4x(x>0,y>0)$ 围成的区域.

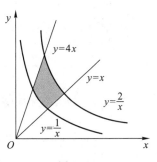

解　由图 9-24，如果直接用直角坐标系来计算，必须将积分区域分割，将会使计算比较麻烦.为此，我们采用换元法.令

$$u=xy, v=\frac{y}{x}.$$

在此代换下，积分区域变成 uOv 平面中的矩形区域

$$D'=\left\{(u,v) \mid 1 \le u \le 2, 1 \le v \le 4\right\}.$$

图 9-24

并且（由第八章第五节例 5.6）

$$\frac{\partial(x,y)}{\partial(u,v)}=\frac{1}{\dfrac{\partial(u,v)}{\partial(x,y)}}=\frac{1}{2v}.$$

于是

$$\iint\limits_{D} \sqrt{xy}\,\mathrm{d}x\mathrm{d}y = \iint\limits_{D'} \sqrt{u} \cdot \frac{1}{2v}\,\mathrm{d}u\mathrm{d}v = \int_{1}^{2} \sqrt{u}\,\mathrm{d}u \int_{1}^{4} \frac{1}{2v}\,\mathrm{d}v = \frac{2}{3}(2\sqrt{2}-1)\ln 2.$$

关于计算
二重积分
的注记

习题 9-2(A)

1. 下列论述是否正确,并说明理由:

(1) 区域 D 称为 X 型区域,如果 D 在 x 轴上的投影为区间 $[a,b]$,过 (a,b) 内的任意一点作 x 轴的垂线自下而上穿过区域 D 时,与边界最多有两个交点.该垂线最早穿过的边界为下边界,最后穿过的边界为上边界.类似地有 Y 型区域的特点;

(2) 计算累次积分 $\int_{a}^{b} \mathrm{d}x \int_{y_1(x)}^{y_2(x)} f(x,y)\,\mathrm{d}y$ 时,先把 $f(x,y)$ 看作 y 的一元函数计算定积分得到 x 的一元函数 $F(x)$,然后再计算关于 x 的定积分 $\int_{a}^{b} F(x)\,\mathrm{d}x$;

(3) 一个二重积分 $\iint\limits_{D} f(x,y)\,\mathrm{d}\sigma$ 在直角坐标系下计算时,是按照 X 型区域还是按照 Y 型区域化为累次积分,要取决于被积函数的特点;

(4) 化直角坐标系下的二重积分为极坐标系下的二重积分时,要先把区域的边界方程化为用极坐标表示,从而把积分区域用极坐标表示出来,并把被积函数用极坐标表示,得到被积函数为 $f(\rho\cos\theta,\rho\sin\theta)$ 的二重积分 $\iint\limits_{D} f(\rho\cos\theta,\rho\sin\theta)\,\mathrm{d}\rho\mathrm{d}\theta$;

(5) 一个二重积分 $\iint\limits_{D} f(x,y)\,\mathrm{d}\sigma$ 是按照直角坐标计算,还是按照极坐标计算,要取决于积分区域的特点.

2. 将二重积分 $\iint\limits_{D} f(x,y)\,\mathrm{d}x\mathrm{d}y$ 在直角坐标系下化为累次积分,其中区域 D 分别是:

(1) 由 $y=x, y=x^3(x>0)$ 所围成的区域;

(2) 由直线 $y=x, x=2$ 及 $y=1$ 围成;

(3) 以 $(0,0),(2,1),(-2,1)$ 为顶点的三角形区域;

(4) $D=\left\{(x,y) \mid x^2+y^2 \le 2x, 0 \le y \le x^2\right\}$.

3. 利用直角坐标计算下列二重积分:

（1）$\iint\limits_{D} xy \mathrm{d}x\mathrm{d}y$，其中区域 D 由直线 $y=x,y=2-x$ 及 $y=0$ 围成;

（2）$\iint\limits_{D}(x^3 + 3x^2 y + y^3)\mathrm{d}x\mathrm{d}y$，其中区域 D 为 $0\leqslant x\leqslant 1, 0\leqslant y\leqslant 1$;

（3）$\iint\limits_{D}\dfrac{x^2}{y^2}\mathrm{d}x\mathrm{d}y$，其中区域 D 由双曲线 $xy=1$ 及直线 $y=x,y=2$ 围成;

（4）$\iint\limits_{D}\sin(x+y)\mathrm{d}x\mathrm{d}y$，其中区域 D 为 $0\leqslant x\leqslant\dfrac{\pi}{2}, 0\leqslant y\leqslant\dfrac{\pi}{2}$;

（5）$\iint\limits_{D}\dfrac{\sin x}{x}\mathrm{d}x\mathrm{d}y$，其中区域 D 由直线 $y=x$ 及抛物线 $y=x^2$ 围成.

4. 若区域 D 是 xOy 面上矩形区域 $a\leqslant x\leqslant b,c\leqslant y\leqslant d$，证明

$$\iint\limits_{D}f(x)g(y)\mathrm{d}x\mathrm{d}y = \int_{a}^{b}f(x)\,\mathrm{d}x \cdot \int_{c}^{d}g(y)\,\mathrm{d}y;$$

并由此计算二重积分 $\iint\limits_{D}\dfrac{x\mathrm{e}^{x^2}}{1+y}\mathrm{d}x\mathrm{d}y$，其中 $D = \{(x,y)\mid -1\leqslant x\leqslant 0, 0\leqslant y\leqslant 1\}$.

5. 在直角坐标系下交换下列累次积分的次序:

（1）$\int_{-1}^{1}\mathrm{d}x\int_{x^2}^{1}f(x,y)\,\mathrm{d}y$; （2）$\int_{1}^{2}\mathrm{d}x\int_{2-x}^{\sqrt{2x-x^2}}f(x,y)\,\mathrm{d}y$;

（3）$\int_{1}^{e}\mathrm{d}x\int_{0}^{\ln x}f(x,y)\,\mathrm{d}y$; （4）$\int_{1}^{e}\mathrm{d}y\int_{-\ln y}^{\ln y}f(x,y)\,\mathrm{d}x$;

（5）$\int_{0}^{2}\mathrm{d}y\int_{\frac{y}{2}}^{y}f(x,y)\,\mathrm{d}x + \int_{2}^{4}\mathrm{d}y\int_{\frac{y}{2}}^{2}f(x,y)\,\mathrm{d}x$.

6. 画出积分区域,将二重积分 $\iint\limits_{D}f(x,y)\mathrm{d}x\mathrm{d}y$ 化为极坐标系下的二次积分:

（1）积分区域 $D = \{(x,y)\mid x^2+y^2\leqslant 4, y\geqslant 0\}$;

（2）积分区域 $D = \{(x,y)\mid x^2+y^2\leqslant 2y\}$;

（3）积分区域 $D = \{(x,y)\mid a^2\leqslant x^2+y^2\leqslant b^2, x\geqslant 0\}\ (b>a>0)$;

（4）积分区域 $D = \{(x,y)\mid \sqrt{y}\leqslant x\leqslant \sqrt{2-y^2}\}$.

7. 利用极坐标计算下列二重积分:

（1）$\iint\limits_{D}\dfrac{\mathrm{d}x\mathrm{d}y}{1+x^2+y^2}$，其中积分区域 $D = \{(x,y)\mid x^2+y^2\leqslant 1\}$;

（2）$\iint\limits_{D}\mathrm{e}^{x^2+y^2}\mathrm{d}x\mathrm{d}y$，其中积分区域 $D = \{(x,y)\mid 1\leqslant x^2+y^2\leqslant 2\}$;

（3）$\iint\limits_{D}\sqrt{x^2+y^2}\,\mathrm{d}x\mathrm{d}y$，其中积分区域 $D = \{(x,y)\mid x^2+y^2\leqslant 2x, y\geqslant 0\}$;

（4）$\iint\limits_{D}x\mathrm{d}x\mathrm{d}y$，其中积分区域 $D = \{(x,y)\mid x^2+y^2\leqslant 2y, x\geqslant 0\}$;

（5）$\iint\limits_{D}\sin\sqrt{x^2+y^2}\,\mathrm{d}x\mathrm{d}y$，其中积分区域 $D = \{(x,y)\mid \pi^2\leqslant x^2+y^2\leqslant 4\pi^2\}$.

8. 将下列直角坐标系下的累次积分化为极坐标系下的累次积分:

（1）$\int_{0}^{1}\mathrm{d}x\int_{x}^{\sqrt{2-x^2}}f(x,y)\,\mathrm{d}y$; （2）$\int_{0}^{2}\mathrm{d}x\int_{x}^{\sqrt{3}x}f(x^2+y^2)\,\mathrm{d}y$;

(3) $\int_0^1 \mathrm{d}x \int_0^{x^2} f(\sqrt{x^2+y^2})\,\mathrm{d}y$;　　　　(4) $\int_{-1}^1 \mathrm{d}x \int_{|x|}^{1+\sqrt{1-x^2}} f(x,y)\,\mathrm{d}y$.

9. 将下列极坐标系下的累次积分化为直角坐标系下的两个累次积分：

(1) $\int_0^{\frac{\pi}{2}} \mathrm{d}\theta \int_0^1 f(\rho\cos\theta,\rho\sin\theta)\rho\,\mathrm{d}\rho$;　　　　(2) $\int_{\frac{\pi}{2}}^{\pi} \mathrm{d}\theta \int_0^{2\sin\theta} f(\rho)\rho\,\mathrm{d}\rho$.

10. 计算下列累次积分：

(1) $\int_0^2 \mathrm{d}x \int_x^2 \mathrm{e}^{-y^2}\,\mathrm{d}y$;　　　　(2) $\int_{\pi}^{2\pi} \mathrm{d}y \int_{y-\pi}^{\pi} \dfrac{\sin x}{x}\,\mathrm{d}x$.

11. 计算下列二重积分

(1) $\iint\limits_D (x+y)^2 \mathrm{e}^{x^2-y^2}\,\mathrm{d}x\mathrm{d}y$, 其中 $D=\{(x,y)\mid 0\le x+y\le 1, 0\le x-y\le 1\}$.

(2) $\iint\limits_D (y-x)\,\mathrm{d}x\mathrm{d}y$, 其中 D 是由直线 $y=x+1, y=x-3, y=-\dfrac{x}{3}+\dfrac{7}{9}, y=-\dfrac{x}{3}+5$ 所围成的区域.

习题 9-2（B）

1. 设平面薄板所占的闭区域 D 是由直线 $x+y=2, y=x$ 和 x 轴所围成, 它的面密度为 $\mu(x,y)=x^2+y^2$, 求该薄板的质量.

2. 求下列空间区域 Ω 的体积 V, 其中 Ω 分别是：

(1) 由平面 $z=1+x+y, z=0, x+y=1, x=0$ 及 $y=0$ 围成；

(2) 由抛物面 $z=x^2+2y^2$ 与 $z=6-2x^2-y^2$ 围成.

3. 证明：$\int_0^1 \mathrm{d}x \int_{\sqrt{1-x^2}}^{\sqrt{4-x^2}} xf(x^2+y^2)\,\mathrm{d}y + \int_1^2 \mathrm{d}x \int_0^{\sqrt{4-x^2}} xf(x^2+y^2)\,\mathrm{d}y = \int_1^2 f(\rho^2)\rho^2\,\mathrm{d}\rho$, 其中 $f(u)$ 为连续函数.

4. 选择适当的坐标系计算下列二重积分：

(1) $\iint\limits_D \sqrt{x^2+y^2}\,\mathrm{d}x\mathrm{d}y$, 其中 $D: x^2+y^2\le 2x, 0\le y\le x$;

(2) $\iint\limits_D \sqrt{x}\,\mathrm{d}x\mathrm{d}y$, 其中 $D: x^2+y^2\le x$;

(3) $\iint\limits_D |\cos(x+y)|\,\mathrm{d}x\mathrm{d}y$, 其中 $D: 0\le x\le \dfrac{\pi}{2}, 0\le y\le \dfrac{\pi}{2}$;

(4) $\iint\limits_D \dfrac{1+xy}{1+x^2+y^2}\,\mathrm{d}x\mathrm{d}y$, 其中 $D: x^2+y^2\le 1, x\ge 0$;

(5) $\iint\limits_D |x^2+y^2-4|\,\mathrm{d}x\mathrm{d}y$, 其中 $D: x^2+y^2\le 9$.

(6) $\iint\limits_D y\,\mathrm{d}x\mathrm{d}y$, 其中 D 是由直线 $x=-2, y=0, y=2$ 及曲线 $x=-\sqrt{2y-y^2}$ 所围闭区域.

5. 计算下列累次积分：

(1) $\int_{-1}^0 \mathrm{d}x \int_{-\sqrt{1-x^2}}^0 \dfrac{2}{1+\sqrt{x^2+y^2}}\,\mathrm{d}y$;　　　　(2) $\int_0^2 \mathrm{d}x \int_x^2 2y^2\sin(xy)\,\mathrm{d}y$;

(3) $\int_0^2 \mathrm{d}x \int_0^{\sqrt{1-(x-1)^2}} 3xy\,\mathrm{d}y$.

6. 若函数 $f(x,y)$ 在区域 D 上连续, 且满足 $f(x,y)=xy+\iint\limits_D f(x,y)\,\mathrm{d}x\mathrm{d}y$, 其中 D 是由抛物线 $y=x^2$ 与两直线

$x = 1$ 和 $y = 0$ 围成的区域,求 $f(x,y)$.

7. 设 $f(u)$ 为可微函数,且 $f(0) = 0$,求

(1) $\lim\limits_{t \to 0^+} \dfrac{\iint\limits_{x^2+y^2 \leqslant t^2} f(\sqrt{x^2+y^2})\,\mathrm{d}x\mathrm{d}y}{\pi \cdot t^3}$;

(2) $\lim\limits_{t \to 0^-} \dfrac{\iint\limits_{x^2+y^2 \leqslant t^2} f(\sqrt{x^2+y^2})\,\mathrm{d}x\mathrm{d}y}{\pi \cdot t^3}$.

8. 证明下列等式:

(1) $\iint\limits_{D} f(x+y)\,\mathrm{d}x\mathrm{d}y = \int_{-1}^{1} f(u)\,\mathrm{d}u, D: |x| + |y| \leqslant 1$;

(2) $\iint\limits_{D} f(xy)\,\mathrm{d}x\mathrm{d}y = \ln 2 \int_{1}^{2} f(u)\,\mathrm{d}u, D$ 由 $xy = 1, xy = 2, y = x, y = 4x$ 所围成.

第三节　三重积分

若空间 $Oxyz$ 中有一有界立体 Ω,其质量分布是不均匀的,在点 $(x,y,z) \in \Omega$ 处的密度为 $\mu(x, y, z)$,其中 μ 为 Ω 上的连续函数.如何计算它的质量?

显然,该立体的质量是非均匀分布在 Ω 上的可加量. 因此,解决这一"未知"像本章第一节计算平面薄板的质量那样,也要遵循微积分的基本思想方法:"局部"将"密度不均匀"这一"未知"近似看作密度是均匀的,将其转化为初等问题,从而用初等方法求出近似值,然后在"局部"无限变小时对近似值求极限. 不过,与第一节计算质量分布不均匀的平面薄板的质量不同,这里是计算空间立体的质量,为由"整体"得到"局部",要将 Ω 用曲面网进行分割,将分割后的每一个小空间立体视为"局部". 其他没有本质的改变.

因此,将第一节计算平面薄板质量所得的极限 $\lim\limits_{\lambda \to 0} \sum\limits_{i=1}^{n} \rho(\xi_i, \eta_i)\Delta\sigma_i$ 稍做修改(将小平面区域的面积 $\Delta\sigma_i$ 换成空间小立体的体积 Δv_i,将二元函数 $\rho(\xi_i, \eta_i)$ 换成三元函数 $\mu(\xi_i, \eta_i, \zeta_i)$)就得到一新的极限 $\lim\limits_{\lambda \to 0} \sum\limits_{i=1}^{n} \mu(\xi_i, \eta_i, \zeta_i)\Delta v_i$,就是要求的立体 Ω 的质量.

将上面的具体问题抽象为一般形式,就有三重积分的定义.

1. 三重积分的概念与性质

定义 3.1　设函数 $f(x,y,z)$ 是空间有界闭区域 Ω 上的有界函数.

(1) **分**　将 Ω 任意分成 n 个小闭区域 $\Delta\Omega_1, \Delta\Omega_2, \cdots, \Delta\Omega_n, \Delta\Omega_i$ 的体积记作 $\Delta v_i(i = 1, 2, \cdots, n)$;

(2) **匀**　在每个 $\Delta\Omega_i$ 上任取一点 (ξ_i, η_i, ζ_i),将该点的函数值 $f(\xi_i, \eta_i, \zeta_i)$ 与 $\Delta\Omega_i$ 的体积 Δv_i 作乘积 $f(\xi_i, \eta_i, \zeta_i)\Delta v_i(i = 1, 2, \cdots, n)$;

(3) **合**　作和 $\sum\limits_{i=1}^{n} f(\xi_i, \eta_i, \zeta_i)\Delta v_i$;

(4) **精**　记 λ 为各小区域 $\Delta\Omega_i(i = 1, 2, \cdots, n)$ 的直径最大值.若存在常数 I,不论将区域 Ω 如何分割,也不论点 $(\xi_i,$

> 如何理解这里的两个"不论"与一个"总有"的含义?

$\eta_i, \zeta_i)$ 在小区域 $\Delta\Omega_i$ 上如何选取, 总有

$$\lim_{\lambda \to 0} \sum_{i=1}^{n} f(\xi_i, \eta_i, \zeta_i)\Delta v_i = I$$

成立, 则称 $f(x, y, z)$ 在区域 Ω 上可积, 并称极限值 I 为函数 $f(x, y, z)$ 在区域 Ω 上的 **三重积分**, 记作

$$\iiint\limits_{\Omega} f(x, y, z)\,\mathrm{d}v,$$

即

> 比较二重积分与三重积分的定义, 二者有哪些主要的同与异?

$$\iiint\limits_{\Omega} f(x, y, z)\,\mathrm{d}v = \lim_{\lambda \to 0} \sum_{i=1}^{n} f(\xi_i, \eta_i, \zeta_i)\Delta v_i,$$

称 $\mathrm{d}v$ 为 **体积元素**. 其他与二重积分同, 这里不再赘述.

在直角坐标系下, 通常也将体积元素 $\mathrm{d}v$ 记作 $\mathrm{d}x\mathrm{d}y\mathrm{d}z$, 而相应地将三重积分记作

$$\iiint\limits_{\Omega} f(x, y, z)\,\mathrm{d}x\mathrm{d}y\mathrm{d}z.$$

显然, 本节开始所提到的立体 Ω 的质量就是其密度函数 $\mu(x, y, z)$ 在 Ω 上的三重积分

$$\iiint\limits_{\Omega} \mu(x, y, z)\,\mathrm{d}v.$$

与二重积分相同, 函数在有界闭区域 Ω 上"有界"是三重积分存在的 **必要条件**, 若将函数在 Ω 上"有界"换为"连续", 就是三重积分存在的 **充分条件**. 即, 有界闭区域上的连续函数在该区域一定可积. 因此, 如果不做特别说明, 下面所讨论的被积函数都是在有界闭区域上连续或分区域连续的函数, 因而相应的三重积分总是存在的.

显然, 三重积分与二重积分是形式完全相同的和式的极限, 因此不仅可以把二重积分可积的必要条件与充分条件推广到三重积分, 也可以把二重积分的性质平移到三重积分上来, 这里不再赘述.

下面来研究如何计算三重积分. 注意到定积分及二重积分的计算是我们所熟悉的, 因此遵循用"已知"研究"未知"、解决"未知"的思想, 一般说来, 要将计算三重积分这一"未知"转化为"已知"的定积分或二重积分进行计算. 下面将看到, 像平面中的点可以用直角坐标, 也可以用极坐标表示那样, 空间中的点也可以有不同的表示方式(不同的坐标表示), 因此, 下面将分别在不同的坐标表示下研究三重积分的计算.

2. 利用直角坐标计算三重积分

首先讨论用直角坐标来计算, 它又有两种不同的方法.

2.1 "先一后二"法

设 Ω 为空间 $Oxyz$ 中的一个有界闭区域(图 9-25), 先假定平行于 z 轴且穿过 Ω 内部的直线与 Ω 的边界曲面的交点不多于两个.

我们采用计算二重积分的思想方法来讨论如何计算三重积分. 为此, 将积分区域 Ω 投影到平面 xOy 上, 记投影区域为 D_{xy}(图 9-25), Ω 的侧面是以 D_{xy} 的边界为准线、母线平行于 z 轴的柱

面, Ω 上、下底面分别是定义在 D_{xy} 上的连续函数 $z=z_2(x,y)$，$z=z_1(x,y)$ 的曲面.过区域 D_{xy} 内的任一点 (x_0,y_0) 作平行于 z 轴的直线自下而上穿过 Ω 时,穿入点与穿出点的竖坐标分别为 $z=z_1(x_0,y_0)$ 及 $z=z_2(x_0,y_0)$.因此,有

$$\Omega=\{(x,y,z)\,|z_1(x,y)\leqslant z\leqslant z_2(x,y),(x,y)\in D_{xy}\},$$

这时,在 Ω 上连续的函数 $f(x,y,z)$ 在 Ω 上的三重积分可化为

$$\iiint\limits_{\Omega}f(x,y,z)\,\mathrm{d}x\mathrm{d}y\mathrm{d}z=\iint\limits_{D}\mathrm{d}x\mathrm{d}y\int_{z_1(x,y)}^{z_2(x,y)}f(x,y,z)\,\mathrm{d}z. \tag{3.1}$$

类似于将二重积分化为累次积分那样,为计算该三重积分,先将 x,y 看作常数,而将 $f(x,y,z)$ 看作 z 的一元函数在区间 $[z_1(x,y),z_2(x,y)]$ 上对 z 作定积分,得到 x,y 的函数 $F(x,y)$,即

$$F(x,y)=\int_{z_1(x,y)}^{z_2(x,y)}f(x,y,z)\,\mathrm{d}z.$$

然后计算 $F(x,y)$ 在区域 D_{xy} 上的二重积分

$$\iint\limits_{D_{xy}}F(x,y)\,\mathrm{d}\sigma=\iint\limits_{D_{xy}}\int_{z_1(x,y)}^{z_2(x,y)}f(x,y,z)\,\mathrm{d}z\mathrm{d}\sigma,$$

或将它写为

$$\iiint\limits_{\Omega}f(x,y,z)\,\mathrm{d}x\mathrm{d}y\mathrm{d}z=\iint\limits_{D_{xy}}\mathrm{d}x\mathrm{d}y\int_{z_1(x,y)}^{z_2(x,y)}f(x,y,z)\,\mathrm{d}z.$$

式(3.1)是将计算三重积分这一"未知"转化为"已知"(定积分、二重积分)的转换公式.由于它的特点是先计算一个定积分,再计算二重积分,因此通常称这种方法为"**先一后二**"法.对式(3.1)我们不作详细证明.

对式(3.1)中的二重积分,一般还要化为定积分.如图 9-26,若 D_{xy} 可表示为

$$D_{xy}=\{(x,y)\,|y_1(x)\leqslant y\leqslant y_2(x),a\leqslant x\leqslant b\},$$

依照二重积分的计算方法则可写为

$$\iint\limits_{D_{xy}}F(x,y)\,\mathrm{d}x\mathrm{d}y=\int_a^b\mathrm{d}x\int_{y_1(x)}^{y_2(x)}F(x,y)\,\mathrm{d}y.$$

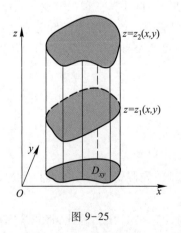

图 9-25

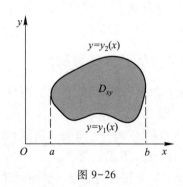

图 9-26

总之,综合以上讨论,如果积分区域(图 9-25)可表示为

$$\Omega = \{ (x,y,z) \mid z_1(x,y) \leqslant z \leqslant z_2(x,y), y_1(x) \leqslant y \leqslant y_2(x), a \leqslant x \leqslant b \},$$

则有

$$\iiint_{\Omega} f(x,y,z) \, dxdydz = \int_a^b dx \int_{y_1(x)}^{y_2(x)} dy \int_{z_1(x,y)}^{z_2(x,y)} f(x,y,z) \, dz. \tag{3.2}$$

式(3.2)把三重积分化为了先对 z,再对 y,最后对 x 的三次定积分.

式(3.1)是在假设平行于 z 轴且穿过 Ω 内部的直线与 Ω 的边界曲面的交点不多于两个的前提下得到的.类似地,如果平行于 x 轴或 y 轴且穿过 Ω 内部的直线与 Ω 的边界曲面的交点不多于两个,这时可相应地将 Ω 投影到 yOz 平面或 xOz 平面,而将三重积分分别相应地化为按相应顺序的累次积分.如果平行于坐标轴并且穿过 Ω 内部的直线与 Ω 的边界曲面的交点多于两个,这时可采取与二重积分中相类似的方法,先将 Ω 分割为若干个上述所讨论的区域,分别在这样的区域上计算相应的积分,然后利用积分对区域的可加性就可求得要求的积分.

例 3.1　计算 $\iiint_{\Omega} y \, dxdydz$,其中 Ω 是由平面 $x=0,y=0,z=0$ 及平面 $x+y+z=1$ 所围成的闭区域(图 9-27(1)).

解　平行于 z 轴且穿过 Ω 内部的直线与 Ω 的边界曲面的交点不多于两个,所以 Ω 符合式(3.2)所要求的特点.为此,将 Ω 投影到平面 xOy 上,投影区域为(图 9-27(2))

$$D_{xy} = \{ (x,y) \mid 0 \leqslant y \leqslant 1-x, 0 \leqslant x \leqslant 1 \}.$$

对任意的点 $(x,y) \in D_{xy}$,过该点作平行于 z 轴的直线,该直线自下而上经平面 $z=0$ 穿入 Ω 而经平面 $x+y+z=1$ 穿出 Ω,因此有 $0 \leqslant z \leqslant 1-x-y$.于是,$\Omega$ 可以表示为

$$\Omega = \{ (x,y,z) \mid 0 \leqslant z \leqslant 1-x-y, 0 \leqslant y \leqslant 1-x, 0 \leqslant x \leqslant 1 \}.$$

于是由式(3.2),有

$$\iiint_{\Omega} y \, dxdydz = \int_0^1 dx \int_0^{1-x} dy \int_0^{1-x-y} y \, dz$$

$$= \int_0^1 dx \int_0^{1-x} y(1-x-y) \, dy = \int_0^1 \left[\frac{1}{2}(1-x)y^2 - \frac{1}{3}y^3 \right]_0^{1-x} dx$$

$$= \frac{1}{6} \int_0^1 (1-x)^3 \, dx = \frac{1}{24}.$$

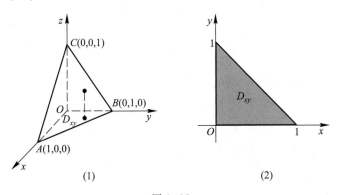

图 9-27

例 3.2 求三重积分 $\iiint\limits_{\Omega}xy\mathrm{d}x\mathrm{d}y\mathrm{d}z$，其中 Ω 是由平面 $y=0,z=0,x+z=\dfrac{\pi}{2}$ 及柱面 $y=\sqrt{x}$ 围成.

解 如图 9-28，Ω 可以看作以平面 xOy 中的区域 D_{xy} 为

你知道柱面 $y=\sqrt{x}$ 的特点吗？

底面、侧面为柱面 $y=\sqrt{x}$ 及平面 $y=0$、顶为平面 $x+z=\dfrac{\pi}{2}$ 的（曲

顶）柱体，其中 D_{xy} 由平面 xOy 中的直线 $y=0,x=\dfrac{\pi}{2}$ 及曲线 $y=\sqrt{x}$ 所围成（图 9-28(2)）. 显然 $0\leqslant z\leqslant\dfrac{\pi}{2}-x$，因此

$$\Omega=\left\{(x,y,z)\,\Big|\,0\leqslant z\leqslant\frac{\pi}{2}-x,0\leqslant y\leqslant\sqrt{x},0\leqslant x\leqslant\frac{\pi}{2}\right\},$$

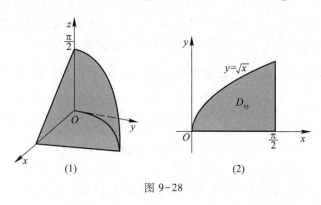

图 9-28

于是

$$\iiint\limits_{\Omega}xy\mathrm{d}v=\int_0^{\frac{\pi}{2}}\mathrm{d}x\int_0^{\sqrt{x}}\mathrm{d}y\int_0^{\frac{\pi}{2}-x}xy\mathrm{d}z=\int_0^{\frac{\pi}{2}}\mathrm{d}x\int_0^{\sqrt{x}}xy\left(\frac{\pi}{2}-x\right)\mathrm{d}y=\int_0^{\frac{\pi}{2}}x\left(\frac{\pi}{2}-x\right)\mathrm{d}x\int_0^{\sqrt{x}}y\mathrm{d}y$$

$$=\frac{1}{2}\int_0^{\frac{\pi}{2}}x^2\left(\frac{\pi}{2}-x\right)\mathrm{d}x=\frac{\pi}{12}x^3\Big|_0^{\frac{\pi}{2}}-\frac{1}{8}x^4\Big|_0^{\frac{\pi}{2}}=\frac{\pi^4}{384}.$$

例 3.3 求两曲面 $z=x^2+y^2$ 及 $z=2-x^2-y^2$ 所围立体（图 9-29）的体积.

解 由方程组 $\begin{cases}z=x^2+y^2,\\z=2-x^2-y^2,\end{cases}$ 消去 z 得到 $x^2+y^2=1$. 因此该立体 Ω 在平面 xOy 中的投影为

$$D_{xy}=\{(x,y)\,|\,x^2+y^2\leqslant1\}.$$

显然，对 Ω 中的任一点，其竖坐标 z 满足 $x^2+y^2\leqslant z\leqslant2-x^2-y^2$，因此

$$\Omega=\{(x,y,z)\,|\,x^2+y^2\leqslant z\leqslant2-x^2-y^2,(x,y)\in D_{xy}\}.$$

所求体积

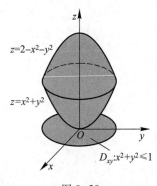

图 9-29

$$V=\iiint\limits_{\Omega}\mathrm{d}v=\iint\limits_{D_{xy}}\mathrm{d}x\mathrm{d}y\int_{x^2+y^2}^{2-x^2-y^2}\mathrm{d}z$$

$$=2\iint\limits_{D_{xy}}(1-x^2-y^2)\mathrm{d}x\mathrm{d}y.$$

右端的二重积分不论是被积函数还是积分区域用极坐标表示都比较简单,因此以下用极坐标计算.这时,积分区域可表示为

$$D_{xy} = \{ (\rho, \theta) \,|\, 0 \leqslant \rho \leqslant 1, 0 \leqslant \theta \leqslant 2\pi \}.$$

于是

$$V = \iint\limits_{D_{xy}} 2(1 - x^2 - y^2)\,\mathrm{d}x\mathrm{d}y = 2\iint\limits_{D_{xy}} (1 - \rho^2)\rho\,\mathrm{d}\rho\,\mathrm{d}\theta$$

$$= 2\int_0^{2\pi}\mathrm{d}\theta\int_0^1 (1 - \rho^2)\rho\,\mathrm{d}\rho$$

$$= 4\pi\left(\frac{1}{2}\rho^2 - \frac{1}{4}\rho^4 \right)\bigg|_0^1 = \pi.$$

> 由例 3.3 的解法你有何体会与想法?

2.2 "先二后一"法

不仅可以用"先一后二"法将三重积分化为累次积分,而且有些三重积分也可采用下面的被称为"先二后一"法将"未知"转化为"已知".即将三重积分化为先计算一个二重积分再计算一个定积分的累次积分.

如图 9-30 所示,设 Ω 在 z 轴上的投影为 z 轴上的区间 $[c,d]$,对任意的 $z \in [c,d]$,过点 z 作平面垂直于 z 轴,该平面截 Ω 得截面 D_z,这样 Ω 就可以表示为

$$\Omega = \{ (x,y,z) \,|\, (x,y) \in D_z, c \leqslant z \leqslant d \}.$$

相应地,计算三重积分可以用先计算二重积分再计算定积分

$$\iiint\limits_{\Omega} f(x,y,z)\,\mathrm{d}x\mathrm{d}y\mathrm{d}z = \int_c^d \mathrm{d}z \iint\limits_{D_z} f(x,y,z)\,\mathrm{d}x\mathrm{d}y \qquad (3.3)$$

的"先二后一"法来计算.

计算式(3.3)的右端需要分两步:第一步暂时固定 z 不动而将函数 $f(x,y,z)$ 看作 x,y 的二元函数,在平面区域 D_z 上关于变量 x,y 计算二重积分 $\iint\limits_{D_z} f(x,y,z)\,\mathrm{d}x\mathrm{d}y$,得到 z 的一元函数 $F(z)$;第二步在区间 $[c,d]$ 上对 $F(z)$ 计算定积分.

例 3.4 计算三重积分 $\iiint\limits_{\Omega} \cos z^2 \mathrm{d}x\mathrm{d}y\mathrm{d}z$,其中 Ω 为由曲面 $z = x^2 + y^2$ 及平面 $z = 2$ 所围成的区域(图 9-31).

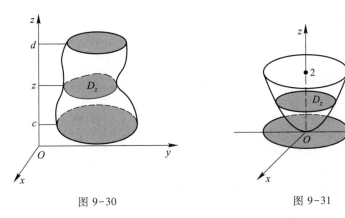

图 9-30   图 9-31

解　积分区域 Ω 在 z 轴上的投影为 z 轴上的区间 $[0,2]$.对于 $\forall z\in[0,2]$,过 z 作 z 轴的垂直平面截 Ω,得截面区域 D_z：$x^2+y^2\leqslant z$,它是以点 $(0,0,z)$ 为中心、半径为 $\sqrt{z}$ 的圆形区域.因此由式 (3.3),得

$$\iiint\limits_{\Omega}\cos z^2\mathrm{d}x\mathrm{d}y\mathrm{d}z=\int_0^2\mathrm{d}z\iint\limits_{D_z}\cos z^2\mathrm{d}x\mathrm{d}y$$

$$=\int_0^2\cos z^2\mathrm{d}z\iint\limits_{D_z}\mathrm{d}x\mathrm{d}y$$

$$=\int_0^2\cos z^2\cdot\pi z\mathrm{d}z$$

$$=\frac{\pi}{2}\left[\sin z^2\right]_0^2=\frac{\pi}{2}(\sin 4-0)$$

$$=\frac{\pi\sin 4}{2}.$$

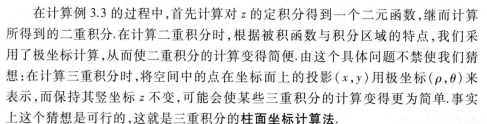

例 3.4 中的被积函数有何特点？由此来看,积分区域与被积函数有何特点时,三重积分用"先二后一"法会比较简单？在"先二后一"法中,是否一定要将积分区域向 z 轴投影从而作 z 轴的垂面？

3. 利用柱面坐标计算三重积分

关于在直角坐标系下计算三重积分的注记

在计算例 3.3 的过程中,首先计算对 z 的定积分得到一个二元函数,继而计算所得到的二重积分.在计算二重积分时,根据被积函数与积分区域的特点,我们采用了极坐标计算,从而使二重积分的计算变得简便.由这个具体问题不禁使我们猜想:在计算三重积分时,将空间中的点在坐标面上的投影 (x,y) 用极坐标 (ρ,θ) 来表示,而保持其竖坐标 z 不变,可能会使某些三重积分的计算变得更为简单.事实上这个猜想是可行的,这就是三重积分的**柱面坐标计算法**.

下面一般性地来讨论这个问题.首先给出空间中点的柱面坐标的定义.

将空间 $Oxyz$ 中的点 P 投影到平面 xOy 上得投影 M,设 M 的极坐标为 ρ,θ,因此 P 就对应唯一一个有序数组 (ρ,θ,z)；反过来,任何一个有序数组 (ρ,θ,z) 也对应空间 $Oxyz$ 中的唯一一个点 (图 9-32).这就是说,空间中的点与这样的有序数组之间一一对应(坐标原点 O 对应 $(0,0,0)$),称三元有序数 ρ,θ,z 为点 P 的**柱面坐标**,这时 P 记作 $P(\rho,\theta,z)$.并且约定

根据这里的分析,怎样的三重积分采用柱面坐标计算法会比较简单？

$$0\leqslant\rho<+\infty,0\leqslant\theta\leqslant 2\pi,-\infty<z<+\infty.$$

柱面坐标的三组坐标面分别为

$\rho=$ 常数,即以 z 轴为轴的圆柱面；

$\theta=$ 常数,即过 z 轴的半平面；

$z=$ 常数,即与平面 xOy 平行的平面.

利用直角坐标与极坐标之间的关系,容易得到下面的柱面坐标与直角坐标之间的关系：

图 9-32

$$x=\rho\cos\theta,y=\rho\sin\theta,z=z. \tag{3.4}$$

为了用柱面坐标来计算三重积分 $\iiint\limits_{\Omega}f(x,y,z)\mathrm{d}v$,显然应该用式(3.4)代换被积函数中的 $x,y,$ $z.$那么其中的体积元素 $\mathrm{d}v$ 应怎么代换?

为此,我们用柱面坐标的三组坐标面 $\rho=$ 常数,$\theta=$ 常数,$z=$ 常数把积分区域分割成一组小空间区域.除了含有 Ω 的边界点的小区域外,其他小区域都是柱体.考虑由 ρ,θ,z 各获得一微小增量 $\mathrm{d}\rho,\mathrm{d}\theta,$ $\mathrm{d}z$ 后所形成的小六面体(图 9-33).由第二节极坐标下对面积元素的讨论易知,它可以近似看作底面积为 $\rho\mathrm{d}\rho\mathrm{d}\theta$、高为 $\mathrm{d}z$ 的柱体,因此,在不计高阶无穷小量时,其体积为 $\rho\mathrm{d}\rho\mathrm{d}\theta\mathrm{d}z$,称它为柱面坐标的体积元素.

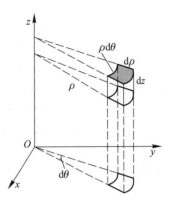

图 9-33

总之,为将直角坐标下的三重积分化为用柱面坐标计算,需作如下替代:

(1) 用式(3.4)代换积分区域 Ω 的上、下曲面 $z=z_1(x,y)$,$z=$ $z_2(x,y)$,将曲面用柱面坐标表示为 $z=\varphi_1(\rho,\theta)$,$z=\varphi_2(\rho,\theta)$,并把 Ω 在坐标平面上的投影区域用极坐标表示;

(2) 用式(3.4)替代被积函数 $f(x,y,z)$ 中的积分变量,得到 $f(\rho\cos\theta,\rho\sin\theta,z)$;

(3) 将体积元素 $\mathrm{d}v$ 用 $\rho\mathrm{d}\rho\mathrm{d}\theta\mathrm{d}z$ 代替,即得

$$\iiint\limits_{\Omega}f(x,y,z)\mathrm{d}x\mathrm{d}y\mathrm{d}z=\iiint\limits_{\Omega}f(\rho\cos\theta,\rho\sin\theta,z)\rho\mathrm{d}\rho\mathrm{d}\theta\mathrm{d}z. \tag{3.5}$$

式(3.5)即为将三重积分由直角坐标到柱面坐标的**转换公式**.在计算式(3.5)的右端时,一般需要根据具体问题所给的具体条件将其化为三次定积分.比如,若积分区域 Ω 为

$$\{(\rho,\theta,z)\,|\,\varphi_1(\rho,\theta)\leqslant z\leqslant\varphi_2(\rho,\theta),a\leqslant\rho\leqslant b,\alpha\leqslant\theta\leqslant\beta\}$$

的形式,相应的三重积分则可化为先对 z 再对 ρ,最后对 θ 的累次积分

$$\iiint\limits_{\Omega}f(x,y,z)\mathrm{d}v=\int_{\alpha}^{\beta}\mathrm{d}\theta\int_{a}^{b}\rho\mathrm{d}\rho\int_{\varphi_1(\rho,\theta)}^{\varphi_2(\rho,\theta)}f(\rho\cos\theta,\rho\sin\theta,z)\mathrm{d}z.$$

例 3.5 计算三重积分 $\iiint\limits_{\Omega}(x^2+y^2)\mathrm{d}v$,其中 Ω 为由曲面 $z=x^2+y^2$ 及平面 $z=1$ 所围成的立体(图 9-34).

解 将式(3.4)代入 $z=x^2+y^2$ 之中得该曲面的柱面坐标方程为 $z=\rho^2$,又 Ω 在平面 xOy 上的投影 D_{xy} 为圆形区域

$$D_{xy}=\{(x,y)\,|\,x^2+y^2\leqslant1\}.$$

用极坐标表示即是

$$D_{xy}=\{(\rho,\theta)\,|\,0\leqslant\rho\leqslant1,0\leqslant\theta\leqslant2\pi\}.$$

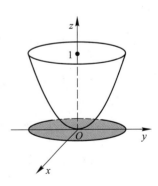

图 9-34

在 D_{xy} 内任取一点,过该点作平行于 z 轴的直线,该直线穿过曲面 $z=\rho^2$ 而进入 Ω,然后穿过平面 $z=1$ 而离开 Ω.因此

$$\Omega=\{(\rho,\theta,z)\,|\,\rho^2\leqslant z\leqslant1,0\leqslant\rho\leqslant1,0\leqslant\theta\leqslant2\pi\}.$$

于是

$$\begin{aligned}\iiint\limits_{\Omega}(x^2+y^2)\mathrm{d}v &= \iiint\limits_{\Omega}\rho^2\rho\mathrm{d}\rho\mathrm{d}\theta\mathrm{d}z\\ &=\int_0^{2\pi}\mathrm{d}\theta\int_0^1\rho^3\mathrm{d}\rho\int_{\rho^2}^1\mathrm{d}z\\ &=2\pi\int_0^1\rho^3(1-\rho^2)\mathrm{d}\rho\\ &=2\pi\left(\frac{\rho^4}{4}-\frac{\rho^6}{6}\right)\Bigg|_0^1=\frac{\pi}{6}.\end{aligned}$$

结合这里的解法步骤，你认为在利用式(3.5)计算三重积分时，为将右边化为累次积分，应首先做什么？左边 ρ,θ 的变化范围是怎么得到的？

例 3.6　计算三重积分 $\iiint\limits_{\Omega}z\mathrm{d}x\mathrm{d}y\mathrm{d}z$，其中 Ω 为上半球面 $z=\sqrt{4-x^2-y^2}$ 与旋转抛物面 $z=\frac{1}{3}(x^2+y^2)$ 所围成的立体(图 9－35).

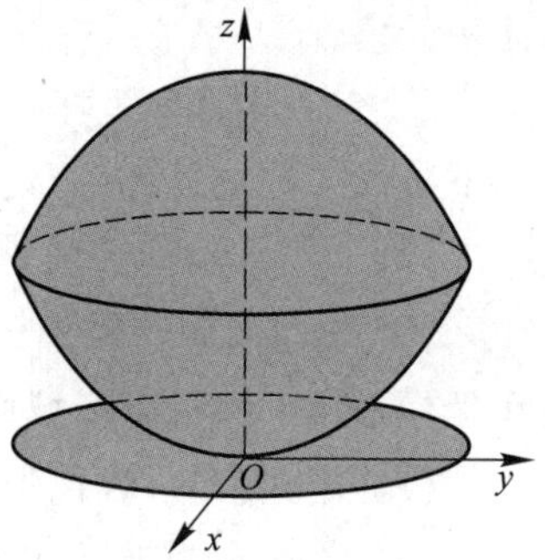

图 9-35

解　Ω 在平面 xOy 中的投影就是曲线

$$\begin{cases}z=\sqrt{4-x^2-y^2},\\ z=\frac{1}{3}(x^2+y^2)\end{cases}$$

在平面 xOy 中的投影所围成的平面区域：$D_{xy}: x^2+y^2\leqslant 3$. 它是平面 xOy 中的闭圆盘，因此用柱面坐标计算该三重积分. 这时 Ω 的表面球面的方程为 $z=\sqrt{4-\rho^2}$，旋转抛物面方程为 $z=\frac{\rho^2}{3}$，又

$$D_{xy}=\{(\rho,\theta)\mid 0\leqslant\rho\leqslant\sqrt{3},0\leqslant\theta\leqslant 2\pi\},$$

因此，在柱面坐标下有

$$\Omega=\left\{(\rho,\theta,z)\,\Big|\,\frac{\rho^2}{3}\leqslant z\leqslant\sqrt{4-\rho^2},0\leqslant\rho\leqslant\sqrt{3},0\leqslant\theta\leqslant 2\pi\right\}.$$

因此有

$$\begin{aligned}\iiint\limits_{\Omega}z\mathrm{d}x\mathrm{d}y\mathrm{d}z &= \iiint\limits_{\Omega}z\rho\mathrm{d}\rho\mathrm{d}\theta\mathrm{d}z\\ &=\int_0^{2\pi}\mathrm{d}\theta\int_0^{\sqrt{3}}\rho\mathrm{d}\rho\int_{\frac{\rho^2}{3}}^{\sqrt{4-\rho^2}}z\mathrm{d}z\\ &=\frac{1}{2}\int_0^{2\pi}\mathrm{d}\theta\int_0^{\sqrt{3}}\rho\left[4-\rho^2-\frac{1}{9}(\rho^2)^2\right]\mathrm{d}\rho\\ &=\frac{1}{2}\cdot 2\pi\cdot\frac{13}{4}=\frac{13}{4}\pi.\end{aligned}$$

从例 3.5 与例 3.6 来看，在计算三重积分时，具备什么样的条件使用柱面坐标能使计算比较简单？请写出用柱面坐标计算三重积分的主要步骤.

*4. 利用球面坐标计算三重积分

先看下面的一个具体问题：

以地球的球心为坐标原点建立空间(右手)坐标系 $Oxyz$，使 z 轴的正向穿过地球的北极，x 轴正向穿过赤道上经度为 0 度的点.

在这样的空间 $Oxyz$ 中有一点 $A.A$ 满足以下三个条件:

(1) A 到坐标原点 O 的距离 r 为地球的半径 R;

(2) 有向线段 $\overrightarrow{OA}$ 与 z 轴正向所夹的角 φ 为 $50.1°$;

(3) A 在平面 xOy 上投影 P 的极角 θ 为 $116.4°$.

我们来考察能否确定 A 的位置.

由(1),A 在以坐标原点 O 为球心、半径为地球的半径 R 的球面(即地球表面)上;由(2),A 还在以原点 O 为顶点、半顶角 φ 为 $50.1°$、以 z 轴正半轴为对称轴的半圆锥面上;结合(1),A 在地球表面与该半圆锥面的交线 C 上;由(3),A 在从 z 轴出发的一半平面内(该半平面与坐标平面 xOy 的交是射线 $\overrightarrow{OP}$,$\overrightarrow{OP}$ 可以看作由 x 轴的正半轴在平面 xOy 内逆时针旋转 $116.4°$ 角得到).再结合(1)、(2)所得到的结果,因此 A 是该半平面与曲线 C 的交点,并且是唯一的(图 9-36).

由一组数:$r=$地球半径,$\varphi=50.1°$,$\theta=116.4°$ 能确定地球上一点的位置,这一事实给我们以启示:能否将该"特殊"推广为"一般"——用一组数 r,φ,θ(它们的具体意义与上面实例中的相同)来表示空间中的任意一点,从而得到空间中的点的又一种表示法?

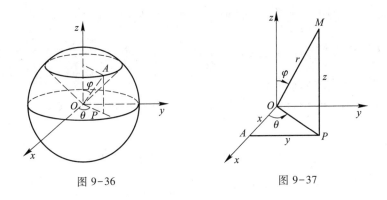

图 9-36　　　　　　　　　图 9-37

这种想法是可行的.事实上,像上面的实例那样,空间坐标系 $Oxyz$ 中的任意一点 P 都可以由以下三个曲面的交点来表示:半径为 r 的球面;顶点在坐标原点、对称轴为(正向)z 轴、半顶角为 φ 的圆锥面;由 z 轴出发的半平面,该半平面与坐标平面 xOy 的交线上的点的极角为 θ.称三元有序数组 (r,φ,θ) 为空间中的点 M 的**球面坐标**,其中 r 为点 M 到坐标原点的距离,φ 为向量 $\overrightarrow{OM}$ 与 z 轴正向的夹角,θ 为点 M 在坐标平面 xOy 上的投影 P 的极角(图 9-37).并且约定

$$0 \leqslant r < +\infty\ ,0 \leqslant \varphi \leqslant \pi,0 \leqslant \theta \leqslant 2\pi.$$

由上面的讨论易知,球面坐标的三组坐标面分别为

$r=$常数,即以原点为球心的球面;

$\varphi=$常数,即以原点为顶点、z 轴(正向)为对称轴的圆锥面;

$\theta=$常数,即过 z 轴的半平面.

通过图 9-37 不难得到,球面坐标与直角坐标之间有下述关系:

$$x=r\sin\varphi\cos\theta,y=r\sin\varphi\sin\theta,z=r\cos\varphi. \tag{3.6}$$

为把三重积分 $\iiint\limits_{\Omega}f(x,y,z)\mathrm{d}v$ 化为用球面坐标计算,我们用三组坐标面 $r=$ 常数 ,$\varphi=$ 常数 ,$\theta=$ 常数把积分区域划分成许多小闭区域.考虑由 r,φ,θ 各取得一小增量 $\mathrm{d}r,\mathrm{d}\varphi,\mathrm{d}\theta$ 后所形成的小六面体(图 9-38)的体积,不计高阶无穷小量,小六面体可以近似看作经线方向长为 $r\mathrm{d}\varphi$,纬线方向宽为 $r\sin\varphi\mathrm{d}\theta$,向径方向高为 $\mathrm{d}r$ 的长方体,于是其体积

$$\Delta V\approx r^2\sin\varphi\mathrm{d}r\mathrm{d}\theta\mathrm{d}\varphi.$$

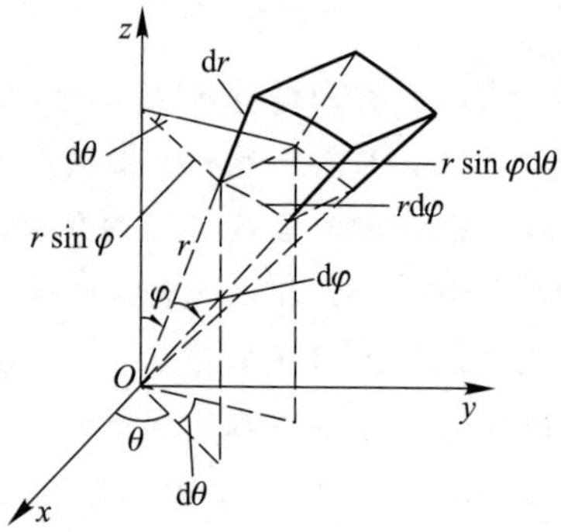

因而在球面坐标系下,体积元素为

$$\mathrm{d}v=r^2\sin\varphi\mathrm{d}r\mathrm{d}\theta\mathrm{d}\varphi. \tag{3.7}$$

将直角坐标下的三重积分用球面坐标来表示,需:

（1）利用式(3.6)将积分区域的表面曲面用球面坐标表示；

（2）将式(3.6)替换被积函数中的积分变量；

（3）用式(3.7)替换体积元素 $\mathrm{d}v$,

就得到

$$\iiint\limits_{\Omega}f(x,y,z)\mathrm{d}v=\iiint\limits_{\Omega}f(r\sin\varphi\cos\theta,r\sin\varphi\sin\theta,r\cos\varphi)r^2\sin\varphi\mathrm{d}r\mathrm{d}\theta\mathrm{d}\varphi. \tag{3.8}$$

式(3.8)即为将直角坐标下的三重积分 $\iiint\limits_{\Omega}f(x,y,z)\mathrm{d}v$ 转换为球面坐标下的三重积分**转换公式**.

计算该三重积分时,一般把它化为先对 r,再对 φ,最后对 θ 的三次定积分(累次积分).

例 3.7　计算三重积分 $\iiint\limits_{\Omega}(x^2+y^2+z^2)\mathrm{d}v$,其中 Ω 为如图 $9-39$ 所示的由球面 $x^2+y^2+z^2=az\ (a>0)$ 及圆锥面 $z=\sqrt{x^2+y^2}$ 所围成的闭区域.

解　将式(3.6)分别代入上述球面方程及圆锥面方程中,得 $x^2+y^2+z^2=az$ 的球面坐标方程为 $r=a\cos\varphi$,圆锥面 $z=\sqrt{x^2+y^2}$ 的球面坐标方程为 $\varphi=\dfrac{\pi}{4}$.又圆锥的顶点在坐标原点,因此

$$0\leqslant r\leqslant a\cos\varphi,\ 0\leqslant\varphi\leqslant\frac{\pi}{4}.$$

Ω 在平面 xOy 上的投影为以原点为圆心的一个圆盘,因此 $0\leqslant\theta\leqslant2\pi$.于是

$$\Omega=\left\{(r,\varphi,\theta)\,|\,0\leqslant r\leqslant a\cos\varphi,0\leqslant\varphi\leqslant\frac{\pi}{4},0\leqslant\theta\leqslant2\pi\right\}.$$

因此

$$\iiint\limits_{\Omega}(x^2+y^2+z^2)\mathrm{d}v=\int_0^{2\pi}\mathrm{d}\theta\int_0^{\frac{\pi}{4}}\mathrm{d}\varphi\int_0^{a\cos\varphi}r^2\cdot r^2\sin\varphi\mathrm{d}r$$

图 9-38

观察式(3.8)右端的三重积分,其被积函数是什么？

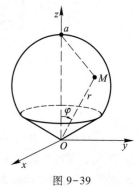

图 9-39

若将例 3.6 用球面坐标计算又将怎样？由此看出什么样的三重积分用球面坐标计算比较简单？为什么？θ,φ,r 的取值范围分别如何找？

现在有三种坐标可以计算三重积分.对一给定的三重积分,应按照什么样的顺序、依据怎样的原则来选择用何坐标？

$$= \int_0^{2\pi} \mathrm{d}\theta \int_0^{\frac{\pi}{4}} \frac{a^5}{5} \sin\varphi \cos^5\varphi \, \mathrm{d}\varphi$$

$$= \frac{7a^5}{120}\pi.$$

关于计算三重
积分的注记

历史的回顾

历史人物简介

富比尼

习题 9-3(A)

1. 判断下列论述是否正确,并说明理由:

(1) 计算三重积分有三种坐标可以选择:直角坐标、柱面坐标与球面坐标.对给定的一个三重积分,应首先看是否能用直角坐标,再看能否用柱面坐标,如果都不可以,最后再考虑用球面坐标;

(2) 对给定的三重积分,一般当积分区域是由以原点为顶点的圆锥面及球面围成的立体,被积函数为 $f(x^2 + y^2 + z^2)$ 时,通常用球面坐标计算;

(3) 对给定的三重积分,如果不适合用球面坐标计算,但积分区域在坐标平面上的投影及被积函数适合于用极坐标计算二重积分时,一般采用柱面坐标计算该三重积分;

(4) 既不适合用球面坐标,也不适合用柱面坐标计算的三重积分就只能考虑用直角坐标来计算,这时也有"先一后二"法和"先二后一"法供选择;

(5) "先二后一"法只适用于被积函数为 $f(z)$,且用平行于 xOy 面的平面截积分区域,截得的截痕面积由初等方法可以计算的三重积分.

2. 将三重积分 $\iiint\limits_{\Omega} f(x,y,z)\,\mathrm{d}x\mathrm{d}y\mathrm{d}z$ 化为累次积分,其中积分区域 Ω 分别是:

(1) 由曲面 $z = xy$ 与平面 $x+y=1$,及 $z=0$ 所围成的闭区域;

(2) 由平面 $x=z, z=1$ 及柱面 $x^2+y^2=1$ 所围成的闭区域;

(3) 由圆柱面 $x^2+y^2=1$,旋转抛物面 $z=x^2+y^2$ 及平面 $z=0$ 围成的第一卦限部分;

（4）由圆锥面 $z = \sqrt{x^2+y^2}$ 及旋转抛物面 $z = 2-x^2-y^2$ 所围成的闭区域.

3. 设有一物体,占有空间闭区域 $\Omega = \{(x,y,z) \mid 0 \le x \le 1, 0 \le y \le 1, 0 \le z \le 1,\}$,在点 (x,y,z) 处的密度为 $\mu(x,y,z) = x+y+z$,计算该物体的质量.

4. 计算下列三重积分:

（1）$\iiint\limits_{\Omega} xy \mathrm{d}x\mathrm{d}y\mathrm{d}z$,其中 Ω 是由 $1 \le x \le 2,\ -1 \le y \le 1, 0 \le z \le \dfrac{1}{2}$ 所围成的闭区域;

（2）$\iiint\limits_{\Omega} x^2 y \mathrm{d}x\mathrm{d}y\mathrm{d}z$,其中 Ω 是由平面 $x+y+z = 1$ 及三个坐标面所围成的闭区域;

（3）$\iiint\limits_{\Omega} xz \mathrm{d}x\mathrm{d}y\mathrm{d}z$,其中 Ω 是由平面 $z = 0, z = y, y = 1$ 以及抛物柱面 $y = x^2$ 所围成的闭区域;

（4）$\iiint\limits_{\Omega} z^2 \mathrm{d}x\mathrm{d}y\mathrm{d}z$,其中 Ω 是由椭球面 $\dfrac{x^2}{a^2} + \dfrac{y^2}{b^2} + \dfrac{z^2}{c^2} = 1$ 所围成的闭区域 $(a > 0, b > 0, c > 0)$.

5. 利用柱面坐标计算下列三重积分:

（1）$\iiint\limits_{\Omega} (x^2 + y^2) \mathrm{d}v$,其中 Ω 是由曲面 $x^2 + y^2 = 2z$ 与平面 $z = 2$ 所围成的闭区域;

（2）$\iiint\limits_{\Omega} z \mathrm{d}v$,其中 Ω 是由球面 $x^2 + y^2 + z^2 = 4$ 与抛物面 $x^2 + y^2 = 3z$ 所围成的闭区域.

*6. 利用球面坐标计算下列三重积分:

（1）$\iiint\limits_{\Omega} (x^2 + y^2 + z^2) \mathrm{d}v$,其中 Ω 为闭区域 $x^2 + y^2 + z^2 \le a^2$;

（2）$\iiint\limits_{\Omega} z^2 \mathrm{d}v$,其中 Ω 为闭区域 $x^2 + y^2 + z^2 \le 2z$.

7. 选择适当的坐标系计算下列三重积分:

（1）$\iiint\limits_{\Omega} xyz \mathrm{d}v$,其中 Ω 是由曲面 $z = xy$ 与平面 $y = x, x = 1, z = 0$ 所围成的闭区域;

（2）$\iiint\limits_{\Omega} xyz \mathrm{d}v$,其中 Ω 为闭区域 $x^2 + y^2 + z^2 \le 1, x \ge 0, y \ge 0, z \ge 0$;

（3）$\iiint\limits_{\Omega} \mathrm{e}^{-z} \mathrm{d}v$,其中 Ω 为闭区域 $x^2 + y^2 \le z \le 1$;

（4）$\iiint\limits_{\Omega} (x^2 + y^2) \mathrm{d}v$,其中 Ω 是由半球面 $z = 1 + \sqrt{1 - x^2 - y^2}$ 及平面 $z = 1$ 所围成的闭区域;

（5）$\iiint\limits_{\Omega} z \mathrm{d}v$,其中 Ω 为闭区域 $\sqrt{x^2 + y^2} \le z \le \sqrt{2 - x^2 - y^2}$;

（6）$\iiint\limits_{\Omega} y^2 \mathrm{d}v$,其中 Ω 为闭区域 $x^2 + y^2 \le 2x, 0 \le z \le 1$;

*（7）$\iiint\limits_{\Omega} (x^2 + y^2) \mathrm{d}v$,其中 Ω 由不等式 $x^2 + y^2 + z^2 \le 1$ 及 $z \ge \sqrt{x^2 + y^2}$ 确定;

*（8）$\iiint\limits_{\Omega} \sqrt{x^2 + y^2 + z^2} \mathrm{d}v$,其中 Ω 为球体 $x^2 + y^2 + z^2 \le 2$.

习题 9-3（B）

1. 设积分区域 Ω 是由曲面 $z = \sqrt{4-x^2-y^2}, z = \sqrt{x^2+y^2}$ 及平面 $x = 0, y = 0$ 围成的位于第一卦限内的闭区域,试将三重积分 $I = \iiint\limits_{\Omega} f(x^2 + y^2 + z^2) \mathrm{d}v$ 分别表示为直角坐标、柱面坐标和球面坐标系下的三次积分.

2. 选择适当的坐标计算下列三次积分：

(1) $\int_0^1 \mathrm{d}x \int_0^x \mathrm{d}y \int_0^y \dfrac{\sin z}{1-z} \mathrm{d}z$;　　　　　　(2) $\int_0^1 \mathrm{d}x \int_0^{\sqrt{1-x^2}} \mathrm{d}y \int_0^{\sqrt{4-x^2-y^2}} \mathrm{d}z$;

(3) $\int_{-3}^3 \mathrm{d}x \int_{-\sqrt{9-x^2}}^{\sqrt{9-x^2}} \mathrm{d}y \int_0^{\sqrt{9-x^2-y^2}} z \sqrt{x^2+y^2+z^2} \, \mathrm{d}z$.

*3. 若 $f(u)$ 可微，且 $f(0)=0, f'(0)=1$，求极限 $\lim\limits_{t\to 0^+} \dfrac{1}{\pi t^4} \iiint\limits_{\Omega} f(\sqrt{x^2+y^2+z^2}) \mathrm{d}v$，其中 Ω 由不等式 $x^2+y^2+z^2 \leqslant t^2$ 确定.

4. 计算下列三重积分：

(1) $\iiint\limits_{\Omega} (x+y+z) \mathrm{d}x\mathrm{d}y\mathrm{d}z$，其中 Ω 是由平面 $x+y+z=1$ 及三个坐标面围成的闭区域；

*(2) $\iiint\limits_{\Omega} (x+y+z)^2 \mathrm{d}v$，其中 Ω 由不等式 $x^2+y^2+z^2 \leqslant 1$ 确定；

(3) $\iiint\limits_{\Omega} \mathrm{e}^{|z|} \mathrm{d}v$，其中 Ω 由不等式 $x^2+y^2+z^2 \leqslant 1$ 确定；

(4) $\iiint\limits_{\Omega} y \mathrm{d}v$，其中 Ω 是由 xOy 面上区域 $0 \leqslant y \leqslant 1-x^2$ 绕 y 轴旋转而成的闭区域.

第四节　重积分的应用

重积分有着广泛的应用.本节将首先利用重积分的几何意义来计算一般立体的体积,然后利用微元法研究重积分在几何上的其他应用以及在物理上的一些应用.

1. 利用重积分计算立体的体积

借助二重积分的几何意义以及 $\iiint\limits_{\Omega} \mathrm{d}x\mathrm{d}y\mathrm{d}z = V$（其中 V 为积分区域 Ω 的体积），就可以分别利用二重积分或三重积分来计算一般立体的体积.

例 4.1　设一立体由球面 $x^2+y^2+z^2=5$ 以及旋转抛物面 $x^2+y^2=4z$ 所围成（图 9-40），求其体积.

解　（1）用二重积分的几何意义计算

将其投影到 xOy 平面，记投影区域为 D_{xy}.利用二重积分的几何意义，要求的体积是以区域 D_{xy} 为底，分别以半球面 $z=\sqrt{5-x^2-y^2}$ 与旋转抛物面 $x^2+y^2=4z$ 为顶的两曲顶柱体的体积之差.

容易求得所给球面与旋转抛物面的交线

$$\begin{cases} x^2+y^2+z^2=5, \\ x^2+y^2=4z \end{cases}$$

关于坐标面 xOy 的投影柱面为

$$x^2+y^2=4.$$

因此,该立体在坐标面 xOy 的投影区域为

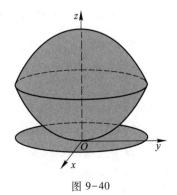

图 9-40

$$D_{xy} = \{(x,y) \mid x^2+y^2 \leqslant 4\}.$$

采用极坐标计算二重积分.在极坐标下 $D_{xy} = \{(\rho,\theta) \mid 0 \leqslant \rho \leqslant 2, 0 \leqslant \theta \leqslant 2\pi\}$.于是所求体积

$$V = \iint_{D_{xy}} \sqrt{5-x^2-y^2}\,\mathrm{d}x\mathrm{d}y - \iint_{D_{xy}} \frac{x^2+y^2}{4}\,\mathrm{d}x\mathrm{d}y$$

$$= \iint_{D_{xy}} \left(\sqrt{5-\rho^2} - \frac{\rho^2}{4}\right)\rho\,\mathrm{d}\rho\mathrm{d}\theta = \int_0^{2\pi}\mathrm{d}\theta\int_0^2\left(\sqrt{5-\rho^2} - \frac{\rho^2}{4}\right)\rho\,\mathrm{d}\rho$$

$$= \frac{2}{3}\pi(5\sqrt{5}-4).$$

（2）**用三重积分计算**

记该立体为 Ω,则其体积

$$V = \iiint \mathrm{d}V.$$

注意到该立体在平面 xOy 的投影区域为圆形区域,因此采用柱面坐标计算该三重积分.Ω 的表面 $x^2+y^2+z^2=5\,(z>0)$ 与 $x^2+y^2=4z$ 用柱面坐标表示分别为 $z=\sqrt{5-\rho^2}$ 及 $z=\dfrac{\rho^2}{4}$.Ω 在坐标平面 xOy 中的投影 $D_{xy} = \{(x,y) \mid x^2+y^2 \leqslant 4\}$ 用柱面（极）坐标表示则为

> 这里采用柱面坐标计算,为什么不用球面坐标?

$$D_{xy} = \{(\rho,\theta) \mid 0 \leqslant \rho \leqslant 2, 0 \leqslant \theta \leqslant 2\pi\}.$$

因此,将 Ω 用柱面坐标表示即有

$$\Omega = \left\{(\rho,\theta,z) \mid 0 \leqslant \rho \leqslant 2, 0 \leqslant \theta \leqslant 2\pi, \frac{\rho^2}{4} \leqslant z \leqslant \sqrt{5-\rho^2}\right\}.$$

于是该立体的体积

$$V = \iiint_{\Omega} \mathrm{d}v = \iiint \rho\,\mathrm{d}\rho\mathrm{d}\theta\mathrm{d}z = \int_0^{2\pi}\mathrm{d}\theta\int_0^2\rho\,\mathrm{d}\rho\int_{\frac{\rho^2}{4}}^{\sqrt{5-\rho^2}}\mathrm{d}z$$

$$= \int_0^{2\pi}\mathrm{d}\theta\int_0^2\left(\sqrt{5-\rho^2} - \frac{\rho^2}{4}\right)\rho\,\mathrm{d}\rho$$

$$= \frac{2}{3}\pi(5\sqrt{5}-4).$$

> 比较这里的求体积所采用的两种方法,你有何体会?

2. 重积分的微元法

像讨论定积分的应用时微元法起到了至关重要的作用那样,研究重积分的一般应用,也需要借助重积分的微元法.微元法在第五章已做了较细致的研究,这里要建立的微元法,**所遵循的思想与方法与定积分中是一致的**,也要利用微积分的基本思想方法.因此不再做详细的讨论,只将定积分应用中的微元法平移到重积分中来.即有：

设 Q 是非均匀分布在有界闭区域 Ω(Ω 可能是平面区域,也可能是空间区域)上的连续可加量.在 Ω 上任意取定一个直径很小的子区域 $\Delta\Omega$,在 $\Delta\Omega$ 上通过**以"匀"代"非匀"**将它转化为初等问题,从而用初等方法（几何中的或中学物理中的公式）求出 Q 在 $\Delta\Omega$ 上的局部量的近似值——Q 的微元

$$dQ = f(P)d\Omega,$$

其中 P 为 $\Delta\Omega$ 上的任意一点,f 为 $\Delta\Omega$ 上的连续函数,$d\Omega$ 为 $\Delta\Omega$ 的度量.

将微元 $dQ = f(P)d\Omega$ 作为相应重积分的被积式,就得到要求量 Q 的积分表示

$$\iint_{\Omega} f(P)d\Omega,\text{当 } \Omega \text{ 为平面有界闭区域时,}$$

或

$$\iiint_{\Omega} f(P)d\Omega,\text{当 } \Omega \text{ 为空间 } Oxyz \text{ 中的有界闭区域时.}$$

这里求微元的思想方法对第十章中关于曲线积分与曲面积分的应用同样是适用的.

3. 曲面面积的计算

曲面面积是一个"未知",解决它显然应该利用平面区域的面积作"已知".为此先把问题简单化,把曲面看作平面,讨论空间中平面区域的面积与其在坐标平面上的投影区域面积之间的关系.

设空间 $Oxyz$ 中的平面 Π(图 9-41)与坐标面 xOy 的夹角为锐角 γ(它也是平面 Π 的向上的法向量 $\boldsymbol{n}$ 与 z 轴正向的夹角),假设 Π 上有一闭矩形区域 D,其一边 a(其长度也记为 a)平行于 Π 与 xOy 面的交线 l,其面积记为 A.将 D 投影到坐标面 xOy 上,其投影区域仍为矩形区域,记为 D_0.显然 D 的边 a 的长度也是其投影的长度,而另一边 b(其长度也记为 b)的投影的长度为 $b\cos\gamma$.因此,D_0 的面积 $\sigma = a \cdot b\cos\gamma = A\cos\gamma$,或

$$A = \frac{\sigma}{\cos\gamma}. \tag{4.1}$$

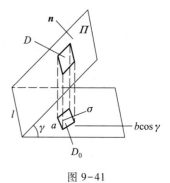

图 9-41

若 D 为平面 Π 上的任意闭区域,其面积 A 与其投影区域的面积 σ 之间也满足式(4.1).事实上只需将 D 分割成若干个上述小矩形闭区域(含边界点的忽略不计),按照上面所得的结论,Π 上的每一个矩形区域与其在 xOy 面上的投影区域的面积之间都有式(4.1)成立.再由面积的可加性并令这些小矩形区域直径的最大值趋于零取极限,即可得到式(4.1).

有了上面的讨论作"已知",下面就可以来研究曲面面积的计算.

设曲面 S 的方程为 $z = f(x,y)$,$(x,y) \in D$,并假设 $f(x,y)$ 在 D 上有连续的偏导数.

由于曲面面积具有可加性,并注意到 D 即是 S 在平面 xOy 中的投影区域,因此要求的曲面面积可以看作非均匀连续分布在 D 上的可加量,因而就可以在区域 D 上用微元法.

为此,采用下面的方法来求曲面面积的微元.

如图 9-42,在 D 内任取一点 $P(x,y)$ 及 P 的一个小邻域 ΔD.对应于 P,曲面 S 上有一点 $M(x,y,f(x,y))$(即 P 是

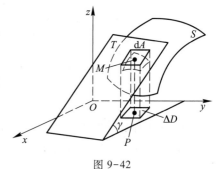

图 9-42

M 在平面 xOy 中的投影).为利用式(4.1)作"已知",过 M 作曲面 S 的切平面 T.以 ΔD 的边界曲线为准线作母线平行于 z 轴的柱面,该柱面在曲面 S 及切平面 T 上分别截得一小片曲面 $\mathrm{d}S$ 及一小片平面 $\mathrm{d}A$(图 9-42),当 ΔD 的直径很小时"**以平(面)代曲(面)**",即用小平面 $\mathrm{d}A$ 的面积(仍记为 $\mathrm{d}A$)来近似代替小曲面 $\mathrm{d}S$ 的面积,$\mathrm{d}A$ 就是曲面面积的微元.

设点 M 处 S 的法向量(指向朝上)与 z 轴正向所成的角为 γ,ΔD 的面积为 $\mathrm{d}\sigma$,那么

$$\mathrm{d}A = \frac{\mathrm{d}\sigma}{\cos \gamma}. \tag{4.2}$$

由于 $\cos \gamma = \dfrac{1}{\sqrt{1+f_x^2(x,y)+f_y^2(x,y)}}$,于是 S 的面积微元

$$\mathrm{d}A = \sqrt{1+f_x^2(x,y)+f_y^2(x,y)}\,\mathrm{d}\sigma.$$

因此

$$A = \iint\limits_{D} \sqrt{1 + f_x^2(x,y) + f_y^2(x,y)}\,\mathrm{d}\sigma, \tag{4.3}$$

这就是曲面 $z=f(x,y)$ 的面积的计算公式.

> 若曲面方程为 $x=x(y,z)$ 或 $z=z(y,x)$,应对式(4.3)作哪些相应的修改而得到相应的面积公式?在式(4.3)中,被积函数是什么?D 怎么求得?

例 4.2　求锥面 $z=\sqrt{x^2+y^2}$ 被柱面 $z^2=2x$ 所截得的部分(图 9-43)的面积.

解　记所截得的截面为 S. 由方程组

$$\begin{cases} z=\sqrt{x^2+y^2}, \\ z^2=2x \end{cases}$$

消去 z,得

$$x^2+y^2=2x,$$

它即是面 S 的边界曲线到坐标平面 xOy 的投影柱面方程.因此,S 在平面 xOy 的投影区域为

$$D = \left\{ (x,y) \mid (x-1)^2+y^2 \leqslant 1 \right\}.$$

由锥面方程 $z=\sqrt{x^2+y^2}$,得

$$\frac{\partial z}{\partial x}=\frac{x}{\sqrt{x^2+y^2}},\quad \frac{\partial z}{\partial y}=\frac{y}{\sqrt{x^2+y^2}},$$

于是

$$\sqrt{1+\left(\frac{\partial z}{\partial x}\right)^2+\left(\frac{\partial z}{\partial y}\right)^2}=\sqrt{2}.$$

由式(4.3),要求的曲面面积为

$$A = \iint\limits_{D} \sqrt{1 + \left(\frac{\partial z}{\partial x}\right)^2 + \left(\frac{\partial z}{\partial y}\right)^2}\,\mathrm{d}x\mathrm{d}y$$

$$= \iint\limits_{D} \sqrt{2}\,\mathrm{d}x\mathrm{d}y = \sqrt{2}\,\pi.$$

> 例 4.2 给了两个曲面,要求的面积是哪个曲面上部分曲面的面积?另一个曲面起什么作用?为求曲面面积首先应该找到哪个?

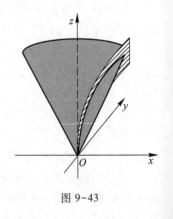

图 9-43

球的表面积计算公式在中学里就做了介绍,下面对它做出严格的推导.

例 4.3　求半径为 r 的球的面积.

解　设球面方程为 $x^2+y^2+z^2=r^2$.由对称性,只需求出上半球面的面积,然后再乘 2 即可.

上半球面的方程为 $z=\sqrt{r^2-x^2-y^2}$，它在平面 xOy 上的投影为
$$D=\{(x,y)\,|\,x^2+y^2\leqslant r^2\}.$$

由 $\dfrac{\partial z}{\partial x}=\dfrac{-x}{\sqrt{r^2-x^2-y^2}},\dfrac{\partial z}{\partial y}=\dfrac{-y}{\sqrt{r^2-x^2-y^2}}$，得

$$\sqrt{1+\left(\frac{\partial z}{\partial x}\right)^2+\left(\frac{\partial z}{\partial y}\right)^2}=\frac{r}{\sqrt{r^2-x^2-y^2}}.$$

因此，该上半球面的面积微元为 $\mathrm{d}A=\dfrac{r}{\sqrt{r^2-x^2-y^2}}\mathrm{d}\sigma$.

依照式(4.3)，本应计算 $\displaystyle\iint\limits_{D}\frac{r\mathrm{d}\sigma}{\sqrt{r^2-x^2-y^2}}$，但在闭区域 $D=\{(x,y)\,|\,x^2+y^2\leqslant r^2\}$ 上被积函数无界，因此该积分不是通常意义下的二重积分(称为反常重积分).为解决这一"未知"，我们自然想到应采用第五章讨论无界函数积分(瑕积分)的思想方法作"已知"，为此取 $b(0<b<r)$，先在区域 $D_1=\{(x,y)\,|\,x^2+y^2\leqslant b^2\}$ 上计算积分

$$\iint\limits_{D_1}\frac{r\mathrm{d}x\mathrm{d}y}{\sqrt{r^2-x^2-y^2}}=\iint\limits_{D_1}\frac{r}{\sqrt{r^2-\rho^2}}\rho\,\mathrm{d}\rho\,\mathrm{d}\theta=r\int_0^{2\pi}\mathrm{d}\theta\int_0^b\frac{\rho\,\mathrm{d}\rho}{\sqrt{r^2-\rho^2}}$$
$$=-\pi r\int_0^b\frac{\mathrm{d}(r^2-\rho^2)}{\sqrt{r^2-\rho^2}}=-2\pi r\sqrt{r^2-\rho^2}\,\Big|_0^b$$
$$=2\pi r(r-\sqrt{r^2-b^2}).$$

对上式关于 $b\to r^-$ 取极限，即得半球的面积为 $2\pi r^2$.于是，半径为 r 的球的面积为
$$2\times2\pi r^2=4\pi r^2.$$

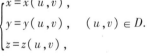

*利用曲面的参数方程求曲面的面积

设曲面 S 的参数方程为(参见第七章第六节)
$$\begin{cases}x=x(u,v),\\y=y(u,v),\quad(u,v)\in D.\\z=z(u,v),\end{cases}$$

我们知道，在曲面面积的计算公式(4.3)中，被积函数 $\sqrt{1+f_x^2(x,y)+f_y^2(x,y)}$ 是由曲面上的点 (x,y,z) 处曲面的法向量(指向朝上)与 z 轴正向所成的角 γ 的方向余弦
$$\cos\gamma=\frac{1}{\sqrt{1+f_x^2(x,y)+f_y^2(x,y)}}$$
而得到的.在曲面由上述参数方程给出时，可以证明该方向余弦为
$$|\cos\gamma|=\frac{|C'|}{\sqrt{A'^2+B'^2+C'^2}},$$

其中 $A'=\dfrac{\partial(y,z)}{\partial(u,v)},B'=\dfrac{\partial(z,x)}{\partial(u,v)},C'=\dfrac{\partial(x,y)}{\partial(u,v)}$.

将式(4.3)用 $x=x(u,v),y=y(u,v),z=z(u,v)$ 作变量代换，注意到

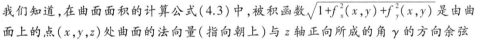

广义重积分的简介

$$d\sigma = |J| dudv = \left| \frac{\partial(x,y)}{\partial(u,v)} \right| dudv = |C'| dudv,$$

因此,式(4.3)即为

$$A = \iint\limits_{D} \sqrt{A'^2 + B'^2 + C'^2}\, dudv.$$

关于参数方程
下曲面面积公
式的注记

为便于计算,再将 $\sqrt{A'^2 + B'^2 + C'^2}$ 进行变形.令

$$E = x_u^2 + y_u^2 + z_u^2, F = x_u x_v + y_u y_v + z_u z_v, G = x_v^2 + y_v^2 + z_v^2,$$

则有

$$A = \iint\limits_{D} \sqrt{EG - F^2}\, dudv.$$

例 4.4　求螺旋曲面

$$\begin{cases} x = r\cos\theta, \\ y = r\sin\theta, \qquad 0 \leqslant r \leqslant a, 0 \leqslant \theta \leqslant 2\pi \\ z = h\theta, \end{cases}$$

的面积.

解　由已知条件得

$$x_r = \cos\theta, x_\theta = -r\sin\theta, y_r = \sin\theta, y_\theta = r\cos\theta,$$
$$z_r = 0, z_\theta = h.$$

于是

$$E = 1, F = 0, G = r^2 + h^2.$$

所以

$$A = \iint\limits_{D} \sqrt{r^2 + h^2}\, drd\theta = \int_0^{2\pi} d\theta \int_0^a \sqrt{r^2 + h^2}\, dr$$

$$= \pi \left[a\sqrt{a^2 + h^2} + h^2 \ln\left(\frac{a + \sqrt{a^2 + h^2}}{h} \right) \right].$$

4. 重积分在物理上的应用

重积分在物理上有着非常广泛的应用,下面用微元法推导出一些物理量的计算公式.

4.1　质心

先介绍与此有关的初等问题,它是下面研究非均匀分布的问题所要利用的"已知".

设在平面 xOy 上分布着分别带有质量 m_i 的 n 个质点 P_i,它们的坐标分别为 (x_i, y_i)($i = 1, 2, \cdots, n$).由力学知识知,

$$m_i y_i,\ m_i x_i (i = 1, 2, \cdots, n)$$

分别为质点 P_i 对于 x 轴、y 轴的**静矩**.由于质点对各坐标轴的静矩都分别具有可加性,因此,该质点组对两个坐标轴的静矩分别为

$$M_y = \sum_{i=1}^{n} m_i x_i,\ M_x = \sum_{i=1}^{n} m_i y_i.$$

现在来定义该质点组的质心.称 P 为上述质点组的质心,是说如果将质点组中各点处的质量

均集中在 P 处,这时 P 点对各坐标轴的静矩分别等于该质点组对同一坐标轴的静矩.因此,如果设 P 的坐标为 $(\bar{x},\bar{y})$,则有

$$M\bar{x}=M_y,\quad M\bar{y}=M_x.$$

于是,该质点组的质心坐标为

$$\bar{x}=\frac{M_y}{M}=\frac{\sum\limits_{i=1}^{n}m_ix_i}{\sum\limits_{i=1}^{n}m_i},\quad \bar{y}=\frac{M_x}{M}=\frac{\sum\limits_{i=1}^{n}m_iy_i}{\sum\limits_{i=1}^{n}m_i},$$

其中 $M=\sum\limits_{i=1}^{n}m_i$ 为该质点组的总质量.

有了离散分布的质点组的坐标计算公式作"已知",下面来研究质量非均匀分布的平面薄板的质心.

设有一平面薄片(其厚度忽略不计)在平面 xOy 上占有区域为 D,在点 $(x,y)\in D$ 处的面密度为 $\mu=\mu(x,y)$,假定 $\mu(x,y)$ 在 D 上连续,欲求其质心.由于质量和静矩都具有可加性,为此采用微元法.

在 D 上任取一直径很小的闭区域 ΔD(其面积记为 $\mathrm{d}\sigma$),在 ΔD 上任取一点 (x,y),由于密度在 D 上的连续性,依据"以'匀'代'非匀'"的微积分基本思想,我们近似认为在 ΔD 上薄片密度是均匀的.用点 (x,y) 处的密度 $\mu(x,y)$ 近似代替 ΔD 上各点处的密度,而用 $\mu(x,y)\mathrm{d}\sigma$ 来近似替代 ΔD 的质量,它就是质量微元,相应地,其静矩微元 $\mathrm{d}M_y,\mathrm{d}M_x$ 分别为

$$\mathrm{d}M_y=x\mu(x,y)\mathrm{d}\sigma,\quad \mathrm{d}M_x=y\mu(x,y)\mathrm{d}\sigma.$$

于是,由微元法得

$$M=\iint\limits_{D}\mu(x,y)\mathrm{d}\sigma,\quad M_y=\iint\limits_{D}x\mu(x,y)\mathrm{d}\sigma,\quad M_x=\iint\limits_{D}y\mu(x,y)\mathrm{d}\sigma.$$

由此得到质心的坐标

$$\bar{x}=\frac{M_y}{M}=\frac{\iint\limits_{D}x\mu(x,y)\mathrm{d}\sigma}{\iint\limits_{D}\mu(x,y)\mathrm{d}\sigma},$$

$$\bar{y}=\frac{M_x}{M}=\frac{\iint\limits_{D}y\mu(x,y)\mathrm{d}\sigma}{\iint\limits_{D}\mu(x,y)\mathrm{d}\sigma}.$$

> 这里研究静矩与质心都是利用研究离散分布时的思想方法作"已知"来研究连续分布时的情形.你有何收获?

类似地,空间中质量分布不均匀、密度为 $\mu=\mu(x,y,z)$ 的有界闭区域 Ω 的质心为

$$\bar{x}=\frac{\iiint\limits_{\Omega}x\mu(x,y,z)\mathrm{d}v}{\iiint\limits_{\Omega}\mu(x,y,z)\mathrm{d}v},\quad \bar{y}=\frac{\iiint\limits_{\Omega}y\mu(x,y,z)\mathrm{d}v}{\iiint\limits_{\Omega}\mu(x,y,z)\mathrm{d}v},\quad \bar{z}=\frac{\iiint\limits_{\Omega}z\mu(x,y,z)\mathrm{d}v}{\iiint\limits_{\Omega}\mu(x,y,z)\mathrm{d}v}.$$

例 4.5 求由曲线 $y=x^2$ 及直线 $y=1$ 所围成的均匀平面区域的质心.

解 由区域关于 y 轴的对称性及质量分布的均匀性,质心必在 y 轴上,因此

$$\bar{x} = 0.$$

设其密度函数为 μ（μ 为常数），于是

$$\bar{y} = \frac{M_x}{M} = \frac{\iint\limits_{D} y\mu \mathrm{d}\sigma}{\iint\limits_{D} \mu \mathrm{d}\sigma} = \frac{\mu\iint\limits_{D} y\mathrm{d}\sigma}{\mu\iint\limits_{D} \mathrm{d}\sigma} = \frac{\int_{-1}^{1}\mathrm{d}x\int_{x^2}^{1}y\mathrm{d}y}{\int_{-1}^{1}\mathrm{d}x\int_{x^2}^{1}\mathrm{d}y}$$

$$= \frac{\dfrac{1}{2}\int_{-1}^{1}(1-x^4)\mathrm{d}x}{\int_{-1}^{1}(1-x^2)\mathrm{d}x} = \frac{\dfrac{1}{2}\left(2-\dfrac{2}{5}\right)}{2-\dfrac{2}{3}} = \frac{3}{5}.$$

因此，所求的质心为 $\left(0, \dfrac{3}{5}\right)$.

例 4.6　求均匀半球体的质心.

解　取半球体的球心为坐标原点，对称轴为 z 轴，建立直角坐标系 $Oxyz$. 设球的半径为 a，则半球体所占有的空间区域为

$$\Omega = \{(x,y,z)\mid x^2+y^2+z^2 \leqslant a^2, z\geqslant 0\}.$$

由球体的均匀性，显然质心在 z 轴上，故 $\bar{x} = \bar{y} = 0$.

$$\bar{z} = \frac{1}{M}\iiint\limits_{\Omega} z\rho\mathrm{d}v = \frac{1}{V}\iiint\limits_{\Omega} z\mathrm{d}v,$$

其中 $\rho = $ 常数为其密度，$V = \dfrac{2}{3}\pi a^3$ 为半球体的体积. 由于

$$\iiint\limits_{\Omega} z\mathrm{d}v = \iiint\limits_{\Omega} r\cos\varphi \cdot r^2\sin\varphi\,\mathrm{d}r\mathrm{d}\varphi\mathrm{d}\theta = \int_{0}^{2\pi}\mathrm{d}\theta\int_{0}^{\frac{\pi}{2}}\cos\varphi\sin\varphi\,\mathrm{d}\varphi\int_{0}^{a}r^3\mathrm{d}r$$

$$= 2\pi \cdot \left[\frac{1}{2}\sin^2\varphi\right]_{0}^{\frac{\pi}{2}} \cdot \frac{a^4}{4} = \frac{\pi a^4}{4}.$$

因此，$\bar{z} = \dfrac{\pi a^4}{4}\Big/\left(\dfrac{2}{3}\pi a^3\right) = \dfrac{3a}{8}$. 于是，该立体的质心为 $\left(0,0,\dfrac{3a}{8}\right)$. 即，半径为 a 的半球体的质心在其对称轴上并且距离底面为 $\dfrac{3}{8}a$ 的点处.

4.2　转动惯量

物体具有保持运动状态不变的性质——惯性. 惯性的大小如何度量？我们知道，物体作平动时，其惯性与其质量有关，因此将质点的质量 m 作为质点平动时惯性的度量. 质点绕一轴转动时（称这个轴为转动轴）也有一个继续保持转动的惯性，这个惯性应该如何度量？

仍然先介绍离散分布的一组带有质量的质点组绕同一转动轴转动的情况. 用它作"已知"来研究质量非均匀分布的平面薄板绕一转动轴转动的问题.

不难想象，当质量为 m 的质点在 (x,y) 处分别绕 x，y 轴转动时，其惯性与质点到转动轴（这里的转动轴即是坐标轴）的距离及质点的质量有关. 因此，将其惯性大小的度量——转动惯量分别定义为

$$I_x = y^2 m, \qquad I_y = x^2 m.$$

假设平面上有一组位于点 (x_i, y_i)，其质量分别为 $m_i(i=1,2,\cdots,n)$ 的质点组，由于质点组对同一坐标轴的转动惯量具有可加性，因此该质点组对于 x 轴、y 轴的转动惯量分别为

$$I_x = \sum_{i=1}^{n} y_i^2 m_i, \quad I_y = \sum_{i=1}^{n} x_i^2 m_i.$$

设有一质量分布不均匀的平面薄板（其厚度忽略不计），它在 xOy 平面上占有一闭区域 D，其上任意一点 (x,y) 处的面密度为 $\mu(x,y)$（$\mu(x,y)$ 在 D 上连续），下面来求该薄板对于 x 轴、y 轴的转动惯量.

由于转动惯量具有可加性，因此采用微元法.在 D 上任取一直径很小的闭区域 ΔD（其面积记为 $\mathrm{d}\sigma$），在 ΔD 上将质量"以'匀'代'非匀'".将 ΔD 上任意一点 (x,y) 处的面密度 $\mu(x,y)$ 与 $\mathrm{d}\sigma$ 的乘积 $\mu(x,y)\mathrm{d}\sigma$ 近似作为 ΔD 的质量，将 ΔD 的质量近似看作都集中在点 (x,y) 处，则有 ΔD 对两坐标轴的转动惯量

$$\mathrm{d}I_x = y^2 \mu(x,y)\mathrm{d}\sigma, \quad \mathrm{d}I_y = x^2 \mu(x,y)\mathrm{d}\sigma.$$

它们分别是整个薄板对两坐标轴的转动惯量微元，因此，整个薄板对两坐标轴的转动惯量分别为

$$I_x = \iint\limits_{D} y^2 \mu(x,y)\mathrm{d}\sigma, \ I_y = \iint\limits_{D} x^2 \mu(x,y)\mathrm{d}\sigma.$$

例 4.7　求由曲线 $y^2 = x, x = 1$ 所围成的、密度为 1 的平面薄片对两坐标轴的转动惯量.

解　记该区域为 $D, D = \{(x,y) \,|\, y^2 \leqslant x \leqslant 1, -1 \leqslant y \leqslant 1\}$（图 9-44）.

$$
\begin{aligned}
I_x &= \iint\limits_{D} y^2 \mathrm{d}\sigma = \int_{-1}^{1} y^2 \mathrm{d}y \int_{y^2}^{1} \mathrm{d}x = \int_{-1}^{1}(1-y^2)y^2 \mathrm{d}y \\
&= 2\int_{0}^{1}(y^2 - y^4)\mathrm{d}y = \frac{4}{15},
\end{aligned}
$$

$$
\begin{aligned}
I_y &= \iint\limits_{D} x^2 \mathrm{d}\sigma = \int_{-1}^{1} \mathrm{d}y \int_{y^2}^{1} x^2 \mathrm{d}x = \frac{1}{3}\int_{-1}^{1} \left[x^3\right]_{y^2}^{1} \mathrm{d}y \\
&= \frac{1}{3}\int_{-1}^{1}(1-y^6)\mathrm{d}y = \frac{4}{7}.
\end{aligned}
$$

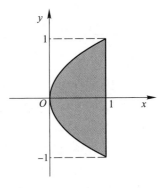

图 9-44

类似地，占有空间中的有界闭区域 Ω，密度为 $\mu = \mu(x,y,z)$ 的物体对于坐标轴 x, y, z 的转动惯量分别为

$$I_x = \iiint\limits_{\Omega}(y^2+z^2)\mu(x,y,z)\mathrm{d}v, \qquad I_y = \iiint\limits_{\Omega}(x^2+z^2)\mu(x,y,z)\mathrm{d}v,$$

$$I_z = \iiint\limits_{\Omega}(y^2+x^2)\mu(x,y,z)\mathrm{d}v.$$

例 4.8　设有一密度均匀的半球体，其半径为 a，求它对其对称轴的转动惯量.

解　以该半球体的底面圆的圆心为坐标原点，其对称轴为 z 轴（其正向指向半球体的顶点）建立空间直角坐标系，则该半球体所占有的空间闭区域为

$$\Omega = \{(x,y,z) \,|\, x^2+y^2+z^2 \leqslant a^2, z \geqslant 0\}.$$

空间中点 (x,y,z) 到三坐标轴的距离分别是什么？联想上面对平面薄板所得的结果，你理解这里的公式是怎么得来的吗？

要求的转动惯量即为该半球体对 z 轴的转动惯量.设其密度为常数 μ,则有

$$I_z = \iiint\limits_{\Omega}(x^2+y^2)\mu\mathrm{d}v = \mu\iiint\limits_{\Omega}(x^2+y^2)\mathrm{d}v.$$

根据该积分的积分区域及被积函数的特点,我们采用球面坐标计算该三重积分.在球面坐标下,有

$$\Omega = \left\{(r,\varphi,\theta)\,|\,0\leqslant r\leqslant a, 0\leqslant\varphi\leqslant\frac{\pi}{2}, 0\leqslant\theta\leqslant 2\pi\right\}.$$

因此

$$\begin{aligned}
I_z &= \iiint\limits_{\Omega}(x^2+y^2)\mu\mathrm{d}v = \mu\iiint\limits_{\Omega}(x^2+y^2)\mathrm{d}v\\
&= \mu\iiint\limits_{\Omega}(r^2\sin^2\varphi\cos^2\theta + r^2\sin^2\varphi\sin^2\theta)r^2\sin\varphi\mathrm{d}r\mathrm{d}\varphi\mathrm{d}\theta\\
&= \mu\iiint\limits_{\Omega}r^4\sin^3\varphi\mathrm{d}r\mathrm{d}\varphi\mathrm{d}\theta\\
&= \mu\int_0^{2\pi}\mathrm{d}\theta\int_0^{\frac{\pi}{2}}\sin^3\varphi\mathrm{d}\varphi\int_0^a r^4\mathrm{d}r\\
&= \frac{4\pi a^5}{15}\mu = \frac{2}{5}a^2 M,
\end{aligned}$$

其中 $M=\dfrac{2\pi a^3}{3}\mu$ 为半球的质量.

4.3　引力

定积分中讨论了一条细棒对其所在直线外(该细棒外部)的一质点(它们都具有质量)的引力的计算,下面利用它作"已知",采用微元法来讨论如何计算空间中的一物体对它外部一点处的单位质点的引力.

设物体占有空间中的有界闭区域 Ω,其上密度分布是不均匀的,它在点 (x,y,z) 处的密度为 $\mu=\mu(x,y,z)$.假定 $\mu=\mu(x,y,z)$ 是 Ω 上的连续函数,求该物体对位于 Ω 外部一点 $P_0(x_0,y_0,z_0)$ 处的单位质量的质点的引力.

引力是向量,一般说来,向量的大小不具有可加性,但它沿各坐标轴方向的分向量的大小却分别具有可加性,因此我们用微元法来计算该引力沿各坐标轴方向的分向量.

在 Ω 中任取一直径很小的区域 $\mathrm{d}\Omega$(用 $\mathrm{d}v$ 表示该小区域的体积),$P(x,y,z)$ 为这个小区域内的任意一点,在 $\mathrm{d}\Omega$ 上将密度"以匀代非匀",即将 P 点处的密度近似看作 $\mathrm{d}\Omega$ 上各点处的密度,并认为质量 $\mu(x,y,z)\mathrm{d}v$ 集中在点 P 处.于是按两质点之间的引力公式,它对 P_0 处单位质点的引力微元为

$$\begin{aligned}
\mathrm{d}\boldsymbol{F} &= (\mathrm{d}F_x,\mathrm{d}F_y,\mathrm{d}F_z)\\
&= \left(G\frac{\mu(x,y,z)(x-x_0)}{r^3}\mathrm{d}v, G\frac{\mu(x,y,z)(y-y_0)}{r^3}\mathrm{d}v, G\frac{\mu(x,y,z)(z-z_0)}{r^3}\mathrm{d}v\right),
\end{aligned}$$

其中 $r=\sqrt{(x-x_0)^2+(y-y_0)^2+(z-z_0)^2}$,$G$ 为引力常数,$\mathrm{d}F_x,\mathrm{d}F_y,\mathrm{d}F_z$ 分别为 $\mathrm{d}\boldsymbol{F}$ 在三个坐标轴上的分量.将各分量分别在区域 Ω 上积分,即得要求的引力

$$\boldsymbol{F} = (F_x, F_y, F_z)$$
$$= \left(\iiint_{\Omega} G \frac{\mu(x,y,z)(x-x_0)}{r^3}\mathrm{d}v, \iiint_{\Omega} G \frac{\mu(x,y,z)(y-y_0)}{r^3}\mathrm{d}v, \iiint_{\Omega} G \frac{\mu(x,y,z)(z-z_0)}{r^3}\mathrm{d}v \right).$$

例 4.9 有一均匀柱体

$$\Omega = \{(x,y,z) \mid x^2+y^2 \leqslant R^2, 0 \leqslant z \leqslant h\},$$

求其对位于点 $M(0,0,a)$ $(a>h)$ 处的单位质量的质点的万有引力.

解 设该柱体的密度为 μ （μ 为常数），由柱体的对称性及密度分布的均匀性，有
$$F_x = F_y = 0.$$
下面求引力沿 z 轴的分量 F_z.

$$F_z = \iiint_{\Omega} G\mu \frac{z-a}{r^3}\mathrm{d}v = \iiint_{\Omega} G\mu \frac{z-a}{[x^2+y^2+(z-a)^2]^{\frac{3}{2}}}\mathrm{d}v$$
$$= G\mu \int_0^{2\pi} \mathrm{d}\theta \int_0^R \rho\,\mathrm{d}\rho \int_0^h \frac{(z-a)}{[\rho^2+(z-a)^2]^{\frac{3}{2}}}\mathrm{d}z$$
$$= G\mu \int_0^{2\pi} \mathrm{d}\theta \int_0^R \frac{-\rho}{\sqrt{\rho^2+(z-a)^2}}\bigg|_0^h \mathrm{d}\rho$$
$$= G\mu \int_0^{2\pi} \mathrm{d}\theta \int_0^R \rho\left[\frac{1}{\sqrt{\rho^2+a^2}} - \frac{1}{\sqrt{\rho^2+(h-a)^2}}\right]\mathrm{d}\rho$$
$$= 2\pi G\mu \left[\int_0^R \frac{\rho}{\sqrt{\rho^2+a^2}}\mathrm{d}\rho - \int_0^R \frac{\rho}{\sqrt{\rho^2+(h-a)^2}}\mathrm{d}\rho\right]$$
$$= 2\pi G\mu \left[\sqrt{\rho^2+a^2}\bigg|_0^R - \sqrt{\rho^2+(h-a)^2}\bigg|_0^R\right]$$
$$= 2\pi G\mu \left[\sqrt{R^2+a^2} - \sqrt{R^2+(h-a)^2} - h\right].$$

因此，所要求的引力为
$$\boldsymbol{F} = (0,0,2\pi G\mu[\sqrt{R^2+a^2}-h-\sqrt{R^2+(h-a)^2}]).$$

完全可以把这里的讨论平移到平面上. 只不过是要用二重积分来相应地替换这里的三重积分.

> 这里计算三重积分用的是柱面坐标，为什么用柱面坐标而不用球面坐标呢？

习题 9-4(A)

1. 判断下列论述是否正确，并说明理由：

(1) 求曲面 $S: z=f(x,y)$ 的面积时，需先找到 S 在 xOy 坐标平面上的投影区域 D，曲面的面积等于以 D 为积分区域、$\sqrt{1+f_x^2+f_y^2}$ 为被积函数的二重积分；

(2) 不论是求质心、转动惯量还是求万有引力，一般都应采用微元法. 在所讨论的区域上取一个很小的区域，把这个小区域的质量近似看作集中在该小区域上的某一点 (x,y,z) 处，从而求得相应的微元，然后对微元在区域上求重积分.

2. 求下列空间区域 Ω 的体积 V，其中 Ω 分别是：

(1) 由抛物面 $z=x^2+y^2$ 与 $x^2+y^2=4-z$ 所围成；

（2）由圆锥面 $z=\sqrt{x^2+y^2}$ 与抛物面 $z=x^2+y^2$ 所围成；

（3）由抛物面 $z=x^2+y^2$ 与球面 $z=\sqrt{2-x^2-y^2}$ 围成.

3. 求下列曲面 Σ 的面积 A，其中 Σ 分别是：

（1）平面 $2x-2y+z=0$ 被圆柱面 $x^2+y^2=4$ 截下的有限部分；

（2）抛物面 $z=x^2+y^2$ 含在圆柱面 $x^2+y^2=2$ 内的部分；

（3）球面 $x^2+y^2+z^2=R^2$ 被圆柱面 $x^2+y^2=Rx$ 所截得的（含在圆柱面内的）部分.

4. 设平面薄片所占的闭区域 D 由抛物线 $y=x^2$ 及直线 $y=x$ 所围成，它在点 (x,y) 处的密度为 x^2y，求该薄片的质心.

5. 求下列均匀平面薄片的质心（面密度 $\mu=1$）：

（1）三角形 $x\geq0,y\geq0,x+y\leq1$；

（2）曲线 $y^2=4x+4$，$y^2=-2x+4$ 所围成；

（3）曲线 $x^2+y^2\geq2ax$，$x^2+y^2\leq4ax(a>0)$ 所围成.

6. 求下列曲面所围立体的质心（密度 $\rho=1$）：

（1）$z^2=x^2+y^2$，$z=1$；

（2）$z=\sqrt{4-x^2-y^2}$，$z=\sqrt{1-x^2-y^2}$，$z=0$.

7. 一物体所占闭区域 Ω 由圆锥面 $z=\sqrt{x^2+y^2}$ 及平面 $z=1$ 所围成，它在各点处的密度为 $\mu=x^2+y^2$，求该物体的质心.

8. 求下列物体对于指定轴的转动惯量：

（1）面密度为 μ 的均匀矩形薄板：$0\leq x\leq a,0\leq y\leq b$，对于 x 轴及 y 轴；

（2）面密度为 $\mu=y$ 的上半圆薄板：$0\leq y\leq\sqrt{a^2-x^2}(a>0)$，对于 x 轴及 y 轴；

*（3）体密度为 μ，半径为 a 的均匀球体对于其一条直径；

（4）介于 $z=-h$ 与 $z=h$ 之间体密度为 μ 的均匀圆柱体 $x^2+y^2\leq a^2(a,h$ 为正数)，对于各个坐标轴.

9. 设由 $z=\sqrt{x^2+y^2}$ 和 $z=2$ 所围成的均匀圆锥体 Ω 的密度为 ρ_0，求锥体对位于原点处的单位质量的质点的引力.

习题 9-4(B)

1. 求两直交圆柱面 $x^2+y^2=a^2$，$x^2+z^2=a^2(a>0)$ 围成的立体的体积及表面积.

2. 求含在球面 $x^2+y^2+z^2=4a^2$ 内的圆柱面 $x^2+y^2=2ax$ 的面积.

3. 设球占有闭区域 $\Omega=\{(x,y,z)|x^2+y^2+z^2\leq2Rz\}$，它在内部各点处的密度的大小等于该点到坐标原点的距离的平方，求这个球的质心.

4. 求面密度为 μ，半径为 a 的均匀圆盘对于过圆心且垂直于圆盘的直线 l 的转动惯量.

5. 求均匀（体密度为 μ）圆台 $\sqrt{x^2+y^2}\leq z,1\leq z\leq2$ 的质心及关于 z 轴的转动惯量 I_z.

6. 有体密度为 μ 的均匀球体 $x^2+y^2+z^2\leq a^2$，求它对位于 z 轴上点 $M_0(0,0,r)$ 处的质量为 m 的质点的引力 $\boldsymbol{F}$，其中 $r>a>0$.

*第五节 含参变量的积分

在将二重积分化为累次积分以计算该二重积分时，通常都要先计算作为被积函数的二元函

数对其中一个变量的定积分.例如,计算在 D 上连续的函数 $f(x,y)$ 在 D 上的二重积分

$$\iint\limits_D f(x,y)\,d\sigma,$$

其中积分区域 $D=\{(x,y)\mid a\leqslant x\leqslant b,c\leqslant y\leqslant d\}$.需要把它化为累次积分

$$\iint\limits_D f(x,y)\,d\sigma=\int_c^d dy\int_a^b f(x,y)\,dx.$$

因此,计算该二重积分要先计算 $\int_a^b f(x,y)\,dx$,即二元函数 $f(x,y)$ 对变量 x 的定积分,在这个过程中,变量 y 保持不变称为参变量.我们知道,积分的结果是一个关于参变量 y 的一元函数,如果将它记为 $F(y)$,即

$$F(y)=\int_a^b f(x,y)\,dx. \tag{5.1}$$

这个函数的定义域是什么?

为计算出二重积分,还需要再对 $F(y)$ 继续计算定积分 $\int_c^d F(y)\,dy$.

像式(5.1)这样的含有参变量的积分称为**含参变量的积分**,它确定了一个以参变量为自变量的函数.既然含参变量的积分确定了一个函数,我们自然希望讨论这类函数的连续性、可导性及可积性等有关分析性质.下面来讨论之.

定理 5.1 设二元函数 $f(x,y)$ 在矩形区域 $D=\{(x,y)\mid a\leqslant x\leqslant b,c\leqslant y\leqslant d\}$ **上连续,那么,由式(5.1)所确定的函数 $F(y)$ 在 $[c,d]$ 上连续.**

证 设 $y,y+\Delta y$ 为 $[c,d]$ 上的两点,则有

$$F(y+\Delta y)-F(y)=\int_a^b[f(x,y+\Delta y)-f(x,y)]\,dx.$$

由于 $f(x,y)$ 在 $D=\{(x,y)\mid a\leqslant x\leqslant b,c\leqslant y\leqslant d\}$ 上连续,因而一致连续.因此,任给 $\varepsilon>0$,存在 $\delta>0$,使得对任意的两点 $(x_1,y_1),(x_2,y_2)$,只要满足

$$\sqrt{(x_1-x_2)^2+(y_1-y_2)^2}<\delta,$$

就有

$$|f(x_1,y_1)-f(x_2,y_2)|<\varepsilon.$$

这里的点 $(x,y+\Delta y)$ 与 (x,y) 的距离为 $|\Delta y|$,由 $f(x,y)$ 的一致连续性,因此,只要 $|\Delta y|<\delta$,就有

$$|f(x,y+\Delta y)-f(x,y)|<\varepsilon,$$

也就有

$$\left|F(y+\Delta y)-F(y)\right|\leqslant\int_a^b|f(x,y+\Delta y)-f(x,y)|\,dx<\varepsilon(b-a).$$

于是,$F(y)$ 在 $[c,d]$ 上连续.

定理 5.1 说明,当二元函数 $f(x,y)$ 在矩形区域 $D=\{(x,y)\mid a\leqslant x\leqslant b,c\leqslant y\leqslant d\}$ 上连续时,$F(y)$ 在 $[c,d]$ 上连续,即对任意 $y_0\in[c,d]$,有

$$\lim_{y\to y_0}F(y)=F(y_0)=\int_a^b f(x,y_0)\,dx=\int_a^b \lim_{y\to y_0}f(x,y)\,dx,$$

也就是有

$$\lim_{y\to y_0}\int_a^b f(x,y)\,dx=\int_a^b \lim_{y\to y_0}f(x,y)\,dx.$$

它表明,当被积函数在积分区域连续时,上述求积分与求极限可以交换先后顺序.

定理 5.2 设二元函数 $f(x,y)$ 及 $f_y(x,y)$ 在区域 $D=\{(x,y)\mid a\leqslant x\leqslant b,c\leqslant y\leqslant d\}$ **上连续**,则由式(5.1)确定的函数 $F(y)$ 在 $[c,d]$ 上有连续的导数,且

$$F'(y)=\frac{\mathrm{d}}{\mathrm{d}y}\int_a^b f(x,y)\,\mathrm{d}x=\int_a^b f_y(x,y)\,\mathrm{d}x.$$

证 设 $y\in[c,d]$,任取 Δy 使 $y+\Delta y\in[c,d]$,于是

$$\Delta F=F(y+\Delta y)-F(y)=\int_a^b[f(x,y+\Delta y)-f(x,y)]\,\mathrm{d}x.$$

显然,$f(x,y)$ 关于 y 偏可微.由微分中值定理,存在 $\theta,0<\theta<1$,使得

$$f(x,y+\Delta y)-f(x,y)=f_y(x,y+\theta\Delta y)\Delta y.$$

因此

$$\frac{\Delta F}{\Delta y}=\frac{\int_a^b[f_y(x,y+\theta\Delta y)\Delta y]\,\mathrm{d}x}{\Delta y}=\int_a^b\frac{f_y(x,y+\theta\Delta y)\Delta y}{\Delta y}\mathrm{d}x=\int_a^b f_y(x,y+\theta\Delta y)\,\mathrm{d}x.$$

于是

$$F'(y)=\lim_{\Delta y\to 0}\frac{\Delta F}{\Delta y}=\lim_{\Delta y\to 0}\int_a^b f_y(x,y+\theta\Delta y)\,\mathrm{d}x.$$

由 $f_y(x,y)$ 的连续性,依据定理 5.1 证明中后面的说明,有

$$F'(y)=\lim_{\Delta y\to 0}\frac{\Delta F}{\Delta y}=\lim_{\Delta y\to 0}\int_a^b f_y(x,y+\theta\Delta y)\,\mathrm{d}x=\int_a^b[\lim_{\Delta y\to 0}f_y(x,y+\theta\Delta y)]\,\mathrm{d}x$$

$$=\int_a^b f_y(x,y)\,\mathrm{d}x.$$

并且可知,$F'(y)$ 在 $[c,d]$ 上连续.

说 $F(y)$ 的导数在 $[c,d]$ 上连续所根据的"已知"是什么?

该定理告诉我们,在满足定理 5.2 的条件时,$\dfrac{\mathrm{d}}{\mathrm{d}y}\int_a^b f(x,y)\,\mathrm{d}x$ 与 $\int_a^b f_y(x,y)\,\mathrm{d}x$ 是相等的.即对 $f(x,y)$ 先对 x 积分再对 y 求导,可变为先对 $f(x,y)$ 关于 y 求导,然后再对 x 积分.

例 5.1 求积分

$$I(r)=\int_0^\pi\ln(1-2r\cos x+r^2)\,\mathrm{d}x,\quad|r|<1.$$

解 当 $|r|<1$ 时,由 $(1-r)^2>0$ 不难得到 $\left|\dfrac{1+r^2}{2r}\right|>1$,因而 $1-2r\cos x+r^2>0$,因此,被积函数当 $0\leqslant x\leqslant\pi,-1<r<1$ 时有定义.

函数 $I(r)$ 是由积分给出的,因此我们考虑利用含参变量积分所确定的函数的性质,先对其求导.

对任意取定的 $r\in(-1,1)$,取正数 q,使得 $|r|<q<1$.显然,函数 $\ln(1-2r\cos x+r^2)$ 在区域 $D=\{(x,r)\mid 0\leqslant x\leqslant\pi,-q\leqslant r\leqslant q\}$ 上连续.由定理 5.2,有

$$I'(r)=\int_0^\pi\frac{-2\cos x+2r}{1-2r\cos x+r^2}\mathrm{d}x=\int_0^\pi\frac{1}{r}\left(1+\frac{r^2-1}{1-2r\cos x+r^2}\right)\mathrm{d}x$$

$$= \frac{\pi}{r} + \frac{r^2 - 1}{r} \int_0^\pi \frac{1}{1 - 2r\cos x + r^2} \mathrm{d}x.$$

令 $t = \tan \dfrac{x}{2}$，则

$$\int_0^\pi \frac{1}{1 - 2r\cos x + r^2} \mathrm{d}x = \int_0^{+\infty} \frac{2\mathrm{d}t}{(1 + r)^2 t^2 + (1 - r)^2}$$

$$= \frac{2}{(1 + r)^2} \cdot \frac{1 + r}{1 - r} \arctan \frac{1 + r}{1 - r} t \Big|_0^{+\infty} = \frac{\pi}{1 - r^2}.$$

代入上式，得 $I'(r) = 0, -1 < r < 1$.

即对任意的 $r \in (-1, 1)$，$I(r)$ 恒为常数. 又令 $r = 0$，得 $I(0) = 0$. 因而，对任意的 $|r| < 1$，恒有

$$I(r) = 0.$$

在讨论二重积分的计算时，利用二重积分的几何意义及用定积分计算"截面面积已知的立体体积"作"已知"，我们化二重积分为累次积分，并由此得到了交换累次积分的积分顺序的结论. 现在有了含参变量积分的连续性（定理 5.1）及可导性（定理 5.2），我们就可以用分析的方法来证明它.

定理 5.3　设二元函数 $f(x, y)$ 在区域 $D = \{(x, y) \mid a \leqslant x \leqslant b, c \leqslant y \leqslant d\}$ 上连续，那么

$$F(y) = \int_a^b f(x, y) \mathrm{d}x \text{ 在 } [c, d] \text{ 上可积}，$$

$$G(x) = \int_c^d f(x, y) \mathrm{d}y \text{ 在 } [a, b] \text{ 上可积}，$$

并且

$$\int_c^d \left[\int_a^b f(x, y) \mathrm{d}x \right] \mathrm{d}y = \int_a^b \left[\int_c^d f(x, y) \mathrm{d}y \right] \mathrm{d}x.$$

证明　由定理 5.1，$F(y)$，$G(x)$ 分别在区间 $[c, d]$，$[a, b]$ 上连续，因此二者在相应的区间上都可积. 即 $\int_c^d F(y) \mathrm{d}y = \int_c^d \left[\int_a^b f(x, y) \mathrm{d}x \right] \mathrm{d}y$ 及 $\int_a^b G(x) \mathrm{d}x = \int_a^b \left[\int_c^d f(x, y) \mathrm{d}y \right] \mathrm{d}x$ 都存在. 下证二者还是相等的.

$\forall t \in [c, d]$，令

$$I(t) = \int_c^t \left[\int_a^b f(x, y) \mathrm{d}x \right] \mathrm{d}y - \int_a^b \left[\int_c^t f(x, y) \mathrm{d}y \right] \mathrm{d}x,$$

下面我们来证明，在区间 $[c, d]$ 上 $I(t) \equiv 0$. 为此首先对该函数求导. 第一项的导数为

$$\frac{\mathrm{d}}{\mathrm{d}t} \left\{ \int_c^t \left[\int_a^b f(x, y) \mathrm{d}x \right] \mathrm{d}y \right\} = \frac{\mathrm{d}}{\mathrm{d}t} \int_c^t F(y) \mathrm{d}y = F(t) = \int_a^b f(x, t) \mathrm{d}x,$$

第二项的导数为

$$\frac{\mathrm{d}}{\mathrm{d}t} \left\{ \int_a^b \left[\int_c^t f(x, y) \mathrm{d}y \right] \mathrm{d}x \right\} = \int_a^b \left[\frac{\mathrm{d}}{\mathrm{d}t} \int_c^t f(x, y) \mathrm{d}y \right] \mathrm{d}x = \int_a^b f(x, t) \mathrm{d}x.$$

因此，$\forall t \in [c, d]$，$I'(t) = 0$，即在区间 $[c, d]$ 上 $I'(t) \equiv 0$，所以 $I(t)$ 在 $[c, d]$ 上恒为常数. 令 $t = c$，由 $I(t)$ 的定义，$I(c) = 0$，因此，在区间 $[c, d]$ 上，$I(t) \equiv 0$，令 $t = d$，则有

上面对 $I(t)$ 的两项分别对 t 求导，利用的"已知"分别是什么？

$$\int_c^d \left[\int_a^b f(x,y)\,\mathrm{d}x \right]\mathrm{d}y = \int_a^b \left[\int_c^d f(x,y)\,\mathrm{d}y \right]\mathrm{d}x.$$

因此,对在矩形区域 $D=\{(x,y)\mid a\leqslant x\leqslant b,c\leqslant y\leqslant d\}$ 上连续的函数 $f(x,y)$,在将该二重积分 $\iint\limits_D f(x,y)\,\mathrm{d}x\mathrm{d}y$ 化为累次积分时,既可以化为先对 x 再对 y 的累次积分(即上式左边的累次积分),也可以化为先对 y 后对 x 的累次积分(即右边的累次积分).

例 5.2　求积分

$$I = \int_0^1 \frac{x^2 - x}{\ln x}\,\mathrm{d}x.$$

解　被积函数在 $x=0,x=1$ 处无定义.但不难得到

$$\lim_{x\to 0^+} \frac{x^2 - x}{\ln x} = 0, \quad \lim_{x\to 1^-} \frac{x^2 - x}{\ln x} = 1.$$

因此,$x=0,x=1$ 是被积函数的第一类间断点.通过补充定义可以使被积函数在 $[0,1]$ 上连续.所以上述积分仍属于正常的定积分.另外,由

$$\int_1^2 x^y\mathrm{d}y = \frac{1}{\ln x}(x^2 - x) \quad (0 < x < 1),$$

可知

$$I = \int_0^1 \mathrm{d}x \int_1^2 x^y\mathrm{d}y.$$

由于 x^y 在矩形区域 $[0,1]\times[1,2]$ 上连续,因此,由定理 5.3,上述积分可交换顺序,于是

$$I = \int_0^1 \mathrm{d}x \int_1^2 x^y\mathrm{d}y = \int_1^2 \mathrm{d}y \int_0^1 x^y\mathrm{d}x = \int_1^2 \frac{1}{y+1}\mathrm{d}y = \ln \frac{3}{2}.$$

例 5.3　计算定积分 $I = \int_0^1 \frac{\ln(1+x)}{1+x^2}\,\mathrm{d}x.$

解　该积分的被积函数的原函数不易直接求出,所以我们采用含参变量的积分将其转化.为此,考察含参变量积分所确定的函数

$$\varphi(\alpha) = \int_0^1 \frac{\ln(1+\alpha x)}{1+x^2}\,\mathrm{d}x.$$

显然 $\varphi(0)=0,\varphi(1)=I$ 为要求的定积分.由定理 5.2,得

$$\varphi'(\alpha) = \int_0^1 \frac{\mathrm{d}}{\mathrm{d}\alpha}\left[\frac{\ln(1+\alpha x)}{(1+x^2)} \right]\mathrm{d}x = \int_0^1 \frac{x}{(1+\alpha x)(1+x^2)}\,\mathrm{d}x.$$

把被积函数分解为下面的部分分式

$$\frac{x}{(1+\alpha x)(1+x^2)} = \frac{1}{1+\alpha^2}\left(\frac{-\alpha}{1+\alpha x} + \frac{x}{1+x^2} + \frac{\alpha}{1+x^2} \right).$$

于是

$$\varphi'(\alpha) = \frac{1}{1+\alpha^2}\left(\int_0^1 \frac{-\alpha}{1+\alpha x}\mathrm{d}x + \int_0^1 \frac{x}{1+x^2}\mathrm{d}x + \int_0^1 \frac{\alpha}{1+x^2}\mathrm{d}x \right)$$

$$= \frac{1}{1+\alpha^2}\left[-\ln(1+\alpha) + \frac{\ln 2}{2} + \frac{\pi\alpha}{4} \right].$$

将它在$[0,1]$上对α积分,得

$$\varphi(1) - \varphi(0) = -\int_0^1 \frac{\ln(1+\alpha)}{1+\alpha^2}d\alpha + \frac{1}{2}\ln 2\int_0^1 \frac{1}{1+\alpha^2}d\alpha + \frac{\pi}{4}\int_0^1 \frac{\alpha}{1+\alpha^2}d\alpha.$$

也就是

$$I = -I + \frac{\pi}{8}\ln 2 + \frac{\pi}{8}\ln 2.$$

因此

$$I = \frac{\pi}{8}\ln 2.$$

前面讨论的含参变量积分的积分限都是常数,实际问题中还会遇到积分限是参变量的函数的情形.即有

$$\Phi(x) = \int_{a(x)}^{b(x)} f(x,y)dy. \tag{5.2}$$

下面,我们来讨论它的连续性及可导性.

定理 5.4 二元函数$f(x,y)$在矩形区域$D = \{(x,y) \mid a\leqslant x\leqslant b, c\leqslant y\leqslant d\}$上连续,函数$a(x)$,$b(x)$在$[a,b]$上连续,且

$$c \leqslant a(x) \leqslant d, \quad c \leqslant b(x) \leqslant d \quad (a\leqslant x\leqslant b),$$

那么,由式(5.2)所确定的函数$\Phi(x)$在$[a,b]$上也连续.

证 设$x, x+\Delta x$是$[a,b]$上的两点,则

$$\Phi(x+\Delta x) - \Phi(x) = \int_{a(x+\Delta x)}^{b(x+\Delta x)} f(x+\Delta x,y)dy - \int_{a(x)}^{b(x)} f(x,y)dy.$$

由于

$$\int_{a(x+\Delta x)}^{b(x+\Delta x)} f(x+\Delta x,y)dy$$

$$= \int_{a(x+\Delta x)}^{a(x)} f(x+\Delta x,y)dy + \int_{a(x)}^{b(x)} f(x+\Delta x,y)dy + \int_{b(x)}^{b(x+\Delta x)} f(x+\Delta x,y)dy,$$

所以

$$\Phi(x+\Delta x) - \Phi(x)$$

$$= \int_{a(x+\Delta x)}^{a(x)} f(x+\Delta x,y)dy + \int_{b(x)}^{b(x+\Delta x)} f(x+\Delta x,y)dy + \int_{a(x)}^{b(x)} [f(x+\Delta x,y) - f(x,y)]dy.$$

由于$f(x,y)$在矩形区域$D = \{(x,y) \mid a\leqslant x\leqslant b, c\leqslant y\leqslant d\}$上连续,而上述最后一个积分的上、下限都与$\Delta x$无关,在$\Delta x\to 0$时属于定理5.1所讨论的类型,故由定理5.1可知,当$\Delta x\to 0$时,其值趋于零.又由于$f(x,y)$在闭矩形区域D上连续,因而有界,设M是$f(x,y)$在D上的一个界,于是

$$\left|\int_{a(x+\Delta x)}^{a(x)} f(x+\Delta x,y)dy\right| \leqslant M|a(x+\Delta x) - a(x)|,$$

$$\left|\int_{b(x)}^{b(x+\Delta x)} f(x+\Delta x,y)dy\right| \leqslant M|b(x+\Delta x) - b(x)|.$$

由于$a(x), b(x)$在$[a,b]$上连续,因此,当$\Delta x\to 0$时,上式两个积分也都趋于零.于是当$\Delta x\to 0$时,

$$\Phi(x+\Delta x) - \Phi(x) \to 0 \quad (a\leqslant x\leqslant b),$$

即,$\Phi(x)$在$[a,b]$上连续.定理得证.

式(5.2)所给的 $\Phi(x)$ 不仅连续,再对它附加一定的条件还可导.

定理5.5 设二元函数 $f(x,y)$ 及 $f_x(x,y)$ 在矩形区域 $D = \{(x,y) \mid a \leqslant x \leqslant b, c \leqslant y \leqslant d\}$ 上连续,函数 $a(x), b(x)$ 在 $[a,b]$ 上可微,且

$$c \leqslant a(x) \leqslant d, \quad c \leqslant b(x) \leqslant d (a \leqslant x \leqslant b),$$

那么,由式(5.2)所确定的函数 $\Phi(x)$ 在 $[a,b]$ 上可导,且

$$\Phi'(x) = \frac{\mathrm{d}}{\mathrm{d}x}\int_{a(x)}^{b(x)} f(x,y)\mathrm{d}y = \int_{a(x)}^{b(x)} f_x(x,y)\mathrm{d}y + f[x,b(x)]b'(x) - f[x,a(x)]a'(x).$$

证
$$\frac{\Phi(x+\Delta x) - \Phi(x)}{\Delta x}$$

$$= \frac{1}{\Delta x}\left[\int_{a(x+\Delta x)}^{b(x+\Delta x)} f(x+\Delta x,y)\mathrm{d}y - \int_{a(x)}^{b(x)} f(x,y)\mathrm{d}y\right]$$

$$= \int_{a(x)}^{b(x)} \frac{f(x+\Delta x,y) - f(x,y)}{\Delta x}\mathrm{d}y + \frac{1}{\Delta x}\int_{b(x)}^{b(x+\Delta x)} f(x+\Delta x,y)\mathrm{d}y - \frac{1}{\Delta x}\int_{a(x)}^{a(x+\Delta x)} f(x+\Delta x,y)\mathrm{d}y.$$

当 $\Delta x \to 0$ 时,上式第一个积分的积分限不变,根据证明定理5.2的过程,有

$$\int_{a(x)}^{b(x)} \frac{f(x+\Delta x,y) - f(x,y)}{\Delta x}\mathrm{d}y \to \int_{a(x)}^{b(x)} f_x(x,y)\mathrm{d}y.$$

对于第二个积分 $\dfrac{1}{\Delta x}\displaystyle\int_{b(x)}^{b(x+\Delta x)} f(x+\Delta x,y)\mathrm{d}y$,应用积分中值定理得

$$\frac{1}{\Delta x}\int_{b(x)}^{b(x+\Delta x)} f(x+\Delta x,y)\mathrm{d}y = \frac{1}{\Delta x}[b(x+\Delta x) - b(x)]f(x+\Delta x,\eta),$$

其中 η 在 $b(x)$ 与 $b(x+\Delta x)$ 之间. 当 $\Delta x \to 0$ 时,

$$\frac{1}{\Delta x}[b(x+\Delta x) - b(x)] \to b'(x), \quad f(x+\Delta x,\eta) \to f[x,b(x)],$$

于是, $\dfrac{1}{\Delta x}\displaystyle\int_{b(x)}^{b(x+\Delta x)} f(x+\Delta x,y)\mathrm{d}y \to f[x,b(x)]b'(x)$. 类似地可以证明,当 $\Delta x \to 0$ 时,上式第三个积分

$$\frac{1}{\Delta x}\int_{a(x)}^{a(x+\Delta x)} f(x+\Delta x,y)\mathrm{d}y \to f[x,a(x)]a'(x).$$

结论得证.

习题 9-5

1. 求下列函数的极限:

(1) $\lim\limits_{x\to 0}\displaystyle\int_0^{\frac{\pi}{2}} \dfrac{\mathrm{d}\varphi}{\sqrt{1 - x^2\sin^2\varphi}}$;

(2) $\lim\limits_{x\to 0}\displaystyle\int_0^2 y^2\cos(xy)\mathrm{d}y$.

2. 求下列函数的导数:

(1) $g(y) = \displaystyle\int_0^y \dfrac{\ln(1+xy)}{x}\mathrm{d}x$;

(2) $g(y) = \displaystyle\int_0^2 \sin(x^2 + y^2)\mathrm{d}x$.

3. 计算下列积分:

$$(1)\ g(a) = \int_0^{\frac{\pi}{2}} \frac{\arctan(\operatorname{atan} x)}{\tan x} \mathrm{d}x (-\infty < a < +\infty);$$

$$(2)\ I(a) = \int_0^{\frac{\pi}{2}} \ln(a^2 \sin^2 x + \cos^2 x) \mathrm{d}x, a > 0.$$

第六节　利用软件计算多元函数的积分

虽然重积分和各线面积分不能通过 Python 直接计算,但可以先转化成累次积分或定积分,然后通过 integrate 的嵌套来完成计算,用法与求定积分完全相同.

例 6.1　求 $\int_0^1 \mathrm{d}y \int_y^{2y} (x + y) \mathrm{d}x$.

In [1]: from sympy import *　#从 sympy 库中引入所有的函数及变量

In [2]: x,y,z=symbols('x,y,z')　#利用 Symbol 命令定义"x,y,z"为符号变量

In [3]: integrate(integrate(x+y,(x,y,2*y)),(y,0,1))

Out[3]: 5/6

由输出结果可知 $\int_0^1 \mathrm{d}y \int_y^{2y} (x + y) \mathrm{d}x = \dfrac{5}{6}$.

例 6.2　求 $\int_0^1 \mathrm{d}x \int_{x-2}^{\sqrt{x}} xy \mathrm{d}y$.

In [6]: integrate(integrate(x*y,(y,x-2,sqrt(x))),(x,0,1))

Out[6]: -7/24

由输出结果可知 $\int_0^1 \mathrm{d}x \int_{x-2}^{\sqrt{x}} xy \mathrm{d}y = -\dfrac{7}{24}$.

例 6.3　求 $\int_0^{\frac{\pi}{2}} \mathrm{d}\theta \int_0^1 \mathrm{e}^{-r^2} r \mathrm{d}r - \int_0^1 \mathrm{d}y \int_0^{\sqrt{1-y^2}} \mathrm{e}^{-(x^2+y^2)} \mathrm{d}x$.

In [7]: r,theta=symbols('r,theta')

In [8]: integrate(integrate(exp(-r**2)*r,(r,0,1)),(theta,0,pi/2))

Out[8]: pi*(-exp(-1)/2+1/2)/2

In [9]: integrate(integrate(exp(-x**2-y**2),(x,0,sqrt(1-y**2))),(y,0,1))

Out[9]: sqrt(pi)*Integral(exp(-y**2)*erf(sqrt(-y**2+1)),(y, 0, 1))/2

由二重积分的计算方法可知式中两个积分相等,由输出结果可得第一个积分

$$\int_0^{\frac{\pi}{2}} \mathrm{d}\theta \int_0^1 \mathrm{e}^{-r^2} r \mathrm{d}r = \frac{\pi}{2} \left(\frac{1}{2} - \frac{1}{2\mathrm{e}} \right),$$

201

第二个积分无法直接积出,给出了一个中间结果

$$\int_0^1 dy \int_0^{\sqrt{1-y^2}} e^{-(x^2+y^2)} dx = \frac{\sqrt{\pi}}{2} \int_0^1 e^{-y^2} \mathrm{erf}(\sqrt{1-y^2}) dy,$$

其中的 erf 函数是 Python 内置的,该函数定义为 $\mathrm{erf}(x) = \dfrac{2}{\sqrt{\pi}} \int_0^x e^{-t^2} dt.$

In [10]: f=integrate(integrate(exp(-x**2-y**2),(x,0,sqrt(1-y**2))),(y,0,1))-integrate(integrate(exp(-r**2)*r,(r,0,1)),(theta, 0,pi/2))

In [11]: f.evalf(n=10)
Out[11]: 0.e-156

　　直接利用 Python 计算这两个积分的差,并输出其数值结果,可知,结果为 0.

　　注:由于在计算第二个积分的时候,对 x 的积分没有解析结果,因此 In[9],In[10]和 In[11]这三个命令的执行时间比较长.

总习题九

　　1. 判断下列论述是否正确:

　　(1) 累次积分 $I_1 = \int_0^1 dx \int_0^{1-x} \ln^2(1+x+y) dy < I_2 = \int_0^1 dx \int_0^{1-x} \ln^3(1+x+y) dy$;

　　(2) 若区域 $D: |y| \leqslant x \leqslant 1$,则二重积分 $I_1 = \iint\limits_D xy^2 dxdy, I_2 = \iint\limits_D x^2 y dxdy, I_3 = \iint\limits_D (x^2 y^2 - 1) dxdy$ 的大小关系是 $I_3 \leqslant I_2 \leqslant I_1$;

　　(3) 设区域 $D: x^2 + y^2 \leqslant R^2 (a > 0)$,函数 $f(u)$ 连续,则二重积分 $\iint\limits_D \dfrac{af(x) + bf(y)}{f(x) + f(y)} dxdy = \dfrac{(a+b)}{2} \pi R^2$;

　　(4) 设函数 $f(x,y) = 7xy + y^2 \iint\limits_D xf(x,y) d\sigma$,其中 $D: |x| \leqslant 1, 0 \leqslant y \leqslant x^2$,则 $f(x,y) = 7xy + 1$;

　　(5) 若区域 Ω 是球体 $x^2 + y^2 + z^2 \leqslant a^2 (a > 0)$,$\Omega_1$ 是 Ω 位于第一卦限的部分,则三重积分 $\iiint\limits_\Omega f(x^2 + y^2 + z^2) dv = 8 \iiint\limits_{\Omega_1} f(a^2) dv$.

　　2. 填空题:

　　(1) 若区域 $D: |x| + |y-1| \leqslant 1$,则二重积分 $\iint\limits_D dxdy = $ _____;

　　(2) 交换累次积分的次序 $\int_0^1 dx \int_0^{x^2} f(x,y) dy + \int_1^3 dx \int_0^{\frac{1}{2}(3-x)} f(x,y) dy = $ _____;

（3）若函数 $f(y)$ 连续，则 $\int_0^{\frac{\pi}{2}} \mathrm{d}x \int_0^{\cos x} f(y)\sin x \mathrm{d}y$ 改写为定积分是_____；

（4）设积分区域 $D = \{(x,y) \mid x^2 + y^2 \leqslant a^2\}(a > 0)$，$\iint\limits_D \mathrm{e}^{-(x^2+y^2)} \mathrm{d}x\mathrm{d}y = \frac{\pi}{2}$，则 $a = $ _____；

（5）将 $I = \int_{-1}^1 \mathrm{d}x \int_{-\sqrt{1-x^2}}^{\sqrt{1-x^2}} \mathrm{d}y \int_{-1}^{-\sqrt{x^2+y^2}} f(\sqrt{x^2+y^2+z^2}) \mathrm{d}z$ 化为柱面坐标系下的三次定积分为

_____；

（6）设 Ω 由锥面 $z = \sqrt{x^2+y^2}$，柱面 $x^2+y^2 = 1$ 及平面 $z = 0$ 所围成，则 $\iiint\limits_\Omega z(x^2+y^2)\mathrm{d}v = $ _____.

3. 设函数 $f(x,y), g(x,y)$ 在有界闭区域 D 上连续，且 $g(x,y)$ 在 D 上不变号，证明在 D 上至少有一点 (ξ,η)，使得 $\iint\limits_D f(x,y)g(x,y)\mathrm{d}\sigma = f(\xi,\eta)\iint\limits_D f(x,y)\mathrm{d}\sigma$.

4. 若 $f(x)$ 是连续函数，证明 $\int_0^a \mathrm{d}y \cdot \int_0^y \mathrm{e}^{m(a-x)} f(x)\mathrm{d}x = \int_0^a (a-x)\mathrm{e}^{m(a-x)} f(x)\mathrm{d}x$.

5. 若 $f(x,y)$ 是连续函数，证明 $\int_a^b \mathrm{d}x \int_a^x f(x,y)\mathrm{d}y = \int_a^b \mathrm{d}y \int_y^b f(x,y)\mathrm{d}x$.

6. 设 D 是 xOy 面上以点 $A(1,1), B(-1,1), C(-1,-1)$ 为顶点的三角形区域，区域 D_1 是 D 位于第一象限的部分，证明 $\iint\limits_D (xy + \cos x \sin y)\mathrm{d}x\mathrm{d}y = 2\iint\limits_{D_1} \cos x \sin y \mathrm{d}x\mathrm{d}y$.

7. 计算下列二次积分：

（1）$\int_0^1 \mathrm{d}y \int_y^1 \left(\dfrac{\mathrm{e}^{x^2}}{x} - \mathrm{e}^{y^2}\right)\mathrm{d}x$； （2）$\int_0^{2a} \mathrm{d}x \int_0^{\sqrt{2ax-x^2}} (x^2+y^2)\mathrm{d}y$；

（3）$\int_0^{\frac{\pi}{2}} \mathrm{d}\theta \int_0^{\cos\theta} \sqrt{\rho\cos\theta - \rho^2\cos^2\theta}\, \rho \mathrm{d}\rho$.

8. 计算下列二重积分：

（1）$\iint\limits_D x\sin\dfrac{y}{x}\mathrm{d}x\mathrm{d}y$，其中 D 由曲线 $y = x, y = 0, x = 1$ 所围成；

（2）$\iint\limits_D xy\mathrm{d}x\mathrm{d}y$，其中 D 由直线 $y = x$，圆 $x^2+y^2 = 2y$ 及 y 轴所围成；

（3）$\iint\limits_D \mathrm{e}^{\max\{x^2,y^2\}}\mathrm{d}x\mathrm{d}y$，其中 $D: 0 \leqslant x \leqslant 1, 0 \leqslant y \leqslant 1$；

（4）$\iint\limits_D |x^2 + y^2 - 2y|\mathrm{d}x\mathrm{d}y$，其中 $D: x^2 + y^2 \leqslant 4$；

（5）$\iint\limits_D \dfrac{1+xy}{1+x^2+y^2}\mathrm{d}x\mathrm{d}y$，其中 $D: x^2+y^2 \leqslant 1, x \geqslant 0$.

9. 设函数 $f(x,y) = \begin{cases} x^2 y, & 1 \leqslant x \leqslant 2, 0 \leqslant y \leqslant x, \\ 0, & \text{其他}, \end{cases}$ 计算二重积分 $\iint\limits_D f(x,y)\mathrm{d}x\mathrm{d}y$，其中 $D: x^2 + y^2 \geqslant 2x$.

10. 将三重积分 $\iiint\limits_\Omega (x^2+y^2+z^2)\mathrm{d}v$，分别在直角坐标系、柱面坐标系、球面坐标系下化为累次

积分,并在直角坐标系下化为"先二后一"的积分,其中 $\Omega{:}x^2 + y^2 + z^2 \leqslant 4z, x \geqslant 0, y \geqslant 0$.

11. 计算下列三重积分或三次积分:

(1) $\iiint\limits_{\Omega} x^2 z \mathrm{d}v$,其中 Ω 由抛物柱面 $y = x^2$ 及三平面 $y = 1, z = 0, z = y$ 所围成;

(2) $\iiint\limits_{\Omega}\left(\dfrac{x^2}{a^2} + \dfrac{y^2}{b^2} + \dfrac{z^2}{c^2}\right) \mathrm{d}x\mathrm{d}y\mathrm{d}z$,其中 $\Omega{:}\dfrac{x^2}{a^2} + \dfrac{y^2}{b^2} + \dfrac{z^2}{c^2} \leqslant 1$;

(3) $\iiint\limits_{\Omega} z(x + y) \mathrm{d}v$,其中 $\Omega{:}x^2 + y^2 \leqslant z \leqslant \sqrt{2 - x^2 - y^2}$;

*(4) $\displaystyle\int_{-1}^{1} \mathrm{d}x \int_{-\sqrt{1-x^2}}^{\sqrt{1-x^2}} \mathrm{d}y \int_{1}^{1+\sqrt{1-x^2-y^2}} \dfrac{\mathrm{d}z}{\sqrt{x^2 + y^2 + z^2}}$.

12. 设 $F(t) = \iiint\limits_{\Omega} f(x^2 + y^2 + z^2) \mathrm{d}v$,其中 $\Omega{:}x^2 + y^2 + z^2 \leqslant t^2, f$ 是可微函数,求 $F'(t)$.

13. 若函数 $f(x)$ 连续,且 $f(0) = 1$,设函数 $F(t) = \iint\limits_{x^2+y^2\leqslant t^2} f(x^2 + y^2) \mathrm{d}x\mathrm{d}y$,求 $F''(0)$.

14. 若 $f(t)$ 有连续的导函数,且满足 $f(t) = 2\iint\limits_{x^2+y^2\leqslant t^2} (x^2 + y^2) f(\sqrt{x^2 + y^2}) \mathrm{d}x\mathrm{d}y + 1$,求函数 $f(t)$.

15. 旋转抛物面 $x^2 + y^2 + az = 4a^2$ 将球体 $x^2 + y^2 + z^2 \leqslant 4az(a > 0)$ 分成两部分,位于旋转抛物面内部分的体积记作 V_1,位于旋转抛物面外部分的体积记作 V_2,证明 $V_1 : V_2 = 37 : 27$.

16. 计算 $\iiint\limits_{\Omega} (x^2 + y^2) \mathrm{d}v$,其中 Ω 是由 yOz 面上的抛物线 $z = \dfrac{y^2}{4}$ 与直线 $z = 1, z = 2$ 所围成的平面图形绕 z 轴旋转一周所得的立体.

17. 设一物体在空间中所占区域为圆锥面 $z = \sqrt{x^2 + y^2}$ 与平面 $z = 1, z = 2$ 所围成的圆台 Ω,且在 (x, y, z) 处的体密度为 $\rho(x, y, z) = z$,求该物体的质量 M.

18. 设有一内壁形状为 $z = x^2 + y^2$ 的容器,原来盛有 8π cm^3 的水,后来又注入 64π cm^3 的水,问水面比原来升高了多少?

19. 有一均匀(面密度为 μ)薄片占有 xOy 面区域 $D{:}x^2 \leqslant y \leqslant 1$,求该薄片对于直线 $y = -1$ 的转动惯量 I.

20. 求高为 h,底半径为 R,体密度为常数 μ 的圆锥体对其中心轴的转动惯量.

*21. 求由曲面 $z = x^2 y^2, z = 0, xy = 1, xy = 2, y = x$ 及 $y = 4x(x > 0)$ 所围成的立体在第一卦限的体积.

*22. 求由下列曲线所围成区域的面积:

(1) 椭圆 $(a_1 x + b_1 y + c_1)^2 + (a_2 x + b_2 y + c_2)^2 = 1, a_1 b_2 - a_2 b_1 \neq 0$;

(2) $y^2 = 2px, y^2 = 2qx, x^2 = 2ry, x^2 = 2sy, 0 < p < q, 0 < r < s$.

*23. 计算下列积分:

(1) $\displaystyle\int_{0}^{+\infty} \dfrac{\mathrm{e}^{-ax^2} - \mathrm{e}^{-bx^2}}{x} \mathrm{d}x (a > 0, b > 0)$;

(2) $\displaystyle\int_{0}^{1} \sin\left(\ln\dfrac{1}{x}\right) \dfrac{x^b - x^a}{\ln x} \mathrm{d}x (0 < a < b)$.

第十章　曲线积分与曲面积分

本章将继续研究多元函数的积分.

在第五章与第九章分别讨论了定积分与重积分.实际问题还需要将积分概念作进一步推广.比如,平面上或空间中有一条质量分布不均匀的(物质)光滑曲线段,如何计算它的质量? 若将曲线段换为有界的光滑曲面,又将如何计算它的质量? 再比如,如何计算变力沿曲线做功及流体通过某曲面的流量.本章将讨论这类问题,研究所谓的"曲线积分"与"曲面积分"以及有关联的积分之间的联系等问题.它们不论在理论上还是实际应用中都有着重要的意义.

第一节　对弧长的曲线积分

1. 对弧长的曲线积分的定义

先看下面的问题.

设在平面 xOy 内有一条(物质)光滑曲线段 L(图 10-1),在 L 上任意一点 (x,y) 处,其(线)密度为 $\mu(x,y)$,假设 $\mu(x,y)$ 在 L 上连续.如何计算 L 的质量?

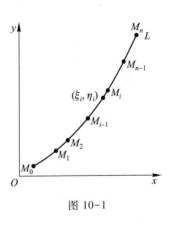

图 10-1

如果质量分布是均匀的,那么质量为曲线段的长度与密度的乘积.由于密度 $\mu(x,y)$ 恒为常数,并且光滑曲线段的长度在第五章已作了研究,因此,在这种情况下问题实际已经得到解决.

如果 $\mu(x,y)$ 不恒为常数,又将如何计算该曲线段的质量? 不难想象,解决这一"未知",需要利用微积分的基本思想方法,局部将这一"未知"近似看作密度为常数的"已知".为此,应:**分割,局部以"匀"代"非匀",将"未知"转化为"已知",利用"已知"求出近似值,然后在无限细分时求极限.**

记 L 的两端点分别为 M_0,M_n,在 L 上从 M_0 起依次加入分点 $M_i(i=1,2,\cdots,n-1)$,将 L 分成 n 个小弧段(图 10-1),相应地记第 $i(i=1,2,\cdots,n)$ 个小弧段 $\overset{\frown}{M_{i-1}M_i}$ 的长度为 Δs_i.当小曲线弧的长度很小时,由 $\mu(x,y)$ 在 L 上连续,因此密度的变化也很小,于是在每个小弧段上"以匀代非匀"——在 $\overset{\frown}{M_{i-1}M_i}$ 上任取一点 $P_i(\xi_i,\eta_i)$,将该点处的密度 $\mu(\xi_i,\eta_i)$ 近似作为该弧段上各点处的密度,用 $\mu(\xi_i,\eta_i)\Delta s_i$ 近似作为小曲线弧 $\overset{\frown}{M_{i-1}M_i}$ 的质量,那么 $\sum_{i=1}^{n}\mu(\xi_i,\eta_i)\Delta s_i$ 就是曲线段 L 的质

量的近似值.令诸 $\Delta s_i (i=1,2,\cdots,n)$ 的最大值 $\lambda \to 0$,对 $\sum\limits_{i=1}^{n} \mu(\xi_i,\eta_i)\Delta s_i$ 取极限

$$\lim_{\lambda \to 0} \sum_{i=1}^{n} \mu(\xi_i,\eta_i)\Delta s_i,$$

该极限值即为 L 的质量.

> 这个极限与定积分、二重积分、三重积分定义中的相应极限有哪些异同? 有无本质的不同?

抽去其具体的物理意义,就得到下面的"对弧长的曲线积分".

定义 1.1　设 L 为平面 xOy 上以 M_0,M_n 为端点的分段光滑的曲线弧,函数 $f(x,y)$ 在 L 上有界.在 L 上依次任意插入 $n-1$ 个分点:$M_1,M_2,\cdots,M_{n-1}$,把 L 分为 n 段,记第 i 个小弧段 $\widehat{M_{i-1}M_i}$ 的长度为 Δs_i,在该小曲线弧上任取一点 $P_i(\xi_i,\eta_i)$,作乘积 $f(\xi_i,\eta_i)\Delta s_i(i=1,2,\cdots,n)$,并作和 $\sum\limits_{i=1}^{n} f(\xi_i,\eta_i)\Delta s_i$.令 λ 为诸小弧段长度 $\Delta s_i(i=1,2,\cdots,n)$ 的最大值,如果存在常数 I,使得不论将 L 如何分割,也不论点 (ξ_i,η_i) 在各小弧段上如何选取,总有

$$\lim_{\lambda \to 0} \sum_{i=1}^{n} f(\xi_i,\eta_i)\Delta s_i = I$$

成立,则称函数 $f(x,y)$ 在 L 上可积,并称极限值 I 为函数 $f(x,y)$ 在 L 上对弧长的曲线积分,也称为第一型曲线积分.记作

$$\int_L f(x,y)\,\mathrm{d}s,$$

并称 $f(x,y)$ 为被积函数,L 为积分曲线(积分路径),$f(x,y)\mathrm{d}s$ 为被积式,$\sum\limits_{i=1}^{n} f(\xi_i,\eta_i)\Delta s_i$ 为积分和式.

若 L 是一封闭曲线,则记作

$$\oint_L f(x,y)\,\mathrm{d}s.$$

上述定义可以推广到空间 $Oxyz$ 中,如果 L 为空间中的一条分段光滑的曲线,$f(x,y,z)$ 为 L 上的有界函数,$f(x,y,z)$ 在 L 上的对弧长的曲线积分为

> 定义 1.1 的叙述可分成几部分? 它与定积分、重积分的定义有何异同? 其积分和式与定积分、二重积分的积分和式有何差异? 怎么理解定义中两个"不论"与"总有"的含义?

$$\int_L f(x,y,z)\,\mathrm{d}s = \lim_{\lambda \to 0} \sum_{i=1}^{n} f(\xi_i,\eta_i,\zeta_i)\Delta s_i.$$

像定积分与重积分那样,函数在分段光滑的曲线上有界仅是曲线积分存在的必要条件而不是充分条件.即若函数仅仅在 L 上有界,并不能保证曲线积分一定存在.但若函数在光滑曲线上连续,则相应的积分一定存在(这里不作证明).因此,在以下的讨论中,为了保证所研究的积分一定存在,总假设所讨论的**曲线都是分段光滑的,并且函数在曲线上连续.**

由上边的讨论看到,曲线积分 $\int_L f(x,y)\,\mathrm{d}s$ 的物理模型为:在平面 xOy 上,以 $f(x,y)$ 为线密度的光滑或分段光滑的曲线 L 的质量.

2. 对弧长的曲线积分的性质

由定义 1.1 可以看出,第一型曲线积分与定积分、重积分都是相同结构的极限.因此它有着如下与定积分、重积分类似的性质:

如何理解"第一型曲线积分与定积分、重积分都是相同结构的极限"的含义?

(1) 设 α,β 为常数,则有

$$\int_L \left[\alpha f(x,y) + \beta g(x,y)\right]\mathrm{d}s = \alpha\int_L f(x,y)\mathrm{d}s + \beta\int_L g(x,y)\mathrm{d}s.$$

(2) 若 L 是由两段光滑曲线弧 L_1,L_2 所衔接而成,则有

$$\int_L f(x,y)\mathrm{d}s = \int_{L_1} f(x,y)\mathrm{d}s + \int_{L_2} f(x,y)\mathrm{d}s.$$

(3) 若在 L 上 $f(x,y)\leqslant g(x,y)$,则有

$$\int_L f(x,y)\mathrm{d}s \leqslant \int_L g(x,y)\mathrm{d}s.$$

特别地,有

$$\left|\int_L f(x,y)\mathrm{d}s\right| \leqslant \int_L |f(x,y)|\mathrm{d}s.$$

你能证明这个关于绝对值积分的不等式吗?

3. 对弧长的曲线积分的计算

设 L 为光滑或分段光滑的曲线段,$f(x,y)$ 在 L 上连续,下面来研究对弧长的曲线积分 $\int_L f(x,y)\mathrm{d}s$ 的计算问题.

依据用"已知"解决"未知"的基本认知准则,像二重积分、三重积分的计算最终都要转化为定积分来计算那样,曲线积分及下面要研究的曲面积分的计算也都要转化为定积分或重积分(最终仍要化为定积分)计算.下面来具体讨论如何将对弧长的曲线积分转化为定积分,其基本思想和方法对后面要研究的另一类曲线积分及曲面积分也是适用的.

3.1　曲线方程为参数方程时的情形

设光滑曲线 L 的方程为

$$\begin{cases} x=\varphi(t), \\ y=\psi(t) \end{cases} (\alpha\leqslant t\leqslant\beta),$$

其中 $\varphi(t),\psi(t)$ 在 $[\alpha,\beta]$ 上都具有一阶连续的导数,且 $\varphi'^2(t)+\psi'^2(t)\neq 0$(见第三章第六节).

为把曲线积分转化为定积分,关键是将它的积分和式 $\sum_{i=1}^{n} f(\xi_i,\eta_i)\Delta s_i$ 转化为形如 $\sum_{i=1}^{n} g(\zeta_i)\Delta x_i$ 的定积分的积分和式.

分析两种积分的积分和的特点,要将这里的积分和式转化为定积分的积分和式,需要从哪些方面考虑?

观察这两个积分和式我们发现,要将曲线积分的积分和转化为定积分的积分和,需要将 $f(\xi_i,\eta_i)$ 与弧长 Δs_i 都作代换.

先讨论如何将小弧长 Δs_i 作代换.

对应于曲线的每一个分割,通过参数 t 其取值区间 $[\alpha, \beta]$ 也相应地有一个分割.设弧 $\widehat{M_{i-1}M_i}$ 对应的参数 t 的取值区间为 $[t_{i-1}, t_i]$,由弧长的计算公式得

$$\Delta s_i = \int_{t_{i-1}}^{t_i} \sqrt{\varphi'^2(t) + \psi'^2(t)}\,\mathrm{d}t,$$

左式属于哪类积分?若用它代换积分和式中的 Δs_i,需要解决什么问题?

利用(定)积分中值定理,得

$$\Delta s_i = \int_{t_{i-1}}^{t_i} \sqrt{\varphi'^2(t) + \psi'^2(t)}\,\mathrm{d}t = \sqrt{\varphi'^2(\tau_i) + \psi'^2(\tau_i)}\,(t_i - t_{i-1})$$
$$= \sqrt{\varphi'^2(\tau_i) + \psi'^2(\tau_i)}\,\Delta t_i.$$

其中 τ_i 为 $[t_{i-1}, t_i]$ 上的某一个点.

上式从左端到右端发生了什么变化?目的是什么?

下面再将二元函数 $f(\xi_i, \eta_i)$ 代换为一元函数.由 L 的光滑性及 $f(x,y)$ 在 L 上的连续性,该曲线积分一定存在,即积分和式的极限一定存在,而与点 (ξ_i, η_i) 在小弧段 $\widehat{M_{i-1}M_i}$ 上如何选取无关.注意到这一点,不妨就取 (ξ_i, η_i) 为上述参数 τ_i 所对应的曲线上的点,这时 $f(\xi_i, \eta_i)$ 即是 $f[\varphi(\tau_i), \psi(\tau_i)]$.用上面所得到的结果分别代换积分和 $\sum\limits_{i=1}^{n} f(\xi_i, \eta_i)\Delta s_i$ 中的 Δs_i 及 $f(\xi_i, \eta_i)$,有

左边的等式从左到右发生了怎样的"质"的变化?若把右端看作定积分的积分和,被积函数是什么?

$$\sum_{i=1}^{n} f(\xi_i, \eta_i)\Delta s_i = \sum_{i=1}^{n} f[\varphi(\tau_i), \psi(\tau_i)]\sqrt{\varphi'^2(\tau_i) + \psi'^2(\tau_i)}\,\Delta t_i,$$

当小弧段的长度 $\Delta s_i(i=1,2,\cdots,n)$ 的最大值 $\lambda \to 0$ 时,对应的所有 Δt_i 的最大值 $\lambda' \to 0$.令 $\lambda \to 0$ 对上式两边取极限就有

为什么还要引入 λ' 呢?

$$\lim_{\lambda \to 0} \sum_{i=1}^{n} f(\xi_i, \eta_i)\Delta s_i = \lim_{\lambda' \to 0} \sum_{i=1}^{n} f[\varphi(\tau_i), \psi(\tau_i)]\sqrt{\varphi'^2(\tau_i) + \psi'^2(\tau_i)}\,\Delta t_i.$$

左端即是 $\int_L f(x,y)\,\mathrm{d}s$.由于 $f[\varphi(t), \psi(t)]\sqrt{\varphi'^2(t) + \psi'^2(t)}$ 在 $[\alpha, \beta]$ 上连续,因此右端即是该一元函数在 $[\alpha, \beta]$ 上的定积分.即有

$$\int_L f(x,y)\,\mathrm{d}s = \int_\alpha^\beta f[\varphi(t), \psi(t)]\sqrt{\varphi'^2(t) + \psi'^2(t)}\,\mathrm{d}t.$$

上面的讨论实际已证明了下面的定理 1.1:

定理 1.1　设(1) 函数 $f(x,y)$ 在曲线 L 上连续;

(2) 曲线 L 是光滑的,其方程为

$$\begin{cases} x = \varphi(t), \\ y = \psi(t), \end{cases} \quad \alpha \leqslant t \leqslant \beta,$$

则有(转换公式)

$$\int_L f(x,y)\,\mathrm{d}s = \int_\alpha^\beta f[\varphi(t), \psi(t)]\sqrt{\varphi'^2(t) + \psi'^2(t)}\,\mathrm{d}t. \tag{1.1}$$

为什么称式 (1.1) 为"转换公式"?该公式从左端到右端发生了哪些变化?右端积分中的上下限孰大孰小?

易知,利用式(1.1)将曲线积分转换为定积分时,需要:

(1) 用积分路径的参数方程代换被积函数的自变量;

（2）用 $\sqrt{\varphi'^2(t)+\psi'^2(t)}\,\mathrm{d}t$ 替换 $\mathrm{d}s$；

（3）将积分路径的两端点分别对应的参数值作为右边定积分的积分限（其中较小的作为积分下限）.

3.2 曲线方程为直角坐标方程时的情形

如果光滑曲线的方程为直角坐标方程

$$y=y(x)\ \ (a\leqslant x\leqslant b).$$

为利用上述参数方程的结果作"已知"，我们将它写成以自变量 x 为参数的参数方程

$$\begin{cases} x=x, \\ y=y(x) \end{cases}\ (a\leqslant x\leqslant b),$$

由式（1.1），有

$$\int_L f(x,y)\,\mathrm{d}s = \int_a^b f[x,y(x)]\sqrt{1+y'^2(x)}\,\mathrm{d}x. \tag{1.2}$$

类似地，如果曲线方程为直角坐标方程 $x=x(y)\ (c\leqslant y\leqslant d)$，将它写成如下的参数方程：

$$\begin{cases} x=x(y), \\ y=y \end{cases}\ (c\leqslant y\leqslant d),$$

由式（1.1），有

$$\int_L f(x,y)\,\mathrm{d}s = \int_c^d f[x(y),y]\sqrt{1+x'^2(y)}\,\mathrm{d}y. \tag{1.3}$$

上述讨论可以推广到空间曲线上的第一型曲线积分. 如果空间光滑曲线的参数方程为

$$L:\begin{cases} x=\varphi(t), \\ y=\psi(t), \\ z=\omega(t) \end{cases}\ (\alpha\leqslant t\leqslant\beta),$$

> 式（1.1）—式（1.4）都是将曲线积分化为定积分的转换公式，它们各有何特点？

这时有

$$\int_L f(x,y,z)\,\mathrm{d}s = \int_\alpha^\beta f[\varphi(t),\psi(t),\omega(t)]\sqrt{\varphi'^2(t)+\psi'^2(t)+\omega'^2(t)}\,\mathrm{d}t. \tag{1.4}$$

例 1.1 上半圆周 $y=\sqrt{1-x^2}$ 的对称轴为 y 轴. 仿照第九章第四节中关于转动惯量计算公式的推导，不难利用微元法得到该圆周对其对称轴的转动惯量为 $\int_L x^2\mathrm{d}s$. 试计算该转动惯量.

解 该上半圆周的参数方程为 $x=\cos t$，$y=\sin t$，两端点分别对应参数 $t=0$ 和 $t=\pi$. 于是

$$\int_L x^2\mathrm{d}s = \int_0^\pi \cos^2 t\sqrt{[(\cos t)']^2+[(\sin t)']^2}\,\mathrm{d}t = \int_0^\pi \cos^2 t\mathrm{d}t$$

$$= \int_0^\pi \frac{1+\cos 2t}{2}\mathrm{d}t = \frac{1}{2}\left(t+\frac{1}{2}\sin 2t\right)\Big|_0^\pi = \frac{\pi}{2}.$$

即，所求的转动惯量为 $\dfrac{\pi}{2}$.

例 1.2 计算曲线积分 $\oint_L y\mathrm{d}s$，其中 L 为以 $O(0,0)$，$A(1,0)$，$B(1,1)$ 为顶点的三角形的边界（图 10-2）.

解 L 为由直线段 $\overline{OA}:y=0,0\leqslant x\leqslant 1;\overline{AB}:x=1,0\leqslant y\leqslant 1$ 及 $\overline{BO}:$

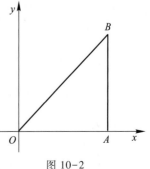

图 10-2

$y = x, 0 \leqslant x \leqslant 1$ 所组成的分段光滑的闭曲线,由路径可加性,得

$$\oint_L y \, ds = \int_{\overline{OA}} y \, ds + \int_{\overline{AB}} y \, ds + \int_{\overline{BO}} y \, ds$$

$$= \int_0^1 0 \cdot \sqrt{1 + 0^2} \, dx + \int_0^1 y \cdot$$

$$\sqrt{1 + 0^2} \, dy + \int_0^1 x \cdot \sqrt{1 + 1^2} \, dx$$

$$= \int_0^1 y \, dy + \int_0^1 \sqrt{2} \, x \, dx = \frac{1}{2} + \frac{\sqrt{2}}{2}$$

$$= \frac{1 + \sqrt{2}}{2}.$$

> 左边第二个等号前后发生了什么变化? 等号后边各式分别是依据哪个公式得到的? 各积分限有何特点?

例 1.3　计算曲线积分 $\int_L (x^2 + y^2) \, ds$,其中 L 为螺旋线 $x = a\cos t, y = a\sin t, z = kt$ 上对应于 t 从 0 到 2π 的一段弧.

解

> 通过这三个例子,请总结一下计算第一型曲线积分的主要步骤.

$$\int_L (x^2 + y^2) \, ds$$

$$= \int_0^{2\pi} \left[(a\cos t)^2 + (a\sin t)^2 \right] \sqrt{(-a\sin t)^2 + (a\cos t)^2 + k^2} \, dt$$

$$= \int_0^{2\pi} a^2 \sqrt{a^2 + k^2} \, dt = 2\pi a^2 \sqrt{a^2 + k^2}.$$

习题 10-1(A)

1. 判断下列论述是否正确,并说明理由:

(1) 对弧长的曲线积分是一个和式的极限,该和式的每一项都是定义在曲线弧上的函数在小弧上某点处的值与小弧段长的乘积;

(2) 计算对弧长的曲线积分时,要将积分变量用曲线的参数方程替换,将弧长元素 ds 换为弧微分,并且"换元"的同时要"换限"——即将曲线积分的积分号换为定积分的积分号(注意将起点对应的参数作为积分下限,终点对应的参数作为积分上限)从而转化为定积分;

(3) 用对弧长的曲线积分可以计算曲线的弧长、曲线型构件的质量、质心、转动惯量、引力等几何量与物理量.

2. 计算下列对弧长的曲线积分:

(1) $\int_L \sqrt{2y} \, ds$,其中 L 是摆线 $x = a(t - \sin t), y = a(1 - \cos t)$ 上对应 $0 \leqslant t \leqslant 2\pi$ 的一拱;

(2) $\oint_L \dfrac{ds}{\sqrt{16x^2 + y^2}}$,其中 L 是椭圆 $x = \cos t, y = 2\sin t$ 的一周;

(3) $\int_L x \, ds$,其中 L 是抛物线 $y = 1 - x^2$ 上从 $(1,0)$ 到 $(0,1)$ 的一段;

(4) $\int_L \dfrac{ds}{x - y}$,其中 L 是从点 $A(0, -2)$ 到点 $B(4,0)$ 的直线段;

(5) $\oint_L xy \, ds$,其中 L 是由直线 $x = 0, y = 0, x = 4, y = 2$ 构成的矩形的整个边界;

(6) $\oint_L e^{\sqrt{x^2+y^2}}\mathrm{d}s$,其中 L 是圆周 $x^2 + y^2 = 1$,直线 $y = x$ 及 x 轴围成的第一象限内扇形的整个边界;

(7) $\int_L xyz\mathrm{d}s$,其中 L 是折线 $OABC$,其中 $O(0,0,0)$,$A(0,2,0)$,$B(3,2,0)$,$C(3,2,4)$;

(8) $\int_L y\mathrm{d}s$,其中 L 是曲线弧 $x = 1, y = \dfrac{t^2}{2}, z = \dfrac{t^4}{4}$ 上 $0 \leqslant t \leqslant 1$ 的一段.

习题 10-1(B)

1. 计算曲线积分 $\oint_L \sqrt{2y^2 + z^2}\,\mathrm{d}s$,其中 L 是圆 $\begin{cases} x^2+y^2+z^2 = 1, \\ x = y \end{cases}$ 的一周.

2. 计算曲线积分 $\oint_L |xy|\mathrm{d}s$,其中 L 为正方形 $|x| + |y| = 1$ 的一周.

3. 如果平面曲线 L 的方程是 $\rho = \rho(\theta)\,(\alpha \leqslant \theta \leqslant \beta)$,其中 $\rho(\theta)$ 有连续的导数,

(1) 证明:$\int_L f(x,y)\,\mathrm{d}s = \int_\alpha^\beta f[\rho(\theta)\cos\theta, \rho(\theta)\sin\theta]\,\sqrt{\rho^2(\theta) + \rho'^2(\theta)}\,\mathrm{d}\theta$;

(2) 计算曲线积分 $\oint_L \sqrt{x^2 + y^2}\,\mathrm{d}s$,其中 L 是圆 $x^2+y^2 = ax\,(a>0)$ 的一周.

4. 已知一铁丝成半圆形 $x = 2\cos t, y = 2\sin t\,(0 \leqslant t \leqslant \pi)$,其上每一点处的密度等于该点的纵坐标,求铁丝的质量.

5. 已知均匀曲线段 $x = \sin t, y = \cos t, z = t\left(0 \leqslant t \leqslant \dfrac{\pi}{2}\right)$ 的线密度为 μ,求该曲线段对于 z 轴的转动惯量.

第二节　对坐标的曲线积分

高速列车在铁轨上飞驶.当它沿一段弯道行驶时,它所做的功应该如何计算? 本节来讨论这个问题,从而引出函数在曲线上的另外一种积分——对坐标的曲线积分.

1. 变力沿有向曲线做功问题

首先将列车看作一个质点,从而将上面所说的具体问题加以抽象来一般性地研究质点沿曲线做功的问题:设一质点在平面 xOy 内受连续变化的外力 $\boldsymbol{F}(x,y) = P(x,y)\boldsymbol{i} + Q(x,y)\boldsymbol{j}$ 的作用沿有向光滑曲线 L 从点 A 移动到点 B(图 10-3).如何计算在这个过程中变力 $\boldsymbol{F}(x,y)$ 所做的功?

为解决这一"未知"自然联想到中学物理中所学过的常力沿有向直线做功这一"已知".

将要研究的"未知"与"已知"相比较,主要存在两个不同:(1) 力不是常力而是变力;(2) 路径不是有向直线段而是有向曲线弧.为了解决这两个矛盾,显然需要利用微积分的基本思想方法,将这一"未知""局部"近似看作常力沿有向直线段做功这一"已知".

为此,在 L 上沿从起点 A 到终点 B 的方向依次任意加入 $n-1$ 个分点:$M_1, M_2, \cdots, M_{n-1}$(图 10-3),记 $A = M_0, B = M_n$,它们将 L 分割成为 n 个小有向曲线弧.在第 $i(i = 1, 2, \cdots, n)$ 个小有向曲线弧 $\overset{\frown}{M_{i-1}M_i}$ 上任取一点 (ξ_i, η_i),由 $\boldsymbol{F}$ 的连续性,以

> 看出这里关于在曲线上加入分点的叙述与上节对同样问题的叙述的差异了吗? 为什么?

质点在这点处所受的力 $\boldsymbol{F}(\xi_i,\eta_i)=P(\xi_i,\eta_i)\boldsymbol{i}+Q(\xi_i,\eta_i)\boldsymbol{j}$ 近似代替质点在这段弧的各点处所受的力；再用有向直线段 $\overrightarrow{M_{i-1}M_i}=(\Delta x_i)\boldsymbol{i}+(\Delta y_i)\boldsymbol{j}$ 近似代替有向曲线弧 $\widehat{M_{i-1}M_i}$，那么就可以用常力 $\boldsymbol{F}(\xi_i,\eta_i)$ 沿有向直线段 $\overrightarrow{M_{i-1}M_i}$ 所做的功

$$\boldsymbol{F}(\xi_i,\eta_i)\cdot\overrightarrow{M_{i-1}M_i}=P(\xi_i,\eta_i)\Delta x_i+Q(\xi_i,\eta_i)\Delta y_i$$

来近似代替变力 $\boldsymbol{F}(x,y)$ 沿小有向曲线弧 $\widehat{M_{i-1}M_i}$ 所做的功. 于是

$$\sum_{i=1}^{n}\boldsymbol{F}(\xi_i,\eta_i)\cdot\overrightarrow{M_{i-1}M_i}=\sum_{i=1}^{n}\left[P(\xi_i,\eta_i)\Delta x_i+Q(\xi_i,\eta_i)\Delta y_i\right]$$

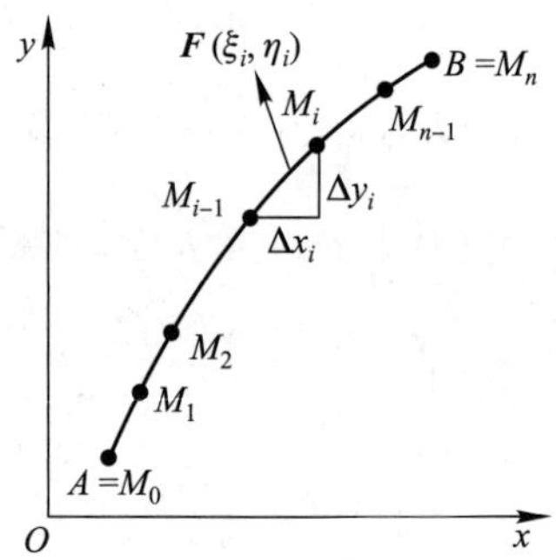

就是变力 $\boldsymbol{F}(x,y)$ 沿有向曲线弧 L 从 A 移动到 B 所做功的近似值.

显然，分割越细，误差越小.用 λ 表示 n 个小弧段长度的最大者,令 $\lambda\to0$ 对上述和式求极限,称极限值

$$\lim_{\lambda\to0}\sum_{i=1}^{n}\left[P(\xi_i,\eta_i)\Delta x_i+Q(\xi_i,\eta_i)\Delta y_i\right]$$

为变力 $\boldsymbol{F}(x,y)$ 沿 L 从 A 移动到 B 所做的功.

图 10-3

左边实际是两个极限的和.如果单独看其中的一个,它与上节定义 1.1 中的极限有何差异？与定积分中的相比呢？

2. 对坐标的曲线积分的定义与性质

2.1　对坐标的曲线积分的定义

上面研究的变力沿曲线做功问题实际又得到了一类新型的极限,不考虑其具体的物理意义,而将其抽象为一般,就有了函数在曲线上对坐标的曲线积分：

定义 2.1　设 L 是平面 xOy 内的以 A 为起点、B 为终点的分段光滑的有向曲线弧（图10-3）,函数 $P(x,y)$,$Q(x,y)$ 在 L 上有界.在 L 上沿 L 的方向顺次任意插入 $n-1$ 个分点：$M_1(x_1,y_1)$,$M_2(x_2,y_2)$,$\cdots$,$M_{n-1}(x_{n-1},y_{n-1})$（并记 $A=M_0,B=M_n$）,它们把 L 分为 n 个有向小弧段 $\widehat{M_{i-1}M_i}$（$i=1$,$2,\cdots,n$）.记 $\Delta x_i=x_i-x_{i-1}$,$\Delta y_i=y_i-y_{i-1}$；在 $\widehat{M_{i-1}M_i}$ 上任取一点 (ξ_i,η_i),作乘积 $P(\xi_i,\eta_i)\Delta x_i$,并作和 $\sum_{i=1}^{n}P(\xi_i,\eta_i)\Delta x_i$；如果存在常数 I,当各小弧段的长度最大者 λ 趋于零时,不论将 L 如何分割,也不论点 (ξ_i,η_i) 在 $\widehat{M_{i-1}M_i}$ 上如何选取,总有

$$\lim_{\lambda\to0}\sum_{i=1}^{n}P(\xi_i,\eta_i)\Delta x_i=I$$

成立,则称 I 为函数 $P(x,y)$ 在有向曲线弧 L 上对坐标 x 的曲线积分,记作 $\int_L P(x,y)\,\mathrm{d}x$. 即有

$$\int_L P(x,y)\,\mathrm{d}x=\lim_{\lambda\to0}\sum_{i=1}^{n}P(\xi_i,\eta_i)\Delta x_i.$$

类似地,函数 $Q(x,y)$ 在有向曲线弧 L 上对坐标 y 的曲线积分,记作 $\int_L Q(x,y)\,\mathrm{d}y$,即有

$$\int_L Q(x,y)\,\mathrm{d}y=\lim_{\lambda\to0}\sum_{i=1}^{n}Q(\xi_i,\eta_i)\Delta y_i.$$

称 $P(x,y),Q(x,y)$ 为被积函数，$P(x,y)\mathrm{d}x,Q(x,y)\mathrm{d}y$ 为被积式，L 为积分曲线（积分路径），

$\sum\limits_{i=1}^{n} P(\xi_i,\eta_i)\Delta x_i,\sum\limits_{i=1}^{n} Q(\xi_i,\eta_i)\Delta y_i$ 称作积分和式.

对坐标的曲线积分通常也称为**第二型曲线积分**.

若 $\displaystyle\int_L P(x,y)\mathrm{d}x$ 与 $\displaystyle\int_L Q(x,y)\mathrm{d}y$ 为同一条积分路径 L，通常也

将 $\displaystyle\int_L P(x,y)\mathrm{d}x + \int_L Q(x,y)\mathrm{d}y$ 记作

> 这里的积分和式与定积分的积分和式有何不同？分析两类曲线积分的定义，它们之间有哪些根本的不同？

$$\int_L P(x,y)\mathrm{d}x + Q(x,y)\mathrm{d}y.$$

构造向量值函数 $\boldsymbol{F}(x,y)=P(x,y)\boldsymbol{i}+Q(x,y)\boldsymbol{j}$，并令 $\mathrm{d}\boldsymbol{r}=\mathrm{d}x\boldsymbol{i}+\mathrm{d}y\boldsymbol{j}$，那么上式也可写作

$$\int_L \boldsymbol{F}(x,y)\cdot\mathrm{d}\boldsymbol{r}.$$

如果积分路径 L 为闭曲线，通常记作

$$\oint_L P(x,y)\mathrm{d}x + Q(x,y)\mathrm{d}y \ \text{或} \oint_L \boldsymbol{F}(x,y)\cdot\mathrm{d}\boldsymbol{r}.$$

定义 2.1 可以类似地推广到空间 $Oxyz$ 中：设 L 为空间中的光滑或分段光滑的曲线，$P(x,y,z),Q(x,y,z),R(x,y,z)$ 为 L 上的有界函数，定义 $P(x,y,z)$ 在 L 上关于坐标 x 的曲线积分为

$$\int_L P(x,y,z)\mathrm{d}x = \lim_{\lambda\to 0}\sum_{i=1}^{n} P(\xi_i,\eta_i,\zeta_i)\Delta x_i.$$

类似地，函数 $Q(x,y,z),R(x,y,z)$ 在 L 上对坐标 y,z 的曲线积分分别为

$$\int_L Q(x,y,z)\mathrm{d}y = \lim_{\lambda\to 0}\sum_{i=1}^{n} Q(\xi_i,\eta_i,\zeta_i)\Delta y_i,$$

$$\int_L R(x,y,z)\mathrm{d}z = \lim_{\lambda\to 0}\sum_{i=1}^{n} R(\xi_i,\eta_i,\zeta_i)\Delta z_i.$$

若上述三个积分的积分路径是同一条曲线 L，这时也将它们的和记为

$$\int_L P(x,y,z)\mathrm{d}x + Q(x,y,z)\mathrm{d}y + R(x,y,z)\mathrm{d}z$$

的形式，或写成向量的形式

$$\int_L \boldsymbol{A}(x,y,z)\cdot\mathrm{d}\boldsymbol{r},$$

其中，

$$\boldsymbol{A}(x,y,z)=(P(x,y,z),Q(x,y,z),R(x,y,z)),\mathrm{d}\boldsymbol{r}=(\mathrm{d}x,\mathrm{d}y,\mathrm{d}z).$$

与以往所研究的各类积分类似，定义 2.1 中函数在曲线上有界仅是该积分存在的必要条件，若函数 $\boldsymbol{F}$ 在分段光滑的有向曲线上连续，这时相应的对坐标的曲线积分一定存在（这里不予证明）.因此以后总假设所讨论的曲线是光滑的或分段光滑的，函数在曲线上连续.

2.2　对坐标的曲线积分的性质

下面仅就 L 为平面曲线为例加以讨论，它对 L 为空间曲线时同样成立.

（1）设 L 是有向光滑的曲线弧，L^- 是将 L 的起点与终点分别作为终点与起点的反向曲线弧，则有

$$\int_L P(x,y)\,\mathrm{d}x + Q(x,y)\,\mathrm{d}y = -\int_{L^-} P(x,y)\,\mathrm{d}x + Q(x,y)\,\mathrm{d}y.$$

这是容易证明的.事实上,在曲线 L 上沿曲线的方向依次插入分点 $M_1(x_1,y_1),M_2(x_2,y_2),\cdots,$ $M_{n-1}(x_{n-1},y_{n-1})$ 将 L 分成 n 段,由图 10-3 容易看到,这些分点也相应地将 L^- 分成 n 段,相应于有向弧 L 上的有向小弧段 $\widehat{M_{i-1}M_i}$,在 L^- 上有有向小弧段 $\widehat{M_iM_{i-1}}\,(i=1,2,\cdots,n)$.由于二者的差别仅仅是起点与终点相反,因而它们在 x 轴上的投影分别为 x_i-x_{i-1} 及 $x_{i-1}-x_i$,它们的绝对值相等但符号相反,因此相对于 L 与 L^- 所得到的相应的积分和式也是绝对值相等、符号相反的,因而对应的极限(积分)是相反数,即有

$$\int_L P(x,y)\,\mathrm{d}x = -\int_{L^-} P(x,y)\,\mathrm{d}x;$$

类似地,有

$$\int_L Q(x,y)\,\mathrm{d}y = -\int_{L^-} Q(x,y)\,\mathrm{d}y,$$

于是有

$$\int_L P(x,y)\,\mathrm{d}x + Q(x,y)\,\mathrm{d}y = -\int_{L^-} P(x,y)\,\mathrm{d}x + Q(x,y)\,\mathrm{d}y.$$

若记 $\boldsymbol{F}(x,y)=P(x,y)\boldsymbol{i}+Q(x,y)\boldsymbol{j}$,$\mathrm{d}\boldsymbol{r}=\mathrm{d}x\boldsymbol{i}+\mathrm{d}y\boldsymbol{j}$,上式可表示为

$$\int_L \boldsymbol{F}(x,y)\cdot\mathrm{d}\boldsymbol{r} = -\int_{L^-}\boldsymbol{F}(x,y)\cdot\mathrm{d}\boldsymbol{r}.$$

下面两条性质的成立是显而易见的,因此下面只给出结果而不予证明.

(2)**若有向曲线弧 L 是由与 L 同方向的两段有向曲线弧 L_1,L_2 衔接而成,则**

$$\int_L \boldsymbol{F}(x,y)\cdot\mathrm{d}\boldsymbol{r} = \int_{L_1}\boldsymbol{F}(x,y)\cdot\mathrm{d}\boldsymbol{r} + \int_{L_2}\boldsymbol{F}(x,y)\cdot\mathrm{d}\boldsymbol{r},$$

其中 $\boldsymbol{F}(x,y)=P(x,y)\boldsymbol{i}+Q(x,y)\boldsymbol{j}$,$\mathrm{d}\boldsymbol{r}=\mathrm{d}x\boldsymbol{i}+\mathrm{d}y\boldsymbol{j}$.

(3)**设 α,β 为常数,$\boldsymbol{F}(x,y),\boldsymbol{G}(x,y)$ 为向量值函数,$\mathrm{d}\boldsymbol{r}=\mathrm{d}x\boldsymbol{i}+\mathrm{d}y\boldsymbol{j}$,则有**

$$\int_L[\alpha\boldsymbol{F}(x,y)+\beta\boldsymbol{G}(x,y)]\cdot\mathrm{d}\boldsymbol{r} = \alpha\int_L\boldsymbol{F}(x,y)\cdot\mathrm{d}\boldsymbol{r} + \beta\int_L\boldsymbol{G}(x,y)\cdot\mathrm{d}\boldsymbol{r}.$$

3. 对坐标的曲线积分的计算

我们仅就 L 为平面曲线的情况加以讨论,其证明可推广到当 L 为三维空间中的曲线时的情形.不难猜想,像计算对弧长的曲线积分需要转化为定积分那样,计算对坐标的曲线积分这一"未知"也要将其转化为定积分这一"已知".

定理 2.1 若函数 $P(x,y),Q(x,y)$ 在光滑或分段光滑的有向曲线弧 L 上连续,L 的参数方程为
$$\begin{cases} x=\varphi(t), \\ y=\psi(t), \end{cases}$$
当 t 单调地(递增或递减)从 α 变到 β 时,点 $M(x,y)$ 沿 L 从起点 A 移动到终点 B,则有

> 定理 2.1 与定理 1.1 的条件有哪些主要差别? 公式(2.1)自左至右发生了哪些变化? 与公式(1.1)有何差异?

$$\int_{L_{AB}} P(x,y)\,\mathrm{d}x + Q(x,y)\,\mathrm{d}y = \int_\alpha^\beta \{P[\varphi(t),\psi(t)]\varphi'(t) + Q[\varphi(t),\psi(t)]\psi'(t)\}\,\mathrm{d}t. \quad (2.1)$$

显然,应采用上一节证明定理 1.1 的思想方法作"已知"来证明该定理.

证 在 L 上沿从起点 A 到终点 B 的方向依次任意加入分点:$M_1,M_2,\cdots,M_{n-1}$(图 10-3),并记 $A=M_0$, $B=M_n$,它们对应于一列单调变化的参数 t 的取值

$$\alpha=t_0,t_1,\cdots,t_{n-1},t_n=\beta.$$

由对坐标的曲线积分的定义,有

$$\int_L P(x,y)\,\mathrm{d}x=\lim_{\lambda\to 0}\sum_{i=1}^{n}P(\xi_i,\eta_i)\Delta x_i,$$

其中 λ 的意义见定义 2.1.

注意到

$$\Delta x_i=x_i-x_{i-1}=\varphi(t_i)-\varphi(t_{i-1})=\varphi'(\tau_i)\Delta t_i,$$

其中 $\Delta t_i=t_i-t_{i-1}$,τ_i 在 t_i,t_{i-1} 之间.由函数 $P(x,y)$ 在曲线 L 上连续及 L 的光滑性,因而积分 $\int_L P(x,$

$y)\,\mathrm{d}x$ 一定存在,而与 (ξ_i,η_i) 在小弧段 $\overparen{M_{i-1}M_i}$ 上如何选取无关,为方便计,我们就取点 (ξ_i,η_i) 为参数 τ_i 所对应的点.利用曲线的参数方程,则有

$$\begin{aligned}\int_L P(x,y)\,\mathrm{d}x&=\lim_{\lambda\to 0}\sum_{i=1}^{n}P(\xi_i,\eta_i)\Delta x_i\\&=\lim_{\lambda\to 0}\sum_{i=1}^{n}P[\varphi(\tau_i),\psi(\tau_i)]\varphi'(\tau_i)\Delta t_i.\end{aligned}$$

由 $P(x,y)$ 的连续性及 L 的光滑性(因而 φ,ψ,φ' 皆连续),上式右端的极限存在,并且正是定积分 $\int_\alpha^\beta P[\varphi(t),\psi(t)]\varphi'(t)\,\mathrm{d}t$. 因此

$$\int_L P(x,y)\,\mathrm{d}x=\int_\alpha^\beta P[\varphi(t),\psi(t)]\varphi'(t)\,\mathrm{d}t.$$

同样的方法可证

$$\int_L Q(x,y)\,\mathrm{d}y=\int_\alpha^\beta Q[\varphi(t),\psi(t)]\psi'(t)\,\mathrm{d}t.$$

式(2.1)表明,在定理 2.1 的条件下,曲线积分 $\int_L P(x,y)\,\mathrm{d}x+Q(x,y)\,\mathrm{d}y$ 可以按下面所给的方式转换为定积分:

(1) 将 $P(x,y)\,\mathrm{d}x+Q(x,y)\,\mathrm{d}y$ 中的 $x,y,\mathrm{d}x,\mathrm{d}y$ 分别用 $\varphi(t),\psi(t),\varphi'(t)\,\mathrm{d}t,\psi'(t)\,\mathrm{d}t$ 代换;

(2) 与此同时,将与曲线的起点、终点依次对应的参数的取值 α,β 分别作为定积分的积分下限与上限.

若曲线的方程为直角坐标方程

$$y=y(x)\ (a\leqslant x\leqslant b\ \text{或}\ b\leqslant x\leqslant a),$$

方向是由 $A(a,y(a))$ 到 $B(b,y(b))$ 的方向.将 x 视为参数,这时 $\mathrm{d}y=y'(x)\,\mathrm{d}x$,式(2.1)就成为

$$\int_{L_{AB}} P(x,y)\,\mathrm{d}x+Q(x,y)\,\mathrm{d}y$$

右侧批注栏:

左边的排列为什么没用不等号连接?

欲把曲线积分化成定积分,应把左式右端的积分和作怎样的变换?达到什么目的?

在左边的变换中,第二个等号前后发生了怎样的变化?$\Delta t_i>0$ 吗?

左边两式的上、下限的选取依据是什么?上限一定大于下限吗?

注意到 $y=y(x)$ 中 x 取值范围有两种表达方法了吗?为什么?对式(2.1)中定积分的上、下限如何安置有影响吗?

$$= \int_a^b \{ P[x,y(x)] + Q[x,y(x)]y'(x) \} \, dx. \tag{2.2}$$

若曲线方程为直角坐标方程 $x = x(y)$，并且起、终点分别对应 $y = c, d$，则有

$$\int_{L_{AB}} P(x,y)\,dx + Q(x,y)\,dy = \int_c^d \{ P[x(y),y]x'(y) + Q[x(y),y] \} \, dy. \tag{2.3}$$

若空间有向光滑曲线 L 的参数方程为

$$L: \begin{cases} x = \varphi(t), \\ y = \psi(t), \\ z = \omega(t), \end{cases}$$

其方向是由 A 到 B，A,B 分别对应于参数 α, β. 则有

$$\int_L P(x,y,z)\,dx + Q(x,y,z)\,dy + R(x,y,z)\,dz$$

$$= \int_\alpha^\beta \{ P[\varphi(t),\psi(t),\omega(t)]\varphi'(t) +$$

$$Q[\varphi(t),\psi(t),\omega(t)]\psi'(t) + R[\varphi(t),\psi(t),\omega(t)]\omega'(t) \} \, dt. \tag{2.4}$$

例 2.1 求曲线积分 $\int_L y^2\,dx$，其中 L 为半径等于 a、圆心为坐标原点的上半有向圆周，方向为从点 $A(a,0)$ 到 $B(-a,0)$ 的方向（图 10-4）.

解 L 的参数方程为

$$x = a\cos\theta, \quad y = a\sin\theta,$$

起点与终点分别对应参数 0 与 π. $dx = -a\sin\theta d\theta$，于是

$$\int_L y^2\,dx = \int_0^\pi a^2\sin^2\theta \cdot (-a\sin\theta)\,d\theta = a^3 \int_0^\pi (1-\cos^2\theta)\,d(\cos\theta)$$

$$= a^3 \left[\cos\theta - \frac{\cos^3\theta}{3} \right]_0^\pi = -\frac{4}{3}a^3.$$

例 2.2 计算曲线积分 $\int_L y^2\,dx - x^2\,dy$，其中 L（图 10-5）为：

（1）抛物线 $y = x^2$ 上从 $O(0,0)$ 到 $B(1,1)$ 的一段弧；

（2）抛物线 $x = y^2$ 上从 $O(0,0)$ 到 $B(1,1)$ 的一段弧；

（3）折线 OAB，其中 O,A,B 依次为点 $(0,0),(1,0),(1,1)$，沿 $O \to A \to B$ 的方向.

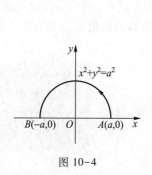

图 10-4

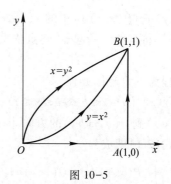

图 10-5

解　（1）曲线方程 $y=x^2$ 为 $y=y(x)$ 的形式，$y'(x)=2x$，该曲线的起点对应 $x=0$，终点对应 $x=1$，因此，由式（2.2）有

$$\int_L y^2 \mathrm{d}x - x^2 \mathrm{d}y = \int_0^1 \left[(x^2)^2 - x^2 \cdot 2x \right] \mathrm{d}x = \frac{1}{5} - \frac{1}{2} = -\frac{3}{10};$$

（2）曲线方程 $x=y^2$ 为 $x=x(y)$ 的形式，$x'(y)=2y$，该曲线的起点对应 $y=0$，终点对应 $y=1$，因此，由式（2.3）有

$$\int_L y^2 \mathrm{d}x - x^2 \mathrm{d}y = \int_0^1 \left[y^2 \cdot 2y - (y^2)^2 \right] \mathrm{d}y = \frac{1}{2} - \frac{1}{5} = \frac{3}{10};$$

（3）积分路径是由两条光滑的有向线段 $\overrightarrow{OA}$，$\overrightarrow{AB}$ 衔接而成.由路径可加性，有

$$\int_L y^2 \mathrm{d}x - x^2 \mathrm{d}y = \int_{\overrightarrow{OA}} y^2 \mathrm{d}x - x^2 \mathrm{d}y + \int_{\overrightarrow{AB}} y^2 \mathrm{d}x - x^2 \mathrm{d}y.$$

其中有向线段 $\overrightarrow{OA}$ 的方程 $y=0$ 为 $y=y(x)$ 的形式，因此 $y'(x)\equiv 0$，并且该曲线的起点对应 $x=0$，终点对应 $x=1$.所以

$$\int_{\overrightarrow{OA}} y^2 \mathrm{d}x - x^2 \mathrm{d}y = \int_0^1 (0^2 - x^2 \cdot 0) \mathrm{d}x = 0.$$

$\overrightarrow{AB}$ 的方程 $x=1$ 为 $x=x(y)$ 的形式，因此 $x'(y)\equiv 0$，并且该曲线的起、终点分别对应参数 $y=0$，$y=1$.于是

$$\int_{\overrightarrow{AB}} y^2 \mathrm{d}x - x^2 \mathrm{d}y = \int_0^1 (y^2 \cdot 0 - 1^2) \mathrm{d}y = \int_0^1 (-1) \mathrm{d}y = -1,$$

从而

$$\int_L y^2 \mathrm{d}x - x^2 \mathrm{d}y = \int_{\overrightarrow{OA}} y^2 \mathrm{d}x - x^2 \mathrm{d}y + \int_{\overrightarrow{AB}} y^2 \mathrm{d}x - x^2 \mathrm{d}y$$
$$= 0 + (-1) = -1.$$

例 2.3　计算曲线积分 $\int_L (x^2 + y^2) \mathrm{d}x + 2xy\mathrm{d}y$，其中积分

注意到例 2.2 的三个积分的特点了吗？三条路径有何差异与联系？积分的结果怎样？有何想法？

路径 L 是都以 $O(0,0)$ 为起点，$B(2,0)$ 为终点的三个不同的路径（图 10-6）：

（1）折线段 OAB，其中 $A(1,1)$；

（2）直线段 OB；

（3）半圆弧 OAB.

解　（1）该积分路径是由两条光滑的有向线段 $\overrightarrow{OA}$，$\overrightarrow{AB}$ 衔接而成，其中 $\overrightarrow{OA}$ 的方程为：$y=x$，$0 \leq x \leq 1$，$y'(x)=1$，并且起点 O 对应 $x=0$，终点 A 对应 $x=1$.

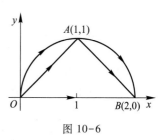

图 10-6

$\overrightarrow{AB}$ 的方程为：$y=2-x$，$1 \leq x \leq 2$，$y'(x)=-1$，起点 A 对应 $x=1$，终点 B 对应 $x=2$.因此，由式（2.2），有

$$\int_L (x^2 + y^2) \mathrm{d}x + 2xy\mathrm{d}y = \int_{\overrightarrow{OA}} (x^2 + y^2) \mathrm{d}x + 2xy\mathrm{d}y + \int_{\overrightarrow{AB}} (x^2 + y^2) \mathrm{d}x + 2xy\mathrm{d}y$$

$$= \left[\int_0^1 (x^2 + x^2)\mathrm{d}x + \int_0^1 2x^2 \mathrm{d}x \right] + \int_1^2 \{ [x^2 + (2-x)^2] + 2x(2-x) \cdot (-1) \}\mathrm{d}x$$

$$= \frac{4}{3} + \frac{4}{3} = \frac{8}{3}.$$

（2）有向直线段 $\overrightarrow{OB}$ 的方程为：$y = 0$，$0 \leqslant x \leqslant 2$，$y'(x) \equiv 0$，起点 O 对应 $x = 0$，终点 B 对应 $x = 2$，因此

$$\int_L (x^2 + y^2)\mathrm{d}x + 2xy\mathrm{d}y = \int_0^2 (x^2 + 0^2 + 2x \cdot 0 \cdot 0)\mathrm{d}x$$
$$= \frac{8}{3}.$$

（3）该圆弧的方程可写为参数方程 $x = 1 + \cos t, y = \sin t, t: \pi \to 0$. 因此，$\mathrm{d}x = -\sin t\mathrm{d}t, \mathrm{d}y = \cos t\mathrm{d}t$. 于是

$$\int_L (x^2 + y^2)\mathrm{d}x + 2xy\mathrm{d}y = \int_\pi^0 \{ [(1 + \cos t)^2 + \sin^2 t](-\sin t) + 2(1 + \cos t)\sin t\cos t \}\mathrm{d}t$$

$$= \int_0^\pi 2(1 + \cos t)\sin t(1 - \cos t)\mathrm{d}t = 2\int_0^\pi \sin^3 t\mathrm{d}t = 2\int_0^\pi (\cos^2 t - 1)\mathrm{d}(\cos t)$$

$$= \frac{2}{3}\cos^3 t \Big|_0^\pi - 2\cos t \Big|_0^\pi = -\frac{4}{3} + 4 = \frac{8}{3}.$$

> 将例 2.3 与例 2.2 相比较，有何体会？

例 2.4　求空间第二型曲线积分 $\int_L xy\mathrm{d}x + yz\mathrm{d}y + zx\mathrm{d}z$，其中 L 为从点 $A(3,2,1)$ 到点 $O(0,0,0)$ 的直线段.

解　有向线段 $\overrightarrow{OA}$ 的方向向量为 $(3,2,1)$，并且过点 $O(0,0,0)$，则直线 AO 的参数方程

$$\begin{cases} x = 3t, \\ y = 2t, \quad t: 1 \to 0. \\ z = t, \end{cases}$$

因此

$$\int_L xy\mathrm{d}x + yz\mathrm{d}y + zx\mathrm{d}z = \int_1^0 (3t \cdot 2t \cdot 3 + 2t \cdot t \cdot 2 + t \cdot 3t \cdot 1)\mathrm{d}t = -\int_0^1 25t^2\mathrm{d}t = -\frac{25}{3}.$$

4. 对坐标的曲线积分的另外表示法　两类曲线积分之间的联系

曲线积分有两类——对弧长的曲线积分与对坐标的曲线积分. 我们猜想：同一个函数在同一条曲线上的两类曲线积分之间应该有一定的联系.

下面给出对坐标的曲线积分的另外的表示法，并由此回答上面的猜想是正确的，即得到两类曲线积分之间的关系.

设 L 是平面 xOy 上以 A 为起点，B 为终点的有向曲线弧.

> 两类不同曲线积分之间有一根本性的差别——它们中一类与曲线方向无关，另一类与方向有关. 要想把它们建立起联系，怎么解决这一矛盾？

注意到定义 2.1 中的 $\Delta x_i, \Delta y_i$ 分别为有向小弧段 $\widehat{M_{i-1}M_i}$ 在 x 轴、y 轴上的投影，因此，若记小弧段 $\widehat{M_{i-1}M_i}$ 的长度为 Δs_i，当 Δs_i 很小时，依据"以'直（线）'代'曲（线）'"的思想，小有向弧段 $\widehat{M_{i-1}M_i}$

就可以近似看作是方向为点 M_{i-1} 处的单位切向量 $e(M_{i-1})=(\cos\alpha_i,\cos\beta_i)$、长度为 Δs_i 的小有向线段.由第七章第一节向量投影的定义（图 10-7）得

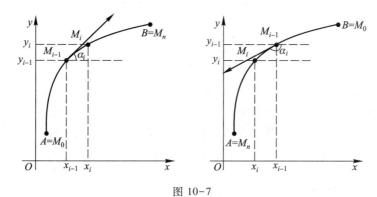

图 10-7

$$\Delta x_i=\Delta s_i\cos\alpha_i,\ \Delta y_i=\Delta s_i\cos\beta_i,$$

于是

$$\sum_{i=1}^{n}P(\xi_i,\eta_i)\Delta x_i=\sum_{i=1}^{n}P(\xi_i,\eta_i)\cos\alpha_i\Delta s_i,$$

由两类曲线积分的定义知,上式左边是对坐标的曲线积分 $\displaystyle\int_L P(x,y)\mathrm{d}x$ 的积分和,右边是对弧长的曲线积分 $\displaystyle\int_L P(x,y)\cos\alpha\mathrm{d}s$ 的积分和.因此,在各小弧段的直径的最大值 $\lambda\to0$ 时对两边分别取极限,左边即是 $\displaystyle\int_L P(x,y)\mathrm{d}x$,而右边是 $\displaystyle\int_L P(x,y)\cos\alpha\mathrm{d}s$,于是

> 对坐标的曲线积分与曲线的方向有关.请问,左边的两个等式中,通过什么来体现出这一点?

$$\int_L P(x,y)\mathrm{d}x=\int_L P(x,y)\cos\alpha\mathrm{d}s.$$

这就得到了对坐标的曲线积分的另外的表示法.类似地有

$$\int_L Q(x,y)\mathrm{d}y=\int_L Q(x,y)\cos\beta\mathrm{d}s.$$

上边的两式合在一起即有

关于式(2.5)
的注记

$$\int_L P(x,y)\mathrm{d}x+Q(x,y)\mathrm{d}y=\int_L[P(x,y)\cos\alpha+Q(x,y)\cos\beta]\mathrm{d}s,\quad(2.5)$$

其中 $\alpha=\alpha(x,y)$, $\beta=\beta(x,y)$ 为曲线 L 上点 (x,y) 处切向量的方向角,该切向量的方向由有向曲线的方向来决定,为动点沿曲线从起点移至终点时在点 (x,y) 处的走向.

　　式(2.5)的两端分别为对坐标的曲线积分的两种表示方法,同时它也表示了两种曲线积分之间的联系,利用它可以实现对坐标的曲线积分与对弧长的曲线积分的相互转化.

　　若曲线 L 的参数方程为

$$\begin{cases}x=\varphi(t),\\y=\psi(t).\end{cases}$$

> 式(2.5)的右端是对弧长的曲线积分,与方向无关,它与左端对坐标的曲线积分的"方向"是如何建立起对应的?
>
> 　　若交换式(2.5)积分路径的起点与终点,两端各将发生怎样的变化?

由第八章第六节知,向量$(\varphi(t),\psi(t))$的导向量$(\varphi'(t),\psi'(t))$的方向余弦为

$$\cos\alpha=\frac{\varphi'(t)}{\sqrt{\varphi'^2(t)+\psi'^2(t)}},$$

$$\cos\beta=\frac{\psi'(t)}{\sqrt{\varphi'^2(t)+\psi'^2(t)}}. \tag{2.6}$$

向量$\boldsymbol{\tau}=(\cos\alpha,\cos\beta)$的指向为曲线随参数增大的走向.因此,利用这一"已知"容易得到:

(1) 如果起点A的参数小于终点B的参数,这时式(2.5)中的$\cos\alpha,\cos\beta$由式(2.6)所示;

(2) 如果起点A的参数大于终点B的参数,由式(2.6)所得到的向量$(\cos\alpha,\cos\beta)$的方向从终点B指向起点A,因此,这时式(2.5)中的$\cos\alpha,\cos\beta$为

$$\cos\alpha=-\frac{\varphi'(t)}{\sqrt{\varphi'^2(t)+\psi'^2(t)}},\quad \cos\beta=-\frac{\psi'(t)}{\sqrt{\varphi'^2(t)+\psi'^2(t)}}.$$

例2.5 设有对坐标的曲线积分$\int_L(-y)dx+xdy$,其中L为$x^2+y^2=a^2(a>0)$的上半圆周:

(1) 从点$A(a,0)$指向点$B(-a,0)$;

(2) 从点$B(-a,0)$指向点$A(a,0)$.

先分别将它们化为对弧长的曲线积分,再计算出结果.

解 设L的参数方程为$x=a\cos t,y=a\sin t$,$0\le t\le\pi$.则点A所对应的参数为0,点B所对应的参数为π.

(1) 这时起点A的参数小于终点B的参数,因此,由

$$\cos\alpha=\frac{(a\cos t)'}{\sqrt{[(a\cos t)']^2+[(a\sin t)']^2}}=-\sin t,$$

$$\cos\beta=\frac{(a\sin t)'}{\sqrt{[(a\cos t)']^2+[(a\sin t)']^2}}=\cos t$$

组成的向量$(\cos\alpha,\cos\beta)=(-\sin t,\cos t)$的指向恰为从起点$A$指向终点$B$的方向.因此

$$\int_L(-y)dx+xdy$$

$$=\int_L[(-y)\cos\alpha+x\cos\beta]ds$$

$$=\int_0^\pi(a\sin t\sin t+a\cos t\cos t)\sqrt{(-a\sin t)^2+(a\cos t)^2}dt$$

$$=a^2\int_0^\pi dt=\pi a^2.$$

为计算后边的对弧长的曲线积分,需要将它化为定积分,这时要注意什么问题?

(2) 这时起点B的参数大于终点A的参数,因此式(2.5)中的

$$\cos\alpha=-\frac{(a\cos t)'}{\sqrt{[(a\cos t)']^2+[(a\sin t)']^2}}=\sin t,$$

$$\cos\beta=-\frac{(a\sin t)'}{\sqrt{[(a\cos t)']^2+[(a\sin t)']^2}}=-\cos t.$$

于是

$$\int_L (-y)\mathrm{d}x + x\mathrm{d}y = \int_L \big[(-y)\cos\alpha + x\cos\beta\big]\mathrm{d}s$$

$$= -\int_0^\pi (a\sin t\sin t + a\cos t\cos t)\sqrt{(-a\sin t)^2 + (a\cos t)^2}\,\mathrm{d}t$$

$$= -a^2\int_0^\pi \mathrm{d}t = -\pi a^2.$$

我们看到,通过化为对弧长的曲线积分计算所得到的结果完全符合对坐标的曲线积分的性质——函数在同一条曲线上沿相反方向的积分值是相反数.

上述讨论可以平移到空间曲线的曲线积分,从而得到

$$\int_L P\mathrm{d}x + Q\mathrm{d}y + R\mathrm{d}z = \int_L (P\cos\alpha + Q\cos\beta + R\cos\gamma)\mathrm{d}s,$$

其中 $\cos\alpha,\cos\beta,\cos\gamma$ 为曲线弧 L 上任意点 (x,y,z) 处的切向量的方向余弦,该切向量的方向与有向曲线在该点处的走向一致.它也可以表示为如下的向量的形式:

$$\int_L \boldsymbol{A}\cdot\mathrm{d}\boldsymbol{r} = \int_L \boldsymbol{A}\cdot\boldsymbol{\tau}\mathrm{d}s,$$

或

$$\int_L \boldsymbol{A}\cdot\mathrm{d}\boldsymbol{r} = \int_L \boldsymbol{A}_\tau\mathrm{d}s,$$

其中,$\boldsymbol{A}=(P,Q,R)$,$\boldsymbol{\tau}=(\cos\alpha,\cos\beta,\cos\gamma)$ 为有向曲线弧 L 在点 (x,y,z) 处的单位切向量,$\mathrm{d}\boldsymbol{r}=\boldsymbol{\tau}\mathrm{d}s=(\mathrm{d}x,\mathrm{d}y,\mathrm{d}z)$ 称为有向曲线元,$\boldsymbol{A}_\tau$ 为向量 $\boldsymbol{A}$ 在向量 $\boldsymbol{\tau}$ 上的投影.

习题 10-2(A)

1. 判断下列论述是否正确,并说明理由:

(1) 在对坐标的曲线积分的定义 $\lim\limits_{\lambda\to 0}\sum\limits_{i=1}^{n} P(\xi_i,\eta_i)\Delta x_i$ 中,Δx_i 表示 x 轴上的小线段的长;

(2) 对坐标的曲线积分的计算类似于对弧长的曲线积分的计算,也是要用曲线的参数方程将积分变量换为参数方程中的参变量,将 $\mathrm{d}x$(或 $\mathrm{d}y$,$\mathrm{d}z$)换为其微分,并且"换元"的同时要"换限"——即将曲线积分的积分号换为定积分的积分号(注意积分限一定是下限小、上限大),从而转化为定积分.

2. 计算下列对坐标的曲线积分:

(1) $\int_L (x^2 + 2xy)\mathrm{d}y$,其中 L 是椭圆 $x=a\cos\theta,y=b\sin\theta(a>0,b>0)$ 的上半部分,沿逆时针方向;

(2) $\int_L (2-y)\mathrm{d}x + x\mathrm{d}y$,其中 L 是从原点起沿摆线 $x=t-\sin t,y=1-\cos t$ 的第一拱到 $(2\pi,0)$ 的一段有向弧;

(3) $\int_L \dfrac{2y}{x}\mathrm{d}x + x\mathrm{d}y$,其中 L 是曲线 $y=\ln x$ 上从点 $(1,0)$ 到点 $(\mathrm{e},1)$ 的一段;

(4) $\int_L (x+y)\mathrm{d}x + (y-x)\mathrm{d}y$,其中 L 是从点 $(1,1)$ 到点 $(4,2)$ 的直线段;

(5) $\oint_L (x+y)\mathrm{d}x - 2y\mathrm{d}y$,其中 L 是由 $x=0,y=0,x+y=1$ 所围区域的逆时针边界;

(6) $\oint_L \dfrac{y\mathrm{d}x - x\mathrm{d}y}{x^2 + y^2}$，其中 L 是圆周 $x^2 + y^2 = a^2\,(a>0)$ 按顺时针方向绕行的一周；

(7) $\int_L x^2\mathrm{d}x + z\mathrm{d}y - y\mathrm{d}z$，其中 L 是曲线 $x = 3t, y = 2\cos t, z = 2\sin t$ 上从 $t=0$ 到 $t=\pi$ 的一段弧；

(8) $\oint_L \mathrm{d}x - \mathrm{d}y + y\mathrm{d}z$，其中 L 是有向闭折线 $ABCA$，其中 $A(1,0,0), B(0,1,0), C(0,0,1)$.

习题 10-2(B)

1. 沿曲线 L 从点 $O(0,0)$ 到点 $A(\pi,0)$ 计算对坐标的曲线积分 $\int_L xy\mathrm{d}x - \mathrm{d}y$，其中 L 为：

(1) 直线 $y = 0$；　　(2) 正弦曲线 $y = \sin x$；　　(3) 抛物线 $y = x(x - \pi)$.

2. 沿曲线 L 从点 $O(0,0)$ 到点 $A(2,1)$ 计算对坐标的曲线积分 $\int_L 2xy\mathrm{d}x + x^2\mathrm{d}y$，其中 L 为：

(1) 直线段 OA；　　　　　　　(2) 抛物线 $y = \dfrac{1}{4}x^2$；

(3) 折线 OBA(其中 $B(2,0)$)；　　(4) 折线 OCA(其中 $C(0,1)$).

3. 计算对坐标的曲线积分 $\oint_L (z - y)\mathrm{d}x + (x - z)\mathrm{d}y + (x - y)\mathrm{d}z$，其中 L 是曲线 $\begin{cases} x - y + z = 2, \\ x^2 + y^2 = 1 \end{cases}$ 的一周，从 z 轴正向看去取顺时针方向.

4. 质量为 m 的质点在场力 $\boldsymbol{F}(x,y) = (x+y^2)\boldsymbol{i} + (2xy-8)\boldsymbol{j}$ 作用下沿着圆周 $x^2 + y^2 = 1$ 移动一周，证明场力 $\boldsymbol{F}(x, y)$ 所做的功为零.

5. 已知 L 是从点 $(2,0)$ 到点 $(3,-1)$ 的一段有向直线段，把对坐标的曲线积分 $\int_L P\mathrm{d}x + Q\mathrm{d}y$ 化为对弧长的曲线积分.

6. 已知 L 是曲线 $x = t, y = t^2, z = t^3$ 上从 $t=0$ 到 $t=1$ 的一段有向弧，把对坐标的曲线积分 $\int_L P\mathrm{d}x + Q\mathrm{d}y + R\mathrm{d}z$ 化为对弧长的曲线积分.

第三节　格林公式

如果把数轴上闭区间的两端点看作是该区间的"边界"，那么牛顿-莱布尼茨公式 $\int_a^b F'(x)\mathrm{d}x = F(b) - F(a)$ 可以理解为，若函数 $F'(x)$ 在有界闭区间 $[a,b]$ 上连续，那么它在该闭区间上的定积分可以用其原函数 $F(x)$ 在积分区间的"边界"上的值来表示.

在第九章学习了函数在平面有界闭区域上的二重积分，现在又学习了曲线积分，注意到平面上的有界闭区域的边界是闭曲线，于是我们不禁提出下面的问题：

（一）能否将牛顿-莱布尼茨公式 $\int_a^b F'(x)\mathrm{d}x = F(b) - F(a)$ 推广到平面区域及其边界？

即：若函数 $Q(x,y)$ 及其偏导数 $\dfrac{\partial Q}{\partial x}$ 在有界闭区域 D 上连续，那么能否将 $\dfrac{\partial Q}{\partial x}$ 在区域 D 上的积分

$\displaystyle\iint\limits_{D}\frac{\partial Q}{\partial x}\mathrm{d}x\mathrm{d}y$ 与其原函数 $Q(x,y)$ 在区域 D 的边界曲线 ∂D 上的值 $\left(\text{比如}\displaystyle\oint_{\partial D}Q\mathrm{d}y\right)$ 建立起联系,从而有

$$\iint\limits_{D}\frac{\partial Q}{\partial x}\mathrm{d}x\mathrm{d}y = \oint_{\partial D}Q\mathrm{d}y$$

成立?

（二）能否将牛顿-莱布尼茨公式从对数轴上的区间（直线段）上的积分推广到沿曲线的曲线积分?

即,对定义在以 $M_1(x_1,y_1),M_2(x_2,y_2)$ 为其起点与终点的光滑曲线段 L 上的函数 $\boldsymbol{F}(x,y)=P(x,y)\boldsymbol{i}+Q(x,y)\boldsymbol{j}$,是否存在函数 $u(x,y)$,使得

$$\int_{L}\boldsymbol{F}(x,y)\cdot\mathrm{d}\boldsymbol{r} = u(M_2) - u(M_1)$$

成立? 或对 $\boldsymbol{F}(x,y)$ 附加一定条件使得上式成立? 如果需要附加条件,应附加怎样的条件?

本节将建立的格林公式以及用格林公式作"已知"得出的一些结论回答了上述两个问题.这些结论不论在理论上还是在实际应用中都有着重要的意义.

由于对坐标的曲线积分是有方向的,而二重积分没有方向可谈,这使我们猜想:要建立这样的两类积分之间的联系是要有条件的.是的,这一猜想是正确的.为此在给出格林公式之前,先做些必要的准备工作.

1. 单连通区域与多连通区域　区域边界的正向

还记得什么样的点集称作区域吗? 闭区域呢?

图 10-8 中所给的点集都是区域.但是它们相互之间存在着很大的差别.称左边的区域 D 为单连通区域,其余两个为多连通区域.

图 10-8

一般地,对于平面区域 D,若 D 内的任意一条简单闭曲线[①]所包围的部分仍属于 D,则称 D 是**单连通区域**;否则称为**多（复）连通区域**.

通俗地说,单连通区域内不含有"洞"（包括一个点所形成的"眼"或小曲线段形成的"缝"）,而多连通区域可以看作是由在单连通区域挖去一个或几个闭区域、或挖去若干个孤立的点、或挖去一条或几条曲线段而得到的.不难看出,单连通区域的特点是:区域内的任意简单闭曲线都能在该区域内连续收缩为一个点,而多连通区域则不能.

为在有界闭区域的边界上讨论对坐标的曲线积分,我们首先要规定区域边界的方向.若区域

---

① 如果一条连续曲线除起点与终点可能重合外,其他无重点,则称它为简单曲线.只有终点与起点重合的闭曲线称为简单闭曲线.本书只讨论简单曲线.

D 的边界 L 是由一条或几条简单闭曲线所组成, 规定 D 的**正向边界**为: 当观察者沿 L 的这个方向行走时, D 内靠近他附近的点总在他的左边. 图 10-9 所示的多连通区域的边界是由闭曲线 l_1 和 l_2 组成, 作为区域 D 边界的正向, 外边界 l_1 是逆时针方向, 内边界 l_2 为顺时针方向.

图 10-9

2. 格林公式

格林公式揭示了二重积分与沿其积分区域的边界上的曲线积分之间的关系.

定理 3.1 若 (1) 区域 D 是由一条或有限条分段光滑的简单闭曲线围成的有界闭区域,

(2) 函数 $P(x,y)$, $Q(x,y)$ 在 D 上具有连续的一阶偏导数.

则有

$$\iint_D \left(\frac{\partial Q}{\partial x} - \frac{\partial P}{\partial y} \right) \mathrm{d}x\mathrm{d}y = \oint_L P\mathrm{d}x + Q\mathrm{d}y , \qquad (3.1)$$

其中 L 是 D 的正向边界.

> 注意到该定理的最后特别指出 "L 是 D 的正向边界" 了吗?
>
> 根据式 (3.1) 的特点, 能猜想应利用什么作 "已知" 来证明该定理吗?

证 分两种情况进行讨论. (1) 先假设 D 既是 X 型区域又是 Y 型区域, 如图 10-10、图 10-11 所示.

先来证明 $-\iint_D \frac{\partial P}{\partial y}\mathrm{d}x\mathrm{d}y = \oint_L P\mathrm{d}x$.

注意到等式的两端虽然是两个不同类型的积分, 但是计算它们却都要化成定积分. 根据这一 "已知" 不难想象, 可以分别把它们化成相同的定积分来证明该等式成立.

为此先将 D 看作 X 型区域. 为方便起见, 不妨就看作图 10-10 所示的区域. 设其上、下边界曲线 L_2 与 L_1 的方程分别为 $y = \varphi_2(x)$, $y = \varphi_1(x)$, 则 D 可表示为

$$D = \{(x,y) \mid \varphi_1(x) \leqslant y \leqslant \varphi_2(x), a \leqslant x \leqslant b\}.$$

下面分别将重积分 $-\iint_D \frac{\partial P}{\partial y}\mathrm{d}x\mathrm{d}y$ 与线积分 $\oint_L P\mathrm{d}x$ 都化为定积分.

由于 $\frac{\partial P}{\partial y}$ 连续, 则有

$$-\iint_D \frac{\partial P}{\partial y}\mathrm{d}x\mathrm{d}y = -\int_a^b \left[\int_{\varphi_1(x)}^{\varphi_2(x)} \frac{\partial P(x,y)}{\partial y}\mathrm{d}y \right]\mathrm{d}x = \int_a^b \{ P[x,\varphi_1(x)] - P[x,\varphi_2(x)] \}\mathrm{d}x.$$

同样, 曲线积分

$$\oint_L P(x,y)\mathrm{d}x = \int_{L_1} P(x,y)\mathrm{d}x + \int_{\overrightarrow{BC}} P(x,y)\mathrm{d}x + \int_{L_2} P(x,y)\mathrm{d}x + \int_{\overrightarrow{DA}} P(x,y)\mathrm{d}x$$

$$= \int_a^b P[x,\varphi_1(x)]\mathrm{d}x + 0 + \int_b^a P[x,\varphi_2(x)]\mathrm{d}x + 0$$

$$= \int_a^b \{ P[x,\varphi_1(x)] - P[x,\varphi_2(x)] \}\mathrm{d}x.$$

比较上边计算的两个结果, 得

$$-\iint_D \frac{\partial P}{\partial y} \mathrm{d}x\mathrm{d}y = \oint_L P\mathrm{d}x. \qquad (3.2)$$

注意到 D 也是 Y 型区域. 为讨论方便, 不妨将它看作如图 10-11 所示的区域, 即 D 可表示为

$$D = \{(x,y) \mid \psi_1(y) \leq x \leq \psi_2(y), c \leq y \leq d\}.$$

采用与证明式(3.2)完全相同的方法可以证明

$$\iint_D \frac{\partial Q}{\partial x} \mathrm{d}x\mathrm{d}y = \oint_L Q\mathrm{d}y \qquad (3.3)$$

也成立.

将式(3.2)与式(3.3)相加, 即有

$$\iint_D \left(\frac{\partial Q}{\partial x} - \frac{\partial P}{\partial y} \right) \mathrm{d}x\mathrm{d}y = \oint_L P\mathrm{d}x + Q\mathrm{d}y.$$

> 上面在计算曲线积分的过程中, 各个等号成立的根据是什么? 第二个等号后边的两个定积分的积分上、下限为何相反?

> 看出在定理证明的开始首先假设积分区域既是 X 型又是 Y 型的目的了吗?

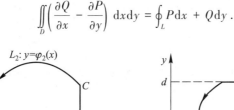

图 10-10

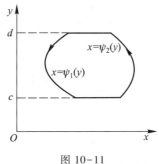

图 10-11

（2）再考虑一般情况, 如果 D 不是满足上述条件的区域. 为了利用（1）的结果作"已知"来证明这里的一般情形, 首先引进曲线把 D 进行分割, 使分割所得到的每个小区域都满足（1）的条件（图 10-12）. 比如, 图 10-12 中左图所示的区域通过引进辅助直线 $\overline{ABC}$, 把 D 分成了三个既是 X 型同时又是 Y 型的小闭区域. 根据（1）的证明, 在每个小区域上都有式(3.1)成立:

$$\iint_{D_i} \left(\frac{\partial Q}{\partial x} - \frac{\partial P}{\partial y} \right) \mathrm{d}x\mathrm{d}y = \oint_{L_i} P\mathrm{d}x + Q\mathrm{d}y, i = 1,2,3,$$

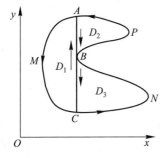

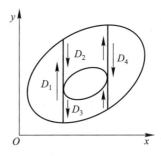

图 10-12

225

其中 L_i 是 D_i 的正向边界曲线.

再将上述各等式两边分别相加.显然左边为

$$\iint_{D_1}\left(\frac{\partial Q}{\partial x}-\frac{\partial P}{\partial y}\right)\mathrm{d}x\mathrm{d}y+\iint_{D_2}\left(\frac{\partial Q}{\partial x}-\frac{\partial P}{\partial y}\right)\mathrm{d}x\mathrm{d}y+\iint_{D_3}\left(\frac{\partial Q}{\partial x}-\frac{\partial P}{\partial y}\right)\mathrm{d}x\mathrm{d}y=\iint_{D}\left(\frac{\partial Q}{\partial x}-\frac{\partial P}{\partial y}\right)\mathrm{d}x\mathrm{d}y.$$

而右边为

$$\oint_{L_1}P\mathrm{d}x+Q\mathrm{d}y+\oint_{L_2}P\mathrm{d}x+Q\mathrm{d}y+\oint_{L_3}P\mathrm{d}x+Q\mathrm{d}y$$

$$=\left[\int_{\overparen{AMC}}+\int_{\overrightarrow{CBA}}+\int_{\overparen{BPA}}+\int_{\overrightarrow{AB}}+\int_{\overparen{CNB}}+\int_{\overrightarrow{BC}}\right](P\mathrm{d}x+Q\mathrm{d}y).$$

注意到上式中在所引的辅助线 $\overline{ABC}$ 上沿相反的方向分别作了两次曲线积分

$$\int_{\overrightarrow{CBA}}(P\mathrm{d}x+Q\mathrm{d}y)\ \text{与}\ \int_{\overrightarrow{AB}}(P\mathrm{d}x+Q\mathrm{d}y)+\int_{\overrightarrow{BC}}(P\mathrm{d}x+Q\mathrm{d}y),$$

它们相互抵消.即有

$$\int_{\overrightarrow{CBA}}P\mathrm{d}x+Q\mathrm{d}y+\int_{\overrightarrow{AB}}P\mathrm{d}x+Q\mathrm{d}y+\int_{\overrightarrow{BC}}P\mathrm{d}x+Q\mathrm{d}y=0,$$

因而

$$\left[\int_{\overparen{AMC}}+\int_{\overrightarrow{CBA}}+\int_{\overparen{BPA}}+\int_{\overrightarrow{AB}}+\int_{\overparen{CNB}}+\int_{\overrightarrow{BC}}\right](P\mathrm{d}x+Q\mathrm{d}y)=\left[\int_{\overparen{AMC}}+\int_{\overparen{CNB}}+\int_{\overparen{BPA}}\right](P\mathrm{d}x+Q\mathrm{d}y)$$

$$=\oint_{L}P\mathrm{d}x+Q\mathrm{d}y.$$

因此,这时仍有式(3.1)成立.

对如图 10-12 所示的多连通区域也可类似地证明之.

综合上边的(1)与(2),定理 3.1 得证.

通常称式(3.1)为**格林公式**.它回答了本节开始所提出的问题(一).

在式(3.1)中,令 $P=-y,Q=x$,并设区域 D 的面积为 A,则有

$$A=\frac{1}{2}\oint_{\partial D}x\mathrm{d}y-y\mathrm{d}x,$$

其中 ∂D 为区域 D 的正向边界曲线.

格林公式实现了两种不同类型的积分之间的转化,它给计算曲线积分提供了新的途径.

例3.1 计算 $\oint_{L}4xy\mathrm{d}x+3x^2\mathrm{d}y$,其中 L 为矩形区域

$$D=\{(x,y)\mid 0\leqslant y\leqslant 2,-1\leqslant x\leqslant 3\}$$

的正向边界(图 10-13).

解 $P=4xy,Q=3x^2$,由格林公式,得

$$\oint_{L}4xy\mathrm{d}x+3x^2\mathrm{d}y=\iint_{D}(6x-4x)\mathrm{d}x\mathrm{d}y$$

$$=2\int_{-1}^{3}x\mathrm{d}x\int_{0}^{2}\mathrm{d}y=2\left(x^2\Big|_{-1}^{3}\right)=16.$$

> 分析定理的证明过程,结合式(3.1)、式(3.2)与式(3.3),格林公式可以写成几种形式?

> 这里实际给出了一个计算区域面积的方法,这类区域有何特点?

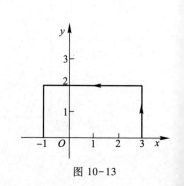

图 10-13

例 3.2　计算 $\oint_C xy^2 \mathrm{d}y$,其中 C 为圆周 $x^2 + y^2 = a^2(a > 0)$,取逆时针方向.

解　$P = 0, Q = xy^2$,则 $\dfrac{\partial P}{\partial y} = 0, \dfrac{\partial Q}{\partial x} = y^2$.设 C 所围的区域为 D,由 C 为逆时针方向,因此满足格

林公式的条件.由格林公式 $\oint_C Q\mathrm{d}y = \iint\limits_D \dfrac{\partial Q}{\partial x}\mathrm{d}x\mathrm{d}y$, 得

> 通过例 3.1,例 3.2,你有何收获与体会?

$$\oint_C xy^2\mathrm{d}y = \iint\limits_D y^2\mathrm{d}x\mathrm{d}y$$

$$= \iint\limits_D (\rho\sin\theta)^2 \cdot \rho\mathrm{d}\rho\mathrm{d}\theta = \int_0^{2\pi}\sin^2\theta\mathrm{d}\theta\int_0^a \rho^3\mathrm{d}\rho = \frac{\pi}{4}a^4.$$

例 3.3　计算 $\int_L (x^2 + 2xy)\mathrm{d}x + (x^2 + x - 2y)\mathrm{d}y$,其中 L 为圆周 $x^2 + y^2 = a^2(a > 0)$ 上,从点 $A(a, 0)$ 到点 $B(-a, 0)$ 的上半圆周(图 10-14).

解　虽然

$$P = x^2 + 2xy, \quad Q = x^2 + x - 2y$$

在包括 x 轴在内的闭上半圆域 D 上连续,并且,在 D 上

$$\frac{\partial P}{\partial y} = \frac{\partial}{\partial y}(x^2 + 2xy) = 2x,$$

$$\frac{\partial Q}{\partial x} = \frac{\partial}{\partial x}(x^2 + x - y) = 2x + 1$$

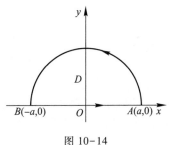

图 10-14

都存在且连续,但是积分路径却不是封闭曲线,因此不能直接用格林公式.但由被积函数的特点,直接计算曲线积分比较麻烦.因此我们设想,应创造条件使其可以利用格林公式.为此作辅助有向线段 $\overrightarrow{BA}$,使其与 L 组成一条封闭曲线,设它所围成的区域为 D,则 L 与 $\overrightarrow{BA}$ 相衔接组成了 D 的正向边界曲线,由格林公式,得

$$\int_{L + \overrightarrow{BA}} (x^2 + 2xy)\mathrm{d}x + (x^2 + x - 2y)\mathrm{d}y$$

$$= \iint\limits_D [(2x + 1) - 2x]\mathrm{d}x\mathrm{d}y = \iint\limits_D \mathrm{d}x\mathrm{d}y = \frac{\pi a^2}{2},$$

由于在 $\overrightarrow{BA}$ 上 $y \equiv 0$,因此

> 左边的第一个等号前后是依据什么变化的?

$$\int_{\overrightarrow{BA}} (x^2 + 2xy)\mathrm{d}x + (x^2 + x - 2y)\mathrm{d}y = \int_{-a}^a x^2\mathrm{d}x = \frac{2}{3}a^3.$$

于是

$$\int_L (x^2 + 2xy)\mathrm{d}x + (x^2 + x - 2y)\mathrm{d}y$$

$$= \oint_{L + \overrightarrow{BA}} (x^2 + 2xy)\mathrm{d}x + (x^2 + x - 2y)\mathrm{d}y -$$

$$\int_{\overrightarrow{BA}} (x^2 + 2xy)\mathrm{d}x + (x^2 + x - 2y)\mathrm{d}y$$

$$= \frac{\pi a^2}{2} - \frac{2a^3}{3}.$$

> 例 3.3 是怎么创造条件利用格林公式的? 由例 3.3 的解法有何体会?

例 3.4 求曲线积分 $\oint_L \dfrac{x\mathrm{d}y - y\mathrm{d}x}{x^2 + y^2}$,其中 L 为光滑的不经

过原点的简单闭曲线,其方向为逆时针方向.

一条简单闭曲线不经过原点,它与原点的关系可能有哪些情形?

解 设 L 所围成的区域为 D,这里

$$P(x,y) = \frac{-y}{x^2+y^2}, Q(x,y) = \frac{x}{x^2+y^2}.$$

当 $x^2+y^2 \neq 0$ 时,有

$$\frac{\partial Q}{\partial x} = \frac{\partial P}{\partial y} = \frac{y^2-x^2}{(x^2+y^2)^2}.$$

注意到 $P(x,y),Q(x,y)$ 在原点处无定义,根据 L 不经过原点的规定,下面分两种情况讨论:

(1) 当原点 $(0,0) \notin D$ 时,$P(x,y),Q(x,y)$ 在 D 内有连续的一阶偏导数.并且

$$\frac{\partial Q}{\partial x} - \frac{\partial P}{\partial y} = 0.$$

由格林公式,有

$$\oint_L \frac{x\mathrm{d}y - y\mathrm{d}x}{x^2 + y^2} = \iint_D 0\mathrm{d}x\mathrm{d}y = 0.$$

(2) 原点 $(0,0) \in D$,即 $(0,0)$ 是 D 的内点.选取适当小的 $r>0$ 作位于 D 内的圆周 $l:x^2+y^2=r^2$(图 10-15),使其含在 D 内.取 l 为顺时针方向,记 L 与 l 围成的二连通区域为 D_1.在 D_1 上有 $\dfrac{\partial Q}{\partial x} - \dfrac{\partial P}{\partial y} = 0$ 成立,因此由格林公式有

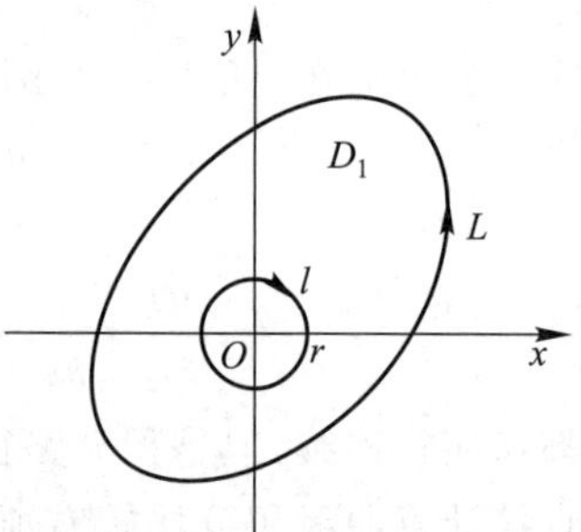

$$\oint_{L+l} \frac{x\mathrm{d}y - y\mathrm{d}x}{x^2 + y^2} = \iint_{D_1} 0\mathrm{d}x\mathrm{d}y = 0.$$

图 10-15

利用 l 的参数方程:$x=r\cos\theta, y=r\sin\theta$,有

$$\oint_L \frac{x\mathrm{d}y - y\mathrm{d}x}{x^2 + y^2} = -\oint_l \frac{x\mathrm{d}y - y\mathrm{d}x}{x^2 + y^2}$$

$$= -\int_{2\pi}^{0} \frac{[r\cos\theta(r\cos\theta) - r\sin\theta(-r\sin\theta)]\mathrm{d}\theta}{r^2\cos^2\theta + r^2\sin^2\theta}$$

$$= \int_{0}^{2\pi} \frac{[r\cos\theta(r\cos\theta) - r\sin\theta(-r\sin\theta)]\mathrm{d}\theta}{r^2\cos^2\theta + r^2\sin^2\theta}$$

$$= \int_{0}^{2\pi} \frac{r^2}{r^2}\mathrm{d}\theta = 2\pi.$$

例 3.3 与例 3.4(2) 都是利用格林公式实现了将积分路径进行转化.比较两个题目有何异同?你有何体会?

3. 平面上曲线积分与路径无关的条件

第二节例 2.2 的三个积分中,虽然被积函数都是相同的,但积分的结果因积分路径不同(虽然它们的起点与终点都是相同的)而不同,由曲线积分的定义,$\int_L P(x,y)\mathrm{d}x + Q(x,y)\mathrm{d}y$ 的值由被积函数及积分路径来决定,因此这应该是显然的.但从例 2.3 又看到对同样的被积函数沿具有

相同起点与终点的不同路径上的积分却是相同的,或说积分与路径无关.不难想象,要使积分与路径无关,所讨论的问题(比如被积函数或相应的区域)应附加一定的条件.

图 10-16

积分如果与路径无关,在计算相应的曲线积分时可以通过选择适当的路径以简化计算.因此,探讨附加什么样的条件能使曲线积分与路径无关是有意义的.下面来讨论之.

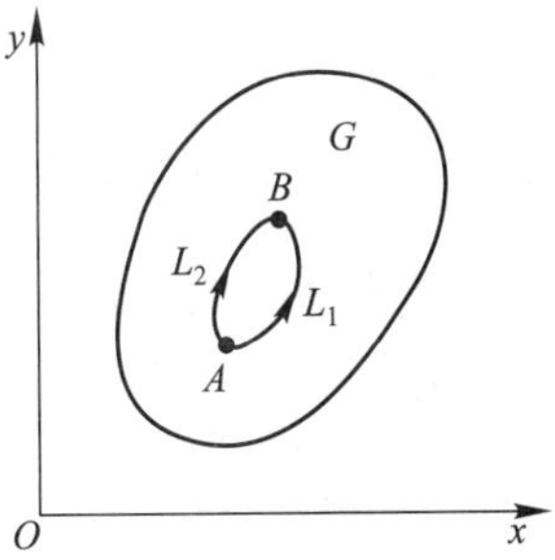

由图 10-16,若 G 是一平面区域,L_1,L_2 是区域 G 内具有相同起点和终点的任意两条路径.若在 G 内积分与路径无关,即

$$\int_{L_1} P\mathrm{d}x + Q\mathrm{d}y = \int_{L_2} P\mathrm{d}x + Q\mathrm{d}y,$$

或

$$\int_{L_1} P\mathrm{d}x + Q\mathrm{d}y = -\int_{L_2^-} P\mathrm{d}x + Q\mathrm{d}y,$$

移项并利用路径可加性,得到

$$\oint_{L_1+L_2^-} P\mathrm{d}x + Q\mathrm{d}y = 0.$$

注意到 L_1 与 L_2^- 构成了 G 内的一条闭曲线,不妨记其为 C.上述讨论说明,在区域 G 内,由积分与路径无关可以得到在该区域内沿闭曲线 C 积分为零.易知以上各步都是可逆的,因此结论反过来也是成立的,即在平面区域 G 内

$$\int_L P(x,y)\mathrm{d}x + Q(x,y)\mathrm{d}y \text{ 与路径 } L \text{ 无关} \Leftrightarrow \oint_C P\mathrm{d}x + Q\mathrm{d}y = 0,$$

其中 L 为区域 G 内的任意曲线,C 为区域 G 内的任意闭曲线.

上面的讨论说明,要探讨附加什么样的条件能使积分与路径无关而只与起、终点有关,可以讨论被积函数与相应的区域满足什么样的条件,能使它在该区域内沿闭曲线积分为零.对此,有下面的定理 3.2.

定理 3.2 设(1)区域 G 是单连通区域;

(2)在 G 内,函数 $P(x,y)$ 与 $Q(x,y)$ 存在连续的一阶偏导数.则曲线积分 $\int_L P(x,y)\mathrm{d}x + Q(x,y)\mathrm{d}y$ 在 G 内与路径无关(沿 G 内任意闭曲线积分为零)的充要条件是

$$\frac{\partial P}{\partial y} = \frac{\partial Q}{\partial x} \tag{3.4}$$

在 G 内恒成立.

> 定理 3.2 与格林公式对区域的要求有差异吗?能否利用例 3.4 的(2)来说明为什么会有这一差异吗?

由积分与路径无关等价于沿闭曲线积分为零,因此只需证明条件(3.4)是使"沿闭曲线积分为零"的充要条件.注意到式(3.4)的特点,这提示我们用格林公式作"已知"来证明.

证 充分性

设 C 为区域 G 内的任意闭曲线.由于 G 是单连通的,因此由 C 围成的闭区域 D 全部在 G 内,即在 D 内式(3.4)恒成立.在区域 D 上应用格林公式

$$\oint_C P\mathrm{d}x + Q\mathrm{d}y = \iint_D \left(\frac{\partial Q}{\partial x} - \frac{\partial P}{\partial y}\right) \mathrm{d}x\mathrm{d}y ,$$

由式(3.4),上述等式的右端为零,因此其左端也为零,即有 $\oint_C P\mathrm{d}x + Q\mathrm{d}y = 0.$

必要性　用反证法.

假定积分 $\int_L P\mathrm{d}x + Q\mathrm{d}y$ 与路径无关,但在 G 内存在点 M_0,使得 $\left(\dfrac{\partial P}{\partial y} - \dfrac{\partial Q}{\partial x}\right)\Big|_{M_0} \neq 0.$ 为叙述方便起见,不妨设

$$\left(\frac{\partial P}{\partial y} - \frac{\partial Q}{\partial x}\right)\Big|_{M_0} = a > 0.$$

由 $\dfrac{\partial P}{\partial y} - \dfrac{\partial Q}{\partial x}$ 在 G 内连续,故由极限的保号性,存在 $r>0$,使得以 M_0 为中心、r 为半径的小闭圆域 D_0 位于 G 内,在 D_0 的任意一点处,恒有

$$\frac{\partial P}{\partial y} - \frac{\partial Q}{\partial x} > \frac{a}{2}.$$

设 D_0 的正向边界为 l,在 D_0 上应用格林公式,则有

$$\oint_l P\mathrm{d}x + Q\mathrm{d}y = \iint_{D_0}\left(\frac{\partial Q}{\partial x} - \frac{\partial P}{\partial y}\right)\mathrm{d}x\mathrm{d}y \geqslant \frac{a}{2}\cdot\pi r^2 > 0 ,$$

而 l 是 G 内的闭曲线,这与假设在 G 内"积分与路径无关",

> 在定理的证明过程中,从哪几个地方看出,要求区域是单连通的必要性?分析定理3.2,要使积分与路径无关,需要附加哪些条件?

或沿 G 内任意闭曲线积分为零相矛盾.因此,假设在 G 内式(3.4)不恒成立是错误的,即式(3.4)在 G 内恒成立.

定理证毕.

由于定理的证明利用了格林公式,因此定理 3.2 的条件"P,Q 在 G 内有连续的偏导数"是不可缺的."区域 G 是单连通区域"也是不可缺的,这由例 3.4(2)可以看出,该题在去掉原点后的区域内处处有 $\dfrac{\partial P}{\partial y} = \dfrac{\partial Q}{\partial x}$ 成立,但这时区域不是单连通区域了,因此沿闭曲线积分不为零.条件"$\dfrac{\partial P}{\partial y} = \dfrac{\partial Q}{\partial x}$ 在单连通区域内恒成立"也不可缺,例如,第二节例 2.2 中 $P(x,y) = y^2 , Q(x,y) = -x^2$,因此 $\dfrac{\partial P}{\partial y} = 2y , \dfrac{\partial Q}{\partial x} = -2x$,这就是说 $\dfrac{\partial P}{\partial y} = \dfrac{\partial Q}{\partial x}$ 只在直线 $y = -x$ 上成立,而在任何一个区域上都不成立.所以该积分与路径有关.

例 3.5　计算曲线积分 $\int_L (2x^2 + 3y)\mathrm{d}x + (3x + y\sin^2 y)\mathrm{d}y$,其中路径 L 为上半圆周 $y = \sqrt{x(2-x)}\ (0 \leqslant x \leqslant 2)$,取从点 $A(2,0)$ 到点 $O(0,0)$ 的逆时针方向(图 10-17).

解　这里 $P(x,y) = 2x^2 + 3y , Q(x,y) = 3x + y\sin^2 y$.由于在平面 xOy 上的任意点处,

$$\frac{\partial Q}{\partial x} = 3 = \frac{\partial P}{\partial y},$$

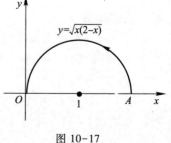

图 10-17

所以在全平面内积分与路径无关,为此可以改变积分路径.取数轴上的有向线段$\overrightarrow{AO}$,$\overrightarrow{AO}$与L有相同的起点与终点,因此由定理 3.2,

$$\int_L (2x^2 + 3y)\,\mathrm{d}x + (3x + y\sin^2 y)\,\mathrm{d}y$$

$$= \int_{\overrightarrow{AO}} (2x^2 + 3y)\,\mathrm{d}x + (3x + y\sin^2 y)\,\mathrm{d}y$$

$$= 2\int_2^0 x^2\,\mathrm{d}x = -\frac{16}{3}.$$

> 例 3.5 能用例 3.3 的解法来解吗? 为什么没用例 3.3 的解法? 对例 3.5 的解法你有何体会?

对坐标的曲线积分的物理意义是变力沿曲线做功,因此变力沿曲线做功与路径无关的问题反映到数学中就是曲线积分与路径无关的问题.所以"积分与路径无关"有着重要的实际意义.

例 3.6　设有一变力,它在两坐标轴上的投影分别为 $X = 2x + y^2$, $Y = 2xy + 3y^2$,证明该变力沿光滑曲线移动质点所做的功与路径无关.

证　该变力沿光滑曲线 L 所做的功为

$$W = \int_L X\,\mathrm{d}x + Y\,\mathrm{d}y.$$

这是一个曲线积分,并且 $P(x,y) = X = 2x + y^2$, $Q(x,y) = Y = 2xy + 3y^2$,由于

$$\frac{\partial P(x,y)}{\partial y} = \frac{\partial(2x + y^2)}{\partial y} = 2y, \quad \frac{\partial Q(x,y)}{\partial x} = \frac{\partial(2xy + 3y^2)}{\partial x} = 2y.$$

亦即

$$\frac{\partial P(x,y)}{\partial y} = \frac{\partial Q(x,y)}{\partial x},$$

因此,曲线积分与路径无关,即该变力沿光滑曲线移动质点所做的功与路径无关.

对于确定的函数 $P(x,y)$, $Q(x,y)$,如果曲线积分 $\int_L P(x,y)\,\mathrm{d}x + Q(x,y)\,\mathrm{d}y$ 在区域 G 内与路径无关,因而只与起点、终点有关,那么该积分可以写作

$$\int_{(x_0,y_0)}^{(x,y)} P(x,y)\,\mathrm{d}x + Q(x,y)\,\mathrm{d}y$$

的形式,其中 (x_0,y_0), (x,y) 分别为积分路径的起点与终点.在起点确定的情况下,该积分由终点唯一确定,因而该积分是终点的函数.

4. 全微分的求积

由第八章第三节知,若函数 $u(x,y)$ 在区域 D 内可微分,令 $\dfrac{\partial u}{\partial x} = P(x,y)$, $\dfrac{\partial u}{\partial y} = Q(x,y)$.那么在 D 内有

$$\mathrm{d}u = \frac{\partial u}{\partial x}\mathrm{d}x + \frac{\partial u}{\partial y}\mathrm{d}y = P(x,y)\mathrm{d}x + Q(x,y)\mathrm{d}y,$$

也就是说,二元可微函数的全微分一定有 $P(x,y)\mathrm{d}x + Q(x,y)\mathrm{d}y$ 的形式.这不禁使我们提出这个问题的反问题:设 $P(x,y)$, $Q(x,y)$ 是区域 D 内的两个任意的函数,那么 $P(x,y)\mathrm{d}x + Q(x,y)\mathrm{d}y$ 是否一定是某函数 $u(x,y)$ 的全微分? 即是否存在函数 $u(x,y)$,使得

$$du = P(x,y)\,dx + Q(x,y)\,dy$$

成立?

我们不妨称在区域 D 内满足 $du = P(x,y)\,dx + Q(x,y)\,dy$ 的可微函数 $u(x,y)$ 为 $Pdx+Qdy$ 在 D 内的一个**原函数**.若 C 为常数,则 $dC = 0$.因此,若 $u(x,y)$ 是 $Pdx+Qdy$ 的一个原函数,那么 $u(x,y)+C$ 也一定是 $Pdx+Qdy$ 的原函数,其中 C 为任意常数,这就是说,若 $Pdx+Qdy$ 存在原函数,那么它一定有无穷多个原函数,并且任意两个原函数之间相差一个常数.

在上册我们知道,并不是任意的一元函数都存在原函数.由此不难想象,对任意的两个二元函数 P,Q,更不能期望 $Pdx+Qdy$ 一定存在原函数.这不禁使我们提出下面的两个问题:

(1) 对函数 $P(x,y),Q(x,y)$,能否附加一定的条件,以保证 $Pdx+Qdy$ 存在原函数?

(2) 若知道 $P(x,y)\,dx + Q(x,y)\,dy$ 一定存在原函数,能否根据 $P(x,y),Q(x,y)$ 求出该原函数?

由全微分 $P(x,y)\,dx + Q(x,y)\,dy$ 求它的原函数,简称**全微分求积**(分).前面在讨论单连通区域上积分与路径无关的充要条件时也涉及 $P(x,y)\,dx + Q(x,y)\,dy$,并且如果曲线积分 $\int_L P(x,y)\,dx + Q(x,y)\,dy$ 与积分路径无关,那么积分可以写作

$$\int_{(x_0,y_0)}^{(x,y)} P(x,y)\,dx + Q(x,y)\,dy$$

的形式,它是终点的函数.因此我们猜想,"全微分求积"与"曲线积分与路径无关"之间应该有一定的联系.是的,这个猜想是正确的,下面的定理 3.3 就说明了这个问题.

定理 3.3 设(1)G 是单连通区域;

(2)在 G 内,函数 $P(x,y)$ 与 $Q(x,y)$ 存在一阶连续的偏导数.

则 $P(x,y)\,dx + Q(x,y)\,dy$ 在 G 内为某一函数的全微分(存在原函数)的充要条件是在 G 内,有

$$\frac{\partial P}{\partial y} = \frac{\partial Q}{\partial x} \tag{3.5}$$

成立.并且函数

$$u(x,y) = \int_{(x_0,y_0)}^{(x,y)} P(x,y)\,dx + Q(x,y)\,dy$$

是 $P(x,y)\,dx + Q(x,y)\,dy$ 的一个原函数,其中 $M_0(x_0,y_0)$ 为 G 内的某一点.

> 分析定理 3.3,你认为该定理解决了哪些问题?其中的 $u(x,y)$ 与 P,Q 之间有什么关系?
> 欲证该定理,应利用什么作"已知"?

证 根据前面的分析,显然证明该定理成立应该利用定理 3.2 作"已知".

充分性 由 $\dfrac{\partial P}{\partial y} = \dfrac{\partial Q}{\partial x}$ 在单连通区域 G 内存在且连续,并且 $\dfrac{\partial P}{\partial y} = \dfrac{\partial Q}{\partial x}$ 在 G 内处处成立,根据定理 3.2,积分

$$\int_{\widehat{M_0 M}} Pdx + Qdy$$

与路径无关,如果固定点 $M_0(x_0,y_0) \in G$ 不动,曲线积分

$$\int_{\widehat{M_0 M}} Pdx + Qdy$$

被终点 $M(x,y)$ 唯一确定,因此它是终点 M 或说 x,y 的函数,记为 $u(x,y)$,即

$$u(x,y) = \int_{\widehat{M_0M}} P\mathrm{d}x + Q\mathrm{d}y = \int_{(x_0,y_0)}^{(x,y)} P\mathrm{d}x + Q\mathrm{d}y.$$

下面证明 $u(x,y)$ 是可微的,并且 $P(x,y)\mathrm{d}x+Q(x,y)\mathrm{d}y$ 就是 $u(x,y)$ 的全微分.为此证明 $\dfrac{\partial u}{\partial x} = P(x,y)$, $\dfrac{\partial u}{\partial y} = Q(x,y)$.

先证 $\dfrac{\partial u}{\partial x} = P(x,y)$.

由 $u(x,y) = \int_{(x_0,y_0)}^{(x,y)} P\mathrm{d}x + Q\mathrm{d}y$,则有

$$u(x+\Delta x,y) = \int_{(x_0,y_0)}^{(x+\Delta x,y)} P\mathrm{d}x + Q\mathrm{d}y.$$

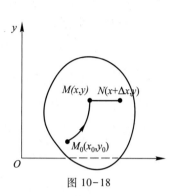

图 10-18

记点 $(x+\Delta x,y)$ 为 N,上式说明,$u(x+\Delta x,y)$ 是在沿 G 内的以 $M_0(x_0,y_0)$ 为起点,$N(x+\Delta x,y)$ 为终点的曲线上的线积分.由积分与路径无关,因此可以将计算 $u(x+\Delta x,y)$ 的积分路径选作从 $M_0(x_0,y_0)$ 先到 $M(x,y)$,再沿直线段 $\overline{MN}$ 到 $N(x+\Delta x,y)$(图10-18).也就有

$$u(x+\Delta x,y) = \int_{(x_0,y_0)}^{(x,y)} P\mathrm{d}x + Q\mathrm{d}y + \int_{(x,y)}^{(x+\Delta x,y)} P\mathrm{d}x + Q\mathrm{d}y$$

$$= u(x,y) + \int_{(x,y)}^{(x+\Delta x,y)} P\mathrm{d}x + Q\mathrm{d}y.$$

因此,

$$u(x+\Delta x,y) - u(x,y) = \int_{(x,y)}^{(x+\Delta x,y)} P\mathrm{d}x + Q\mathrm{d}y.$$

在直线段 $\overline{MN}$ 上 y(为常数)不变化,于是将上述对坐标的曲线积分化为定积分,得

$$u(x+\Delta x,y) - u(x,y) = \int_{x}^{x+\Delta x} P(x,y)\mathrm{d}x.$$

利用定积分中值定理,有

$$\lim_{\Delta x \to 0} \frac{u(x+\Delta x,y) - u(x,y)}{\Delta x}$$

$$= \lim_{\Delta x \to 0} \frac{1}{\Delta x} \int_{x}^{x+\Delta x} P(x,y)\mathrm{d}x$$

$$= \lim_{\Delta x \to 0} \frac{1}{\Delta x} P(x+\theta\Delta x,y)\Delta x = \lim_{\Delta x \to 0} P(x+\theta\Delta x,y) = P(x,y) \quad (0 \leqslant \theta \leqslant 1).$$

即

$$\frac{\partial u}{\partial x} = P(x,y).$$

类似地可以得到

$$\frac{\partial u}{\partial y} = Q(x,y).$$

由于 $P(x,y),Q(x,y)$ 是连续的,即 $\dfrac{\partial u}{\partial x},\dfrac{\partial u}{\partial y}$ 是连续的,从而 $u(x,y)$ 可微,并且

$$du = \frac{\partial u}{\partial x}dx + \frac{\partial u}{\partial y}dy = P(x,y)dx + Q(x,y)dy.$$

即 $P(x,y)dx + Q(x,y)dy$ 是 $u(x,y)$ 的全微分,或说 $u(x,y)$ 是 $P(x,y)dx+Q(x,y)dy$ 的一个原函数.

必要性 设在 G 内存在可微的函数 $u(x,y)$,满足
$$du = P(x,y)dx + Q(x,y)dy,$$

总结以上关于"充分性"的证明,主要用了什么作"已知"?其中哪几步更为关键?

由全微分的定义,则有 $P(x,y)=\dfrac{\partial u}{\partial x}, Q(x,y)=\dfrac{\partial u}{\partial y}$.由于 $P(x,y)$ 与 $Q(x,y)$ 存在一阶连续偏导数,因而 $\dfrac{\partial^2 u}{\partial x\partial y}=\dfrac{\partial}{\partial y}\left(\dfrac{\partial u}{\partial x}\right)=\dfrac{\partial P}{\partial y}, \dfrac{\partial^2 u}{\partial y\partial x}=\dfrac{\partial}{\partial x}\left(\dfrac{\partial u}{\partial y}\right)=\dfrac{\partial Q}{\partial x}$ 在 G 内存在且连续.即 $u(x,y)$ 的两个二阶混合偏导数都存在并且连续.因此,有

$$\frac{\partial^2 u}{\partial x\partial y}=\frac{\partial^2 u}{\partial y\partial x},$$

也就是

$$\frac{\partial P}{\partial y}=\frac{\partial Q}{\partial x}.$$

定理证毕.

上面的证明告诉我们,在满足定理 3.3 的条件下,与路径无关的曲线积分

$$u(x,y)=\int_{(x_0,y_0)}^{(x,y)} P(x,y)dx + Q(x,y)dy$$

就是 $P(x,y)dx+Q(x,y)dy$ 的一个原函数.因此,其原函数可以通过计算曲线积分

$$\int_{(x_0,y_0)}^{(x,y)} P(x,y)dx + Q(x,y)dy$$

而得到.

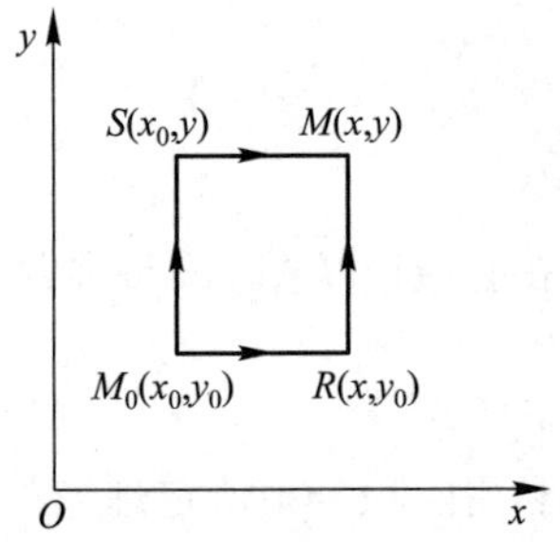

图 10-19

由于该积分与路径无关,因此一般选择图 10-19 中所示的由 $M_0(x_0,y_0)$ 到 $M(x,y)$ 的两条折线中的一条,使积分路径为平行于坐标轴的直线段组成的折线(当然这样的折线段必须完全位于该区域内),以使 dx 或 dy 中至少有一个为零.

如果沿折线 M_0RM,就有

$$u(x,y)=\int_{x_0}^{x} P(x,y_0)dx + \int_{y_0}^{y} Q(x,y)dy, \quad (3.6)$$

若沿折线 M_0SM,则有

$$u(x,y)=\int_{y_0}^{y} Q(x_0,y)dy + \int_{x_0}^{x} P(x,y)dx. \quad (3.7)$$

按照上述方法选择积分路径,若把路径的起点选为不同的点,分别求出的 $u(x,y)$ 相同吗?如果不同,它们之间有怎样的关系?由此说明什么?

当然,若把 (x_0,y_0) 取为坐标原点(如果原点属于所讨论的区域)或坐标轴上的一个点(该点也必须属于所讨论的区域)往往会更为简单.

例 3.7 验证 $e^x(\sin y dx + \cos y dy)$ 是某函数的全微分，并求出一个这样的函数.

解 由 $P(x,y) = e^x \sin y, Q(x,y) = e^x \cos y$，因此

$$\frac{\partial P}{\partial y} = e^x \cos y = \frac{\partial Q}{\partial x},$$

它们都是连续的，因此在全平面内 $e^x(\sin y dx + \cos y dy)$ 是某函数 $u(x,y)$ 的全微分.下面用两种不同的方法求出 $u(x,y)$：

方法 1（计算线积分法） 采用图 10-20 所示的路径：$O(0,0) \rightarrow A(x,0) \rightarrow B(x,y)$，有

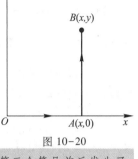

图 10-20

> 左边的第三个等号前后发生了什么变化？

$$u(x,y) = \int_{(0,0)}^{(x,y)} e^x(\sin y dx + \cos y dy)$$

$$= \int_{(0,0)}^{(x,0)} e^x(\sin y dx + \cos y dy) + \int_{(x,0)}^{(x,y)} e^x(\sin y dx + \cos y dy)$$

$$= \int_0^x e^x \sin 0 dx + \int_0^y e^x \cos y dy = e^x \sin y.$$

方法 2 也可以采用下面的所谓的**偏积分法**而求得.

要求的函数 $u(x,y)$ 同时满足

$$u_x(x,y) = P(x,y) = e^x \sin y, u_y(x,y) = Q(x,y) = e^x \cos y.$$

依照一元函数求原函数的方法，应有

$$u(x,y) = \int u_x(x,y) dx = \int P(x,y) dx$$

> 求 $u(x,y)$ 时，为什么最后还要加 $\varphi(y)$ 而不是加任意常数呢？

$$= \int e^x \sin y dx$$

$$= e^x \sin y + \varphi(y).$$

为求其中的待定函数 $\varphi(y)$，先求 $u_y(x,y)$，

$$u_y(x,y) = [e^x \sin y + \varphi(y)]'_y = e^x \cos y + \varphi'(y).$$

将它与 $u_y(x,y) = Q(x,y) = e^x \cos y$ 相比较，得 $\varphi'(y) = 0$，所以 $\varphi(y) = C(C$ 为任意常数).不妨取 $C = 0$，于是有

$$u(x,y) = e^x \sin y.$$

> 这里取 $C = 0$ 的目的是什么？如果 C 取另外的数，将与解法一的结果不一致可以吗？为什么？

综合定理 3.2 与定理 3.3，我们有

推论 设 G 是单连通区域，函数 $P(x,y)$ 与 $Q(x,y)$ 在 G 内存在一阶连续偏导数，则曲线积分 $\int_L P(x,y) dx + Q(x,y) dy$ 在 G 内与路径无关的充要条件是在 G 内存在函数 $u(x,y)$，使得 $P(x,y) dx + Q(x,y) dy$ 是函数 $u(x,y)$ 的全微分.即

$$du(x,y) = P(x,y) dx + Q(x,y) dy.$$

由此就可以回答本节开始所提出的问题（二）.即满足怎样的条件时，可以将牛顿-莱布尼茨公式推广到曲线积分？对此有下面的**曲线积分的基本公式**.

定理 3.4 设 $F(x,y) = P(x,y)\boldsymbol{i} + Q(x,y)\boldsymbol{j}$ 是定义在平面单连通区域 G 内的一个向量场，函数 $P(x,y)$ 与 $Q(x,y)$ 在 G 内存在一阶连续偏导数，并且 $\dfrac{\partial P}{\partial y} = \dfrac{\partial Q}{\partial x}$，则存在函数 $u(x,y)$，对于 G 内的任意一条以 $M_1(x_1,y_1)$ 为起点、$M_2(x_2,y_2)$ 为终点的分段光滑的曲线 L，有

$$\int_L F(x,y) \cdot \mathrm{d}\boldsymbol{r} = u(x_2,y_2) - u(x_1,y_1),$$

其中，$\mathrm{d}\boldsymbol{r} = \mathrm{d}x\boldsymbol{i} + \mathrm{d}y\boldsymbol{j}$.

> 要将牛顿-莱布尼茨公式推广到曲线积分，应利用什么作"已知"？还记得第五章如何证明牛顿-莱布尼茨公式的吗？

证 根据定理所给条件，由定理 3.3，$P(x,y)\mathrm{d}x + Q(x,y)\mathrm{d}y$ 必为某函数的全微分，设 $u(x,y)$ 为其一个原函数. 又 $\varphi(x,y) = \displaystyle\int_{(x_1,y_1)}^{(x,y)} P(x,y)\mathrm{d}x + Q(x,y)\mathrm{d}y$ 也是被积式的一个原函数，所以

$$u(x,y) = \varphi(x,y) + C.$$

但 $\varphi(x_1,y_1) = 0$，因此 $C = u(x_1,y_1)$，于是

$$u(x,y) = \varphi(x,y) + u(x_1,y_1),$$

或

$$\varphi(x,y) = u(x,y) - u(x_1,y_1).$$

于是

$$\int_{(x_1,y_1)}^{(x,y)} P(x,y)\mathrm{d}x + Q(x,y)\mathrm{d}y = u(x,y) - u(x_1,y_1).$$

因此

$$\int_{(x_1,y_1)}^{(x_2,y_2)} P(x,y)\mathrm{d}x + Q(x,y)\mathrm{d}y = u(x_2,y_2) - u(x_1,y_1),$$

或写成

$$\int_L F(x,y) \cdot \mathrm{d}\boldsymbol{r} = u(M_2) - u(M_1).$$

下面利用该定理来计算曲线积分.

例 3.8 计算 $\displaystyle\int_L xy^2\mathrm{d}x + x^2y\mathrm{d}y$，其中 L 的起点与终点分别为 $(0,0)$ 与 $(1,1)$.

解 由 $P(x,y) = xy^2$，$Q(x,y) = x^2y$，得

$$\frac{\partial P(x,y)}{\partial y} = 2xy = \frac{\partial Q(x,y)}{\partial x}, \quad (x,y) \in \mathbf{R}^2.$$

为计算该积分，由定理 3.4，我们先求 $xy^2\mathrm{d}x + x^2y\mathrm{d}y$ 在平面 xOy 内的原函数 $u(x,y)$.

取 $O(0,0)$ 为起点，积分路径取作图 10-20 所示的路径. 则

$$\begin{aligned}
u(x,y) &= \int_{(0,0)}^{(x,y)} xy^2\mathrm{d}x + x^2y\mathrm{d}y \\
&= \int_{(0,0)}^{(x,0)} xy^2\mathrm{d}x + x^2y\mathrm{d}y + \int_{(x,0)}^{(x,y)} xy^2\mathrm{d}x + x^2y\mathrm{d}y \\
&= \int_0^y x^2y\mathrm{d}y = \frac{1}{2}x^2y^2.
\end{aligned}$$

于是

$$\int_L xy^2 \mathrm{d}x + x^2 y \mathrm{d}y = u(1,1) - u(0,0) = u(1,1) = \frac{1}{2}.$$

例 3.9　计算 $\displaystyle\int_L \frac{x\mathrm{d}x + y\mathrm{d}y}{\sqrt{x^2 + y^2}}$，其中 L 为以点 $(1,0)$ 为起点，$(0,1)$ 为终点的位于第一象限的光滑曲线.

解　由 $P(x,y) = \dfrac{x}{\sqrt{x^2+y^2}}, Q(x,y) = \dfrac{y}{\sqrt{x^2+y^2}}$，得

$$\frac{\partial P}{\partial y} = -\frac{1}{2}\frac{x \cdot 2y}{\sqrt{(x^2+y^2)^3}} = \frac{-xy}{\sqrt{(x^2+y^2)^3}}, \quad \frac{\partial Q}{\partial x} = -\frac{1}{2}\frac{y \cdot 2x}{\sqrt{(x^2+y^2)^3}} = \frac{-xy}{\sqrt{(x^2+y^2)^3}}.$$

于是有

$$\frac{\partial P}{\partial y} = \frac{\partial Q}{\partial x}.$$

为计算该积分，先求被积式的一个原函数 $u(x,y)$. 由于

$$\frac{x\mathrm{d}x+y\mathrm{d}y}{\sqrt{x^2+y^2}} = \frac{\mathrm{d}x^2+\mathrm{d}y^2}{2\sqrt{x^2+y^2}} = \frac{\mathrm{d}(x^2+y^2)}{2\sqrt{x^2+y^2}} = \mathrm{d}(\sqrt{x^2+y^2}).$$

所以，在包含 L 的一个单连通区域（该区域不包含原点）内，函数 $\sqrt{x^2+y^2}$ 为 $\dfrac{x\mathrm{d}x+y\mathrm{d}y}{\sqrt{x^2+y^2}}$ 的原函数. 因此

$$\int_L \frac{x\mathrm{d}x + y\mathrm{d}y}{\sqrt{x^2+y^2}} = \sqrt{x^2+y^2}\,\Big|_{(1,0)}^{(0,1)} = 0.$$

> 以上研究了格林公式、曲线积分与路径无关、沿闭曲线积分为零、二元函数的全微分求积以及曲线积分的基本公式等. 总结一下，以上的各问题在单连通区域中有何联系？

设有向量值函数 $\boldsymbol{F}(x,y) = P(x,y)\boldsymbol{i} + Q(x,y)\boldsymbol{j}$，并令 $\mathrm{d}\boldsymbol{r} = \mathrm{d}x\boldsymbol{i}+\mathrm{d}y\boldsymbol{j}$. 若曲线积分 $\displaystyle\int_L \boldsymbol{F}(x,y) \cdot \mathrm{d}\boldsymbol{r}$ 在区域 G 内与路径无关，则称向量场 $\boldsymbol{F}$ 为**保守场**.

设 G 是单连通区域. 若定义在 G 上的函数 $u(x,y)$ 是 $P(x,y)\mathrm{d}x+Q(x,y)\mathrm{d}y$ 的一个原函数，即有 $\mathrm{d}u(x,y) = P\mathrm{d}x+Q\mathrm{d}y$，这时 $\mathbf{grad}\, u(x,y) = (P,Q)$. 因此 $u(x,y)$ 实则是 G 上的向量场 $\boldsymbol{F}(M) = (P,Q)$ 的势函数（或位函数），向量场 $\boldsymbol{F}(M)$ 为势场. 定理 3.4 说明，对于势场 $\boldsymbol{F}(M)$，曲线积分 $\displaystyle\int_L \boldsymbol{F}(x,y) \cdot \mathrm{d}\boldsymbol{r}$ 的值仅依赖于它的势函数 $u(x,y)$ 在路径 L 的两端点处的值，而与两端点之间的路径无关，即势场一定是保守场.

*5. 全微分方程

若 $P(x,y)\mathrm{d}x+Q(x,y)\mathrm{d}y$ 是某函数 $u(x,y)$ 的全微分，则称微分方程

$$P(x,y)\mathrm{d}x+Q(x,y)\mathrm{d}y=0 \tag{3.8}$$

为**全微分方程**.

由定理 3.3，式 (3.8) 为全微分方程的充要条件为 $P(x,y),Q(x,y)$ 在单连通区域 G 内有连续

的偏导数,并且 $\dfrac{\partial P}{\partial y} = \dfrac{\partial Q}{\partial x}$.

若函数 $u(x,y)$ 是 $P(x,y)\mathrm{d}x + Q(x,y)\mathrm{d}y$ 的一个原函数,那么式(3.8)就可以写作

$$\mathrm{d}u(x,y) = 0.$$

因此

$$u(x,y) = C.$$

关于格林公式
及与其有关
结论的注记

是方程(3.8)的隐式通解,其中 C 为任意常数.

这样一来,解全微分方程(3.8)实际就是上边所讨论的对

$$P(x,y)\mathrm{d}x + Q(x,y)\mathrm{d}y$$

求积这一"已知".只要求出该表达式的一个原函数 $u(x,y)$,则 $u(x,y) = C$ 就是方程(3.8)的隐式通解.

例 3.10 求微分方程 $\mathrm{e}^x(\sin y\mathrm{d}x + \cos y\mathrm{d}y) = 0$ 的通解.

解 由例 3.7,该方程是全微分方程,并且函数

$$u(x,y) = \mathrm{e}^x\sin y$$

是 $\mathrm{e}^x(\sin y\mathrm{d}x + \cos y\mathrm{d}y)$ 的一个原函数,因此,该方程的通解是

$$\mathrm{e}^x\sin y = C.$$

例 3.11 求解 $(3xy^2 - y^3)\mathrm{d}x + (3x^2y - 3xy^2)\mathrm{d}y = 0$.

解 $P(x,y) = 3xy^2 - y^3, Q(x,y) = 3x^2y - 3xy^2$,

$$\frac{\partial P}{\partial y} = 6xy - 3y^2 = \frac{\partial Q}{\partial x},$$

由全微分方程的定义及定理 3.3,这个方程是全微分方程,取 $(x_0,y_0) = (0,0)$,由公式(3.6),有

$$u(x,y) = \int_0^x 0\mathrm{d}x + \int_0^y (3x^2y - 3xy^2)\,\mathrm{d}y$$

$$= \frac{3}{2}x^2y^2 - xy^3.$$

因此,方程的隐式通解为

$$\frac{3}{2}x^2y^2 - xy^3 = C.$$

历史人物简介

格林

习题 10-3(A)

1. 判断下列论述是否正确,并说明理由:

(1) 格林公式所要求的条件主要有两条:区域是有界闭区域(可以是单连通的,也可以是多连通的),函数有一阶连续偏导数;

(2) 曲线积分与积分路径无关等价于沿任意闭曲线积分为零.在格林公式的条件中再附加条件 $\dfrac{\partial P}{\partial y}=\dfrac{\partial Q}{\partial x}$ 就是曲线积分与积分路径无关的条件,或说沿任意闭曲线积分为零的条件;

(3) 当区域与函数都满足了曲线积分与积分路径无关的条件时,$P(x,y)\mathrm{d}x+Q(x,y)\mathrm{d}y$ 就一定是某个二元函数 $u(x,y)$ 的全微分.若要求出 $u(x,y)$,可以选择特殊的路径,比如将平行于坐标轴的折线作为积分路径来计算相应的曲线积分;

(4) 若 $P(x,y)\mathrm{d}x+Q(x,y)\mathrm{d}y$ 是某个二元函数 $u(x,y)$ 的全微分,那么计算曲线积分 $\int_{(x_1,y_1)}^{(x_2,y_2)}P(x,y)\mathrm{d}x+Q(x,y)\mathrm{d}y$ 就可以转化为求 $P(x,y)\mathrm{d}x+Q(x,y)\mathrm{d}y$ 的原函数 $u(x,y)$ 的增量,即 $\int_{(x_1,y_1)}^{(x_2,y_2)}P(x,y)\mathrm{d}x+Q(x,y)\mathrm{d}y=u(x_2,y_2)-u(x_1,y_1)$.

2. 利用格林公式计算下列曲线积分:

(1) $\oint_L 2(x^2+y^2)\mathrm{d}x+(x+y)^2\mathrm{d}y$,其中 L 是以点 $A(1,1)$,$B(2,2)$,$C(1,3)$ 为顶点的三角形区域的边界曲线,取顺时针方向;

(2) $\oint_L(x^2-y^3)\mathrm{d}x+(y^2+x^3)\mathrm{d}y$,其中 L 是上半圆域 $x^2+y^2\leqslant a^2(a>0)$,$y\geqslant 0$ 边界,取逆时针方向;

(3) $\int_L(\mathrm{e}^x\sin y+x-2y)\mathrm{d}x+(\mathrm{e}^x\cos y-x)\mathrm{d}y$,其中 L 是沿 $y=\sqrt{2x-x^2}$ 从 $A(2,0)$ 到 $O(0,0)$ 的一段弧;

(4) $\int_L x(x^2+y^2)\mathrm{d}x+y(x^2+y^2)\mathrm{d}y$,其中 L 是抛物线 $y=x^2$ 上从点 $O(0,0)$ 到点 $A(1,1)$ 的一段有向弧.

3. 利用曲线积分,求由星形线 $x^{\frac{2}{3}}+y^{\frac{2}{3}}=a^{\frac{2}{3}}(a>0)$ 所围成的图形的面积.

4. 证明下列各曲线积分在整个坐标平面 xOy 内与路径无关,并计算积分值:

(1) $\int_L(x+y)\mathrm{d}x+(x-y)\mathrm{d}y$,其中 L 的起、终点分别为 $(1,1)$,$(2,3)$;

(2) $\int_L(x^4+4xy^3)\mathrm{d}x+(6x^2y^2-5y^4)\mathrm{d}y$,其中 L 的起、终点分别为 $(-2,-1)$,$(3,0)$;

(3) $\int_L(2x^2-y^2+x^2\mathrm{e}^{3y})\mathrm{d}x+(x^3\mathrm{e}^{3y}-2xy-2y^2)\mathrm{d}y$,其中 L 的起、终点分别为 $(-1,0)$,$(0,3)$.

5. 计算曲线积分 $\int_L 2x\ln(1+y)\mathrm{d}x+\dfrac{x^2}{1+y}\mathrm{d}y$,其中 L 是从点 $O(0,0)$ 沿曲线 $y=\sin x$ 到点 $A\left(\dfrac{\pi}{2},1\right)$ 的曲线段.

6. 已知平面区域 $D=\{(x,y)\mid 0\leqslant x\leqslant \pi,0\leqslant y\leqslant \pi\}$,$L$ 为 D 的正向边界,证明:$\oint_L x\mathrm{e}^{\sin y}\mathrm{d}y-y\mathrm{e}^{-\sin x}\mathrm{d}x=\oint_L x\mathrm{e}^{-\sin y}\mathrm{d}y-y\mathrm{e}^{\sin x}\mathrm{d}x$.

7. 验证下列各表达式在 xOy 面内是某个二元函数 $u(x,y)$ 的全微分,并求一个这样的函数 $u(x,y)$:

(1) $(3x^2+y)\mathrm{d}x+(x+2y)\mathrm{d}y$;

(2) $(2x\cos y-y^2\sin x)\mathrm{d}x+(2y\cos x-x^2\sin y)\mathrm{d}y$.

习题 10-3(B)

1. 计算曲线积分 $I = \oint_L \dfrac{x\mathrm{d}y - y\mathrm{d}x}{x^2 + 4y^2}$，其中 L 是 $x^2 + 4y^2 = 1$，逆时针方向.

2. 计算曲线积分 $\int_L e^x(1 - 2\cos y)\mathrm{d}x + 2e^x\sin y\mathrm{d}y$，其中 L 是摆线 $x = t - \sin t$，$y = 1 - \cos t$ 上从点 $A(2\pi, 0)$ 到点 $O(0,0)$ 的一段有向弧.

3. 计算曲线积分 $\oint_L \dfrac{y\mathrm{d}x - x\mathrm{d}y}{2(x^2 + y^2)}$，其中 L 是：

(1) 抛物线 $y = x^2 - 3x + 2$ 与 x 轴所围区域正向边界；

(2) 圆周 $(x - 1)^2 + y^2 = 2$ 按逆时针方向一周.

4. 设一变力 $F(x, y)$，它在 x, y 轴上的投影分别为 $P(x, y) = 6xy^2 - y^3$，$Q(x, y) = 6x^2y - 3xy^2$，证明该变力沿光滑路径移动质点所做的功与路径无关.并计算此力将质点从 $(1,2)$ 移动到 $(3,4)$ 所做的功.

5. 若函数 $\varphi(x)$ 有连续导数，且 $\varphi(0) = 0$，求 $\varphi(x)$ 使曲线积分 $\int_L xy^2\mathrm{d}x + y\varphi(x)\mathrm{d}y$ 在 xOy 面内与路径无关.并求曲线积分 $I = \int_{(0,0)}^{(1,1)} xy^2\mathrm{d}x + y\varphi(x)\mathrm{d}y$.

6. 证明表达式 $\dfrac{2xy\mathrm{d}x - x^2\mathrm{d}y}{x^4 + y^2}$ 在 $x > 0$ 的右半平面内是某个二元函数 $u(x, y)$ 的全微分，并求出这个二元函数 $u(x, y)$.

*7. 下列方程是否为全微分方程? 如果是全微分方程，求通解：

(1) $(5x^4 + 3xy^2 - y^3)\mathrm{d}x + (3x^2y - 3xy^2 + y^2)\mathrm{d}y = 0$；

(2) $\left(\cos x + \dfrac{1}{y}\right)\mathrm{d}x + \left(\dfrac{1}{y} - \dfrac{x}{y^2}\right)\mathrm{d}y = 0$；

(3) $xy\mathrm{d}x + \dfrac{1}{2}(x^2 + y)\mathrm{d}y = 0$；

(4) $2ye^{2x}\mathrm{d}x + (e^{2x} + 1)\mathrm{d}y = 0$.

*8. 如果 $P(x, y)\mathrm{d}x + Q(x, y)\mathrm{d}y = 0$ 不是全微分方程，而 $\mu(x, y)[P(x, y)\mathrm{d}x + Q(x, y)\mathrm{d}y] = 0$ 是全微分方程，则称函数 $\mu(x, y)$ 是微分方程 $P(x, y)\mathrm{d}x + Q(x, y)\mathrm{d}y = 0$ 的一个积分因子，证明函数 $\mu(x, y) = \dfrac{1}{x^2}$ 是微分方程 $y\mathrm{d}x - x\mathrm{d}y = 0$ 的一个积分因子，并求该方程的通解.

第四节　对面积的曲面积分

1. 对面积的曲面积分的概念与性质

在本章第一节，为计算质量分布不均匀的(物质)曲线段 L 的质量，引出了对弧长的曲线积分.下面对它进行推广，讨论如何计算(物质)曲面的质量.

若空间中有一质量分布不均匀的有界曲面 Σ，其面密度为 $\mu(x, y, z)$ $((x, y, z) \in \Sigma)$，如何计算其质量? 所要求的质量是非均匀分布在 Σ 上的可加量，因此应遵循微积分的基本思想局部以

"匀"代"非匀".为此,将曲面 Σ 任意分割为若干个小曲面.在每个小曲面上(局部)"以匀代非匀"从而将"未知"的变量数学问题转化为"已知"的常量数学问题——质量均匀分布的物质曲面的质量等于密度乘曲面面积——求得局部近似值,然后通过累加、求极限,得

$$\lim_{\lambda \to 0} \sum_{i=1}^{n} \mu(\xi_i, \eta_i, \zeta_i) \Delta S_i,$$

称该极限为曲面 Σ 的质量,其中 $\mu(\xi_i, \eta_i, \zeta_i)$ 是将曲面 Σ 分割后所得小曲面块 $\Delta\Sigma_i$ 上任意一点 (ξ_i, η_i, ζ_i) 处的面密度, ΔS_i 为该小曲面块的面积, λ 为将曲面 Σ 分割所得的各小曲面块 $\Delta\Sigma_i$ 的直径最大值,这里的 $i = 1, 2, \cdots, n$.

这是一个新的极限,抽去其具体的实际意义,就得到对面积的曲面积分的概念.

定义 4.1 设函数 $f(x, y, z)$ 在光滑或分片光滑的有界曲面 Σ 上有界,将 Σ 任意分割成 n 个小曲面 $\Delta\Sigma_i$(其面积记为 ΔS_i),在小曲面 $\Delta\Sigma_i$ 上任取一点 (ξ_i, η_i, ζ_i) 作乘积 $f(\xi_i, \eta_i, \zeta_i) \Delta S_i (i = 1, 2, \cdots, n)$,并作和 $\sum_{i=1}^{n} f(\xi_i, \eta_i, \zeta_i) \Delta S_i$. 令 λ 为各小曲面的直径最大值.如果存在常数 I,不论将 Σ 如何划分,也不论点 (ξ_i, η_i, ζ_i) 在 $\Delta\Sigma_i$ 上如何选取,当 λ 趋于零时,总有

$$\lim_{\lambda \to 0} \sum_{i=1}^{n} f(\xi_i, \eta_i, \zeta_i) \Delta S_i = I$$

成立,则称 I 为函数 $f(x, y, z)$ 在曲面 Σ 上对面积的曲面积分,记作

$$\iint_{\Sigma} f(x, y, z) \, dS,$$

即

$$\iint_{\Sigma} f(x, y, z) \, dS = \lim_{\lambda \to 0} \sum_{i=1}^{n} f(\xi_i, \eta_i, \zeta_i) \Delta S_i.$$

其中 $f(x, y, z)$ 称为被积函数, Σ 称为积分曲面, $\sum_{i=1}^{n} f(\xi_i, \eta_i, \zeta_i) \Delta S_i$ 称为积分和式.

对面积的曲面积分也称作**第一型曲面积分**.当曲面为封闭曲面时,通常记为

$$\oiint_{\Sigma} f(x, y, z) \, dS.$$

显然,密度为连续函数 $\mu(x, y, z)$ 的曲面 Σ 的质量 M 为密度函数在曲面 Σ 上的对面积的曲面积分.即

$$M = \iint_{\Sigma} \mu(x, y, z) \, dS.$$

定义中要求函数 $f(x, y, z)$ 在曲面 Σ 上有界仅是该积分存在的**必要条件**但不充分. 当 $f(x, y, z)$ 在光滑(或分片光滑)有界曲面上连续时, $f(x, y, z)$ 在该曲面上对面积的曲面积分一定存在(证明从略),即 $f(x, y, z)$ 在光滑(或分片光滑)的有界曲面上连续是该曲面积分存在的**充分条件**.因此以下所讨论的曲面积分都是连续函数在光滑或分片光滑的曲面上的积分,后面将不再一一赘述.

不难看出,对面积的曲面积分与对弧长的曲线积分是结构相同的极限.因此,二者之间有着

类似的性质. 比如

（1）若 $f(x,y,z)$，$g(x,y,z)$ 在曲面 Σ 上都连续，a,b 为任意常数，那么

$$\iint_{\Sigma} [af(x,y,z) + bg(x,y,z)]\,\mathrm{d}S = a\iint_{\Sigma} f(x,y,z)\,\mathrm{d}S + b\iint_{\Sigma} g(x,y,z)\,\mathrm{d}S;$$

（2）如果 Σ 是由 m 个互不重叠的小曲面组成，那么

$$\iint_{\Sigma} f(x,y,z)\,\mathrm{d}S = \sum_{i=1}^{m} \iint_{\Sigma_i} f(x,y,z)\,\mathrm{d}S.$$

2. 对面积的曲面积分的计算

曲线积分的计算要化为定积分的计算，而曲面在坐标面的投影是平面区域，由此我们猜想，对面积的曲面积分要将它转化为该曲面在坐标面的投影区域上的二重积分，从而利用二重积分的计算作"已知"来计算该曲面积分（当然，一般最终还要把它化为定积分计算）. 下面的定理 4.1 证明了这一猜想的正确性.

定理 4.1　设光滑曲面 Σ 的方程为 $z=z(x,y)$，函数 $f(x,y,z)$ 在曲面 Σ 上连续，那么

$$\iint_{\Sigma} f(x,y,z)\,\mathrm{d}S = \iint_{D_{xy}} f[x,y,z(x,y)]\sqrt{1 + z_x^2(x,y) + z_y^2(x,y)}\,\mathrm{d}x\mathrm{d}y. \tag{4.1}$$

其中 D_{xy} 为曲面 Σ 在坐标平面 xOy 上的投影区域.

欲证该定理成立，显然应采用与证明对弧长的曲线积分的计算公式相同的思想方法. 下面证明之.

注意到式(4.1)的右端是二重积分，因此，应将左端曲面积分的积分和式 $\sum_{i=1}^{n} f(\xi_i,\eta_i,\zeta_i)\Delta S_i$ 转换为二重积分的积分和式.

不难看到，该积分和式与二重积分的积分和式（记为 $\sum_{i=1}^{n} g(\gamma_i,\tau_i)\Delta\sigma_i$）的差异主要有两点：

（1）该积分和式 $\sum_{i=1}^{n} f(\xi_i,\eta_i,\zeta_i)\Delta S_i$ 中的函数是三元函数，而二重积分的积分和式中的函数是二元函数；

（2）该积分和式中的 ΔS_i（图 10-21）是 Σ 上的小曲面 $\Delta\Sigma_i$ 的面积，而二重积分的积分和式中的 $\Delta\sigma_i$ 是 $\Delta\Sigma_i$ 在坐标面 xOy 上的投影区域 ΔD_i 的面积.

> 式（4.1）是在曲面方程为 $z=z(x,y)$ 时得到的，该式从左到右发生了哪些变化？

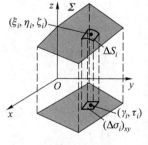

图 10-21

欲证明式(4.1)，就要从这两方面进行替换.

首先，由第九章第四节关于曲面面积计算公式，则有

$$\Delta S_i = \iint_{\Delta D_i} \sqrt{1 + z_x^2(x,y) + z_y^2(x,y)}\,\mathrm{d}x\mathrm{d}y.$$

记 ΔD_i 的面积为 $(\Delta\sigma_i)_{xy}$. 利用二重积分的积分中值定理及 $f(x,y,z)$ 在 Σ 上连续，一定存在点 $(\gamma_i,\tau_i)\in\Delta D_i$，使得

$$\Delta S_i = \sqrt{1 + z_x^2(\gamma_i,\tau_i) + z_y^2(\gamma_i,\tau_i)}\,(\Delta\sigma_i)_{xy}$$

成立. 利用该式就将 ΔS_i 用坐标平面 xOy 上的小区域面积来

> 这里为什么要用积分中值定理进行变换？

表示.

下面再将 $f(\xi_i,\eta_i,\zeta_i)$ 作相应的替换.由曲面的光滑性及函数 $f(x,y,z)$ 在曲面 Σ 上的连续性,该曲面积分一定存在,与曲面 Σ 如何分割、点 (ξ_i,η_i,ζ_i) 在小曲面 $\Delta\Sigma_i$ 上如何选取无关.为方便计,不妨就取 (ξ_i,η_i,ζ_i) 为 $\Delta\Sigma_i$ 上与上面所得到的小平面区域 $(\Delta D_i)_{xy}$ 上的点 (γ_i,τ_i) 所对应的曲面 ΔS_i 上的点 $(\gamma_i,\tau_i,z(\gamma_i,\tau_i))$,这样一来,$f(\xi_i,\eta_i,\zeta_i)$ 就成为 $f[\gamma_i,\tau_i,z(\gamma_i,\tau_i)]$.

于是,积分和式就成为

$$\sum_{i=1}^{n}f(\xi_i,\eta_i,\zeta_i)\Delta S_i = \sum_{i=1}^{n}f[\gamma_i,\tau_i,z(\gamma_i,\tau_i)]\sqrt{1+z_x^2(\gamma_i,\tau_i)+z_y^2(\gamma_i,\tau_i)}\,(\Delta\sigma_i)_{xy}$$

的形式,右端是二元函数 $f[x,y,z(x,y)]\sqrt{1+z_x^2(x,y)+z_y^2(x,y)}$ 在区域 D_{xy} 上的二重积分的积分和式,对上式两端分别关于 $\lambda\to 0$ 取极限,就得到式(4.1).

式(4.1)是把对面积的曲面积分转换为二重积分的转换公式.式(4.1)从左到右同时作了三个替换:

(1)利用曲面 Σ 的方程 $z=z(x,y)$,将左边的被积函数中的变量 z 用曲面方程中的函数 $z(x,y)$ 替换,从而把三元函数 $f(x,y,z)$ 化为二元函数 $f[x,y,z(x,y)]$;

(2)用 $\sqrt{1+z_x^2(x,y)+z_y^2(x,y)}\,\mathrm{d}x\mathrm{d}y$ 去替换左边的(面积微元)$\mathrm{d}S$;

(3)将 Σ 用 Σ 在坐标平面 xOy 中的投影区域 D_{xy} 替换,作为右端二重积分的积分区域.

通过这些替换,就把计算对面积的曲面积分这一"未知"化为计算二重积分这一"已知".

> 如果曲面方程为 $x=x(y,z)$ 或 $y=y(z,x)$,你想,应如何将曲面积分转换为二重积分?

例 4.1 求曲面积分 $\iint\limits_{\Sigma}(z+x)\mathrm{d}S$,其中 Σ 为球面 $x^2+y^2+z^2=R^2$ 位于平面 $z=a$ 上部的部分球面(图 10-22),这里 $0<a<R$.

解 Σ 的边界为空间曲线

$$\begin{cases}x^2+y^2+z^2=R^2,\\ z=a.\end{cases}$$

消去其中的 z 得到该曲线在平面 xOy 上的投影柱面 $x^2+y^2=R^2-a^2$,该柱面截平面 xOy 所得的平面区域

$$D_{xy}=\{(x,y)\mid x^2+y^2\leqslant R^2-a^2\}$$

就是 Σ 在平面 xOy 上的投影.它是一个以坐标原点为圆心,半径为 $\sqrt{R^2-a^2}$ 的圆域.

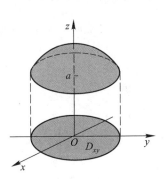

图 10-22

另外,由球面方程 $z=\sqrt{R^2-x^2-y^2}$ 得

$$z_x=\frac{-x}{z},\quad z_y=\frac{-y}{z},$$

因此

$$\sqrt{1+z_x^2+z_y^2}=\frac{R}{\sqrt{R^2-x^2-y^2}}.$$

由式(4.1),有

$$\iint_{\Sigma}(z+x)\,dS = \iint_{D_{xy}}\left(\sqrt{R^2-x^2-y^2}+x\right)\cdot\frac{R}{\sqrt{R^2-x^2-y^2}}\,dxdy$$

$$= \iint_{D_{xy}}R\,dxdy + R\iint_{D_{xy}}\frac{x}{\sqrt{R^2-x^2-y^2}}\,dxdy$$

$$= R\cdot\pi(R^2-a^2) + 0 = \pi R(R^2-a^2).$$

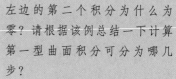

左边的第二个积分为什么为零？请根据该例总结一下计算第一型曲面积分可分为哪几步？

例 4.2　计算$\oiint_{\Sigma}x^2yz\,dS$,其中 Σ 为平面 $x+y+z=2$ 与三个坐标平面所围成的四面体的外表面(图 10-23).

解　该四面体的外表面由四块分别位于平面 $x=0,y=0$, $z=0$ 及 $x+y+z=2$ 上的小平面区域组成,将它们依次记为 $\Sigma_1,\Sigma_2,\Sigma_3$ 及 Σ_4,于是

$$\oiint_{\Sigma}x^2yz\,dS = \iint_{\Sigma_1}x^2yz\,dS + \iint_{\Sigma_2}x^2yz\,dS +$$

$$\iint_{\Sigma_3}x^2yz\,dS + \iint_{\Sigma_4}x^2yz\,dS.$$

在 $\Sigma_1,\Sigma_2,\Sigma_3$ 上皆有被积函数 $x^2yz\equiv0$,因此

$$\iint_{\Sigma_1}x^2yz\,dS = \iint_{\Sigma_2}x^2yz\,dS = \iint_{\Sigma_3}x^2yz\,dS = 0.$$

下面只需计算 $\iint_{\Sigma_4}x^2yz\,dS$ 就可以了.

Σ_4 在平面 xOy 上的投影区域为

$$D_{xy} = \{(x,y)\mid 0\le y\le 2-x; 0\le x\le 2\}.$$

由 $x+y+z=2$ 得 $z=2-x-y$,所以

$$z_x=-1,\quad z_y=-1,$$

因此

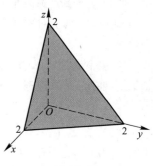

图 10-23

$$\oiint_{\Sigma}x^2yz\,dS = \iint_{\Sigma_4}x^2yz\,dS = \iint_{D_{xy}}x^2y(2-x-y)\sqrt{1+(-1)^2+(-1)^2}\,dxdy$$

$$= \iint_{D_{xy}}\sqrt{3}\,x^2y(2-x-y)\,dxdy = \sqrt{3}\int_0^2 x^2\,dx\int_0^{2-x}y(2-x-y)\,dy$$

$$= \sqrt{3}\int_0^2 x^2\frac{(2-x)^3}{6}\,dx = \frac{\sqrt{3}}{6}\int_0^2 x^2(2-x)^3\,dx$$

$$= \frac{\sqrt{3}}{6}\int_0^2(8x^2-12x^3+6x^4-x^5)\,dx = \frac{8\sqrt{3}}{45}.$$

能将 Σ_4 投影到另外的坐标面上来计算这个积分吗？试一试.

习题 10-4(A)

1. 判断下列论述是否正确,并说明理由:

(1) 对面积的曲面积分像对弧长的曲线积分及重积分那样,积分和式的每一项都是函数在某点的值与几何

体度量的乘积.因此,积分的线性运算性质、可加性甚至积分的保序性等依然成立;

（2）计算对面积的曲面积分时要将其化为二重积分,这需要:用曲面方程代替被积函数中的相关变量,从而把三元函数化为二元函数;面积元素 dS 用 $\sqrt{1+z_x^2+z_y^2}\,dxdy$ 代替;该曲面在相应坐标面上的投影作为二重积分的积分区域;

（3）无论曲面形状如何,计算对面积的曲面积分都要化为积分区域为曲面在坐标平面 xOy 上的投影的对 x, y 的二重积分.

2. 计算下列对面积的曲面积分:

（1）$\iint\limits_{\Sigma}\left(2x+\dfrac{4}{3}y+z\right)dS$,其中 Σ 是平面 $\dfrac{x}{2}+\dfrac{y}{3}+\dfrac{z}{4}=1$ 在第一卦限中的部分;

（2）$\iint\limits_{\Sigma}\sqrt{4-x^2-y^2}\,dS$,其中 Σ 是上半球面 $z=\sqrt{4-x^2-y^2}$;

（3）$\iint\limits_{\Sigma}xzdS$,其中 Σ 是锥面 $z=\sqrt{x^2+y^2}$ 被柱面 $x^2+y^2=2x$ 所截的部分;

（4）$\oiint\limits_{\Sigma}(x+y+z)dS$,其中 Σ 是由 $z=\sqrt{a^2-x^2-y^2}\,(a>0)$ 与 $z=0$ 围成立体的整个边界曲面;

（5）$\oiint\limits_{\Sigma}(x^2+y^2)dS$,其中 Σ 是由 $z=\sqrt{x^2+y^2}$ 与 $z=1$ 围成立体的整个边界曲面;

（6）$\oiint\limits_{\Sigma}dS$,其中 Σ 是由 $z=2-x^2-y^2$ 与 $z=0$ 围成立体的整个边界曲面.

3. 已知 S 为抛物面壳 $z=\dfrac{1}{2}(x^2+y^2)$ 介于 $z=0,z=1$ 之间的部分,且 S 上每点的密度为 z,求 S 的质量.

习题 10-4(B)

1. 计算曲面积分 $\oiint\limits_{\Sigma}zdS$,其中 Σ 是圆柱体 $x^2+y^2\leqslant 4,0\leqslant z\leqslant 2$ 的整个边界曲面.

2. 计算曲面积分 $\oiint\limits_{\Sigma}(x^2+y^2)dS$,其中 Σ 是球面 $x^2+y^2+z^2=a^2(a>0)$.

3. 计算曲面积分 $\oiint\limits_{\Sigma}\dfrac{1}{(1+x+y)^2}dS$,其中 Σ 是以 $O(0,0,0),A(1,0,0),B(0,1,0),C(0,0,1)$ 为顶点的四面体的整个边界曲面.

4. 计算曲面积分 $\iint\limits_{\Sigma}|yz|dS$,其中 Σ 是圆锥面 $z=\sqrt{x^2+y^2}\,(0\leqslant z\leqslant 1)$ 部分.

5. 求均匀的上半球壳 $z=\sqrt{a^2-x^2-y^2}\,(a>0)$ 的质心.

6. 求均匀的锥面 $z=2\sqrt{x^2+y^2}\,(0\leqslant z\leqslant 2$,密度为 $\mu)$ 对于 x 轴的转动惯量.

第五节　对坐标的曲面积分

曲线积分有两类——对弧长的曲线积分与对坐标的曲线积分.无独有偶,曲面积分除了为计算分片光滑的(物质)曲面的质量引出对面积的曲面积分之外,实际问题还要求研究函数在曲面上的另外形式的积分.比如,设有一河道,河道中有一曲面 Σ,河水以速度 $\boldsymbol{v}(x,y,z)$ 流过该曲面,欲求单位时间内流经 Σ 的河水的流量.这是与计算曲面的质量完全不同类型的问题,研究解决这类问题,就引出了本节要研究的另一类曲面积分——对坐标的曲面积分.

1. 有向曲面及其侧

所谓河水流经某曲面 Σ 的流量,不仅包括河水流经 Σ 的体积,而且包括它流经 Σ 的方向.因此,像讨论变力沿曲线做功需要考虑曲线的方向那样,研究流体流经曲面的流量也要考虑曲面的方向.为此,首先给出曲面的方向.

一条曲线段有两个端点,自然可以通过规定其中一个为起点、另一个为终点而定义它的方向.那么,对曲面如何谈其方向呢? 其实在通常情况下也是自然的.比如,我们穿的衬衣通常说它有外面与内面,我们戴的帽子也有上面与下面之分,等.

对一个封闭的曲面可以说它有两个侧面:外侧与内侧(如图 10-24(1));对如图 10-24(2)的曲面可以说它有上侧与下侧;同样对图 10-24(3)所示的曲面可以说它有右侧与左侧;对图 10-24(4)所示的曲面可以说它有前侧与后侧.

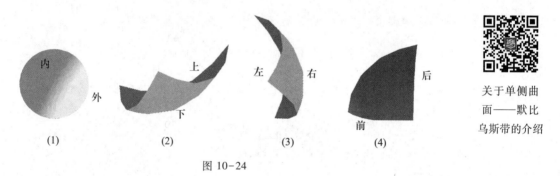

关于单侧曲面——默比乌斯带的介绍

图 10-24

称这样规定了侧的曲面为双侧曲面(但并不是所有的曲面都可以分成两侧,但本书所讨论的曲面只限于双侧曲面).上面对双侧曲面的论述是描述性的,如何用数学的语言来描述双侧曲面及它的不同侧呢? 下面来讨论.

设曲面是光滑的,因此曲面上任意点处都有无穷多条法向量,但按照方向可分为两类.曲面有两个侧面,曲面上任意点处的法向量有两个方向,这提示我们,可以用曲面上各点处取定的法向量的指向作"已知"来认识双侧曲面及其不同的侧.

称光滑曲面是**双侧曲面**,是指规定了其上一点 P 处的法向量的指向之后,当点在曲面上连续移动而不越过曲面的边界再回到原来的位置 P 时,法向量的指向不变.对双侧曲面,其法向量的两个指向可以根据需要任意确定.称取定了法向量的指向的曲面为**有向曲面**.也就是说,我们用面上所取的法向量的指向来确定曲面的侧或说曲面的方向.有向曲面的侧通常是如下定义的:

曲面	侧	法向量的指向
$z=z(x,y)$ 图 10-25(1)	上侧	$(-z_x,-z_y,1)$;向上
	下侧	$(z_x,z_y,-1)$;向下

曲面	侧	法向量的指向
$x = x(y, z)$ 图 10-25(2)	前侧 后侧	$(1, -x_y, -x_z)$向前 $(-1, x_y, x_z)$向后
$y = y(z, x)$ 图 10-25(3)	右侧 左侧	$(-y_x, 1, -y_z)$向右 $(y_x, -1, y_z)$向左
封闭曲面 图 10-25(4)	外侧 内侧	向外 向内

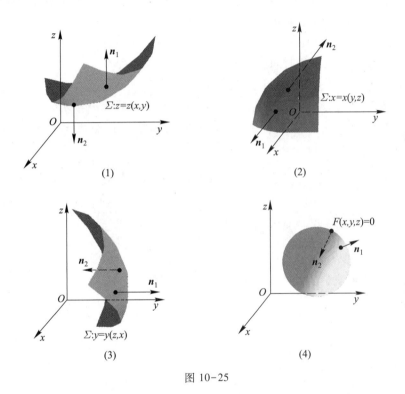

图 10-25

下面要建立对坐标的曲面积分,它需要用**有向曲面的投影**作"已知".

设 ΔS 为有向曲面 Σ 上一块直径很小的曲面,不妨先将它投影到坐标平面 xOy 上,得一区域 ΔD_{xy}(特殊情况时可能是一条线段),称 ΔD_{xy} 为**投影区域**,记 $(\Delta\sigma)_{xy}$ 为该**投影区域 ΔD_{xy} 的面积**. 假定 ΔS 上任意点 M 处的法向量与 z 轴夹角 γ_M 的余弦 $\cos\gamma_M$ 都有相同的符号,由此,定义有向曲面 ΔS 在坐标平面 xOy 上的**投影** $(\Delta S)_{xy}$ 为如下的实数:

$$(\Delta S)_{xy} = \begin{cases} (\Delta\sigma)_{xy}, & \cos\gamma_M > 0, \\ -(\Delta\sigma)_{xy}, & \cos\gamma_M < 0, \\ 0, & \cos\gamma_M \equiv 0. \end{cases}$$

> 这里给出了曲面的投影区域、投影区域的面积、有向曲面在坐标面上的投影,三者之间有什么差异与联系?

我们看到,有向曲面在坐标面 xOy 上的投影实际就是该曲面在坐标面上投影区域的面积再附加一个正号(上侧时)或负号(下侧时).当 $\cos \gamma_M \equiv 0$ 时,ΔS 是与 z 轴平行的小平面区域,它在坐标平面 xOy 上的投影是一条小线段,这时 $(\Delta \sigma)_{xy} = 0$.因此,这时定义它的投影 $(\Delta S)_{xy} = 0$ 也是容易理解的.

> 请分别写出有向曲面 $x = x(y, z), y = y(z, x)$ 在相应坐标面上的投影.

类似地,可分别定义有向曲面 ΔS 在坐标面 yOz 及 zOx 上的投影 $(\Delta S)_{yz}$ 及 $(\Delta S)_{zx}$.

2. 对坐标的曲面积分的定义

有了上面对曲面的讨论作"已知",下面讨论本节开始提出的计算水的流量问题.

设有一河道,河水流经河道内的有向曲面 Σ(Σ 为光滑曲面).假定河水流经 Σ 时的流速与时间无关,只与 Σ 上点的位置有关.若在点 $(x, y, z) \in \Sigma$ 处水的流速为

$$v(x, y, z) = P(x, y, z)\boldsymbol{i} + Q(x, y, z)\boldsymbol{j} + R(x, y, z)\boldsymbol{k}$$

(P, Q, R 在 Σ 上连续),求在单位时间内流经 Σ 的河水的流量.

这是一个"未知",我们先寻求与此有关的"已知".

第七章第一节的例 1.2 计算了流速为常向量(各点处流速的大小与方向都相同)$\boldsymbol{v}$,Σ 为平面区域(其面积记为 A)、并且 $\boldsymbol{v}$ 与 Σ 的单位法向量 $\boldsymbol{n}$ 的夹角为 θ 时(图 10-26(1)),单位时间内流体流过 Σ 的流量

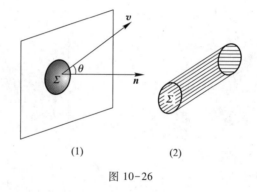

(1)　　　　(2)

图 10-26

$$Q = A\boldsymbol{v} \cdot \boldsymbol{n}. \tag{5.1}$$

它是以 Σ 为底,斜高为 $|\boldsymbol{v}|$ 的柱体的体积(图 10-26(2)).为计算流速为变量 $\boldsymbol{v}(x, y, z)$(假定 $\boldsymbol{v}$ 在 Σ 上连续)的河水流经有向曲面 Σ 的流量.将这一"未知"与图 10-26 所示的"已知"相比较,其主要差异是"曲"(面)与"平"(面)、"非匀"(速)"与"匀(速)"的问题.解决这两个矛盾自然要利用前面建立各种积分时所遵循的微积分的基本思想方法——局部"**以平(面)代曲(面)**""**以匀(速)代非匀(速)**"将"未知"转化为"已知"的初等问题.借用式(5.1)求出流量的近似值,然后再取极限.

下面就用这一思想方法来具体解决这个流量计算问题.

设 Σ 为有向曲面.用曲线网将曲面 Σ 分割为 n 个直径很小的互不重叠的小曲面 $\Delta \Sigma_i$,在小曲面 $\Delta \Sigma_i$ 上任取一点 $(\xi_i, \eta_i, \zeta_i)(i = 1, 2, \cdots, n)$,以该点处的单位法向量(方向由 Σ 的侧决定)

$$\boldsymbol{n}_i(\xi_i, \eta_i, \zeta_i) = \cos \alpha_i \boldsymbol{i} + \cos \beta_i \boldsymbol{j} + \cos \gamma_i \boldsymbol{k}$$

近似作为 $\Delta\Sigma_i$ 上各点处的单位法向量.(即以"平"代"曲",将小曲面 $\Delta\Sigma_i$ 近似用以 $\boldsymbol{n}_i$ 为法向量的小平面替代);

以流体(河水)在该点处的流速

$$\boldsymbol{v}_i(\xi_i,\eta_i,\zeta_i) = (P(\xi_i,\eta_i,\zeta_i),Q(\xi_i,\eta_i,\zeta_i),R(\xi_i,\eta_i,\zeta_i))$$

近似作为流体流经 $\Delta\Sigma_i$ 上各点处的流速(以"匀"代"非匀").记 $\Delta\Sigma_i$ 的面积为 ΔS_i.由式(5.1)可求得单位时间内流体流过 $\Delta\Sigma_i$ 的流量的近似值

$$\boldsymbol{v}_i \cdot \boldsymbol{n}_i \Delta S_i = [P(\xi_i,\eta_i,\zeta_i)\cos\alpha_i + Q(\xi_i,\eta_i,\zeta_i)\cos\beta_i + R(\xi_i,\eta_i,\zeta_i)\cos\gamma_i]\Delta S_i$$
$$(i=1,2,\cdots,n).$$

利用第九章第四节式(4.2)以及本节关于有向曲面在坐标平面上的投影之规定,有

$$\cos\alpha_i\Delta S_i \approx (\Delta S_i)_{yz},\cos\beta_i\Delta S_i \approx (\Delta S_i)_{xz},\cos\gamma_i\Delta S_i \approx (\Delta S_i)_{xy},$$

于是,有

$$\boldsymbol{v}_i \cdot \boldsymbol{n}_i \Delta S_i \approx P(\xi_i,\eta_i,\zeta_i)(\Delta S_i)_{yz} + Q(\xi_i,\eta_i,\zeta_i)(\Delta S_i)_{xz} + R(\xi_i,\eta_i,\zeta_i)(\Delta S_i)_{xy}.$$

因此,单位时间内流过整个有向曲面 Σ 的流量近似为

> 该极限与第四节讨论曲面质量所得的极限主要有哪些差异?

$$\sum_{i=1}^{n}\boldsymbol{n}_i \cdot \boldsymbol{v}_i\Delta S_i \approx \sum_{i=1}^{n}[P(\xi_i,\eta_i,\zeta_i)(\Delta S_i)_{yz} + Q(\xi_i,\eta_i,\zeta_i)(\Delta S_i)_{xz} + R(\xi_i,\eta_i,\zeta_i)(\Delta S_i)_{xy}].$$

令各 $\Delta\Sigma_i(i=1,2,\cdots,n)$ 的直径最大值 $\lambda\to 0$,对该和式取极限,极限值

$$\lim_{\lambda\to 0}\sum_{i=1}^{n}[P(\xi_i,\eta_i,\zeta_i)(\Delta S_i)_{yz} + Q(\xi_i,\eta_i,\zeta_i)(\Delta S_i)_{xz} + R(\xi_i,\eta_i,\zeta_i)(\Delta S_i)_{xy}]$$

为流体单位时间内流经有向曲面 Σ 的流量.

这是一个与以前所研究过的各类积分都不相同的极限,不考虑上面所研究问题的实际意义(河水的流量),而将其抽象为一般,就得到下面的"对坐标的曲面积分".

定义 5.1　设函数 $R(x,y,z)$ 在光滑或分片光滑的有向曲面 Σ 上有界,将 Σ 任意分割成 n 个互不重叠的小曲面 $\Delta\Sigma_i$,记有向曲面 $\Delta\Sigma_i(i=1,2,\cdots,n)$ 在平面 xOy 上的投影为 $(\Delta S_i)_{xy}$,在 $\Delta\Sigma_i$ 上任取一点 (ξ_i,η_i,ζ_i),做乘积 $R(\xi_i,y_i,\zeta_i)(\Delta S_i)_{xy}$,并做和 $\sum_{i=1}^{n}R(\xi_i,\eta_i,\zeta_i)(\Delta S_i)_{xy}$.令 λ 为各小曲面的直径最大值,如果存在常数 I,使得不论将 Σ 如何划分,也不论点 (ξ_i,η_i,ζ_i) 在 $\Delta\Sigma_i$ 上如何选取,总有

$$\lim_{\lambda\to 0}\sum_{i=1}^{n}R(\xi_i,\eta_i,\zeta_i)(\Delta S_i)_{xy} = I$$

成立,则称极限值 I 为函数 $R(x,y,z)$ 在有向曲面 Σ 上对坐标 x,y 的曲面积分,记为 $\iint\limits_{\Sigma}R(x,y,z)\mathrm{d}x\mathrm{d}y$, 即

> 这里的积分和式与二重积分、三重积分、对面积的曲面积分中的积分和式有何差异? 与对坐标的曲线积分有何异同?

$$\iint\limits_{\Sigma}R(x,y,z)\mathrm{d}x\mathrm{d}y = \lim_{\lambda\to 0}\sum_{i=1}^{n}R(\xi_i,\eta_i,\zeta_i)(\Delta S_i)_{xy},$$

其中 $R(x,y,z)$ 称为被积函数, $\sum_{i=1}^{n}R(\xi_i,\eta_i,\zeta_i)(\Delta S_i)_{xy}$ 称为积分和式, Σ 称为积分曲面.

类似地定义函数 $P(x,y,z),Q(x,y,z)$ 在有向曲面 Σ 上分别对坐标 y,z 及 z,x 的曲面积分分别为

$$\iint\limits_{\Sigma} P(x,y,z)\,dydz = \lim_{\lambda \to 0} \sum_{i=1}^{n} P(\xi_i,\eta_i,\zeta_i)\,(\Delta S_i)_{yz},$$

$$\iint\limits_{\Sigma} Q(x,y,z)\,dzdx = \lim_{\lambda \to 0} \sum_{i=1}^{n} Q(\xi_i,\eta_i,\zeta_i)\,(\Delta S_i)_{zx}.$$

通常也将对坐标的曲面积分称为**第二型曲面积分**.

与前面研究的各种积分类似,为保证函数在曲面上对坐标的曲面积分一定存在,总假定曲面是光滑(或分片光滑)曲面,函数在其上是连续的.

通常将三个不同函数 $P(x,y,z),Q(x,y,z),R(x,y,z)$ 在同一曲面 Σ 上分别对不同坐标的曲面积分之和

$$\iint\limits_{\Sigma} P(x,y,z)\,dydz + \iint\limits_{\Sigma} Q(x,y,z)\,dzdx + \iint\limits_{\Sigma} R(x,y,z)\,dxdy.$$

简记为

$$\iint\limits_{\Sigma} P(x,y,z)\,dydz + Q(x,y,z)\,dzdx + R(x,y,z)\,dxdy.$$

当曲面 Σ 是封闭曲面时,通常记为

$$\oiint\limits_{\Sigma} P(x,y,z)\,dydz + Q(x,y,z)\,dzdx + R(x,y,z)\,dxdy.$$

若记 $\boldsymbol{A}(x,y,z) = (P(x,y,z),Q(x,y,z),R(x,y,z))$, $d\boldsymbol{S} = (dydz,dzdx,dxdy)$,则上面的两式分别记为

$$\iint\limits_{\Sigma} \boldsymbol{A} \cdot d\boldsymbol{S} \quad 与 \quad \oiint\limits_{\Sigma} \boldsymbol{A} \cdot d\boldsymbol{S}.$$

3. 对坐标的曲面积分的性质

将对坐标的曲面积分与对坐标的曲线积分的定义相比较可以看出,两种积分的定义是类似的,因此对坐标的曲面积分有与对坐标的曲线积分相类似的性质.比如

> 怎么理解"对坐标的曲面积分与对坐标的曲线积分的定义是类似的"的含义?

(1)设 Σ 是有向曲面, Σ^- 与 Σ 是同一个曲面取相反侧的有向曲面,则

$$\iint\limits_{\Sigma} P(x,y,z)\,dydz + Q(x,y,z)\,dzdx + R(x,y,z)\,dxdy$$

$$= - \iint\limits_{\Sigma^-} P(x,y,z)\,dydz + Q(x,y,z)\,dzdx + R(x,y,z)\,dxdy. \qquad (5.2)$$

(2)若把有向曲面 Σ 分成互不重叠的 Σ_1,Σ_2 两部分,则

$$\iint\limits_{\Sigma} P\,dydz + Q\,dzdx + R\,dxdy$$

$$= \iint\limits_{\Sigma_1} P\,dydz + Q\,dzdx + R\,dxdy + \iint\limits_{\Sigma_2} P\,dydz + Q\,dzdx + R\,dxdy. \qquad (5.3)$$

另外,对坐标的曲面积分与对坐标的曲线积分都有相同的线性运算性质等. 这里不再赘述.

4. 对坐标的曲面积分的计算

不难想象,像计算对面积的曲面积分那样,计算对坐标的曲面积分这一"未知",也要将其转化为二重积分这一"已知". 为此,依定义

$$\iint\limits_{\Sigma} R(x,y,z)\,\mathrm{d}x\mathrm{d}y = \lim_{\lambda \to 0} \sum_{i=1}^{n} R(\xi_i,\eta_i,\zeta_i)(\Delta S_i)_{xy},$$

需要将其积分和式

$$\sum_{i=1}^{n} R(\xi_i,\eta_i,\zeta_i)(\Delta S_i)_{xy}$$

化为二重积分的积分和式. 显然,利用曲面的方程 $z=z(x,y)$ 容易将其中的 $R(\xi_i,\eta_i,\zeta_i)$ 化为 $R[\xi_i,\eta_i,z(\xi_i,\eta_i)]$;同时,依据选定的曲面的侧、利用 $(\Delta S_i)_{xy}$ 的定义将其用 $(\Delta\sigma)_{xy}$ 或 $-(\Delta\sigma)_{xy}$ 来替换,就可以得到

$$\sum_{i=1}^{n} R(\xi_i,\eta_i,\zeta_i)(\Delta S_i)_{xy} = \sum_{i=1}^{n} R[\xi_i,\eta_i,z(\xi_i,\eta_i)](\Delta\sigma)_{xy} \quad (曲面取上侧时),$$

或

$$\sum_{i=1}^{n} R(\xi_i,\eta_i,\zeta_i)(\Delta S_i)_{xy} = -\sum_{i=1}^{n} R[\xi_i,\eta_i,z(\xi_i,\eta_i)](\Delta\sigma)_{xy} \quad (曲面取下侧时).$$

上面两式左端是对坐标的曲面积分的积分和,右端是二重积分的积分和,两边同时取极限,就将对坐标的曲面积分转化为二重积分.

这就是下面的定理 5.1.

定理 5.1 设光滑(或分片光滑)的有向曲面 Σ 的方程为 $z=z(x,y)$,函数 $R(x,y,z)$ 在曲面 Σ 上连续,则有

$$\iint\limits_{\Sigma} R(x,y,z)\,\mathrm{d}x\mathrm{d}y = \pm\iint\limits_{D_{xy}} R[x,y,z(x,y)]\,\mathrm{d}x\mathrm{d}y \tag{5.4}$$

其中 D_{xy} 为 Σ 在坐标平面 xOy 上的投影区域,当有向曲面 Σ 取上侧时,右侧取正号,当 Σ 取下侧时,右侧取负号.

式(5.4)也是一个转换公式,你看从左到右发生了哪些变化?实现这些变化需要做哪些工作?

式(5.4)实际是把对坐标的曲面积分化为二重积分的转换公式. 类似地,若有向曲面 $\Sigma: x=x(y,z)$ 取前侧,它在 yOz 平面上的投影区域为 D_{yz},则有

$$\iint\limits_{\Sigma} P(x,y,z)\,\mathrm{d}z\mathrm{d}y = \iint\limits_{D_{yz}} P[x(y,z),y,z]\,\mathrm{d}y\mathrm{d}z;$$

如果有向曲面 $\Sigma: y=y(z,x)$ 取右侧,它在 zOx 平面上的投影区域为 D_{zx},则有

$$\iint\limits_{\Sigma} Q(x,y,z)\,\mathrm{d}z\mathrm{d}x = \iint\limits_{D_{zx}} Q[x,y(z,x),z]\,\mathrm{d}z\mathrm{d}x.$$

总之有

曲面积分	曲面方程	所要投影到的坐标面	曲面的侧	化成的二重积分
$\iint\limits_{\Sigma} R(x,y,z)\,\mathrm{d}x\mathrm{d}y$	$z=z(x,y)$	xOy 平面	上侧 下侧	$\iint\limits_{D_{xy}} R[x,y,z(x,y)]\,\mathrm{d}x\mathrm{d}y$ $-\iint\limits_{D_{xy}} R[x,y,z(x,y)]\,\mathrm{d}x\mathrm{d}y$
$\iint\limits_{\Sigma} P(x,y,z)\,\mathrm{d}y\mathrm{d}z$	$x=x(y,z)$	yOz 平面	前侧 后侧	$\iint\limits_{D_{yz}} P[x(y,z),y,z]\,\mathrm{d}y\mathrm{d}z$ $-\iint\limits_{D_{yz}} P[x(y,z),y,z]\,\mathrm{d}y\mathrm{d}z$
$\iint\limits_{\Sigma} Q(x,y,z)\,\mathrm{d}z\mathrm{d}x$	$y=y(z,x)$	zOx 平面	右侧 左侧	$\iint\limits_{D_{zx}} Q[x,y(z,x),z]\,\mathrm{d}z\mathrm{d}x.$ $-\iint\limits_{D_{zx}} Q[x,y(z,x),z]\,\mathrm{d}z\mathrm{d}x.$

我们看到，与计算对面积的曲面积分类似，计算对坐标的曲面积分也需作相应的代换.

例 5.1　求 $\iint\limits_{\Sigma}(x^2+y^2+z^2)\,\mathrm{d}x\mathrm{d}y$，

（1）曲面 Σ 为半球面 $x^2+y^2+z^2=a^2,z\geq 0$ 的下侧；

（2）曲面 Σ 为整个球面 $x^2+y^2+z^2=a^2$ 的外侧，其中 $a>0$.

请具体写出化对坐标的曲面积分为二重积分时，需要作哪些代换？

解　（1）曲面 Σ 在平面 xOy 上的投影区域为平面圆域 $D_{xy}=\{(x,y)\mid x^2+y^2\leq a^2\}$，又曲面取下侧，于是利用定理 5.1，

左边第一个等号的前后发生了哪些变化？从第二个等号以后是在做什么？由此来看，要计算第二型曲面积分，主要有几步？

$$\iint\limits_{\Sigma}(x^2+y^2+z^2)\,\mathrm{d}x\mathrm{d}y$$
$$=-\iint\limits_{D_{xy}}[x^2+y^2+(a^2-x^2-y^2)]\,\mathrm{d}x\mathrm{d}y$$
$$=-\iint\limits_{D_{xy}}a^2\,\mathrm{d}x\mathrm{d}y=-a^2\cdot\pi a^2=-\pi a^4.$$

（2）首先将该球面被坐标平面 xOy 所分割成的上、下两个半球面分别记为 Σ_1,Σ_2（图 10-27），由于整个闭球面取外侧，因此 Σ_1 取上侧，Σ_2 取下侧，分别计算相应的积分.

在有向曲面 Σ_1 上的积分与（1）是同一个函数在同一张曲面、沿相反侧的曲面积分，因此，由（1）的结果得

$$\iint\limits_{\Sigma_1}(x^2+y^2+z^2)\,\mathrm{d}x\mathrm{d}y=-(-\pi a^4)=\pi a^4.$$

在取下侧的有向曲面 Σ_2 上积分，由于它在平面 xOy 上的投影区域仍为（1）中的 D_{xy}，因此

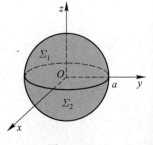

图 10-27

$$\iint\limits_{\Sigma_2}(x^2+y^2+z^2)\,\mathrm{d}x\mathrm{d}y = -\iint\limits_{D_{xy}}[\,x^2+y^2+(a^2-x^2-y^2)\,]\,\mathrm{d}x\mathrm{d}y$$

$$= -\iint\limits_{D_{xy}}a^2\,\mathrm{d}x\mathrm{d}y = -\pi a^4.$$

于是有

$$\iint\limits_{\Sigma}(x^2+y^2+z^2)\,\mathrm{d}x\mathrm{d}y = \pi a^4+(-\pi a^4)=0.$$

例 5.2 计算 $\iint\limits_{\Sigma}x\mathrm{d}y\mathrm{d}z+y\mathrm{d}z\mathrm{d}x+z\mathrm{d}x\mathrm{d}y$，其中 Σ 为长方体 Ω 的整个表面的外侧，$\Omega=$ $\left\{(x,y,z)\,\middle|\,0\leqslant x\leqslant a,0\leqslant y\leqslant b,0\leqslant z\leqslant c\right\}.$

解 由于 Σ 是分片光滑的，并且方向为外侧，因此将该六面体的六个面分别记为

$\Sigma_1:z=c(0\leqslant x\leqslant a,0\leqslant y\leqslant b)$ 的上侧；$\Sigma_2:z=0(0\leqslant x\leqslant a,0\leqslant y\leqslant b)$ 的下侧；

$\Sigma_3:x=a(0\leqslant y\leqslant b,0\leqslant z\leqslant c)$ 的前侧；$\Sigma_4:x=0(0\leqslant y\leqslant b,0\leqslant z\leqslant c)$ 的后侧；

$\Sigma_5:y=b(0\leqslant x\leqslant a,0\leqslant z\leqslant c)$ 的右侧；$\Sigma_6:y=0(0\leqslant x\leqslant a,0\leqslant z\leqslant c)$ 的左侧.

由式(5.3)，有

$$\iint\limits_{\Sigma}x\mathrm{d}y\mathrm{d}z+y\mathrm{d}z\mathrm{d}x+z\mathrm{d}x\mathrm{d}y = \sum_{i=1}^{6}\iint\limits_{\Sigma_i}x\mathrm{d}y\mathrm{d}z+y\mathrm{d}z\mathrm{d}x+z\mathrm{d}x\mathrm{d}y.$$

先来计算 $\iint\limits_{\Sigma}z\mathrm{d}x\mathrm{d}y.$

要计算该积分，需对 Σ 所包含的各个曲面 $\Sigma_i(i=1,2,\cdots,6)$ 分别向坐标面 xOy 作投影. 由于 $\Sigma_3,\Sigma_4,\Sigma_5,\Sigma_6$ 在坐标面 xOy 上的投影区域都退化为一条线段，因此在其上的积分为零. Σ_1,Σ_2 在平面 xOy 上的投影区域为同一个区域 $D_{xy}=\{(x,y)\,|\,0\leqslant x\leqslant a,0\leqslant y\leqslant b\}$，但两曲面取不同的侧（$\Sigma_1$ 取上侧，Σ_2 取下侧），因此

$$\iint\limits_{\Sigma}z\mathrm{d}x\mathrm{d}y = \sum_{i=1}^{6}\iint\limits_{\Sigma_i}z\mathrm{d}x\mathrm{d}y$$

$$= \iint\limits_{D_{xy}}c\mathrm{d}x\mathrm{d}y - \iint\limits_{D_{xy}}0\mathrm{d}x\mathrm{d}y + 0+0+0+0$$

$$= c\iint\limits_{D_{xy}}\mathrm{d}x\mathrm{d}y = abc;$$

上面第二个等号前后发生了怎样的变化？

类似地可求得

$$\iint\limits_{\Sigma}x\mathrm{d}z\mathrm{d}y = abc,\qquad \iint\limits_{\Sigma}y\mathrm{d}z\mathrm{d}x = abc.$$

因此所求的积分

$$\iint\limits_{\Sigma}x\mathrm{d}y\mathrm{d}z+y\mathrm{d}z\mathrm{d}x+z\mathrm{d}x\mathrm{d}y = 3abc.$$

5. 对坐标的曲面积分的另外表示法 两类曲面积分之间的联系

类似于对坐标的曲线积分与对弧长的曲线积分之间有密切的关系那样，同一函数沿同一曲

面的下面先来考察对坐标的曲面积分的另外表示法,由此可以看出两类曲面积分之间的联系.两类不同曲面积分之间也有密切的关系.

设有有向光滑曲面 $\Sigma:z=z(x,y)$,我们来考察函数 $R(x,y,z)$ 在 Σ 上对坐标 x,y 的曲面积分 $\iint_{\Sigma}R(x,y,z)\mathrm{d}x\mathrm{d}y$,不妨假定 Σ 取上侧.注意到定义 5.1 中积分和式 $\sum_{i=1}^{n}R(\xi_i,\eta_i,\zeta_i)(\Delta S_i)_{xy}$ 中的 $(\Delta S_i)_{xy}$ 是有向小曲面 $\Delta\Sigma_i$ 在平面 xOy 上的投影,由曲面取上侧,因此当小曲面的直径很小时,则有

$$(\Delta S_i)_{xy}=(\Delta\sigma_i)_{xy}\approx\Delta S_i\cdot\cos\gamma_i.$$

其中 ΔS_i 为小曲面 $\Delta\Sigma_i$ 的面积,$(\Delta\sigma_i)_{xy}$ 为 $\Delta\Sigma_i$ 在坐标平面 xOy 上的投影区域的面积,γ_i 为 $\Delta\Sigma_i$ 上的点 (ξ_i,η_i,ζ_i) 处向上的法向量与 z 轴正向的夹角.则有

$$\iint_{\Sigma}R(x,y,z)\mathrm{d}x\mathrm{d}y=\lim_{\lambda\to0}\sum_{i=1}^{n}R(\xi_i,\eta_i,\zeta_i)(\Delta S_i)_{xy}=\lim_{\lambda\to0}\sum_{i=1}^{n}R(\xi_i,\eta_i,\zeta_i)\cos\gamma_i\Delta S_i.$$

其中 λ 为各小曲面 $\Delta\Sigma_i(i=1,2,\cdots,n)$ 的直径最大值.上式最右端为 $\iint_{\Sigma}R(x,y,z)\cos\gamma\mathrm{d}S$,于是

$$\iint_{\Sigma}R(x,y,z)\mathrm{d}x\mathrm{d}y=\iint_{\Sigma}R(x,y,z)\cos\gamma\mathrm{d}S. \tag{5.5}$$

式(5.5)虽然是在积分曲面 Σ 取上侧时得到的,但当积分曲面取 Σ 的下侧时它也是成立的.事实上如果改变 Σ 的取向而变为取下侧,那么式(5.5)的左端改变符号,而这时右端的 γ 为方向向下的法向量,与 z 轴正向的夹角为钝角,这时 $\cos\gamma$ 取负值,因此右端也要改变符号,故式(5.5)仍成立.

式(5.5)给出了对坐标的曲面积分的另外的表示法.

类似地有

$$\iint_{\Sigma}P(x,y,z)\mathrm{d}z\mathrm{d}y=\iint_{\Sigma}P(x,y,z)\cos\alpha\mathrm{d}S$$

与

$$\iint_{\Sigma}Q(x,y,z)\mathrm{d}z\mathrm{d}x=\iint_{\Sigma}Q(x,y,z)\cos\beta\mathrm{d}S.$$

> 对坐标的曲面积分与对曲面侧的选择有关,对面积的曲面积分与曲面的侧无关,二者这种差异在式(5.5)中通过什么体现出来的?

将上述三个等式合并在一起得

$$\iint_{\Sigma}P\mathrm{d}y\mathrm{d}z+Q\mathrm{d}z\mathrm{d}x+R\mathrm{d}x\mathrm{d}y=\iint_{\Sigma}(P\cos\alpha+Q\cos\beta+R\cos\gamma)\mathrm{d}S. \tag{5.6}$$

其中,$\cos\alpha,\cos\beta,\cos\gamma$ 是曲面 Σ 在点 (x,y,z) 处的法向量的方向余弦,该法向量的方向由左边对坐标的曲面积分的有向曲面指定的侧来决定.式(5.5)不仅给出了对坐标的曲面积分的另外的表示法,同时给出了两类曲面积分之间的关系.

式(5.6)也可以表示为如下向量的形式:

$$\iint_{\Sigma}\boldsymbol{A}\cdot\mathrm{d}\boldsymbol{S}=\iint_{\Sigma}\boldsymbol{A}\cdot\boldsymbol{n}\mathrm{d}S,$$

或

$$\iint_{\Sigma}\boldsymbol{A}\cdot\mathrm{d}\boldsymbol{S}=\iint_{\Sigma}A_n\mathrm{d}S,$$

其中,$\boldsymbol{A}$ 与 $\mathrm{d}\boldsymbol{S}$ 的意义同前面所述,$\boldsymbol{n}=(\cos\alpha,\cos\beta,\cos\gamma)$ 为有向曲面 Σ 在点 (x,y,z) 处的单位法

向量,A_n 为向量 A 在向量 n 上的投影.

例 5.3　计算曲面积分 $I = \iint\limits_{\Sigma} yz\mathrm{d}z\mathrm{d}x + z^2\mathrm{d}x\mathrm{d}y$,其中 Σ 为半球面 $z = \sqrt{R^2 - x^2 - y^2}\,(R > 0)$ 的上侧.

解　对于取上侧的半球面 Σ,球面上的单位法向量的方向余弦为

$$\cos \beta = \frac{-z_y}{\sqrt{1+z_x^2+z_y^2}},\quad \cos \gamma = \frac{1}{\sqrt{1+z_x^2+z_y^2}},$$

其中

$$z_x = \frac{-x}{\sqrt{R^2-x^2-y^2}} = -\frac{x}{z},\quad z_y = \frac{-y}{\sqrt{R^2-x^2-y^2}} = -\frac{y}{z}.$$

因此

$$I = \iint\limits_{\Sigma} yz\mathrm{d}z\mathrm{d}x + z^2\mathrm{d}x\mathrm{d}y = \iint\limits_{\Sigma}(yz\cos \beta + z^2\cos \gamma)\mathrm{d}S$$

$$= \iint\limits_{\Sigma}\left(yz\cdot\frac{-z_y}{\sqrt{1+z_x^2+z_y^2}} + z^2\cdot\frac{1}{\sqrt{1+z_x^2+z_y^2}}\right)\mathrm{d}S$$

$$= \iint\limits_{D}\left[y^2\cdot\frac{1}{\sqrt{1+z_x^2+z_y^2}} + \left(\sqrt{R^2-x^2-y^2}\right)^2\cdot\frac{1}{\sqrt{1+z_x^2+z_y^2}}\right]\sqrt{1+z_x^2+z_y^2}\,\mathrm{d}\sigma$$

$$= \iint\limits_{D}(y^2 + R^2 - x^2 - y^2)\mathrm{d}\sigma$$

$$= \int_0^{2\pi}\mathrm{d}\theta\int_0^R (R^2 - \rho^2\cos^2\theta)\rho\mathrm{d}\rho$$

$$= R^2\int_0^{2\pi}\mathrm{d}\theta\int_0^R \rho\mathrm{d}\rho - \int_0^{2\pi}\cos^2\theta\mathrm{d}\theta\int_0^R \rho^2\rho\mathrm{d}\rho$$

$$= \pi R^4 - \frac{1}{4}\pi R^4 = \frac{3}{4}\pi R^4.$$

关于对坐标的曲面积分计算的注记

本题计算对坐标的曲面积分的特点是什么? 第二个等号与第四个等号前后各发生了什么变化? 从第五个等号之后在做什么?
通过例 5.3,你看出两类曲面积分之间关系的用途了吗?

历史人物简介

默比乌斯

习题 10-5(A)

1. 判断下列论述是否正确,并说明理由:

(1) 曲面在坐标面上的投影区域与有向曲面在坐标面上的投影是不相同的,有向曲面在坐标面上的投影与

曲面在坐标面上投影区域的面积之间仅可能相差一个符号,而该符号由有向曲面的侧来决定;

(2)将对坐标的曲面积分化为二重积分时要遵循"一定侧、二投影、三消元"的原则:根据侧确定所要化成的二重积分前面的符号;将曲面在坐标面上的投影区域作为二重积分的积分区域;利用曲面方程将被积函数中的变量消去一个"元"(从而把三元变为二元);

(3)一般说来,在计算对坐标 x、y 的曲面积分 $\iint\limits_{\Sigma} R(x,y,z)\,\mathrm{d}x\mathrm{d}y$ 时,要将曲面方程写为 $z = z(x,y)$,将曲面向 xOy 面投影.而在计算几个对不同坐标的积分的和时,比如

$$\iint\limits_{\Sigma} P\mathrm{d}y\mathrm{d}z + Q\mathrm{d}z\mathrm{d}x + R\mathrm{d}x\mathrm{d}y,$$

可以采用两类曲面积分之间的关系

$$\iint\limits_{\Sigma} P\mathrm{d}y\mathrm{d}z + Q\mathrm{d}z\mathrm{d}x + R\mathrm{d}x\mathrm{d}y = \iint\limits_{\Sigma} (P\cos\alpha + Q\cos\beta + R\cos\gamma)\,\mathrm{d}S,$$

先化为对面积的曲面积分,然后可以将曲面向某一个坐标面投影进行计算.

2. 计算下列对坐标的曲面积分:

(1) $\iint\limits_{\Sigma}(x + z)\mathrm{d}x\mathrm{d}y$,其中 Σ 是含在柱面 $x^2 + y^2 = 1$ 内的平面 $x + z = 1$ 的上侧;

(2) $\iint\limits_{\Sigma}x^2 y^2 z\mathrm{d}x\mathrm{d}y$;其中 Σ 是下半球面 $z = -\sqrt{1 - x^2 - y^2}$ 的下侧;

(3) $\iint\limits_{\Sigma}(x^2 + y^2)\mathrm{d}x\mathrm{d}y$;其中 Σ 是旋转抛物面 $z = x^2 + y^2(z \leqslant 1)$ 位于第一卦限部分的上侧;

(4) $\iint\limits_{\Sigma}y\mathrm{d}z\mathrm{d}x + z\mathrm{d}x\mathrm{d}y$;其中 Σ 是介于 $z=0, z=3$ 之间圆柱面 $x^2+y^2=1$ 的外侧;

(5) $\oiint\limits_{\Sigma}\mathrm{d}y\mathrm{d}z + y\mathrm{d}z\mathrm{d}x + xy^2\mathrm{d}x\mathrm{d}y$;其中 Σ 是由平面 $x=1, y=1, z=1$ 及 $x=-1, y=-1, z=-2$ 围成的长方体的表面外侧;

(6) $\oiint\limits_{\Sigma}(x^2 + y^2 + z^2)\mathrm{d}y\mathrm{d}z$,其中 Σ 是球面 $x^2 + y^2 + z^2 = 4$ 内侧;

(7) $\oiint\limits_{\Sigma}x\mathrm{d}y\mathrm{d}z + y\mathrm{d}z\mathrm{d}x + z\mathrm{d}x\mathrm{d}y$,其中 Σ 是由 $x + y + z = 1$ 及三个坐标面围成区域的表面外侧.

习题 10-5(B)

1. 稳定不可压缩流体以速度 $V = xy\boldsymbol{i} + yz\boldsymbol{j} + xz\boldsymbol{k}$ 由内至外流过位于第一卦限中的球面 $x^2+y^2+z^2=1$,求其流量.

2. 计算曲面积分 $\oiint\limits_{\Sigma}\dfrac{e^z}{\sqrt{x^2 + y^2}}\mathrm{d}x\mathrm{d}y$,其中 Σ 是由圆锥面 $z = \sqrt{x^2+y^2}$ 及平面 $z=1, z=2$ 所围立体表面外侧.

3. 把对坐标的曲面积分 $\iint\limits_{\Sigma} P\mathrm{d}y\mathrm{d}z + Q\mathrm{d}z\mathrm{d}x + R\mathrm{d}x\mathrm{d}y$ 化为对面积的曲面积分,其中曲面 Σ 是:

(1)平面 $x+2y+z=2$ 位于第一卦限部分的上侧;

(2)抛物面 $z=8-x^2-y^2$ 在 xOy 面上方部分的上侧.

4. 计算曲面积分 $\iint\limits_{\Sigma}\left(z + 2x + \dfrac{4}{3}y\right)\cos\gamma\mathrm{d}S$,其中 Σ 是平面 $\dfrac{x}{2}+\dfrac{y}{3}+\dfrac{z}{4}=1$ 位于第一卦限的部分,γ 是 Σ 的法向量 $\left(\dfrac{1}{2},\dfrac{1}{3},\dfrac{1}{4}\right)$ 与 z 轴正向夹角.

5.（1）已知曲面 $\Sigma:z=z(x,y)$，利用两类曲面积分的关系证明

$$\iint_{\Sigma}P\mathrm{d}y\mathrm{d}z + Q\mathrm{d}z\mathrm{d}x + R\mathrm{d}x\mathrm{d}y = \iint_{\Sigma}[P\cdot(-z_x) + Q\cdot(-z_y) + R]\mathrm{d}x\mathrm{d}y;$$

（2）求曲面积分 $\iint_{\Sigma}(x+z^2)\mathrm{d}y\mathrm{d}z - z\mathrm{d}x\mathrm{d}y$，其中 Σ 是 yOz 面上曲线 $z=\dfrac{1}{2}y^2(0\leqslant z\leqslant 2)$ 绕 z 轴旋转一周所得的旋转面的下侧.

第六节　高斯公式与斯托克斯公式

在第三节，我们将定积分的牛顿–莱布尼茨公式推广为格林公式，从而建立了平面有界闭区域上的二重积分与沿该区域边界曲线上的曲线积分之间的联系.本节将对格林公式从两个方向推广，这就是下面要讨论的高斯公式与斯托克斯公式.

1. 高斯公式

格林公式 $\iint_{D}\dfrac{\partial Q}{\partial x}\mathrm{d}x\mathrm{d}y = \oint_{L}Q\mathrm{d}y$ 说明，函数 $\dfrac{\partial Q}{\partial x}$ 在区域上的二重积分可以转化为它（关于自变量 x）的原函数 $Q(x,y)$ 在区域的正向边界曲线上关于另一个变量 y 的曲线积分.三维空间中的有界闭区域的边界是闭曲面.现在我们学习了曲面积分及三重积分，如果 Ω 是由分片光滑的闭曲面 Σ 围成的三维空间中的有界闭区域，仿照格林公式我们猜想，$\dfrac{\partial Q(x,y,z)}{\partial y}$ 在 Ω 上的三重积分，与它（关于 y）的原函数 $Q(x,y,z)$ 沿曲面 Σ 上关于另外两个变量 z,x 的曲面积分之间应该有下述关系：

$$\iiint_{\Omega}\frac{\partial Q}{\partial y}\mathrm{d}v = \oiint_{\Sigma}Q\mathrm{d}z\mathrm{d}x.$$

事实上这个猜想是正确的.像格林公式那样，该等式成立也是要有条件的，这就是下面的高斯公式.

> 根据等式两端的特点，该式成立至少需要附加什么条件？分析该式左右两端，你还能发现怎样的规律？

定理 6.1　设（1）空间闭区域 Ω 的边界曲面是分片光滑的闭曲面 Σ；

（2）在 Ω 上，函数 $P(x,y,z),Q(x,y,z),R(x,y,z)$ 存在连续的一阶偏导数.则

$$\oiint_{\Sigma}P\mathrm{d}y\mathrm{d}z + Q\mathrm{d}z\mathrm{d}x + R\mathrm{d}x\mathrm{d}y = \iiint_{\Omega}\left(\frac{\partial P}{\partial x} + \frac{\partial Q}{\partial y} + \frac{\partial R}{\partial z}\right)\mathrm{d}v, \tag{6.1}$$

其中，Σ 为 Ω 的有向边界曲面，取外侧.

由关于两类曲面积分之间的关系式（5.6），利用式（6.1）易得

$$\oiint_{\Sigma}(P\cos\alpha + Q\cos\beta + R\cos\gamma)\mathrm{d}S = \iiint_{\Omega}\left(\frac{\partial P}{\partial x} + \frac{\partial Q}{\partial y} + \frac{\partial R}{\partial z}\right)\mathrm{d}v, \tag{6.2}$$

其中 $\cos\alpha,\cos\beta,\cos\gamma$ 为 Σ 上点 (x,y,z) 处外法线的方向余弦.

式（6.1）和式（6.2）都称为**高斯公式**.

证　既然高斯公式可以看作格林公式的推广，因此不难想

> 还记得格林公式是怎么证明的吗？由此猜想，高斯公式应该怎么证明？

257

象,应该采用证明格林公式的思想方法作"已知"来证明高斯公式.显然只需证明式(6.1)成立即可.

记 Ω 在平面 xOy 上的投影区域为 D_{xy},并假设从 D_{xy} 内任意一点作平行于 z 轴的直线穿过区域 Ω 内部与 Σ 恰好有两个交点.因此可设 Σ 由 $\Sigma_1,\Sigma_2,\Sigma_3$ 三部分组成,其中 Σ_1,Σ_2 的方程分别为 $\Sigma_1:z=z_1(x,y)$,$\Sigma_2:z=z_2(x,y)$,这里

$$z_1(x,y)\leqslant z_2(x,y),\quad\forall\,(x,y)\in D_{xy}.$$

Σ_3 是以 D_{xy} 的边界为准线、母线平行于 z 轴的柱面被 Σ_1,Σ_2 所截的部分曲面(图 10-28),取外侧;Σ_1,Σ_2 分别取下侧与上侧.因此 Ω 可以表示成

$$\Omega:\{(x,y,z)\,|\,z_1(x,y)\leqslant z\leqslant z_2(x,y),(x,y)\in D_{xy}\}$$

的形式.

下面仿照对格林公式的证明,分别将 $\displaystyle\iiint_\Omega\frac{\partial R}{\partial z}\mathrm{d}v=\oiint_\Sigma R\mathrm{d}x\mathrm{d}y$ 中

的三重积分与曲面积分转换为二重积分.以证明该式成立.

为此,对左端的三重积分采用"先一后二"法得

$$\iiint_\Omega\frac{\partial R}{\partial z}\mathrm{d}v=\iint_{D_{xy}}\left\{\int_{z_1(x,y)}^{z_2(x,y)}\frac{\partial R}{\partial z}\mathrm{d}z\right\}\mathrm{d}x\mathrm{d}y$$

$$=\iint_{D_{xy}}\{R[x,y,z_2(x,y)]-R[x,y,z_1(x,y)]\}\mathrm{d}x\mathrm{d}y.$$

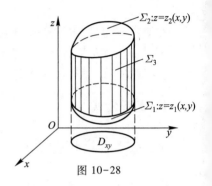

图 10-28

对右端的曲面积分.注意到 Σ_1 取下侧,Σ_2 取上侧,Σ_3 在 xOy 面上的投影为一条闭曲线,因此 $\displaystyle\iint_{\Sigma_3}R\mathrm{d}x\mathrm{d}y=0$. 利用曲面积分的计算公式,右端为

$$\oiint_\Sigma R\mathrm{d}x\mathrm{d}y=\iint_{\Sigma_1}R\mathrm{d}x\mathrm{d}y+\iint_{\Sigma_2}R\mathrm{d}x\mathrm{d}y+\iint_{\Sigma_3}R\mathrm{d}x\mathrm{d}y$$

$$=-\iint_{D_{xy}}R[x,y,z_1(x,y)]\mathrm{d}x\mathrm{d}y+\iint_{D_{xy}}R[x,y,z_2(x,y)]\mathrm{d}x\mathrm{d}y+0$$

$$=\iint_{D_{xy}}\{R[x,y,z_2(x,y)]-R[x,y,z_1(x,y)]\}\mathrm{d}x\mathrm{d}y.$$

> 你能利用对坐标的曲面积分的定义,说明在 Σ_3 上的曲面积分为零吗?

于是,在上面给定的 Ω 与 Σ 的意义下,$\displaystyle\iiint_\Omega\frac{\partial R}{\partial z}\mathrm{d}v=\oiint_\Sigma R\mathrm{d}x\mathrm{d}y$ 是成立的.

若穿过 Ω 内部且平行于 x 轴、y 轴的直线与 Ω 的边界曲面的交点都分别恰好是两个,类似的方法可以证明

$$\iiint_\Omega\frac{\partial P}{\partial x}\mathrm{d}v=\oiint_\Sigma P\mathrm{d}z\mathrm{d}y,$$

$$\iiint_\Omega\frac{\partial Q}{\partial y}\mathrm{d}v=\oiint_\Sigma Q\mathrm{d}z\mathrm{d}x$$

> 根据定理的证明过程,你怎么理解高斯公式?式(6.1)中的重积分或面积分是否三项必须都同时存在?

也都成立.把上面三个等式的两端分别相加,即得式(6.1).

上面是在假设穿过区域 Ω 内部且平行于坐标轴的直线与 Ω 的边界曲面恰好有两个交点的情况下证明的.对不符合上述特点的一般的区域 Ω,可以像证明格林公式时引进辅助曲线将区域分割那样,通过引进辅助曲面将 Ω 进行分割,使其成为若干个符合上述类型的区域.利用三重积

分与曲面积分都具有"区域可加性",并注意到在引进的辅助曲面上分别对相同的函数作了沿同一曲面、按相反侧的两个曲面积分,而这两个曲面积分的值互为相反数,相加时,它们相互抵消,因此式(6.1)在整个区域上成立.

高斯公式架起了曲面积分与三重积分之间联系的桥梁,利用高斯公式可以实现曲面积分与相应的三重积分的转化,从而将曲面积分的计算转化为相应的三重积分的计算.

例 6.1 求 $\oiint\limits_{\Sigma} x^3 \mathrm{d}y\mathrm{d}z - 2x^2 y \mathrm{d}z\mathrm{d}x + z\mathrm{d}x\mathrm{d}y$,其中 Σ 是立方体

$$\Omega : \{(x,y,z) \mid 0 \leqslant x \leqslant 1, 0 \leqslant y \leqslant 1, 0 \leqslant z \leqslant 1\}$$

关于格林公式与高斯公式之间关系的注记

的外侧表面.

解 由 $P(x,y,z)=x^3, Q(x,y,z)=-2x^2 y, R(x,y,z)=z$,因此

$$\frac{\partial P}{\partial x}=3x^2, \frac{\partial Q}{\partial y}=-2x^2, \frac{\partial R}{\partial z}=1.$$

该曲面积分满足高斯公式的条件,利用高斯公式得

$$\oiint\limits_{\Sigma} x^3 \mathrm{d}y\mathrm{d}z - 2x^2 y\mathrm{d}z\mathrm{d}x + z\mathrm{d}x\mathrm{d}y = \iiint\limits_{\Omega} \left[3x^2 + (-2x^2) + 1\right]\mathrm{d}v$$

$$= \iiint\limits_{\Omega} (x^2+1)\mathrm{d}v = \int_0^1 \mathrm{d}z \int_0^1 \mathrm{d}y \int_0^1 (x^2+1)\mathrm{d}x = \frac{4}{3}.$$

例 6.2 求 $\oiint\limits_{\Sigma} (2x^2 - y^3)\mathrm{d}x\mathrm{d}y + 2x\mathrm{d}y\mathrm{d}z$,其中 Σ 为柱面 $x^2 + y^2 = 1$ 及平面 $z=0, z=1$ 所围的空间立体的边界曲面的内侧 (图 10-29).

解 由于相同的函数在同一曲面上沿不同侧的积分之间互为相反数,因此,可以先求沿曲面 Σ 外侧的积分,记 Σ 的外侧为 Σ^+. 由于

$$P=2x, Q=0, R=2x^2-y^3,$$

因此

$$\frac{\partial P}{\partial x}=2, \frac{\partial Q}{\partial y}=0, \frac{\partial R}{\partial z}=0.$$

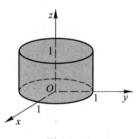

图 10-29

设 Σ 所围的空间立体的体积为 V,由高斯公式得

$$\oiint\limits_{\Sigma^+} (2x^2-y^3)\mathrm{d}x\mathrm{d}y + 2x\mathrm{d}y\mathrm{d}z$$

$$= \iiint\limits_{\Omega} 2\mathrm{d}x\mathrm{d}y\mathrm{d}z = 2V = 2 \cdot \pi \cdot 1^2 \cdot 1 = 2\pi.$$

因此

$$\oiint\limits_{\Sigma} (2x^2-y^3)\mathrm{d}x\mathrm{d}y + 2x\mathrm{d}z\mathrm{d}y = -\oiint\limits_{\Sigma^+} (2x^2-y^3)\mathrm{d}x\mathrm{d}y + 2x\mathrm{d}z\mathrm{d}y = -2\pi.$$

例 6.3 求曲面积分

$$I = \iint\limits_{\Sigma} (y^2 - \sin z)\mathrm{d}y\mathrm{d}z + (z^2 - \cos x)\mathrm{d}z\mathrm{d}x + (x^3 - y^2)\mathrm{d}x\mathrm{d}y,$$

其中 Σ 是锥面 $z = \sqrt{x^2+y^2}$ 上被平面 $z=1$ 所截得的满足 $0 \leqslant z \leqslant 1$ 部分的外侧 (图 10-30).

根据题目所给的曲面不封闭的特点,你想到怎样的"已知"?

解　注意到这里的曲面 Σ 不是封闭的,因此不能直接用高斯公式.为此引入辅助曲面

$$\Sigma_1 : z = 1 \quad (x^2 + y^2 \leqslant 1),$$

并取其上侧.这样曲面

$$S = \Sigma \cup \Sigma_1$$

是一个封闭的而且取外侧的有向曲面,设其所围的立体为 Ω,则有

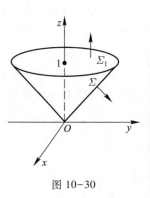

图 10-30

$$\oiint\limits_{S}(y^2 - \sin z)\mathrm{d}y\mathrm{d}z + (z^2 - \cos x)\mathrm{d}z\mathrm{d}x + (x^3 - y^2)\mathrm{d}x\mathrm{d}y$$

$$= \iiint\limits_{\Omega}\left[\frac{\partial}{\partial x}(y^2 - \sin z) + \frac{\partial}{\partial y}(z^2 - \cos x) + \frac{\partial}{\partial z}(x^3 - y^2)\right]\mathrm{d}v$$

$$= \iiint\limits_{\Omega}[0 + 0 + 0]\mathrm{d}v = 0.$$

由 $S = \Sigma \cup \Sigma_1$ 及曲面积分关于积分曲面的可加性,有

$$\iint\limits_{\Sigma}(y^2 - \sin z)\mathrm{d}y\mathrm{d}z + (z^2 - \cos x)\mathrm{d}z\mathrm{d}x + (x^3 - y^2)\mathrm{d}x\mathrm{d}y +$$

$$\iint\limits_{\Sigma_1}(y^2 - \sin z)\mathrm{d}y\mathrm{d}z + (z^2 - \cos x)\mathrm{d}z\mathrm{d}x + (x^3 - y^2)\mathrm{d}x\mathrm{d}y = 0,$$

于是

$$I = \iint\limits_{\Sigma}(y^2 - \sin z)\mathrm{d}y\mathrm{d}z + (z^2 - \cos x)\mathrm{d}z\mathrm{d}x + (x^3 - y^2)\mathrm{d}x\mathrm{d}y$$

$$= -\iint\limits_{\Sigma_1}(y^2 - \sin z)\mathrm{d}y\mathrm{d}z + (z^2 - \cos x)\mathrm{d}z\mathrm{d}x + (x^3 - y^2)\mathrm{d}x\mathrm{d}y$$

$$= -\left[\iint\limits_{\Sigma_1}(y^2 - \sin z)\mathrm{d}y\mathrm{d}z + \iint\limits_{\Sigma_1}(z^2 - \cos x)\mathrm{d}z\mathrm{d}x + \iint\limits_{\Sigma_1}(x^3 - y^2)\mathrm{d}x\mathrm{d}y\right]$$

$$= -\left[0 + 0 + \iint\limits_{x^2+y^2\leqslant 1}x^3\mathrm{d}x\mathrm{d}y + \iint\limits_{x^2+y^2\leqslant 1}(-y^2)\mathrm{d}x\mathrm{d}y\right],$$

由积分区域关于 y 轴的对称性及 x^3 是 x 的奇函数,因此 $\displaystyle\iint\limits_{x^2+y^2\leqslant 1}x^3\mathrm{d}x\mathrm{d}y = 0$,于是

$$\iint\limits_{\Sigma}(y^2 - \sin z)\mathrm{d}y\mathrm{d}z + (z^2 - \cos x)\mathrm{d}z\mathrm{d}x + (x^3 - y^2)\mathrm{d}x\mathrm{d}y$$

$$= -\iint\limits_{x^2+y^2\leqslant 1}(-y^2)\mathrm{d}x\mathrm{d}y = \int_0^{2\pi}\mathrm{d}\theta\int_0^1\rho^3\sin^2\theta\mathrm{d}\rho$$

$$= \frac{\pi}{4}.$$

> 左边最后式子中的两个零是怎么得到的?最后一个等号的前后的积分有何差别?

> 通过例 6.3,你有何收获与体会?总结以上的三个例子,计算曲面积分何时用高斯公式比较方便?

*2. 沿曲面的曲面积分与曲面无关(沿闭曲面的曲面积分为零)的条件

　　例 6.3 中的 Σ 与 Σ_1 是具有相同边界曲线的两个曲(平)面.利用高斯公式将沿 Σ 的曲面积分转化为沿 Σ_1 的曲面积分,从而简化了计算.我们猜想,这绝非偶然,像由格林公式能得到平面曲

线积分与积分路径无关(沿闭曲线积分为零)的条件那样,应用高斯公式可以一般性地讨论曲面积分与积分曲面无关(沿闭曲面积分为零)的问题.事实上这个猜想是正确的,下面就来研究这个问题.

第三节讨论曲线积分与积分曲线无关的问题是在单连通区域上讨论的.不难想象,要讨论曲面积分与积分曲面无关,所涉及的空间区域也不能是任意的区域.为此先介绍空间一维单连通区域与空间二维单连通区域的概念.

设 G 是空间中的一个区域.如果对于 G 内的任何简单的闭曲线 C,都可以张成一片以 C 为边界并且完全属于 G 的曲面,则称 G 为**空间一维单连通区域**;如果对于 G 内的任意闭曲面,它所包围的区域全部属于 G,则称 G 为**空间二维单连通区域**.

由定义可知,球面所围成的区域既是空间一维单连通区域也是空间二维单连通区域;两个同心球面所围成的区域是空间一维单连通区域,但不是空间二维单连通区域;一个球域挖去一条直径后便不是空间一维单连通区域,但它却是空间二维单连通区域;环面(轮胎面就是环面)所围成的区域是一个空间二维单连通区域,但不是空间一维单连通区域.

通过上面的定义我们看到,由于讨论空间中曲面积分与积分曲面无关的问题要涉及闭曲面所包围的闭区域,因此研究这个问题应该在空间二维单连通区域上.事实上有下面的定理.

> 你看出空间二维单连通区域与平面单连通区域之间的相似之处了吗?

定理 6.2 设 G 为空间二维单连通区域,函数 $P(x,y,z),Q(x,y,z),R(x,y,z)$ 在 G 内存在连续的一阶偏导数,则曲面积分

$$\iint\limits_{\Sigma} P\mathrm{d}y\mathrm{d}z + Q\mathrm{d}z\mathrm{d}x + R\mathrm{d}x\mathrm{d}y$$

在 G 内与所取曲面 Σ 无关而只取决于 Σ 的边界曲线(沿 G 内任一闭曲面的曲面积分为零)**的充要条件是**

$$\frac{\partial P}{\partial x}+\frac{\partial Q}{\partial y}+\frac{\partial R}{\partial z}=0 \tag{6.3}$$

在 G 内恒成立.

证 若式(6.3)在 G 内恒成立,由高斯公式(6.1)立即看出,沿 Σ 内任何闭曲面的曲面积分为零,因此条件(6.3)是充分的.

反过来,若沿 Σ 内任何闭曲面的曲面积分为零,但式(6.3)在 G 内不恒成立.就是说,至少存在一点 $M_0 \in G$,使得

$$\left(\frac{\partial P}{\partial x}+\frac{\partial Q}{\partial y}+\frac{\partial R}{\partial z}\right)_{M_0} \neq 0,$$

利用与第三节定理 3.2 的证明中所采用的相同方法,就可得出在 G 内存在着闭曲面,使得在该闭曲面上的曲面积分不为零.这与假设矛盾,因此条件(6.3)成立是必要的.

*3. 通量与散度

设 Σ 为闭曲面,Ω 为 Σ 所包围的闭区域,并假定曲面 Σ 及函数 P,Q,R 满足高斯定理的条件,则有

$$\oiint\limits_{\Sigma} P\mathrm{d}y\mathrm{d}z + Q\mathrm{d}z\mathrm{d}x + R\mathrm{d}x\mathrm{d}y = \iiint\limits_{\Omega}\left(\frac{\partial P}{\partial x} + \frac{\partial Q}{\partial y} + \frac{\partial R}{\partial z}\right)\mathrm{d}v.$$

对右端的三重积分施用积分中值定理,得

$$\iiint\limits_{\Omega}\left(\frac{\partial P}{\partial x} + \frac{\partial Q}{\partial y} + \frac{\partial R}{\partial z}\right)\mathrm{d}v = \left(\frac{\partial P}{\partial x} + \frac{\partial Q}{\partial y} + \frac{\partial R}{\partial z}\right)\Bigg|_{(\xi,\eta,\zeta)}V,$$

其中 V 为 Ω 的体积, (ξ,η,ζ) 为 Ω 内的一个点.比较上述两式,得

$$\oiint\limits_{\Sigma} P\mathrm{d}y\mathrm{d}z + Q\mathrm{d}z\mathrm{d}x + R\mathrm{d}x\mathrm{d}y = \left(\frac{\partial P}{\partial x} + \frac{\partial Q}{\partial y} + \frac{\partial R}{\partial z}\right)\Bigg|_{(\xi,\eta,\zeta)}V,$$

于是,有

$$\left(\frac{\partial P}{\partial x} + \frac{\partial Q}{\partial y} + \frac{\partial R}{\partial z}\right)\Bigg|_{(\xi,\eta,\zeta)} = \frac{\oiint\limits_{\Sigma} P\mathrm{d}y\mathrm{d}z + Q\mathrm{d}z\mathrm{d}x + R\mathrm{d}x\mathrm{d}y}{V},$$

令 Ω 收缩成一点 $M(x,y,z)$,则 $(\xi,\eta,\zeta)\to M(x,y,z)$,因此

$$\left(\frac{\partial P}{\partial x} + \frac{\partial Q}{\partial y} + \frac{\partial R}{\partial z}\right)\Bigg|_{(x,y,z)} = \lim_{\Omega\to M}\frac{1}{V}\oiint\limits_{\Sigma} P\mathrm{d}y\mathrm{d}z + Q\mathrm{d}z\mathrm{d}x + R\mathrm{d}x\mathrm{d}y.$$

设函数 $P(x,y,z)$, $Q(x,y,z)$, $R(x,y,z)$ 均有一阶连续偏导数, Σ 为有向曲面,称曲面积分

$$\oiint\limits_{\Sigma} P(x,y,z)\mathrm{d}y\mathrm{d}z + Q(x,y,z)\mathrm{d}z\mathrm{d}x + R(x,y,z)\mathrm{d}x\mathrm{d}y$$

为向量场 $\boldsymbol{F} = (P,Q,R)$ 通过曲面 Σ 指定侧的**通量**(流量). $\left(\frac{\partial P}{\partial x} + \frac{\partial Q}{\partial y} + \frac{\partial R}{\partial z}\right)\Big|_{M}$ 称作向量场 $\boldsymbol{F} = (P,Q,$ $R)$ 在点 M 处的**散度**,也就是在点 M 处通量对体积的变化率,记作 **div** $\boldsymbol{F}(M)$,也称作在该点处的**通量密度**,即有

$$\mathbf{div}\ \boldsymbol{F}(M) = \left(\frac{\partial P}{\partial x} + \frac{\partial Q}{\partial y} + \frac{\partial R}{\partial z}\right)\Bigg|_{M}.$$

> 请将散度与梯度加以比较,二者的最大差异是什么?

我们看到,一个向量场的散度是一个数值.在 Ω 上,散度形成一个数量场,称为**散度场**.

下面我们利用通量来考察散度所具有的实际意义.

由第五节所讨论的流体单位时间内定向流过一曲面的流量可知,高斯公式(6.1)左端的 $\oiint\limits_{\Sigma} P\mathrm{d}y\mathrm{d}z + Q\mathrm{d}z\mathrm{d}x + R\mathrm{d}x\mathrm{d}y$ 可理解为流速场 $\boldsymbol{F} = (P,Q,R)$ 单位时间内通过闭曲面 Σ 流出闭区域 Ω 的流体的总流量.假定流体是不可压缩的且稳定的,因此在流体流出的同时, Ω 内部必有产生流体的"源头"产生出同样多的流体给予补充.所以高斯公式右端 $\iiint\limits_{\Omega}\left(\frac{\partial P}{\partial x} + \frac{\partial Q}{\partial y} + \frac{\partial R}{\partial z}\right)\mathrm{d}v$ 可解释为 Ω 内的源头在单位时间内所产生的流体的总质量,而 $\frac{1}{V}\iiint\limits_{\Omega}\left(\frac{\partial P}{\partial x} + \frac{\partial Q}{\partial y} + \frac{\partial R}{\partial z}\right)\mathrm{d}v$ 为源头在单位时间单位体积内所产生的流体质量的平均值; $\boldsymbol{F}$ 在点 M 处的散度 **div** $\boldsymbol{F}(M) = \left(\frac{\partial P}{\partial x} + \frac{\partial Q}{\partial y} + \frac{\partial R}{\partial z}\right)\Big|_{M}$ (通量对体积的变化率)可看作 $\boldsymbol{F}$ 在点 M 处的**源头强度**.在 **div** $\boldsymbol{F} > 0$ 的点处,流体从该点向外发散,表

示流体在该点处有正源;在 **div** $F < 0$ 的点处,流体向该点汇聚,表示流体在该点处有吸收流体的负源(又称为汇或洞);在 **div** $F = 0$ 的点处,表示流体在该点无源也无洞.

例 6.4　求向量场 $A = (x^2+yz)\boldsymbol{i}+(y^2+xz)\boldsymbol{j}+(z^2+xy)\boldsymbol{k}$ 在点 $M(1,2,1)$ 的散度.

解　由散度的定义,有

$$\textbf{div } A(M) = \left[\frac{\partial(x^2+yz)}{\partial x}+\frac{\partial(y^2+xz)}{\partial y}+\frac{\partial(z^2+xy)}{\partial z}\right]\Bigg|_{(1,2,1)} = 2(x+y+z)\Big|_{(1,2,1)} = 8.$$

4. 斯托克斯公式

设空间曲面 Σ 的边界是一条闭曲线 Γ.像格林公式建立了平面区域上的二重积分与沿该区域的边界曲线上的曲线积分之间的联系那样,我们猜想,沿曲面 Σ 的曲面积分与沿该曲面的边界曲线 Γ 的曲线积分之间也应该有某种联系.下面的斯托克斯公式证实了这一猜想.

定理 6.3　设

(1) Γ 为分段光滑的空间有向闭曲线,Σ 是以 Γ 为边界的分片光滑的有向曲面;

(2) Γ 的方向与 Σ 的侧符合右手定则[①];

(3) 函数 $P(x,y,z)$,$Q(x,y,z)$,$R(x,y,z)$ 在曲面 Σ(连同其边界 Γ)上具有一阶连续偏导数.

则

$$\iint\limits_{\Sigma}\left(\frac{\partial R}{\partial y}-\frac{\partial Q}{\partial z}\right)\mathrm{d}y\mathrm{d}z + \left(\frac{\partial P}{\partial z}-\frac{\partial R}{\partial x}\right)\mathrm{d}z\mathrm{d}x + \left(\frac{\partial Q}{\partial x}-\frac{\partial P}{\partial y}\right)\mathrm{d}x\mathrm{d}y$$

$$= \oint_{\Gamma} P\mathrm{d}x + Q\mathrm{d}y + R\mathrm{d}z. \tag{6.4}$$

公式(6.4)称为斯托克斯公式.

若将式(6.4)的左边用行列式来表示,则有

$$\iint\limits_{\Sigma}\begin{vmatrix}\mathrm{d}y\mathrm{d}z & \mathrm{d}z\mathrm{d}x & \mathrm{d}x\mathrm{d}y \\ \dfrac{\partial}{\partial x} & \dfrac{\partial}{\partial y} & \dfrac{\partial}{\partial z} \\ P & Q & R\end{vmatrix} = \oint_{\Gamma} P\mathrm{d}x + Q\mathrm{d}y + R\mathrm{d}z,$$

在将左边的行列式展开时,要把比如 $\dfrac{\partial}{\partial y}$ 与 P 的"积"理解为 $\dfrac{\partial P}{\partial y}$ 等.

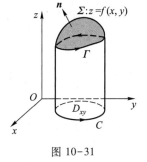

图 10-31

证　先假定 Σ 与平行于 z 轴的直线的交点不多于一个,并设 Σ 为曲面 $z=f(x,y)$ 的上侧,依右手定则所确定的 Σ 的正向边界 Γ 在坐标平面 xOy 上的投影为平面有向曲线 C,对应于 Γ 的正向,则 C 的方向为逆时针方向,它所围成的闭区域为 D_{xy}(图 10-31).我们先来证明

$$\iint\limits_{\Sigma}\frac{\partial P}{\partial z}\mathrm{d}z\mathrm{d}x - \frac{\partial P}{\partial y}\mathrm{d}x\mathrm{d}y = \oint_{\Gamma} P(x,y,z)\,\mathrm{d}x. \tag{6.5}$$

根据两类曲面积分之间的关系,式(6.5)的左边即为

---

① 当确定了曲面的侧之后,将右手的拇指所指的方向为 Σ 上法向量的指向,这时其余四指的指向恰为沿 Γ 的绕行方向.

$$\iint\limits_{\Sigma} \frac{\partial P}{\partial z}\mathrm{d}z\mathrm{d}x - \frac{\partial P}{\partial y}\mathrm{d}x\mathrm{d}y = \iint\limits_{\Sigma}\left(\frac{\partial P}{\partial z}\cos\beta - \frac{\partial P}{\partial y}\cos\gamma\right)\mathrm{d}S, \tag{6.6}$$

其中 $\cos\beta, \cos\gamma$ 为 Σ 取上侧时, Σ 在点 (x,y,z) 处的单位法向量 $(\cos\alpha, \cos\beta, \cos\gamma)$ 的两个相应分量. 由 Σ 的方程 $z=f(x,y)$ 知

$$\cos\alpha = \frac{-f_x}{\sqrt{1+f_x^2+f_y^2}}, \quad \cos\beta = \frac{-f_y}{\sqrt{1+f_x^2+f_y^2}}, \quad \cos\gamma = \frac{1}{\sqrt{1+f_x^2+f_y^2}}.$$

因此

$$\cos\beta = -f_y\cos\gamma.$$

将它代入式 (6.6) 得

$$\iint\limits_{\Sigma} \frac{\partial P}{\partial z}\mathrm{d}z\mathrm{d}x - \frac{\partial P}{\partial y}\mathrm{d}x\mathrm{d}y = -\iint\limits_{\Sigma}\left(\frac{\partial P}{\partial z}f_y + \frac{\partial P}{\partial y}\right)\cos\gamma\mathrm{d}S.$$

利用两类曲面积分之间的关系, 有

$$\iint\limits_{\Sigma} \frac{\partial P}{\partial z}\mathrm{d}z\mathrm{d}x - \frac{\partial P}{\partial y}\mathrm{d}x\mathrm{d}y = -\iint\limits_{\Sigma}\left(\frac{\partial P}{\partial z}f_y + \frac{\partial P}{\partial y}\right)\mathrm{d}x\mathrm{d}y. \tag{6.7}$$

为将上式右端化为二重积分, 应利用 $z=f(x,y)$ 替换 $P(x,y,z)$ 中的 z 从而将它化为二元函数 $P[x,y,f(x,y)]$. 由复合函数微分法, 得

$$\frac{\partial}{\partial y}P[x,y,f(x,y)] = \frac{\partial P}{\partial y} + \frac{\partial P}{\partial z}\cdot f_y.$$

于是, 式 (6.7) 可以写成

$$\iint\limits_{\Sigma} \frac{\partial P}{\partial z}\mathrm{d}z\mathrm{d}x - \frac{\partial P}{\partial y}\mathrm{d}x\mathrm{d}y = -\iint\limits_{D_{xy}}\frac{\partial}{\partial y}P[x,y,f(x,y)]\mathrm{d}x\mathrm{d}y.$$

利用格林公式有

$$-\iint\limits_{D_{xy}}\frac{\partial}{\partial y}P[x,y,f(x,y)]\mathrm{d}x\mathrm{d}y = \oint_C P[x,y,f(x,y)]\mathrm{d}x.$$

注意到上式的右端为沿平面曲线 C 的曲线积分, 为证式 (6.5) 成立, 需要证明

$$\oint_{\Gamma} P(x,y,z)\mathrm{d}x = \oint_C P[x,y,f(x,y)]\mathrm{d}x.$$

设平面有向曲线 C 的参数方程为

$$x=x(t), \quad y=y(t)\,(\alpha\leqslant t\leqslant\beta),$$

由于曲线 C 是空间曲线 Γ 在坐标平面 xOy 上的投影, Γ 在曲面 Σ 上, 因而 Γ 上的点的竖坐标 z 满足 $z=f(x,y)$. 因此, 对应于 C 的参数方程有空间曲线 Γ 的参数方程

$$x=x(t), \quad y=y(t), \quad z=f[x(t),y(t)]\,(\alpha\leqslant t\leqslant\beta).$$

设 t 增大的方向对应 Γ 的正向, 将 $\oint_{\Gamma} P(x,y,z)\mathrm{d}x$ 化为定积分, 得

$$\oint_{\Gamma} P(x,y,z)\mathrm{d}x = \int_{\alpha}^{\beta}P\{x(t),y(t),f[x(t),y(t)]\}x'(t)\mathrm{d}t.$$

再将曲线积分 $\oint_C P[x,y,f(x,y)]\mathrm{d}x$ 化为定积分, 也有

$$\oint_C P[x,y,f(x,y)]\mathrm{d}x = \int_{\alpha}^{\beta}P\{x(t),y(t),f[x(t),y(t)]\}x'(t)\mathrm{d}t.$$

因此有

$$\oint_\Gamma P(x,y,z)\,\mathrm{d}x = \oint_C P[x,y,f(x,y)]\,\mathrm{d}x.$$

所以式(6.5)成立.

如果 Σ 取下侧,由右手定则,Γ 相应地改变方向,式(6.5)的两端同时改变方向,因此这时式(6.5)仍然成立.

如果 Σ 与平行于 z 轴的直线的交点多于一个.这时做辅助曲线把 Σ 分割成若干片与 z 轴平行的直线的交点不多于一个的小曲面,在每一片小曲面上都有式(6.5)成立,将它们相加,注意到在辅助曲线上沿相反方向的两个曲线积分相加时抵消,所以这时式(6.5)仍然成立.

同样的方法可证明

$$\iint_\Sigma \frac{\partial Q}{\partial x}\mathrm{d}x\mathrm{d}y - \frac{\partial Q}{\partial z}\mathrm{d}y\mathrm{d}z = \oint_\Gamma Q\mathrm{d}y, \qquad \iint_\Sigma \frac{\partial R}{\partial y}\mathrm{d}y\mathrm{d}z - \frac{\partial R}{\partial x}\mathrm{d}z\mathrm{d}x = \oint_\Gamma R\mathrm{d}z.$$

把它们与式(6.5)相加即得式(6.4).

证毕.

设 Σ 为以闭曲线 Γ 为边界的曲面(或说 Σ 为通过 Γ 所张的曲面).在有向曲面 Σ 上的点 (x,y,z) 处的单位法向量为

$$\boldsymbol{n} = \cos\alpha \cdot \boldsymbol{i} + \cos\beta \cdot \boldsymbol{j} + \cos\gamma \cdot \boldsymbol{k},$$

Σ 的正向边界曲线 Γ 上点 (x,y,z) 处的单位切向量为

$$\boldsymbol{\tau} = \cos\lambda \cdot \boldsymbol{i} + \cos\mu \cdot \boldsymbol{j} + \cos\nu \cdot \boldsymbol{k}.$$

则斯托克斯公式可以用对面积的曲面积分及对弧长的曲线积分表示为

$$\iint_\Sigma \left[\left(\frac{\partial R}{\partial y} - \frac{\partial Q}{\partial z}\right)\cos\alpha + \left(\frac{\partial P}{\partial z} - \frac{\partial R}{\partial x}\right)\cos\beta + \left(\frac{\partial Q}{\partial x} - \frac{\partial P}{\partial y}\right)\cos\gamma\right]\mathrm{d}S$$

$$= \oint_\Gamma (P\cos\lambda + Q\cos\mu + R\cos\nu)\,\mathrm{d}s.$$

其左端的被积函数为向量 $\left(\dfrac{\partial R}{\partial y}-\dfrac{\partial Q}{\partial z},\dfrac{\partial P}{\partial z}-\dfrac{\partial R}{\partial x},\dfrac{\partial Q}{\partial x}-\dfrac{\partial P}{\partial y}\right)$ 在曲面 Σ 上的单位法向量上的投影,右端积分中的被积函数是向量 $\boldsymbol{F}$ 在曲面 Σ 的边界 Γ 的切向量上的投影.

例 6.5　利用斯托克斯公式计算曲线积分 $\oint_\Gamma z\mathrm{d}x + x\mathrm{d}y + y\mathrm{d}z$,其中 Γ 为平面 $x + y + z = 1$ 被三个坐标平面所截成的三角形的整个边界,它的正向恰好与 Σ 上侧的法向量之间符合右手定则(图10-32).

解　由斯托克斯公式,有

$$\oint_\Gamma z\mathrm{d}x + x\mathrm{d}y + y\mathrm{d}z = \iint_\Sigma (1-0)\mathrm{d}y\mathrm{d}z + (1-0)\mathrm{d}z\mathrm{d}x + (1-0)\mathrm{d}x\mathrm{d}y$$

$$= \iint_\Sigma \mathrm{d}y\mathrm{d}z + \mathrm{d}z\mathrm{d}x + \mathrm{d}x\mathrm{d}y.$$

由于 Σ 的法向量的三个方向余弦都为正,再加之对称性,有

$$\iint_\Sigma \mathrm{d}y\mathrm{d}z = \iint_\Sigma \mathrm{d}z\mathrm{d}x = \iint_\Sigma \mathrm{d}x\mathrm{d}y = \iint_{D_{xy}} \mathrm{d}\sigma,$$

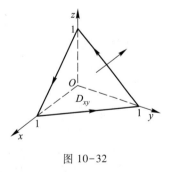

图 10-32

其中 $D_{xy}=\{(x,y)\mid 0\le y\le 1-x,0\le x\le 1\}$ 为 Σ 在 Oxy 平面上的投影区域,因此所求的积分

$$\oint_{\Gamma} z\mathrm{d}x + x\mathrm{d}y + y\mathrm{d}z = 3\iint_{D_{xy}}\mathrm{d}\sigma,$$

显然 D_{xy} 的面积为 $\dfrac{1}{2}$. 因此

$$\oint_{\Gamma} z\mathrm{d}x + x\mathrm{d}y + y\mathrm{d}z = \dfrac{3}{2}.$$

利用两类曲面积分之间的联系,还可得斯托克斯公式的另外一种形式:

$$\iint_{\Sigma}\begin{vmatrix}\cos\alpha & \cos\beta & \cos\gamma \\ \dfrac{\partial}{\partial x} & \dfrac{\partial}{\partial y} & \dfrac{\partial}{\partial z} \\ P & Q & R\end{vmatrix}\mathrm{d}S = \oint_{\Gamma} P\mathrm{d}x + Q\mathrm{d}y + R\mathrm{d}z.$$

如果 Σ 为平面 xOy 上的一个平面区域,这时斯托克斯公式就变成格林公式.因此,格林公式可以看作斯托克斯公式的一种特殊情形.

*5. 空间曲线积分与路径无关的条件

像格林公式揭示了平面有界闭区域上的二重积分与沿该区域的边界闭曲线上的曲线积分之间的关系那样,斯托克斯公式揭示了沿空间有界曲面上的曲面积分与沿曲面的边界上的曲线积分之间的关系.由格林公式推导出了"平面曲线积分与路径无关的条件",根据这一"已知"我们猜想,利用斯托克斯公式应该能得出空间曲线积分与路径无关的条件.

关于斯托克斯公式与格林公式之间关系的注记

是的,这个猜想是正确的.不难想象,与在平面上的讨论相同,空间曲线积分与路径无关也等价于沿空间闭曲线的曲线积分为零.

定理 6.4 设(1)空间区域 G 是一维单连通区域,

(2)函数 $P(x,y,z),Q(x,y,z),R(x,y,z)$ 在 G 内具有一阶连续偏导数.

设 Γ 为 G 内的任意一条空间闭曲线,则 $\oint_{\Gamma} P\mathrm{d}x + Q\mathrm{d}y + R\mathrm{d}z = 0$ 的充要条件是

$$\frac{\partial P}{\partial y}=\frac{\partial Q}{\partial x},\quad \frac{\partial Q}{\partial z}=\frac{\partial R}{\partial y},\quad \frac{\partial R}{\partial x}=\frac{\partial P}{\partial z} \qquad (6.8)$$

在 G 内恒成立.

定理 3.3 与定理 6.4 的条件与结论有什么差异?它们结论的证明有关系吗?

证 **充分性** 设 Σ 为 G 内的以 Γ 为边界的一张光滑曲面,由斯托克斯公式,有

$$\iint_{\Sigma}\left(\frac{\partial R}{\partial y}-\frac{\partial Q}{\partial z}\right)\mathrm{d}y\mathrm{d}z + \left(\frac{\partial P}{\partial z}-\frac{\partial R}{\partial x}\right)\mathrm{d}z\mathrm{d}x + \left(\frac{\partial Q}{\partial x}-\frac{\partial P}{\partial y}\right)\mathrm{d}x\mathrm{d}y = \oint_{\Gamma} P\mathrm{d}x + Q\mathrm{d}y + R\mathrm{d}z.$$

利用式(6.8),上式左端等于零,因此,其右端沿闭曲线的积分必然为零.充分性成立.

必要性 用反证法.假设沿 G 内任意闭曲线的积分都为零,但是式(6.8)在 G 内不成立.不妨假设在 G 内有一点 M_0,在该点式(6.8)中的三式中至少有一个不成立.比如 $\dfrac{\partial P}{\partial y}=\dfrac{\partial Q}{\partial x}$ 不成立,因此

$\dfrac{\partial Q}{\partial x}-\dfrac{\partial P}{\partial y}\neq 0$. 不妨假定 $\left(\dfrac{\partial Q}{\partial x}-\dfrac{\partial P}{\partial y}\right)_{M_0}=\eta>0$.

过 $M_0(x_0,y_0,z_0)$ 作平面 $z=z_0$, 在该平面上作以 M_0 为圆心、半径充分小的圆 K, 使其整个闭圆盘 $\overline{K}$ 位于 G 内. 并且在 $\overline{K}$ 上恒有

$$\frac{\partial Q}{\partial x}-\frac{\partial P}{\partial y}\geq \frac{\eta}{2}.$$

设 γ 为该闭圆盘的边界曲线. 在平面 $z=z_0$ 上, 有

$$\oint_{\gamma}P\mathrm{d}x+Q\mathrm{d}y+R\mathrm{d}z=\oint_{\gamma}P\mathrm{d}x+Q\mathrm{d}y,$$

再由斯托克斯公式有

$$\oint_{\gamma}P\mathrm{d}x+Q\mathrm{d}y+R\mathrm{d}z=\iint_{\overline{K}}\left(\frac{\partial Q}{\partial x}-\frac{\partial P}{\partial y}\right)\mathrm{d}x\mathrm{d}y\geq \frac{\eta}{2}\cdot \sigma,$$

其中 σ 为 $\overline{K}$ 的面积. 这与假设矛盾. 因而式(6.8)在 G 内恒成立.

> 左边的式子是利用斯托克斯公式得来的, 可是与斯托克斯公式相比, 曲面积分中少了两个, 为什么?

证毕.

对二元函数, 我们讨论了 $P(x,y)\mathrm{d}x+Q(x,y)\mathrm{d}y$ 在满足什么条件时是某二元函数的全微分. 无独有偶, 对三元函数也可做类似的讨论. 事实上, 仿照第三节定理 3.3 及其证明, 有下面的定理.

定理 6.5 设 (1) 区域 G 是空间一维单连通区域;

(2) 函数 $P(x,y,z),Q(x,y,z),R(x,y,z)$ 在 G 内具有一阶连续偏导数,

则表达式 $P\mathrm{d}x+Q\mathrm{d}y+Q\mathrm{d}z$ 为某一函数 $u(x,y,z)$ 的全微分的充要条件是

$$\frac{\partial P}{\partial y}=\frac{\partial Q}{\partial x},\frac{\partial Q}{\partial z}=\frac{\partial R}{\partial y},\frac{\partial R}{\partial x}=\frac{\partial P}{\partial z}$$

在 G 内恒成立.

此时, 不计一常数之差, $u(x,y,z)$ 可由

$$u(x,y,z)=\int_{(x_0,y_0,z_0)}^{(x,y,z)}P\mathrm{d}x+Q\mathrm{d}y+R\mathrm{d}z$$

> 回忆在平面区域中类似的定理 3.3, 二者的条件与结论有什么差异? 要证明定理 6.5 能利用定理 3.3 的证明作"已知"吗?

求出. 若依照图 10-33 取积分路径(该路径在 G 内), 则有

$$u(x,y,z)=\int_{x_0}^{x}P(x,y_0,z_0)\mathrm{d}x+\int_{y_0}^{y}Q(x,y_0,z_0)\mathrm{d}y+\int_{z_0}^{z}R(x,y,z)\mathrm{d}z,$$

其中点 $M_0(x_0,y_0,z_0)$ 为 G 内某一定点, $M(x,y,z)\in G$.

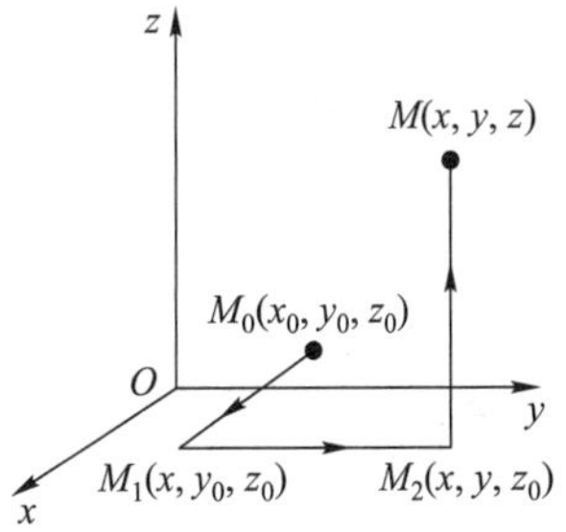

*6. 环流量与旋度

设有向量场 $\boldsymbol{F}=(P(x,y,z),Q(x,y,z),R(x,y,z))$, 其各分量 P, Q,R 都是具有一阶连续偏导数的数值函数; Γ 为位于 $\boldsymbol{F}$ 定义域内的分段光滑的有向闭曲线, 称曲线积分

图 10-33

$$\oint_{\Gamma}P(x,y,z)\mathrm{d}x+Q(x,y,z)\mathrm{d}y+R(x,y,z)\mathrm{d}z=\int_{\Gamma}\boldsymbol{F}\cdot\boldsymbol{\tau}\mathrm{d}s$$

为向量场 $\boldsymbol{F}=(P(x,y,z),Q(x,y,z),R(x,y,z))$ 沿 Γ 的**环流量**.也简称**环量**.其中 $\boldsymbol{\tau}$ 为 Γ 在点 (x,y,z) 处的单位切向量.环流量刻画了向量场绕 Γ 旋转趋势的大小, 是对向量场旋转趋势的整体描述.

例 6.6　求向量场 $\boldsymbol{F}=-y\boldsymbol{i}+x\boldsymbol{j}+3\boldsymbol{k}$ 沿闭曲线 Γ 的环流量,其中 Γ 为平面 xOy 上的圆周 $x^2+y^2=1$,从 z 轴正向看 Γ 依逆时针方向.

解　有向闭曲线 Γ 的参数方程为 $x=\cos\theta,y=\sin\theta,z=0\,(0\leqslant\theta\leqslant2\pi)$,故向量场 $\boldsymbol{F}$ 沿闭曲线 Γ 的环流量为

$$\oint_\Gamma(-y)\mathrm{d}x+x\mathrm{d}y+3\mathrm{d}z=\int_0^{2\pi}\left[(-\sin\theta)(-\sin\theta)+\cos\theta\cos\theta\right]\mathrm{d}\theta=\int_0^{2\pi}\mathrm{d}\theta=2\pi.$$

环流量是对向量场旋转趋势的整体描述.在向量场中不同点处的旋转趋势一般说来是不相同的.类似于由向量场的通量可以引出该向量场在某点处的通量密度——散度那样,由向量场沿一闭曲线的环流量可以引出该向量场在一点的**环量密度**,或称为**旋度**.

称向量

$$\left(\frac{\partial R}{\partial y}-\frac{\partial Q}{\partial z},\frac{\partial P}{\partial z}-\frac{\partial R}{\partial x},\frac{\partial Q}{\partial x}-\frac{\partial P}{\partial y}\right)$$

为向量场 $\boldsymbol{F}=(P(x,y,z),Q(x,y,z),R(x,y,z))$ 的**旋度**(环量密度),记作 **rot** $\boldsymbol{F}$,即

$$\mathbf{rot}\,\boldsymbol{F}=\left(\frac{\partial R}{\partial y}-\frac{\partial Q}{\partial z},\frac{\partial P}{\partial z}-\frac{\partial R}{\partial x},\frac{\partial Q}{\partial x}-\frac{\partial P}{\partial y}\right),$$

或写成

$$\mathbf{rot}\,\boldsymbol{F}=\begin{vmatrix}\boldsymbol{i}&\boldsymbol{j}&\boldsymbol{k}\\\dfrac{\partial}{\partial x}&\dfrac{\partial}{\partial y}&\dfrac{\partial}{\partial z}\\P&Q&R\end{vmatrix}$$

的形式.

因此,斯托克斯公式表明:向量场 $\boldsymbol{F}=(P,Q,R)$ 沿空间有向闭曲线 Γ 的环流量等于该向量场的旋度通过 Γ 所张的曲面 Σ 上的通量,这里 Γ 的取向与 Σ 的侧符合右手定则.

如果一向量场的旋度处处为零,则称该向量场为**无旋场**.

例 6.7　求向量场 $\boldsymbol{F}=(2x-3y)\boldsymbol{i}+(3x-z)\boldsymbol{j}+(y-2x)\boldsymbol{k}$ 的旋度.

解　该向量场的旋度 $\mathbf{rot}\,\boldsymbol{F}=\begin{vmatrix}\boldsymbol{i}&\boldsymbol{j}&\boldsymbol{k}\\\dfrac{\partial}{\partial x}&\dfrac{\partial}{\partial y}&\dfrac{\partial}{\partial z}\\2x-3y&3x-z&y-2x\end{vmatrix}=2\boldsymbol{i}+2\boldsymbol{j}+6\boldsymbol{k}.$

在各种不同的物理场中,旋度有着不同的物理意义.例如,对流速场 $\boldsymbol{v}$,在点 M 处旋度的方向就是使流体在 M 处环量密度(或说旋转趋势)最大的方向,旋度的模就是最大的环量密度,反映了最大的旋转趋势.再如,一刚体绕定直线 l 旋转,角速度为 $\boldsymbol{\omega}$.设 M 为刚体内的一点.在 l 上任取一点作为坐标原点 O,以 l 为 z 轴建立直角坐标系.则 $\boldsymbol{\omega}=\omega\boldsymbol{k}$.设点 M 的坐标为 (x,y,z),则它的向径为

$$\boldsymbol{r}=\overrightarrow{OM}=(x,y,z).$$

利用线速度与角速度之间的关系有,点 M 处的线速度 $\boldsymbol{v}$ 为

$$\boldsymbol{v}=\boldsymbol{\omega}\times\boldsymbol{r}=\begin{vmatrix}\boldsymbol{i}&\boldsymbol{j}&\boldsymbol{k}\\0&0&\omega\\x&y&z\end{vmatrix}=(-\omega y,\omega x,0).$$

$$\mathbf{rot}\ \boldsymbol{v} = \begin{vmatrix} \boldsymbol{i} & \boldsymbol{j} & \boldsymbol{k} \\ \dfrac{\partial}{\partial x} & \dfrac{\partial}{\partial y} & \dfrac{\partial}{\partial z} \\ -\omega y & \omega x & 0 \end{vmatrix} = (0,0,2\omega) = 2\boldsymbol{\omega}.$$

即,速度场 $\boldsymbol{v}$ 的旋度等于旋转角速度的 2 倍.由此可见"旋度"一词的由来是有其实际意义的.

历史的回顾

历史人物简介

高斯

斯托克斯

习题 10-6(A)

1. 判断下列论述是否正确,并说明理由:

(1) 高斯公式刻画了在空间有界闭区域上的三重积分与沿该区域的边界曲面上的曲面积分之间的联系,由其证明来看,该公式可以看作由三个公式合并而得到的.它要求两个条件:一是围成有界闭区域的曲面是分片光滑的,二是函数在曲面上有一阶连续偏导数;

(2) 高斯公式要求的曲面必须是空间中的有界闭区域的封闭表面的外侧,而且是分片光滑的;如果所给曲面不是封闭的,必须补充曲面从而变成封闭曲面才能用高斯公式;

(3) 斯托克斯公式实现了曲面积分以及沿其边界上的曲线积分的转化.如果将空间曲面 Σ 特殊化而成为 xOy 平面上的有界闭区域时,就成为格林公式.

2. 用高斯公式计算下列各曲面积分:

（1）$\oiint\limits_{\Sigma} x^2 \mathrm{d}y\mathrm{d}z + y^2 \mathrm{d}z\mathrm{d}x + z^2 \mathrm{d}x\mathrm{d}y$，其中 Σ 是由平面 $x = 0, y = 0, z = 0, x = 1, y = 1, z = 1$ 所围成的立方体表面的外侧；

（2）$\oiint\limits_{\Sigma} (x + 2y + 3z)\mathrm{d}x\mathrm{d}y + (y + 2z)\mathrm{d}y\mathrm{d}z + (z^2 - 1)\mathrm{d}z\mathrm{d}x$，其中 Σ 是由平面 $x + y + z = 1$ 和三个坐标面围成立体的表面内侧；

（3）$\oiint\limits_{\Sigma} y(x^2 + 1)\mathrm{d}z\mathrm{d}x + y^2 z\mathrm{d}x\mathrm{d}y$，其中 Σ 是由旋转抛物面 $z = 1 - x^2 - y^2$ 与平面 $z = 0$ 围成立体的表面外侧；

（4）$\iint\limits_{\Sigma} x\mathrm{d}y\mathrm{d}z + y\mathrm{d}z\mathrm{d}x + (z^2 - 2z)\mathrm{d}x\mathrm{d}y$，其中 Σ 是圆锥面 $z = \sqrt{x^2 + y^2}$ 介于平面 $z = 0, z = 1$ 之间的上侧；

（5）$\iint\limits_{\Sigma} xz^2 \mathrm{d}y\mathrm{d}z$，其中 Σ 是上半球面 $z = \sqrt{4 - x^2 - y^2}$ 的上侧；

（6）$\oiint\limits_{\Sigma} (x^2\cos\alpha + y^2\cos\beta + z^2\cos\gamma)\mathrm{d}S$，其中 Σ 是圆柱体 $x^2 + y^2 = 1 (0 \leqslant z \leqslant 2)$ 表面的外侧，$\cos\alpha, \cos\beta, \cos\gamma$ 是 Σ 上的点 (x, y, z) 处外法向量的方向余弦.

3. 用斯托克斯公式计算下列各曲线积分：

（1）$\oint\limits_{L} (y - z)\mathrm{d}x + (z - x)\mathrm{d}y + (x - y)\mathrm{d}z$，其中 L 是圆周 $\begin{cases} x^2 + y^2 = 1, \\ x + z = 1 \end{cases}$ 从 z 轴正向看去取顺时针方向；

（2）计算曲线积分 $\oint\limits_{L} y\mathrm{d}x + z\mathrm{d}y + x\mathrm{d}z$，其中 L 是圆周 $\begin{cases} x^2 + y^2 + z^2 = a^2, \\ x + y + z = 0 \end{cases}$ 从 z 轴正向看去取逆时针方向.

习题 10-6（B）

1. 计算曲面积分 $\oiint\limits_{\Sigma} \dfrac{x\mathrm{d}y\mathrm{d}z + y\mathrm{d}z\mathrm{d}x + z\mathrm{d}x\mathrm{d}y}{(x^2 + y^2 + z^2)^{3/2}}$，其中 Σ 是球面 $x^2 + y^2 + z^2 = 1$ 的外侧.

2. 计算曲面积分 $\oiint\limits_{\Sigma} x^3 \mathrm{d}y\mathrm{d}z + \left[\dfrac{1}{z}f\left(\dfrac{y}{z}\right) + y^3 \right]\mathrm{d}z\mathrm{d}x + \left[\dfrac{1}{y}f\left(\dfrac{y}{z}\right) + z^3 \right]\mathrm{d}x\mathrm{d}y$，其中 $f(u)$ 可微，Σ 是由球面 $z = \sqrt{4 - x^2 - y^2}$ 与平面 $z = 1$ 围成的立体表面外侧.

3. 设函数 $u(x, y, z), v(x, y, z)$ 在闭区域 Ω 上具有一阶及二阶连续偏导数，证明如下的格林第一公式：

$$\iiint\limits_{\Omega} u\Delta v\mathrm{d}x\mathrm{d}y\mathrm{d}z = \oiint\limits_{\Sigma} u\frac{\partial v}{\partial n}\mathrm{d}S - \iiint\limits_{\Omega} \left(\frac{\partial u}{\partial x}\frac{\partial v}{\partial x} + \frac{\partial u}{\partial y}\frac{\partial v}{\partial y} + \frac{\partial u}{\partial z}\frac{\partial v}{\partial z} \right)\mathrm{d}x\mathrm{d}y\mathrm{d}z.$$

其中 Σ 是闭区域 Ω 的整个边界曲面，$\dfrac{\partial v}{\partial n}$ 为函数 $v(x, y, z)$ 沿 Σ 的外法线方向的方向导数，符号 $\Delta = \dfrac{\partial^2}{\partial x^2} + \dfrac{\partial^2}{\partial y^2} + \dfrac{\partial^2}{\partial z^2}$ 为拉普拉斯算子.

*4. 求向量场 $\boldsymbol{A} = \mathrm{e}^{xy}\boldsymbol{i} + \cos(xy)\boldsymbol{j} + \cos(xz^2)\boldsymbol{k}$ 在点 (x, y, z) 的散度 $\mathbf{div}\,\boldsymbol{A}$.

*5. 求向量场 $\boldsymbol{F} = (x - z)\boldsymbol{i} + (x^3 + yz)\boldsymbol{j} - xy^2\boldsymbol{k}$ 沿闭曲线 Γ 的环流量，其中 Γ 为平面 xOy 上的圆周 $x^2 + y^2 = 4$，从 z 轴正向看 Γ 依逆时针方向.

*6. 求向量场 $\boldsymbol{F} = y\mathrm{e}^z\boldsymbol{i} + (x^3 - y^2 + z^3)\boldsymbol{j} + xyz\boldsymbol{k}$ 的旋度 $\mathbf{rot}\,\boldsymbol{F}$.

*7. 已知 $u(x, y, z) = xy^2 + z^2 + xyz$，求散度 $\mathbf{div}(\mathbf{grad}\,u)$ 和旋度 $\mathbf{rot}(\mathbf{grad}\,u)$.

总习题十

1. 判断下列论述是否正确：

（1）设 L 是沿直线 $y = 1$ 从 $(0,1)$ 到 $(1,1)$ 的一段，则曲线积分 $\int_L Q(x,y)\mathrm{d}y = \int_0^1 Q(x,1)\mathrm{d}x$；

（2）设 L 是上半圆 $y = \sqrt{a^2 - x^2}$ 从 $x = a$ 到 $x = -a\,(a>0)$ 的一段，则将对坐标的曲线积分 $\int_L P\mathrm{d}x + Q\mathrm{d}y$ 化为对弧长的曲线积分是 $-\dfrac{1}{a}\int_L (yP - xQ)\mathrm{d}s$；

（3）曲线积分 $\oint_L \dfrac{y\mathrm{d}x - x\mathrm{d}y}{y^2}$ 在 xOy 面内沿任意闭路积分为零；

（4）设 Σ 是上半球面 $z = \sqrt{a^2 - x^2 - y^2}$，而 Σ_1 是 Σ 位于第一卦限的部分，则曲面积分 $\iint\limits_{\Sigma} z\mathrm{d}S = 4\iint\limits_{\Sigma_1} z\mathrm{d}S$；

（5）设 Σ 是柱面 $x^2 + y^2 = 1$ 介于平面 $z = 0, z = 2$ 之间的部分，则曲面积分 $\iint\limits_{\Sigma} z\mathrm{d}S = 0$；

（6）设 Σ 是球面 $x^2 + y^2 + z^2 = 1$ 外侧，则曲面积分 $\iint\limits_{\Sigma} z\mathrm{d}x\mathrm{d}y = 0$.

2. 填空题：

（1）设 L 为圆周 $x^2 + y^2 = a^2\,(a>0)$，则曲线积分 $\oint_L x^2 \mathrm{d}s =$ ＿＿＿＿＿＿ ；

（2）设 L 是 xOy 面内沿逆时针方向绕行的简单闭曲线，且曲线积分 $\int_L (x - 2y)\mathrm{d}x + (4x + 3y)\mathrm{d}y = 9$，则 L 所围成的平面闭区域 D 的面积等于＿＿＿＿＿＿；

（3）在 xOy 面内，曲线积分 $\int_L (mx^2 y + 8xy^2)\mathrm{d}x + (x^3 + nx^2 y + 12ye^y)\mathrm{d}y$ 与路径无关，则 $m =$ ＿＿＿＿＿＿，$n =$ ＿＿＿＿＿＿；

（4）在 xOy 面内，表达式 $f(x)[(1 + xy^2)\mathrm{d}x + y\mathrm{d}y]$ 是某一个二元函数的全微分，且 $f(0) = 1$，则可微函数 $f(x) =$ ＿＿＿＿＿＿；

（5）若 Σ 是平面 $x + y - z = 1$ 位于第五卦限的部分，则积分 $\iint\limits_{\Sigma} \mathrm{d}S =$ ＿＿＿＿＿＿；

（6）若 Σ 是介于 $z = 0, z = 1$ 之间的抛物柱面 $y = 1 - x^2\,(y \geqslant 0)$ 的右侧，则对坐标的曲面积分 $\iint\limits_{\Sigma} x^2 \mathrm{d}y\mathrm{d}z =$ ＿＿＿＿＿＿，$\iint\limits_{\Sigma} e^{\sqrt{x^2 + y^2 + z^2}}\mathrm{d}x\mathrm{d}y =$ ＿＿＿＿＿＿；

（7）Σ 是球面 $x^2 + y^2 + z^2 = a^2\,(a>0)$ 外侧，则曲面积分 $\oint\limits_{\Sigma} x\mathrm{d}y\mathrm{d}z + (y + z^2 + x)\mathrm{d}z\mathrm{d}x + (x^2 + y)\mathrm{d}x\mathrm{d}y =$ ＿＿＿＿＿＿.

3. 计算下列曲线积分：

（1）$\int_L \left(2xy + \dfrac{3}{2}x^2\right)\mathrm{d}s$，其中 L 是从 $A(2,0)$ 到 $B\left(0, \dfrac{3}{2}\right)$ 的直线段；

（2）$\int_L x\mathrm{d}s$，其中 L 是圆周 $x^2 + y^2 = 1$ 上的从 $A(0,1)$ 到 $B\left(\dfrac{1}{\sqrt{2}}, -\dfrac{1}{\sqrt{2}}\right)$ 间的一段劣弧；

(3) $\oint_L (xy + yz + zx)\,\mathrm{d}s$,其中 L 是圆周 $\begin{cases} x^2 + y^2 + z^2 = a^2, \\ x + y + z = 0 \end{cases} (a > 0)$;

(4) $\int_L (x + y)\,\mathrm{d}x + xy\,\mathrm{d}y$,其中 L 是折线 $y = 1 - |1 - x|$ 上从点 $(0,0)$ 到点 $(2,0)$ 的一段;

(5) $\oint_L z\,\mathrm{d}x + (x + 1)\,\mathrm{d}y + xy\,\mathrm{d}z$,其中 L 是有向闭折线 $ABCA$,这里点 A,B,C 依次为 $A(1,0,0)$,$B(0,1,0)$,$C(0,0,1)$;

(6) $\oint_L \dfrac{(x + y)\,\mathrm{d}x - (x - y)\,\mathrm{d}y}{|x| + |y|}$,其中 L 是闭折线 $|x| + |y| = 1$ 沿逆时针方向绕行一周;

(7) $\oint_L \dfrac{x\,\mathrm{d}y - y\,\mathrm{d}x}{x^2 + y^2}$,其中 L 是以 $A(-1,-1)$,$B\left(\dfrac{1}{2},0\right)$,$C(0,1)$ 为顶点的三角形正向边界;

(8) $\oint_L x^2\,\mathrm{d}x + xy^2\,\mathrm{d}y + z^2\,\mathrm{d}z$,其中 L 是抛物面 $z = 1 - x^2 - y^2$ 位于第一卦限部分的边界,从 z 轴正向看去取逆时针方向.

4. 求 $a(a \geqslant 0)$ 值,使曲线积分 $I = \int_L (1 + y^3)\,\mathrm{d}x + (2x + y)\,\mathrm{d}y$ 的值最小,并求该最小值,其中 L 是正弦曲线 $y = a\sin x$ 上从 $O(0,0)$ 到 $A(\pi,0)$ 的一段有向弧.

5. 设 $f(x)$ 在 $(-\infty, +\infty)$ 内有连续的导数,L 是上半平面内的有向分段光滑曲线,起点为 $(1,4)$,终点为 $(2,2)$,求曲线积分 $I = \int_L \dfrac{1}{y}[1 + y^2 f(xy)]\,\mathrm{d}x + \dfrac{x}{y^2}[y^2 f(xy) - 1]\,\mathrm{d}y$.

6. 验证 $(2xy^2 + x + 2)\,\mathrm{d}x + (2x^2 y - y^2 + 3)\,\mathrm{d}y$ 是某个二元函数 $u(x,y)$ 的全微分,求出 $u(x,y)$,并计算 $I = \int_{(1,1)}^{(0,0)} (2xy^2 + x + 2)\,\mathrm{d}x + (2x^2 y - y^2 + 3)\,\mathrm{d}y$.

7. 设 $P(x,y)$ 在 xOy 平面上具有一阶连续偏导数,又曲线积分 $\int_L P(x,y)\,\mathrm{d}x + x\cos y\,\mathrm{d}y$ 与路径无关,如果对任意实数 t 有 $\int_{(0,0)}^{(t,t^2)} P(x,y)\,\mathrm{d}x + x\cos y\,\mathrm{d}y = t^2$,求函数 $P(x,y)$.

8. 已知函数 $\varphi(y)$ 具有连续的一阶导数,计算曲线积分 $I = \int_L [\varphi(y)\cos x - \pi y]\,\mathrm{d}x + [\varphi'(y)\sin x - \pi]\,\mathrm{d}y$,其中 L 是连接 $A(\pi,2)$ 与 $B(3\pi,4)$ 的线段 AB 下方的任意曲线段,方向由 A 指向 B,且该曲线段与线段 AB 所围成的图形的面积为 8.

9. 利用格林公式计算 $\iint_D y^{\frac{1}{3}}\,\mathrm{d}\sigma$,其中 D 为星形线 $x = \cos^3 t, y = \sin^3 t$ 在第一象限的部分与坐标轴围成的区域.

10. 计算下列曲面积分:

(1) $\oiint_\Sigma (x^2 + y^2 + z)\,\mathrm{d}S$,其中 Σ 是陀螺体 $x^2 + y^2 \leqslant z \leqslant 1$ 的表面;

(2) $\oiint_\Sigma \left(\dfrac{x^2}{2} + \dfrac{y^2}{3} + \dfrac{z^2}{4}\right)\mathrm{d}S$,其中 Σ 是球面 $x^2 + y^2 + z^2 = a^2(a > 0)$;

(3) $\iint_\Sigma (2x + z)\,\mathrm{d}y\mathrm{d}z + z\,\mathrm{d}x\mathrm{d}y$,其中 Σ 是抛物面 $z = x^2 + y^2(0 \leqslant z \leqslant 1)$ 的上侧;

（4）$\oiint\limits_{\Sigma}\dfrac{x\mathrm{d}y\mathrm{d}z+y\mathrm{d}z\mathrm{d}x+z\mathrm{d}x\mathrm{d}y}{\sqrt{(x^2+y^2+z^2)^3}}$，其中 Σ 是球面 $x^2+y^2+z^2=a^2(a>0)$ 的外侧；

（5）$\iint\limits_{\Sigma}[f(x,y,z)+x]\mathrm{d}y\mathrm{d}z+[2f(x,y,z)+y]\mathrm{d}z\mathrm{d}x+[f(x,y,z)+z]\mathrm{d}x\mathrm{d}y$，其中函数 $f(x,y,z)$ 连续，Σ 是平面 $x-y+z=1$ 位于第四卦限部分的上侧；

（6）$\iint\limits_{\Sigma}x^3\mathrm{d}y\mathrm{d}z+2xz^2\mathrm{d}z\mathrm{d}x+3y^2z\mathrm{d}x\mathrm{d}y$，其中 Σ 是抛物面 $z=4-x^2-y^2$ 位于平面 $z=0$ 上方部分的下侧.

11. 设 Σ 是椭球面 $\dfrac{x^2}{2}+\dfrac{y^2}{2}+z^2=1$ 的上半部分，点 $P(x,y,z)$ 在 Σ 上，Π 是 Σ 在 P 点的切平面，$\rho(x,y,z)$ 为原点到平面 Π 的距离，计算曲面积分 $\iint\limits_{\Sigma}\dfrac{z\mathrm{d}S}{\rho(x,y,z)}$.

12. 已知函数 $f(x)$ 在 $(0,+\infty)$ 内具有连续的一阶导数，且 $\lim\limits_{x\to0^+}f(x)=1$，设对于半空间 $x>0$ 内任意光滑的定向封闭曲面 Σ，都有 $\oiint\limits_{\Sigma}xf(x)\mathrm{d}y\mathrm{d}z-xyf(x)\mathrm{d}z\mathrm{d}x-\mathrm{e}^{2x}z\mathrm{d}x\mathrm{d}y=0$，求 $f(x)$.

13. 设有一场力的大小与作用点到 z 轴的距离成反比（比例系数为 k），方向垂直于 z 轴并指向 z 轴，试求质点 M 沿圆弧 $x=\cos t,y=1,z=\sin t$ 从点 $(1,1,0)$ 依 t 增加的方向移动到点 $(0,1,1)$ 时场力所做的功.

14. 在力 $\boldsymbol{F}=(yz,xz,xy)$ 的作用下，质点从原点沿直线移动到椭球面 $\dfrac{x^2}{a^2}+\dfrac{y^2}{b^2}+\dfrac{z^2}{c^2}=1$ 上位于第一卦限的点 (x,y,z) 处，求出使该力所做的功 W 最大时的点 (x,y,z) 的坐标，并求功的最大值 W_0.

15. 已知球面 $\Sigma_1:x^2+y^2+z^2=1$ 和球面 $\Sigma_2:x^2+y^2+(z-1)^2=R^2(R>0)$，问当 R 为何值时，球面 Σ_2 在球面 Σ_1 内部的那部分的面积最大？

16. 设半球面 $\Sigma:z=\sqrt{1-x^2-y^2}$ 上点 (x,y,z) 处的密度与该点到 z 轴的距离成正比，求半球面 Σ 的质心.

17. 求密度为 μ 的均匀半球壳 $z=\sqrt{a^2-x^2-y^2}(a>0)$ 对于 z 轴的转动惯量 I_z.

第十一章 无穷级数

用"已知"认识"未知"、研究"未知",用简单替代、逼近一般是数学研究的基本思想方法.为此在第二章由函数的微分引出了函数的线性逼近,第三章进一步讨论了用简单的函数——多项式——来代替一般函数的泰勒公式:如果 $f(x)$ 在点 x_0 的某邻域 $U(x_0)$ 内有 $n+1$ 阶导数,则有

$$f(x) = f(x_0) + f'(x_0)(x - x_0) + \frac{1}{2!}f''(x_0)(x - x_0)^2 + \cdots +$$

$$\frac{1}{n!}f^{(n)}(x_0)(x - x_0)^n + \frac{f^{(n+1)}(\xi)(x - x_0)^{(n+1)}}{(n + 1)!}, \quad x \in U(x_0).$$

也就是说,如果 $f(x)$ 有 $n+1$ 阶导数,那么它可以表示成一个 $n+1$ 次多项式.由此我们不禁要问:如果 $f(x)$ 在点 x_0 的某邻域内有无穷多阶导数,那么上式右端的 $n+1$ 次多项式是否相应地要变成无穷多项? 或者说, $f(x)$ 是否就能表示为无穷多个幂函数"相加"?

这是一个值得研究的问题.虽然数的加法是人们最先接触的数的运算.可是到目前为止,我们只能对有限个数做加法.何谓无穷多个数"相加"? 怎么对无穷多个数作"加法"? 显然这是一个"未知",怎么认识这一"未知"是首先应该要研究的问题.

研究这个问题就引出了**数项级数**.利用数项级数作"已知"就可以研究**函数项级数**.数项级数与函数项级数统称**无穷级数**,它在数学的研究与应用中有着重要的意义.

第一节　常数项级数

1. 数项级数的概念

我国古代数学家刘徽在用多边形的周长与面积作"已知"研究圆的周长、面积及圆周率等"未知"时,创造了"割圆术".他的这一创造是微积分基本思想的萌芽,是中华民族对科学的伟大贡献,因而成为中华民族永远的骄傲.

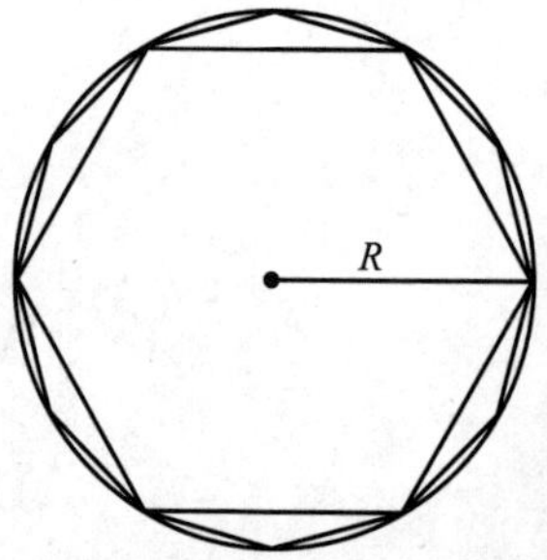

我们来看一下他是如何来具体计算圆面积的.他首先将圆周分割为六等份,作圆的内接正六边形,算出该六边形的面积,不妨将它记为 a_1,然后再分别以该六边形的每一条边为底作顶点在圆周上的等腰三角形(图 11-1),把这六个等腰三角形的面积之和记为 a_2,那么 $a_1 + a_2$(正十二边形的面积)就比 a_1 更接近圆的面积;如此下去,又可以得到正二十四边形的面积 $a_1 + a_2 + a_3$,它比 $a_1 + a_2$ 又更接近圆的面积.分割越细,所得到的多边形就越接近圆,其面积就越接近圆的面积.这个过程

图 11-1

是"万世不竭"的(刘徽本人一直计算到正 192 边形,得到圆周率的近似值为 $\dfrac{157}{50}\approx 3.14$,这就是有名的徽率),如果把这个过程一直进行下去,就得到

$$a_1+a_2+\cdots+a_n+\cdots. \tag{1.1}$$

式(1.1)是无穷多个数"相加",下面来研究对无穷多个数怎么作加法.

记正 $6\times 2^{n-1}$ 边形的面积为 s_n,即

$$s_n=a_1+a_2+\cdots+a_n,$$

尽管它是圆面积的近似值,但随着 n 的不断增大,正 $6\times 2^{n-1}$ 边形越来越"与圆合体",因此它的面积 s_n 也就越来越接近圆的面积.在第五章为求曲边梯形的面积我们采取"对近似值求极限",利用这一思想作"已知",为了得到圆面积的准确值,令边数 $n\to\infty$ 求极限 $\lim\limits_{n\to\infty}s_n$,该极限值即称为圆的面积.

上述做法实际就是"对无穷多个数作加法".下边来一般地讨论这个问题.

设有一数列

$$u_1,u_2,u_3,\cdots,u_n,\cdots,$$

把它的各项依次用加号连接起来,所得到的表达式

$$u_1+u_2+u_3+\cdots+u_n+\cdots$$

> 为什么把左边的式子称为"表达式"而不说"和式"呢?

称为**常数项无穷级数**,简称**数项级数**,通常记作 $\sum\limits_{n=1}^{\infty}u_n$,即

$$\sum_{n=1}^{\infty}u_n=u_1+u_2+u_3+\cdots+u_n+\cdots, \tag{1.2}$$

称 u_n 为级数(1.2)的第 $n(n=1,2,\cdots)$ 项,也称作该级数的通项(或一般项).

$$s_n=u_1+u_2+u_3+\cdots+u_n$$

称为级数(1.2)的**前 n 项和**.例如 $s_2=u_1+u_2$,$s_3=u_1+u_2+u_3$ 分别是级数(1.2)的前两项、前三项和.

若记 $s_1=u_1$,级数(1.2)的前 n 项和就组成一个无穷数列

$$s_1,s_2,s_3,\cdots,s_n,\cdots, \tag{1.3}$$

称数列(1.3)为级数(1.2)的**前 n 项和数列**,也称**部分和数列**.

由前面的讨论我们看到,通过求前 n 项和,就把级数(1.2)这一"未知"转化为数列(1.3)这一"已知".因此可以利用数列作"已知"来认识、研究无穷级数.

定义 1.1　如果级数 $\sum\limits_{n=1}^{\infty}u_n$ 的部分和数列 $\{s_n\}$ 收敛,就称级数 $\sum\limits_{n=1}^{\infty}u_n$ **收敛**,并把极限值

$$\lim_{n\to\infty}s_n=s$$

> 从定义 1.1 来看,为定义级数的收敛及其和,利用了哪些知识作"已知"?任意一个级数都有"和"吗?

称作级数 $\sum\limits_{n=1}^{\infty}u_n$ 的**和**,记作

$$s=u_1+u_2+u_3+\cdots+u_n+\cdots;$$

如果数列 $\{s_n\}$ 发散,则称级数(1.2)发散.

当级数收敛时,称其和 s 与其部分和 s_n 的差 $s-s_n$ 为级数的余项,记作 r_n,即

$$r_n=s-s_n=u_{n+1}+u_{n+2}+\cdots.$$

> 从这里来看,对一个级数谈余项,其前提是什么?

$|r_n|$ 即为用 s_n 替代 s 时所产生的误差.由于 $\lim\limits_{n\to\infty}s_n=s$,因此有

$$\lim_{n\to\infty} r_n = \lim_{n\to\infty}(s-s_n) = s-s = 0.$$

即是说,收敛级数存在余项,并且当 $n\to\infty$ 时余项的极限为零.

例 1.1　讨论等比(几何)级数

$$\sum_{n=1}^{\infty} aq^{n-1} = a + aq + aq^2 + \cdots + aq^{n-1} + \cdots (a \neq 0)$$

的敛散性.

解　该级数的部分和为

$$s_n = \begin{cases} \dfrac{a(1-q^n)}{1-q}, & q \neq 1, \\ na, & q = 1. \end{cases}$$

(1) 当 $|q| < 1$ 时,$\lim\limits_{n\to\infty} q^n = 0$,因此这时

$$\lim_{n\to\infty} s_n = \lim_{n\to\infty} \frac{a(1-q^n)}{1-q} = \frac{a}{1-q},$$

即当 $|q| < 1$ 时,该级数收敛,且其和为 $\dfrac{a}{1-q}$;

(2) 当 $|q| > 1$ 时,由于 $\lim\limits_{n\to\infty} q^n = \infty$,因而 $\lim\limits_{n\to\infty} s_n$ 不存在,级数发散;

(3) 当 $q = 1$ 时,

$$\lim_{n\to\infty} s_n = \lim_{n\to\infty} na = \infty,$$

因而 $\lim\limits_{n\to\infty} s_n$ 不存在,因此级数发散;

(4) 当 $q = -1$ 时,由于 $\lim\limits_{n\to\infty} q^n = \lim\limits_{n\to\infty} (-1)^n$ 不存在,因而 $\lim\limits_{n\to\infty} s_n$ 不存在,即级数发散.

总之,等比级数 $\sum\limits_{n=1}^{\infty} aq^{n-1}$ 在当 $|q| < 1$ 时收敛,其和为 $\dfrac{a}{1-q}$,当 $|q| \geqslant 1$ 时发散.

当 $q = -1$ 时级数的敛散性也可通过下面的方法得到.这时该级数成为

$$a-a+a-a+\cdots,$$

它的部分和数列 $\{s_n\}$ 为

$$a, 0, a, 0, a, 0, \cdots,$$

由于 $a \neq 0$,因此该数列发散,所以当 $q = -1$ 时级数 $\sum\limits_{n=1}^{\infty} aq^{n-1}$ 发散.

例 1.2　证明级数 $\sum\limits_{n=1}^{\infty} n$ 是发散的.

证　$s_n = 1+2+\cdots+n = \dfrac{n(n+1)}{2} \to \infty$(当 $n\to\infty$ 时),因此该级数是发散的.

例 1.3　判断级数 $\sum\limits_{n=2}^{\infty} \dfrac{1}{n(n-1)}$ 的敛散性.

解　由于 $\dfrac{1}{n(n-1)} = \dfrac{1}{n-1} - \dfrac{1}{n}$,所以其前 n 项和

$$s_n = \frac{1}{1\cdot 2} + \frac{1}{2\cdot 3} + \cdots + \frac{1}{n\cdot(n-1)} + \frac{1}{n\cdot(n+1)}$$

$$=\left(1-\frac{1}{2}\right)+\left(\frac{1}{2}-\frac{1}{3}\right)+\cdots+\left(\frac{1}{n-1}-\frac{1}{n}\right)+\left(\frac{1}{n}-\frac{1}{n+1}\right)=1-\frac{1}{n+1},$$

显然

$$\lim_{n\to\infty}s_n=\lim_{n\to\infty}\left(1-\frac{1}{n+1}\right)=1,$$

因此级数 $\sum_{n=1}^{\infty}\frac{1}{n(n-1)}$ 收敛,且和为 1.

例 1.4 判别级数 $\sum_{n=1}^{\infty}\ln\left(1+\frac{1}{n}\right)$ 的敛散性.

证 记 $u_n=\ln\left(1+\frac{1}{n}\right)$,则有

$$u_n=\ln\frac{n+1}{n}=\ln(n+1)-\ln n,$$

因此

$$\begin{aligned}s_n&=(\ln 2-\ln 1)+(\ln 3-\ln 2)+\cdots+(\ln(n+1)-\ln n)\\&=\ln(1+n)-\ln 1=\ln(1+n).\end{aligned}$$

由于 $\lim_{n\to\infty}s_n=\lim_{n\to\infty}\ln(1+n)=\infty$,因此级数 $\sum_{n=1}^{\infty}\ln\left(1+\frac{1}{n}\right)$ 是发散的.

> 分析例 1.1—例 1.4 判断级数敛散性的方法,它们有何共同特点?

2. 收敛级数的性质

从上面的讨论我们看到,级数不是通常的对有限个数相加所作的加法.我们不禁要问,有限个数相加的性质对它还适用吗? 这是值得研究的问题,下面来讨论之.显然应根据收敛级数的定义,利用有限项相加及极限的性质作"已知"来研究.

性质 1.1 如果级数 $\sum_{n=1}^{\infty}u_n$ 收敛,且和为 s,k 为常数,那么级数 $\sum_{n=1}^{\infty}ku_n$ 也收敛,并且其和为 ks.

证 设级数 $\sum_{n=1}^{\infty}u_n$ 与 $\sum_{n=1}^{\infty}ku_n$ 的部分和分别为 s_n 与 σ_n,则有
$$\sigma_n=ku_1+ku_2+\cdots+ku_n=k(u_1+u_2+\cdots+u_n)=ks_n,$$

两边分别取极限,由于级数 $\sum_{n=1}^{\infty}u_n$ 收敛,即 $\lim_{n\to\infty}s_n$ 存在,则有
$$\lim_{n\to\infty}\sigma_n=\lim_{n\to\infty}ks_n=k\lim_{n\to\infty}s_n=ks.$$

因此,级数 $\sum_{n=1}^{\infty}ku_n$ 也收敛,并且和为 ks.

从性质 1.1 容易得到,如果 $k\neq 0$,则级数 $\sum_{n=1}^{\infty}u_n$ 与 $\sum_{n=1}^{\infty}ku_n$ 有相同的敛散性.

> 根据上面的证明,由 $\sum_{n=1}^{\infty}u_n$ 发散能证明 $\sum_{n=1}^{\infty}ku_n$ 也发散吗? 这里为什么要强调 k 不为零?

性质 1.2 如果级数 $\sum_{n=1}^{\infty}u_n$ 与 $\sum_{n=1}^{\infty}v_n$ 都收敛,且和分别为 s_1,

s_2,那么级数 $\sum\limits_{n=1}^{\infty}(u_n \pm v_n)$ 也收敛,并且和为 $s_1 \pm s_2$.

为什么"只需证明两级数相加时成立"就可以了?

证 利用性质 1.1,只需证明两级数相加时成立即可.

设级数 $\sum\limits_{n=1}^{\infty}u_n$,$\sum\limits_{n=1}^{\infty}v_n$ 的部分和分别为 s_n,σ_n,则级数 $\sum\limits_{n=1}^{\infty}(u_n + v_n)$ 的部分和

$$\tau_n = (u_1+v_1) + (u_2+v_2) + \cdots + (u_n+v_n)$$
$$= (u_1+u_2+\cdots+u_n) + (v_1+v_2+\cdots+v_n)$$
$$= s_n+\sigma_n,$$

当 $n \to \infty$ 时,

综合利用性质 1.1 及 1.2,又能得到什么样的结论?

$$\tau_n \to s_1+s_2.$$

性质 1.3 在级数中去掉、添加或改变有限项,不改变级数的敛散性.

证 设有级数 $\sum\limits_{n=1}^{\infty}u_n = u_1+u_2+u_3+\cdots+u_k+u_{k+1}+\cdots+u_{k+n}+\cdots$,其前 n 项和记作 s_n.去掉其前 k 项,则得新的级数

$$u_{k+1}+u_{k+2}+\cdots+u_{k+n}+\cdots,$$

其前 n 项和为

$$\sigma_n = u_{k+1}+u_{k+2}+\cdots+u_{k+n}$$
$$= s_{k+n}-s_k,$$

由于 s_k 是常数.因此当 $n \to \infty$ 时,σ_n 与 s_{n+k} 或者同时收敛或者同时发散.即将级数 $\sum\limits_{n=1}^{\infty}u_n$ 去掉其前 k 项后所得的新级数 $u_{k+1}+u_{k+2}+\cdots+u_{k+n}+\cdots$ 与原级数有相同的敛散性;或说在级数 $u_{k+1}+u_{k+2}+\cdots+u_{k+n}+\cdots$ 前面添加有限项,与原来的级数也具有相同的敛散性.

将一个级数改变有限项,可以看作将一个级数先去掉前有限项然后再在所得的新级数前面添加有限项.但不论去掉或添加前有限项都不改变级数的敛散性,因此,改变级数的前有限项,级数的敛散性不变.

在它们都收敛时,有相同的和吗?

性质 1.4 若级数 $\sum\limits_{n=1}^{\infty}u_n$ 收敛,则不改变其各项的顺序而任意添加括号,所得的新级数
$$(u_1+\cdots+u_{n_1}) + (u_{n_1+1}+\cdots+u_{n_2}) + \cdots + (u_{n_{k-1}+1}+\cdots+u_{n_k}) + \cdots$$
仍然收敛,且和不变.

证 设级数 $\sum\limits_{n=1}^{\infty}u_n$ 的前 n 项和为 s_n,加括号后的新级数的前 k 项和为 A_k,则

$A_1 = u_1+\cdots+u_{n_1} = s_{n_1},$

$A_2 = (u_1+\cdots+u_{n_1}) + (u_{n_1+1}+\cdots+u_{n_2}) = s_{n_2},$

$\cdots\cdots\cdots\cdots$

$A_k = (u_1+\cdots+u_{n_1}) + (u_{n_1+1}+\cdots+u_{n_2}) + \cdots + (u_{n_{k-1}+1}+\cdots+u_{n_k}) = s_{n_k},$

$\cdots\cdots\cdots\cdots$

我们发现,数列$\{A_k\} = \{s_{n_k}\}$是数列$\{s_n\}$的子数列.因此当$\{s_n\}$收敛时,其子数列$\{A_k\}$必收敛,且极限值与s_n的极限值相同.

证毕.

需要注意的是,该结论反过来不一定成立.即对一个级数添加括号后所得的新级数收敛,并不能断定原来的级数也是收敛的.例如,由级数

$$1-1+1-1+\cdots+1-1+\cdots$$

添加括号后所得的级数

$$(1-1)+(1-1)+\cdots+(1-1)+\cdots$$

是收敛的,但原来的级数

$$1-1+1-1+\cdots+1-1+\cdots$$

是公比为-1的等比数列,它是发散的.

从例 1.1、例 1.3 我们发现,当$n\to\infty$时,这两个收敛级数的
一般项都趋于零.我们不禁要问,它有一般性吗? 答案是肯定的,这就是下面的性质 1.5.

> 从证明过程来看,性质 1.4 的条件中,哪一条不可缺少?

性质 1.5（级数收敛的必要条件）　如果级数$\displaystyle\sum_{n=1}^{\infty} u_n$收敛,则有
$$\lim_{n\to\infty} u_n = 0.$$

证　设收敛级数$\displaystyle\sum_{n=1}^{\infty} u_n$的和为$s$,那么
$$\lim_{n\to\infty} s_n = \lim_{n\to\infty} s_{n-1} = s,$$

因此

$$\lim_{n\to\infty} u_n = \lim_{n\to\infty}(s_n - s_{n-1}) = \lim_{n\to\infty} s_n - \lim_{n\to\infty} s_{n-1} = s - s = 0.$$

特别需要注意的是,这仅是级数收敛的必要条件而不是充分条件.也就是说,利用$\displaystyle\lim_{n\to\infty} u_n = 0$得不出级数收敛的结论.比如,对例 1.4 中的级数,虽然有$\displaystyle\lim_{n\to\infty} u_n = \lim_{n\to\infty}\ln\left(1+\frac{1}{n}\right) = 0$,但它却是发散的.

往往利用性质 1.5 来判别级数的敛散性.

例 1.5　试判别级数$\displaystyle\sum_{n=1}^{\infty}\cos\frac{1}{n^2}$的敛散性.

解　该级数的一般项为$\cos\dfrac{1}{n^2}$,由于$\displaystyle\lim_{n\to\infty}\cos\frac{1}{n^2} = 1 \neq 0$,因此级数$\displaystyle\sum_{n=1}^{\infty}\cos\frac{1}{n^2}$发散.

> 从例 1.5,你对性质 1.5 有何认识?

*3. 柯西收敛原理

注意到级数的敛散性是利用其部分和数列的敛散性定义的,而判别数列敛散性有柯西收敛原理,根据这一"已知"我们猜想,对级数来说,也应该有类似的判别敛散性的方法.是的,这一猜想是成立的,这就是下面的判定其敛散性的柯西收敛原理.

定理 1.1(柯西收敛原理)　级数 $\sum\limits_{n=1}^{\infty} u_n$ 收敛的充要条件是:对于任意给定的正数 ε,总存在正整数 N,使得当 $n>N$ 时,对于任意的正整数 p,都有

$$|u_{n+1}+u_{n+2}+\cdots+u_{n+p}|<\varepsilon$$

成立.

定理的证明是简单的.事实上,设级数 $\sum\limits_{n=1}^{\infty} u_n$ 的部分和为 s_n,因为

$$|u_{n+1}+u_{n+2}+\cdots+u_{n+p}| = |s_{n+p}-s_n|,$$

所以由数列的柯西收敛准则(第一章第四节),该定理是成立的.

例 1.6　证明级数 $\sum\limits_{n=1}^{\infty} \dfrac{1}{n^2}$ 是收敛的.

证　对于任意的正整数 p,

$$|u_{n+1} + u_{n+2} + \cdots + u_{n+p}| = \frac{1}{(n+1)^2} + \frac{1}{(n+2)^2} + \cdots + \frac{1}{(n+p)^2}$$

$$< \frac{1}{n(n+1)} + \frac{1}{(n+1)(n+2)} + \cdots + \frac{1}{(n+p-1)(n+p)}$$

$$= \left(\frac{1}{n} - \frac{1}{n+1}\right) + \left(\frac{1}{n+1} - \frac{1}{n+2}\right) + \cdots + \left(\frac{1}{n+p-1} - \frac{1}{n+p}\right)$$

$$= \frac{1}{n} - \frac{1}{n+p} < \frac{1}{n}.$$

因此,对于任意给定的正数 ε,取正整数 $N \geqslant \dfrac{1}{\varepsilon}$,当 $n>N$ 时,对于任意的正整数 p,都有

$$|u_{n+1}+u_{n+2}+\cdots+u_{n+p}|<\varepsilon$$

成立.由柯西收敛原理,级数 $\sum\limits_{n=1}^{\infty} \dfrac{1}{n^2}$ 收敛.

习题 11-1(A)

1. 判断下列论述是否正确,并说明理由:

(1) 级数 $\sum\limits_{n=1}^{\infty} u_n$ 收敛(发散)等价于其部分和数列 $\{s_n\}$ 收敛(发散);

(2) 对于任何级数 $\sum\limits_{n=1}^{\infty} u_n$ 来说,都有余项 $r_n = u_{n+1} + u_{n+2} + \cdots$;

(3) 设 k 为任意常数,则 $\sum\limits_{n=1}^{\infty} u_n$ 与 $\sum\limits_{n=1}^{\infty} ku_n$ 有相同的敛散性;

(4) 若级数 $\sum\limits_{n=1}^{\infty} u_n$ 与 $\sum\limits_{n=1}^{\infty} v_n$ 都发散,则级数 $\sum\limits_{n=1}^{\infty} (u_n + v_n)$ 一定发散;若级数 $\sum\limits_{n=1}^{\infty} u_n$ 与 $\sum\limits_{n=1}^{\infty} v_n$ 中一个收敛一个发散,则级数 $\sum\limits_{n=1}^{\infty} (u_n + v_n)$ 的敛散性不定;

(5) 若将一个级数不改变其各项的顺序而任意添加括号后所得的新级数收敛,则原级数必定收敛;

（6）对一个收敛级数的和 s 来说它是无穷多个数的"和"，因此可以按照有限个数求和的运算规律进行,比如可以交换各项的顺序等.

2. 写出下列级数的通（一般）项 u_n ：

（1）$1+\dfrac{1}{2}+\dfrac{1}{4}+\dfrac{1}{8}+\cdots$ ；

（2）$\dfrac{2}{1}-\dfrac{3}{2}+\dfrac{4}{3}-\dfrac{5}{4}+\cdots$ ；

（3）$\dfrac{1}{1\cdot 5}+\dfrac{a}{3\cdot 7}+\dfrac{a^2}{5\cdot 9}+\dfrac{a^3}{7\cdot 11}+\cdots$ ；

（4）$0.9+0.99+0.999+0.999\ 9+\cdots$.

3. 将下列级数写成展开式的形式（至少写出前 5 项）：

（1）$\displaystyle\sum_{n=1}^{\infty}\dfrac{n}{(2+n)^2}$ ；

（2）$\displaystyle\sum_{n=1}^{\infty}\dfrac{(-1)^{n-1}}{10n}$ ；

（3）$\displaystyle\sum_{n=1}^{\infty}(\sqrt{n+1}-\sqrt{n})$ ；

（4）$\displaystyle\sum_{n=1}^{\infty}\dfrac{n!}{(n+1)^n}$.

4. 若级数 $\displaystyle\sum_{n=1}^{\infty}u_n$ 收敛，判别下列级数的敛散性：

（1）$\displaystyle\sum_{n=1}^{\infty}100u_n$ ；

（2）$\displaystyle\sum_{n=1}^{\infty}\dfrac{100}{u_n}$ ；

（3）$100+\displaystyle\sum_{n=1}^{\infty}u_n$ ；

（4）$\displaystyle\sum_{n=1}^{\infty}(u_n-100)$.

5. 判别下列级数的敛散性，在收敛时，求其和 s ：

（1）$\displaystyle\sum_{n=1}^{\infty}\dfrac{1}{\sqrt{n+1}+\sqrt{n}}$ ；

（2）$\displaystyle\sum_{n=1}^{\infty}\dfrac{1}{1+2+\cdots+n}$ ；

（3）$\displaystyle\sum_{n=1}^{\infty}\dfrac{(-1)^n 2^n}{3^n}$ ；

（4）$\displaystyle\sum_{n=1}^{\infty}\dfrac{1}{3^{2n-1}}$ ；

（5）$\displaystyle\sum_{n=1}^{\infty}\dfrac{1+(-1)^{n-1}}{2^n}$ ；

（6）$\displaystyle\sum_{n=1}^{\infty}\dfrac{1}{\left(1+\dfrac{1}{n}\right)^n}$ ；

（7）$\displaystyle\sum_{n=1}^{\infty}\left(\dfrac{1}{2^n}-\dfrac{1}{3^n}\right)$ ；

（8）$\displaystyle\sum_{n=1}^{\infty}\left[\dfrac{1}{2n}+\left(-\dfrac{8}{9}\right)^n\right]$.

6. 若级数 $\displaystyle\sum_{n=1}^{\infty}(2+u_n)$ 收敛，求极限 $\displaystyle\lim_{n\to\infty}u_n$.

习题 11-1（B）

1. 一皮球从距离地面 6 m 处垂直下落，假设每次从地面反弹后所达到的高度是前一次高度的 $\dfrac{1}{3}$ ，求皮球所经过的路程.

2. 判别下列级数的敛散性：

（1）$\displaystyle\sum_{n=1}^{\infty}(\sqrt{n+2}-2\sqrt{n+1}+\sqrt{n})$ ；

（2）$\displaystyle\sum_{n=1}^{\infty}\dfrac{1}{4n^2-1}$ ；

（3）$\displaystyle\sum_{n=1}^{\infty}\dfrac{1}{n(n+1)(n+2)}$ ；

（4）$\displaystyle\sum_{n=1}^{\infty}n\sin\dfrac{\pi}{n}$ ；

（5）$\displaystyle\sum_{n=1}^{\infty}\dfrac{1}{a^n}(a>0)$ ；

（6）$\dfrac{1}{2}+\dfrac{1}{10}+\dfrac{1}{2^2}+\dfrac{1}{2\times 10}+\dfrac{1}{2^3}+\dfrac{1}{3\times 10}+\cdots$.

3. 若级数 $\displaystyle\sum_{n=1}^{\infty} u_n$ 的部分和为 $s_n = 1 - \dfrac{1}{n^2}$，求级数的一般项 u_n 及级数的和 s.

4. 设 $\displaystyle\sum_{n=1}^{\infty}(-1)^{n-1}u_n = 2$，$\displaystyle\sum_{n=1}^{\infty} u_{2n-1} = 5$，证明级数 $\displaystyle\sum_{n=1}^{\infty} u_n$ 收敛，并求其和.

5. 证明：若级数 $\displaystyle\sum_{n=1}^{\infty}(a_{2n-1} + a_{2n})$ 收敛，且 $\displaystyle\lim_{n\to\infty} a_n = 0$，则级数 $\displaystyle\sum_{n=1}^{\infty} a_n$ 收敛.

第二节　正项级数敛散性的判别法

一般说来，只有收敛的级数才有意义，因此，在对级数的研究中，判别级数的敛散性是极为重要的问题.本节与下一节研究判别数项级数的敛散性问题，本节来讨论所谓"正项级数"敛散性的判别方法.

如果在级数 $\displaystyle\sum_{n=1}^{\infty} u_n$ 中总有 $u_n \geq 0\,(n = 1, 2, \cdots)$，则称该级数为正项级数.

正项级数是一类特别重要的级数.事实上，如果能够判别正项级数的敛散性，那么根据上一节的性质 1.1，对负项级数也可以判别它的敛散性.另外，在后面的研究中，要讨论任意项级数的绝对收敛，实际也是正项级数的收敛.

1. 基本定理

依据级数敛散的定义，级数的敛散性问题实则是其部分和数列的敛散性问题.因此，考察级数的敛散性，应该利用判别数列敛散性的方法作"已知".对于正项级数 $\displaystyle\sum_{n=1}^{\infty} u_n$ 来说，由于 $u_n \geq 0$，所以其部分和数列 $\{s_n\}$ 是单调递增的.如果该数列有上界（因此它有界），由"单调有界数列必收敛"我们知道，该数列是收敛的，从而级数 $\displaystyle\sum_{n=1}^{\infty} u_n$ 必然收敛.因此如果给正项级数附加一个条件"部分和数列 $\{s_n\}$ 有上界"，则该级数一定收敛.

该结论反过来也是成立的.事实上，如果正项级数 $\displaystyle\sum_{n=1}^{\infty} u_n$ 收敛，由级数收敛的定义，其"部分和数列 $\{s_n\}$ 收敛，而"收敛数列必有界"，因此 $\{s_n\}$ 有界，当然有上界.

> 该数列有上界，为什么就一定有界？

上面的讨论实际已经证明了下面的定理 2.1，称为**基本定理**，它是后面讨论的基础.

定理 2.1（基本定理）　正项级数 $\displaystyle\sum_{n=1}^{\infty} u_n$ 收敛的充要条件是：$\displaystyle\sum_{n=1}^{\infty} u_n$ 的部分和数列 $\{s_n\}$ 有界.

2. 比较判别法

有了基本定理作"已知"，容易得到下面的判别正项级数敛散性的比较判别法.

定理 2.2（比较判别法）　设正项级数 $\displaystyle\sum_{n=1}^{\infty} u_n$ 及 $\displaystyle\sum_{n=1}^{\infty} v_n$，如果从某一项起，满足 $u_n \leq v_n$，则

（1）若级数 $\sum\limits_{n=1}^{\infty} v_n$ 收敛，则 $\sum\limits_{n=1}^{\infty} u_n$ 收敛；

（2）若级数 $\sum\limits_{n=1}^{\infty} u_n$ 发散，则 $\sum\limits_{n=1}^{\infty} v_n$ 发散.

证　依据第一节收敛级数的性质 1.3，不妨认为对所有的 $n=1,2,\cdots$，都有 $u_n \leqslant v_n$.

> 怎么理解左边"依据……性质 1.3，不妨认为……"这句话的意义？

（1）由于级数 $\sum\limits_{n=1}^{\infty} v_n$ 收敛，由定理 2.1，该级数的部分和数列 $\{\sigma_n\}$ 必然有界，不妨设 M 为其一个上界，即有

$$\sigma_n \leqslant M.$$

因此，$\sum\limits_{n=1}^{\infty} u_n$ 的部分和

$$s_n = u_1 + u_2 + \cdots + u_n \leqslant v_1 + v_2 + \cdots + v_n = \sigma_n \leqslant M,$$

由定理 2.1，$\sum\limits_{n=1}^{\infty} u_n$ 收敛.

（2）反证法.假设级数 $\sum\limits_{n=1}^{\infty} v_n$ 收敛，由（1）必有 $\sum\limits_{n=1}^{\infty} u_n$ 收敛，这和定理的条件"级数 $\sum\limits_{n=1}^{\infty} u_n$ 发散"相矛盾.因此假设"级数 $\sum\limits_{n=1}^{\infty} v_n$ 收敛"是错误的，故 $\sum\limits_{n=1}^{\infty} v_n$ 发散.

例 2.1　证明级数 $\sum\limits_{n=2}^{\infty} \dfrac{n-1}{n2^n}$ 是收敛的.

证　对任意的 $n \geqslant 2$，都有 $\dfrac{n-1}{n2^n} < \dfrac{n}{n2^n} = \dfrac{1}{2^n}$，而 $\sum\limits_{n=2}^{\infty} \dfrac{1}{2^n}$ 是收敛的等比级数.由定理 2.2，级数 $\sum\limits_{n=2}^{\infty} \dfrac{n-1}{n2^n}$ 收敛.

级数 $\sum\limits_{n=1}^{\infty} \dfrac{1}{n^p}(p>0)$ 称为 p **级数**，称 $p=1$ 的 p 级数 $\sum\limits_{n=1}^{\infty} \dfrac{1}{n}$ 为**调和级数**.下面来讨论 p 级数的敛散性，后面将看到，它在判别级数敛散性时有着重要的应用.

例 2.2　讨论 p 级数 $\sum\limits_{n=1}^{\infty} \dfrac{1}{n^p}$ 的敛散性，其中 $p>0$.

解　（1）当 $p \leqslant 1$ 时.

首先，由于 $p \leqslant 1$，因此，$n \geqslant n^p$，再由第三章例 1.6 知，当 $x>0$ 时，$\ln(1+x)<x$.因此，当 $p \leqslant 1$ 时，有

> 当 $p \leqslant 1$ 时有 $n \geqslant n^p$，其根据是什么？

$$\ln\left(1+\frac{1}{n}\right) < \frac{1}{n} \leqslant \frac{1}{n^p},$$

又 $\sum\limits_{n=1}^{\infty} \ln\left(1+\dfrac{1}{n}\right)$ 是发散的，因此由比较判别法，这时级数 $\sum\limits_{n=1}^{\infty} \dfrac{1}{n^p}(p \leqslant 1)$ 发散.

（2）当 $p>1$ 时.

根据级数敛散性的定义，我们来考察其部分和数列 $\{s_n\}$ 的敛散性.

当 $p>1$ 时,对满足 $i-1 \leqslant x \leqslant i$ 的 x,有 $x^p \leqslant i^p$,因此 $\dfrac{1}{i^p} \leqslant \dfrac{1}{x^p}$,所以

$$\frac{1}{i^p} = \frac{1}{i^p} \int_{i-1}^{i} dx = \int_{i-1}^{i} \frac{1}{i^p} dx \leqslant \int_{i-1}^{i} \frac{1}{x^p} dx \ (i=2,3,\cdots),$$

因此

说 $x^p \leqslant i^p$,所根据的"已知"是什么? 左边的各等号或不等号成立的理由分别是什么?

$$
\begin{aligned}
s_n &= 1 + \frac{1}{2^p} + \cdots + \frac{1}{n^p} = 1 + \sum_{i=2}^{n} \frac{1}{i^p} \\
&\leqslant 1 + \sum_{i=2}^{n} \int_{i-1}^{i} \frac{1}{x^p} dx = 1 + \int_{1}^{n} \frac{1}{x^p} dx \\
&= 1 + \frac{1}{p-1}\left(1 - \frac{1}{n^{p-1}}\right) < 1 + \frac{1}{p-1} \ (n=2,3,\cdots),
\end{aligned}
$$

即数列 $\{s_n\}$ 有界,因此当 $p>1$ 时级数 $\displaystyle\sum_{n=1}^{\infty} \frac{1}{n^p}$ 收敛.

总之,对 p 级数我们有:当 $p>1$ 时收敛;当 $p \leqslant 1$ 时发散.

注意到当 $k>0$ 时, $\displaystyle\sum_{n=1}^{\infty} v_n$ 与 $\displaystyle\sum_{n=1}^{\infty} kv_n$ 具有相同的敛散性,因此可以将定理 2.2 作如下的进一步推广.

推论　设 $k>0$ 是常数,并且 $\displaystyle\sum_{n=1}^{\infty} u_n$ 及 $\displaystyle\sum_{n=1}^{\infty} v_n$ 都是正项级数,

(1) 若从某一项起,恒有 $u_n \leqslant kv_n$,并且级数 $\displaystyle\sum_{n=1}^{\infty} v_n$ 收敛,那么 $\displaystyle\sum_{n=1}^{\infty} u_n$ 也收敛;

(2) 若从某一项起,恒有 $u_n \geqslant kv_n$,并且级数 $\displaystyle\sum_{n=1}^{\infty} v_n$ 发散,那么 $\displaystyle\sum_{n=1}^{\infty} u_n$ 也发散.

例 2.3　判别级数 $\displaystyle\sum_{n=1}^{\infty} \frac{2}{\sqrt{n(n+1)}}$ 的敛散性.

解　$n(n+1) < (n+1)^2$,所以 $\dfrac{2}{\sqrt{n(n+1)}} > \dfrac{2}{\sqrt{(n+1)^2}} = \dfrac{2}{n+1}$,而级数

$$\sum_{n=1}^{\infty} \frac{1}{n+1} = \frac{1}{2} + \frac{1}{3} + \cdots + \frac{1}{n+1} + \cdots$$

是调和级数,它是发散的.由定理 2.2 的推论(这里 $k=2$),级数 $\displaystyle\sum_{n=1}^{\infty} \frac{2}{\sqrt{n(n+1)}}$ 也是发散的.

利用比较判别法(及其推论)判别级数 $\displaystyle\sum_{n=1}^{\infty} u_n$ 的敛散性时需要找到一个敛散性已知的级数 $\displaystyle\sum_{n=1}^{\infty} v_n$ 作参照,这是利用比较判别法的关键;同时,如何找到这样的级数 $\displaystyle\sum_{n=1}^{\infty} v_n$ 也恰恰是问题的困难所在.从例 2.1 与例

这里涉及的级数的通项皆为无穷小量,级数的通项都一定是无穷小量吗?

2.3 我们发现,所找到的级数的通项 v_n 与原级数的通项 u_n(例 2.1 中 $v_n = \dfrac{1}{2^n}$ 与 $u_n = \dfrac{n-1}{n2^n}$;例 2.3 中 $v_n = \dfrac{1}{n+1}$ 与 $u_n = \dfrac{2}{\sqrt{n(n+1)}}$)都是同阶无穷小量,相应的级数有相同的敛散性.我们不禁要问:这一特点是否具有一般性?这正是下面的极限形式的比较判别法所回答的问题.

定理 2.3(比较判别法的极限形式) 设 $\displaystyle\sum_{n=1}^{\infty} u_n$ 及 $\displaystyle\sum_{n=1}^{\infty} v_n$ 都是正项级数,$v_n \neq 0(n=1,2,\cdots)$,并且 $\displaystyle\lim_{n\to\infty}\dfrac{u_n}{v_n} = l$(有限正数或 $+\infty$),

(1) 若 $l > 0$,**两级数有相同的敛散性;**

(2) 若 $l = 0$,**并且 $\displaystyle\sum_{n=1}^{\infty} v_n$ 收敛,则级数 $\displaystyle\sum_{n=1}^{\infty} u_n$ 收敛;**

(3) 若 $l = +\infty$,**并且 $\displaystyle\sum_{n=1}^{\infty} v_n$ 发散,则级数 $\displaystyle\sum_{n=1}^{\infty} u_n$ 发散.**

> 对满足收敛的必要条件的两级数,当 $l=+\infty$ 时可以理解为 u_n 是 v_n 的低阶无穷小量.你能用两无穷小量比较的语言来叙述定理 2.3 吗?

证 (1) 由于 $\displaystyle\lim_{n\to\infty}\dfrac{u_n}{v_n} = l, l > 0$,由极限的定义,取 $\varepsilon = \dfrac{l}{2}$,则存在正整数 N,当 $n > N$ 时,有 $\left|\dfrac{u_n}{v_n} - l\right| < \dfrac{l}{2}$,即 $\dfrac{1}{2}l < \dfrac{u_n}{v_n} < \dfrac{3}{2}l$,从而有 $\dfrac{l}{2}v_n < u_n < \dfrac{3l}{2}v_n$,依据定理 2.2 的推论,当级数 $\displaystyle\sum_{n=1}^{\infty} v_n$ 收敛时,由 $u_n < \dfrac{3l}{2}v_n$,级数 $\displaystyle\sum_{n=1}^{\infty} u_n$ 也收敛;当级数 $\displaystyle\sum_{n=1}^{\infty} u_n$ 收敛时,由 $\dfrac{l}{2}v_n < u_n$,级数 $\displaystyle\sum_{n=1}^{\infty} v_n$ 也收敛.类似地可以证明两级数有相同的发散性.

类似的方法可以证明(2)与(3)也是成立的,其证明留给读者.

定理 2.3 的(1)告诉我们,如果两个级数的通项是同阶无穷小量,那么这两个级数具有相同的敛散性.这为(在利用比较判别法时)如何找到作为"参照物"的级数提供了参考.

例 2.4 判别级数(1) $\displaystyle\sum_{n=1}^{\infty} \sin\dfrac{4}{n^p}(p > 0)$;(2) $\displaystyle\sum_{n=2}^{\infty} \dfrac{5n}{(n-1)(2n+1)}$;(3) $\displaystyle\sum_{n=1}^{\infty} \ln\left(1 + \dfrac{1}{n^3}\right)$ 的敛散性.

解 (1) 由于当 $n\to\infty$ 时,$\sin\dfrac{4}{n^p} \sim \dfrac{4}{n^p}$,因此取 $v_n = \dfrac{1}{n^p}$,

$$\lim_{n\to\infty}\frac{\sin\dfrac{4}{n^p}}{\dfrac{1}{n^p}} = \lim_{n\to\infty} 4\cdot\frac{\sin\dfrac{4}{n^p}}{\dfrac{4}{n^p}} = 4 > 0,$$

所以 $\displaystyle\sum_{n=1}^{\infty} \sin\dfrac{4}{n^p}$ 与 p 级数 $\displaystyle\sum_{n=1}^{\infty} \dfrac{1}{n^p}$ 有相同的敛散性,因而级数 $\displaystyle\sum_{n=1}^{\infty} \sin\dfrac{4}{n^p}$ 当 $p > 1$ 时收敛;当 $p \leqslant 1$ 时发散.

(2) 当 $n\to\infty$ 时,$\dfrac{5n}{(n-1)(2n+1)} \sim \dfrac{5}{2n}$,因此取 $v_n = \dfrac{1}{n}$.由于

$$\lim_{n \to \infty} \left[\frac{\dfrac{5n}{(n-1)(2n+1)}}{\dfrac{1}{n}} \right] = \lim_{n \to \infty} \frac{5n^2}{2n^2 - n - 1} = \frac{5}{2} > 0,$$

并且级数 $\sum\limits_{n=1}^{\infty} \dfrac{1}{n}$ 是发散的.因此由定理 2.3(1),级数 $\sum\limits_{n=2}^{\infty} \dfrac{5n}{(n-1)(2n+1)}$ 发散.

（3）由于当 $n \to \infty$ 时 $\ln\left(1 + \dfrac{1}{n^3}\right) \sim \dfrac{1}{n^3}$,所以取 $v_n = \dfrac{1}{n^3}$,

$$\lim_{n \to \infty} \frac{\ln\left(1 + \dfrac{1}{n^3}\right)}{\dfrac{1}{n^3}} = \lim_{n \to \infty} \frac{\dfrac{1}{n^3}}{\dfrac{1}{n^3}} = 1 > 0,$$

> 由例 2.4 你看出等价无穷小量在比较判别法中的作用了吗?

而 $\sum\limits_{n=1}^{\infty} \dfrac{1}{n^3}$ 是 $p = 3 > 1$ 的 p 级数,它是收敛的,由定理 2.3(1),级数 $\sum\limits_{n=1}^{\infty} \ln\left(1 + \dfrac{1}{n^3}\right)$ 收敛.

例 2.5 设有正项级数 $\sum\limits_{n=1}^{\infty} u_n$,如果 $\lim\limits_{n \to \infty} n^p u_n = l > 0$ $(p > 0)$,证明

（1）若 $0 < p \leqslant 1$,则级数 $\sum\limits_{n=1}^{\infty} u_n$ 发散;（2）若 $p > 1$,则级数 $\sum\limits_{n=1}^{\infty} u_n$ 收敛.

证 由 $\lim\limits_{n \to \infty} n^p u_n = l > 0$,为利用定理 2.3 作"已知",我们将其变形为

$$\lim_{n \to \infty} \frac{u_n}{\dfrac{1}{n^p}} = l > 0,$$

根据 p 级数的敛散性以及定理 2.3,

当 $0 < p \leqslant 1$ 时,由 $\sum\limits_{n=1}^{\infty} \dfrac{1}{n^p}$ 发散因而级数 $\sum\limits_{n=1}^{\infty} u_n$ 发散;当 $p > 1$ 时,由 $\sum\limits_{n=1}^{\infty} \dfrac{1}{n^p}$ 收敛因而级数 $\sum\limits_{n=1}^{\infty} u_n$ 收敛.故结论成立.

例 2.5 在判别某些级数敛散性时往往比较方便,因此在判别正项级数敛散性时可以把它作为"已知"来使用.

3. 比值判别法与根值判别法

利用比较判别法判别级数的敛散性时需要借助另外一个敛散性已知的级数作参照.但是不难想象,一个级数的敛散性应该是它本身所固有的而不依赖其他任何级数.因此能否通过级数自身的特点来判别它是收敛还是发散,这是值得研究的问题.我们还是利用"由特殊(具体)到一般"的思想,先来分析一个具体的级数——等比级数 $\sum\limits_{n=0}^{\infty} aq^n (a > 0, q > 0)$,从中寻找规律.

该级数的任意一项与其前面一项之比

$$\frac{u_{n+1}}{u_n} = \frac{aq^n}{aq^{n-1}} = q \quad (n = 1, 2, \cdots).$$

由第一节例 1.1 知,当公比 $q<1$ 时,该级数收敛,当 $q \geqslant 1$ 时该级数发散.

如果把上述事实理解为利用级数的一般项 u_{n+1} 与 u_n 的比与 1 的大小关系可判别级数 $\sum\limits_{n=0}^{\infty} aq^n$ 的敛散性,那么我们自然期望这一结果具有一般性.即对任意一正项级数 $\sum\limits_{n=1}^{\infty} u_n$,当 $\dfrac{u_{n+1}}{u_n}$ 小于 1 时该级数收敛,大于 1 时该级数发散.对一般的正项级数,由于 $\dfrac{u_{n+1}}{u_n}$ 会含有 n,因而一般说来直接判断它和 1 孰大孰小往往不十分明显.但如果极限 $\lim\limits_{n\to\infty}\dfrac{u_{n+1}}{u_n}$(从而消去 $\dfrac{u_{n+1}}{u_n}$ 中所含的 n)存在,我们不禁要问能否通过该极限值与 1 的大小关系来判别该级数的敛散性呢? 这正是下面的定理 2.4 所解决的问题.

定理 2.4(比值判别法)　设 $\sum\limits_{n=1}^{\infty} u_n$ 为正项级数,并设 $\lim\limits_{n\to\infty}\dfrac{u_{n+1}}{u_n}=\rho$,则

(1) 当 $\rho<1$ 时,级数 $\sum\limits_{n=1}^{\infty} u_n$ 收敛;

(2) 当 $\rho>1$(或 $\lim\limits_{n\to\infty}\dfrac{u_{n+1}}{u_n}=+\infty$)时,级数 $\sum\limits_{n=1}^{\infty} u_n$ 发散.

比值判别法也称**达朗贝尔判别法**.

> 请分析该判别法具有什么样的特点? 要证明该定理成立应考虑用什么作"已知"?

证　(1) 由于 $\lim\limits_{n\to\infty}\dfrac{u_{n+1}}{u_n}=\rho$,而 $\rho<1$,取 $q=\dfrac{\rho+1}{2}$,显然 $\rho<q<1$.

利用极限的保序性,存在正整数 m_0,当 $n \geqslant m_0$ 时,有 $\dfrac{u_{n+1}}{u_n}<q$,于是

$$\frac{u_{m_0+1}}{u_{m_0}}<q, \quad \frac{u_{m_0+2}}{u_{m_0+1}}<q, \quad \cdots$$

由此可得

$$u_{m_0+1}<u_{m_0}q, \quad u_{m_0+2}<u_{m_0+1}q<u_{m_0}q \cdot q=u_{m_0}q^2, \quad \cdots, \quad u_{m_0+k}<u_{m_0}q^k, \quad \cdots$$

注意到 m_0 是常数,因而 u_{m_0} 也是常数.因而级数 $\sum\limits_{k=1}^{\infty} u_{m_0}q^k=u_{m_0}\sum\limits_{k=1}^{\infty} q^k$ 是公比为 $q(|q|<1)$ 的几何级数,因此它是收敛的,由比较判别法级数 $\sum\limits_{k=1}^{\infty} u_{m_0+k}$ 收敛,因此级数 $\sum\limits_{n=1}^{\infty} u_n$ 也收敛.

(2) 当 $\rho>1$(或 $\lim\limits_{n\to\infty}\dfrac{u_{n+1}}{u_n}=+\infty$)时,存在正整数 n_0,当 $n \geqslant n_0$ 时,$\dfrac{u_{n+1}}{u_n}>1$,或 $u_{n+1}>u_n$.这说明,当 $n \geqslant n_0$ 时,级数的项是递增的,并恒有 $u_n \geqslant u_{n_0}$,因此当 $n\to\infty$ 时,u_n 不趋于零,因而级数发散.

> 分析该判别法具有什么样的特点? 证明(1)与(2)所依据的"已知"分别是什么? (2)实际说明了这类级数不满足收敛级数怎样的特点?

需要注意的是,**当 $\rho=1$ 时,级数 $\sum\limits_{n=1}^{\infty} u_n$ 的敛散性不能确定**.这可由下面的一个例子看出:

对 p 级数 $\sum\limits_{n=1}^{\infty} \dfrac{1}{n^p}$（$p>0$）.不论 $p>1$ 还是 $p\leqslant 1$,都有

$$\lim_{n\to\infty}\frac{\dfrac{1}{(n+1)^p}}{\dfrac{1}{n^p}}=\lim_{n\to\infty}\frac{n^p}{(n+1)^p}=1,$$

但该级数的敛散性因 $p>1$ 与 $p\leqslant 1$ 的不同而不同.

定理 2.4 的特点是根据级数自身的性态来判别其敛散性,而不需要借助另外的级数.

例 2.6 判别级数（1）$\sum\limits_{n=1}^{\infty}\dfrac{n^3}{3^n}$;（2）$\sum\limits_{n=1}^{\infty}\dfrac{5^n}{n!}$;（3）$\sum\limits_{n=1}^{\infty}\dfrac{n!}{n^{10}}$ 的敛散性.

解 （1）由

$$\lim_{n\to\infty}\frac{\dfrac{(n+1)^3}{3^{n+1}}}{\dfrac{n^3}{3^n}}=\lim_{n\to\infty}\frac{1}{3}\cdot\left(\frac{n+1}{n}\right)^3=\frac{1}{3}<1,$$

因此,由比值判别法,级数 $\sum\limits_{n=1}^{\infty}\dfrac{n^3}{3^n}$ 收敛.

（2）由于

$$\lim_{n\to\infty}\frac{\dfrac{5^{n+1}}{(n+1)!}}{\dfrac{5^n}{n!}}=\lim_{n\to\infty}\frac{5}{n+1}=0<1,$$

例 2.6 的各题有什么特点？通过这个题目你有何收获？

因此该级数收敛.

（3）由于

$$\lim_{n\to\infty}\frac{\dfrac{(n+1)!}{(n+1)^{10}}}{\dfrac{n!}{n^{10}}}=\lim_{n\to\infty}\left[\left(\frac{n}{n+1}\right)^{10}\cdot(n+1)\right]=\infty,$$

因此该级数发散.

通过分析等比级数的后项与前项的比引出了比值判别法.下面我们再从另一个角度来考察等比级数 $\sum\limits_{n=0}^{\infty}aq^n$.设 $a>0,q>0$,对其一般项开 n 次方并对该根值取极限,得

$$\lim_{n\to\infty}\sqrt[n]{aq^n}=q,$$

该极限值正是该等比级数的公比.由第一节例 1.1,当 $q<1$ 时级数 $\sum\limits_{n=0}^{\infty}aq^n$ 收敛;当 $q\geqslant 1$ 时,级数 $\sum\limits_{n=0}^{\infty}aq^n$ 发散.由这个"特殊"级数得出的结论对"一般"的正项级数也成立,这就是下面的根值判别法,通常也称为**柯西判别法**.

定理 2.5（根值判别法）　设 $\displaystyle\sum_{n=1}^{\infty} u_n$ 为正项级数,并设 $\displaystyle\lim_{n\to\infty}\sqrt[n]{u_n}=\rho$,则

（1）当 $\rho<1$ 时,级数 $\displaystyle\sum_{n=1}^{\infty} u_n$ 收敛;

（2）当 $\rho>1$（或 $\displaystyle\lim_{n\to\infty}\sqrt[n]{u_n}=+\infty$）时,级数 $\displaystyle\sum_{n=1}^{\infty} u_n$ 发散.

用与证明定理 2.4 相类似的方法可证明该定理是成立的,这里从略.当 $\rho=1$ 时级数 $\displaystyle\sum_{n=1}^{\infty} u_n$ 的敛散性也不能确定.

例 2.7　判别级数（1）$\displaystyle\sum_{n=1}^{\infty}\left(\frac{n}{3n+1}\right)^n$；（2）$\displaystyle\sum_{n=1}^{\infty} 3^n\left(1-\frac{1}{n}\right)^{n^2}$；（3）$\displaystyle\sum_{n=1}^{\infty}\frac{2+(-1)^n}{3^n}$ 的敛散性.

解　（1）因为

$$\lim_{n\to\infty}\sqrt[n]{\left(\frac{n}{3n+1}\right)^n}=\lim_{n\to\infty}\frac{n}{3n+1}=\frac{1}{3}<1,$$

故级数 $\displaystyle\sum_{n=1}^{\infty}\left(\frac{n}{3n+1}\right)^n$ 收敛.

（2）因为

$$\lim_{n\to\infty}\sqrt[n]{3^n\left(1-\frac{1}{n}\right)^{n^2}}=\lim_{n\to\infty}3\left(1-\frac{1}{n}\right)^n=\frac{3}{e}>1,$$

故级数 $\displaystyle\sum_{n=1}^{\infty} 3^n\left(1-\frac{1}{n}\right)^{n^2}$ 发散.

关于正项级数敛散性判别法的注记

（3）$\displaystyle\lim_{n\to\infty}\sqrt[n]{\frac{2+(-1)^n}{3^n}}=\lim_{n\to\infty}\frac{1}{3}\sqrt[n]{2+(-1)^n}=\lim_{n\to\infty}\frac{1}{3}e^{\ln\sqrt[n]{2+(-1)^n}}=\lim_{n\to\infty}\frac{1}{3}e^{\frac{1}{n}\ln[2+(-1)^n]},$

由于 $\ln[2+(-1)^n]$ 有界,因此,$\displaystyle\lim_{n\to\infty}\frac{1}{n}\ln[2+(-1)^n]=0$,于是

$$\lim_{n\to\infty}\sqrt[n]{\frac{2+(-1)^n}{3^n}}=\lim_{n\to\infty}\frac{1}{3}e^{\frac{1}{n}\ln[2+(-1)^n]}$$

$$=\frac{1}{3}e^{\lim_{n\to\infty}\frac{1}{n}\ln[2+(-1)^n]}=\frac{1}{3}e^0=\frac{1}{3}<1,$$

因此,由根值判别法级数 $\displaystyle\sum_{n=1}^{\infty}\frac{2+(-1)^n}{3^n}$ 收敛.

例 2.7 的各题各有什么特点?对（3）如果采用比值判别法将怎样?通过这个题目你有何体会?一般说来具备什么特点的级数用根值判别法会比较方便?

历史人物简介

达朗贝尔

习题 11-2(A)

1. 判断下列论述是否正确,并说明理由:

(1) 级数收敛的充要条件是,该级数的部分和数列有界;

(2) 对正项级数 $\sum\limits_{n=1}^{\infty} u_n$ 与 $\sum\limits_{n=1}^{\infty} v_n$,若 $\lim\limits_{n\to\infty} \dfrac{u_n}{v_n} = l$,且 $0 \leqslant l \leqslant +\infty$,则两级数有相同的敛散性;

(3) 对正项级数 $\sum\limits_{n=1}^{\infty} u_n$,若 $\dfrac{u_{n+1}}{u_n} < 1$,则级数 $\sum\limits_{n=1}^{\infty} u_n$ 一定收敛;若正项级数 $\sum\limits_{n=1}^{\infty} u_n$ 收敛,一定有 $\lim\limits_{n\to\infty} \dfrac{u_{n+1}}{u_n} < 1$.

2. 用比较判别法或其极限形式判别下列级数的敛散性:

(1) $\sum\limits_{n=1}^{\infty} \dfrac{1}{(2n-1)^2}$;

(2) $\sum\limits_{n=1}^{\infty} \dfrac{1}{n^2 + n}$;

(3) $\sum\limits_{n=1}^{\infty} \dfrac{2n-1}{n^2+1}$;

(4) $\sum\limits_{n=1}^{\infty} \dfrac{2n}{\sqrt{n(n^2+1)}}$;

(5) $\sum\limits_{n=1}^{\infty} \ln\left(1 + \dfrac{1}{3^n}\right)$;

(6) $\sum\limits_{n=1}^{\infty} \left(1 - \cos\dfrac{1}{n}\right)$.

3. 用比值判别法判别下列级数的敛散性:

(1) $\sum\limits_{n=1}^{\infty} \dfrac{n+3}{2^n}$;

(2) $\sum\limits_{n=2}^{\infty} n\tan\dfrac{\pi}{2^n}$;

(3) $\sum\limits_{n=1}^{\infty} \dfrac{2^{2n}}{3^n \cdot n^{10}}$;

(4) $\sum\limits_{n=1}^{\infty} \dfrac{n^2}{\left(2 + \dfrac{1}{n}\right)^n}$;

(5) $\sum\limits_{n=1}^{\infty} \dfrac{3^n \cdot n!}{n^n}$;

(6) $\sum\limits_{n=1}^{\infty} \dfrac{n!}{(2n-1)!!}$.

4. 用根值判别法判别下列级数的敛散性:

(1) $\sum\limits_{n=1}^{\infty} \left(\dfrac{n}{3n+1}\right)^n$;

(2) $\sum\limits_{n=2}^{\infty} \left(1 - \dfrac{1}{n}\right)^{n^2}$;

(3) $\sum\limits_{n=1}^{\infty} \dfrac{3^n}{1 + e^n}$;

(4) $\sum\limits_{n=1}^{\infty} \dfrac{1}{[\ln(n+1)]^n}$.

5. 选择适当的方法判别下列级数的敛散性:

(1) $\sum\limits_{n=1}^{\infty} n\left(\dfrac{3}{4}\right)^n$;

(2) $\sum\limits_{n=1}^{\infty} \dfrac{1}{na+b}(a > 0, b > 0)$;

(3) $\sum\limits_{n=1}^{\infty} n\sin\dfrac{1}{2^n}$;

(4) $\sum\limits_{n=2}^{\infty} \dfrac{n - \sqrt{n}}{2n-1}$;

(5) $\sum\limits_{n=1}^{\infty} 2^n \ln\left(1 + \dfrac{1}{n^2}\right)$;

(6) $\sum\limits_{n=1}^{\infty} \dfrac{n(n+1)}{2^{\frac{n}{2}}}$.

习题 11-2(B)

1. 若正项级数 $\sum\limits_{n=1}^{\infty} u_n$ 收敛,证明:

(1) $\displaystyle\sum_{n=1}^{\infty} u_n^2$ 收敛；

(2) $\displaystyle\sum_{n=1}^{\infty} \frac{\sqrt{u_n}}{n}$ 收敛.

2. 判别下列级数的敛散性：

(1) $\displaystyle\sum_{n=1}^{\infty} \left(\sqrt{n^2+1} - \sqrt{n^2-1} \right)$;

(2) $\displaystyle\sum_{n=2}^{\infty} \frac{n+2^n}{3^n}$;

(3) $\displaystyle\sum_{n=1}^{\infty} (n+1)^2 \tan\frac{\pi}{4^n}$;

(4) $\displaystyle\sum_{n=2}^{\infty} \frac{6^n}{7^n-5^n}$;

(5) $\displaystyle\sum_{n=2}^{\infty} 2^{-n-(-1)^n}$;

(6) $\displaystyle\sum_{n=1}^{\infty} \ln^2\left(1+\sin\frac{1}{\sqrt{n}}\right)$;

(7) $\displaystyle\sum_{n=1}^{\infty} \frac{1}{1+a^{2n}}$;

(8) $\displaystyle\sum_{n=1}^{\infty} \frac{1+n}{2^{2n}} a^n \ (a>0)$.

3. 设 $a_n \leqslant c_n \leqslant b_n (n=1,2,\cdots)$,且 $\displaystyle\sum_{n=1}^{\infty} a_n$ 及 $\displaystyle\sum_{n=1}^{\infty} b_n$ 均收敛,证明级数 $\displaystyle\sum_{n=1}^{\infty} c_n$ 收敛.

4. 用级数的概念求下列极限：

(1) $\displaystyle\lim_{n\to\infty} \frac{a^n}{n!}$,其中 $a>1$;

(2) $\displaystyle\lim_{n\to\infty} \sum_{k=1}^{n} \frac{1}{n(1+k)(2+k)}$.

第三节　任意项级数的绝对收敛与条件收敛

上一节研究了正项(同号)级数敛散性的判别方法.下面来讨论,如果数项级数是既有无穷多项为正数又有无穷多项为负数的任意项级数,应该怎么来判别它的敛散性？

1. 任意项级数的绝对收敛

为研究任意项级数的敛散性,自然想到能否用上一节对正项级数的研究结果作“已知”.回答这个问题就引出了任意项级数的“绝对收敛”问题.

定义 3.1　若任意项级数 $\displaystyle\sum_{n=1}^{\infty} u_n$ 的各项取绝对值所得到的正项级数 $\displaystyle\sum_{n=1}^{\infty} |u_n|$ 收敛,则称级数 $\displaystyle\sum_{n=1}^{\infty} u_n$ 是绝对收敛的.

例如,由于 p 级数 $\displaystyle\sum_{n=1}^{\infty} \frac{1}{\sqrt{n^3}}$ 是收敛的,因此任意项级数 $\displaystyle\sum_{n=1}^{\infty} \frac{(-1)^{n-1}}{\sqrt{n^3}}$ 是绝对收敛的；由于 $\displaystyle\sum_{n=1}^{\infty} \frac{1}{n}$ 是发散的,因此级数 $\displaystyle\sum_{n=1}^{\infty} \frac{(-1)^{n-1}}{n}$ 不绝对收敛；由第二节例2.6,正项级数 $\displaystyle\sum_{n=1}^{\infty} \frac{n^3}{3^n}$ 是收敛的,因此任意项级数 $\displaystyle\sum_{n=1}^{\infty} (-1)^n \frac{n^3}{3^n}$ 是绝对收敛的.

注意到称一个任意项级数绝对收敛,是指与该级数有关的另外一个正项级数收敛,而并没涉及这个任意项级数本身是否收敛.我们不禁要问：一个绝对收敛的任意项级数,它自身收敛吗？这就是下面的定理3.1所

> 称一个级数绝对收敛,是说它本身收敛吗？

解决的问题.

定理 3.1 若级数 $\sum\limits_{n=1}^{\infty} u_n$ 绝对收敛,则它本身必定收敛.

证 由于

$$0 \leqslant u_n + |u_n| \leqslant 2|u_n|$$

及 $\sum\limits_{n=1}^{\infty} |u_n|$ 收敛,因此由比较判别法知,正项级数 $\sum\limits_{n=1}^{\infty} (u_n + |u_n|)$ 收敛,由于

$$\sum_{n=1}^{\infty} u_n = \sum_{n=1}^{\infty} \left[(u_n + |u_n|) - |u_n| \right] = \sum_{n=1}^{\infty} (u_n + |u_n|) - \sum_{n=1}^{\infty} |u_n|,$$

因此,由收敛级数的运算性质知,级数 $\sum\limits_{n=1}^{\infty} u_n$ 也收敛.

定理证毕.

利用定理 3.1 及上一节的结果作"已知",可以判别一些任意项级数的敛散性问题.

例 3.1 判别级数 $\sum\limits_{n=1}^{\infty} \dfrac{(-1)^{n-1}}{n \cdot 3^n}$ 的敛散性.

证 由 $\left| \dfrac{(-1)^{n-1}}{n \cdot 3^n} \right| = \dfrac{1}{n \cdot 3^n} \leqslant \dfrac{1}{3^n}$,而几何级数 $\sum\limits_{n=1}^{\infty} \dfrac{1}{3^n}$ 是收敛的.因而由正项级数的比较判别法,级数 $\sum\limits_{n=1}^{\infty} \left| \dfrac{(-1)^{n-1}}{n \cdot 3^n} \right|$ 是收敛的,也就是说任意项级数 $\sum\limits_{n=1}^{\infty} \dfrac{(-1)^{n-1}}{n \cdot 3^n}$ 绝对收敛,由定理 3.1,它本身也收敛.

例 3.2 判别级数 $\sum\limits_{n=1}^{\infty} \dfrac{\sin nx}{n^2}$ 的敛散性.

证 由 $\left| \dfrac{\sin nx}{n^2} \right| \leqslant \dfrac{1}{n^2}$ 以及级数 $\sum\limits_{n=1}^{\infty} \dfrac{1}{n^2}$ 收敛,因此对任意的实数 x,正项级数 $\sum\limits_{n=1}^{\infty} \left| \dfrac{\sin nx}{n^2} \right|$ 都收敛.由定理 3.1,对任意的 $x \in \mathbf{R}$,级数 $\sum\limits_{n=1}^{\infty} \dfrac{\sin nx}{n^2}$ 收敛.

> 定理 3.1 要证的是任意项级数收敛,对此你想到哪些"已知"?

> 级数 $\sum\limits_{n=1}^{\infty} \dfrac{\sin nx}{n^2}$ 是数项级数吗?你怎么理解例 3.2 及其解法?

2. 交错级数

定理 3.1 告诉我们,如果级数 $\sum\limits_{n=1}^{\infty} |u_n|$ 收敛,则级数 $\sum\limits_{n=1}^{\infty} u_n$ 一定收敛.由此我们不禁提出一个反问题:假设级数 $\sum\limits_{n=1}^{\infty} |u_n|$ 不收敛,级数 $\sum\limits_{n=1}^{\infty} u_n$ 就一定不收敛吗? 比如,级数 $\sum\limits_{n=1}^{\infty} \left| \dfrac{(-1)^{n-1}}{n} \right| = \sum\limits_{n=1}^{\infty} \dfrac{1}{n}$ 是发散的,即级数 $\sum\limits_{n=1}^{\infty} \dfrac{(-1)^{n-1}}{n}$ 不绝对收敛,那么 $\sum\limits_{n=1}^{\infty} \dfrac{(-1)^{n-1}}{n}$ 就一定不收敛吗? 这是值得探讨的问题. $\sum\limits_{n=1}^{\infty} \dfrac{(-1)^{n-1}}{n}$ 实则是一个"交错级数",下面来讨论交错级数的敛散性问题.

先给出交错级数的定义.

如果 $u_1, u_2, \cdots, u_n, \cdots$ 都是正数,称级数

$$\sum_{n=1}^{\infty} (-1)^{n-1} u_n = u_1 - u_2 + \cdots + (-1)^{n-1} u_n + \cdots$$

或

$$\sum_{n=1}^{\infty} (-1)^{n} u_n = -u_1 + u_2 - \cdots + (-1)^{n} u_n + \cdots$$

为**交错级数**.即,交错级数是各项正负相间的级数.

对这类级数,有下面的莱布尼茨判别法.

定理 3.2(莱布尼茨判别法)　若交错级数 $\sum\limits_{n=1}^{\infty} (-1)^{n-1} u_n = u_1 - u_2 + \cdots + (-1)^{n-1} u_n + \cdots$ **满足**

(1) $u_n \geqslant u_{n+1}$ $(n = 1, 2, \cdots)$;　(2) $\lim\limits_{n \to \infty} u_n = 0$.

那么,交错级数 $\sum\limits_{n=1}^{\infty} (-1)^{n-1} u_n$ 收敛,并且其和 $s \leqslant u_1$,这时余项 r_n 满足

$$|r_n| \leqslant u_{n+1}.$$

> 到目前为止,要证明该交错级数收敛,有哪些"已知"可以利用?

证　利用级数收敛的定义,需要证明其部分和数列 $\{s_n\}$ 收敛.为此,分别证明其偶子列与奇子列都收敛,并收敛到同一个数.

先证由

$$s_{2n} = u_1 - u_2 + u_3 - u_4 + \cdots + u_{2n-1} - u_{2n}$$

> 在数列 $\{s_{2n}\}$ 中,能根据其通项写出 s_{2n} 后边的那一项吗?

组成的 $\{s_n\}$ 的偶子列 $\{s_{2n}\}$ 是收敛的.为此首先证明它是递增的.记

$$s_{2n} = (u_1 - u_2) + (u_3 - u_4) + \cdots + (u_{2n-1} - u_{2n}), \tag{3.1}$$

由条件(1),式(3.1)中的各个括号内都是非负数,因此 $\{s_{2n}\}$ 是单调递增的数列.下面再证 $\{s_{2n}\}$ 有界.由于 $s_{2n} \geqslant 0$,为此只需证明 $\{s_{2n}\}$ 有上界即可.记

$$s_{2n} = u_1 - (u_2 - u_3) - (u_4 - u_5) - \cdots - (u_{2n-2} - u_{2n-1}) - u_{2n}, \tag{3.2}$$

式(3.2)中各括号内及 u_{2n} 都是非负数,因此 $s_{2n} \leqslant u_1$ $(n = 1, 2, \cdots)$.

这就证明了数列 $\{s_{2n}\}$ 是单调递增且有界的,因此它的极限存在,记为 s.

> 得出 $\{s_{2n}\}$ 的极限存在所依据的"已知"为何?

再证 $\{s_n\}$ 的奇子列 $\{s_{2n+1}\}$ 的极限也存在,并且等于 s.

事实上,$s_{2n+1} = s_{2n} + u_{2n+1}$,由条件(2),

$$\lim_{n \to \infty} s_{2n+1} = \lim_{n \to \infty} s_{2n} + \lim_{n \to \infty} u_{2n+1} = s + 0 = s.$$

由此,利用第一章定理 2.6,数列 $\{s_n\}$ 收敛.因此级数 $\sum\limits_{n=1}^{\infty} (-1)^{n-1} u_n$ 收敛,且和为 s.并且由 $s_{2n} \leqslant u_1$ $(n = 1, 2, \cdots)$ 得

$$s = \lim_{n \to \infty} s_{2n} \leqslant u_1. \tag{3.3}$$

显然,该级数第 n 项后的余项 $r_n = (-1)^n (u_{n+1} - u_{n+2} + \cdots)$,因此

$$|r_n| = u_{n+1} - u_{n+2} + \cdots,$$

上式右端是一个交错级数,并满足该定理的两个条件,因此由式(3.3),其和 $|r_n|$ 小于该级数的第一项,即

$$|r_n| \leqslant u_{n+1}.$$

例 3.3 判别级数 $\sum_{n=1}^{\infty} \dfrac{(-1)^{n-1}}{n}$ 的敛散性.

证 级数 $\sum_{n=1}^{\infty} \dfrac{(-1)^{n-1}}{n}$ 是交错级数,并且

$$u_n = \frac{1}{n} > u_{n+1} = \frac{1}{n+1} \quad (n = 1, 2, \cdots)$$

及

$$\lim_{n \to \infty} u_n = \lim_{n \to \infty} \frac{1}{n} = 0,$$

因此它满足定理 3.2 的两个条件,故由定理 3.2,该级数是收敛的.

3. 条件收敛

例 3.3 证明了交错级数 $\sum_{n=1}^{\infty} \dfrac{(-1)^{n-1}}{n}$ 是收敛的,但它不绝对收敛,称这样的收敛级数条件收敛.一般地,有

定义 3.2 若级数 $\sum_{n=1}^{\infty} u_n$ 收敛,而 $\sum_{n=1}^{\infty} |u_n|$ 发散,则称级数 $\sum_{n=1}^{\infty} u_n$ 条件收敛.

例 3.4 证明级数 $\sum_{n=1}^{\infty} \dfrac{(-1)^n}{\sqrt{n^{\frac{3}{2}}+1}}$ 是条件收敛的.

证 由于 $u_n = \dfrac{1}{\sqrt{n^{\frac{3}{2}}+1}} > u_{n+1} = \dfrac{1}{\sqrt{(n+1)^{\frac{3}{2}}+1}}$ 及 $\lim\limits_{n \to \infty} u_n = \lim\limits_{n \to \infty} \dfrac{1}{\sqrt{n^{\frac{3}{2}}+1}} = 0$,故该交错级数是收敛的.但

$$\sum_{n=1}^{\infty} \left| \frac{(-1)^n}{\sqrt{n^{\frac{3}{2}}+1}} \right| = \sum_{n=1}^{\infty} \frac{1}{\sqrt{n^{\frac{3}{2}}+1}},$$

由于

$$\lim_{n \to \infty} \frac{\dfrac{1}{\sqrt{n^{\frac{3}{2}}+1}}}{\dfrac{1}{n^{\frac{3}{4}}}} = 1 > 0,$$

而 $\sum\limits_{n=1}^{\infty}\dfrac{1}{n^{\frac{3}{4}}}$ 是 $p=\dfrac{3}{4}<1$ 的 p 级数,它是发散的.利用第二节定理 2.3,级数

$$\sum_{n=1}^{\infty}\left|\dfrac{(-1)^{n}}{\sqrt{n^{\frac{3}{2}}+1}}\right|=\sum_{n=1}^{\infty}\dfrac{1}{\sqrt{n^{\frac{3}{2}}+1}}$$

发散,所以级数 $\sum\limits_{n=1}^{\infty}\dfrac{(-1)^{n}}{\sqrt{n^{\frac{3}{2}}+1}}$ 是条件收敛的.

定理 3.1 指出,绝对收敛的任意项级数 $\sum\limits_{n=1}^{\infty}u_{n}$ 本身一定收敛.对一个任意项级数来说,如果它不是绝对收敛的$\left(\sum\limits_{n=1}^{\infty}|u_{n}|\right.$ 发散$\left.\right)$,它本身可能收敛(即条件收敛)也可能发散.但是**如果由比值判别法或根值判别法得到** $\sum\limits_{n=1}^{\infty}|u_{n}|$ **发散,那么级数** $\sum\limits_{n=1}^{\infty}u_{n}$ **一定发散**.这是因为,由

$$\lim_{n\to\infty}\left|\dfrac{u_{n+1}}{u_{n}}\right|=\rho>1 \text{ 或 } \lim_{n\to\infty}\sqrt[n]{|u_{n}|}=\rho>1$$

可知 $\lim\limits_{n\to\infty}|u_{n}|\neq 0$,因而 $\lim\limits_{n\to\infty}u_{n}\neq 0$.由级数收敛的必要条件,故级数 $\sum\limits_{n=1}^{\infty}u_{n}$ 发散.

例 3.5　判别 $\sum\limits_{n=1}^{\infty}(-1)^{n+1}\dfrac{3^{n}}{n\cdot 2^{n}}$ 的敛散性.

解　我们来考察 $\sum\limits_{n=1}^{\infty}\left|(-1)^{n+1}\dfrac{3^{n}}{n\cdot 2^{n}}\right|=\sum\limits_{n=1}^{\infty}\dfrac{3^{n}}{n\cdot 2^{n}}$ 的敛散性.由于

$$\lim_{n\to\infty}\dfrac{\dfrac{3^{n+1}}{(n+1)\cdot 2^{n+1}}}{\dfrac{3^{n}}{n\cdot 2^{n}}}=\lim_{n\to\infty}\left(\dfrac{3}{2}\cdot\dfrac{n}{n+1}\right)=\dfrac{3}{2}>1,$$

因此 $\sum\limits_{n=1}^{\infty}\left|(-1)^{n+1}\dfrac{3^{n}}{n\cdot 2^{n}}\right|$ 发散,而该正项级数的发散性是由比值判别法而得到的,所以其一般项 $\lim\limits_{n\to\infty}|u_{n}|\neq 0$,进而 $\lim\limits_{n\to\infty}u_{n}\neq 0$,因此所给交错级数发散.

例 3.6　判别交错级数 $\sum\limits_{n=1}^{\infty}\left(-\dfrac{2}{3}\right)^{n}\left(1+\dfrac{1}{n}\right)^{n^{2}}$ 的敛散性.

解　根据该级数的特点,我们先对其各项都取绝对值后的级数使用根值判别法.

由

$$\lim_{n\to\infty}\sqrt[n]{\left|\left(-\dfrac{2}{3}\right)^{n}\left(1+\dfrac{1}{n}\right)^{n^{2}}\right|}=\lim_{n\to\infty}\sqrt[n]{\left(\dfrac{2}{3}\right)^{n}\left(1+\dfrac{1}{n}\right)^{n^{2}}}=\lim_{n\to\infty}\dfrac{2}{3}\left(1+\dfrac{1}{n}\right)^{n}=\dfrac{2}{3}e>1$$

知,正项级数 $\sum\limits_{n=1}^{\infty}\left(\dfrac{2}{3}\right)^{n}\left(1+\dfrac{1}{n}\right)^{n^2}$ 发散,因此交错级数 $\sum\limits_{n=1}^{\infty}\left(-\dfrac{2}{3}\right)^{n}\left(1+\dfrac{1}{n}\right)^{n^2}$ 发散.

*4. 绝对收敛级数的性质

绝对收敛级数有着非常好的性质.

定理 3.3(可交换性)　若级数 $\sum\limits_{n=1}^{\infty}u_n$ 绝对收敛,则任意交换它的各项的次序后所得的新级数 $\sum\limits_{n=1}^{\infty}u_n^{*}$(称它为级数 $\sum\limits_{n=1}^{\infty}u_n$ 的一个重排)也绝对收敛,并且其和不变.

证　(1) 先在级数

$$u_1+u_2+u_3+\cdots+u_n+\cdots \tag{3.4}$$

为正项级数的前提下,证明定理 3.3 是成立的.

设该正项级数的部分和为 s_n,和为 s.将这个级数重排后所得的新级数为

$$u_1^{*}+u_2^{*}+\cdots+u_n^{*}+\cdots, \tag{3.5}$$

将其部分和记为 s_n^{*}.

关于级数
可交换性
的注记

注意到 $\{s_n^{*}\}$ 是正项级数的部分和数列,因此,它是单调递增的.下面再证它是有界的.

为此,对于任意一个 s_n^{*} 及与其相应的确定的 n,取足够大的正整数 m,使 $u_1^{*},u_2^{*},\cdots,u_n^{*}$ 都出现在

$$s_m=u_1+u_2+\cdots+u_m$$

中,显然 $s_n^{*}\leqslant s_m\leqslant s$.这就是说,单调递增的数列 $\{s_n^{*}\}$ 是有界的,因此它收敛.且

$$\lim_{n\to\infty}s_n^{*}=s^{*}\leqslant s.$$

另一方面,我们也可把级数(3.4)看作是由级数(3.5)重新排列而得到的,因此按照前面的证明,应有

$$s\leqslant s^{*}.$$

因此必有

$$s=s^{*}.$$

(2) 再证该结论对一般的绝对收敛级数也是成立的.

设级数 $\sum\limits_{n=1}^{\infty}|u_n|$ 收敛,则有

$$u_n=(u_n+|u_n|)-|u_n|,$$

利用定理 3.1 的证明

若记 $v_n=(u_n+|u_n|),(n=1,2,\cdots)$,级数 $\sum\limits_{n=1}^{\infty}v_n$ 是收敛的正项级数,故有

$$\sum_{n=1}^{\infty}u_n=\sum_{n=1}^{\infty}(v_n-|u_n|)=\sum_{n=1}^{\infty}v_n-\sum_{n=1}^{\infty}|u_n|. \tag{3.6}$$

再看将它重排后所得级数的敛散性.

若将 $\sum\limits_{n=1}^{\infty} u_n$ 改变项的次序后所得的级数记为 $\sum\limits_{n=1}^{\infty} u_n^*$,这时相应的 $\sum\limits_{n=1}^{\infty} v_n$ 改变为 $\sum\limits_{n=1}^{\infty} v_n^*$,$\sum\limits_{n=1}^{\infty} |u_n|$ 改变为 $\sum\limits_{n=1}^{\infty} |u_n^*|$,由(1)的证明可知

$$\sum_{n=1}^{\infty} v_n = \sum_{n=1}^{\infty} v_n^*, \quad \sum_{n=1}^{\infty} |u_n| = \sum_{n=1}^{\infty} |u_n^*|,$$

所以,利用式(3.6)可以得到

$$\sum_{n=1}^{\infty} u_n^* = \sum_{n=1}^{\infty} v_n^* - \sum_{n=1}^{\infty} |u_n^*| = \sum_{n=1}^{\infty} v_n - \sum_{n=1}^{\infty} |u_n| = \sum_{n=1}^{\infty} u_n.$$

因此 $\sum\limits_{n=1}^{\infty} u_n^*$ 与 $\sum\limits_{n=1}^{\infty} u_n$ 都收敛,并且和也相同.证毕.

在第一节我们讨论了收敛级数的加减及数乘运算,但没涉及级数的乘法运算.有了级数的绝对收敛,就可以对绝对收敛的级数讨论其乘法运算.但是级数的乘法运算不像加减法运算那么简单,首先要解决的是,设有级数 $\sum\limits_{n=1}^{\infty} u_n$ 与 $\sum\limits_{n=1}^{\infty} v_n$,应该怎么定义它们的乘积?通常有两种不同的规定:对角线法与正方形法(参见图11-2):

先做出这两个级数的项的所有可能的乘积 $u_i v_k (i,k=1,2,\cdots)$:

$$u_1 v_1, u_1 v_2, u_1 v_3, \cdots, u_1 v_k, \cdots,$$
$$u_2 v_1, u_2 v_2, u_2 v_3, \cdots, u_2 v_k, \cdots,$$
$$u_3 v_1, u_3 v_2, u_3 v_3, \cdots, u_3 v_k, \cdots,$$
$$\cdots\cdots\cdots\cdots\cdots$$
$$u_i v_1, u_i v_2, u_i v_3, \cdots, u_i v_k, \cdots,$$
$$\cdots\cdots\cdots\cdots$$

通常将这些乘积按下面两种不同的方式排列成不同的数列,分别称对角线法与正方形法.

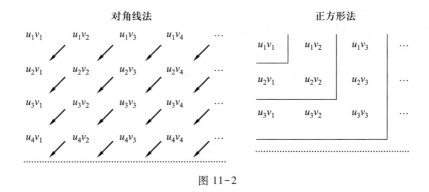

图 11-2

对角线法:$u_1 v_1; u_1 v_2, u_2 v_1; \cdots; u_1 v_n, u_2 v_{n-1}, \cdots, u_n v_1; \cdots,$

正方形法:$u_1 v_1; u_1 v_2, u_2 v_2, u_2 v_1; \cdots; u_1 v_n, u_2 v_n, \cdots, u_n v_n, u_n v_{n-1}, \cdots, u_n v_1; \cdots.$

把上面所得到的数列不改变其顺序而用加号把它们连接起来(注意将两个分号所隔开的那一部分项作为一组,放在一个括号内),所组成的无穷级数就称为这两个级数 $\sum_{n=1}^{\infty} u_n$ 与 $\sum_{n=1}^{\infty} v_n$ 的乘积.比如,按对角线法得到

$$u_1v_1+(u_1v_2+u_2v_1)+\cdots+(u_1v_n+u_2v_{n-1}+\cdots+u_nv_1)+\cdots,$$

按正方形法得到

$$u_1v_1+(u_1v_2+u_2v_2+u_2v_1)+\cdots+(u_1v_n+u_2v_n+\cdots+u_nv_n+u_nv_{n-1}+\cdots+u_nv_1)+\cdots.$$

称按对角线法排列所得到的级数为这两个级数的**柯西乘积**.

定理 3.4 若级数 $\sum_{n=1}^{\infty} u_n$ 与 $\sum_{n=1}^{\infty} v_n$ 都绝对收敛,其和分别为 s 和 σ,则这两个级数的柯西乘积

$$u_1v_1+(u_1v_2+u_2v_1)+\cdots+(u_1v_n+u_2v_{n-1}+\cdots+u_nv_1)+\cdots \tag{3.7}$$

也绝对收敛,并且其和为 $s\sigma$.

> 分析一下,两级数的柯西乘积的每一项(每个括号)有何特点?

证 注意到级数(3.7)是由一些项组合在一起,利用收敛级数的基本性质1.4(第一节性质1.4).如果去掉级数(3.7)各项的括号所得级数收敛,那么级数(3.7)就一定收敛.为此,先考察由级数(3.7)去掉括号所得到的级数

$$u_1v_1+u_1v_2+u_2v_1+\cdots+u_nv_n+\cdots. \tag{3.8}$$

我们来证明级数(3.8)绝对收敛,并且其和为 $s\sigma$.

设 w_n 为级数(3.8)的前 m 项分别取绝对值后的和,又设 $\sum_{n=1}^{\infty}|u_n|=A$,$\sum_{n=1}^{\infty}|v_n|=B$,显然有

$$w_n \leqslant \sum_{n=1}^{\infty}|u_n| \cdot \sum_{n=1}^{\infty}|v_n| \leqslant AB.$$

即单调递增的数列 $\{w_n\}$ 有上界 AB,因而级数(3.8)绝对收敛.

再证级数(3.8)的和为 $s\sigma$.

把级数(3.8)的各项的位置重新排列并加上括号使它成为按"正方形法"排列所得的级数

$$u_1v_1+(u_1v_2+u_2v_1+u_2v_2)+\cdots+(u_1v_n+u_2v_n+\cdots+u_nv_n+u_nv_{n-1}+\cdots+u_nv_1)+\cdots \tag{3.9}$$

由定理3.3及性质1.4,级数(3.8)及级数(3.9)的和是相同的.并且易知,级数(3.9)的前 n 项和

$$T_n = \left(\sum_{k=1}^{n} u_k\right) \cdot \left(\sum_{k=1}^{n} v_k\right) = s_n\sigma_n,$$

其中,s_n,σ_n 分别为 $\sum_{n=1}^{\infty} u_n$ 与 $\sum_{n=1}^{\infty} v_n$ 的前 n 项和.因此

$$w = \lim_{n\to\infty} T_n = \lim_{n\to\infty} s_n\sigma_n = s\sigma.$$

证毕.

习题 11-3(A)

1. 判断下列论述是否正确,并说明理由:

(1) 对任意项级数 $\sum\limits_{n=1}^{\infty} u_n$,判别其绝对收敛时只需判别 $\sum\limits_{n=1}^{\infty} |u_n|$ 收敛,判别其条件收敛时只需用莱布尼茨判别法判定 $\sum\limits_{n=1}^{\infty} u_n$ 收敛;

(2) 对于交错级数,如果满足莱布尼茨条件:从某项 n 以后 $u_{n+1} \leq u_n$,$\lim\limits_{n \to \infty} u_n = 0$,则级数一定收敛,如果不满足莱布尼茨条件,则级数一定发散;

(3) 对任意项级数 $\sum\limits_{n=1}^{\infty} u_n$,若级数 $\sum\limits_{n=1}^{\infty} |u_n|$ 发散,则级数 $\sum\limits_{n=1}^{\infty} u_n$ 一定发散;

(4) 对任意项级数 $\sum\limits_{n=1}^{\infty} u_n$,若由比值判别法得到 $\sum\limits_{n=1}^{\infty} |u_n|$ 发散,那么级数 $\sum\limits_{n=1}^{\infty} u_n$ 一定发散.

2. 判别下列级数的敛散性,在收敛时,说明是绝对收敛,还是条件收敛:

(1) $\dfrac{1}{\ln 2} - \dfrac{1}{\ln 3} + \dfrac{1}{\ln 4} - \dfrac{1}{\ln 5} + \cdots$;

(2) $\dfrac{1}{\pi^2}\sin\dfrac{\pi}{2} - \dfrac{1}{\pi^3}\sin\dfrac{\pi}{3} + \dfrac{1}{\pi^4}\sin\dfrac{\pi}{4} - \cdots$;

(3) $\sum\limits_{n=1}^{\infty} \dfrac{(-1)^{n-1} n}{n+1}$;

(4) $\sum\limits_{n=1}^{\infty} \dfrac{(-1)^{n-1} n}{3^{n-1}}$;

(5) $\sum\limits_{n=1}^{\infty} \dfrac{\cos n}{\sqrt{n^3}}$;

(6) $\sum\limits_{n=1}^{\infty} \dfrac{(-1)^n}{\sqrt{n^2+1}}$.

习题 11-3(B)

1. 若级数 $\sum\limits_{n=1}^{\infty} a_n$ 收敛,且 $\lim\limits_{n\to\infty} \dfrac{a_n}{b_n} = 1$,能否断定 $\sum\limits_{n=1}^{\infty} b_n$ 也收敛?

2. 判别下列级数的敛散性,在收敛时,说明是绝对收敛,还是条件收敛:

(1) $\sum\limits_{n=1}^{\infty} (-1)^n (\sqrt{n+1} - \sqrt{n})$;

(2) $\sum\limits_{n=1}^{\infty} \dfrac{(-1)^{n-1}}{n - \ln n}$;

(3) $\sum\limits_{n=1}^{\infty} \dfrac{(-1)^{n-1} n}{n^2+1}$;

(4) $\sum\limits_{n=1}^{\infty} (-1)^{n-1} \ln\left(1 + \dfrac{1}{n^p}\right)$ (p 为常数).

3. 设正项数列 $\{u_n\}$ 单调减少,且级数 $\sum\limits_{n=1}^{\infty} (-1)^n u_n$ 发散,证明级数 $\sum\limits_{n=1}^{\infty} \left(\dfrac{1}{1+u_n}\right)^n$ 收敛.

第四节 函数项级数与幂级数

有了对数项级数的讨论,下面就可以用它作"已知"来研究本章开始所提出的问题:"如果 $f(x)$ 在点 x_0 的某邻域内有无穷多阶导数,$f(x)$ 是否就能表示为无穷多个幂函数相加?".

回答这个问题,首先要研究函数项级数.它不论在理论上还是应用上都有着重要的意义.

在以下的几节,我们将讨论与函数项级数有关的问题以及如何把一个函数表示成函数项级数.本节首先给出函数项级数的概念,并且着重讨论一类形式最简单、应用最为广泛的函数项级数——**幂级数**.

1. 函数项级数的概念

给定一个在点集 I 上有定义的函数序列 $\{u_n(x)\}$,称表达式

$$\sum_{n=1}^{\infty} u_n(x) = u_1(x) + u_2(x) + \cdots + u_n(x) + \cdots \tag{4.1}$$

为定义在点集 I 上的**函数项级数**,$u_n(x)$ 称为该级数的**通项**或**一般项**.

像研究数项级数那样,判别函数项级数的敛散性是研究函数项级数的重要问题.下面来讨论与函数项级数敛散性有关的问题.

根据函数项级数的定义我们发现,第三节的例 3.2 所讨论的级数 $\sum_{n=1}^{\infty} \dfrac{\sin nx}{n^2}$ 就是定义在 $(-\infty, +\infty)$ 上的函数项级数.在那里判定它收敛时,实际是把任意的 $x \in (-\infty, +\infty)$ 看作一个具体的数,从而将这个函数项级数看作数项级数,用数项级数敛散性的判别法来研究它的敛散性.根据"由特殊到一般"的思想,将这个具体问题一般化就给研究函数项级数的敛散性提供了思路——利用数项级数作"已知"来研究一般函数项级数的敛散性.

给定一确定的 $x_0 \in I$,函数项级数(4.1)就成为数项级数

$$\sum_{n=1}^{\infty} u_n(x_0) = u_1(x_0) + u_2(x_0) + \cdots + u_n(x_0) + \cdots \tag{4.2}$$

若数项级数(4.2)收敛,则称函数项级数(4.1)在点 x_0 收敛,称点 x_0 为级数(4.1)的收敛点;如果级数(4.2)发散,则称级数(4.1)在点 x_0 发散,点 x_0 为级数(4.1)的发散点.级数(4.1)收敛点的全体组成它的**收敛域**,发散点的全体组成它的**发散域**.

例 4.1 写出函数项级数 $\sum_{n=0}^{\infty} x^n$ 的收敛域与发散域.

> 理解级数(4.2)与级数(4.1)的关系吗?确定函数项级数的收敛点或发散点需要用什么作"已知"?

解 对于任意确定的实数 x,数项级数 $\sum_{n=0}^{\infty} x^n$ 都是一个以 x 为公比的几何级数.由第一节例 1.1,对于任意的实数 x,当 $|x| < 1$ 时级数 $\sum_{n=0}^{\infty} x^n$ 收敛;当 $|x| \geqslant 1$ 时该级数发散.

因此,函数项级数 $\sum_{n=0}^{\infty} x^n$ 的收敛域为 $\{x \mid -1 < x < 1\}$,发散域为 $\{x \mid x \leqslant -1\} \cup \{x \mid x \geqslant 1\}$.

设 X 是级数(4.1)的收敛域,x 为 X 中的任意一点,那么级数

$$\sum_{n=1}^{\infty} u_n(x) = u_1(x) + u_2(x) + \cdots + u_n(x) + \cdots \quad x \in X \tag{4.3}$$

是收敛的数项级数,它有一确定的和,并且对于任意的 $x \in X$ 都唯一对应一个和.显然这个和与取定的点 x 有关,这就是说函数项级数的和是定义在收敛域 X 上的函数,称为级数(4.3)的和函数,记作 $s(x)$.即有

$$s(x) = \sum_{n=1}^{\infty} u_n(x) = u_1(x) + u_2(x) + \cdots + u_n(x) + \cdots, x \in X. \tag{4.4}$$

类似于数项级数,称 $s_n(x) = \sum_{k=1}^{n} u_k(x)$ 为级数(4.4)的**前 n 项和**或**部分和**.若级数(4.4)收敛于 $s(x)$,则称

$$r_n(x) = s(x) - s_n(x) = \sum_{k=n+1}^{\infty} u_k(x), \quad x \in X$$

为该函数项级数的**余项**.显然,级数(4.4)在 X 上处处收敛于 $s(x)$ 的充要条件为

$$\lim_{n \to \infty} r_n(x) = 0 \text{ 或 } \lim_{n \to \infty} s_n(x) = s(x), \quad x \in X.$$

下面我们利用 $s(x) = \lim_{n\to\infty} s_n(x)$ 求出幂级数 $\sum_{n=0}^{\infty} x^n$ 的和函数.它是公比为 x 的等比级数,当 $x \neq 1$ 时,其部分和为

$$s_n(x) = 1 + x + x^2 + \cdots + x^{n-1} = \frac{1-x^n}{1-x}.$$

因此,当 $|x| < 1$ 时,

$$s(x) = \lim_{n \to \infty} s_n(x) = \lim_{n \to \infty} \frac{1-x^n}{1-x} = \frac{1}{1-x},$$

即

$$1 + x + x^2 + \cdots + x^{n-1} + \cdots = \frac{1}{1-x}, \quad |x| < 1.$$

> 看出这个幂级数的和函数的特点了吗?

这个结果是非常重要的,后面将会看到,利用它及幂级数的有关性质作"已知",可以求某些幂级数的和函数.

2. 幂级数及其收敛域

在函数项级数中,形式最简单的是幂级数,而且幂级数在理论与实际中都有着十分重要的应用.

定义 4.1 形如

$$\sum_{n=0}^{\infty} a_n(x-x_0)^n = a_0 + a_1(x-x_0) + a_2(x-x_0)^2 + \cdots + a_n(x-x_0)^n + \cdots \tag{4.5}$$

的级数称为**幂级数**;其中的常数 $a_0, a_1, \cdots, a_n, \cdots$ 称为该幂级数的**系数**.

在幂级数(4.5)中如果令 $x_0 = 0$,幂级数(4.5)即成为

$$\sum_{n=0}^{\infty} a_n x^n = a_0 + a_1 x + a_2 x^2 + \cdots + a_n x^n + \cdots, \tag{4.6}$$

实际上对任意一个形如(4.5)的幂级数,只要令 $t = x - x_0$ 作代换就可以变成级数(4.6)的形式,因此下面主要讨论形如(4.6)的幂级数.

由于幂级数形式的特殊性,因此它有着非常好的性质.下面首先研究幂级数的收敛域.

易知,对任意形如(4.6)的幂级数,$x = 0$ 都是其收敛点.为了讨论它在数轴的其他点处的敛散性,遵循"由特殊到一般"的思想,我们再来分析例 4.1.我们看到,其他非零点中既有 $\sum_{n=0}^{\infty} x^n$ 的收

敛点也有它的发散点.但收敛点与发散点的排列并不是杂乱无章的,而有其规律性——收敛域是一个以原点为中心的区间$(-1,1)$.这是一个非常令人兴奋的结果,我们不禁要问:对于任意一个幂级数是否也有类似的特点?

为了一般性地讨论这个问题,先引进阿贝尔定理.

定理 4.1(**阿贝尔定理**)　如果幂级数 $\sum\limits_{n=0}^{\infty} a_n x^n$

(1) 在点 $x_1(x_1 \neq 0)$ 处收敛,那么它在所有满足 $|x| < |x_1|$ 的点 x 处皆绝对收敛;

(2) 在点 x_2 处发散,那么它在所有满足 $|x| > |x_2|$ 的点 x 处皆发散.

证　(1) 由定理的条件,数项级数 $\sum\limits_{n=0}^{\infty} a_n x_1^n$ 是收敛的,由级数收敛的必要条件,有 $\lim\limits_{n \to \infty} a_n x_1^n = 0$,于是,存在常数 $M > 0$,使得对任意的 $n = 0, 1, 2, \cdots$,恒有

$$|a_n x_1^n| \leqslant M.$$

因此,对任意满足 $|x| < |x_1|$ 的点 x,有

$$\left| a_n x^n \right| = \left| a_n x_1^n \cdot \frac{x^n}{x_1^n} \right| = \left| a_n x_1^n \right| \left| \frac{x}{x_1} \right|^n \leqslant M \left| \frac{x}{x_1} \right|^n,$$

上式右端是等比级数 $\sum\limits_{n=0}^{\infty} M \left| \dfrac{x}{x_1} \right|^n$ 的通项,由 $|x| < |x_1|$ 知其公比小于 1,因此它是收敛的. 由正项级数的比较判别法知,当 $|x| < |x_1|$ 时,级数 $\sum\limits_{n=0}^{\infty} |a_n x^n|$ 收敛,即幂级数 $\sum\limits_{n=0}^{\infty} a_n x^n$ 在满足 $|x| < |x_1|$ 的任意点 x 处绝对收敛.

(2) 如若不然,存在点 x_3,满足 $|x_3| > |x_2|$,但 $\sum\limits_{n=0}^{\infty} a_n x^n$ 在点 x_3 处收敛,于是由(1)的结论,该级数在 x_2 处绝对收敛,这与 x_2 是其发散点矛盾,因此假设不真.这就是说,幂级数 $\sum\limits_{n=0}^{\infty} a_n x^n$ 在所有满足 $|x| > |x_2|$ 的 x 处皆发散.

> 定理 4.1 是研究幂级数的收敛域的"理论"准备,其证明主要借助了什么作"已知"?

定理证毕.

通过定理 4.1 我们看到,如果幂级数 $\sum\limits_{n=0}^{\infty} a_n x^n$ 在 $x_1(x_1 \neq 0)$ 处收敛,那么它在开区间 $(-|x_1|, |x_1|)$ 内的每一点处绝对收敛,因而收敛;如果它在 $x_2(\neq 0)$ 处发散,那么它在区间 $[-|x_2|, |x_2|]$ 之外或说在区间 $(-\infty, -|x_2|)$ 与 $(|x_2|, +\infty)$ 的所有点处皆发散(图 11-3).

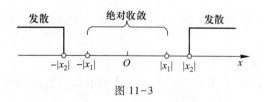

图 11-3

> 若级数在 x_1 收敛,在 x_2 发散,能断定它在闭区间 $[-|x_1|, |x_1|]$ 处处收敛,在开区间 $(-|x_2|, |x_2|)$ 外发散吗?

阿贝尔定理告诉我们,若 $\sum_{n=0}^{\infty} a_n x^n$ 在数轴上除 $x=0$ 外既有收敛点,同时也有发散点,那么,收敛点要比发散点离原点的距离近.设想,当我们从原点出发,沿数轴正负两方向行走时,起初只遇到收敛点,后来遇到的将全部是发散点.在原点的两侧,收敛点与发散点都必有分界点,这两个分界点

(1) 位居原点两侧,由定理 4.1 可以证明,它们到原点的距离相等,把这个距离记作 R;

(2) 在分界点 $x=\pm R$ 处级数可能收敛,也可能发散,而且在这两点处,级数可能有不同的敛散性.

> 能证明(1)中的两分界点"到原点的距离相等"吗?能举例说明(2)的正确性吗?

把上面的讨论综合起来,就有

如果幂级数 $\sum_{n=0}^{\infty} a_n x^n$ 不是仅在 $x=0$ 点收敛,也不是在整个数轴上都收敛,那么必有一个确定的正数 R 存在,使得

当 $|x|<R$ 时,该级数绝对收敛;

当 $|x|>R$ 时,该级数发散;

当 $|x|=R$ 时,级数可能收敛,也可能发散.

称这样的 R 为幂级数 $\sum_{n=0}^{\infty} a_n x^n$ 的**收敛半径**,开区间 $(-R,R)$ 称为该级数的**收敛区间**.

> 幂级数的收敛区间与收敛域是同一回事吗?有了收敛半径,易得收敛区间吗?有了收敛区间,如何求其收敛域?

由例 4.1,幂级数 $\sum_{n=0}^{\infty} x^n$ 的收敛区间与收敛域都是 $(-1,1)$,发散域为 $(-\infty,-1]\cup[1,+\infty)$,收敛半径为 $R=1$.

不难验证,幂级数 $\sum_{n=0}^{\infty} \dfrac{x^n}{n!}$ 在数轴上的每一个点处皆收敛;级数 $\sum_{n=0}^{\infty} n! x^n$(规定 $0!=1$)除在点 $x=0$ 处收敛外,在其他点处皆发散;级数 $\sum_{n=1}^{\infty} \dfrac{x^n}{n}$ 在 $x=1$ 发散,在 $x=-1$ 收敛.

为讨论方便起见,如果幂级数在整个数轴上点点收敛,规定它的收敛半径为 $R=+\infty$,如果它仅在点 $x=0$ 收敛,规定它的收敛半径为 $R=0$.

> 由此,您能想到 $\sum_{n=1}^{\infty} (x^n/n)$ 的收敛半径是多少吗?

收敛半径、收敛区间以及收敛域是幂级数的基本的概念,其中收敛半径是其关键.下边给出求幂级数收敛半径的一个方法.

定理 4.2 设有幂级数 $\sum_{n=0}^{\infty} a_n x^n$,若 $a_n \neq 0$ $(n=0,1,2,\cdots)$,并且 $\lim\limits_{n\to\infty}\left|\dfrac{a_{n+1}}{a_n}\right|=L$ $(L\geqslant 0$ 或 $L=+\infty)$,那么该幂级数的收敛半径

$$R=\begin{cases} \dfrac{1}{L}, & 0<L<+\infty, \\ +\infty, & L=0, \\ 0, & L=+\infty. \end{cases}$$

证 任取 $x\neq 0$,令 $u_n=a_n x^n$,则

关于定理 4.2
的注记

$$\lim_{n\to\infty}\left|\frac{u_{n+1}}{u_n}\right|=\lim_{n\to\infty}\left|\frac{a_{n+1}x^{n+1}}{a_nx^n}\right|=|x|\lim_{n\to\infty}\left|\frac{a_{n+1}}{a_n}\right|.$$

这里引入 u_n 的目的是什么? 下面的证明是对什么级数来讨论的,应该用什么作"已知"?

（1）设 $0<L<+\infty$,那么

$$\lim_{n\to\infty}\left|\frac{u_{n+1}}{u_n}\right|=|x|\lim_{n\to\infty}\left|\frac{a_{n+1}}{a_n}\right|=|x|L,$$

当 $|x|<\dfrac{1}{L}$ 时, $|x|L<1$,由正项级数的比值判别法,级数 $\sum\limits_{n=0}^{\infty}u_n=\sum\limits_{n=0}^{\infty}a_nx^n$ 绝对收敛;当 $|x|>\dfrac{1}{L}$ 时, $|x|L>1$,因此 $\sum\limits_{n=0}^{\infty}|u_n|=\sum\limits_{n=0}^{\infty}|a_nx^n|$ 发散,而且该正项级数的发散性是利用比值判别法得到的,因此当 $|x|>\dfrac{1}{L}$ 时,级数 $\sum\limits_{n=0}^{\infty}a_nx^n$ 发散.故有 $R=\dfrac{1}{L}$.

（2）当 $L=0$ 时,对任意的 $x\neq0$,

$$\lim_{n\to\infty}\left|\frac{u_{n+1}}{u_n}\right|=|x|\lim_{n\to\infty}\left|\frac{a_{n+1}}{a_n}\right|=|x|\cdot0=0,$$

因此,级数 $\sum\limits_{n=0}^{\infty}|u_n|=\sum\limits_{n=0}^{\infty}|a_nx^n|$ 收敛,级数 $\sum\limits_{n=0}^{\infty}a_nx^n$ 绝对收敛,故有 $R=+\infty$.

（3）当 $L=+\infty$ 时,对任意的 $x\in(-\infty,+\infty)$ 且 $x\neq0$,都有

$$\lim_{n\to\infty}\left|\frac{u_{n+1}}{u_n}\right|=|x|\lim_{n\to\infty}\left|\frac{a_{n+1}}{a_n}\right|=+\infty,$$

因此,除 $x=0$ 外 $\sum\limits_{n=0}^{\infty}|u_n|=\sum\limits_{n=0}^{\infty}|a_nx^n|$ 处处发散,且其发散性是由比值判别法得到的,从而级数 $\sum\limits_{n=0}^{\infty}a_nx^n$ 在 $(-\infty,+\infty)$ 内除 $x=0$ 外处处发散,故 $R=0$.

也可以用下面的办法求收敛半径.

设有幂级数 $\sum\limits_{n=0}^{\infty}a_nx^n$,若 $\lim\limits_{n\to\infty}\sqrt[n]{|a_n|}=L(L\geqslant0,$ 或 $L=+\infty)$,则该幂级数的收敛半径

$$R=\begin{cases}\dfrac{1}{L}, & 0<L<+\infty, \\[2mm] +\infty, & L=0, \\[2mm] 0, & L=+\infty.\end{cases}$$

证明略去.

例 4.2　求幂级数（1） $\sum\limits_{1}^{\infty}\dfrac{(-1)^{n-1}}{n}x^n$;（2） $\sum\limits_{n=1}^{\infty}2^nx^n$ 的收敛半径、收敛区间及收敛域.

解　（1）由于

$$\lim_{n\to\infty}\left|\frac{a_{n+1}}{a_n}\right|=\lim_{n\to\infty}\left|\frac{\dfrac{(-1)^n}{n+1}}{\dfrac{(-1)^{n-1}}{n}}\right|=\lim_{n\to\infty}\frac{n}{n+1}=1,$$

因此,该级数的收敛半径为 $R=1$,收敛区间为 $(-1,1)$.

当 $x=1$ 时,级数为 $\displaystyle\sum_{n=1}^{\infty}\frac{(-1)^{n-1}}{n}$,它是满足莱布尼茨定理条件的交错级数,因此它收敛,故在

$x=1$ 时,$\displaystyle\sum_{n=1}^{\infty}\frac{(-1)^{n-1}}{n}x^n$ 收敛.

当 $x=-1$ 时,级数为

$$\sum_{n=1}^{\infty}\frac{(-1)^{n-1}}{n}(-1)^n=\sum_{n=1}^{\infty}\frac{(-1)^{2n-1}}{n}=-\sum_{n=1}^{\infty}\frac{1}{n},$$

它是由调和级数各项都乘 -1 得到的,因此它是发散的.

于是,幂级数 $\displaystyle\sum_{n=1}^{\infty}\frac{(-1)^{n-1}}{n}x^n$ 的收敛域为 $(-1,1]$.

（2）由于 $\displaystyle\lim_{n\to\infty}\sqrt[n]{2^n}=2$,因此,该级数的收敛半径 $R=\dfrac{1}{2}$,收敛

区间为 $\left(-\dfrac{1}{2},\dfrac{1}{2}\right)$.

由于当 $x=-\dfrac{1}{2}$ 时,级数为 $\displaystyle\sum_{n=1}^{\infty}(-1)^n$,它是发散的;当 $x=\dfrac{1}{2}$ 时,级数为 $\displaystyle\sum_{n=1}^{\infty}1^n$,它也是发散的,

因此它的收敛域为 $\left(-\dfrac{1}{2},\dfrac{1}{2}\right)$.

> 从例 4.2 来看,求幂级数的收敛区间需要分几步？求收敛域呢？

例 4.3　求幂级数 $\displaystyle\sum_{n=1}^{\infty}\frac{(-1)^{n-1}}{2^n}(x-1)^n$ 的收敛域.

解　令 $t=x-1$,上述级数为

$$\sum_{n=1}^{\infty}\frac{(-1)^{n-1}}{2^n}t^n.$$

由于

$$\lim_{n\to\infty}\left|\frac{a_{n+1}}{a_n}\right|=\lim_{n\to\infty}\left|\frac{\dfrac{(-1)^n}{2^{n+1}}}{\dfrac{(-1)^{n-1}}{2^n}}\right|=\frac{1}{2},$$

因此该级数的收敛半径 $R=2$,收敛区间为 $(-2,2)$.

当 $t=2$ 时,级数成为 $\displaystyle\sum_{n=1}^{\infty}(-1)^{n-1}$,它是发散的;当 $t=-2$ 时,级数成为

$$\sum_{n=1}^{\infty}(-1)^{n-1}\cdot(-1)^n=\sum_{n=1}^{\infty}(-1)^{2n-1}=\sum_{n=1}^{\infty}(-1),$$

它也是发散的,因此幂级数 $\displaystyle\sum_{n=1}^{\infty}\frac{(-1)^{n-1}}{2^n}t^n$ 的收敛域为 $-2<t<2$.再用 $t=x-1$ 作代换换回原来的变

量得 $-2<x-1<2$,因此,原级数的收敛域为 $(-1,3)$.

例 4.4　求下列幂级数的收敛半径与收敛区间.

（1）$\displaystyle\sum_{n=1}^{\infty}\frac{(-1)^{n-1}}{n2^n}x^{2n-1}$;　　　　（2）$\displaystyle\sum_{n=1}^{\infty}\frac{(-1)^{n-1}}{n2^n}x^{2n}$.

> 还记得函数项级数的收敛点的定义是借助什么得出的吗?

解 （1）该级数不含有偶次项,或说偶次项的系数皆为零.因此不能直接利用定理 4.2 来求其收敛半径.注意到函数项级数收敛点的定义,为此仍然采用证明定理 4.2 所用的方法——利用数项级数收敛的判别法作"已知"——求使该级数收敛的所有 x 的值.

令 $u_n = \dfrac{(-1)^{n-1} x^{2n-1}}{n2^n}$,那么

$$\lim_{n \to \infty} \frac{|u_{n+1}|}{|u_n|} = \lim_{n \to \infty} \left| \frac{\dfrac{(-1)^n}{(n+1)2^{n+1}} x^{2n+1}}{\dfrac{(-1)^{n-1}}{n2^n} x^{2n-1}} \right| = \lim_{n \to \infty} \frac{1}{2} \frac{n}{n+1} |x^2| = \frac{1}{2} |x|^2.$$

当 $\dfrac{1}{2} |x|^2 < 1$ 或 $|x| < \sqrt{2}$ 时级数 $\displaystyle\sum_{n=1}^{\infty} \left| \dfrac{(-1)^{n-1}}{n2^n} x^{2n-1} \right|$ 收敛,因而这时原级数 $\displaystyle\sum_{n=1}^{\infty} \dfrac{(-1)^{n-1}}{n2^n} x^{2n-1}$

收敛;当 $\dfrac{1}{2} |x|^2 > 1$ 也即 $|x| > \sqrt{2}$ 时级数 $\displaystyle\sum_{n=1}^{\infty} \left| \dfrac{(-1)^{n-1}}{n2^n} x^{2n-1} \right|$ 发散,这时原级数 $\displaystyle\sum_{n=1}^{\infty} \dfrac{(-1)^{n-1}}{n2^n} x^{2n-1}$

也发散.因此幂级数 $\displaystyle\sum_{n=1}^{\infty} \dfrac{(-1)^{n-1}}{n2^n} x^{2n}$ 的收敛半径 $R = \sqrt{2}$,收敛区间为 $(-\sqrt{2}, \sqrt{2})$.

（2）注意到该级数只含偶次幂,为此,令 $t = x^2$,原级数则成为 $\displaystyle\sum_{n=1}^{\infty} \dfrac{(-1)^{n-1}}{n2^n} t^n$.下面对一般幂级数 $\displaystyle\sum_{n=1}^{\infty} \dfrac{(-1)^{n-1}}{n2^n} t^n$ 进行讨论.由于

$$L = \lim_{n \to \infty} \frac{|a_{n+1}|}{|a_n|} = \lim_{n \to \infty} \left| \frac{\dfrac{(-1)^n}{(n+1)2^{n+1}}}{\dfrac{(-1)^{n-1}}{n \cdot 2^n}} \right| = \frac{1}{2},$$

由定理 4.2 级数 $\displaystyle\sum_{n=1}^{\infty} \dfrac{(-1)^{n-1}}{n2^n} t^n$ 的收敛半径为 $R = 2$.

相对于级数 $\displaystyle\sum_{n=1}^{\infty} \dfrac{(-1)^{n-1}}{n2^n} x^{2n}$ 来说,当 $|x^2| = |x|^2 < 2$ 或 $|x| < \sqrt{2}$ 时该级数收敛,当 $|x| > \sqrt{2}$ 时该级数发散,因此它的收敛半径为 $R = \sqrt{2}$,收敛区间为 $(-\sqrt{2}, \sqrt{2})$.

> 这里引入新变量 t 的目的是什么? 能用这种方法解（1）吗? 能用解（1）的方法来解（2）吗?

> 例 4.4 的（1）与（2）的解法分别利用什么作"已知"? 由此来看,当一个幂级数缺少无穷多项时应怎么找其收敛半径? 由例 4.2—例 4.4,你有哪些收获?

3. 幂级数的算术运算性质与和函数的分析性质

3.1 算术运算性质

设有幂级数 $\displaystyle\sum_{n=0}^{\infty} a_n x^n$ 与 $\displaystyle\sum_{n=0}^{\infty} b_n x^n$,其收敛半径分别为 R_1 与 R_2,且它们都不为零,记 R 为 R_1 与 R_2 中较小的一个,则这两个级数可以按照如下的规则进行加减与乘法运算:

（1） $\displaystyle\sum_{n=0}^{\infty} a_n x^n \pm \sum_{n=0}^{\infty} b_n x^n = \sum_{n=0}^{\infty} (a_n \pm b_n) x^n, x \in (-R, R)$.

（2）$\left(\sum\limits_{n=0}^{\infty}a_nx^n\right)\cdot\left(\sum\limits_{n=0}^{\infty}b_nx^n\right)=\sum\limits_{n=0}^{\infty}c_nx^n,x\in(-R,R)$，其中 $c_n=a_0b_n+a_1b_{n-1}+\cdots+a_nb_0$.

（3）若将两级数 $\sum\limits_{n=0}^{\infty}a_nx^n$ 与 $\sum\limits_{n=0}^{\infty}b_nx^n$ 做除法，设商为 $c_0+c_1x+\cdots+c_nx^n+\cdots$，即有

$$\frac{a_0+a_1x+a_2x^2+\cdots+a_nx^n+\cdots}{b_0+b_1x+b_2x^2+\cdots+b_nx^n+\cdots}=c_0+c_1x+c_2x^2+\cdots+c_nx^n+\cdots.$$

根据（2）对两级数相乘的规定，将 $c_0+c_1x+\cdots+c_nx^n+\cdots$ 与 $b_0+b_1x+\cdots+b_nx^n+\cdots$ 相乘，将所得的积与 $a_0+a_1x+\cdots+a_nx^n+\cdots$ 的同次幂相比较，得

$$a_0=b_0c_0,$$
$$a_1=b_1c_0+b_0c_1,$$
$$a_2=b_2c_0+b_1c_1+b_0c_2,$$
$$\cdots\cdots\cdots\cdots$$

关于两幂
级数相除
的注记

解这些方程就可顺次求出 $c_0,c_1,\cdots,c_n,\cdots$

3.2　幂级数的和函数的连续性、可积性与可微性

由幂函数的连续性、可微性及在任意闭区间上的可积性，可知幂级数的部分和

$$s_{n+1}(x)=a_0+a_1x+a_2x^2+\cdots+a_nx^n$$

也是连续的、可导的并且在任意闭区间上也是可积的，同时可以分别逐项求极限、导数或积分.比如

$$s'_{n+1}(x)=(a_0)'+(a_1x)'+(a_2x^2)'+\cdots+(a_nx^n)'=a_1+2a_2x+\cdots+na_nx^{n-1},$$

$$\int_0^x s_{n+1}(x)\,\mathrm{d}x=\int_0^x a_0\,\mathrm{d}x+\int_0^x a_1x\,\mathrm{d}x+\int_0^x a_2x^2\,\mathrm{d}x+\cdots+\int_0^x a_nx^n\,\mathrm{d}x$$

$$=a_0x+\frac{a_1}{2}x^2+\cdots+\frac{a_n}{n+1}x^{n+1}.$$

我们不禁要问，在幂级数的收敛域内，上述对有限项和的分析性质能否推广到无穷级数？下面的几个结论回答了这个问题.

设幂级数的收敛半径 $R\neq0$，则有

性质 1　幂级数 $\sum\limits_{n=0}^{\infty}a_nx^n$ 的和函数 $s(x)$ 在其收敛域上连续.

性质 2　幂级数 $\sum\limits_{n=0}^{\infty}a_nx^n$ 的和函数 $s(x)$ 在其收敛域上的任意有限闭子区间 I 上可积，且有下述逐项积分公式

$$\int_0^x s(t)\,\mathrm{d}t=\int_0^x\sum_{n=0}^{\infty}a_nt^n\,\mathrm{d}t=\sum_{n=0}^{\infty}\int_0^x a_nt^n\,\mathrm{d}t=\sum_{n=0}^{\infty}\frac{a_n}{n+1}x^{n+1},\quad x\in I. \tag{4.7}$$

成立，并且逐项积分后所得到的幂级数与原幂级数有相同的收敛半径.

性质 3　幂级数 $\sum\limits_{n=0}^{\infty}a_nx^n$ 的和函数 $s(x)$ 在其收敛区间 $(-R,R)$ 内可导，且有下面的逐项求导公式

$$s'(x) = \Big(\sum_{n=0}^{\infty} a_n x^n \Big)'$$
$$= (a_0)' + (a_1 x)' + \cdots + (a_n x^n)' + \cdots$$
$$= a_1 + 2a_2 x + \cdots + n a_n x^{n-1} + \cdots$$
$$= \sum_{n=1}^{\infty} n a_n x^{n-1}, \quad x \in (-R, R), \tag{4.8}$$

式(4.7)、式(4.8)中第二个等号前后发生了什么样的变化?该等号成立的根据分别是什么?怎么理解"可以逐项"求导(求积分)的含义?

并且逐项求导后所得的幂级数与原级数有相同的收敛半径.

这三条分析性质将在下一小节中给予证明.

注意到逐项求导后的级数仍然是幂级数并与原级数有相同的收敛半径,因此在区间$(-R, R)$对它可以继续施用性质3,反复应用上述结论可得:

推论　幂级数$\sum_{n=0}^{\infty} a_n x^n$的和函数$s(x)$在其收敛区间$(-R, R)$内具有任意阶导数.即有

求收敛半
径的几种
方法

$$s^{(k)}(x) = \Big(\sum_{n=0}^{\infty} a_n x^n \Big)^{(k)} = a_0^{(k)} + (a_1 x)^{(k)} + \cdots + (a_n x^n)^{(k)} + \cdots$$
$$= \sum_{n=k}^{\infty} n(n-1)\cdots(n-k+1) a_n x^{n-k}, k = 1, 2, \cdots.$$

到现在为止,除了等比级数$\sum_{n=0}^{\infty} x^n$外,能求出和函数的级数是很少的.但是在幂级数的收敛区间内,根据幂级数的算术运算法则及分析性质,如果能将某些和函数是未知的幂级数转化为和函数为已知的级数,就可求出它的和函数.

例 4.5　在级数$\sum_{n=1}^{\infty} \dfrac{x^n}{n} = x + \dfrac{x^2}{2} + \cdots + \dfrac{x^n}{n} + \cdots$的收敛区间内求它的和函数.

分析　设该级数的和函数为$s(x)$.根据该级数的特点,我们不能直接求出$s(x)$.但注意到将该级数逐项求导后就得到等比级数$\sum_{n=1}^{\infty} x^{n-1}$,它的和是已求出的.这提示我们首先利用幂级数和函数的分析性质作"已知",通过逐项求导得到一等比级数,求出该等比级数的和就得到$s'(x)$,再对它积分就得到原级数的和函数$s(x)$.

解　先求其收敛区间.

由于

$$\lim_{n \to \infty} \Big(\frac{1}{n+1} \Big/ \frac{1}{n} \Big) = 1,$$

因此该级数的收敛半径为1,收敛区间为$(-1, 1)$.

设级数的和函数为$s(x)$,即

$$s(x) = x + \frac{x^2}{2} + \cdots + \cdots, \quad x \in (-1, 1).$$

利用性质(3),在其收敛区间内逐项求导并对新级数求和,得

$$s'(x) = 1 + x + \cdots + x^{n-1} + \cdots = \frac{1}{1-x}, \quad x \in (-1, 1).$$

为求出 $s(x)$,上式两端分别积分,得

$$s(x) = \int_0^x s'(t)\,\mathrm{d}t = \int_0^x \frac{1}{1-t}\mathrm{d}t = -\ln(1-x),\ x \in (-1,1).$$

即有

$$\sum_{n=1}^{\infty} \frac{x^n}{n} = x + \frac{x^2}{2} + \cdots + \cdots$$
$$= -\ln(1-x),\quad x \in (-1,1).$$

例 4.6　在级数 $\displaystyle\sum_{n=1}^{\infty} nx^{n-1}$ 的收敛区间内求其和函数.

分析　注意级数 $\displaystyle\sum_{n=1}^{\infty} nx^{n-1}$ 的特点,若对该级数的一般项求积分,得

$$\int_0^x nt^{n-1}\mathrm{d}t = x^n,$$

它是几何级数 $\displaystyle\sum_{n=1}^{\infty} x^n$ 的一般项.因此将原级数的各项逐项积分后所得的级数是可以求和的.

解　先求级数 $\displaystyle\sum_{n=1}^{\infty} nx^{n-1}$ 的收敛区间.由于

$$\lim_{n\to\infty} \frac{n+1}{n} = 1,$$

因此该级数的收敛半径为 1,它的收敛区间为 $(-1,1)$.

设所求级数的和为 $s(x)$,即

$$s(x) = \sum_{n=1}^{\infty} nx^{n-1},\quad x \in (-1,1).$$

利用性质 2,有

$$\int_0^x s(t)\,\mathrm{d}t = \sum_{n=1}^{\infty} \int_0^x (nt^{n-1})\,\mathrm{d}t = \sum_{n=1}^{\infty} x^n = \frac{x}{1-x},\quad x \in (-1,1).$$

两边求导,得

$$s(x) = \left(\frac{x}{1-x}\right)' = \frac{1}{(1-x)^2},\quad x \in (-1,1).$$

例 4.7　在级数 $\displaystyle\sum_{n=1}^{\infty}(n+1)x^{n-1}$ 的收敛区间内求其和函数.

解　先求其收敛区间.由于

$$\lim_{n\to\infty} \frac{n+2}{n+1} = 1,$$

因此该级数的收敛半径为 1,它的收敛区间为 $(-1,1)$.

我们利用例 4.6 的做法作"已知"来求该级数的和函数.

设级数 $\displaystyle\sum_{n=1}^{\infty}(n+1)x^{n-1}$ 的和为 $s(x)$,那么 $xs(x) = \displaystyle\sum_{n=1}^{\infty}(n+1)x^n$.仿照例 4.6 的做法逐项积分

得

> 例 4.5 的解法可分几步?各步的目的与根据各是怎样的?有何体会?

> 例 4.7 与例 4.6 有何差异?能利用例 4.6 的解题方法直接积分吗?

$$\int_0^x ts(t)\,\mathrm{d}t = \sum_{n=1}^{\infty} \int_0^x (n+1)t^n \mathrm{d}t = \sum_{n=1}^{\infty} x^{n+1} = \frac{x^2}{1-x}, x \in (-1,1),$$

因此

$$xs(x) = \left(\frac{x^2}{1-x}\right)' = \left(-x-1+\frac{1}{1-x}\right)' = -1+\frac{1}{(1-x)^2}.$$

于是,当 $x \neq 0$ 时,有

$$s(x) = -\frac{1}{x} + \frac{1}{x(1-x)^2} = \frac{2-x}{(1-x)^2}, \quad x \in (-1,0) \cup (0,1).$$

当 $x=0$ 时,数项级数

$$\sum_{n=1}^{\infty} (n+1)x^{n-1}\big|_{x=0} = 2+0+0+\cdots+0+\cdots = 2 = s(0).$$

因此

$$s(x) = \frac{2-x}{(1-x)^2}, x \in (-1,1).$$

另解　由

$$\sum_{n=1}^{\infty} (n+1)x^{n-1} = \sum_{n=1}^{\infty} (nx^{n-1}+x^{n-1}) = \sum_{n=1}^{\infty} nx^{n-1} + \sum_{n=1}^{\infty} x^{n-1},$$

$\displaystyle\sum_{n=1}^{\infty} nx^{n-1}$ 即是例 4.6,由例 4.6

$$\sum_{n=1}^{\infty} nx^{n-1} = \frac{1}{(1-x)^2}, \quad x \in (-1,1).$$

又

$$\sum_{n=1}^{\infty} x^{n-1} = \frac{1}{1-x}, x \in (-1,1).$$

因此

$$\sum_{n=1}^{\infty} (n+1)x^{n-1} = \sum_{n=1}^{\infty} nx^{n-1} + \sum_{n=1}^{\infty} x^{n-1} = \frac{1}{(1-x)^2} + \frac{1}{1-x}$$

$$= \frac{1+1-x}{(1-x)^2} = \frac{2-x}{(1-x)^2}, x \in (-1,1).$$

*4. 一致收敛的函数项级数

4.1　一致收敛的概念

通过上一小节的研究我们看到,幂级数

$$\sum_{n=0}^{\infty} a_n x^n = a_0 + a_1 x + a_2 x^2 + \cdots + a_n x^n + \cdots$$

虽然有无穷多项,但是,它在其收敛区间内却具有多项式

$$s_{n+1}(x) = a_0 + a_1 x + a_2 x^2 + \cdots + a_n x^n$$

所具有的连续性、可微性及在收敛域内的任意闭区间上的可积性,并且可以分别逐项求极限、导数及积分。

但是这些性质并不是所有的函数项级数都具有的.幂级数之所以具有这样的性质,是由于它在其收敛域内的任意闭区间上是一致收敛的.不仅幂级数的和函数有这样的性质,任何一个在闭区间上一致收敛的函数项级数也都有这类性质.既然对函数项级数来说,"一致收敛"有如此"神效",下边我们就来讨论这个问题.首先给出函数项级数一致收敛的定义,再研究其判定方法与性质.

为此,我们对函数项级数收敛的定义再做一分析.

在本节第一小节中称函数项级数

$$s(x) = \sum_{n=1}^{\infty} u_n(x) = u_1(x) + u_2(x) + \cdots + u_n(x) + \cdots, \quad x \in X$$

在其收敛域 X 内收敛于和函数 $s(x)$,是说对于任意的 $x \in X$,其前 n 项和 $s_n(x)$ 满足 $\lim_{n\to\infty} s_n(x) = s(x)$.即对每一个确定的 $x \in X$ 及 $\varepsilon > 0$,都存在相应的正整数 $N = N(\varepsilon, x)$,当 $n > N$ 时,恒有

$$|s_n(x) - s(x)| < \varepsilon \tag{4.9}$$

成立.之所以把 N 写成 $N(\varepsilon, x)$ 的形式,是由于对不同的 x,级数(4.4)表示不同的数项级数,因此相应的 N 不仅与 ε 有关,而且也与 x 有关.

例如,对函数项级数

$$\sum_{n=0}^{\infty} (x^{n+1} - x^n) = (x - 1) + (x^2 - x) + (x^3 - x^2) + \cdots + (x^{n+1} - x^n) + \cdots,$$

容易求得

$$s_n(x) = (x-1) + (x^2 - x) + (x^3 - x^2) + \cdots + (x^n - x^{n-1}) = x^n - 1.$$

因此,对任意的 $x \in (0, 1)$,都有 $\lim_{n\to\infty} s_n(x) = -1$,即该级数在 $(0, 1)$ 内以 $s(x) \equiv -1$ 为和函数.

但是,对于同一个 $\varepsilon > 0$,比如,取 $\varepsilon = 0.001$,对 $x_1 = 0.1$,要使

$$|s_n(x_1) - s(x_1)| = (0.1)^n < \varepsilon = 0.001,$$

需取 $N = 3$.而对 $x_2 = 0.01$,要使

$$|s_n(x_2) - s(x_2)| = (0.01)^n < \varepsilon = 0.001,$$

取 $N = 2$ 就可以了.

上面的论述说明,对于同一个 $\varepsilon > 0$ 及不同的 $x \in (0, 1)$,存在不同的正整数 N,使得当 $n > N$ 时,恒有 $|s_n(x) - s(x)| < \varepsilon$.

当然,在上面的论述中,如果对于同一个 $\varepsilon = 0.001$,要想使 $|s_n(x_1) - s(x_1)| < \varepsilon$ 与 $|s_n(x_2) - s(x_2)| < \varepsilon$ 同时成立,容易从两个不同的 $N = 3, N = 2$ 中选取较大者 $N = 3$ 作为共同的 N,当 $n > N$ 时这两个不等式皆成立.但对区间 $(0, 1)$ 内的所有 x,如果要想对同一个 $\varepsilon > 0$,找到共同的正整数 N,使得当 $n > N$ 时,恒有 $|s_n(x) - s(x)| < \varepsilon$,就不是那么简单了.这是因为对同一个 $\varepsilon > 0$(不妨设 $\varepsilon < 1$),要使 $|s_n(x) - s(x)| = x^n < \varepsilon$ 成立,需取 $n > N = N(\varepsilon, x) = \left[\dfrac{\ln \varepsilon}{\ln x}\right]$.这里的 $N(\varepsilon, x)$ 不仅与 ε 有关还与 x 有关,而对无限多个 $x \in (0, 1)$,对应的 $N(\varepsilon, x)$ 也无限多,而且随着 x 越来越接近 1,这样的 N 越来越大,要从这样的无限多个 $N(\varepsilon, x)$ 中找到一个共同的 N 是困难的,并且一般说来这样的 N 未必存在(在下面的例 4.9 就可以看到,对级数 $\sum_{n=0}^{\infty} (x^{n+1} - x^n)$,这样的 N 不存在).如果存在这样的 N,这就是所谓的"一致收敛".下面给出其定义.

定义 4.2 设 $\sum\limits_{n=1}^{\infty} u_n(x)$ 是定义在点集 X 上的函数项级数. 如果对于任给的正数 ε, 总存在只依赖于 ε 的正整数 N, 使得当 $n>N$ 时, 对于 $\forall x \in X$, 恒有

$$|r_n(x)| = |s(x) - s_n(x)| < \varepsilon$$

成立, 则称 $\sum\limits_{n=1}^{\infty} u_n(x)$ 在 X 上一致收敛于 $s(x)$.

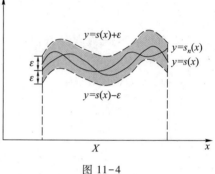

能根据定义 4.2 写出一函数项级数在某点集上非一致收敛的定义吗?

由于 $|r_n(x)| = |s(x) - s_n(x)| = |u_{n+1}(x) + u_{n+2}(x) + \cdots|$, 因此, 定义 4.2 可表述为:

任给 $\varepsilon>0$, 总存在只依赖于 ε 的正整数 N, 使得当 $n>N$ 时, 对于 X 上的所有 x, 恒有

$$|u_{n+1}(x) + u_{n+2}(x) + \cdots| < \varepsilon$$

成立, 则称 $\sum\limits_{n=1}^{\infty} u_n(x)$ 在 X 上一致收敛于 $s(x)$.

级数 $\sum\limits_{n=1}^{\infty} u_n(x)$ 在其收敛域 X 内一致收敛于和函数 $s(x)$ 的几何意义是: 对任给的 $\varepsilon>0$, 总存在正整数 N, 当 $n>N$ 时, 它的部分和函数列 $s_n(x)$ 的图形全部落在以曲线 $y=s(x)$ 为对称、宽为 2ε 的带形区域中 (图 11-4).

如果级数 $\sum\limits_{n=1}^{\infty} u_n(x)$ 在 X 上收敛于 $s(x)$ 但非一致收敛. 称其为逐点收敛于和函数 $s(x)$.

图 11-4

例 4.8 证明 级数 $\dfrac{x}{1+x^2} + \sum\limits_{n=2}^{\infty} \left[\dfrac{x}{1+n^2 x^2} - \dfrac{x}{1+(n-1)^2 x^2} \right]$ 在区间 $[0,1]$ 上一致收敛于 0.

解 该级数的部分和为

$$s_n(x) = \frac{x}{1+n^2 x^2}.$$

显然

$$\lim_{n \to \infty} s_n(x) = \lim_{n \to \infty} \frac{x}{1+n^2 x^2} = 0.$$

下面证明它在区间 $[0,1]$ 上一致收敛于 0.

$$|0 - s_n(x)| = \frac{x}{1+n^2 x^2} = \frac{1}{2n} \cdot \frac{2nx}{1+n^2 x^2} \le \frac{1}{2n}.$$

因此, 对任给 $\varepsilon>0$, 要使 $|0-s_n(x)| < \varepsilon$, 只需 $\dfrac{1}{2n} < \varepsilon$, 因此, 只要 $n > \dfrac{1}{2\varepsilon}$. 为此, 取 $N = \left[\dfrac{1}{2\varepsilon}\right]$, 当 $n > \dfrac{1}{2\varepsilon}$ 时, 对任意的 $x \in [0,1]$, 恒有 $|0-s_n(x)| < \varepsilon$, 所以该级数在区间 $[0,1]$ 上一致收敛于 0.

例 4.9 试证明级数 $\sum\limits_{n=0}^{\infty} (x^{n+1} - x^n)$ 在区间 $(0,1)$ 内是非一致收敛的.

证 前面已经证明了该级数在区间 $(0,1)$ 内是收敛的, 且和函数为 $s(x) \equiv -1$. 下面来证它是非一致收敛的. 这就需要证明, 存在 $\varepsilon_0>0$, 对任意的正整数 n, 总存在点 x_n, 使得

$$|s(x_n) - s_n(x_n)| > \varepsilon_0.$$

事实上,前面已经得到该级数的前 n 项和为 $s_n(x)=x^n-1$.对任意一正整数 n,取 $x_n=\dfrac{1}{\sqrt[n]{2}}$,则

$$|s(x_n)-s_n(x_n)|=\left(\dfrac{1}{\sqrt[n]{2}}\right)^n=\dfrac{1}{2}.$$

所以,只要取 $\varepsilon_0<\dfrac{1}{2}$,对任意的正整数 n,在点 $x_n=\dfrac{1}{\sqrt[n]{2}}$ 处,

$$|s(x_n)-s_n(x_n)|=\dfrac{1}{2}>\varepsilon_0.$$

这就是说,对取定的 $\varepsilon_0<\dfrac{1}{2}$,无法找到正整数 N,使得当 $n>N$ 时,

$$|r_n(x)|=|s(x_n)-s_n(x_n)|<\varepsilon_0$$

在区间 $(0,1)$ 内对一切点恒成立,所以该级数在区间 $(0,1)$ 内非一致收敛.

4.2　函数项级数一致收敛的判定

定义 4.2 虽然给出了函数项级数一致收敛的定义,但是由于定义的"充要性",因此,用它来判定一般的函数项级数的一致收敛性往往并不方便.遵循用"已知"解决"未知"的思想,下面借助熟知的正项数值级数作"已知",给出判断级数一致收敛的充分条件——魏尔斯特拉斯判别法.

定理 4.3(**魏尔斯特拉斯判别法**)　设有定义在区间 I 上的函数项级数 $\displaystyle\sum_{n=1}^{\infty}u_n(x)$,如果

(1) 对区间 I 上的任意点 x,恒有 $|u_n(x)|\leqslant M_n,n=1,2,\cdots$;

(2) 正项级数 $\displaystyle\sum_{n=1}^{\infty}M_n$ 收敛,

则函数项级数 $\displaystyle\sum_{n=1}^{\infty}u_n(x)$ 在区间 I 上一致收敛.

定理 4.3 也称 M 判别法.

证　由于正项级数 $\displaystyle\sum_{n=1}^{\infty}M_n$ 收敛,因此,任给 $\varepsilon>0$,都存在正整数 N,使得当 $n>N$ 时,有

$$|M_{n+1}+M_{n+2}+\cdots|=M_{n+1}+M_{n+2}+\cdots<\varepsilon$$

成立.再由条件(1),因此当 $n>N$ 时,对于 I 上的所有 x,

$$|u_{n+1}(x)+u_{n+2}(x)+\cdots|<|u_{n+1}(x)|+|u_{n+2}(x)|+\cdots<M_{n+1}+M_{n+2}+\cdots<\varepsilon,$$

显然,这样的正整数 N 只依赖于 ε 而与 x 无关.由定义 4.2,级数 $\displaystyle\sum_{n=1}^{\infty}u_n(x)$ 在区间 I 上一致收敛.

例 4.10　证明级数 $\displaystyle\sum_{n=1}^{\infty}\dfrac{\sin nx}{n^2}$ 在 $(-\infty,+\infty)$ 上一致收敛.

证　对任意的 $x\in(-\infty,+\infty)$,恒有 $\left|\dfrac{\sin nx}{n^2}\right|\leqslant\dfrac{1}{n^2}$,而级数 $\displaystyle\sum_{n=1}^{\infty}\dfrac{1}{n^2}$ 是收敛的.因此,由 M 判别法,级数 $\displaystyle\sum_{n=1}^{\infty}\dfrac{\sin nx}{n^2}$ 在 $(-\infty,+\infty)$ 上一致收敛.

例 4.11　设幂级数 $\displaystyle\sum_{n=0}^{\infty}a_nx^n$ 在 $(-R,R)(R>0)$ 内收敛,闭区间 $[a,b]\subset(-R,R)$,证明该幂级

数在$[a,b]$上一致收敛.

证 记$r=\max\{|a|,|b|\}$,则$0<r<R$.即$r\in(-R,R)$是级数$\sum\limits_{n=0}^{\infty}a_n x^n$的收敛点.由于幂级数在其收敛域内是绝对收敛的,因此数项级数$\sum\limits_{n=0}^{\infty}|a_n|r^n$收敛.又当$|x|\leqslant r$时,$|a_n x^n|\leqslant|a_n|r^n(n=0,1,2,\cdots)$,故由$M$判别法,$\sum\limits_{n=0}^{\infty}a_n x^n$在$[-r,r]$上一致收敛,又$-r\leqslant a<b\leqslant r$,因此,该级数在$[a,b]$上一致收敛.

4.3 一致收敛级数的性质

在一致收敛的前提下,函数项级数的和函数具有与有限个函数之和相类似的分析性质,它们不论在理论上还是应用上都有着重要的价值.

定理 4.4 如果函数项级数$\sum\limits_{n=1}^{\infty}u_n(x)$

(1) 在区间$[a,b]$上一致收敛于和函数$s(x)$,

(2) 其各项在$[a,b]$上都连续,

则有

(1) $s(x)$在$[a,b]$上连续,即有

$$\lim_{x\to x_0}s(x)=s(x_0),x_0\in[a,b],$$

或写为

$$\lim_{x\to x_0}\sum_{n=1}^{\infty}u_n(x)=\sum_{n=1}^{\infty}\left[\lim_{x\to x_0}u_n(x)\right]=\sum_{n=1}^{\infty}u_n(x_0),\quad x_0\in[a,b]; \tag{4.10}$$

(2) $s(x)$在$[a,b]$上可积分,并且可以逐项积分,即对任意的$x\in[a,b]$,

$$\int_a^x s(t)\,\mathrm{d}t=\int_a^x\left(\sum_{n=1}^{\infty}u_n(t)\right)\mathrm{d}t=\sum_{n=1}^{\infty}\int_a^x u_n(t)\,\mathrm{d}t, \tag{4.11}$$

> 式(4.11)怎么反映出的"逐项"积分?与式(4.11)相比,式(4.10)说明了什么?

并且,级数$\sum\limits_{n=1}^{\infty}\int_a^x u_n(t)\,\mathrm{d}t$在$[a,b]$上一致收敛.

证 (1) 由于级数$\sum\limits_{n=1}^{\infty}u_n(x)$在区间$[a,b]$上一致收敛于$s(x)$,根据定义4.2,任给$\varepsilon>0$,存在正整数$N$,当$n>N$时,对于$[a,b]$上的所有$x$,恒有

$$|s(x)-s_n(x)|<\frac{\varepsilon}{3}, \tag{4.12}$$

因而对于确定的$x_0\in[a,b]$,亦有

$$|s(x_0)-s_n(x_0)|<\frac{\varepsilon}{3}. \tag{4.13}$$

又由条件(2),$u_n(x)(n=1,2,\cdots)$在$[a,b]$上皆连续,因此,该级数的部分和$s_n(x)$在点$x_0\in[a,b]$连续.故对上述$\varepsilon>0$,必存在$\delta>0$,使得对任意的$x\in U(x_0,\delta)$,有

$$|s_n(x)-s_n(x_0)|<\frac{\varepsilon}{3}. \tag{4.14}$$

综合式(4.12)、式(4.13)及式(4.14),对任给 $\varepsilon>0$,存在 $\delta>0$,当 $x\in U(x_0,\delta)$ 时,有

$$|s(x)-s(x_0)|=|[s(x)-s_n(x)]+[s_n(x)-s_n(x_0)]+[s_n(x_0)-s(x_0)]|$$

$$<|s(x)-s_n(x)|+|s_n(x)-s_n(x_0)|+|s_n(x_0)-s(x_0)|<\frac{\varepsilon}{3}+\frac{\varepsilon}{3}+\frac{\varepsilon}{3}=\varepsilon.$$

因此,$s(x)$ 在 x_0 连续,由 $x_0\in[a,b]$ 的任意性,$s(x)$ 在区间 $[a,b]$ 上连续.

（2）由（1）,$s(x)$ 在 $[a,b]$ 上连续,因此它在 $[a,b]$ 上可积.为证式(4.11)成立,任取 $x\in[a,b]$,由于

$$\sum_{n=1}^{\infty}\int_a^x u_n(t)\,\mathrm{d}t=\lim_{n\to\infty}\sum_{k=1}^n\int_a^x u_k(t)\,\mathrm{d}t=\lim_{n\to\infty}\int_a^x\left[\sum_{k=1}^n u_k(t)\right]\mathrm{d}t=\lim_{n\to\infty}\int_a^x s_n(t)\,\mathrm{d}t,$$

将上式结合式(4.11)可以看出,只要证明

> 上面的连等式中,三个等号成立的理由分别是什么?

$$\int_a^x s(t)\,\mathrm{d}t=\lim_{n\to\infty}\int_a^x s_n(t)\,\mathrm{d}t$$

即可.由于

$$\left|\int_a^x s(t)\,\mathrm{d}t-\int_a^x s_n(t)\,\mathrm{d}t\right|=\left|\int_a^x[s(t)-s_n(t)]\,\mathrm{d}t\right|\leqslant\int_a^x|s(t)-s_n(t)|\,\mathrm{d}t$$

$$\leqslant\int_a^b|s(x)-s_n(x)|\,\mathrm{d}x,$$

由级数在 $[a,b]$ 上一致收敛,即对任给 $\varepsilon>0$,存在正整数 N,当 $n>N$ 时,对 $[a,b]$ 上的所有 x,恒有 $|s(x)-s_n(x)|<\varepsilon$,于是

$$\left|\int_a^x s(t)\,\mathrm{d}t-\int_a^x s_n(t)\,\mathrm{d}t\right|\leqslant\int_a^b|s(x)-s_n(x)|\,\mathrm{d}x<\int_a^b\varepsilon\,\mathrm{d}x=\varepsilon(b-a).$$

由于对任给 $\varepsilon>0$,所找到的正整数 N 只与 ε 有关,而与 x_0,x 无关,因此级数 $\sum_{n=1}^{\infty}\int_a^x u_n(t)\,\mathrm{d}t$ 在 $[a,b]$ 上一致收敛,并有

$$\int_a^x\left[\sum_{n=1}^{\infty}u_n(t)\right]\mathrm{d}t=\sum_{n=1}^{\infty}\int_a^x u_n(t)\,\mathrm{d}t.$$

证毕.

有了定理 4.4 作"已知",就可以证明下面的关于和函数的可导性.

定理 4.5 如果函数项级数 $\sum_{n=1}^{\infty}u_n(x)$

（1）在区间 $[a,b]$ 上处处收敛于和函数 $s(x)$,

（2）其各项 $u_n(x)$ 都具有连续的导数 $u_n'(x)$,

> 注意到这里的条件(3)是对哪个级数而言了吗?

（3）级数 $\sum_{n=1}^{\infty}u_n'(x)$ 在 $[a,b]$ 上一致收敛,

则级数 $\sum_{n=1}^{\infty}u_n(x)$ 在 $[a,b]$ 上也一致收敛,并且其和函数 $s(x)$ 的导数 $s'(x)$ 可通过逐项求导得到.即有

$$s'(x)=u_1'(x)+u_2'(x)+\cdots+u_n'(x)+\cdots.\tag{4.15}$$

证 由于级数 $\sum_{n=1}^{\infty}u_n'(x)$ 在 $[a,b]$ 上一致收敛,设其和函数为 $\xi(x)$,即有

$$\xi(x) = u'_1(x) + u'_2(x) + \cdots + u'_n(x) + \cdots.$$

下面只需证明 $\xi(x) = s'(x)$ 即可.任取 $x_0, x \in [a,b]$,由定理 4.4,则有

$$\int_{x_0}^{x} \xi(t)\,\mathrm{d}t = \int_{x_0}^{x} \left[\sum_{n=1}^{\infty} u'_n(t) \right] \mathrm{d}t = \sum_{n=1}^{\infty} \int_{x_0}^{x} u'_n(t)\,\mathrm{d}t$$

$$= \sum_{n=1}^{\infty} [u_n(x) - u_n(x_0)] = \sum_{n=1}^{\infty} u_n(x) - \sum_{n=1}^{\infty} u_n(x_0) = s(x) - s(x_0).$$

两端关于 x 求导数,则有

$$\xi(x) = s'(x),$$

因此

$$s'(x) = u'_1(x) + u'_2(x) + \cdots + u'_n(x) + \cdots.$$

再证 $\sum\limits_{n=1}^{\infty} u_n(x)$ 在 $[a,b]$ 上也一致收敛.

由级数 $\sum\limits_{n=1}^{\infty} u'_n(x)$ 在 $[a,b]$ 上一致收敛,由定理 4.4 它可逐项积分,并有

$$\sum_{n=1}^{\infty} \int_{x_0}^{x} u'_n(t)\,\mathrm{d}t = \sum_{n=1}^{\infty} u_n(x) - \sum_{n=1}^{\infty} u_n(x_0),$$

> 请总结一下定理 4.5 的证明,它可以分作几步?

所以

$$\sum_{n=1}^{\infty} u_n(x) = \sum_{n=1}^{\infty} \int_{x_0}^{x} u'(t)\,\mathrm{d}t + \sum_{n=1}^{\infty} u_n(x_0).$$

由级数 $\sum\limits_{n=1}^{\infty} \int_{x_0}^{x} u'_n(t)\,\mathrm{d}t$ 在 $[a,b]$ 上的一致收敛性,$\sum\limits_{n=1}^{\infty} u_n(x)$ 在 $[a,b]$ 上也是一致收敛的.

需要特别注意的是,在定理 4.5 中"级数 $\sum\limits_{n=1}^{\infty} u'_n(x)$ 在 $[a,b]$ 上一致收敛"是条件,而结论是 "$\sum\limits_{n=1}^{\infty} u_n(x)$ 在 $[a,b]$ 上一致收敛".如果将条件 $\sum\limits_{n=1}^{\infty} u'_n(x)$ 在 $[a,b]$ 上一致收敛改为 $\sum\limits_{n=1}^{\infty} u_n(x)$ 在 $[a,b]$ 上一致收敛,并不能保证定理的结论成立,级数 $\sum\limits_{n=1}^{\infty} \dfrac{\sin n^2 x}{n^2}$ 就是一个例子.利用 M 判别法很容易证明它在任何区间 $[a,b]$ 上一致收敛,但是逐项求导后的级数 $\sum\limits_{n=1}^{\infty} \left(\dfrac{\sin n^2 x}{n^2} \right)' = \sum\limits_{n=1}^{\infty} \cos n^2 x$ 却不收敛,这由其一般项 $\lim\limits_{n \to \infty} \cos n^2 x \neq 0$ 可以看出.因此,虽然级数 $\sum\limits_{n=1}^{\infty} \dfrac{\sin n^2 x}{n^2}$ 在 $[a,b]$ 上一致收敛,但它的和函数的导数却不能由原级数逐项求导得到.

讨论了一般函数项级数 $\sum\limits_{n=1}^{\infty} u_n(x)$,再回来看幂级数.实际上,由例 4.11 的证明,我们实际已经得到了下面的定理 4.6.

定理 4.6　设幂级数 $\sum\limits_{n=0}^{\infty} a_n x^n$ 的收敛半径为 $R>0$,那么该幂级数在任意一个闭区间 $[a,b] \subset (-R,R)$ 上一致收敛.

而且可以证明,如果幂级数 $\sum\limits_{n=0}^{\infty} a_n x^n$ 在收敛区间的端点 $x=R$ 或 $x=-R$ 处收敛,那么,它的一

致收敛的区间可以包含该端点.

由此并结合定理 4.4, 幂级数的和函数所具有的连续性及逐项可积性就是显然的.

为了证明"幂级数 $\sum\limits_{n=0}^{\infty} a_n x^n$ 的和函数 $s(x)$ 在其收敛区间 $(-R,R)$ 内可导, 并且可以逐项求导", 根据定理 4.5, 只需证明逐项求导后所得的级数 $\sum\limits_{n=1}^{\infty} n a_n x^{n-1}$ 的收敛半径仍为 R 即可.

在 $(-R,R)$ 内任意取定 x, 再选取 x_1, 使得 $|x|<x_1<R$. 记 $q=\dfrac{|x|}{x_1}<1$, 则

$$\left| n a_n x^{n-1} \right| = n \left| \frac{x}{x_1} \right|^{n-1} \cdot \frac{1}{x_1} \left| a_n x_1^n \right| = n q^{n-1} \cdot \frac{1}{x_1} \left| a_n x_1^n \right|.$$

由于 $q<1$, 由比值判别法知 $\sum\limits_{n=1}^{\infty} n q^{n-1}$ 收敛, 因此, $n q^{n-1} \to 0 (n \to \infty)$, 故数列 $\{n q^{n-1}\}$ 有界. 即存在 $M>0$, 使得 $n q^{n-1} \cdot \dfrac{1}{x_1} \leqslant M (n=1,2,\cdots)$. 又 $0<x_1<R$, 因此有

$$\left| n a_n x^{n-1} \right| \leqslant M \left| a_n x_1^n \right|,$$

而级数 $\sum\limits_{n=1}^{\infty} \left| a_n x_1^n \right|$ 是收敛的, 故由比较判别法知, $\sum\limits_{n=1}^{\infty} n a_n x^{n-1}$ (绝对) 收敛. 由 $x \in (-R,R)$ 的任意性, 因此 $\sum\limits_{n=1}^{\infty} n a_n x^{n-1}$ 在 $(-R,R)$ 内收敛. 由定理 4.6 它在 $(-R,R)$ 内的任意一个闭区间上一致收敛.

从上面的论述可以看出, $\sum\limits_{n=1}^{\infty} n a_n x^{n-1}$ 的收敛半径不小于 R, 并且由于 $\sum\limits_{n=0}^{\infty} a_n x^n$ 可以看作由 $\sum\limits_{n=1}^{\infty} n a_n x^{n-1}$ 逐项积分而得到, 而逐项积分后所得的幂级数的收敛半径不会变小. 因此 $\sum\limits_{n=1}^{\infty} n a_n x^{n-1}$ 的收敛半径也不能大于 $\sum\limits_{n=0}^{\infty} a_n x^n$ 的收敛半径, 以上两方面的论证说明, 级数 $\sum\limits_{n=1}^{\infty} n a_n x^{n-1}$ 的收敛半径也必是 R.

历史人物简介

阿贝尔

习题 11-4(A)

1. 判断下列论述是否正确, 并说明理由:

（1）对幂级数 $\sum\limits_{n=0}^{\infty} a_n x^n$，如果在 $x_0 > 0$ 收敛，那么该级数在区间 $(-x_0, x_0]$ 绝对收敛，如在 $x_0 > 0$ 发散，那么该级数在 $(-\infty, -x_0]$ 及 $[x_0, +\infty)$ 均发散；

（2）定理 4.2 对任何幂级数求收敛半径时都适用；

（3）对任何一个形如 $\sum\limits_{n=0}^{\infty} a_n x^n$ 的幂级数，且 $a_n \neq 0$，欲求其收敛域，应先求出其收敛半径，得到收敛区间，然后再验证它在收敛区间端点处的敛散性，从而确定其收敛域；

（4）虽然幂级数是无穷多项"和"，但在其收敛区间内具有与多项式相类似的性质：可以逐项求极限、逐项求导、逐项求积分，并且逐项求导、逐项求积分后所得幂级数与原级数具有相同的收敛半径.

2. 已知幂级数 $\sum\limits_{n=0}^{\infty} a_n(x-1)^n$ 在 $x = -1$ 处收敛，试问此级数在 $x=2$ 的敛散性？

3. 求下列幂级数的收敛半径、收敛区间及收敛域：

（1）$\sum\limits_{n=1}^{\infty} 10^n x^n$；

（2）$\sum\limits_{n=1}^{\infty} \dfrac{x^n}{n^n}$；

（3）$\sum\limits_{n=0}^{\infty} \dfrac{2^n}{n^2+1} x^n$；

（4）$\sum\limits_{n=0}^{\infty} \dfrac{n!\, x^n}{(n+1)^{10}}$；

（5）$\sum\limits_{n=1}^{\infty} \dfrac{(x-5)^n}{\sqrt{n}}$；

（6）$\sum\limits_{n=1}^{\infty} \dfrac{\ln(1+n)}{n+1} x^{n+1}$；

（7）$\sum\limits_{n=1}^{\infty} \dfrac{(-1)^n x^{2n}}{4^n \sqrt{n}}$；

（8）$\sum\limits_{n=0}^{\infty} \dfrac{n x^{2n+1}}{n^2+1}$.

4. 求下列幂级数的和函数 $s(x)$，并指出其收敛域：

（1）$\sum\limits_{n=0}^{\infty} \dfrac{x^{2n+1}}{2n+1}$；

（2）$\sum\limits_{n=0}^{\infty} \dfrac{x^n}{n+1}$.

习题 11-4（B）

1. 若幂级数 $\sum\limits_{n=0}^{\infty} a_n x^n$ 在 $x=a(a \neq 0)$ 点条件收敛，证明该级数的收敛半径 $R = |a|$.

2. 给定幂级数 $\sum\limits_{n=0}^{\infty} a_n(x-3)^n$，

（1）若已知在 $x=0$ 处幂级数收敛，讨论幂级数分别在 $x=1, x=-1, x=6$ 处的敛散性；

（2）若已知在 $x=6$ 处幂级数发散，讨论幂级数分别在 $x=1, x=-1, x=3$ 处的敛散性；

（3）若条件（1），（2）同时成立，试求出该幂级数的收敛半径.

3. 求下列幂级数的收敛域：

（1）$\sum\limits_{n=1}^{\infty} \left[\dfrac{(-1)^n}{2^n} + 3^n \right] x^n$；

（2）$\sum\limits_{n=1}^{\infty} 2^n(x+3)^{2n}$；

（3）$\sum\limits_{n=1}^{\infty} \left(1 + \dfrac{1}{n} \right)^{-n^2} x^n$；

（4）$\sum\limits_{n=1}^{\infty} \dfrac{(x-1)^n}{n^p}$ $(p > 0)$.

4. 求下列幂级数的和函数，指出其收敛域：

（1）$\sum\limits_{n=0}^{\infty} \dfrac{(-1)^{n-1}}{n+1}(x-1)^n$；

（2）$\sum\limits_{n=1}^{\infty} \left(\dfrac{1}{2^n} - \dfrac{1}{n} \right) x^n$.

5. 求幂级数 $\sum\limits_{n=1}^{\infty} \dfrac{n(-1)^n x^n}{n+1}$ 的和函数 $s(x)$，指出其收敛域，并求级数 $\sum\limits_{n=1}^{\infty} \dfrac{n}{3^n(1+n)}$ 的和.

*6. 讨论下列级数在所给区间上的一致收敛性:

(1) $\displaystyle\sum_{n=1}^{\infty} \frac{\sin nx}{\sqrt[3]{n^4+x^4}}$, $\quad -\infty < x < +\infty$; $\qquad$ (2) $\displaystyle\sum_{n=0}^{\infty}(1-x)x^n$, $\quad 0 < x < 1$;

(3) $\displaystyle\sum_{n=1}^{\infty}(-1)^n \frac{1}{x+2^n}$, $\quad -2 < x < +\infty$; $\qquad$ (4) $\displaystyle\sum_{n=1}^{\infty}\frac{nx}{1+n^5x^2}$, $\quad -\infty < x < +\infty$.

第五节　函数的幂级数展开

上一节讨论了求幂级数在收敛域内的和函数. 例如, 幂级数 $\displaystyle\sum_{n=0}^{\infty}x^n$ 在区间 $(-1,1)$ 内的和函数

为 $\dfrac{1}{1-x}$. 即有

$$\sum_{n=0}^{\infty}x^n = 1 + x + x^2 + \cdots + x^n + \cdots = \frac{1}{1-x}, x \in (-1,1).$$

颠倒上式两端的位置, 就有

$$\frac{1}{1-x} = 1+x+x^2+\cdots+x^n+\cdots, \quad x \in (-1,1).$$

如果将上述第一个等式从左到右理解为对级数 $\displaystyle\sum_{n=0}^{\infty}x^n$ 求和得 $\dfrac{1}{1-x}$, 那么, 第二个等式从左到

右可以理解为将函数 $\dfrac{1}{1-x}$ 表示成级数的形式, 也称将函数 $\dfrac{1}{1-x}$ 在区间 $(-1,1)$ 内展开成幂级数

$1+x+x^2+\cdots+x^n+\cdots$.

我们不禁要问: 对任意的一个函数 $f(x)$, 是否都能将它展开成幂级数? 或者说, 能否找到一
个幂级数, 该幂级数在其收敛区间内以 $f(x)$ 为其和函数? 这实际就是本章开始所提出的问题. 有
了前面几节的讨论作"已知", 现在就可以讨论这个问题.

1. 函数的泰勒级数及其收敛

1.1 函数的泰勒级数

泰勒公式告诉我们, 如果 $f(x)$ 在点 x_0 的某邻域 $U(x_0)$ 内有 $n+1$ 阶导数, 那么就可以将它表
示成多项式

$$f(x) = f(x_0) + f'(x_0)(x-x_0) + \frac{1}{2!}f''(x_0)(x-x_0)^2 + \cdots +$$

$$\frac{1}{n!}f^{(n)}(x_0)(x-x_0)^n + \frac{f^{(n+1)}(\xi)(x-x_0)^{(n+1)}}{(n+1)!}, x \in U(x_0)(\xi \text{ 在 } x \text{ 与 } x_0 \text{ 之间}). \tag{5.1}$$

要将一个函数表示成幂级数, 显然应考虑用泰勒公式作"已知". 根据泰勒公式, 如果 $f(x)$ 有 $n+1$
阶导数, 那么它可以展开成 $n+1$ 次多项式. 欲将 $f(x)$ 表示成无穷级数, 由于无穷级数有无穷多项,
因此我们猜想, 下面的两条是必不可缺的:

(1) $f(x)$ 有无穷多阶导数;

319

（2）该级数的系数也应具有与级数（5.1）的系数相类似的形式，即其第 n 项系数应为 $\dfrac{f^{(n)}(x_0)}{n!}$（$n=0,1,2,\cdots$）.

是的，这个猜想是正确的.但这两条仅是函数能表示成幂级数的必要条件，并不是充分的.为说明这一点，假设函数 $f(x)$ 在 x_0 的某邻域 I 内有定义，并在 I 内有任意阶导数 $f'(x),f''(x),\cdots,$ $f^{(n)}(x),\cdots.$用 $f(x_0),f'(x_0),f''(x_0),\cdots,f^{(n)}(x_0),\cdots$ 作系数构造如下的幂级数：

$$f(x_0)+\frac{f'(x_0)}{1!}(x-x_0)+\frac{f''(x_0)}{2!}(x-x_0)^2+\cdots+\frac{f^{(n)}(x_0)}{n!}(x-x_0)^n+\cdots. \tag{5.2}$$

称级数（5.2）为 $f(x)$ 在点 x_0 处的**泰勒级数**.记作

> 级数（5.2）收敛吗？

$$f(x)\sim f(x_0)+\frac{f'(x_0)}{1!}(x-x_0)+\frac{f''(x_0)}{2!}(x-x_0)^2+\cdots+\frac{f^{(n)}(x_0)}{n!}(x-x_0)^n+\cdots. \tag{5.3}$$

式（5.3）中之所以用~而不用等号把 $f(x)$ 与其泰勒级数相连接，是因为级数（5.2）是利用 $f(x)$ 及其各阶导数在 x_0 处的值形式性地构造出的级数，该级数收敛吗？ 如果收敛，和函数是 $f(x)$ 吗？这些都是未知的.

事实上，存在这样的函数，它的泰勒级数存在并且收敛，但却不收敛到这个函数.例如函数

$$f(x)=\begin{cases}\mathrm{e}^{-\frac{1}{x^2}},&x\neq 0,\\0,&x=0\end{cases}$$

就是这样的例子.

容易计算它在 $x=0$ 附近有各阶导数，并且 $f'(0)=f''(0)=\cdots=f^{(n)}(0)=\cdots=0$，因此，它的泰勒级数为

$$0+\frac{0}{1!}x+\frac{0}{2!}x^2+\cdots+\frac{0}{n!}x^n+\cdots.$$

显然，该级数的和函数 $s(x)\equiv 0$，因此除了 $x=0$，均有

$$f(x)\neq 0+\frac{0}{1!}x+\frac{0}{2!}x^2+\cdots+\frac{0}{n!}x^n+\cdots,$$

或说除 $x=0$ 外，该级数均不收敛于函数 $f(x)$.

上面的例子说明，对任意的一个（即使有无穷阶导数的）函数，欲将式（5.3）中的~换成等号，或说要将函数 $f(x)$ 表示为幂级数仅仅满足上面猜想中的两个条件是不够的.我们不禁要问：能否附加一定的条件，从而将式（5.3）变成等式？下面就来研究这个问题.

假设式（5.3）为等式，即其右端的幂级数以 $f(x)$ 为其和函数.设右端级数的前 $n+1$ 项和为 $s_{n+1}(x)$，则有

$$\lim_{n\to\infty}s_{n+1}(x)=f(x).$$

注意到 $s_{n+1}(x)$ 正是其泰勒公式（5.1）右端的前 $n+1$ 项的和.因此，这时式（5.1）即为

$$f(x)=s_{n+1}(x)+\frac{f^{(n+1)}(\xi)(x-x_0)^{n+1}}{(n+1)!}.$$

要使式（5.3）成为等式，注意到 $\lim\limits_{n\to\infty}s_{n+1}(x)=f(x)$，我们猜想，应有 $\lim\limits_{n\to\infty}\dfrac{f^{(n+1)}(\xi)}{(n+1)!}(x-x_0)^{n+1}=0$.

事实上这个猜想是成立的.这就是下面的收敛定理所表述的事实.

1.2　收敛定理

定理 5.1　设函数 $f(x)$ 在点 x_0 的某邻域 $U(x_0)$ 内具有任意阶导数,则 $f(x)$ 的泰勒级数收敛到 $f(x)$,即

$$f(x)=f(x_0)+\frac{f'(x_0)}{1!}(x-x_0)+\cdots+\frac{f^{(n)}(x_0)}{n!}(x-x_0)^n+\cdots,x\in U(x_0) \tag{5.4}$$

成立的充要条件为该函数的泰勒公式中的余项 $R_n(x)$ 满足

$$\lim_{n\to\infty}R_n(x)=\lim_{n\to\infty}\frac{f^{(n+1)}(\xi)}{(n+1)!}(x-x_0)^{n+1}=0,x\in U(x_0),$$

ξ 在 x 与 x_0 之间.

> 根据前面的讨论,要证该极限成立,应利用什么作"已知"?

证　由函数 $f(x)$ 在 x_0 处具有任意阶导数,因此 $f(x)$ 在 x_0 的泰勒公式是存在的,即有

$$f(x)=s_n(x)+R_n(x),x\in U(x_0), \tag{5.5}$$

其中

$$s_n(x)=f(x_0)+\frac{f'(x_0)}{1!}(x-x_0)+\frac{f''(x_0)}{2!}(x-x_0)^2+\cdots+\frac{f^{(n)}(x_0)}{n!}(x-x_0)^n,$$

$R_n(x)$ 是 $f(x)$ 的泰勒公式中的余项.

必要性　设式(5.4)成立,因此其右端级数的部分和数列 $\{s_n(x)\}$ 以函数 $f(x)$ 为极限(函数),即

$$\lim_{n\to\infty}s_n(x)=f(x),\quad x\in U(x_0).$$

由式(5.5)得, $R_n(x)=f(x)-s_n(x)$,对其两边分别令 $n\to\infty$ 取极限,于是

$$\lim_{n\to\infty}R_n(x)=\lim_{n\to\infty}[f(x)-s_n(x)]=f(x)-f(x)=0.$$

充分性　由式(5.5), $R_n(x)=f(x)-s_n(x)$,并由

$$\lim_{n\to\infty}R_n(x)=0,\quad x\in U(x_0),$$

有

$$\lim_{n\to\infty}s_n(x)=\lim_{n\to\infty}[f(x)-R_n(x)]=f(x),\quad x\in U(x_0).$$

即 $f(x)$ 的泰勒级数在 $U(x_0)$ 内收敛到 $f(x)$ 或说以 $f(x)$ 为其和函数.

定理证毕.

定理 5.1 说明,在满足定理 5.1 的条件下函数 $f(x)$ 的泰勒级数必收敛,并且收敛到 $f(x)$.这时称 $f(x)$ 在点 x_0 附近**能展开成幂级数**,或说 $f(x)$ **能展开成泰勒级数**;并称式(5.4)的右端为函数 $f(x)$ 在点 x_0 处的**泰勒展开式**,或称 $f(x)$ **展开成的泰勒级数**.

同时,上述展开式是唯一的.下证这一结论是成立的.

假设 $f(x)$ 在点 x_0 的某邻域内还能表示成

$$f(x)=a_0+a_1(x-x_0)+a_2(x-x_0)^2+\cdots+a_n(x-x_0)^n+\cdots, \tag{5.6}$$

在式(5.6)中,令 $x=x_0$,则有 $a_0=f(x_0)$.对式(5.6)的两边求导,由幂级数和函数的分析性质,右边可以逐项求导,再令 $x=x_0$,

> 综合上面的讨论,函数的泰勒级数与函数展成的泰勒级数有何区别?函数具备什么样的条件有泰勒级数?具备什么条件能展开成泰勒级数?

得 $a_1 = \dfrac{f'(x_0)}{1!}$，如此下去，就有

$$a_2 = \frac{f''(x_0)}{2!}, \cdots, a_n = \frac{f^{(n)}(x_0)}{n!}, \cdots.$$

这就说明，式(5.6)就是式(5.4)，因此，展开式是唯一的.

在式(5.4)中，若令 $x_0 = 0$，则有

$$f(x) = f(0) + \frac{f'(0)}{1!}x + \frac{f''(0)}{2!}x^2 + \cdots + \frac{f^{(n)}(0)}{n!}x^n + \cdots, x \in U(0). \qquad (5.7)$$

当式(5.7)成立时，称函数 $f(x)$ 可展开成 x 的幂级数，或说 $f(x)$ 可展开成**麦克劳林级数**；右端的级数称为 $f(x)$ 的**麦克劳林展开式**，或说 $f(x)$ **展开成的** x 的幂级数. 麦克劳林级数是泰勒级数中最常用的形式，以下主要讨论函数展开成麦克劳林级数的问题.

2. 函数展开成幂级数的方法

要把给定的函数展开成幂级数，比如麦克劳林级数，通常有两种方法.

2.1　直接展开法

依据定理 5.1，要写出函数 $f(x)$ 的麦克劳林展开式，或要说明 $f(x)$ 不能展开成麦克劳林级数，具体可分为以下三步：

（1）在 $x = 0$ 附近求出 $f(x)$ 的各阶导数，并求出 $f(0), f'(0), \cdots, f^{(n)}(0), \cdots$；如果在 $x = 0$ 处某阶导数不存在就停止进行，说明它不能展开为 x 的幂级数（例如在 $x = 0$ 处，$f(x) = x^{\frac{7}{3}}$ 的三阶导数不存在，因此，该函数不能展开成麦克劳林级数）；

（2）在各阶导数都存在的情况下，写出幂级数

$$f(0) + \frac{f'(0)}{1!}x + \frac{f''(0)}{2!}x^2 + \cdots + \frac{f^{(n)}(0)}{n!}x^n + \cdots,$$

并求该幂级数的收敛半径 R；

（3）在区间 $(-R, R)$ 内验证 $\lim\limits_{n \to \infty} \dfrac{f^{(n+1)}(\xi)}{(n+1)!}x^{n+1} = 0$ 是否成立，如果不成立，则说明 $f(x)$ 不能展开成麦克劳林级数；如果成立，则该函数在该区间内可展开成麦克劳林级数，即有

$$f(x) = f(0) + \frac{f'(0)}{1!}x + \frac{f''(0)}{2!}x^2 + \cdots + \frac{f^{(n)}(0)}{n!}x^n + \cdots, x \in (-R, R).$$

当 $R < +\infty$ 时，可通过验证当 $x = \pm R$ 时右边的级数是否收敛，从而得到上述级数的收敛域.

例 5.1　将函数 $f(x) = e^x$ 展开成麦克劳林级数.

解　对任意的 $n = 1, 2, \cdots, f^{(n)}(x) = e^x$，因此
$f^{(n)}(0) = (e^x)^{(n)}\big|_{x=0} = e^x\big|_{x=0} = 1, n = 1, 2, \cdots$，于是得到级数

$$1 + x + \frac{1}{2!}x^2 + \cdots + \frac{1}{n!}x^n + \cdots,$$

易验证该级数的收敛半径 $R = +\infty$. 对任意的 x，余项的绝对值

$$|R_n(x)| = \left| \frac{e^\xi}{(n+1)!}x^{n+1} \right| < e^{|x|} \cdot \frac{|x|^{n+1}}{(n+1)!},$$

其中 ξ 在 0 与 x 之间.

对任意的 x，$e^{|x|}$ 是一个与 n 无关的有限数，而 $\dfrac{|x|^{n+1}}{(n+1)!}$ 是

收敛级数 $\displaystyle\sum_{n=1}^{\infty}\dfrac{|x|^{n+1}}{(n+1)!}$ 的一般项，因此当 $n\to\infty$ 时，$e^{|x|}\cdot$

$\dfrac{|x|^{n+1}}{(n+1)!}\to 0$，即当 $n\to\infty$ 时，$\lim\limits_{n\to\infty}R_n(x)=0$. 于是，有

$$e^x = 1 + x + \frac{1}{2!}x^2 + \cdots + \frac{1}{n!}x^n + \cdots = \sum_{n=0}^{\infty}\frac{x^n}{n!}, \quad -\infty<x<+\infty. \tag{5.8}$$

例 5.2 将函数 $f(x)=\sin x$，$g(x)=\cos x$ 分别展开成麦克劳林级数.

解 由 $f^{(n)}(x)=(\sin x)^{(n)}=\sin\left(x+\dfrac{n\pi}{2}\right)$，易得，$f^{(n)}(0)=\sin\left(\dfrac{n\pi}{2}\right)$，它随 $n=0,1,2,\cdots$ 顺序循环地取 $0,1,0,-1,\cdots$，于是得级数

$$x - \frac{1}{3!}x^3 + \frac{1}{5!}x^5 - \cdots + (-1)^{n-1}\frac{1}{(2n-1)!}x^{2n-1} + \cdots.$$

易求得该级数的收敛半径为 $R=+\infty$. 对任意给定的 x，余项的绝对值

$$|R_n(x)| = \left|\frac{\sin\left[\xi+\dfrac{(n+1)\pi}{2}\right]}{(n+1)!}x^{n+1}\right| \leqslant \frac{|x|^{n+1}}{(n+1)!}\to 0 \quad (n\to\infty),$$

其中的 ξ 在 0 与 x 之间. 因此

$$\sin x = \sum_{n=0}^{\infty}\frac{(-1)^n}{(2n+1)!}x^{2n+1}$$

$$= x - \frac{1}{3!}x^3 + \frac{1}{5!}x^5 - \cdots + \frac{(-1)^n}{(2n+1)!}x^{2n+1} + \cdots \quad (-\infty<x<+\infty).$$

或写为

$$\sin x = \sum_{n=1}^{\infty}\frac{(-1)^{n-1}}{(2n-1)!}x^{2n-1}$$

$$= x - \frac{1}{3!}x^3 + \frac{1}{5!}x^5 - \cdots + \frac{(-1)^{n-1}}{(2n-1)!}x^{2n-1} + \cdots \quad (-\infty<x<+\infty). \tag{5.9}$$

函数 $g(x)=\cos x$ 的麦克劳林展开式可以仿照求 $\sin x$ 展开式的方法进行. 同时也可以用下面的方法求得.

式(5.9)表明，对任意的 $x\in(-\infty,+\infty)$，右边的级数以 $\sin x$ 为其和函数. 利用幂级数和函数的分析性质 3 作"已知"，对右边逐项求导所得到的新的级数的和，正是左边和函数 $\sin x$ 的导数 $\cos x$，并且与式(5.9)右边的级数有相同的收敛半径. 于是有

$$\cos x = 1 - \frac{1}{2!}x^2 + \frac{1}{4!}x^4 - \cdots + \frac{(-1)^n}{(2n)!}x^{2n} + \cdots = \sum_{n=0}^{\infty}\frac{(-1)^n}{(2n)!}x^{2n} \quad (-\infty<x<+\infty). \tag{5.10}$$

利用函数展开式的唯一性，它正是 $\cos x$ 的麦克劳林展开式.

这里得到式(5.10)的思想方法实际给出了一种将函数展开成幂级数的方法——间接展开法.

2.2 间接展开法

利用定理 5.1 将函数展开时,不仅要计算幂级数的系数,还要求级数的收敛区间,并在收敛区间内验证泰勒公式余项的极限为零.对大部分函数来说,这样做会比较麻烦甚至是非常困难的.但像上面求 $\cos x$ 的展开式时所采用的所谓的"间接展开法"就避免了这些麻烦.为此我们希望采用上面求 $\cos x$ 的展开式时所采用的思想方法:利用级数的算术运算、变量代换、逐项求导、逐项积分等技巧,将"未知"转化为"已知",从而借用已有的函数的展开式,得到所要求的函数的幂级数展式;再由展式的唯一性,所得到的幂级数就是该函数的泰勒(麦克劳林)展开式,并且这样做还避开了验证余项趋于零.例如,对

$$\frac{1}{1-x} = 1 + x + x^2 + \cdots + x^n + \cdots \quad (-1 < x < 1),$$

以 $-x$ 代换其中的 x,得

$$\frac{1}{1+x} = 1 - x + x^2 - x^3 + \cdots + (-1)^n x^n + \cdots \quad (-1 < x < 1). \tag{5.11}$$

将式(5.11)的两边分别从 0 到 x(x 为区间 $(-1,1)$ 内的任意一点)积分,得

$$\ln(1+x) = x - \frac{x^2}{2} + \frac{x^3}{3} - \frac{x^4}{4} + \cdots + (-1)^n \frac{x^{n+1}}{n+1} + \cdots \quad (-1 < x < 1),$$

右边的级数当 $x = 1$ 时是一个收敛的交错级数,而在 $x = -1$ 处不收敛,因此右边级数的收敛域是 $(-1, 1]$,由幂级数的和函数在收敛域的连续性,有

$$\ln(1+x) = x - \frac{x^2}{2} + \frac{x^3}{3} - \frac{x^4}{4} + \cdots + (-1)^n \frac{x^{n+1}}{n+1} + \cdots \quad (-1 < x \leqslant 1). \tag{5.12}$$

式(5.12)就是对数函数 $\ln(1+x)$ 的麦克劳林展开式.

在式(5.11)中用 x^2 替换其中的 x,得

$$\frac{1}{1+x^2} = 1 - x^2 + x^4 - x^6 + \cdots + (-1)^n x^{2n} + \cdots \quad (-1 < x < 1), \tag{5.13}$$

再将式(5.13)两边分别积分(右边逐项积分),得

$$\arctan x = x - \frac{x^3}{3} + \frac{x^5}{5} + \cdots + (-1)^n \frac{1}{2n+1} x^{2n+1} + \cdots,$$

> 式(5.12)与式(5.13)都是通过间接展开而得到的,二者的依据有什么区别?

上式右边的级数在 $x = \pm 1$ 时皆为收敛的交错级数,因此

$$\arctan x = x - \frac{x^3}{3} + \frac{x^5}{5} + \cdots + (-1)^n \frac{1}{2n+1} x^{2n+1} + \cdots, x \in [-1, 1]. \tag{5.14}$$

将一般指数函数作初等变形可得

$$a^x = e^{x \ln a} = \sum_{n=0}^{\infty} \frac{(\ln a)^n}{n!} x^n \quad (-\infty < x < +\infty).$$

例 5.3 将函数 $f(x) = \dfrac{1}{1+x}$ 展开成 $x-1$ 的幂级数.

解 为利用式(5.11)作"已知",首先将 $f(x)$ 作初等变形

> 将例 5.3 与式(5.11)相比较,二者有何差别?

使其分母出现 $x-1$. 于是

$$\frac{1}{1+x}=\frac{1}{2+(x-1)}=\frac{1}{2}\cdot\frac{1}{1+\frac{x-1}{2}}=\frac{1}{2}\sum_{n=0}^{\infty}(-1)^{n}\left(\frac{x-1}{2}\right)^{n}=\sum_{n=0}^{\infty}\frac{(-1)^{n}}{2^{n+1}}(x-1)^{n},$$

上式在 $\left|\frac{x-1}{2}\right|<1$ 时收敛,即 $-2<x-1<2$,因此该级数的收敛域为 $(-1,3)$.

例 5.4　将函数 $f(x)=\dfrac{1}{(x+1)(x+3)}$ 展开成 $x-1$ 的幂级数.

解

$$f(x)=\frac{1}{(x+1)(x+3)}=\frac{1}{2}\left(\frac{1}{x+1}-\frac{1}{x+3}\right),$$

由例 5.3

左边作变换的目的是什么?

$$\frac{1}{1+x}=\sum_{n=0}^{\infty}\frac{(-1)^{n}}{2^{n+1}}(x-1)^{n},\ -2<x-1<2.$$

类似地,

$$\frac{1}{3+x}=\frac{1}{4+(x-1)}=\frac{1}{4}\cdot\frac{1}{1+\frac{x-1}{4}}=\frac{1}{4}\sum_{n=0}^{\infty}(-1)^{n}\left(\frac{x-1}{4}\right)^{n}$$

$$=\sum_{n=0}^{\infty}\frac{(-1)^{n}}{4^{n+1}}(x-1)^{n},\left|\frac{x-1}{4}\right|<1,即-4<x-1<4.$$

因此,两级数收敛域的交集为 $-2<x-1<2$,即 $-1<x<3$,有

$$f(x)=\frac{1}{2}\left(\frac{1}{x+1}-\frac{1}{x+3}\right)=\frac{1}{2}\left[\sum_{n=0}^{\infty}\frac{(-1)^{n}}{2^{n+1}}(x-1)^{n}-\sum_{n=0}^{\infty}\frac{(-1)^{n}}{4^{n+1}}(x-1)^{n}\right]$$

$$=\frac{1}{2}\sum_{n=0}^{\infty}(-1)^{n}\left(\frac{1}{2^{n+1}}-\frac{1}{4^{n+1}}\right)(x-1)^{n}\quad(-1<x<3).$$

例 5.5　将函数 $(1+x)\ln(1+x)$ 展开成 x 的幂级数.

解　由

$$(1+x)\ln(1+x)=\ln(1+x)+x\ln(1+x),$$

及

$$\ln(1+x)=x-\frac{x^2}{2}+\frac{x^3}{3}-\frac{x^4}{4}+\cdots+(-1)^{n}\frac{x^{n+1}}{n+1}+\cdots$$

$$=x+\sum_{n=1}^{\infty}(-1)^{n}\frac{x^{n+1}}{n+1}\quad(-1<x\leqslant1),$$

因此

$$x\ln(1+x)=x^2-\frac{x^3}{2}+\frac{x^4}{3}+\cdots+(-1)^{n}\frac{x^{n+2}}{n+1}+\cdots=\sum_{n=1}^{\infty}(-1)^{n-1}\frac{x^{n+1}}{n}\quad(-1<x\leqslant1).$$

于是

$$(1+x)\ln(1+x)=\ln(1+x)+x\ln(1+x)$$

$$= \left[x + \sum_{n=1}^{\infty} (-1)^n \frac{x^{n+1}}{n+1} \right] + \sum_{n=1}^{\infty} (-1)^{n-1} \frac{x^{n+1}}{n}$$

$$= x + \sum_{n=1}^{\infty} \frac{(-1)^n n + (-1)^{n-1}(n+1)}{n(n+1)} x^{n+1}$$

$$= x + \sum_{n=1}^{\infty} \frac{(-1)^{n-1}}{n(n+1)} x^{n+1} \quad (-1 < x \leqslant 1).$$

例 5.6 将函数 $\sin x$ 展开成 $x - \dfrac{\pi}{3}$ 的幂级数.

解 因为

$$\sin x = \sin \left[\frac{\pi}{3} + \left(x - \frac{\pi}{3} \right) \right] = \sin \frac{\pi}{3} \cos \left(x - \frac{\pi}{3} \right) + \cos \frac{\pi}{3} \sin \left(x - \frac{\pi}{3} \right)$$

$$= \frac{\sqrt{3}}{2} \cos \left(x - \frac{\pi}{3} \right) + \frac{1}{2} \sin \left(x - \frac{\pi}{3} \right),$$

利用例 5.2 的结果,有

$$\cos \left(x - \frac{\pi}{3} \right) = 1 - \frac{\left(x - \frac{\pi}{3} \right)^2}{2!} + \frac{\left(x - \frac{\pi}{3} \right)^4}{4!} - \cdots +$$

$$(-1)^n \frac{\left(x - \frac{\pi}{3} \right)^{2n}}{(2n)!} + \cdots \quad (-\infty < x < +\infty),$$

> 例 5.3 与例 5.5 都是通过间接展开得到的,它们的解法与得到式(5.10)与式(5.12)的方法有何差异? 总结以上不同的间接展法,它们可分几种情形?

$$\sin \left(x - \frac{\pi}{3} \right) = \left(x - \frac{\pi}{3} \right) - \frac{\left(x - \frac{\pi}{3} \right)^3}{3!} + \frac{\left(x - \frac{\pi}{3} \right)^5}{5!} - \cdots +$$

$$(-1)^{n-1} \frac{\left(x - \frac{\pi}{3} \right)^{2n-1}}{(2n-1)!} + \cdots \quad (-\infty < x < +\infty),$$

所以

$$\sin x = \frac{\sqrt{3}}{2} + \frac{1}{2} \left(x - \frac{\pi}{3} \right) - \frac{\sqrt{3}}{2} \frac{\left(x - \frac{\pi}{3} \right)^2}{2!} - \frac{1}{2} \frac{\left(x - \frac{\pi}{3} \right)^3}{3!} + \cdots \quad (-\infty < x < +\infty).$$

例 5.7 试证,在 $(-1,1)$ 内,有

$$(1+x)^{\alpha} = 1 + \alpha x + \frac{\alpha(\alpha-1)}{2!} x^2 + \cdots + \frac{\alpha(\alpha-1)\cdots(\alpha-n+1)}{n!} x^n + \cdots$$

成立,其中 α 为任意常数.

解 $f(x) = (1+x)^{\alpha}$ 的各阶导数分别为

$$f'(x) = \alpha(1+x)^{\alpha-1},$$

$$f''(x) = \alpha(\alpha-1)(1+x)^{\alpha-2},$$

$$\cdots\cdots\cdots$$

$$f^{(n)}(x) = \alpha(\alpha-1)\cdots(\alpha-n+1)(1+x)^{\alpha-n},$$

$$\cdots\cdots\cdots\cdots$$

于是

$$f(0) = 1, f'(0) = \alpha, f''(0) = \alpha(\alpha-1), \cdots, f^{(n)}(0) = \alpha(\alpha-1)\cdots(\alpha-n+1), \cdots,$$

因此，该幂函数的泰勒级数为

$$1 + \alpha x + \frac{\alpha(\alpha-1)}{2!}x^2 + \cdots + \frac{\alpha(\alpha-1)\cdots(\alpha-n+1)}{n!}x^n + \cdots,$$

由于 $\lim\limits_{n \to \infty}\left|\dfrac{a_{n+1}}{a_n}\right| = \lim\limits_{n \to \infty}\left|\dfrac{\alpha-n}{1+n}\right| = 1$，因而收敛半径为 1，故该级数在 $(-1,1)$ 内收敛.

按照定理 5.1，还应证明其余项在收敛区间内收敛于零. 但对这个函数来说是比较困难的. 下面直接证明该级数在 $(-1,1)$ 内的和函数就是 $(1+x)^\alpha$.

不妨假设它在 $(-1,1)$ 内的和函数为 $F(x)$，即有

$$F(x) = 1 + \alpha x + \frac{\alpha(\alpha-1)}{2!}x^2 + \cdots + \frac{\alpha(\alpha-1)\cdots(\alpha-n+1)}{n!}x^n + \cdots, \quad x \in (-1,1),$$

下面来证明 $F(x) = (1+x)^\alpha, x \in (-1,1)$.

逐项求导，得

$$F'(x) = \alpha\left[1 + (\alpha-1)x + \cdots + \frac{(\alpha-1)\cdots(\alpha-n+1)}{(n-1)!}x^{n-1} + \cdots\right],$$

两边各乘 $(1+x)$，并把含有 $x^n(n=1,2,\cdots)$ 的项合并在一起，利用恒等式

$$\frac{(\alpha-1)\cdots(\alpha-n+1)}{(n-1)!} + \frac{(\alpha-1)\cdots(\alpha-n)}{n!}$$

$$= \frac{\alpha(\alpha-1)\cdots(\alpha-n+1)}{n!} \quad (n=1,2,\cdots),$$

有

$$(1+x)F'(x) = \alpha\left[1 + \alpha x + \frac{\alpha(\alpha-1)}{2!}x^2 + \cdots + \frac{\alpha(\alpha-1)\cdots(\alpha-n+1)}{n!}x^n + \cdots\right]$$

$$= \alpha F(x) \quad\quad\quad (-1<x<1).$$

解微分方程

$$(1+x)F'(x) = \alpha F(x),$$

并利用初值条件 $F(0) = 1$ 得

$$F(x) = (1+x)^\alpha, x \in (-1,1).$$

即有

$$(1+x)^\alpha = 1 + \alpha x + \frac{\alpha(\alpha-1)}{2!}x^2 + \cdots + \frac{\alpha(\alpha-1)\cdots(\alpha-n+1)}{n!}x^n + \cdots, \quad x \in (-1,1). \quad (5.15)$$

式 (5.15) 称为二项展开式. 需要注意的是，在区间 $(-1,1)$ 的端点处展开式成立与否可能随 α 的不同取值而不同. 例如，

当 α 为正整数时它为多项式；

当 $\alpha = \dfrac{1}{2}$ 时，

$$\sqrt{1+x} = 1 + \frac{1}{2}x - \frac{1}{2 \cdot 4}x^2 + \frac{1 \cdot 3}{2 \cdot 4 \cdot 6}x^3 + \cdots (-1)^{n-1}\frac{1 \cdot 3 \cdot \cdots \cdot (2n-3)}{2 \cdot 4 \cdot 6 \cdot \cdots \cdot (2n)}x^n + \cdots \quad (-1 \leqslant x \leqslant 1);$$

$$(5.16)$$

当 $\alpha = -\frac{1}{2}$ 时

$$\frac{1}{\sqrt{1+x}} = 1 - \frac{1}{2}x + \frac{1 \cdot 3}{2 \cdot 4}x^2 - \frac{1 \cdot 3 \cdot 5}{2 \cdot 4 \cdot 6}x^3 + \cdots + (-1)^n \frac{1 \cdot 3 \cdot \cdots \cdot (2n-1)}{2 \cdot 4 \cdot 6 \cdot \cdots \cdot (2n)}x^n + \cdots \quad (-1 < x \leqslant 1).$$

$$(5.17)$$

3. 函数的幂级数展开的应用

3.1 近似计算

利用函数的幂级数展开式,可以在展开式成立的区间内,利用展开式的部分和代替该函数,从而求得函数的近似值.显然其近似程度与选取项数的多少有关.

例 5.8   计算 $\sqrt[5]{240}$ 的近似值,要求误差不超过 0.000 1.

解   为利用二项展开式

$$(1+x)^\alpha = 1 + \alpha x + \frac{\alpha(\alpha-1)}{2!}x^2 + \cdots + \frac{\alpha(\alpha-1)\cdots(\alpha-n+1)}{n!}x^n + \cdots, \quad x \in (-1, 1),$$

我们将 $\sqrt[5]{240}$ 写成 $3\left(1-\frac{1}{3^4}\right)^{\frac{1}{5}}$ 的形式.于是

$$\sqrt[5]{240} = 3 \times \left(1 - \frac{1}{3^4}\right)^{\frac{1}{5}} = 3\left(1 - \frac{1}{5} \times \frac{1}{3^4} - \frac{1 \times 4}{5^2 \times 2!} \times \frac{1}{3^8} - \frac{1 \times 4 \times 9}{5^3 \times 3!} \times \frac{1}{3^{12}} - \cdots\right).$$

如果取该级数的第一项作近似值,显然其误差 $|r_1| > 3 \cdot \frac{1}{5} \cdot \frac{1}{3^4} = \frac{1}{135} > 0.000\ 1$,不能保证满足题目的要求.若取前两项的和作为 $\sqrt[5]{240}$ 的近似值,其误差为

$$|r_2| = 3\left(\frac{1}{2!} \cdot \frac{1 \cdot 4}{5^2} \cdot \frac{1}{3^8} + \frac{1}{3!} \cdot \frac{1 \cdot 4 \cdot 9}{5^3} \cdot \frac{1}{3^{12}} + \cdots\right)$$

$$< 3 \cdot \frac{1}{2!} \cdot \frac{1 \cdot 4}{5^2} \cdot \frac{1}{3^8}\left[1 + \frac{1}{81} + \left(\frac{1}{81}\right)^2 + \cdots\right]$$

$$= \frac{6}{25} \cdot \frac{1}{3^8} \cdot \frac{1}{1 - \frac{1}{81}} = \frac{1}{25 \cdot 27 \cdot 40} < \frac{1}{20\ 000}.$$

它满足所要求的精确度.注意到题目要求误差不超过 0.000 1,于是计算时取小数点后五位,对第五位四舍五入,得

$$\sqrt[5]{240} \approx 3\left(1 - \frac{1}{5} \cdot \frac{1}{3^4}\right) \approx 2.992\ 6.$$

例 5.9   求 $\ln 3$ 的近似值,使误差不超过 10^{-4}.

解   注意到 $\ln 3 = \ln(1+2)$,而在 $\ln(1+x)$ 的展开式 (5.12) 中,$-1 < x \leqslant 1$,因此无法利用

$\ln(1+x)$ 的展开式来求 $\ln 3$.

为此将

$$\ln\ (1+x) = x - \frac{x^2}{2} + \frac{x^3}{3} - \frac{x^4}{4} + \cdots + (-1)^{n-1}\frac{x^n}{n} + \cdots \quad (-1 < x \leqslant 1)$$

中的 x 以 $-x$ 代换,得

$$\ln\ (1-x) = -x - \frac{x^2}{2} - \frac{x^3}{3} - \frac{x^4}{4} - \cdots + (-1)^{n-1}\frac{(-x)^n}{n} + \cdots \quad (-1 \leqslant x < 1). \tag{5.18}$$

两式相减,得到

$$\ln\frac{1+x}{1-x} = 2\left(x + \frac{x^3}{3} + \frac{x^5}{5} + \cdots + \frac{x^{2n-1}}{2n-1} + \cdots\right) \quad (-1 < x < 1). \tag{5.19}$$

式(5.19)的右边是一个不含偶次项的幂级数.以 $x = \dfrac{1}{2}\left(\text{令}\dfrac{x+1}{1-x} = 3 \text{ 易得 } x = \dfrac{1}{2}\right)$ 代入之,得

$$\ln 3 = 2\left[\frac{1}{2} + \frac{1}{3}\left(\frac{1}{2}\right)^3 + \frac{1}{5}\left(\frac{1}{2}\right)^5 + \cdots + \frac{1}{2n-1}\left(\frac{1}{2}\right)^{2n-1} + \cdots\right]. \tag{5.20}$$

若取其前 n 项和作为近似值,则

$$
\begin{aligned}
|r_n| &= 2\left[\frac{1}{(2n+1)\cdot 2^{2n+1}} + \frac{1}{(2n+3)\cdot 2^{2n+3}} + \cdots\right] \\
&= \frac{2}{(2n+1)\cdot 2^{2n+1}}\left[1 + \frac{(2n+1)\cdot 2^{2n+1}}{(2n+3)\cdot 2^{2n+3}} + \frac{(2n+1)\cdot 2^{2n+1}}{(2n+5)\cdot 2^{2n+5}} + \cdots\right] \\
&< \frac{2}{(2n+1)\cdot 2^{2n+1}}\left(1 + \frac{1}{2^2} + \frac{1}{2^4} + \cdots\right) = \frac{1}{3(2n+1)2^{2n-2}}.
\end{aligned}
$$

故

$$|r_5| < \frac{1}{3\times 11\times 2^8} \approx 0.000\ 12, \quad |r_6| < \frac{1}{3\times 13\times 2^{10}} \approx 0.000\ 03.$$

因而取 $n = 6$,则有

$$\ln 3 \approx 2\left(\frac{1}{2} + \frac{1}{3}\cdot\frac{1}{2^3} + \frac{1}{5}\cdot\frac{1}{2^5} + \cdots + \frac{1}{11}\cdot\frac{1}{2^{11}}\right) \approx 1.098\ 6.$$

用牛顿-莱布尼茨公式计算定积分时,需要利用被积函数的原函数.如果不能求出被积函数的原函数,就不能利用牛顿-莱布尼茨公式.但是,如果被积函数能用幂级数表示,则可用下述方法求出该积分的近似值.

例 5.10 求 $\displaystyle\int_0^1 e^{-x^2}dx$ 的近似值,精确到 10^{-4}.

解 由于被积函数 e^{-x^2} 的原函数不是初等函数,所以该积分不能用牛顿-莱布尼茨公式计算.为此我们利用 e^{-x^2} 的幂级数展开式并由幂级数的逐项可积性将 $\displaystyle\int_0^1 e^{-x^2}dx$ 表示成级数的形式,从而计算其近似值.

由于

$$e^{-x^2} = 1 - x^2 + \frac{1}{2!}x^4 - \frac{1}{3!}x^6 + \cdots + (-1)^n\frac{1}{n!}x^{2n} + \cdots \quad (-\infty < x < +\infty),$$

两端积分,右端逐项积分得

$$\int_0^1 e^{-x^2} dx = 1 - \frac{1}{3} + \frac{1}{5 \cdot 2!} - \frac{1}{7 \cdot 3!} + \frac{1}{9 \cdot 4!} - \frac{1}{11 \cdot 5!} + \frac{1}{13 \cdot 6!} - \frac{1}{15 \cdot 7!} + \cdots.$$

由 $\frac{1}{15 \cdot 7!} < 10^{-4}$,因此,取上式右端交错级数的前 7 项可以达

到题目对精确度的要求.计算可得

求这个积分的近似值的过程中,主要分别在哪几步用了什么作"已知"?你有何体会?

$$\int_0^1 e^{-x^2} dx \approx 0.746\ 84.$$

*3.2 欧拉公式

在第六章我们曾经应用了欧拉公式,下边利用级数的知识简单说明它的由来,只做形式性的推导,不做严格证明.

我们知道,若 x, y 为实数,i 满足 $i^2 = -1$,称 $z = x + iy$ 为复数,$\sqrt{x^2 + y^2}$ 称为该复数的模,记作 $|z|$,通常用 ρ 表示,即有 $\rho = |z|$. x 轴的正向与点 (x, y) 的向径的夹角 θ 称为复数 $z = x + iy$ 的辐角,记作 $\arg z$.而将 z 记作

$$z = \rho(\cos \theta + i\sin \theta). \tag{5.21}$$

复数的全体所组成的集合

$$C = \{z = x + iy \mid x, y \text{ 为任意实数}\}$$

称为复数域或复平面.前面介绍的级数理论都是限制在实数集内讨论的,事实上它们都可以推广到复平面中得到复级数,这里对其做一简单介绍,不做详细讨论.

设有复级数

$$(u_1 + iv_1) + (u_2 + iv_2) + \cdots + (u_n + iv_n) + \cdots,$$

其中 $u_1, v_1, u_2, v_2, \cdots, u_n, v_n, \cdots$ 为实常数或实函数.如果其实部所构成的级数

$$u_1 + u_2 + \cdots + u_n + \cdots$$

与虚部所构成的级数

$$v_1 + v_2 + \cdots + v_n + \cdots$$

都收敛,分别收敛于 u 与 v,则称该复级数 $(u_1 + iv_1) + (u_2 + iv_2) + \cdots + (u_n + iv_n) + \cdots$ 收敛,且其和为 $u + iv$.

如果该复级数各项的模所构成的级数

$$\sqrt{u_1^2 + v_1^2} + \sqrt{u_2^2 + v_2^2} + \cdots + \sqrt{u_n^2 + v_n^2} + \cdots$$

收敛,则称该复级数 $(u_1 + iv_1) + (u_2 + iv_2) + \cdots + (u_n + iv_n) + \cdots$ 绝对收敛.

由于 $|u_n| \leqslant \sqrt{u_n^2 + v_n^2}$,$|v_n| \leqslant \sqrt{u_n^2 + v_n^2}$,因此若复级数绝对收敛,则它一定收敛.

将指数函数 e^x 的麦克劳林展开式

$$e^x = 1 + x + \frac{1}{2!}x^2 + \cdots + \frac{1}{n!}x^n + \cdots \quad (-\infty < x < +\infty)$$

中右端级数中的 x 以 $z = x + iy$ 替换,可以证明所得到的复级数

如何理解"对我们来说,该复级数的和是一'未知'"?而又用什么作"已知"来表示其和的?

$$1 + z + \frac{z^2}{2!} + \cdots + \frac{z^n}{n!} + \cdots$$

在整个复平面上是绝对收敛的.对我们来说该级数的和函数是一"未知".由于当 $z=x$ 时,该级数收敛到 e^x,因此,将复级数 $1+z+\dfrac{z^2}{2!}+\cdots+\dfrac{z^n}{n!}+\cdots$ 的和函数定义作 e^z 称为复指数函数.即有

$$\mathrm{e}^z=1+z+\frac{1}{2!}z^2+\cdots+\frac{1}{n!}z^n+\cdots \quad (\,|z|<+\infty\,) \tag{5.22}$$

在式(5.22)中,令 $z=\mathrm{i}x$,得

$$\mathrm{e}^{\mathrm{i}x}=1+\mathrm{i}x+\frac{1}{2!}(\mathrm{i}x)^2+\frac{1}{3!}(\mathrm{i}x)^3+\cdots+\frac{1}{n!}(\mathrm{i}x)^n+\cdots$$

$$=1+\mathrm{i}x-\frac{1}{2!}x^2-\frac{\mathrm{i}}{3!}x^3+\frac{1}{4!}x^4+\frac{\mathrm{i}}{5!}x^5-\cdots$$

$$=\left(1-\frac{1}{2!}x^2+\frac{1}{4!}x^4+\cdots\right)+\mathrm{i}\left(x-\frac{1}{3!}x^3+\frac{1}{5!}x^5-\cdots\right)$$

$$=\cos x+\mathrm{i}\sin x.$$

称

$$\mathrm{e}^{\mathrm{i}x}=\cos x+\mathrm{i}\sin x \tag{5.23}$$

为欧拉公式.在式(5.22)中,令 $z=-\mathrm{i}x$ 又有

$$\mathrm{e}^{-\mathrm{i}x}=\cos x-\mathrm{i}\sin x \tag{5.24}$$

式(5.23)与式(5.24)的两边分别相加或者相减,易得

$$\cos x=\frac{\mathrm{e}^{\mathrm{i}x}+\mathrm{e}^{-\mathrm{i}x}}{2},\quad \sin x=\frac{\mathrm{e}^{\mathrm{i}x}-\mathrm{e}^{-\mathrm{i}x}}{2\mathrm{i}}. \tag{5.25}$$

通常也将式(5.25)称为欧拉公式.欧拉公式揭示了三角函数与复变量指数函数之间的一种联系.另外由式(5.22)并根据幂级数的乘法法则,不难验证

$$\mathrm{e}^{z_1+z_2}=\mathrm{e}^{z_1}\cdot\mathrm{e}^{z_2}.$$

于是取 $z_1=x$ 为实数,$z_2=\mathrm{i}y$ 为纯虚数,结合欧拉公式,则有

$$\mathrm{e}^{x+\mathrm{i}y}=\mathrm{e}^x\cdot\mathrm{e}^{\mathrm{i}y}=\mathrm{e}^x(\cos y+\mathrm{i}\sin y).$$

结合式(5.21)得,复变量指数函数 e^z 在 $z=x+\mathrm{i}y$ 处的值,是模为 e^x、辐角为 y 的一个复数.

*3.3　微分方程的幂级数解法

借助函数的幂级数展开可以解一些特殊形式的微分方程.

设有一阶微分方程

$$\frac{\mathrm{d}y}{\mathrm{d}x}=f(x,y), \tag{5.26}$$

欲求其满足初值条件 $y\big|_{x=x_0}=y_0$ 的特解.其中函数 $f(x,y)$ 是 $(x-x_0)$,$(y-y_0)$ 的形如

$$f(x,y)=a_{00}+a_{10}(x-x_0)+a_{01}(y-y_0)+\cdots+a_{lm}(x-x_0)^l(y-y_0)^m$$

的多项式.由初值条件,设要求的特解为由 $(x-x_0)$ 的幂级数表示的函数

$$y=y_0+a_1(x-x_0)+a_2(x-x_0)^2+\cdots+a_n(x-x_0)^n+\cdots, \tag{5.27}$$

其中,$a_1,a_2,\cdots,a_n,\cdots$ 是待定系数.因此为求式(5.26)的形如(5.27)的特解,只需将式(5.27)代入式(5.26)得一恒等式,通过比较该恒等式两端同次幂的系数,就可确定 $a_1,a_2,\cdots,a_n,\cdots$,从而就确定满足方程(5.26)的特解(5.27).

例 5.11 试用幂级数求微分方程 $y'=y^2+x^3$ 满足初值条件 $y\big|_{x=0}=\dfrac{1}{2}$ 的特解.

解 由初值条件 $y\big|_{x=0}=\dfrac{1}{2}$，即当 $x=0$ 时 $y=\dfrac{1}{2}$，故设

$$y=\frac{1}{2}+a_1x+a_2x^2+a_3x^3+a_4x^4+\cdots,$$

因此

$$y'=a_1+2a_2x+3a_3x^2+4a_4x^3+\cdots.$$

将 y,y' 的幂级数展开式代入原方程 $y'=y^2+x^3$ 之中，得

$$a_1+2a_2x+3a_3x^2+4a_4x^3+\cdots=\left(\frac{1}{2}+a_1x+a_2x^2+a_3x^3+a_4x^4+\cdots\right)^2+x^3$$

$$=\frac{1}{4}+a_1x+(a_1^2+a_2)x^2+(2a_1a_2+a_3+1)x^3+\cdots,$$

比较两边同次幂的系数，得

$$a_1=\frac{1}{4},\quad a_2=\frac{1}{8},\quad a_3=\frac{1}{16},\quad a_4=\frac{9}{32},$$

于是，有

$$y=\frac{1}{2}+\frac{1}{4}x+\frac{1}{8}x^2+\frac{1}{16}x^3+\frac{9}{32}x^4+\cdots.$$

对二阶齐次线性方程

$$y''+P(x)y'+Q(x)y=0, \tag{5.28}$$

有下面的结论，这里只叙述结果，不予证明.

当函数 $P(x),Q(x)$ 在开区域 $(-R,R)$ 内能展开成 x 的幂级数时，那么在区间 $(-R,R)$ 内，方程(5.28)必有形如

$$y=a_0+a_1x+a_2x^2+a_3x^3+\cdots+a_nx^n+\cdots$$

的解.

例 5.12 求微分方程 $y''+xy'+y=0$ 满足初值条件 $y\big|_{x=0}=0,y'\big|_{x=0}=1$ 的特解.

解 该方程中 $P(x)=x,Q(x)=1$，它在整个 x 轴上符合上面所给结论的条件，因此可设它的解为

$$y=a_0+a_1x+a_2x^2+a_3x^3+\cdots+a_nx^n+\cdots,$$

对该幂级数逐项求导，得

$$y'=a_1+2a_2x+3a_3x^2+\cdots+na_nx^{n-1}+\cdots.$$

由初值条件 $y\big|_{x=0}=0,y'\big|_{x=0}=1$ 得 $a_0=0,a_1=1$，于是

$$y=x+a_2x^2+a_3x^3+\cdots+a_nx^n+\cdots,$$

$$y'=1+2a_2x+3a_3x^2+\cdots+na_nx^{n-1}+\cdots,$$

再求导，得

$$y''=2a_2+3\cdot2a_3x+\cdots+n(n-1)a_nx^{n-2}+\cdots.$$

把

$$y=x+a_2x^2+a_3x^3+\cdots+a_nx^n+\cdots$$

$$y' = 1 + 2a_2 x + 3a_3 x^2 + \cdots + na_n x^{n-1} + \cdots$$

及

$$y'' = 2a_2 + 3 \cdot 2a_3 x + \cdots + n(n-1)a_n x^{n-2} + \cdots$$

代入原方程,得

$$[2a_2 + 3 \cdot 2a_3 x + \cdots + (n+2)(n+1)a_{n+2} x^n + \cdots] + (x + 2a_2 x^2 + 3a_3 x^3 + \cdots + na_n x^n + \cdots) +$$

$$(x + a_2 x^2 + a_3 x^3 + \cdots + a_n x^n + \cdots) = 0,$$

整理得

$$2a_2 + (3 \cdot 2a_3 + 1 + 1)x + \cdots + [(n+1)(n+2)a_{n+2} + na_n + a_n]x^n + \cdots = 0 \quad (n = 2, 3, \cdots).$$

比较两端的系数,得

$$a_{n+2} = -\frac{1}{n+2}a_n \quad (n = 0, 1, 2, \cdots).$$

因此,当 $n = 2(k-1)$ 时,

$$a_{2k} = -\frac{1}{2k}a_{2k-2} = \left(-\frac{1}{2k}\right)\left(-\frac{1}{2k-2}\right)\cdots\left(-\frac{1}{2}\right)a_0 = 0 \quad (k = 1, 2, \cdots);$$

当 $n = 2k - 1$ 时,

$$a_{2k+1} = -\frac{1}{2k+1}a_{2k-1} = \left(-\frac{1}{2k+1}\right)\left(-\frac{1}{2k-1}\right)\cdots\left(-\frac{1}{3}\right)a_1 = \frac{(-1)^k}{(2k+1)!!} \quad (k = 1, 2, \cdots).$$

因此

$$y = x + \sum_{n=1}^{\infty} a_{2n+1} x^{2n+1} = x + \sum_{n=1}^{\infty} \frac{(-1)^n}{(2n+1)!!}x^{2n+1}.$$

易得,该级数的收敛区间为 $(-\infty, +\infty)$,因此,所求的方程的特解为

$$y = x + \sum_{n=1}^{\infty} \frac{(-1)^n}{(2n+1)!!}x^{2n+1} \quad (-\infty < x < +\infty).$$

历史的回顾

历史人物简介

麦克劳林

习题 11-5(A)

1. 判断下列论述是否正确,并说明理由:

(1) 如果函数 $f(x)$ 在点 x_0 的某邻域内有任意阶导数,那么 $f(x)$ 在 x_0 的泰勒级数一定存在.并且在该邻域内其函数 $f(x)$ 一定能展开成 $(x-x_0)$ 的幂级数;

(2) 函数 $f(x)$ 在点 x_0 展开的幂级数在其收敛域内可以逐项求导也可以逐项求积分;

(3) 将某一函数展开成幂级数,可以直接展开,也可以间接展开,无论用什么方法展开,其展开式是唯一的.

2. 将下列函数展开为 x 的幂级数,并指出展开式成立的范围:

(1) $\ln(1+x^2)$;

(2) 2^x;

(3) $\cos^2 x$;

(4) $\ln(2+x)$;

(5) $\dfrac{1}{3-x}$;

(6) xe^{-x};

(7) $\dfrac{x}{\sqrt{1-2x}}$;

(8) $\dfrac{1}{(1+x)^2}$.

3. 将函数 $f(x)=\dfrac{1}{x}$ 展开为 $(x-2)$ 的幂级数,并指出展开式成立的范围.

4. 将函数 $f(x)=e^x$ 在 $x=-1$ 点展开为幂级数,并指出展开式成立的范围.

5. 将函数 $f(x)=\dfrac{1}{x^2-4x+3}$ 在 $x=-1$ 点展开为幂级数,并指出展开式成立的范围.

6. 按精度要求,用函数的幂级数展开式计算下列数值的近似值:

(1) $\sqrt{e}$,精确到 10^{-3};

(2) $\sqrt{522}$,精确到 10^{-5};

(3) $\sin 1°$,精确到 10^{-4}.

习题 11-5(B)

1. 用函数的幂级数展开式计算积分 $\displaystyle\int_0^{0.5}\dfrac{\arctan x}{x}dx$ 的近似值,误差不超过 0.001.

2. 将函数 $f(x)=\dfrac{1-x^2}{(1+x^2)^2}$ 展开为 x 的幂级数,并指出展开式成立的范围.

3. 将函数 $f(x)=\displaystyle\int_0^x\dfrac{\sin t}{t}dt$ 展开为 x 的幂级数,并指出展开式成立的范围.

4. 将函数 $\dfrac{d}{dx}\left(\dfrac{e^x-1}{x}\right)$ 展开为 x 的幂级数,并证明 $\displaystyle\sum_{n=1}^{\infty}\dfrac{n}{(n+1)!}=1$.

5. 将 $f(x)=\dfrac{x-1}{4-x}$ 展开为 $x-1$ 的幂级数,并求 $f^{(n)}(1)$.

*6. 用幂级数法求下列微分方程的解:

(1) $y'=x+y$;

(2) $(1-x)y'=x^2-y$.

*7. 用幂级数法求下列微分方程的特解:

(1) $(1-x)y'+y=1+x, y\big|_{x=0}=0$;

(2) $xy''+y'+xy=0, y\big|_{x=0}=1, y'\big|_{x=0}=0$.

第六节　傅里叶级数

自然界与我们身边存在着大量的周期现象:一年四季周而复始,我们上课按照课程表一周一循环,火车站每天都在相同的时刻发出相同班次的列车,等等.正是这些周期现象,才使得我们的生活既丰富多彩,又井然有序.

用数学方法来研究周期现象就有了周期函数.

在周期函数中,我们熟悉的是正弦函数和余弦函数.本着用"已知"认识"未知"、研究"未知"的认知思想及用"简单"替代"一般"的数学方法,我们自然期望能用正弦函数或余弦函数来表示其他的周期函数.这一期望能否成真? 这是值得探讨的.

1. 三角函数系与三角级数

为了回答上边提出的问题,首先来研究由正弦函数、余弦函数及常数所构成的"三角级数",为此先给出三角函数系的概念.

称函数列

$$1, \cos x, \sin x, \cos 2x, \sin 2x, \cdots, \cos nx, \sin nx, \cdots \tag{6.1}$$

为三角函数系.

三角函数系有着非常好的性质.比如,它具有如下所说的**正交性**:

如果定义在区间 $[a,b]$ 上的两个函数 $f(x), g(x)$ 满足

$$\int_a^b f(x) g(x) \mathrm{d}x = 0,$$

则称它们在区间 $[a,b]$ 上正交.容易验证,三角函数系中的任何两个不同的函数在区间 $[-\pi, \pi]$ 上都是正交的.事实上,对任意的正整数 $m, n = 1, 2, \cdots$,下面的一组等式是成立的:

$$\int_{-\pi}^{\pi} 1 \cdot \sin nx \mathrm{d}x = 0, \qquad \int_{-\pi}^{\pi} 1 \cdot \cos nx \mathrm{d}x = 0,$$

$$\int_{-\pi}^{\pi} \sin nx \cos mx \mathrm{d}x = 0, \qquad \int_{-\pi}^{\pi} \sin mx \sin nx \mathrm{d}x = 0 (m \neq n),$$

$$\int_{-\pi}^{\pi} \cos mx \cos nx \mathrm{d}x = 0 (m \neq n).$$

因此,该三角函数系在区间 $[-\pi, \pi]$ 上具有正交性.

应当注意,三角函数系中的任一函数在区间 $[-\pi, \pi]$ 上都不与其本身正交.事实上,下列等式是容易证明的:

$$\int_{-\pi}^{\pi} 1^2 \mathrm{d}x = 2\pi, \int_{-\pi}^{\pi} \sin^2 nx \mathrm{d}x = \pi, \int_{-\pi}^{\pi} \cos^2 nx \mathrm{d}x = \pi (n = 1, 2, \cdots).$$

这些积分都不为零,因此,三角函数系中的任何一个函数在区间 $[-\pi, \pi]$ 上都不与自身正交.

设有两个数列 $a_0, a_1, a_2, \cdots$ 和 $b_1, b_2, \cdots$,利用它们与三角函数系(6.1)中相应函数相乘,就可以构造如下的级数:

$$\frac{a_0}{2} + \sum_{n=1}^{\infty} (a_n \cos nx + b_n \sin nx), \tag{6.2}$$

称形如(6.2)的函数项级数为**三角级数**.

2. 周期函数的傅里叶级数

像构造函数的泰勒级数那样,下面来构造一给定函数的三角级数:

设函数 $f(x)$ 以 2π 为周期,并且在区间 $[-\pi,\pi]$ 上使下列积分

$$\int_{-\pi}^{\pi} f(x)\mathrm{d}x, \int_{-\pi}^{\pi} f(x)\sin nx\mathrm{d}x, \int_{-\pi}^{\pi} f(x)\cos nx\mathrm{d}x (n=1,2,\cdots)$$

都存在.分别记

$$a_0 = \frac{1}{\pi}\int_{-\pi}^{\pi} f(x)\mathrm{d}x,$$

$$a_n = \frac{1}{\pi}\int_{-\pi}^{\pi} f(x)\cos nx\mathrm{d}x, b_n = \frac{1}{\pi}\int_{-\pi}^{\pi} f(x)\sin nx\mathrm{d}x \quad (n=1,2,\cdots),$$

就得到了两个数列 $a_0,a_1,a_2,\cdots$ 和 $b_1,b_2,\cdots$.用它们作系数构造三角级数

$$\frac{a_0}{2} + \sum_{n=1}^{\infty}(a_n\cos nx + b_n\sin nx). \tag{6.3}$$

该三角级数各项的系数 $a_0,a_1,a_2,\cdots$ 和 $b_1,b_2,\cdots$ 都与 $f(x)$ 有关,因此称级数(6.3)为函数 $f(x)$ 的**三角级数**,也称为 $f(x)$ 的**傅里叶级数**.记作

$$f(x) \sim \frac{a_0}{2} + \sum_{n=1}^{\infty}(a_n\cos nx + b_n\sin nx),$$

其中的 $a_0,a_1,a_2,\cdots$ 和 $b_1,b_2,\cdots$ 称为 $f(x)$ 的**傅里叶系数**.

> 这里仍然不是用等号而是用~将两端连接起来的.能说说其原因吗?

这里不是用等号而是用 ~ 将函数 $f(x)$ 与 $\frac{a_0}{2} + \sum_{n=1}^{\infty}(a_n\cos nx + b_n\sin nx)$ 相连接,其原因与第五节中函数的泰勒级数相同.对一个在区间 $[-\pi,\pi]$ 上可积的函数 $f(x)$,一定可以做出它的傅里叶系数,也就一定能构造出它的傅里叶级数 $\frac{a_0}{2} + \sum_{n=1}^{\infty}(a_n\cos nx + b_n\sin nx)$.但是,像函数的泰勒级数并不一定收敛,即使收敛也未必收敛到该函数那样,对这样构造出来的傅里叶级数并不能断定它一定收敛,如果收敛也不知道其和是否就是函数 $f(x)$.事实上,下面的定理 6.1 将告诉我们,在函数的不连续点处,它的傅里叶级数即使收敛也并不一定收敛到该函数本身.

3. 周期函数的傅里叶级数展开

定理 6.1 称为函数的傅里叶级数的收敛定理.

定理 6.1(狄利克雷定理) 设函数 $f(x)$ 是以 2π 为周期的周期函数,并且在 $[-\pi,\pi]$ 上,

(1) 分段单调,

(2) 除可能有有限个第一类间断点外都是连续的.

则 $f(x)$ 的傅里叶级数收敛,并且有

$$\frac{a_0}{2} + \sum_{n=1}^{\infty}(a_n\cos nx + b_n\sin nx) = \begin{cases} f(x), & x \text{ 为 } f(x) \text{ 的连续点,} \\ \dfrac{f(x^-)+f(x^+)}{2}, & x \text{ 为 } f(x) \text{ 的第一类间断点,} \end{cases}$$

其中 $f(x^-)$，$f(x^+)$ 分别为 $f(x)$ 在点 x 处的左、右极限.

该定理所要求的条件通常称为**狄利克雷条件**. 对这个定理我们不予证明.

该定理告诉我们，对满足狄利克雷条件的函数，它的傅里叶级数在该函数的连续点 x 处，收敛于函数在这点的值 $f(x)$，在其第一类间断点 x 处（可能包括区间 $[-\pi,\pi]$ 的某端点）收敛于函数在该点处左右极限的平均值. 因此在所有使 $\frac{1}{2}[f(x^-)+f(x^+)]=f(x)$ 成立的点 x 处，函数的傅里叶级数一定收敛到该函数在这点处的值 $f(x)$. 因此，若记

把该定理与定理 5.1 相比，将函数展开成哪类级数要求的条件更强？

$$C = \left\{ x \mid \frac{1}{2}[f(x^-)+f(x^+)] = f(x) \right\},$$

则在 C 上有 $f(x)$ 的傅里叶级数展开式

$$f(x) = \frac{a_0}{2} + \sum_{n=1}^{\infty} (a_n \cos nx + b_n \sin nx),\ x \in C.$$

关于函数的
傅里叶级
数的注记

我们看到，在定理 6.1 中，并非对 $[-\pi,\pi]$ 上的每一个点 x，$f(x)$ 的傅里叶级数都收敛于 $f(x)$ 本身，但为了方便起见，常把定理 6.1 中的两种收敛情况都说成 $f(x)$ 在 $[-\pi,\pi]$ 上可展开成傅里叶级数.

例 6.1　设函数 $f(x)$ 是以 2π 为周期的周期函数，在区间 $[-\pi,\pi)$ 上的定义为：

你发现所给的区间是"左闭右开"的了吗？能知道该函数在 $x=\pi$ 处的值吗？

$$f(x) = \begin{cases} 0, & -\pi \leq x < 0, \\ 1, & 0 \leq x < \pi, \end{cases}$$

将 $f(x)$ 展开成傅里叶级数并求该傅里叶级数的和函数.

解　函数 $f(x)$ 在区间 $[-\pi,\pi)$ 除在点 $x=0$ 外皆连续，因此满足定理 6.1 的条件. 计算其傅里叶系数得

$$a_0 = \frac{1}{\pi}\int_{-\pi}^{\pi} f(x)\,\mathrm{d}x = \frac{1}{\pi}\int_0^{\pi}\mathrm{d}x = 1;$$

$$a_n = \frac{1}{\pi}\int_{-\pi}^{\pi} f(x)\cos nx\,\mathrm{d}x = \frac{1}{\pi}\int_0^{\pi}\cos nx\,\mathrm{d}x = 0,$$

$$b_n = \frac{1}{\pi}\int_{-\pi}^{\pi} f(x)\sin nx\,\mathrm{d}x = \frac{1}{\pi}\int_0^{\pi}\sin nx\,\mathrm{d}x = \frac{1-(-1)^n}{n\pi} = \begin{cases} \dfrac{2}{n\pi}, & n\ \text{为奇数}, \\ 0, & n\ \text{为偶数}. \end{cases}$$

于是得函数 $f(x)$ 的傅里叶级数

$$\frac{1}{2} + \frac{2}{\pi}\sum_{k=1}^{\infty} \frac{\sin(2k-1)x}{2k-1},$$

由定理 6.1，在整个数轴上除 $x=0,\pm\pi,\pm2\pi,\cdots$ 外，该傅里叶级数的和函数为 $f(x)$，即有

$$f(x) = \frac{1}{2} + \frac{2}{\pi}\sum_{k=1}^{\infty} \frac{\sin(2k-1)x}{2k-1} \quad (x \neq 0,\ \pm\pi,\ \pm2\pi,\cdots).$$

在间断点 $0, \pm\pi, \pm2\pi, \cdots$ 处,该级数收敛于函数在相应点处左、右极限的平均值

$$\frac{1}{2} + \frac{2}{\pi}\sum_{k=1}^{\infty}\frac{\sin(2k-1)x}{2k-1} = \frac{0+1}{2} = \frac{1}{2} \quad (x = 0,\ \pm\pi,\ \pm2\pi,\cdots).$$

例 6.2　设函数 $f(x)$ 是以 2π 为周期的周期函数,在区间 $[-\pi,\pi)$ 上的表达式为

$$f(x) = \begin{cases} bx, & -\pi \leqslant x < 0, \\ ax, & 0 \leqslant x < \pi, \end{cases}$$

其中 a,b 为常数,且 $a>b>0$.试将 $f(x)$ 展开成傅里叶级数.

解　所给函数满足狄利克雷定理的条件.先计算傅里叶系数:

$$a_0 = \frac{1}{\pi}\int_{-\pi}^{\pi}f(x)\,\mathrm{d}x = \frac{1}{\pi}\int_{-\pi}^{0}bx\,\mathrm{d}x + \frac{1}{\pi}\int_{0}^{\pi}ax\,\mathrm{d}x = \frac{\pi}{2}(a-b),$$

$$a_n = \frac{1}{\pi}\int_{-\pi}^{\pi}f(x)\cos nx\,\mathrm{d}x = \frac{1}{\pi}\int_{-\pi}^{0}bx\cos nx\,\mathrm{d}x + \frac{1}{\pi}\int_{0}^{\pi}ax\cos nx\,\mathrm{d}x$$

$$= \frac{1}{n^2\pi}(b-a)(1-\cos n\pi) = \frac{b-a}{n^2\pi}[1-(-1)^n] \quad (n=1,2,\cdots);$$

$$b_n = \frac{1}{\pi}\int_{-\pi}^{\pi}f(x)\sin nx\,\mathrm{d}x = \frac{1}{\pi}\int_{-\pi}^{0}bx\sin nx\,\mathrm{d}x + \frac{1}{\pi}\int_{0}^{\pi}ax\sin nx\,\mathrm{d}x$$

$$= \frac{b}{n}(-\cos n\pi) - \frac{a}{n}(\cos n\pi) = -\frac{a+b}{n}(-1)^n$$

$$= \frac{a+b}{n}(-1)^{n-1} \quad (n=1,2,\cdots).$$

由函数 $f(x)$ 的定义看到,除 $x=\pm\pi,\pm3\pi,\cdots$ 是其第一类间断点外,在其他点处它都是连续的.因此

$$f(x) = \frac{\pi}{4}(a-b) + \sum_{n=1}^{\infty}\left\{\frac{[1-(-1)^n](b-a)}{n^2\pi}\cos nx + \frac{(-1)^{n-1}(a+b)}{n}\sin nx\right\}$$

$$(x \neq \pm\pi,\ \pm3\pi,\cdots).$$

在其间断点 $x=\pm\pi,\pm3\pi,\cdots$ 处,上式右端的级数的和为

$$\frac{a\pi+(-b\pi)}{2} = \frac{a-b}{2}\pi.$$

该级数的和函数的图形如图 11-5.

> 这样延拓后所得的函数,在该区间的端点 π 或 $-\pi$ 处的值与原来的函数在相应点处的值有变化吗?

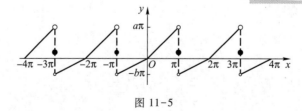

图 11-5

前面讨论了将定义在整个数轴上的周期为 2π 的周期函数的傅里叶展开问题,其实对只在有穷区间上有定义的函数,也可以讨论其傅里叶展开问题.

如果函数 $f(x)$ 只在 $[-\pi,\pi]$ 有定义,只要满足定理 6.1 的两个条件,也可将它展开成傅里叶级数.这时在 $[-\pi,\pi)$ 或 $(-\pi,\pi]$ 外补充 $f(x)$ 的定义而将其延拓,使延拓后的函数 $F(x)$ 是以 2π 为周期的周期函数(这一过程称为将函数作周期延拓).利用定理 6.1 将 $F(x)$ 展开成傅里叶级数,然后将其限制在 $(-\pi,\pi)$ 上,就得到 $f(x)$ 在 $(-\pi,\pi)$ 上的傅里叶展开式(在 $(-\pi,\pi)$ 中 $f(x)$ 的第一类间断点处,该傅里叶级数收敛到 $f(x)$ 在这点处左、右极限的平均值).该级数在区间的端点 $x=\pm\pi$ 处收敛到 $\dfrac{f(\pi^-)+f(-\pi^+)}{2}$.

例 6.3 设函数 $f(x)$ 以 2π 为周期,在区间 $(-\pi,\pi]$ 上的表达式为

$$f(x)=\begin{cases}-x, & -\pi<x\leqslant 0,\\ x, & 0<x\leqslant\pi,\end{cases}$$

将函数 $f(x)$ 展开成傅里叶级数.

解 将所给函数作以 2π 为周期的周期延拓,由于 $f(\pi^-)=f(-\pi^+)=\pi$,所以延拓后的函数是一个在 $(-\infty,+\infty)$ 内点点连续的函数 $F(x)$,因此 $F(x)$ 满足狄利克雷条件.先计算傅里叶系数:

> 任意一个函数经这样延拓后都能保证它在数轴上点点连续吗?这里的根据是什么?

$$a_0=\frac{1}{\pi}\int_{-\pi}^{\pi}F(x)\,\mathrm{d}x=\frac{1}{\pi}\int_{-\pi}^{\pi}f(x)\,\mathrm{d}x=\frac{2}{\pi}\int_{0}^{\pi}x\,\mathrm{d}x=\pi,$$

$$a_n=\frac{1}{\pi}\int_{-\pi}^{\pi}F(x)\cos nx\,\mathrm{d}x=\frac{1}{\pi}\int_{-\pi}^{\pi}f(x)\cos nx\,\mathrm{d}x=\frac{2}{\pi}\int_{0}^{\pi}x\cos nx\,\mathrm{d}x$$

$$=\frac{2}{n^2\pi}[(-1)^n-1]=\begin{cases}-\dfrac{4}{n^2\pi}, & n=1,3,\cdots,\\ 0, & n=2,4,\cdots;\end{cases}$$

$$b_n=\frac{1}{\pi}\int_{-\pi}^{\pi}F(x)\sin nx\,\mathrm{d}x=\frac{1}{\pi}\int_{-\pi}^{\pi}f(x)\sin nx\,\mathrm{d}x=0.$$

由 $F(x)$ 的连续性.因此

> 没经过计算就得到 $b_n=0$,这是为什么?

$$F(x)=\frac{\pi}{2}-\frac{4}{\pi}\sum_{k=1}^{\infty}\frac{\cos(2k-1)x}{(2k-1)^2}, \quad x\in(-\infty,+\infty).$$

将该展开式限制在 $(-\pi,\pi]$ 上,得

$$f(x)=\frac{\pi}{2}-\frac{4}{\pi}\sum_{k=1}^{\infty}\frac{\cos(2k-1)x}{(2k-1)^2}, \quad x\in(-\pi,\pi].$$

$F(x)$ 的傅里叶级数的和函数的图形如图 11-6.

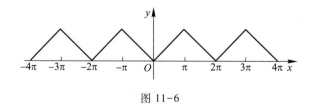

图 11-6

4. 奇偶函数的傅里叶级数

我们发现,在例 6.3 中函数的傅里叶展开式不含有正弦项.需要注意的是,这绝不是偶然的巧合,而是由该函数在定义域内是偶函数所决定的.事实上:

(1) 当函数 $f(x)$ 是以 2π 为周期的奇函数,分别由正弦函数、余弦函数的奇偶性,其傅里叶系数

$$a_n = \frac{1}{\pi}\int_{-\pi}^{\pi} f(x)\cos nx\,\mathrm{d}x = 0 \quad (n=0,1,2,\cdots),$$

$$b_n = \frac{1}{\pi}\int_{-\pi}^{\pi} f(x)\sin nx\,\mathrm{d}x = \frac{2}{\pi}\int_{0}^{\pi} f(x)\sin nx\,\mathrm{d}x \quad (n=1,2,\cdots).$$

因此,它的傅里叶级数中常数项及余弦函数的项都为零,而只含有正弦函数的项:

$$\sum_{n=1}^{\infty} b_n \sin nx. \tag{6.4}$$

(2) 若函数 $f(x)$ 是以 2π 为周期的偶函数,则其傅里叶系数

$$a_0 = \frac{1}{\pi}\int_{-\pi}^{\pi} f(x)\,\mathrm{d}x = \frac{2}{\pi}\int_{0}^{\pi} f(x)\,\mathrm{d}x,$$

$$a_n = \frac{1}{\pi}\int_{-\pi}^{\pi} f(x)\cos nx\,\mathrm{d}x = \frac{2}{\pi}\int_{0}^{\pi} f(x)\cos nx\,\mathrm{d}x \quad (n=1,2,\cdots),$$

$$b_n = \frac{1}{\pi}\int_{-\pi}^{\pi} f(x)\sin nx\,\mathrm{d}x = 0 \quad (n=1,2,\cdots).$$

因此,它的傅里叶级数中只含有常数项及余弦函数的项

$$\frac{a_0}{2} + \sum_{n=1}^{\infty} a_n \cos nx. \tag{6.5}$$

式(6.4)与式(6.5)分别称为正弦级数与余弦级数.显然,不论是奇函数还是偶函数,它的傅里叶级数的收敛问题仍然遵循定理 6.1.

例 6.4 设函数 $f(x)$ 以 2π 为周期,在区间 $(-\pi,\pi]$ 上的表达式为

$$f(x)=\begin{cases} 1, & -\pi<x<0, \\ 0, & x=0, \\ -1 & 0<x\leqslant \pi. \end{cases}$$

将函数 $f(x)$ 展开成傅里叶级数.

解 由函数 $f(x)$ 在区间 $(-\pi,\pi]$ 上的表达式知,它是奇函数,因此其傅里叶级数只含有正弦函数,且

$$b_n = \frac{2}{\pi}\int_{0}^{\pi} -\sin nx\,\mathrm{d}x = \left(\frac{2}{n\pi}\cos nx\right)\bigg|_{0}^{\pi}$$

$$=\frac{2[(-1)^n-1]}{n\pi}=\begin{cases} 0, & n=2k, \\ -\dfrac{4}{(2k-1)\pi}, & n=2k-1, \end{cases} \quad (k=1,2,\cdots).$$

$f(x)$ 满足狄利克雷条件,并且除 $x=\pm k\pi, k=0,1,2\cdots$ 是函数的间断点外,在其他点处 $f(x)$ 都是连续的.因此它的傅里叶展开式为

$$f(x) = -\frac{4}{\pi} \sum_{k=1}^{\infty} \frac{1}{2k-1} \sin(2k-1)x$$

$$= -\frac{4}{\pi} \left[\sin x + \frac{1}{3}\sin 3x + \frac{1}{5}\sin 5x + \cdots + \frac{1}{2k-1}\sin(2k-1)x + \cdots \right],$$

$$-\infty < x < +\infty, x \neq k\pi, \quad k = 0,1,2,\cdots.$$

该傅里叶级数在 $x=0$ 处收敛到 $\dfrac{f(0^+)+f(0^-)}{2}=0$，在 $x=k\pi(k\neq0)$ 处收敛到 $\dfrac{f(\pi^-)+f(-\pi^+)}{2}=\dfrac{(-1)+1}{2}=0.$

上式右端级数的和函数的图形如图 11-7 所示.

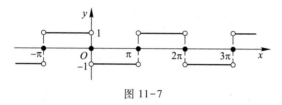

图 11-7

有些实际问题需要将定义在区间 $[0,\pi]$ 上的函数 $f(x)$ 展开成正弦级数或余弦级数.如果该函数在 $[0,\pi]$ 上满足收敛定理的条件,显然可以利用上面关于奇、偶函数的傅里叶展开的讨论作"已知"来讨论该函数的傅里叶展开.

为此,先在区间 $(-\pi,0)$ 上对函数 $f(x)$ 补充定义,将其延拓为在区间 $(-\pi,\pi]$ 上有定义的函数 $F(x)$(有时可能需要改变 $f(x)$ 在 $x=0$ 点处的定义),使得 $F(x)$ 满足:

(1) 当展开成正弦级数时,在区间 $(-\pi,\pi)$ 上 $F(x)$ 为奇函数,且当 $0<x\leqslant\pi$ 时 $F(x)=f(x)$,并且 $x=0$ 时,$F(0)=0$;

(2) 当展开成余弦级数时,在区间 $(-\pi,\pi)$ 上 $F(x)$ 为偶函数,且当 $0\leqslant x\leqslant\pi$ 时 $F(x)=f(x)$.

> 你看出这里(1)、(2)的叙述有什么差异吗? 为什么? 将函数 $f(x)$ 奇延拓为 $F(x)$,为何要规定 $F(0)=0$ 而当偶延拓时没有这一要求?

上述将函数拓广定义域从而得到一个新的奇函数(偶函数)的过程称为将函数**奇延拓**(偶延拓),习惯上也将这样延拓后得到的新函数 $F(x)$ 称为函数 $f(x)$ 的**奇延拓**(偶延拓).

将这样延拓所得到的奇函数或偶函数 $F(x)$ 在区间 $(-\pi,\pi]$ 上展开成傅里叶级数,这个级数必定是正弦级数或余弦级数.把该展开式限定在区间 $(0,\pi]$ 或 $[0,\pi]$ 上,就得到要求的 $f(x)$ 的展开式.

> 这里说把展开式限定在 $(0,\pi]$ 或 $[0,\pi]$ 上,为何有这样的差异?

例 6.5　将函数 $f(x)=x(0\leqslant x\leqslant\pi)$ 分别展开成正弦级数和余弦级数.

解　先将其展开成正弦级数.为此在区间 $(-\pi,0)$ 上对函数作奇延拓(图 11-8),得到在 $(-\pi,\pi)$ 上的奇函数

$$F(x)=x(-\pi<x<\pi).$$

这时

$$b_n = \frac{2}{\pi}\int_0^\pi f(x)\sin nx\,\mathrm{d}x = \frac{2}{\pi}\int_0^\pi x\sin nx\,\mathrm{d}x$$

$$= \frac{2}{\pi} \left[-\frac{x\cos nx}{n} + \frac{\sin nx}{n^2} \right]_0^\pi$$

$$= \frac{2}{n\pi}(-\pi\cos n\pi) = -\frac{2(-1)^n}{n} = \frac{2(-1)^{n+1}}{n}.$$

延拓后的以 2π 为周期的周期函数在 $0 \le x < \pi$ 上连续,因此有

$$x = 2\sin x - \sin 2x + \frac{2}{3}\sin 3x - \frac{1}{2}\sin 4x + \cdots,$$

$$0 \le x < \pi.$$

在端点 $x = \pi$ 处,级数收敛到 $\dfrac{F(-\pi^+) + F(\pi^-)}{2} = \dfrac{-\pi + \pi}{2} = 0.$

再求其余弦级数,为此对 $f(x)$ 作偶延拓(图 11-9),得

$$F(x) = \begin{cases} -x, & -\pi < x < 0, \\ x, & 0 \le x < \pi. \end{cases}$$

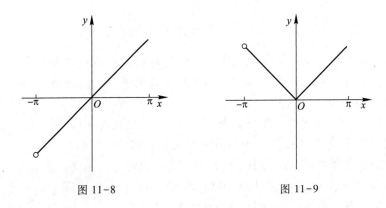

图 11-8   图 11-9

将 $F(x)$ 延拓为 $(-\infty, +\infty)$ 上的以 2π 为周期的周期函数,这时它就变成了例 6.3.利用 6.3 的结果,并将它限制在区间 $[0, \pi]$ 上,有

$$x = \frac{\pi}{2} - \frac{4}{\pi}\left[\cos x + \frac{1}{3^2}\cos 3x + \frac{1}{5^2}\cos 5x + \cdots + \frac{1}{(2k-1)^2}\cos(2k-1)x + \cdots \right],$$

$$f(x) = \frac{\pi}{2} - \frac{4}{\pi}\sum_{k=1}^\infty \frac{\cos(2k-1)x}{(2k-1)^2}, \quad 0 \le x < \pi.$$

利用这个级数,可得到一些有意义的结果.比如,令 $x = 0$,则可得

$$\sum_{k=1}^\infty \frac{1}{(2k-1)^2} = \frac{\pi^2}{8}.$$

进一步,若设

$$\sigma = 1 + \frac{1}{2^2} + \frac{1}{3^2} + \cdots + \frac{1}{n^2} + \cdots,$$

$$\sigma_1 = 1 + \frac{1}{3^2} + \frac{1}{5^2} + \cdots + \frac{1}{(2k-1)^2} + \cdots,$$

$$\sigma_2=\frac{1}{2^2}+\frac{1}{4^2}+\frac{1}{6^2}+\cdots=\frac{1}{4}\left(1+\frac{1}{2^2}+\frac{1}{3^2}+\cdots\right)=\frac{\sigma}{4},$$

$$\sigma_3=1-\frac{1}{2^2}+\frac{1}{3^2}-\frac{1}{4^2}+\cdots+(-1)^{n-1}\frac{1}{n^2}+\cdots.$$

我们来求出它们的和. 首先有

$$\sigma_1=\frac{\pi^2}{8}.$$

由 $\sigma_2=\dfrac{\sigma}{4}=\dfrac{\sigma_1+\sigma_2}{4}$，所以

$$\sigma_2=\frac{\sigma_1}{3}=\frac{\pi^2}{24}.$$

于是，有

$$\sigma=\sigma_1+\sigma_2=\frac{\pi^2}{8}+\frac{\pi^2}{24}=\frac{\pi^2}{6},$$

$$\sigma_3=\sigma_1-\sigma_2=\frac{\pi^2}{8}-\frac{\pi^2}{24}=\frac{\pi^2}{12}.$$

5. 一般周期函数的傅里叶级数

实际中的周期函数并不一定都以 2π 为周期，能否将在 $(-\infty,+\infty)$ 上的不是以 2π 为周期的周期函数展开成傅里叶级数？下面来讨论这个问题.

设 $f(x)$ 是以 $2l$ ($l\neq\pi$ 为任意正实数) 为周期的周期函数，并满足狄利克雷条件. 遵循用"已知"研究"未知"的思想，我们试图利用前面讨论所得到的结果作"已知"，这首先需要将 $f(x)$ 转化为以 2π 为周期的周期函数. 为此作变量代换 $z=\dfrac{\pi x}{l}$ 将区间 $-l\leqslant x\leqslant l$ 变换成 $-\pi\leqslant z\leqslant\pi$；同时函数 $f(x)$ 被变换为以 z 为自变量、以 2π 为周期的周期函数 $f\left(\dfrac{lz}{\pi}\right)=F(z)$，则有

$$F(z)=\frac{a_0}{2}+\sum_{n=1}^{\infty}(a_n\cos nz+b_n\sin nz),\quad z\in C,$$

$$C=\left\{z\;\Big|\;\frac{F(z^-)+F(z^+)}{2}=F(z)\right\},$$

其中

$$a_n=\frac{1}{\pi}\int_{-\pi}^{\pi}F(z)\cos nz\,\mathrm{d}z\quad(n=0,1,2,\cdots),$$

$$b_n=\frac{1}{\pi}\int_{-\pi}^{\pi}F(z)\sin nz\,\mathrm{d}z\quad(n=1,2,\cdots).$$

用 $z=\dfrac{\pi x}{l}$ 将上面各式中的 z 代换回原来的变量 x（相应地改变各积分的积分限），这时 $F(z)$ 变换为 $f(x)$，各傅里叶系数的积分式也作相应的变换. 总之有

定理 6.2　设以 $2l$ 为周期的函数 $f(x)$ 满足收敛定理 6.1 的条件,那么它的傅里叶级数展开式为

$$f(x) = \frac{a_0}{2} + \sum_{n=1}^{\infty}\left(a_n\cos\frac{n\pi x}{l} + b_n\sin\frac{n\pi x}{l}\right), \quad x \in C,$$

其中

$$a_0 = \frac{1}{l}\int_{-l}^{l} f(x)\,\mathrm{d}x,$$

$$a_n = \frac{1}{l}\int_{-l}^{l} f(x)\cos\frac{n\pi x}{l}\mathrm{d}x \quad (n = 1,2,\cdots),$$

$$b_n = \frac{1}{l}\int_{-l}^{l} f(x)\sin\frac{n\pi x}{l}\mathrm{d}x \quad (n = 1,2,\cdots).$$

$$C = \left\{ x \,\Big|\, \frac{f(x^-) + f(x^+)}{2} = f(x) \right\}$$

当 $f(x)$ 为奇函数时

$$f(x) = \sum_{n=1}^{\infty} b_n\sin\frac{n\pi x}{l}, \quad x \in C,$$

其中

$$b_n = \frac{2}{l}\int_0^l f(x)\sin\frac{n\pi x}{l}\mathrm{d}x \, (n = 1,2,\cdots).$$

当 $f(x)$ 为偶函数时

$$f(x) = \frac{a_0}{2} + \sum_{n=1}^{\infty} a_n\cos\frac{n\pi x}{l}, \quad x \in C,$$

其中

$$a_0 = \frac{2}{l}\int_0^l f(x)\,\mathrm{d}x, \quad a_n = \frac{2}{l}\int_0^l f(x)\cos\frac{n\pi x}{l}\mathrm{d}x \quad (n = 1,2,\cdots).$$

显然,由定理 6.1,在函数的间断点处,函数的傅里叶级数收敛到函数在该点左、右极限的平均值.

例 6.6　设 $f(x)$ 为以 6 为周期的周期函数,它在 $(-3,3]$ 上的表达式为

$$f(x) = \begin{cases} k, & -3 < x \leqslant 0, \\ 0, & 0 < x \leqslant 3, \end{cases}$$

其中 $k > 0$ 为常数.将该函数展开成傅里叶级数.

解　这里 $l = 3$,先计算其傅里叶系数. 依定理 6.2,有

$$a_0 = \frac{1}{3}\int_{-3}^{3} f(x)\,\mathrm{d}x = \frac{1}{3}\int_{-3}^{0} k\,\mathrm{d}x = k,$$

$$a_n = \frac{1}{3}\int_{-3}^{3} f(x)\cos\frac{n\pi x}{3}\mathrm{d}x = \frac{1}{3}\int_{-3}^{0} k\cos\frac{n\pi x}{3}\mathrm{d}x$$

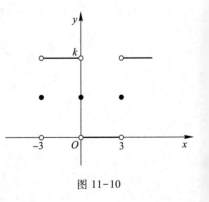

图 11-10

$$= \left[\frac{k}{n\pi} \sin \frac{n\pi x}{3} \right]_{-3}^{0} = 0,$$

$$b_n = \frac{1}{3} \int_{-3}^{3} f(x) \sin \frac{n\pi x}{3} \mathrm{d}x = \frac{1}{3} \int_{-3}^{0} k \sin \frac{n\pi x}{3} \mathrm{d}x = \left[-\frac{k}{n\pi} \cos \frac{n\pi x}{3} \right]_{-3}^{0}$$

$$= -\frac{k}{n\pi} (1 - \cos n\pi) = \begin{cases} -\dfrac{2k}{n\pi}, & n = 1, 3, 5, \cdots, \\ 0, & n = 2, 4, 6, \cdots. \end{cases}$$

该函数以 $x = 0, \pm 3, \pm 6, \cdots$ 为第一类间断点, 除这些点外皆连续, 因此在连续点处, 它能展开成傅里叶级数. 于是

$$f(x) = \frac{k}{2} - \frac{2k}{\pi} \left(\sin \frac{\pi x}{3} + \frac{1}{3} \sin \pi x + \frac{1}{5} \sin \frac{5\pi x}{3} + \cdots \right)$$

$$(-\infty < x < +\infty, \ x \neq 0, \pm 3, \pm 6, \cdots).$$

在该函数的第一类间断点处, 右端的级数收敛于函数在该点左、右极限的平均值.

右端级数的和函数如图 11-10 所示.

从定理 6.2 可以看出, 无论要将函数 $f(x)$ 展开为正弦级数还是余弦级数, 或说无论将函数做奇延拓还是偶延拓, 在计算展开式的系数时, 只用到 $f(x)$ 在区间 $[0, l]$ 上的值. 所以, 在解题过程中不需要具体写出延拓后的辅助函数 $F(x)$, 只要指明采用哪一种延拓方式即可.

例 6.7 将函数

$$f(x) = \begin{cases} x, & 0 \leqslant x \leqslant 1, \\ 2 - x, & 1 < x \leqslant 2 \end{cases}$$

(如图 11-11 所示) 在 $[0, 2]$ 上展开为正弦级数.

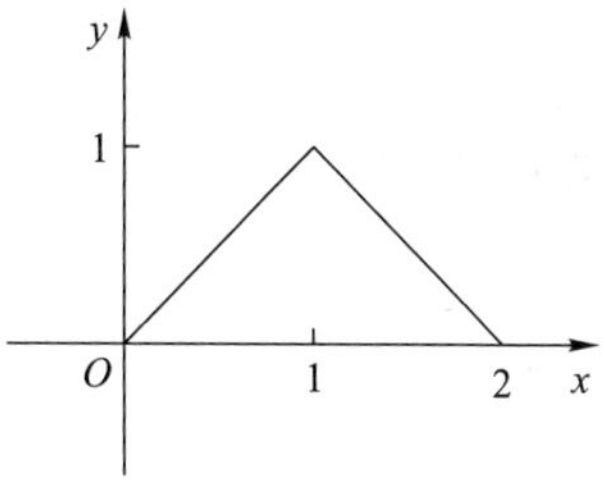

解 要将该函数展开成正弦级数, 需将该函数采用奇延拓.

计算其傅里叶系数得

$$a_n = 0 \ (n = 0, 1, 2, \cdots),$$

$$b_n = \frac{2}{2} \int_0^2 f(x) \sin \frac{n\pi x}{2} \mathrm{d}x$$

$$= \int_0^1 x \sin \frac{n\pi x}{2} \mathrm{d}x + \int_1^2 (2 - x) \sin \frac{n\pi x}{2} \mathrm{d}x$$

$$= -\frac{2}{n\pi} \left(x \cos \frac{n\pi x}{2} \Big|_0^1 - \int_0^1 \cos \frac{n\pi x}{2} \mathrm{d}x \right) - \frac{4}{n\pi} \cos \frac{n\pi x}{2} \Big|_1^2 + \frac{2}{n\pi} \left(x \cos \frac{n\pi x}{2} \Big|_1^2 - \int_1^2 \cos \frac{n\pi x}{2} \mathrm{d}x \right)$$

$$= \frac{8}{n^2 \pi^2} \sin \frac{n\pi}{2} = \begin{cases} (-1)^k \dfrac{8}{(2k+1)^2 \pi^2}, & n = 2k + 1, \\ 0, & n = 2k \end{cases} \quad (k = 0, 1, 2, \cdots).$$

图 11-11

从而有该函数的正弦展开式

$$f(x) = \frac{8}{\pi^2} \sum_{k=0}^{\infty} \frac{(-1)^k}{(2k+1)^2} \sin \frac{(2k+1)\pi x}{2}, \ x \in [0, 2].$$

例 6.8 将函数 $f(x) = \dfrac{x}{2}$ 在区间 $[0, 2]$ 上展开成余弦级数.

解 要将该函数展开成余弦级数,需要将该函数作偶延拓.计算其傅里叶系数得

$$a_0 = \frac{2}{2}\int_0^2 f(x)\,dx = \int_0^2 \frac{x}{2}\,dx = 1,$$

$$a_n = \frac{2}{2}\int_0^2 \frac{x}{2}\cos\frac{n\pi x}{2}\,dx = \frac{2[\cos(n\pi)-1]}{(n\pi)^2}$$

$$= \frac{2[(-1)^n - 1]}{(n\pi)^2} = \begin{cases} 0, & n = 2k, \\ \dfrac{-4}{(2k-1)^2\pi^2}, & n = 2k-1 \end{cases} \quad (k = 1,2,\cdots).$$

因而该函数在区间$[0,2]$上展开成余弦级数为

$$\frac{x}{2} = \frac{1}{2} - \frac{4}{\pi^2}\sum_{k=1}^{\infty}\frac{1}{(2k-1)^2}\cos\frac{(2k-1)\pi x}{2},\ x\in[0,2].$$

*6. 傅里叶级数的复数形式

函数展开为
傅里叶级数
与泰勒级数
的不同

鉴于一般周期函数的傅里叶级数展开的形式较为复杂,并且其系数的计算也较为麻烦,这促使人们探索将其简化,于是就有了傅里叶级数的复数形式.由于它的形式比较简洁,因此在实际中有着重要的应用.

设周期为$2l$的周期函数$f(x)$的傅里叶级数展开式为

$$f(x) = \frac{a_0}{2} + \sum_{n=1}^{\infty}\left(a_n\cos\frac{n\pi x}{l} + b_n\sin\frac{n\pi x}{l}\right), \tag{6.6}$$

其中,

$$\begin{cases} a_n = \dfrac{1}{l}\int_{-l}^{l} f(x)\cos\dfrac{n\pi x}{l}\,dx & (n = 0,1,2,\cdots), \\ b_n = \dfrac{1}{l}\int_{-l}^{l} f(x)\sin\dfrac{n\pi x}{l}\,dx & (n = 1,2,\cdots) \end{cases} \tag{6.7}$$

注意到式(6.6)及式(6.7)都含有较为复杂的正弦函数、余弦函数的特点,我们试图将其化简.显然,应该考虑用欧拉公式作"已知".为此用$\cos\dfrac{n\pi x}{l} = \dfrac{e^{i\frac{n\pi x}{l}} + e^{-i\frac{n\pi x}{l}}}{2}$,$\sin\dfrac{n\pi x}{l} = \dfrac{e^{i\frac{n\pi x}{l}} - e^{-i\frac{n\pi x}{l}}}{2i}$代换式(6.6)中的$\cos\dfrac{n\pi x}{l}$,$\sin\dfrac{n\pi x}{l}$得

$$\frac{a_0}{2} + \sum_{n=1}^{\infty}\left[\frac{a_n}{2}(e^{i\frac{n\pi x}{l}} + e^{-i\frac{n\pi x}{l}}) - \frac{ib_n}{2}(e^{i\frac{n\pi x}{l}} - e^{-i\frac{n\pi x}{l}})\right]$$

$$= \frac{a_0}{2} + \sum_{n=1}^{\infty}\left[\frac{a_n - ib_n}{2}e^{i\frac{n\pi x}{l}} + \frac{a_n + ib_n}{2}e^{-i\frac{n\pi x}{l}}\right].$$

记$\dfrac{a_0}{2} = c_0$,$\dfrac{a_n - ib_n}{2} = c_n$,$\dfrac{a_n + ib_n}{2} = c_{-n}(n = 1,2,\cdots)$,上式就表示为

$$c_0 + \sum_{n=1}^{\infty}(c_n e^{i\frac{n\pi x}{l}} + c_{-n}e^{-i\frac{n\pi x}{l}}) = (c_n e^{i\frac{n\pi x}{l}})_{n=0} + \sum_{n=1}^{\infty}(c_n e^{i\frac{n\pi x}{l}} + c_{-n}e^{-i\frac{n\pi x}{l}}),$$

它可记为

$$\sum_{n=-\infty}^{+\infty} c_n e^{\frac{n\pi x}{l}}. \tag{6.8}$$

式(6.8)即是傅里叶级数的复数形式.

为得出 c_n,将式(6.7)代入 $\dfrac{a_0}{2}=c_0, \dfrac{a_n-ib_n}{2}=c_n, \dfrac{a_n+ib_n}{2}=c_{-n}(n=1,2,\cdots)$ 之中,得

$$c_0 = \frac{a_0}{2} = \frac{1}{2l}\int_{-l}^{l} f(x)\,\mathrm{d}x,$$

$$c_n = \frac{a_n - ib_n}{2} = \frac{1}{2}\left[\frac{1}{l}\int_{-l}^{l} f(x)\cos\frac{n\pi x}{l}\mathrm{d}x - \frac{i}{l}\int_{-l}^{l} f(x)\sin\frac{n\pi x}{l}\mathrm{d}x\right]$$

$$= \frac{1}{2l}\int_{-l}^{l} f(x)\left(\cos\frac{n\pi x}{l} - i\sin\frac{n\pi x}{l}\right)\mathrm{d}x = \frac{1}{2l}\int_{-l}^{l} f(x)e^{-i\frac{n\pi x}{l}}\mathrm{d}x\,(n=1,2,\cdots),$$

$$c_{-n} = \frac{a_n + ib_n}{2} = \frac{1}{2l}\int_{-l}^{l} f(x)e^{i\frac{n\pi x}{l}}\mathrm{d}x\,(n=1,2,\cdots).$$

它们可以合并写作

$$c_n = \frac{1}{2l}\int_{-l}^{l} f(x)e^{-i\frac{n\pi x}{l}}\mathrm{d}x\,(n=0,\ \pm1,\ \pm2,\cdots). \tag{6.9}$$

式(6.9)就是傅里叶系数的复数形式.由式(6.8)、式(6.9)可以看到,与式(6.6)相比,显然傅里叶级数的复数形式(6.8)相对简单,并且其傅里叶系数也只需用一个式子计算.

例 6.9　设 $f(x)$ 是一个周期为 2 的周期函数,它在 $[-1,1)$ 上的表达式为 $f(x)=e^{-x}$,试将 $f(x)$ 展开成复数形式的傅里叶级数.

解　由 $f(x)$ 的周期为 2,所以 $l=1$.将 $f(x)=e^{-x}$ 代入式(6.9),得

$$c_n = \frac{1}{2\times1}\int_{-1}^{1} e^{-x}\cdot e^{-in\pi x}\mathrm{d}x = \frac{1}{2}\int_{-1}^{1} e^{-(1+in\pi)x}\mathrm{d}x = \frac{1}{-2(1+in\pi)}e^{-(1+in\pi)x}\bigg|_{-1}^{1}$$

$$= \frac{1}{-2(1+in\pi)}\left[e^{-(1+in\pi)} - e^{(1+in\pi)}\right] = \frac{1}{-2(1+in\pi)}\left(e^{-1}e^{-in\pi} - ee^{in\pi}\right)$$

$$= \frac{(-1)^n}{-2(1+in\pi)}(e^{-1} - e) = \frac{(-1)^n}{1+in\pi}\mathrm{sh}\,1.$$

将其代入式(6.8)得

$$f(x) = \sum_{n=-\infty}^{+\infty} c_n e^{i\frac{n\pi x}{l}} = \mathrm{sh}\,1\sum_{n=-\infty}^{+\infty} \frac{(-1)^n}{1+in\pi}e^{in\pi x}\quad(x\neq 2k+1, k=0,\ \pm1,\ \pm2,\cdots).$$

历史的回顾

历史人物简介

傅里叶

习题 11-6(A)

1. 判断下列论述是否正确,并说明理由:

(1) 奇函数的傅里叶展开式一定是正弦级数,偶函数的傅里叶级数一定是余弦级数;

(2) 若函数 $f(x)$ 满足狄利克雷定理的条件,那么 $f(x)$ 的傅里叶级数在 $(-\infty, +\infty)$ 内的每一点都收敛,并且一定收敛到 $f(x)$;

(3) 函数 $f(x)$ 展开成傅里叶级数,该函数必定是在 $(-\infty, +\infty)$ 上的一个周期函数.

2. 设函数 $f(x)$ 是定义在 $(-\infty, +\infty)$ 内的以 2π 为周期的函数,且它在 $[-\pi, \pi]$ 上的表达式分别如下,将 $f(x)$ 展开为傅里叶级数:

(1) $f(x) = x$;

(2) $f(x) = 3x^2 + 1$;

(3) $f(x) = \mathrm{e}^{2x}$;

(4) $f(x) = \begin{cases} 1, & -\pi \leqslant x < 0, \\ 3, & 0 \leqslant x < \pi. \end{cases}$

3. 将下列函数展开成傅里叶级数:

(1) $f(x) = x^2 - x \ (-2 \leqslant x \leqslant 2)$;

(2) $f(x) = 2\sin\dfrac{x}{3} \ (-\pi \leqslant x \leqslant \pi)$;

(3) $f(x) = \begin{cases} 2x+1, & -3 \leqslant x \leqslant 0, \\ x, & 0 < x \leqslant 3; \end{cases}$

(4) $f(x) = \begin{cases} \cos\dfrac{\pi x}{l}, & x \leqslant \left|\dfrac{l}{2}\right|, \\ 0, & \dfrac{l}{2} \leqslant |x| < l. \end{cases}$

4. 将函数 $f(x) = \pi - x \ (0 \leqslant x \leqslant \pi)$ 分别展开成正弦级数和余弦级数.

5. 将函数 $f(x) = 2x + 3 \ (0 \leqslant x \leqslant \pi)$ 展开成余弦级数.

6. 将函数 $f(x) = \begin{cases} x & 0 \leqslant x \leqslant \dfrac{l}{2}, \\ l - x, & \dfrac{l}{2} < x \leqslant l \end{cases}$ 展开成正弦级数.

7. 将函数 $f(x) = \begin{cases} x, & 0 \leqslant x < 1, \\ 1, & 1 \leqslant x \leqslant 2 \end{cases}$ 分别展开为正弦级数和余弦级数.

习题 11-6(B)

1. 将函数 $f(x) = 2 + |x| \ (-1 \leqslant x \leqslant 1)$ 展开成以 2 为周期的傅里叶级数,并由此求级数 $\displaystyle\sum_{n=1}^{\infty} \dfrac{1}{n^2}$ 的和.

2. 设函数 $f(x)$ 是周期为 2π 的周期函数,它在 $[-\pi,\pi)$ 的表达式为

$$f(x) = \begin{cases} -\dfrac{\pi}{2}, & -\pi \leqslant x < -\dfrac{\pi}{2}, \\[2mm] x, & -\dfrac{\pi}{2} \leqslant x < \dfrac{\pi}{2}, \\[2mm] \dfrac{\pi}{2}, & \dfrac{\pi}{2} \leqslant x < \pi, \end{cases}$$

将 $f(x)$ 展开成傅里叶级数.

3. 将函数 $f(x) = x-4(3<x<5)$ 展开为傅里叶级数.

4. 当 $0 \leqslant x \leqslant \pi$ 时,证明 $\displaystyle\sum_{n=1}^{\infty} \frac{\cos n\pi x}{n^2} = \frac{x^2}{4} - \frac{\pi x}{2} + \frac{\pi^2}{6}$.

*5. 把宽为 τ,高为 h,周期为 $T(T>\tau)$ 的矩形波函数 $f(x)$ 展开成复数形式的傅里叶级数,其中在 $\left(-\dfrac{\tau}{2},\dfrac{\tau}{2}\right)$ 上有 $f(x) = \begin{cases} h, & x \in \left[-\dfrac{\tau}{2},\dfrac{\pi}{2}\right], \\[2mm] 0, & \text{其他.} \end{cases}$

第七节　利用软件求泰勒展开式

由于计算机软件的局限性,无法给出函数展开成无穷级数的所有项.但 Python 软件可以利用 series 命令得到函数的带有佩亚诺型余项的泰勒公式,命令格式为 f.series$(x,x\_0,n=N)$,其中 f 为函数表达式,x 为要展开的变量名,n 为指定的阶数,佩亚诺型余项为 $o(x-x_0)^n$,该命令的作用是将函数 f 在 $x=x_0$ 处展开成 $x-x_0$ 的带有佩亚诺型余项 $o(x-x_0)^n$ 的泰勒公式,由于参数 n 可以指定,从理论上来说可以得到任意阶的结果.下面是使用 Python 软件进行泰勒展开的几个具体的例子.

例7.1　计算函数 $\cos(x)$ 在 $x=0$ 处的泰勒公式.

```
In [1]: from sympy import *   #从 sympy 库中引入所有的函数和常数

In [2]: x,y = symbols('x,y') #利用 Symbol 命令定义"x"和"y"为符号变量
In [3]: cos(x).series()#计算 cos(x) 的泰勒公式,缺省情况下余项为 o(x⁶)
Out[3]: 1 - x ∗ ∗ 2/2+x ∗ ∗ 4/24+O(x ∗ ∗ 6)

In [4]: cos(x).series(n=6) #请注意,这四种命令结果是一样的
Out[4]: 1 - x ∗ ∗ 2/2+x ∗ ∗ 4/24+O(x ∗ ∗ 6)

In [5]: cos(x).series(x,n=6) #请注意,这四种命令结果是一样的
Out[5]: 1 - x ∗ ∗ 2/2+x ∗ ∗ 4/24+O(x ∗ ∗ 6)

In [6]: cos(x).series(x,0,n=6) #请注意,这四种命令结果是一样的
Out[6]: 1 - x ∗ ∗ 2/2+x ∗ ∗ 4/24+O(x ∗ ∗ 6)
```

由输出结果可知 $\cos(x)=1-\dfrac{1}{2}x^2+\dfrac{1}{24}x^4+o(x^6)$. 请留意本例里面 series 命令中三个参数的缺省情况.

例7.2　将函数 $e^x\sin(x)$ 在 $x=0$ 和 $x=1$ 处分别展开为带有佩亚诺型余项 $o(x^8)$ 和 $o((x-1)^5)$ 的泰勒公式.

```
In [7]: (exp(x)*sin(x)).series(n=8)
Out[7]: x+x**2+x**3/3 - x**5/30 - x**6/90 - x**7/630+O(x**8)


In [8]: (exp(x)*sin(x)).series(x,1,5)
Out[8]: E*sin(1)+(x-1)*(E*cos(1)+E*sin(1))+E*(x-1)**2*cos(1)+(x-1)**3*
(-E*sin(1)/3+E*cos(1)/3) - E*(x-1)**4*sin(1)/6+O((x-1)**5
```

由输出结果可知

$$e^x\sin(x)=x+x^2+\frac{1}{3}x^3-\frac{1}{30}x^5-\frac{1}{90}x^6-\frac{1}{630}x^7+o(x^8),$$

$$e^x\sin(x)=e\sin 1+e(\cos 1+\sin 1)(x-1)+e\cos 1(x-1)^2$$
$$+\frac{e(\cos 1-\sin 1)}{3}(x-1)^3-\frac{e\sin 1}{6}(x-1)^4+o(x-1)^5.$$

例7.3　将函数 $\sin(xy)$ 在 $x=1$ 处展开为泰勒级数.

```
In [9]: (sin(x*y)).series(x,1)
Out[9]: sin(y)+y*(x-1)*cos(y) - y**2*(x-1)**2*sin(y)/2 - y**3*(x-1)**3*cos
(y)/6+y**4*(x-1)**4*sin(y)/24+y**5*(x-1)**5*cos(y)/120+O((x-1)**6,(x,
1))
```

将变量 y 当作常数, 由输出结果可知

$$\sin(xy)=\sin y+y\cos(x-1)y-\frac{y^2\sin y}{2}(x-1)^2-\frac{y^3\cos y}{6}(x-1)^3$$

$$+\frac{y^4\sin y}{24}(x-1)^4+\frac{y^5\cos y}{120}(x-1)^5+o((x-1)^6).$$

例7.4　将函数 $\displaystyle\int_0^x e^{t^2}\mathrm{d}t$ 在 $x=0$ 处展开为泰勒级数.

```
In [10]: (integrate(exp(y**2),(y,0,x))).series()
Out[10]: x+x**3/3+x**5/10+O(x**6)
```

由输出结果可知

$$\int_0^x e^{t^2}\mathrm{d}t = x+\frac{x^3}{3}+\frac{x^5}{10}+o(x^6).$$

总习题十一

1. 判断下列论述是否正确：

（1）若级数 $\sum\limits_{n=1}^{\infty} u_n$ 发散，则必有级数 $\lim\limits_{n\to\infty} u_n \neq 0$.

（2）若级数 $\sum\limits_{n=1}^{\infty} u_n$ 发散，则级数 $\sum\limits_{n=1}^{\infty} \left(\dfrac{1}{n^2} + u_n \right)$ 一定发散.

（3）若级数 $\sum\limits_{n=1}^{\infty} u_n$ 收敛，则级数 $\sum\limits_{n=1}^{\infty} (u_{2n} - u_{2n-1})$ 一定收敛.

（4）若幂级数 $\sum\limits_{n=0}^{\infty} a_n x^n$ 的收敛半径为 3，则幂级数 $\sum\limits_{n=0}^{\infty} a_n (x+1)^n$ 的收敛区间是 $[-4, 2]$.

（5）对于幂级数 $\sum\limits_{n=1}^{\infty} a_n x^{2n-1}$，如果 $\lim\limits_{n\to\infty} \dfrac{|a_{n+1}|}{|a_n|} = \rho (0 < \rho < +\infty)$，则该级数的收敛半径为 $R = \dfrac{1}{\sqrt{\rho}}$.

2. 填空题：

（1）若 $\lim\limits_{n\to\infty} u_n = m$，则级数 $\sum\limits_{n=1}^{\infty} (u_{n+1} - u_n)$ 的和 $s = $ _____；

（2）若级数 $\sum\limits_{n=1}^{\infty} u_n$ 绝对收敛，则级数 $\sum\limits_{n=1}^{\infty} u_n$ 一定_____；若级数 $\sum\limits_{n=1}^{\infty} u_n$ 是条件收敛的，则级数 $\sum\limits_{n=1}^{\infty} |u_n|$ 一定_____；

（3）若幂级数 $\sum\limits_{n=0}^{\infty} a_n x^n$ 的收敛半径是 2，幂级数 $\sum\limits_{n=0}^{\infty} n a_n x^n$ 的收敛半径 $R = $ _____；

（4）幂级数 $\sum\limits_{n=1}^{\infty} \dfrac{(\ln 3)^n}{2^n}$ 的和 $= $ _____；

（5）将一个已知函数 $f(x)$ 展开成正弦级数需作_____延拓，展开成余弦级数需作_____延拓.

3. 判别下列级数的敛散性

（1）$\sum\limits_{n=1}^{\infty} \dfrac{1}{n \cdot \sqrt[n]{n}}$；

（2）$\sum\limits_{n=1}^{\infty} \dfrac{n\cos^2 \dfrac{n\pi}{3}}{2^n}$；

（3）$\sum\limits_{n=1}^{\infty} \dfrac{n + (-1)^n}{2^n}$；

（4）$\sum\limits_{n=2}^{\infty} \dfrac{1}{\sqrt{n}} \ln \dfrac{n+1}{n-1}$；

（5）$\sum\limits_{n=1}^{\infty} \dfrac{n^n + a^n}{(2n+1)^n} (a > 0)$；

（6）$\sum\limits_{n=1}^{\infty} \int_0^{\frac{1}{n}} \dfrac{\sqrt{x}}{1+x^4} 2x \mathrm{d}x$；

(7) $\displaystyle\sum_{n=1}^{\infty}\frac{a^{n}}{n^{3}}$;　　　　　　　(8) $\displaystyle\sum_{n=1}^{\infty}\left(\frac{b}{a_{n}}\right)^{n}$,其中 $a_{n}\to a(n\to\infty)$,a_{n},a,b 均为正数.

4. (1) 已知级数 $\displaystyle\sum_{n=1}^{\infty}u_{n}$ 收敛,判别级数 $\displaystyle\sum_{n=1}^{\infty}(u_{n}+1)$ 的敛散性;(2) 已知级数 $\displaystyle\sum_{n=1}^{\infty}u_{n}$ 发散,判别级数 $\displaystyle\sum_{n=1}^{\infty}(u_{n}+1)$ 的敛散性.

5. 设正项级数 $\displaystyle\sum_{n=1}^{\infty}a_{n}$ 和 $\displaystyle\sum_{n=1}^{\infty}b_{n}$ 都收敛,证明级数 $\displaystyle\sum_{n=1}^{\infty}(a_{n}+b_{n})^{2}$ 也收敛.

6. 讨论下列级数的敛散性,在收敛时,说明是绝对收敛还是条件收敛:

(1) $\displaystyle\sum_{n=1}^{\infty}(-1)^{n-1}\frac{2^{n^{2}}}{n!}$;　　　　(2) $\displaystyle\sum_{n=1}^{\infty}(-1)^{n}\frac{\cos\frac{e}{n+1}}{e^{n+1}}$;

(3) $\displaystyle\sum_{n=1}^{\infty}(-1)^{n}\left(\frac{2n+100}{3n+1}\right)^{n}$;　　　(4) $\displaystyle\sum_{n=1}^{\infty}(-1)^{n-1}\tan\frac{\pi}{4n}$.

7. 若级数 $\displaystyle\sum_{n=1}^{\infty}u_{n}$ 绝对收敛,证明级数 $\displaystyle\sum_{n=1}^{\infty}\frac{u_{n}}{1+u_{n}}$ 绝对收敛.

8. 若级数 $\displaystyle\sum_{n=1}^{\infty}a_{n}^{2}$ 收敛,对 $\lambda>0$,证明 $\displaystyle\sum_{n=1}^{\infty}\frac{a_{n}}{\sqrt{\lambda+n^{2}}}$ 绝对收敛.

9. 求下列幂级数的收敛域:

(1) $\displaystyle\sum_{n=1}^{\infty}\frac{2^{n}x^{n}}{n^{2}+1}$;　　　　　(2) $\displaystyle\sum_{n=0}^{\infty}\frac{x^{2n+1}}{3^{n}}$;

(3) $\displaystyle\sum_{n=1}^{\infty}\frac{(5-x)^{n}}{\sqrt{n}}$;　　　　(4) $\displaystyle\sum_{n=1}^{\infty}\frac{(-1)^{n}}{n\cdot 2^{n}}(x-1)^{3n}$.

10. 求下列幂级数的和函数:

(1) $\displaystyle\sum_{n=1}^{\infty}\frac{x^{2n+1}}{2n}$;　　　　　(2) $\displaystyle\sum_{n=0}^{\infty}\frac{(-1)^{n}x^{2n}}{2n+1}$;

(3) $\displaystyle\sum_{n=1}^{\infty}n(n+1)x^{n}$;　　　　(4) $\displaystyle\sum_{n=1}^{\infty}(3n-2)x^{2n-1}$.

11. 求下列数项级数的和:

(1) $\displaystyle\sum_{n=1}^{\infty}\frac{n}{2^{n-1}}$;　　　　　(2) $\displaystyle\sum_{n=0}^{\infty}\frac{n^{2}}{n!}$.

12. 将下列函数展开为 x 的幂级数:

(1) $f(x)=\dfrac{x-1}{x+1}$;　　　　(2) $f(x)=\dfrac{x-\sin x}{x^{3}}$;

(3) $f(x)=\ln(4-3x-x^{2})$;　　　(4) $f(x)=\arctan 2x$.

13. 将函数 $f(x)=\dfrac{x}{2x^{2}+5x+2}$ 分别展开为 x 及 $x-1$ 的幂级数.

14. 将函数 $f(x)=\dfrac{1}{4}\ln\dfrac{1+x}{1-x}+\dfrac{1}{2}\arctan x-x$ 展开为 x 的幂级数.

15. 将函数 $f(x)=\arctan\dfrac{1-2x}{1+2x}$ 展开为 x 的幂级数,并求级数 $\displaystyle\sum_{n=0}^{\infty}\dfrac{(-1)^n}{2n+1}$.

16. 求常数项级数 $\displaystyle\sum_{n=1}^{\infty}\dfrac{n}{3^n}$ 的和,并求极限 $\displaystyle\lim_{n\to\infty}\left[2^{\frac{1}{3}}\cdot4^{\frac{1}{9}}\cdot8^{\frac{1}{27}}\cdot\cdots\cdot(2^n)^{\frac{1}{3^n}}\right]$.

17. 求幂级数 $\displaystyle\sum_{n=1}^{\infty}\dfrac{x^{2n-1}}{(2n-1)!}$ 的和函数 $s(x)$.

18. 将函数 $f(x)=\begin{cases}x,&-\pi\leqslant x<0,\\2x,&0\leqslant x<\pi\end{cases}$ 展开为傅里叶级数,并求 $\displaystyle\sum_{n=1}^{\infty}\dfrac{(-1)^{n-1}}{2n-1}$ 的和.

19. 设 y 由隐函数方程 $\displaystyle\int_0^x e^{-x^2}dx=ye^{-x^2}$ 确定,

(1) 证明:满足微分方程 $y'-2xy=1$;

(2) 把 y 展开成 x 的幂级数;

(3) 写出它的收敛域.

部分习题参考答案

参考文献